Logik

∧	und (Konjunktion)
∨	oder (Adjunktion)
→	wenn..., dann (Subjunktion)
↔	genau dann, wenn (Bijunktion)
¬	nicht
⇒	impliziert
⇔	äquivalent
$\bigwedge_{x \in M}$	für alle x aus M
$\bigvee_{x \in M}$	es gibt (mindestens) ein x aus M

Mengen

$a \in M$ [$a \notin M$]	a ist [nicht] Element von M
$M \ni a$ [$M \not\ni a$]	M enthält [nicht] das Element a
$\{a_1; a_2; a_3; ...; a_n\}$	Menge mit den Elementen $a_1, a_2, a_3, ..., a_n$ (aufzählende Darstellung einer Menge)
$\{x \mid ...\}$	Menge aller x, für die gilt: ... (beschreibende Darstellung einer Menge)
$A \subseteq B$ [$A \nsubseteq B$]	A ist [nicht] Teilmenge von B
$A \subset B$ [$A \not\subset B$]	A ist [nicht] echte Teilmenge von B
$A \sim B$ [$A \nsim B$]	A ist [nicht] gleichmächtig mit B
$A \cup B$	A vereinigt mit B (Vereinigungsmenge)
$A \cap B$	A geschnitten mit B (Schnittmenge)
$A \setminus B$	A ohne B (Restmenge, Differenzmenge)
$A \times B$	A kreuz B (Produktmenge)
$\overline{A}$	Komplementmenge der Menge A
$P(A)$	Potenzmenge der Menge A
$\{\}; \emptyset$	Leermenge
$T(a)$	Teilermenge von a
$V(a)$	Vielfachenmenge von a
$[a; b]$	abgeschlossenes Intervall
$]a; b[$	offenes Intervall
$[a; b[,]a; b]$	halboffene Intervalle

Dr. Hermann Athen
und Jörn Bruhn

Rechnen und Mathematik

Orbis Verlag

Herausgeber:
Dr. Hermann Athen und Jörn Bruhn

Autoren:
Dr. Hermann Athen
Jörn Bruhn
Roland Ewert
Rudolf Heitsch
Dietrich Pohlmann
Gerhardt Schmidt
Werner Ulrich
Jürgen Wandelburg

Zeichnungen: HTG-Werbung
Tegtmeier + Grube KG
Layout: Georg Füller

© Mosaik Verlag GmbH, München
Sonderausgabe 1989 Orbis Verlag
für Publizistik GmbH, München
Printed in Hungary
ISBN 3-572-06343-4

Inhalt

Vorwort 17

Elementares Rechnen

1.	**Rechnen mit natürlichen Zahlen**	19
1.1	Addition und Subtraktion	19
1.2	Multiplikation und Division	20
1.3	Verbindung der Rechenarten	21
1.4	Potenz	21
1.5	Schriftliches Rechnen	22
2.	**Schriftliches Rechnen mit Dezimalbrüchen**	23
2.1	Addieren und Subtrahieren	23
2.2	Multiplizieren	24
2.3	Dividieren	24
3.	**Rechnen mit Brüchen und gemischten Zahlen**	25
3.1	Addition und Subtraktion von Brüchen	26
3.2	Multiplikation von Brüchen	26
3.3	Division von Brüchen	26
3.4	Addition von gemischten Zahlen	27
3.5	Subtraktion von gemischten Zahlen	27
3.6	Punktrechnung mit gemischten Zahlen	28
4.	**Rechnen mit ganzen Zahlen**	28
4.1	Strichrechnung	28
4.2	Punktrechnung	29
5.	**Rechnen mit gerundeten Zahlen**	30
5.1	Näherungswerte	30
5.2	Addition und Subtraktion	31
5.3	Multiplikation und Division	31

Taschenrechner

1.	Arten von Taschenrechnern	32
1.1	Ausstattung von Taschenrechnern	32
1.2	Anzeigearten	34
1.3	Rechenlogik	35
1.4	Arbeitsweise eines Taschenrechners	37
2.	Bedienung eines Taschenrechners	39
2.1	Eingabe von Zahlen	40
2.2	Grundrechenarten	42
2.3	Rechnen mit Konstanten, Speichern und Klammern	46
2.4	Prozenttaste und Funktionstasten	50

Dreisatz-, Prozent- und Zinsrechnung

1.	Proportionalität und Antiproportionalität	54
1.1	Proportionen	54
1.2	Proportionalität	55
1.3	Antiproportionalität	57
1.4	Dreisatzaufgaben	58
2.	Prozentrechnung	59
2.1	Grundbegriffe	59
2.2	Grundaufgaben	60
2.3	Anwendungen	60
2.4	Promillerechnung	61
3.	Zinsrechnung	61
3.1	Zinsen und Zinssatz	61
3.2	Grundaufgaben der Zinsrechnung	62
4.	Zinseszinsrechnung	63
4.1	Zinseszins	63
4.2	Anwendungen	66

Logarithmen und Rechenstab

1.	Logarithmen	68
1.1	Definition von Logarithmus und Logarithmensystem	68
1.2	Logarithmengesetze	70
2.	Gebrauch der Logarithmentafel	71

3.	Rechenstab	76
3.1	Logarithmischer Rechenstab	76
3.2	Rechnen mit dem Rechenstab	78

Mengen

1.	Menge und Element	84
1.1	Grundbegriffe	84
1.2	Darstellung von Mengen	85
1.3	Mächtigkeit von Mengen	87
1.4	Besondere Mengen	88
2.	Relationen zwischen Mengen	89
2.1	Gleichheit und Gleichmächtigkeit	89
2.2	Teilmenge	90
2.3	Potenzmenge	91
2.4	Gesetze der Mengenrelationen	92
3.	Verknüpfungen von Mengen	93
3.1	Bildung der Schnittmenge	93
3.2	Bildung der Vereinigungsmenge	95
3.3	Mengenspiele	96
3.4	Klasseneinteilungen	98
3.5	Karnaugh-Diagramme	98
3.6	Restmengen- und Komplementmengenbildung	100
3.7	Produktmengenbildung	101
4.	Gesetze der Mengenalgebra	103

Zahlbereiche

1.	Natürliche Zahlen	106
1.1	Kardinal- und Ordinalzahlen	106
1.2	Verschiedene Darstellungsweisen für Zahlen	107
1.3	Gesetze der Addition und Subtraktion in $\mathbb{N}_0$	108
1.4	Gesetze der Multiplikation und Division in $\mathbb{N}_0$	110
1.5	Distributivgesetz	111
1.6	Teilbarkeit	112
1.7	Natürliche Zahlen und Mengen	119
2.	Brüche	123
2.1	Bruchzahlen	123

2.2	Multiplikation und Division in $\mathbb{Q}_0^+$	127
2.3	Addition und Subtraktion in $\mathbb{Q}_0^+$	129
2.4	Dezimalbrüche	132
2.5	Maschinenmodell	136
3.	**Ganze und rationale Zahlen**	**141**
3.1	Die Menge $\mathbb{Z}$ der ganzen Zahlen	141
3.2	Rechnen in $\mathbb{Z}$	143
3.3	Die Menge $\mathbb{Q}$ der rationalen Zahlen	146
4.	**Reelle Zahlen**	**147**
4.1	Definitionen	147
4.2	Rechenoperationen	149
5.	**Komplexe Zahlen**	**150**
5.1	Erweiterung der Menge $\mathbb{R}$	150
5.2	Addition und Subtraktion in $\mathbb{C}$	151
5.3	Multiplikation und Division in $\mathbb{C}$	153
5.4	Anwendungen	156
5.5	Übersicht über die Zahlbereiche	157

Logik und Beweismethoden

1.	**Aussagen- und Prädikatenlogik**	**158**
1.1	Aussagen und Aussageformen	158
1.2	Verknüpfen von Aussagen	161
1.3	Subjekte und Prädikate	169
1.4	Quantoren	170
2.	**Axiome und Beweise**	**172**
2.1	Axiom und Axiomensysteme	172
2.2	Definition	175
2.3	Schlußregeln und Beweisverfahren	176

Algebraische Umformungen

1.	**Grundbegriffe**	**182**
1.1	Termbegriff	182
1.2	Äquivalenz von Termen	183
2.	**Ganz-rationale Terme**	**184**
2.1	Summen von Termen	184
2.2	Produkte von Termen	186

3.	Gebrochen-rationale Terme	188
3.1	Addition und Subtraktion	188
3.2	Multiplikation und Division	189
4.	Potenzen und Wurzeln	191
4.1	Quadrate und Quadratwurzeln	191
4.2	Potenzrechnung	193
4.3	Rechnen mit Wurzeln	197

Gleichungen

1.	Grundbegriffe	199
1.1	Gleichung und Lösungsmenge	199
1.2	Äquivalenzumformung von Gleichungen	199
1.3	Regeln für Äquivalenzumformungen	200
2.	Lineare Gleichungen	201
2.1	Lineare Gleichungen in einer Variablen	201
2.2	Lineare Gleichungen in n Variablen	202
3.	Lineare Gleichungssysteme	202
3.1	Gleichungssysteme von 2 linearen Gleichungen in 2 Variablen	202
3.2	Allgemeine lineare Gleichungssysteme	204
4.	Bruchgleichungen	207
4.1	Bruchgleichungen mit Variablen im Zähler	207
4.2	Bruchgleichungen mit Variablen im Nenner	207
5.	Quadratische Gleichungen	208
5.1	Rein-quadratische Gleichung	208
5.2	Gemischt-quadratische Gleichung	209
5.3	Lösungsverfahren für quadratische Gleichungen	209
6.	Gleichungen höheren Grades	212
6.1	Allgemeine Eigenschaften	212
6.2	Gleichung n-ten Grades mit reellen Koeffizienten	213
6.3	Lösung der Gleichungen n-ten Grades	214

Funktionen und Relationen

1.	Funktionen	218
1.1	Definition	218

1.2	Lineare Funktionen	220
1.3	Quadratische Funktionen	222
1.4	Kubische Funktionen	224
1.5	Rationale und nichtrationale Funktionen	225
1.6	Exponentialfunktionen	229
1.7	Klassifikation von Funktionen	231
1.8	Verknüpfung von Funktionen	232
1.9	Eigenschaften von Funktionen	233
2.	**Relationen**	234
2.1	Begriff der Relation	234
2.2	Veranschaulichung von Relationen	235
2.3	Umkehrrelation und Verkettung von Relationen	236
2.4	Eigenschaften von Relationen	237
2.5	Äquivalenzrelationen und Ordnungsrelationen	239

Algebraische Strukturen

1.	**Verknüpfungen und ihre Eigenschaften**	241
1.1	Begriff der Verknüpfung	241
1.2	Eigenschaften von Verknüpfungen	244
2.	**Gruppen**	245
2.1	Grundbegriffe	245
2.2	Gruppen	246
2.3	Untergruppen	249
2.4	Homomorphie, Isomorphie	250
3.	**Ringe, Körper, Verbände**	251
3.1	Ringe	251
3.2	Körper	253
3.3	Verbände	254
3.4	Boolesche Verbände	255

Geometrie

1.	**Grundbegriffe der Geometrie**	257
1.1	Punkt, Gerade, Ebene	257
1.2	Anordnung	260
1.3	Winkel	262
1.4	Topologische Grundbegriffe	264

2.	Maße	266
2.1	Längenmaße	266
2.2	Flächenmaße	268
2.3	Raummaße	270
2.4	Winkelmaße	272
3.	Ebene Figuren	275
3.1	Grundbegriffe	275
3.2	Dreieck	277
3.3	Viereck	281
3.4	Kreis	283
4.	Räumliche Figuren (Körper)	286
4.1	Darstellende Geometrie	286
4.2	Körper und ihre Maße	289
4.3	Polyeder und ihre Maße	291
4.4	Körper, die durch gekrümmte Flächen begrenzt sind	299
5.	Abbildungen in der Ebene	305
5.1	Grundbegriffe	305
5.2	Kongruenzabbildungen	305
5.3	Ähnlichkeitsabbildungen	312
5.4	Scherung	317
6.	Nichteuklidische Geometrie	318
6.1	Definition	318

Trigonometrie

1.	Trigonometrische Funktionen	320
1.1	Sinus, Kosinus, Tangens, Kotangens	320
1.2	Eigenschaften der Winkelfunktionen	324
1.3	Trigonometrische Tafeln, Taschenrechner	327
2.	Dreiecksberechnungen	328
2.1	Berechnung rechtwinkliger Dreiecke	328
2.2	Berechnung beliebiger Dreiecke	330
3.	Sphärische Trigonometrie	332
3.1	Kugeldreieck	332
3.2	Dreiecksberechnungen	334
3.3	Anwendungen in Geographie und Astronomie	335

Vektoren, Matrizen, lineare Algebra

1.	**Grundbegriffe**	337
1.1	Begriff des Vektors	337
1.2	Vektoren im Koordinatensystem	338
2.	**Grundoperationen mit Vektoren**	340
2.1	Addition und Subtraktion	340
2.2	Multiplikation	342
2.3	Skalarprodukt	342
2.4	Vektorprodukt	344
3.	**Anwendungen der Vektorrechnung**	346
3.1	Euklidische Geometrie	346
3.2	Trigonometrie	346
3.3	Abbildungsgeometrie	347
3.4	Physik	349
4.	**Determinanten und Matrizen**	351
4.1	Determinanten	351
4.2	Matrizen	353
4.3	Lösbarkeit linearer Gleichungssysteme	356
5.	**Lineare Algebra**	357
5.1	Definition des Vektorraumes	357
5.2	Unterrektorräume, Erzeugendensystem	358
5.3	Basis, Dimension und Koordinaten	359

Analytische Geometrie

1.	**Grundbegriffe**	360
1.1	Koordinatensysteme	360
1.2	Koordinatentransformationen	361
1.3	Gerade	362
2.	**Kegelschnitte**	366
2.1	Schnittkurven von Ebenen mit einem geraden Kreiskegel	366
2.2	Kreis	367
2.3	Ellipse	369
2.4	Hyperbel	370
2.5	Parabel	372
2.6	Kegelschnittgleichungen in Polarkoordinaten	374

3.	Analytische Geometrie des Raumes	374
3.1	Gerade	374
3.2	Ebene	377

Differentialrechnung

1.	**Folgen**	379
1.1	Definition von Folgen	379
1.2	Eigenschaften unendlicher Folgen	380
1.3	Konvergente Folgen	382
2.	**Reihen**	384
2.1	Definition von Reihen	384
2.2	Arithmetische und geometrische Reihen	385
2.3	Konvergenzkriterien	386
3.	**Umgebungen**	387
3.1	Umgebungsbegriff	387
3.2	Abbildungen von Mengen und Umgebungen	387
4.	**Stetigkeit**	388
4.1	Grenzwert von Funktionen	388
4.2	Stetige Funktionen	390
5.	**Differentialrechnung**	392
5.1	Differenzierbarkeit	392
5.2	Differentiationsregeln	395
5.3	Satz von Rolle und Mittelwert der Differentialrechnung	397
5.4	Kurvendiskussion und Extremwerte	389

Integralrechnung

1.	**Integrale**	401
1.1	Stammfunktionen	401
1.2	Unbestimmtes Integral	401
1.3	Integrationsregeln	402
1.4	Bestimmtes Integral	403
1.5	Regeln zur bestimmten Integration	406
1.6	Anwendung des bestimmten Integrals	407

2.	Differentialgleichungen	410
2.1	Definition gewöhnlicher Differentialgleichungen	410
2.2	Beispiele	410

Kombinatorik

1.	Permutationen	412
1.1	Permutationen ohne Wiederholung	412
1.2	Permutationen mit Wiederholung	412
2.	Variationen	413
2.1	Variationen ohne Wiederholung	413
2.2	Variationen mit Wiederholung	413
3.	Kombinationen	414
3.1	Kombinationen ohne Wiederholung	414
3.2	Kombinationen mit Wiederholung	415
3.3	Binominalkoeffizienten	415
4.	Binomischer Satz	416
4.1	Pascal-Dreieck	416
4.2	Binomische Formeln	416

Wahrscheinlichkeitsrechnung

1.	Ereignisse	417
1.1	Experiment und Ereignisraum	417
1.2	Ereignis und Ereignismenge	418
1.3	Vereinbarkeit und Abhängigkeit	419
1.4	Verknüpfung von Ereignissen	421
2.	Wahrscheinlichkeit	422
2.1	Häufigkeit	422
2.2	Axiome der Wahrscheinlichkeit	424
2.3	Multiplikationssatz	427
3.	Markoff-Ketten	430
3.1	Stochastische Prozesse	430
3.2	Übergangsmatrizen	432
3.3	Zustandsvektor und Fixvektor	433
3.4	Absorptionsketten	435

4.	Wahrscheinlichkeitsverteilung	436
4.1	Zufallsvariable	436
4.2	Mittelwert und Varianz	437
4.3	Binomialverteilung	438
4.4	Normalverteilung	439
4.5	Poissonverteilung	441

Statistik

1.	Beschreibende Statistik	442
1.1	Stichproben	442
1.2	Mittelwert einer Stichprobe	443
1.3	Rangieren einer Stichprobe. Zentralwert	445
1.4	Gruppierte Stichproben. Staffel- und Summenbild	445
1.5	Varianz und Standardabweichung	447
2.	Testen von Hypothesen	449
2.1	Prüfung eines Stichprobenmittelwertes	449
2.2	Beurteilungsrisiko	451
2.3	Vertrauensintervall	451
2.4	Chiquadrat-Test	452
2.5	Prognosen (Hochrechnung)	453
3.	Regression und Korrelation	455
3.1	Regression	455
3.2	Korrelation	457
4.	Zufallsziffern und Monte-Carlo-Methode	458
4.1	Zufallsziffern	458
4.2	Auswahl von Stichproben	459
4.3	Monte-Carlo-Methode	460

Optimierungs- und Planungsmethoden

1.	Lineares Optimieren	464
1.1	Ebene Polygone	464
1.2	Zielfunktionen auf Polygonen	466
1.3	Anwendungen	467
2.	Theorie der Spiele	470
2.1	Grundbegriffe	470
2.2	Verallgemeinerung	474

3.	Netzplantechnik	474
3.1	Grundbegriffe der Netzplantechnik	475
3.2	CPM-Verfahren	475
3.3	PERT-Verfahren	478
3.4	Metra-Potential-Verfahren	479
3.5	Multiprojektplanung	481

Informatik

1.	Aufbau von Rechenanlagen	482
1.1	Digitalrechner	483
1.2	Analogrechner	486
1.3	Hybridrechner	489
2.	Programmsprachen	490
2.1	Flußdiagramm	490
2.2	Programmsprechen	493
3.	Einsatz von Datenverarbeitungsanlagen	499
3.1	Betriebsarten	499
3.2	Betriebssystem	500
3.3	Anwendungsbereiche	501
4.	Codes	503
4.1	Darstellung von Daten	503
4.2	Codes	504
5.	Schaltalgebra	508
5.1	Binäre Schaltungen	508
5.2	Schaltfunktionen	511
5.3	Boole-Algebra	513
6.	Informationstheorie	515
6.1	Signal und Nachricht	515
6.2	Information	519
6.3	Informationskanal	521

Synoptische Tafel zur Geschichte der Mathematik	524
Register	526

Vorwort

Die aus langjähriger publizistischer Tätigkeit resultierenden Kontakte zwischen einem großen, vielschichtigen, oftmals kritischen Leserkreis und den Herausgebern einerseits, sowie die Konsolidierung der didaktischen Diskussion um die »Neue« Mathematik andererseits haben ihren Niederschlag in diesem Nachschlagewerk gefunden. Die Gliederung des Stoffangebots und die starke Ausrichtung auf das Anwendungsprinzip haben sicherlich nicht nur eine gesteigerte Lesbarkeit schlechthin bewirkt, sondern auch eine breite Anpassung an die verschiedensten Leserschichten herbeigeführt.

So finden nicht nur Schüler eine Übersicht über den gesamten Schulstoff, sondern auch die Eltern in übersichtlicher Form alle Informationen, die sie benötigen, um ihren Kindern helfen zu können.

Der im Beruf stehende Leser andererseits wird das Buch mit Vorteil zur Wiederholung, Einarbeitung und Aneignung bekannter und neuer Methoden heranziehen können. Studenten an Fach- und anderen Hochschulen finden alles, was an Mathematik für ihr Studium vorausgesetzt werden muß.

Im vorliegenden Werk wird die Mathematik systematisch nach Sachgebieten aufgebaut. Alle tragenden Stichwörter im Text erscheinen als schnell auffindbare Randmarginalien. Zahlreiche Verweisungen (↑) im Text stellen die Verbindungen innerhalb eines Sachgebietes und zwischen verschiedenen Sachgebieten her. Jedes Hauptkapitel beginnt mit einer kurzen Charakterisierung seines Inhalts.

Alle Begriffe, Sätze und Methoden werden in ihrem inneren Zusammenhang beschrieben, sowie durch voll durchgerechnete Beispiele und anhand vieler Abbildungen erläutert. Der behandelte Stoff umfaßt alle wichtigen mathematischen Gebiete und berücksichtigt sowohl die konventionellen Themen als auch Begriffe und Methoden der modernen Mathematik. Dabei wurde Wert darauf gelegt, jeden einseitigen Standpunkt zu vermeiden und vielmehr immer eine Brücke zwischen »neuer« und »hergebrachter« Mathematik zu schlagen. Durch eine deutliche Betonung der Grundrechenarten und des bürgerlichen Rechnens am Anfang des Buches soll im vorliegenden Handbuch dem Durchschnittsleser der Einstieg in die Materie erleichtert werden. Im gleichen Sinne ist auch die Bruchrechnung so elementarisiert worden, daß dadurch das Verständnis für die Stufung der Zahlenbereiche erleichtert wird. Mathematischen Fragen, die im Alltag auftreten wie z. B. Zins- und Kreditberechnungen, Ratenzahlungen, effektiver Zinssatz, Mehrwertsteuer usw. sowie dem Einsatz von elektronischen Taschenrechnern, wird besondere Aufmerksamkeit gewidmet. Fernerhin wird die Algebra nicht nur für das Verständnis der Absolventen aller Schularten aufbereitet, sondern auch durchweg zielgerichtet auf die Anwendungen zugeschnitten. Die Geometrie wird so anwendungsnah wie möglich von den Grundbegriffen bis zu den Vektoren, zur Trigonometrie und zur Analytischen Geometrie durchgeführt. Wahrscheinlichkeitsrechnung und Statistik sind an praktischen Problemen orientiert, und sogar eine kurze Erläuterung der Hochrechnung bei Wahlen ist vorhanden. Selbstverständlich ist heute die Aufnahme von Ausführungen über den Umgang mit modernen Taschenrechnern und ihre praktische Verwendung bei Alltagsaufgaben aller Art. Der Mengenbegriff wird natürlich verwendet, aber nur dort, wo er im Einklang mit modernen didaktischen Konzeptionen angebracht ist. Von den neueren Disziplinen der Mathematik ist insbesondere die Informatik zu erwähnen, die in dieser Neubearbeitung elektronische Rechenanlagen und deren Programmierung auf elementarem Niveau verständlich machen soll. In der höheren Mathematik erfährt speziell die Analysis eine stärkere Betonung der grundlegenden Vorstellungen, so daß auch hier den Anwendungen ein größeres Gewicht zugeteilt worden ist, und daß beispielsweise noch die Lösung von Differentialgleichungen angedeutet werden konnte.

Ein vollständiges und detailliertes Inhaltsverzeichnis, ein sehr ausführliches Sachregister, ein umfangreiches Symbolverzeichnis und viele Randmarginalien erleichtern dem Leser das schnelle Auffinden eines bestimmten Begriffs oder eines gesuchten Stoffgebiets.

Die Herausgeber

Elementares Rechnen

1. Rechnen mit natürlichen Zahlen

Die Zahlen 1, 2, 3, 4, 5 . . . (also die Zahlen, mit denen man zählt,) bezeichnet man als natürliche Zahlen. Sie werden in der mathematischen Theorie als Eigenschaften von Mengen definiert (↑ S. 119).

1.1. Addition und Subtraktion

[1] Addition. In der Menge der natürlichen Zahlen kann man eine Addition und als deren Umkehrung eine Subtraktion erklären. Addition und Subtraktion werden als Strichrechnungen oder Verknüpfungen erster Stufe bezeichnet. Bei der Addition (lat., = Hinzufügung) verknüpft man zwei natürliche Zahlen durch das Pluszeichen (+). Die Addition entspricht dem Vereinigen elementfremder Mengen (↑ S. 121).
Die beiden Zahlen, z. B. 3 und 5, die addiert werden, nennt man *Summanden;* sowohl den Term 3 + 5 als auch das Ergebnis (8) werden als *Summe* bezeichnet.

Addition

Summand
Summe

Beispiel:

3 + 5 = 8

Man nennt:
3 den ersten Summanden ;
5 den zweiten Summanden ;
3 + 5 (*gelesen* : 3 plus 5)
oder 8 die Summe.

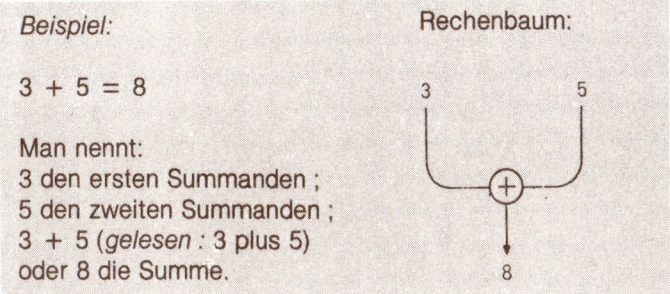

Rechenbaum:

[2] Subtraktion. Beim Subtrahieren (lat., Abziehen) verknüpft man die beiden Zahlen durch ein Minuszeichen (−). Dem Subtrahieren entspricht ein Spezialfall des Bildens von Restmengen (↑ S. 122).

Subtraktion

Minuend
Subtrahend
Differenz

Die Zahl, von der abgezogen wird, nennt man *Minuend*, die andere heißt *Subtrahend;* sowohl den unausgerechneten Term als auch das Ergebnis bezeichnet man als *Differenz*.

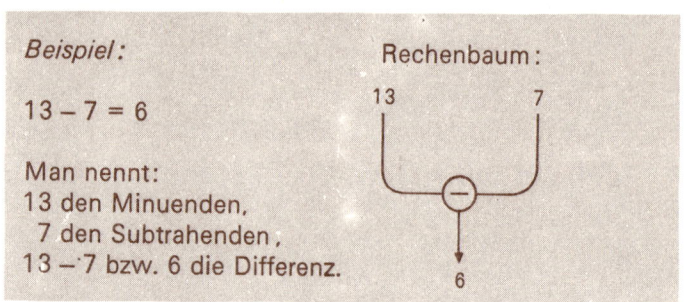

Beispiel:

$13 - 7 = 6$

Man nennt:
13 den Minuenden,
7 den Subtrahenden,
$13 - 7$ bzw. 6 die Differenz.

Rechenbaum:

1.2. Multiplikation und Division

[1] Punktrechnung. Die Verknüpfungen der Multiplikation und der Division faßt man unter dem Oberbegriff Punktrechnung zusammen. Manchmal sagt man dazu auch Verknüpfungen zweiter Stufe.

Multiplikation

[2] Multiplikation. Die *Multiplikation* kann als wiederholte Addition (↑ S. 110), aber auch über das Betrachten von Kreuzmengen (↑ S. 122) eingeführt werden.

Faktor
Produkt

Die beiden Zahlen, z. B. 3 und 5, die multipliziert werden sollen, nennt man *Faktoren;* sowohl den unausgerechneten Term als auch das Ergebnis (15) bezeichnet man als *Produkt*.

Beispiel

$3 \cdot 5 = 15$

Man nennt:
3 den ersten Faktor,
5 den zweiten Faktor,
$3 \cdot 5$ (*gelesen:* 3 mal 5)
oder 15 das Produkt.

Rechenbaum:

Division

[3] Division. Eine Multiplikation mit Faktoren ungleich Null kann durch eine *Division* (lat., Teilen) rückgängig gemacht werden.

Dividend
Divisor
Quotient

Die Zahl, die geteilt wird, nennt man *Dividend*, die andere heißt *Divisor;* sowohl den unausgerechneten Term als auch das Ergebnis bezeichnet man als *Quotient*.

Beispiel:

35 : 5 = 7

Man nennt:
35 den Dividenden,
5 den Divisor,
35 : 5 bzw. 7 den Quotienten.

Rechenbaum:

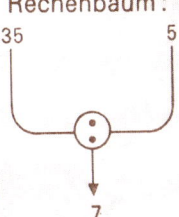

1.3. Verbindung der Rechenarten

Kommen in einer Aufgabe Rechenarten verschiedener Stufe vor, so hängt das Rechenergebnis von der Reihenfolge der durchgeführten Rechnungen ab. Dabei sind folgende Regeln zu beachten:

(1) Eingeklammerte Terme müssen stets zuerst berechnet werden *(Klammerregel).*

Klammerregel

(2) Rechenarten höherer Stufe müssen beim Fehlen von Klammern zuerst ausgeführt werden (Punktrechnung ($\cdot$, :) geht vor Strichrechnung (+, −)).

Beispiele: 1) $5 \cdot (3 + 9) = 5 \cdot 12 = 60$;
2) $15 - (3 + 9) = 15 - 12 = 3$;
3) $9 + 5 \cdot 3 = 9 + 15 = 24$.

Beim Auflösen von Produkt-Klammern ist das *Distributivgesetz* (lat., Verteilungsgesetz, ↑ S. 111) zu beachten:

Distributivgesetz

Beispiele: 1) $5 \cdot (3 + 9) = 5 \cdot 3 + 5 \cdot 9$
2) $(3 + 6) \cdot (7 + 9)$
$= 3 \cdot 7 + 3 \cdot 9 + 6 \cdot 7 + 6 \cdot 9$

1.4. Potenz

Ein Produkt aus gleichen Faktoren kann man kürzer als Potenz schreiben.

Beispiel: Für das Produkt $2 \cdot 2 \cdot 2 \cdot 2 \cdot 2 \cdot 2 \cdot 2$ (7 Faktoren) schreibt man kürzer 2^7 (gelesen: 2 hoch 7). 2^7 wird als *Potenz* bezeichnet, bestehend aus der *Grundzahl* (Basis) 2 und der *Hochzahl* (Exponent) 7.

Grundzahl Hochzahl

Regel: Potenzberechnung geht noch vor Punktrechnung.

Beispiele: 1) $2^4 \cdot 3^3 \cdot 5^2 = 16 \cdot 27 \cdot 25 = 10800;$
2) $2^4 \cdot 3^3 + 5^2 = 16 \cdot 27 + 25$
$= 432 + 25 = 457;$
3) $2^4 + 3^3 + 5^2 = 16 + 27 + 25 = 68.$

1.5. Schriftliches Rechnen

Schriftliche Addition

[1] **Addition.** Beim Addieren werden die Summanden so untereinander geschrieben, daß gleiche Stellenwerte untereinander stehen. Die Addition beginnt rechts bei den Einern, die von oben nach unten aufaddiert werden; danach werden die Zahlenwerte in der Zehner-Spalte, in der Hunderter-Spalte usw. aufaddiert. Überschreitet man bei der Spalten-Addition den Wert 9, so wird der Überschuß nach links übertragen (↑ Bündelung, S. 107).

Beispiel: 342 + 1610 + 6135

T	H	Z	E		
	3	4	2		
1	6	1	0	kürzer geschrieben:	342
6	1	3	5		1610
1					+ 6135
8	10	8	7		8087

Schriftliches Subtrahieren

[2] **Subtrahieren.** Die Subtraktion kann als »Wegnehmen« oder »Ergänzen« gedeutet werden. Beim Subtrahieren werden Minuend (im Beispiel 725) und Subtrahend (im Beispiel 318) so untereinander geschrieben, daß gleiche Stellenwerte untereinander stehen.

Beispiel: 725 − 318

```
  725
− 318
─────
  407
```

Da die Differenz aus 5 Einern und 8 Einern nicht zu berechnen ist, werden beim Minuenden 10 Einer und dafür beim Subtrahenden 1 Zehner addiert. Nun rechnet man 8 + $\boxed{7}$ = 15 und danach bei den Zehnern 2 + $\boxed{0}$ = 2 und bei den Hundertern 3 + $\boxed{4}$ = 7.

Schriftliches Multiplizieren

[3] **Multiplizieren in ℕ.** Man kommt beim Multiplizieren mit dem *kleinen Einmaleins* aus. Der erste Faktor wird mit dem

zerlegten zweiten Faktor multipliziert. Statt an die Teilprodukte Nullen anzuhängen, wird entsprechend eingerückt. Anschließend werden die Teilprodukte addiert.

Beispiele: 1486 · 73
= 1486 · 70 + 1486 · 3
= 104020 + 4453
= 108478   kürzer:

```
1486 · 73
─────────
   10402
    4458
─────────
  108478
```

```
1486 · 703
   10402
   00000
    4458
─────────
 1044658
```
kürzer:
```
1486 · 703
   10402
    4458
─────────
 1044658
```

[4] **Dividieren** wird auf wiederholtes Subtrahieren zurückgeführt. Man bildet die Vielfachen des Divisors und subtrahiert diese vom Dividenden.

Schriftliches Dividieren

Beispiel: 2072 : 37
```
2072 : 37 = 56
 185
 ───
  222
  222
  ───
    0
```
Man berechnet zunächst überschlagsmäßig im Kopf 207 : 37 (oder sogar 210 : 40) und erhält »etwas mehr als 5«. Man notiert 5 und berechnet 5 · 37 = 185, was man von 207 subtrahiert. Zur Fortsetzung zieht man die nächste Stelle »herunter« und berechnet nun (zunächst wieder näherungsweise) 222 : 37 = 6, ...

2. Schriftliches Rechnen mit Dezimalbrüchen

2.1. Addieren und Subtrahieren

Beim Addieren [Subtrahieren] von Dezimalbrüchen schreibt man diese zunächst stellengerecht untereinander und addiert [subtrahiert] dann stellenweise von rechts nach links. Die Lücken werden wie Nullen behandelt.

Schriftliches Addieren und Subtrahieren

Beispiele: 68,94 + 3,458 + 128   23,68 − 8,9

```
   68,94
    3,458
+ 128
  200,398
```

```
   23,68
 −  8,9
   14,78
```

Schriftliches Multiplizieren

2.2. Multiplizieren

Man multipliziert Dezimalbrüche zunächst ohne Berücksichtigung des Kommas wie natürliche Zahlen und streicht dann im Ergebnis so viele Kommastellen ab, wie die Faktoren zusammen haben.

Beispiel: 5,67 · 8,9

```
5,67 · 8,9
  4536
  5103
 50,463
```

Der erste Faktor hat *zwei*, der zweite *eine* Nachkommastelle. Das Ergebnis bekommt infolgedessen *drei* Nachkommastellen.

Schriftliches Dividieren

2.3. Dividieren

Man dividiert einen Dezimalbruch durch eine natürliche Zahl, indem man zunächst ohne Berücksichtigung des Kommas wie bei natürlichen Zahlen dividiert. Überschreitet man bei der Rechnung das Komma, d. h. schreibt man die Zehntelziffer herunter, so setzt man im Ergebnis das Komma.

Beispiel: 313,95 : 23

```
313,95 : 23 = 13,65
 23
 ‾‾
  83
  69
  ‾‾
  149
  138
  ‾‾‾
   115
   115
   ‾‾‾
     0
```

Ein Quotient ändert sich nicht, wenn man in Dividend und Divisor das Komma gleichsinnig um 1; 2; 3; ... Stellen verschiebt (Erweitern bzw. Kürzen).

Beispiel: 313,95 : 23 = 13,65 ; 3139,5 : 230 = 13,65.

Man dividiert Dezimalbrüche, indem man das Komma im Dividenden und im Divisor gleichsinnig verschiebt, so daß der Divisor eine natürliche Zahl wird. Dann rechnet man nach dem bekannten Verfahren weiter (Division, ↑ S. 20).

Beispiel: 67,392 : 3,6 = 673,92 : 36 = 18,72
```
                              36
                              ───
                              313
                              288
                              ───
                              259
                              252
                              ───
                               72
                               72
                               ──
                                0
```

3. Rechnen mit Brüchen und gemischten Zahlen

Schreibfiguren wie $\frac{2}{5}, \frac{1}{7}, \frac{3}{4}, \frac{8}{2}$ (allgemein: $\frac{a}{b}$) heißen Brüche. Man nennt a den *Zähler*, b den *Nenner* des Bruches. Zähler und Nenner werden durch den *Bruchstrich* getrennt. Man kann diese Schreibfiguren als Namen für Zahlen ansehen, für die Bruchzahlen.

Da man Brüche erweitern und kürzen kann (↑ S. 125), läßt sich jede Bruchzahl auf mehrfache Weise beschreiben.

Zähler
Nenner
Bruchstrich

Beispiel: $\frac{1}{2}, \frac{2}{4}, \frac{3}{6}, \ldots$ sind nur verschiedene Schreibweisen für die Bruchzahl $\frac{1}{2}$ (Grunddarstellung).

Man schreibt daher auch: $\frac{1}{2} = \frac{2}{4} = \frac{3}{6} = \ldots$

Bruchzahlen mit gleichem Nenner nennt man *gleichnamig*.

gleichnamig

3.1. Addition und Subtraktion von Brüchen

Gleichnamige Bruchzahlen werden addiert [subtrahiert], indem man die Zähler addiert [subtrahiert] und den Nenner beibehält.

Beispiele: $\dfrac{2}{9} + \dfrac{5}{9} = \dfrac{2+5}{9} = \dfrac{7}{9}$

$\dfrac{8}{11} - \dfrac{3}{11} = \dfrac{8-3}{11} = \dfrac{5}{11}$

Ungleichnamige Bruchzahlen werden vor dem Addieren [Subtrahieren] durch Erweitern oder Kürzen gleichnamig gemacht.

Beispiele: $\dfrac{3}{8} + \dfrac{5}{12} = \dfrac{3 \cdot 3 + 5 \cdot 2}{24} = \dfrac{9+10}{24} = \dfrac{19}{24}$

$\dfrac{5}{6} - \dfrac{4}{9} = \dfrac{5 \cdot 3 - 4 \cdot 2}{18} = \dfrac{15-8}{18} = \dfrac{7}{18}$

Nach Ausführung der Rechnung sollte man stets prüfen, ob sich das Ergebnis noch kürzen läßt.

Beispiel: $\dfrac{7}{9} - \dfrac{4}{9} = \dfrac{7-4}{9} = \dfrac{3}{9} = \dfrac{1}{3}$.

3.2. Multiplikation von Brüchen

Zwei Bruchzahlen werden multipliziert, indem man Zähler mit Zähler und Nenner mit Nenner multipliziert.

Beispiele: $\dfrac{2}{5} \cdot \dfrac{3}{7} = \dfrac{2 \cdot 3}{5 \cdot 7} = \dfrac{6}{35}$

Falls möglich, ist es zweckmäßig, vor dem endgültigen Ausmultiplizieren zu kürzen:

$\dfrac{4}{9} \cdot \dfrac{3}{8} = \dfrac{4 \cdot 3}{9 \cdot 8} = \dfrac{1 \cdot 1}{3 \cdot 2} = \dfrac{1}{6}$.

3.3. Division von Brüchen

Man dividiert durch eine Bruchzahl, indem man den Dividenden mit dem Kehrbruch (Gegenbruch) des Divisors multipliziert.

Beispiele: $\dfrac{5}{7} : \dfrac{3}{4} = \dfrac{5}{7} \cdot \dfrac{4}{3} = \dfrac{5 \cdot 4}{7 \cdot 3} = \dfrac{20}{21}$

Falls möglich, ist es zweckmäßig, vor dem endgültigen Ausmultiplizieren zu kürzen:

$$\frac{15}{14} \cdot \frac{16}{21} = \frac{15}{14} \cdot \frac{21}{16} = \frac{15 \cdot 21}{14 \cdot 16} = \frac{15 \cdot 3}{2 \cdot 16} = \frac{45}{32}$$

Wegen Sonderfällen bei der Division, ↑ S. 128f.

3.4. Addition von gemischten Zahlen

Gemischte Zahlen sind Summen aus natürlichen Zahlen und Bruchzahlen (↑ S. 130). Man kann daher mit ihnen stets wie mit Bruchzahlen rechnen.

Gemischte Zahlen werden addiert, indem man
(1) die gemischten Zahlen in unechte Brüche umrechnet und diese nach den bekannten Regeln addiert (↑ S. 129); oder
(2) wegen der Gültigkeit des Kommuntativgesetzes, die natürlichen Zahlen *und* die Bruchzahlen addiert. Dabei auftretende unechte Brüche werden in gemischte Zahlen umgerechnet.

Beispiel:

$$2\frac{1}{2} + 1\frac{2}{3} = \frac{5}{2} + \frac{5}{3}$$
$$= \frac{15}{6} + \frac{10}{6}$$
$$= \frac{25}{6}$$
$$= 4\frac{1}{6}$$

$$2\frac{1}{2} + 1\frac{2}{3} = (2 + 1) + \left(\frac{1}{2} + \frac{2}{3}\right)$$
$$= 3 + \left(\frac{3}{6} + \frac{4}{6}\right)$$
$$= 3 + \frac{7}{6}$$
$$= 3 + 1 + \frac{1}{6}$$
$$= 4\frac{1}{6}$$

3.5. Subtraktion von gemischten Zahlen

Gemischte Zahlen werden subtrahiert, indem man
(1) die gemischten Zahlen in unechte Brüche umrechnet und diese nach den bekannten Regeln subtrahiert (↑ S. 129f); oder
(2) die natürlichen Zahlen *und* die Bruchzahlen subtrahiert. Ist bei der Differenz der Bruchzahlen der Subtrahend größer als der Minuend, so »borgt« man sich, um den Minuenden zu vergrößern, einen Einer vom Minuenden der natürlichen Zahl aus.

Beispiel:

1) $5\frac{1}{2} - 1\frac{2}{3} = \frac{11}{2} - \frac{5}{3}$
$= \frac{33}{6} - \frac{10}{6}$
$= \frac{23}{6}$
$= 3\frac{5}{6}$

2) $5\frac{1}{2} - 1\frac{2}{3} = (5-1) + \left(\frac{1}{2} - \frac{2}{3}\right)$
$= (4-1) + \left(1\frac{1}{2} - \frac{2}{3}\right)$
$= 3 + \left(\frac{3}{2} - \frac{2}{3}\right)$
$= 3 + \frac{9-4}{6}$
$= 3\frac{5}{6}$

3.6. Punktrechnung mit gemischten Zahlen.
Gemischte Zahlen werden multipliziert [dividiert], indem man die gemischten Zahlen in unechte Brüche umrechnet und diese multipliziert [dividiert].

Beispiele:

1) $8\frac{1}{3} \cdot 1\frac{1}{2} = \frac{25}{3} \cdot \frac{3}{2}$
$= \frac{25}{2}$
$= 12\frac{1}{2}$

2) $8\frac{1}{3} : 1\frac{1}{2} = \frac{25}{3} : \frac{3}{2}$
$= \frac{25}{3} \cdot \frac{2}{3}$
$= \frac{50}{9}$
$= 5\frac{5}{9}$

4. Rechnen mit ganzen Zahlen

Zur Menge $\mathbb{Z}$ der ganzen Zahlen gehören ..., (-3), (-2), (-1), 0, $(+1)$, $(+2)$, $(+3)$, ..., sie setzt sich also aus den negativen ganzen Zahlen und den positiven ganzen Zahlen zusammen.
Die Zahlen (-3) und $(+3)$ z. B. unterscheiden sich nur durch ihr Vorzeichen. Man sagt auch, sie haben denselben *Betrag* (in Zeichen: $|-3| = |+3| = 3$).

Betrag

4.1. Strichrechnung
[1] **Addition.** Ganze Zahlen werden nach folgender Regel addiert:

(1) Haben beide Summanden gleiches Vorzeichen, so erhält auch die Summe dieses Vorzeichen.
Der Betrag der Summe ist gleich der Summe der Beträge.

Beispiele: $(+2) + (+3) = (+ (2+3)) = (+5)$
$(-4) + (-3) = (- (4+3)) = (-7)$

(2) Haben beide Summanden verschiedenes Vorzeichen, so erhält die Summe das Vorzeichen von der Zahl mit dem größeren Betrag.
Der Betrag der Summe ist gleich der Differenz der Beträge.

Beispiele: $(+4) + (-6) = (- (6-4)) = (-2)$
$(-4) + (+6) = (+ (6-4)) = (+2)$

[2] Subtraktion. Eine ganze Zahl wird *subtrahiert,* indem man die zum Subtrahenden (additive) Gegenzahl *addiert* (↑ S. 145).

Beispiele: $(+3) - (+7) = (+3) + (-7) = (-4)$
$(+3) - (-7) = (+3) + (+7) = (+10)$

4.2. Punktrechnung

[1] Multiplikation. Ganze Zahlen werden nach folgender Regel *multipliziert:*
(1) Haben beide Faktoren gleiches Vorzeichen, so erhält das Produkt das positive Vorzeichen.
Der Betrag ergibt sich als das Produkt der Beträge.

Beispiele: $(+3)(+4) = (+12)$, $(-3)(-4) = (+12)$

(2) Haben beide Faktoren verschiedene Vorzeichen, so erhält das Produkt das negative Vorzeichen.
Der Betrag ergibt sich als das Produkt der Beträge.

Beispiele: $(-3)(+4) = (-12)$, $(+3)(-4) = (-12)$

[2] Division. Die *Division* erfolgt nach analogen Regeln:
(1) Haben Dividend und Divisor gleiches Vorzeichen, so erhält der Quotient das positive Vorzeichen.
Der Betrag ergibt sich als der Quotient der Beträge.

Beispiele: $(+15):(+3) = (+5)$, $(-15):(-3) = (+5)$

(2) Haben Dividend und Divisor verschiedenes Vorzeichen, so erhält der Quotient das negative Vorzeichen. Der Betrag ergibt sich als der Quotient der Beträge.

Beispiele: $(+15):(-3) = (-5)$, $(-15):(+3) = (-5)$

5. Rechnen mit gerundeten Zahlen

Näherungswert

5.1. Näherungswerte

Da jedes Meßgerät, wie z. B. Thermometer, Zollstock, Stoppuhr oder Waage seine Genauigkeitsgrenze hat, liefert jede Messung nur einen *Näherungswert* des realen Meßwertes. Jede Messung einer Größe ist mit einer Ungenauigkeit behaftet. Größen sind daher meist Näherungswerte.
An *genäherte* Zahlenwerte dürfen, im Gegensatz zu den *genauen* Zahlenwerten, nach dem Komma keine Nullen angehängt werden.

Beispiel: Wird die Länge einer Strecke mit 10,5 m angegeben, so bedeutet dies, daß der reale Wert der Länge zwischen 10,45 m und 10,55 m (einschließlich 10,45 m) liegt. Bei einer Längenangabe von 10,50 m liegt der reale Wert dagegen zwischen 10,495 m und 10,505 m (einschließlich 10,495 m).

Häufig kommt es bei Berechnungen in der Menge ℝ auf den genauen Zahlenwert des Ergebnisses nicht an. Man rechnet mit gerundeten Zahlen.

Neben der Rundungsregel (↑ S. 135) für das Runden der n-ten Stelle, gibt es bezüglich der 5 in der (n + 1)-ten Stelle auch eine komplizierte Regel, die im wissenschaftlichen Bereich zuweilen Anwendung findet (*Gerade-Zahl-Regel*):

Gerade-Zahl-Regel

Folgt auf die zu rundende Stelle eine 5, so wird *ab*gerundet, wenn die Ziffer vor der 5 gerade, *auf*gerundet, wenn sie ungerade ist.

Beispiele: $\frac{7}{8} = 0{,}875 \approx 0{,}88$; $\frac{1}{8} = 0{,}125 \approx 0{,}12$

5.2. Addition und Subtraktion
Genäherte Zahlen werden addiert [subtrahiert], indem man die gerundeten Zahlen addiert. Die Anzahl der zu rundenden Stellen richtet sich nach dem *ungenauesten* Zahlenwert.

Beispiele: 1) Es sei die Summe von Näherungswerten zu berechnen: 3,5441 + 23,489 + 0,85.
Der ungenaueste Zahlenwert ist 0,85. Die anderen Zahlen werden daher auf Hundertstel gerundet und dann addiert

```
   3,54
  23,49
+  0,85
  -----
  27,88
```

2) Die Differenz der genäherten Zahlenwerte 23,567 — 9,8 sei zu berechnen. Der ungenauere Zahlenwert ist 9,8. Die andere Zahl wird daher auf Zehntel gerundet und dann die Differenz der gerundeten Werte gebildet:
23,567 − 9,8 ≈ 23,6 − 9,8 = 13,8.

5.3. Multiplikation und Division
Zwei genäherte Zahlen werden multipliziert [dividiert], indem man die gerundeten Zahlen multipliziert [dividiert]. Das ausgerechnete Produkt [Der ausgerechnete Quotient] besitzt etwa genauso viele gültige Ziffern wie der ungenauere Wert.

Beispiele:
1) 2,56 · 0,83

```
  2,6 · 0,83
  ----------
  208
   78
  -----
  2,158
```

2) 39,74 : 5,3 ≈ 40 : 5,3 = 400 : 53

```
400 : 53 = 7,54 ...
371
---
 290
 265
 ---
 240
 212
 ---
 ...
```

2,56 · 0,83 ≈ 2,2   39,74 : 5,3 ≈ 7,5

Die ungenauere Zahl enthält in beiden Beispielen zwei gültige Ziffern. Daher wird auch die andere Zahl zum Rechnen auf zwei gültige Ziffern gerundet.

Taschenrechner

Durch Kleinheit, Rechengeschwindigkeit und leichte Bedienbarkeit haben die elektronischen Taschenrechner in den letzten Jahren einen weiten Anwendungsbereich in Alltag, Beruf und Wissenschaft gewonnen. Auch in den Schulunterricht haben die Taschenrechner Eingang gefunden; oft ermöglichen sie rechenschwachen Schülern den Zugang zur Mathematik. Außerdem kann mit ihnen eine größere Praxisnähe erreicht werden, denn die elektronischen Taschenrechner lassen es zu, mit realistischen Zahlenbeispielen zu rechnen. Der Taschenrechnereinsatz in der Schule bedeutet ein Training für den Berufsalltag, denn dieses Hilfsmittel gehört heute in vielen Berufszweigen zum üblichen »Handwerkszeug«.

1. Arten von Taschenrechnern

1.1. Ausstattung von Taschenrechnern

Die zahlreichen elektronischen Kleinrechner unterscheiden sich nicht nur im Preis, sondern auch in der Größe, in der Stromversorgung, in der Anzahl der Tasten, die sie haben, und in den Rechenoperationen, die man mit ihnen ausführen kann.
Nach der Größe kann man eine Unterteilung in Taschenrechner und Tischrechner vornehmen.

Tischrechner

[1] **Tischrechner.** Im Büro oder am Arbeitsplatz hat ein Tischrechner einige Vorteile: Bedienungsfeld und Anzeige sind größer und übersichtlicher. Sie können oft auch die Ergebnisse ausdrucken, so daß Kontrolle, Buchhaltung und Aufbewahrung erleichtert werden. Größere Tischrechner sind häufig in einer Programmiersprache (↑ S. 490 ff.) programmierbar, so daß ständig wiederkehrende Berechnungen, z. B. Mehrwert-

steuerberechnungen, Buchhaltung usw., automatisch ausgeführt werden. Einige besitzen einen Fernsehschirm zur Anzeige und können ihre Werte auf einer elektrischen Schreibmaschine ausgeben.

[2] Taschenrechner. Ein Taschenrechner ist günstig, wenn man ihn z. B. zur Baustelle, zur Schule, zum Supermarkt mitnehmen will. Aber auch zu Hause kann man gut mit einem Taschenrechner rechnen. Eine Einteilung der Taschenrechner ergibt sich, wenn man sie nach Verkaufspreis und nach Rechenkomfort sortiert. Man unterscheidet dann grob drei Gruppen: Einfach-Rechner, Standard-Rechner und Spitzenmodelle. *Taschenrechner*

Mit Einfach-Rechnern kann man Rechnungen in allen vier Grundrechenarten ausführen. Viele *Einfach-Rechner* haben auch eine Prozentautomatik (↑ S. 50). Die meisten dieser Rechner sind zudem mit einer Konstantenautomatik (↑ S. 46) ausgestattet, die beim Aufstellen von Tabellen die wiederholte Eingabe gleichbleibender Werte erspart. Eine *Gesamtlöschtaste* mit den Symbolen $\boxed{C}$ oder $\boxed{CA}$ oder $\boxed{CLR}$ dient zum Löschen der Zahlen. *Einfachrechner*

Standard-Rechner (Mittelklasse-Rechner) bieten weitere Möglichkeiten. Sie sind meist mit einem *Abstellspeicher* $\boxed{M}$ oder einem *Summenspeicher* $\boxed{M+}$ ausgestattet. Diese Speicher erlauben das Aufbewahren von Zahlen bzw. das Aufsummieren von Zwischenergebnissen (↑ S. 47). Geräte dieser Preisklasse haben zudem i.a. eine *Eingabelöschtaste* mit dem Symbol $\boxed{CE}$ oder $\boxed{CK}$. Durch die Betätigung dieser Taste wird nur die zuletzt eingegebene Zahl gelöscht (↑ S. 41). Rechner der mittleren Preisklasse verfügen i.a. über eine Wurzeltaste $\boxed{\sqrt{x}}$, eine $\boxed{1/x}$-Taste (↑ S. 50 f) und oft auch eine Register-Tauschtaste $\boxed{EX}$ oder $\boxed{x \rightleftarrows y}$ (↑ S. 48). Mit Rechnern dieser Preisklasse können die trigonometrischen, logarithmischen und exponentiellen Funktionen berechnet werden. Sie sind meist mit einer Anzeige in scientific notation (↑ S. 35) ausgerüstet. *Standardrechner*

Die *Spitzenmodelle* unter den Taschenrechnern verfügen über weitere Funktionstasten. Bei einigen von ihnen sind Zinsberechnungen und Kalender einprogrammiert. Viele der Spitzenmodelle sind auch vom Benutzer frei programmierbar. Sie führen dann Rechnungen, die nach derselben Formel ablaufen, z.B. Flächen- und Volumenberechnungen, Primzahl- *Spitzenmodelle* bestimmungen usw., völlig automatisch aus. Die Programme für die Rechnungen können teilweise auf kleinen Magnetkärtchen gespeichert werden oder über einen Adapter auf die Kassetten von handelsüblichen Kassettenrecordern übertragen werden. Auf einige Modelle aus der Spitzenklasse können über Steckeinheiten (Module) die Formeln und Programme aus speziellen Bereichen, z.B. Bankwesen, Hochbau, Statistik usw., übertragen werden.

Anzeigekapazität

[3] **Anzeige- und Rechenkapazität.** Die Anzahl der gleichzeitig anzeigbaren Stellen einer Zahl bezeichnet man als *Anzeigekapazität.* Verbreitet sind Taschenrechner mit acht- bis zwölfstelliger Anzeigekapazität.

Rechenkapazität

Die Anzahl der Stellen von Zahlen, mit denen intern im Taschenrechner gerechnet werden kann, bezeichnet man als *Rechenkapazität.* Bei vielen Taschenrechnern ist die Rechenkapazität um ein- bis drei Stellen größer als die Anzeigekapazität. Dadurch werden bei den Berechnungen Rundungsfehler vermieden.

1.2 Anzeigearten

Fließkomma

[1] **Fließkomma.** Praktisch alle Taschenrechner sind mit *Fließkommaanzeige* ausgestattet. Das Komma hat keinen festen Platz in der Anzeige, sondern steht dort, wo es eingegeben worden ist, bzw. beim Ergebnis vor den berechneten Nachkommastellen.

Beispiel:
1.71 [x] 2.013 [=] 3.44223

Festkomma

[2] **Festkomma.** Bei einigen Taschenrechnern und vielen Tischrechnern ist eine feste Anzahl von Nachkommastellen einstellbar, z. B. 2 oder 4 Stellen. Geräte dieser Art haben eine Festkommaanzeige. Nullen in der letzten Nachkommastelle werden bei Festkommaeinstellung mitangezeigt, während sie bei Geräten mit Fließkommaanzeige unterdrückt werden. Festkommaeinstellung ist bei vielen praktischen Problemen empfehlenswert, z. B. 2 Stellen bei finanziellen Berechnungen (Mehrwertsteuer, Zinsen usw.).

Beispiele:

Eingabe	Anzeige Festkomma: 2	Bemerkungen
2.011	2.01	(gerechnet wird aber mit dem Wert 2.011)
1.73 ☒ 2.011 ☐	3.47	bei Geräten ohne Rundungsautomatik
	3.48	bei Geräten mit Rundungsautomatik

[3] **Wissenschaftliche Anzeige.** Mit Hilfe der wissenschaftlichen Anzeige (scientific notation), die die meisten Taschenrechner der Mittel- und Spitzenklasse haben, läßt sich die Rechenkapazität erheblich erweitern. Die Zahlen werden in dieser Exponentialschreibweise zerlegt in einen Faktor zwischen 1 und 10 sowie eine Zehnerpotenz. Angezeigt wird vom Rechner der Faktor und die Hochzahl der Zehnerpotenz.

wissenschaftliche Anzeige

scientific notation

Beispiele:

Zahl	Exponentialschreibweise	Anzeige
32 456	$3{,}2456 \cdot 10^4$	3.2456 04
0,0000079356	$7{,}9356 \cdot 10^{-6}$	7.9356 −06

Durch die scientific notation können vom Taschenrechner Zahlen zwischen 10^{-99} und 10^{99} angezeigt und verarbeitet werden.

[4] **Rundungsautomatik.** Viele Taschenrechner sind mit einer Rundungsautomatik, der sogenannten 5/4-Rundung (gelesen: fünf-Strich-vier-Rundung) ausgestattet. Durch die 5/4-Rundung wird die letzte angezeigte Ziffer aufgerundet, wenn die nachfolgende Ziffer mindestens gleich 5 ist. Die letzte angezeigte Ziffer wird dagegen nicht verändert, wenn die nachfolgende Ziffer vier oder kleiner ist.

Rundungsautomatik

1.3. Rechenlogik
Wichtiges Merkmal für die Auswahl eines Taschenrechners ist die Art, wie die Tasten bei Aufgaben, in denen verschiedene Grundrechenarten vorkommen, bedient werden müssen.

Algebraische Logik (AL)

[1] Algebraische Logik (AL). Rechner mit algebraischer Logik sind weit verbreitet. Bei der Berechnung von Aufgaben muß berücksichtigt werden, daß die Rechner in der Reihenfolge rechnen, in der Zahlen und Rechenoperationen eingegeben werden. Sie beachten nicht die Regel (↑ S. 21): »Punktrechnung vor Strichrechnung«. Es müssen daher ggf. Teile der Aufgabe umgestellt werden oder zusätzliche Klammern eingegeben werden.

Beispiele:
8 + 2 : 5

Anmerkung: Wegen der Regel »Punktrechnung vor Strichrechnung« muß zuerst 2 : 5 = 0,4 ausgerechnet werden. Dann wird dieser Wert zu 8 addiert; also 8 + 0,4 = 8,4.

Lösung durch Umstellen:
Tastenfolge: 2 ÷ 5 + 8 = 8.4
Lösung durch zusätzliche Klammern:
Tastenfolge: 8 + (2 ÷ 5) = 8.4

Algebraische Logik mit Hierarchie (AL) Algebraisches Operationssystem (AOS)

[2] Algebraische Logik mit Hierarchie (ALH) oder algebraisches Operationssystem (AOS). Taschenrechner mit ALH- bzw. AOS-Rechenlogik berücksichtigen die Regel: »Punktrechnung vor Strichrechnung«.

Beispiel: Die Tastenfolge 5 × 6 + 3 × 4 = liefert bei einem Taschenrechner mit ALH oder AOS die Zahl 42, denn es wird gerechnet (5 · 6) + (3 · 4) = 30 + 12 = 42. Ein Taschenrechner *ohne* Hierarchie dagegen würde in der Reihenfolge, in der eingetastet wird, rechnen: 5 · 6 = 30, 30 + 3 = 33, 33 · 4 = 132, also 132 anzeigen.

Umgekehrte polnische Notation (UPN)

[3] Umgekehrte polnische Notation (UPN). Bei Taschenrechnern mit umgekehrter polnischer Notation (UPN) werden grundsätzlich erst die beiden Zahlen, die verknüpft werden sollen, eingegeben, und dann erst wird die Taste mit dem Rechensymbol betätigt. Will man 11 + 8 mit einem solchen Taschenrechner berechnen, so muß man diesem mitteilen, wann der erste Summand vollständig eingegeben ist. Dies geschieht mit einer Taste ENTER oder ↑

Beispiele:
11 + 8   11 ENTER 8 +   13 · 4   13 ENTER 4 ×
23 − 5   23 ENTER 5 −   −12 : 5   12 +/− ENTER 5 ÷

Anmerkung: Dieses Verfahren geht zurück auf Überlegungen des polnischen Mathematikers und Logikers Jan Lukasiewics (1878 — 1956). Daher die Bezeichnung »umgekehrte polnische Notation«.

[4] **Arithmetische Logik (AR).** Taschenrechner mit arithmetischer Logik, die häufig auch als kaufmännische Rechner bezeichnet werden, erkennt man daran, daß sie keine separate Taste =, dafür aber Tasten ± und ≡ haben.

Arithmetische Logik

Beispiele:
11 + 8   11 ± 8 ±   13 · 4   13 × 4 ±
23 − 5   23 ± 5 ≡   (−12) : 5   12 ≡ ÷ 5 ±

Die Tastenfolge für 11 + 8 deutet man so: Zuerst wird 11 zum Bestand 0 addiert. Zu dem neuen Bestand wird 8 addiert.

1.4. Arbeitsweise eines Taschenrechners

[1] **Aufbau.** Ein Taschenrechner besteht im wesentlichen aus drei Bauelementen:
(1) Über die Eingabeeinheit (Tastatur) werden Zahlen und Rechenanweisungen eingegeben.
(2) Die Verarbeitung der Zahlen geschieht im Verarbeitungswerk. Dieses enthält auch Speicher (Register). Das Steuerwerk im Verarbeitungswerk besteht heute i.a. nur aus einem Chip (chip engl. = Stückchen). Ein solcher Chip besteht aus einem besonderen Siliziumplättchen von einigen Quadratmillimetern Größe. Er ersetzt mehrere tausend elektronische Bauelemente.
(3) Über die Anzeige werden die eingegebenen Zahlen sowie das Ergebnis angezeigt.

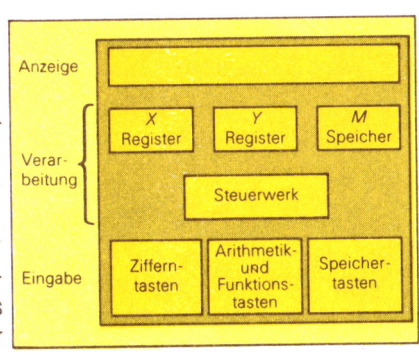

Beispiel für Zahlverarbeitung im Taschenrechner: 9 + 4

1) Durch Betätigen der Zifferntaste 9 gelangt diese Zahl in einen Arbeitsspeicher, genannt X-Register, und erscheint gleichzeitig in der Anzeige

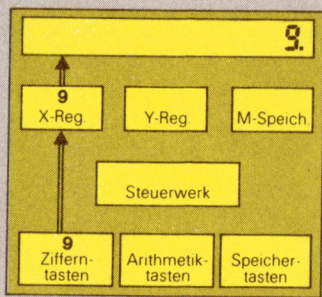

2) Durch Betätigen der Arithmetiktaste + wird die Steuereinheit auf »Addition« eingestellt. Zugleich wird die Zahl 9 in einen weiteren Arbeitsspeicher, das Y-Register, gegeben.

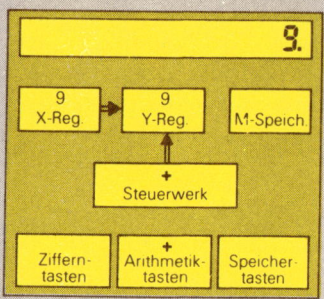

3) Durch Betätigen der Zifferntaste 4 gelangt die zweite Zahl in das X-Register und zugleich in die Anzeige.

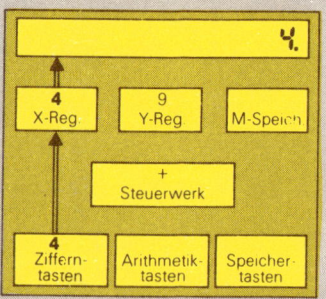

4) Durch Betätigen der Ergebnistaste $\boxed{=}$ wird die Addition der beiden eingegebenen Zahlen durchgeführt. Das Ergebnis gelangt in das X-Register und wird angezeigt. Bei Taschenrechnern mit Konstantenautomatik wird dabei 4 in das Y-Register geschoben.

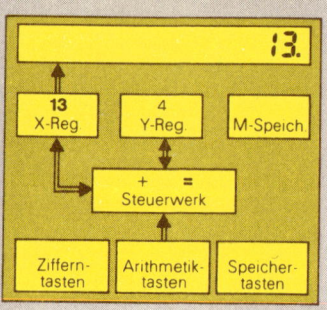

[2] Arbeitsweise eines UPN-Rechners. Taschenrechner mit umgekehrter polnischer Notation haben ein *Stack-Register*. »Stack« bedeutet »Stapel«. Eine eingegebene Zahl befindet sich im X-Register. Durch Betätigen der Taste ENTER wird die Zahl in das nächsthöhere Register gegegeben. Sie verbleibt aber auch im ursprünglichen Register, bis sie dort gelöscht oder durch eine andere Zahl verdrängt wird.

Stack-Register

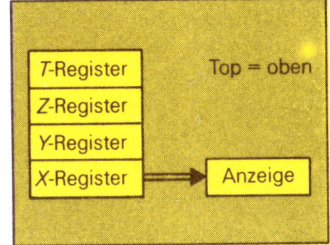

Wird eine Operationstaste, z. B. +, −, ×, ÷ gedrückt, dann wird diese Operation zwischen den Inhalten des X-Registers und des Y-Registers ausgeführt.
Das Ergebnis steht im X-Register und wird angezeigt. Der Inhalt vom Y-Register wird gelöscht, und die Inhalte von höheren Registern werden ein Register tiefer geschoben.

Beispiel: 5 · 6 + 3 · 4

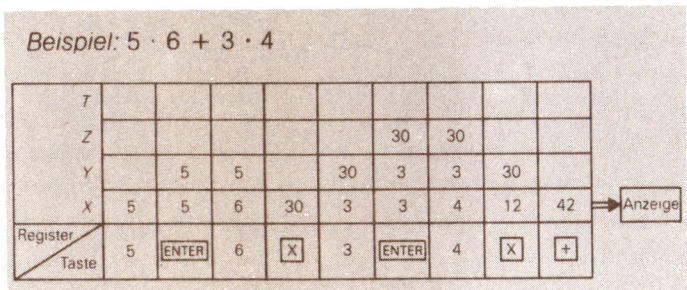

2. Bedienung des Taschenrechners

Nach Einschalten des Taschenrechners, dazu dient meist ein Schiebeschalter oder eine Drucktaste mit »ON« oder »I«, zeigt dieser i. a. in der Anzeige 0. Ist dies nicht der Fall, so muß die Löschtaste C oder CE betätigt werden.

ON

Mit der OFF-Taste wird der Rechner ausgeschaltet.

OFF

automatische Abschaltung

Viele Rechner besitzen heute eine automatische Abschaltung zur Schonung der Batterien. Läßt man den Rechner eingeschaltet, ohne irgendeine Taste zu betätigen, dann wird i. a. die Anzeige bis auf ein bestimmtes Symbol (z. B. Leuchtstrich, wanderndes Komma) verschwinden. Sobald jedoch irgendeine Taste gedrückt wird, schaltet sich die Anzeige wieder ein. Zur Aktivierung der Anzeige ist das zeimalige Drücken der Taste EXC (↑ S. 48) oder das Drücken der Taste = zu empfehlen.

2.1. Eingabe von Zahlen

[1] **Natürliche Zahlen** werden eingegeben, indem man die zugehörigen Zifferntasten nacheinander betätigt. Man beginnt mit den Ziffern, die am weitesten links stehen.

Beispiel: 8513 soll eingegeben werden.

Tastenbedienung	Anzeige	Bemerkungen
8	8.	Bei einigen Rechnern
5	85	steht die zuerst
1	851.	eingegebene Ziffer
3	8513.	ganz links.

Dezimalpunkttaste

[2] **Dezimalzahlen.** Bei Dezimalzahlen werden zuerst die Ziffern vor dem Komma eingegeben. Dann wird die *Komma*- oder *Dezimalpunkttaste* [·] betätigt. Anschließend werden die Ziffern nach dem Komma eingegeben. Steht nur eine 0 vor dem Komma, dann kann mit dem Tippen der Dezimalpunkttaste begonnen werden.

Beispiel: 67,45 bzw. 0,456 sollen eingegeben werden.

Tastenbedienung	Anzeige
6 7 [·] 4 5	67.45
[·] 4 5 6	0.456

Anmerkung: Da in vielen Ländern anstelle des Kommas bei Dezimalzahlen ein Punkt geschrieben wird, hat die Komma-Taste eines Taschenrechners das Symbol [·] . Als Rechenzeichen für das Malnehmen Multiplikation wird ein Kreuz [×] benutzt.

[3] **Negative Zahlen.** Bei negativen Zahlen werden i. a. erst die Ziffern der Zahl eingegeben. Anschließend wird die *Vor-*

zeichenwechseltaste $\boxed{+/-}$ oder $\boxed{CHS}$ betätigt. Sie macht aus der bis dahin angezeigten positiven Zahl die gewünschte negative Zahl. Durch Betätigen der Taste wird das Vorzeichen der angezeigten Zahl von positiv in negativ und umgekehrt geändert. Die Vorzeichenwechseltaste wird i. a. erst nach Eingabe einer Zahl betätigt. Bei einigen Rechnern ist es auch möglich, zuerst die Minus-Taste $\boxed{-}$ zu betätigen und dann die Ziffern der Zahl einzutasten.

Vorzeichenwechseltaste

Beispiele:

	Tastenfolge	Anzeige	Bemerkungen
−23,4	23.4 $\boxed{+/-}$	−23.4	Bei einigen Rechnern kann vorher die $\boxed{-}$-Taste betätigt werden.
−12 + 39 =	12 $\boxed{+/-}$ $\boxed{+}$ 39 $\boxed{=}$	27	
4 · (−17) =	4 $\boxed{\times}$ 17 $\boxed{+/-}$ $\boxed{=}$	−68	

[4] **Exponenteneingabe** $\boxed{EE}$. Die Exponenteneingabetaste zeigt an, daß der Taschenrechner in der Lage ist, Zahleneingaben und Ergebnisse in der wissenschaftlichen Schreibweise (scientific notation) zu verarbeiten. Die Exponenteneingabetaste wird vor Eingabe der Hochzahl (Exponent) betätigt.

$\boxed{EE}$

Beispiel: $6{,}3 \cdot 10^5$ $\boxed{\times}$ $4{,}82 \cdot 10^{-7}$
6.3 $\boxed{EE}$ 5 $\boxed{\times}$ 4.82 $\boxed{EE}$ 7 $\boxed{+/-}$ $\boxed{=}$ 0.30366

[5] **Korrektur falsch eingegebener Zahlen.** Bei einem Fehler bei der Eingabe von Zahlen muß die Taste $\boxed{CE}$ (engl. clear entry = Löschung der Eingabe) betätigt werden. Anschließend wird die richtige Zahl eingetastet.

Korrektur von Zahlen

Beispiel: 3,46 · 2,84 soll berechnet werden.
3.46 $\boxed{\times}$ 2.48 $\boxed{CE}$ 2.84 $\boxed{=}$ 9.8264
        ↑
  falsch eingegebene Zahl

Anmerkung: Durch Betätigen der Taste $\boxed{C}$ werden i. a. alle eingegebenen Zahlen gelöscht.

[6] **Fehleranzeige (Error-Anzeige).** Das Symbol für einen Fehler oder Irrtum leuchtet auf u. a. bei folgenden Gründen:

Error-Anzeige

a) Die eingegebenen Daten oder berechneten Ergebnisse überschreiten die Anzeigekapazität (↑ Überlauf S. 44).
b) Division einer Zahl durch 0.
c) Die Zahl 0 wird angezeigt und eine der Tasten [log], [ln] oder [1/x] wird betätigt.
d) Die angezeigte Zahl ist negativ und eine der Tasten [log], [ln], [√x], [yˣ] [f⁻¹][yˣ] wird betätigt.
e) Die angezeigte Zahl ist größer als 1, und man betätigt die Tasten [arc] [sin] oder [arc] [cos].
f) Berechnung des Tangens von 90°, 270° usw.
g) Es treten zu viele Klammern auf, oder es treten nicht genau so viele rechte wie linke Klammern auf.

2.2. Grundrechenarten

Arithmetiktasten

Die Tasten mit den Symbolen für die Grundrechenarten, als [+], [−], [×] [÷] nennt man *Operationstasten* oder *Arithmetiktasten*.

[+]
[=]

[1] **Addition.** Zur Ausführung einer Addition mit einem Taschenrechner benutzt man die Plus-Taste [+] und die Ergebnistaste [=].

Beispiel: 5,2 + 13,486 soll berechnet werden.
5.2 [+] 13.486 [=] 18.686

Die Addition kann auch durch Betätigen der Taste [+] oder einer anderen Rechentaste statt der Taste [=] abgeschlossen werden. Dadurch kann man bei fortlaufenden Berechnungen *Kurzwegtechnik* das Betätigen der Taste [=] einsparen (Kurzwegtechnik).

Beispiel: 212,40 + 97,84 + 114,50 + 352,00 + 297,18
212.4 [+] 97.84 [+] 114.5 [+] 352 [+] 297.18 [=] 1073.92

[2] **Subtraktion.** Zur Ausführung einer Subtraktion mit einem Taschenrechner benutzt man die Minus-Taste [−] und die Ergebnistaste [=]. Mehrere Berechnungen können nacheinander ausgeführt werden.

[−]

Beispiele: 1)   564,29 − 7622,034
564.29 [−] 7622.034 [=] −7057.744
2)   −123,4 + 678,55 + 9,41 − 13,89
123.4 [+/−] [+] 678.55 [+] 9.41 [−] 13.89 [=] 550.67

[3] **Multiplikationen.** Beim Multiplizieren (Malnehmen) mit dem Taschenrechner wird zuerst ein Faktor eingegeben. Dann wird die Mal- oder Multiplikationstaste ⨯ gedrückt. Anschließend wird der zweite Faktor eingegeben. Wird die Ergebnistaste = (oder eine andere Rechentaste) betätigt, dann wird das Ergebnis angezeigt.

⨯

Beispiele: 1) 286,3 · 57,01
286.3 ⨯ 57.01 = 16321.963
2) 25,7 · (−2,77)
25.7 ⨯ 2.77 +/− = −71.189

[4] **Division.** Für eine Division mit dem Taschenrechner benötigt man die Durch- oder Divisionstaste ÷ und die Ergebnistaste =

÷

Beispiele: 1) 893,5 : 17,6
893.5 ÷ 17.6 = 50.76704545
2) (−28,6) : (−34)
28.6 +/− ÷ 34 +/− = 0.8411764705

Anmerkung: Wer die Regel »Minus durch minus gleich plus« kennt, kann das zweimalige Betätigen von +/− sparen.

Das Zeichen ÷ deutet zugleich den Divisionsdoppelpunkt und den Bruchstrich an. Es ist in vielen Ländern, z. B. in den USA, als Divisionszeichen üblich und findet daher bei übernational verbreiteten Taschenrechnern Verwendung.

[5] **Kettenrechnung.** Durch die *Kurzwegtechnik* können auch Kettenrechnungen sehr schnell ausgeführt werden.

Kurzwegtechnik

Beispiel: Bei 23 · 48 + 205
genügt es
23 ⨯ 48 + 205 =
zu drücken. Es ist also nicht notwendig, nach jeder Teilrechnung die Taste = zu bedienen.

[6] **Überschreiten und Unterschreiten der Anzeigekapazität.** Überschreitet die Anzahl der Ziffern einer vom Taschenrechner berechneten Dezimalzahl im Bereich der *Nachkommastellen* die Anzeigekapazität des Taschenrechners, dann werden durch Underflow-Automatik die überschießenden

Underflow Nachkommastellen einfach abgeschnitten. Diese Art von »Underflow« tritt bei Taschenrechnern mit wissenschaftlicher Anzeige (scientific notation ↑ S. 35) nur selten auf. Durch einfaches Umformen vor dem Eintippen kann Underflow auch bei einfachen Taschenrechnern stark herabgesetzt werden (↑ S. 44 f.).

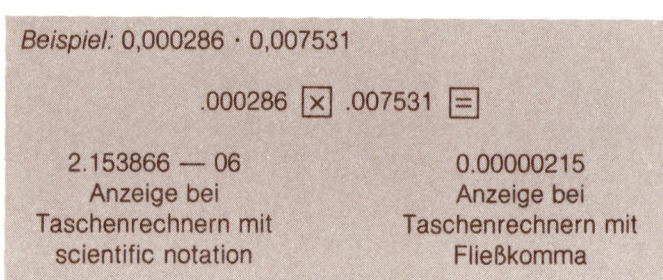

Beispiel: 0,000286 · 0,007531

.000286 [×] .007531 [=]

2.153866 — 06	0.00000215
Anzeige bei Taschenrechnern mit scientific notation	Anzeige bei Taschenrechnern mit Fließkomma

Overflow Überschreitet die Anzahl von Ziffern einer Zahl im Bereich der *Vorkommastellen* die Anzeigekapazität des Taschenrechners, dann erscheint in der Anzeige ein Zeichen für den Überlauf (overflow). Diese Art von Überlauf tritt bei Taschenrechnern mit wissenschaftlicher Anzeige (↑ S. 35) nur selten auf. Durch einfaches Umformen vor dem Eintippen kann Overflow auch bei einfachen Taschenrechnern oft vermieden werden (↑ S. 44 f.).

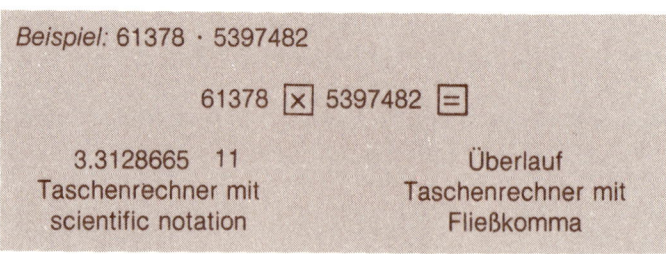

Beispiel: 61378 · 5397482

61378 [×] 5397482 [=]

3.3128665 11	Überlauf
Taschenrechner mit scientific notation	Taschenrechner mit Fließkomma

[7] **Multiplikation und Division sehr großer oder sehr kleiner Zahlen mit dem Taschenrechner.** Werden zwei sehr große Zahlen oder zwei sehr kleine Zahlen miteinander multipliziert, dann kann bei Taschenrechnern ohne wissenschaftliche Anzeige (↑ S. 35) die Anzeigekapazität überschritten oder unterschritten werden.
Zur Lösung solcher Aufgaben mit einem Taschenrechner geht man folgendermaßen vor:

(1) Verschiebe das Komma bei jedem der Faktoren um so viele Stellen, daß sie jeweils genau eine von Null verschiedene Vorkommastelle haben.
(2) Multipliziere die beiden so erhaltenen Zahlen mit dem Taschenrechner.
(3) Verschiebe das Komma bei dem abgelesenen Produkt um so viele Stellen zurück wie bei beiden Faktoren zusammen.

Beispiel:
1) 4567,89 · 654321
(1) 4567,89   4,56789 Kommaverschiebung: 3 Stellen
     654321   6,54321 Kommaverschiebung: 5 Stellen

(2) 4.56789 $\boxed{\times}$ 6.54321 $\boxed{=}$ 29.88866353

(3) 29.888663   2988866353 Komma zurück: 8 Stellen

2) 0,00872 · 0,000394
(1) 0,00872   8,72   Kommaverschiebung: 3 Stellen
     0,000394   3,94   Kommaverschiebung: 4 Stellen

(2) 8.72 $\boxed{\times}$ 3.94 $\boxed{=}$ 34.3568

(3) 34.3586   0,00000343568 Komma zurück: 7 Stellen

Auch bei Divisionsaufgaben kann es zu Überschreitung der Anzeigekapazität kommen, insbesondere bei Taschenrechnern ohne wissenschaftliche Anzeige (↑ S. 35).
Zur Lösung solcner Aufgaben mit einem Taschenrechner geht man entsprechend vor wie bei der ·Multiplikation.

[8] Korrektur falsch eingegebener Rechenoperationen.
Fehler beim Bedienen der Operationstasten werden bei den meisten Taschenrechnern dadurch korrigiert, daß man nach der falsch eingegebenen Operation einfach die richtige Operationstaste drückt.
Läßt sich ein Irrtum bei einem Taschenrechner so nicht korrigieren, so muß bei falsch eingegebenem $\boxed{+}$ oder $\boxed{-}$ anschließend die Taste 0, bei falsch eingegebenern $\boxed{\times}$ oder $\boxed{\div}$ anschließend die Taste 1 betätigt werden. Dann kann die Rechnung mit dem richtigen Operationszeichen fortgesetzt werden.

2.3. Rechnen mit Konstanten, Speichern und Klammern

[K]

[1] Konstanten-Taste [K]. Mit der Konstanten-Taste [K] kann man eine Zahl und eine Rechenoperation speichern. Dies geschieht i. a. in drei Schritten:
(1) Eingabe der sich wiederholenden Zahl
(2) Eingabe der sich wiederholenden Rechenoperation
(3) [K] -Taste betätigen
Wird dann eine Zahl eingegeben und die Ergebnistaste [=] betätigt, dann wird die gespeicherte Zahl mit der neu eingegebenen Zahl verknüpft.

Beispiel: Mit 0,32 sollen die folgenden Zahlen multipliziert werden: 92, 503, −18, 0,034
.32 [x] [K] Speichern der Konstanten .32 und der Rechenvorschrift [x]
92 [=] 29.44,   503 [=] 160.96,
18 [+/−] [=] −5.76,
.034 [=] 0.01088

Anmerkungen: Einige Taschenrechner haben eine eingebaute Konstantenautomatik. Grundsätzlich wird der erste oder zweite Summand, der erste oder zweite Faktor usw. zusammen mit der Rechenoperation gespeichert. Dies kann man testen:

2 [x] 3 [=] 6 [=]   6   keine Konstantenautomatik
                    12   erster Faktor gespeichert
                    18   zweiter Faktor gespeichert
   ↑ Anzeige ↑ Anzeige

[π]

[2] Pi-Taste [π]. Wenn die [π]-Taste betätigt wird, erscheinen die ersten acht (oder zehn usw.) Stellen der Zahl π in der Anzeige, also 3,1415927...
Die Zahl π wird für Kreisberechnungen (↑ S. 286) benötigt. Es gilt

Flächeninhalt des Kreises   Umfang des Kreises
   $A = \pi r^2$ $U = 2\pi r$

Da Kreisberechnungen sehr häufig sind, ist eine Taste auf dem Rechner für diese Zahl reserviert.

Beispiel: Berechne Flächeninhalt und Umfang eines Kreises mit dem Radius $r = 6{,}792$ cm.

Flächeninhalt [π] [x] 6.792 [x²] = 144.926 (cm²)

Umfang [2] [x] [π] [x] 6.792 [=] 42.675 (cm)

[3] **Speichertaste** M oder STO . Der häufigste Anwendungsbereich für einen Speicher ist das Aufbewahren eines Zwischenergebnisses bei mehrgliedrigen Berechnungen. Dann müssen Zwischenergebnisse nicht extra notiert und später erneut eingegeben werden. Auch eine bestimmte Konstante, die bei einer Reihe von Berechnungen ständig benötigt wird, kann im Speicher aufbewahrt und bei Bedarf abgerufen werden. Durch Betätigen der Speichertaste M oder STO wird die angezeigte Zahl in den Speicher eingegeben und dort aufbewahrt.

M

Speicher

Mit der *Speicherabruftaste* RM oder RCL oder MR oder M→ kann der Inhalt des Speichers abgerufen werden. Der Inhalt des Speichers erscheint dann in der Anzeige; gleichzeitig bleibt der Inhalt des Speichers aber erhalten.

RM

Beispiel: 3,45 · 6,78 + 34,2 · 0,91
3.45 [x] 6.78 [=] [M] 34.2 [x] .91 [+] [RM] = 54.513

↑ ↑
erstes Produkt   zum zweiten Produkt wird
wird gespeichert   der Speicherinhalt addiert

[4] **Speichersummentaste** M+ oder SUM . Wird die Speichersummentaste betätigt, dann wird der angezeigte Wert zum schon evtl. bestehenden Inhalt des Speichers addiert. Die Summe wird gespeichert.

M+

Beispiel: 6,93 · 7,54 + 3,41 · 8,09 + 4,66 · 1,33
[CM] 6.93 [x] 7.54 [=] [M+] 3.41 [x] 8.09 [=]

[M+] 4.66 [x] 1.33 [=] [M+] [RM] 86.0369

Durch Betätigen der *Speicherdifferenztaste* M− wird der angezeigte Wert vom evtl. bestehenden Speicherinhalt abgezogen. Die berechnete Differenz wird gespeichert.

M−

[5] **Speicherlöschtaste** CM . Mit dieser Löschtaste wird der Inhalt eines Speichers gelöscht, um ihn für eine Neueingabe freizumachen. Die Speicherlöschtaste ist wichtig für Rechner mit M+ bzw. M− -Taste: Wird der Speicherinhalt nicht gelöscht, dann wird der neueingegebene Wert zum schon gespeicherten Wert addiert bzw. subtrahiert.

CM

EXC

[6] Speicheraustauschtaste EXC oder EX oder CHX oder X⇌M . Bei Betätigen der Speicheraustauschtaste wird der Inhalt des Speichers zur Anzeige gebracht, während gleichzeitig der Wert in der Anzeige in den Speicher gebracht wird.

x↔y

[7] Registeraustauschtaste x↔y . Zur Lösung einer Aufgabe werden die eingegebenen Zahlen vom Rechner in Zwischenspeichern, sogenannten Registern, bis zur Verarbeitung aufbewahrt. Die beiden wichtigsten Register sind das X-Register und das Y-Register (↑ S. 38).
Mit der Registeraustauschtaste x↔y oder x/y werden die Inhalte der beiden Register ausgetauscht. Die Registeraustauschtaste muß vor der = -Taste betätigt werden.

Beispiele: 1) Eingabe 17 : 306. Wird nun die Taste x↔y betätigt, dann rechnet der Taschenrechner 306 : 17 aus.
Also: 17 ÷ 306 x↔y = 18.
2) Anwendung zur Lösung von Klammeraufgaben:
Aufgabe: 67 814 : (3426 − 1907)
Lösung: 3426 − 1907 = ÷ 67814 x↔y
= 44.643845

((
))

[8] **Klammertasten** (( )) . Bei einer Vielzahl von Problemen kann sich die Notwendigkeit ergeben, daß bei Berechnungen mit Taschenrechnern Klammertasten betätigt werden müssen.
Rechner mit *algebraischer Logik* (AL; ↑ S. 36) rechnen genau in der Reihenfolge, in der Zahlen und Rechenoperationen eingegeben werden. Sie beachten nicht die Regel: »Punktrechnung vor Strichrechnung«. Die Anwendung von Klammern ist dann notwendig, wenn Zwischenergebnisse zuerst ausgerechnet werden sollen.

Beispiele: 1) 345 + 17 · 83
Wird in derselben Reihenfolge eingetastet, dann zeigt der Rechner 30 046 an. Er hat zuerst 345 + 17 berechnet und dann 362 mit 83 multipliziert.
Zur richtigen Lösung der Aufgabe muß diese umgestellt werden (17 · 83 + 345 = 1756), oder es müssen Klammern gesetzt werden:
345 + ((17 × 83)) = 1756

2) $\dfrac{501 + 294}{1093 - 742}$

In diesem Beispiel ist es wichtig, daß der Rechner den gesamten Zähler berechnet und ihn dann durch den gesamten Nenner dividiert.

501 $\boxed{+}$ 294 $\boxed{=}$ $\boxed{\div}$ $\boxed{(}$ 1093 $\boxed{-}$ 742 $\boxed{)}$ $\boxed{=}$
2.264957264

Anmerkung: Auch wenn der Taschenrechner eine *algebraische Logik mit Hierarchie* (ALH) hat, müssen um Zähler und Nenner Klammern gesetzt werden.

[9] Anwendungen. Der günstigste Rechenweg hängt von dem zur Verfügung stehenden Gerät ab.

Beispiele: 1) Addition von Produkten:
77,54 · 3,8 + 45,1 · 12,12

a) Taschenrechner mit Speicher
77.54 $\boxed{\times}$ 3.8 $\boxed{=}$ $\boxed{M}$ 45.1 $\boxed{\times}$ 12.12 $\boxed{=}$ $\boxed{+}$ $\boxed{RM}$
$\boxed{=}$ 841.264

b) Taschenrechner mit Summenspeicher
77.54 $\boxed{\times}$ 3.8 $\boxed{=}$ $\boxed{M+}$ 45.1 $\boxed{\times}$ 12.12 $\boxed{=}$ $\boxed{M+}$ $\boxed{RM}$

c) Taschenrechner mit Klammern
77.54 $\boxed{\times}$ 3.8 $\boxed{+}$ $\boxed{(}$ 45.1 $\boxed{\times}$ 12.12 $\boxed{)}$ $\boxed{=}$ 841.264

d) Taschenrechner ohne Speicher und ohne Klammern
Es ist vorteilhaft, vor der Eingabe in den Rechner eine Umformung vorzunehmen. Es ist

$a \cdot b + c \cdot d = (\dfrac{a \cdot b}{d} + c) \cdot d$. Also:

77.54 $\boxed{\times}$ 3.8 $\boxed{\div}$ 12.12 $\boxed{+}$ 45.1 $\boxed{\times}$ 12.12 $\boxed{=}$ 841.264

2) Addition von Quotienten: $\dfrac{3}{8} + \dfrac{19}{47}$

a) Taschenrechner mit Speicher
3 $\boxed{\div}$ 8 $\boxed{=}$ $\boxed{M}$ 19 $\boxed{\div}$ 47 $\boxed{=}$ $\boxed{+}$ $\boxed{RM}$ $\boxed{=}$ 0.7792553

b) Taschenrechner mit Summenspeicher
3 $\boxed{\div}$ 8 $\boxed{=}$ $\boxed{M+}$ 19 $\boxed{\div}$ 47 $=$ $\boxed{M+}$ $\boxed{RM}$ 0.7792553

c) Taschenrechner mit Klammern
3 $\boxed{\div}$ 8 $\boxed{+}$ $\boxed{(}$ 19 $\boxed{\div}$ 47 $\boxed{)}$ $\boxed{=}$ 0.7792553

d) **Taschenrechner ohne Speicher und ohne Klammern**
Es ist vorteilhaft, vor Beginn der Rechnung eine Umformung vorzunehmen. Es ist

$\frac{a}{b} + \frac{c}{d} = (\frac{a \cdot d}{b} + c) : d$. Also:

3 $\boxed{\times}$ 47 $\boxed{\div}$ 8 $\boxed{+}$ 19 $\boxed{\div}$ 47 $\boxed{=}$ 0.7792553

2.4. Prozenttaste und Funktionstasten

[1] Prozenttaste $\boxed{\%}$. Mit der Prozenttaste können prozentuale Auf- und Abschläge berechnet werden. Dies tritt auf bei Steuer-, Zins-, Rabatt- und Skontoberechnungen.
Nach den Rechenoperationen $\boxed{+}$, $\boxed{-}$, $\boxed{\times}$ bewirkt die Prozenttaste eine Multiplikation mit dem Prozentsatz und eine Division durch 100.

Beispiele: 1) Zu dem Listenpreis einer Ware kommen 13 % Mehrwertsteuer hinzu. Berechne den Endpreis einer Ware, die in der Liste mit 96,— DM verzeichnet ist.
96 $\boxed{+}$ 13 $\boxed{\%}$ $\boxed{=}$ 108.48 Also: Endpreis 108,48 DM
2) Wegen Umbauarbeiten wird der Preis für alle Waren um 20 % herabgesetzt. Was kostet nun ein Kleid, das mit 178,— DM ausgezeichnet ist?
178 $\boxed{-}$ 20 $\boxed{\%}$ $\boxed{=}$ 142.4 Also: Verkaufspreis 142,40 DM

[2] Quadrattaste $\boxed{x^2}$. Die Quadrattaste multipliziert die Zahl in der Anzeige mit sich selbst. Diese Taste wirkt unmittelbar auf die Zahl in der Anzeige und beeinflußt andere Rechnungen nicht.

Beispiele: 1) 35^2
35 $\boxed{x^2}$ 1225
2) Nach dem Lehrsatz des Pythagoras gilt für ein rechtwinkliges Dreieck $a^2 + b^2 = c^2$. Es sei a = 4,5 und b = 5,2
Berechne c^2.
4.5 $\boxed{x^2}$ $\boxed{+}$ 5.2 $\boxed{x^2}$ $\boxed{=}$ 47.29

[3] Quadratwurzeltaste $\boxed{\sqrt{x}}$. Im täglichen Leben treten eine Vielzahl von Berechnungen auf, bei denen die Quadratwurzel einer Zahl benötigt wird. Um die Quadratwurzel aus einer Zahl zu ziehen, wird diese Zahl in den Rechner eingetippt, und dann wird die Quadratwurzeltaste $\boxed{\sqrt{x}}$ betätigt.

Beispiele:
1) Ein quadratisches Grundstück hat eine Größe von 680 m². Wie groß sind die Seiten des Grundstücks?
680 [√x] 26.0768... Also: Seitenlänge ca. 26. m.

2) Von der Hauswand bis zum Abwasserkanal muß ein Rohr verlegt werden (Maße ↑ Abb.). Wie lang muß das Rohr sein?
Nach dem Lehrsatz des Pythagoras gilt
l² = 17² + 22²
l² = 289 + 484 = 773
l = 27,8... m

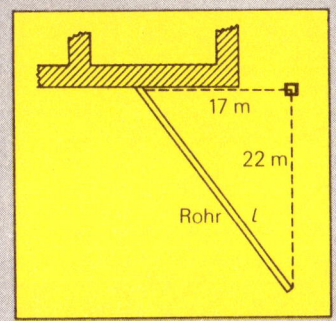

3) Eine Teilung nach dem goldenen Schnitt wird als besonders harmonisch angesehen. Die Strecke wird dabei in der Weise geteilt, daß sich die Länge der kleineren Teilstrecke zur größeren genau so verhält wie die Länge der größeren Teilstrecke zur Gesamtstrecke.
Gegeben ist eine Strecke von der Länge a = 6 cm. Diese Strecke soll nach dem goldenen Schnitt unterteilt werden. Wie lang ist die größere Teilstrecke?

Rechnung:

a = Gesamtstrecke
l = größere Teilstrecke

$l = \frac{a}{2} \cdot (\sqrt{5} - 1)$

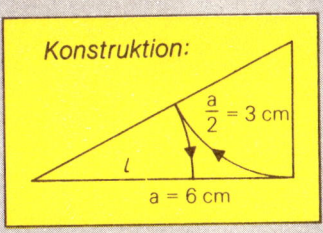

Konstruktion:

5 [√x] [−].1 [×] 6 [+] 2 [=] 3.708
Die Länge der größeren Teilstrecke beträgt 3,71 cm.

[4] **Kehrwert- oder Reziproktaste** [1/x] . Durch Betätigen der Reziproktaste wird von der angezeigten Zahl der Kehrwert gebildet. Um den Kehrwert einer Zahl zu bestimmen, wird zuerst die Zahl eingegeben und dann wird die Reziproktaste [1/x] betätigt. Die Reziprotaste kann bei zahlreichen Problemen gute Hilfe leisten.

Beispiele:
1) Kehrwert von 4   4 [1/x]   0.25

2) $\frac{367}{341 + 177}$ 341 [+] 177 [=] [1/x] [×] 367 [=] 0.7084942...

3) Umrechnung von Maßeinheiten:
1 inch = 2,54 cm   1 cm = 2,54 [1/x] inch, also 0,3937 inch

4) Umrechnung von gewöhnlichen Brüchen in Dezimalbrüche:
$\frac{1}{16}$ 16 [1/x]   0,0625

5) Zwei Widerstände mit 450 Ω bzw. 820 Ω werden parallelgeschaltet. Wie groß ist der Gesamtwiderstand?
Es gilt allgemein: $\frac{1}{R_1} + \frac{1}{R_2} = \frac{1}{R_g}$. Also:
450 [1/x] [+] 820 [1/x] [=] [1/x] Anzeige: 290.55... Ω

[5] **Potenztaste** [y^x]. Zuerst wird die Basis der Potenz eingegeben, dann wird die *Potenztaste* betätigt. Anschließend wird die Hochzahl (Exponent) der Potenz eingegeben. Nach Betätigen der [=] -Taste wird das Ergebnis angezeigt.

Beispiel: $6{,}5^4$
6.5 [y^x] 4 [=] 1785,0625

Anmerkung: Da die Potenzen vom Rechner über eine Näherungsformel berechnet werden, können die angezeigten Werte etwas vom genaueren Wert abweichen. Auch beliebige Wurzeln können mit der Potenztaste berechnet werden. Dabei wird benutzt, daß
$\sqrt[n]{x} = x^{\frac{1}{n}}$

Beispiele:
1) Es ist $\sqrt[5]{32} = 32^{1/5} = 32^{0{,}2}$ Also: 32 [y^x] .2 [=] 2

2) Es ist $\sqrt[3]{20} = 20^{1/3}$. Also: 20 [y^x] 3 [1/x] [=] 2.71441761

Anmerkung: Bei einigen Rechnern kann auch die x-te Wurzel gezogen werden, indem man die Tasten [inv] [y^x] oder [f^{-1}] [y^x] drückt.

[6] Logarithmische Funktionstasten $\boxed{\log}$, $\boxed{\ln}$. Wird eine
Zahl eingegeben und dann die $\boxed{\log}$-Taste betätigt, dann zeigt
der Rechner den gewöhnlichen oder Briggschen Logarithmus
(mit der Basis 10) an.
Wird eine Zahl eingegeben und dann die $\boxed{\ln}$ -Taste betätigt,
dann zeigt der Rechner den natürlichen Logarithmus mit der
Basis e an.

$\boxed{\log}$

$\boxed{\ln}$

Beispiele: log 234,5 ; ln 98,4

234.5 $\boxed{\log}$ 2.370142847

98.4 $\boxed{\ln}$ 4.589040805

Durch Betätigen der Taste $\boxed{10^x}$ bzw. der Tasten $\boxed{f^{-1}}$ *und* $\boxed{\log}$
wird der Numerus (Antilogarithmus) der eingegebenen Zahl
bestimmt.
Durch Betätigen der Taste $\boxed{e^x}$ bzw. der Tasten $\boxed{f^{-1}}$ *und* $\boxed{\ln}$
wird die Zahl e in die x-te Potenz erhoben. Angezeigt wird
dann der Numerus (Antilogarithmus) eines natürlichen Logarithmus.

[7] Trigonometrische Funktionstasten $\boxed{\sin}$, $\boxed{\cos}$, $\boxed{\tan}$.
Die $\boxed{\sin}$ -, $\boxed{\cos}$ -, $\boxed{\tan}$ -Tasten bestimmen den Sinus, Kosinus
bzw. Tangens eines eingegebenen Winkels. Um den Winkel in
Grad (°) oder in rad eingeben zu können, ist bei vielen Mittel-
klassenrechnern ein Umschalter $\boxed{{}^{\circ}_{rad}}$ oder $\boxed{DRG}$ vorhanden.

$\boxed{SIN}$

$\boxed{COS}$

$\boxed{TAN}$

Beispiele: sin 55,6°; tan 72,8°; cos 0,314 rad

55.6 $\boxed{\sin}$ 0.825113498

72.8 $\boxed{\tan}$ 3.23047803

$\boxed{{}^{\circ}_{rad}}$ .314 $\boxed{\cos}$ 0.95110572

Durch Betätigen der Tasten $\boxed{\sin^{-1}}$, $\boxed{\cos^{-1}}$, $\boxed{\tan^{-1}}$ oder $\boxed{arc}$
$\boxed{\sin}$, $\boxed{arc}$ $\boxed{\cos}$, $\boxed{arc}$ $\boxed{\tan}$ oder $\boxed{f^{-1}}$ $\boxed{\sin}$, $\boxed{f^{-1}}$ $\boxed{\cos}$, $\boxed{f^{-1}}$ $\boxed{\tan}$
wird der Winkel zu einem angezeigten trigonometrischen
Wert bestimmt.

Dreisatz-, Prozent- und Zinsrechnung

1. Proportionalität und Antiproportionalität

1.1 Proportionen

Verhältnis

[1] Verhältnis. Sind zwei Zahlen oder gleichbenannte Größen a und b von Null verschieden, so heißt der Quotient $\frac{a}{b}$ (auch $a:b$ geschrieben) das *Verhältnis* von a zu b. Das Verhältnis ist stets eine unbenannte Zahl.

> *Beispiele:* 1) Das Verhältnis von 4,8 zu 8 ist gleich 0,6. denn $\frac{4,8}{8} = \frac{48}{80} = \frac{6}{10} = 0,6$.
> 2) Ein Verkehrsflugzeug bewegt sich mit einer Geschwindigkeit von 840 km/h, ein D-Zug mit einer Geschwindigkeit von 140 km/h. Das Verhältnis der beiden Geschwindigkeiten ist 840 km/h : 140 km/h = 6 : 1 = 6.

Proportion

[2] Proportion. Haben zwei Verhältnisse den gleichen Wert, so kann man diese Tatsache durch eine Verhältnisgleichung oder Proportion ausdrücken:
Eine Gleichung der Form $a:b = c:d$ (mit $a; b; c; d \neq 0$) heißt *Verhältnisgleichung* oder *Proportion*. Es werden $a; b; c; d$ als Glieder der Proportion bezeichnet.
Die Gleichung
$a:b = c:d$ wird gelesen:
»a verhält sich zu b wie c zu d«.

Produkt-gleichung

Innenglieder Außenglieder

Sätze über Proportionen:
In jeder Proportion ist das Produkt der Innenglieder gleich dem Produkt der Außenglieder (*Produktgleichung*).

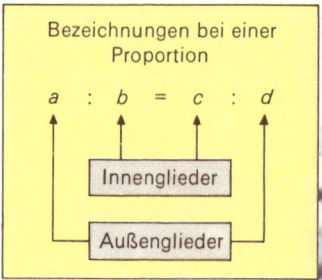

In jeder Proportion kann man vertauschen:
die Innenglieder untereinander,
die Außenglieder untereinander,
die Innenglieder gegen die Außenglieder.

Beispiel:

Gegebene Proportion	$3 : 6 = 5 : 10$
Produktgleichung	$6 \cdot 5 = 3 \cdot 10$
vertauschte Innenglieder	$3 : 5 = 6 : 10$
vertauschte Außenglieder	$10 : 6 = 5 : 3$
vertauschte Innen- und Außenglieder	$6 : 3 = 10 : 5$

[3] **Vierte Proportionale.** Sind von den vier Gliedern einer Proportion drei bekannt und ist das vierte zu berechnen, so erhält dieses Glied die Bezeichnung *vierte Proportionale*. *vierte Proportionale*

Beispiel:
Bei einer Verbrennung von Kohlenstoff (chem. Symbol C) entsteht Kohlendioxid CO_2. Aus den relativen Atommassen folgt, daß aus 12 g Kohlenstoff $(12 + 2 \cdot 16)$ g $= 44$ g Kohlendioxid entstehen. Wieviel Gramm Kohlendioxid entstehen bei der Verbrennung von 500 g Kohlenstoff?
$12 \text{ g} : 44 \text{ g} = 500 \text{ g} : x \, ; x = \frac{44 \text{ g} \cdot 500 \text{ g}}{12 \text{ g}} \approx 1833 \text{ g}$
Es entstehen ca. 1833 g Kohlendioxid.

[4] **Fortlaufende Proportion.** Eine Gleichungskette mit mehr als zwei Verhältnissen *fortlaufende Proportion*
$a : b = c : d = e : f = g : h$
kann als *fortlaufende Proportion* geschrieben werden:
$a : c : e : g = b : d : f : h$

Beispiel:
Den Sinussatz der ebenen Trigonometrie (↑ S. 330) kann man in der Form $\frac{a}{\sin \alpha} = \frac{b}{\sin \beta} = \frac{c}{\sin \gamma}$ oder in der
Form $a : b : c = \sin \alpha : \sin \beta : \sin \gamma$ angeben.

1.2. Proportionalität
[1] **Direkte Proportionalität.** Eine Größe oder Zahl y heißt zu einer anderen Größe oder Zahl x direkt proportional (geschrieben: $y \sim x$), wenn

Proportionalität

(1) dem 2-fachen, 3-fachen usw. von x stets das 2-fache, 3-fache usw. von y zugeordnet ist;
(2) der Summe $x_1 + x_2$ stets die Summe $y_1 + y_2$ der zugeordneten Größen y_1 und y_2 zugeordnet ist.
Eine Zuordnung, bei der diese beiden Regeln gelten, heißt *proportionale Zuordnung* oder (direkte) *Proportionalität*.

Beispiele: 1) Fährt ein Pkw mit konstanter Geschwindigkeit, so sind Fahrzeit t und zurückgelegter Weg s einander direkt proportional: $s \sim t$.
2) Hängt man an eine Feder Körper von 10 g, 20 g, 30 g,..., so erkennt man, daß die Verlängerung der Feder direkt proportional zur angehängten Masse ist.

Masse	Verlängerung
10 g	1 cm
20 g	2 cm
30 g	3 cm
40 g	4 cm

[2] **Proportionalitätsfaktor.** Da bei einer Proportion das Verhältnis zweier Größen konstant ist

$$\frac{y}{x} = \text{konst.} = k, \quad \text{gilt:} \quad y = k \cdot x.$$

Proportionalitätsfaktor

Der konstante Faktor k heißt Proportionalitätsfaktor.

Beispiel: Fährt ein Pkw mit konstanter Geschwindigkeit von 80 km/h auf einer Bundesstraße, so gilt:

$$s = 80 \tfrac{\text{km}}{\text{h}} \cdot t.$$

Graphische Darstellung

[3] **Graphische Darstellung** einer proportionalen Zuordnung ergibt eine Gerade durch den Ursprung (↑ S. 221)

Beispiel: Es sei s der Weg, den ein mit konstanter Geschwindigkeit von 80 km/h fahrender Pkw in der Zeit t zurücklegt.

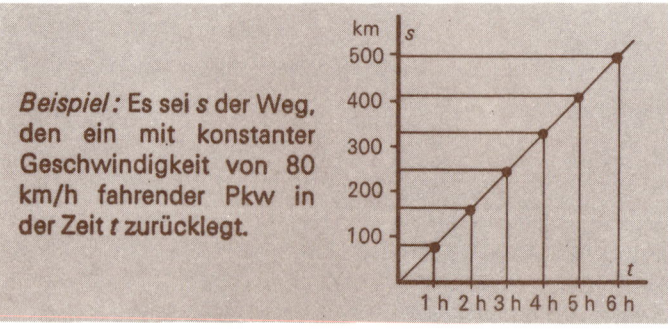

1.3. Antiproportionalität

[1] Indirekte Proportionalität. Eine Größe y heißt zu einer anderen Größe x *indirekt proportional* oder *antiproportional*, wenn
(1) dem 2-fachen, 3-fachen usw. von x stets der 2. Teil, 3. Teil usw. von y zugeordnet ist;
(2) dem 2. Teil, 3. Teil usw. von x stets das 2-fache, 3-fache usw. von y zugeordnet ist.

Indirekte Proportionalität

Beispiele: 1) Liegt an einem elektrischen Leiter bei konstanter Temperatur eine konstante Spannung U, so sind elektrische Stromstärke I und Widerstand R indirekt proportional.
2) In einem abgeschlossenen Gefäß mit einem Gas sind Druck p und Volumen V dieses Gases bei konstanter Temperatur einander antiproportional.

[2] Antiproportionalitätsfaktor. Zwei Größen y und x sind zueinander antiproportional, wenn ihr Produkt konstant ist:

$$x \cdot y = \text{const.} = k \quad \text{oder} \quad y = \frac{k}{x}.$$

Antiproportionalitätsfaktor

Die Konstante k bezeichnet man als *Antiproportionalitätsfaktor* (auch Rechenfaktor).

Beispiele: 1) Für einen konstanten Weg von 120 km benötigt ein Fahrer
a) 1 Stunde bei einer Geschwindigkeit von 120 km/h
b) 2 Stunden bei einer Geschwindigkeit von 60 km/h
c) 4 Stunden bei einer Geschwindigkeit von 30 km/h
d) 10 Stunden bei einer Geschwindigkeit von 12 km/h.
In allen vier Fällen ist das Produkt von Zeit und Geschwindigkeit gleich 120 km. Der Antiproportionalitätsfaktor ist der zurückgelegte Weg.
2) Hat ein Gas bei einem Druck von 100 000 Pa ein $V = 800$ cm^3, so verringert sich das Volumen bei einem Druck von 200 000 Pa auf 400 cm^3. Der Antiproportionalitätsfaktor ist 80 000 000 Pa cm^3.

[3] Graphische Darstellung. Die Gleichung $y = \frac{k}{x}$, die den Zusammenhang zwischen antiproportionalen Größen beschreibt, gehört zu den Potenzfunktionen (↑ S. 228). Ihre graphische Darstellung ergibt eine Hyperbel.

Graphische Darstellung

Beispiel: An einen regelbaren Widerstand wird eine konstante Spannung 10 V angelegt. Die elektrische Stromstärke *I* wird für verschiedene Widerstandswerte *R* gemessen.

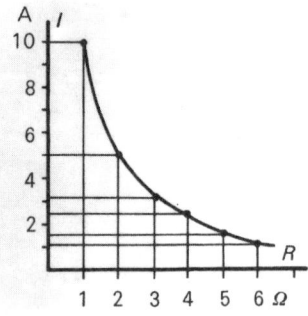

1.4. Dreisatzaufgaben

Bei Dreisatzaufgaben sind die auftretenden Größen proportional oder antiproportional. Diese Aufgaben lassen sich kurz und vorteilhaft lösen, wenn man die Verhältnisgleichung aufstellt (erster Lösungsweg). Weit verbreitet ist noch ein zweiter Lösungsweg, bei dem die Lösung in drei Schritten erfolgt (Anwendung der sog. *Schlußrechnung*).

Schlußrechnung

Dreisatzaufgaben 1. Art

[1] Dreisatzaufgaben erster Art setzen voraus, daß die Zuordnung proportional ist.

Beispiel: Ein elektrischer Heizofen verbraucht in 6 Stunden 10,8 Kilowattstunden. Wieviel Kilowattstunden verbraucht er in 14 Stunden?

1. *Lösungsweg:* Die verbrauchten Kilowattstunden verhalten sich zueinander wie die Zeiten, in denen der Heizofen eingeschaltet ist:
10,8 kWh : x = 6 h : 14 h   (h = Stunde)
6 h · x = 10,8 kWh · 14 h   (Anwendung der Produktgleichung)
$$x = \frac{10{,}8 \text{ kWh} \cdot 14 \text{ h}}{6 \text{ h}}$$
x = 25,2 kWh

2. *Lösungsweg:*
6 Stunden ≙ 10,8 kWh   (Bedingungssatz; die gesuchte Größe steht am Schluß!)
1 Stunde ≙ $\frac{10{,}8 \text{ kWh}}{6}$ = 1,8 kWh

14 Stunden ≙ 1,8 kWh · 14 = 25,2 kWh   (Schlußsatz)
In 14 Stunden werden 25,2 kWh verbraucht.

[2] **Dreisatzaufgaben zweiter Art** setzen voraus, daß die Zuordnung zwischen den Größen antiproportional ist.

Dreisatzaufgaben 2. Art

Beispiel: Zum Auslegen eines Zimmers benötigt man 128 Teppichfliesen von 0,25 m² Größe. Wie viele Teppichfliesen von 0,16 m² Größe benötigt man?

1. *Lösungsweg:*
128 : x = 0,16 m² : 0,25 m²

$$x = \frac{0{,}25 \text{ m}^2 \cdot 128}{0{,}16 \text{m}^2}$$

x = 200

Man benötigt 200 Teppichfliesen von 0,16 m² Größe.

2. *Lösungsweg:*

Zu 2500 cm² großen Fliesen gehören 128 Stück;
Zu 1 cm² großen Fliesen gehören 128 · 2500 Stück;
Zu 1600 cm² großen Fliesen gehören $\frac{128 \cdot 2500}{1600} = 200$

2. Prozentrechnung

2.1. Grundbegriffe

[1] **Prozentsatz und Prozentwert.** Um zwei Verhältnisse (↑ S. 54) schnell vergleichen zu können, werden sie auf einen gemeinsamen Nenner gebracht. Zweckmäßigerweise wählt man häufig als gemeinsamen Nenner 100.
Die Bezugszahl oder Bezugsgröße für einen relativen Vergleich wird *Grundwert G* genannt. Ein Hundertstel des Grundwertes heißt ein *Prozent*. Für 1 Prozent schreibt man 1 %. Die Zahl, die angibt, wieviel Prozent des Grundwertes zu berechnen sind, heißt *Prozentsatz* oder *Prozentzahl p*. Für den *Prozentwert W* (↑ S. 60) gilt:

Grundwert
Prozent

Prozentsatz
Prozentwert

$$W = \frac{p \cdot G}{100}$$

Beispiele: 1) 1 Prozent von 236 ist $\frac{236}{100} = 2{,}36$.

2) In 550 kg einer Stahllegierung sind 22 kg Titan enthalten. Wie groß ist der Prozentsatz?
$\frac{22 \text{ kg}}{550 \text{ kg}} = \frac{x}{100}$; x = 4.
Die Stahllegierung enthält 4 % Titan.

2.2. Grundaufgaben

[1] Berechnung des Prozentwertes

$$W = \frac{p \cdot G}{100}$$

Beispiel: Herr W. kauft einen Farbfernseher für 2400 DM. Bei Barzahlung beträgt der Preisnachlaß 3 % des Rechnungsbetrages. Wieviel DM spart Herr W. bei Barzahlung?

$$W = \frac{3 \cdot 2400 \text{ DM}}{100}; \quad W = 72 \text{ DM}.$$

[2] Berechnung des Grundwertes

$$G = \frac{W \cdot 100}{p}$$

Beispiel: Herr E. ist mit 42 % an einem Geschäft beteiligt. Er bekommt vom Gewinn 6300 DM ausgezahlt. Wie hoch ist der gesamte Gewinn?

$$G = \frac{6300 \text{ DM} \cdot 100}{42}; \quad G = 15\,000 \text{ DM}.$$

[3] Berechnung des Prozentsatzes

$$p = \frac{W \cdot 100}{G}$$

Beispiel: In einer Firma mit 750 Mitarbeitern sind 140 Frauen beschäftigt. Wieviel Prozent der Belegschaft sind Frauen?

$$p = \frac{140 \cdot 100}{750}; \quad p \approx 18{,}7.$$

Es sind ca. 19 % der Belegschaftsmitglieder Frauen.

2.3. Anwendungen

Brutto, Netto, Tara

[1] Brutto, Netto, Tara. Es ist
Bruttogewicht = Gewicht der Ware mit Verpackung
Nettogewicht = Gewicht der Ware ohne Verpackung
Taragewicht = Gewicht der Verpackung
Als Grundwert dient stets das Bruttogewicht.

Beispiel: Eine Ware hat ein Nettogewicht von 14 kg. Das Bruttogewicht beträgt 15,2 kg. Wieviel Prozent beträgt die Tara?

Die Tara beträgt $\frac{15{,}2 - 14}{15{,}2} = \frac{1{,}2}{15{,}2} = 0{,}0789 \approx 7{,}9\,\%$.

[2] **Skonto.** Ein Preisnachlaß bei sofortiger und kurzfristiger Barzahlung heißt Skonto. Grundwert ist stets der Rechnungsbetrag.

Skonto

Beispiel: Ein Kleiderschrank kostet 375 DM. Der Käufer erhält 2 % Skonto. Er bezahlt 367,50 DM.

2.4. Promillerechnung

Ist das Verhältnis zweier Zahlen oder Größen sehr klein, so wählt man häufig als gemeinsamen Nenner für den relativen Vergleich 1000.
Ein Tausendstel einer Zahl oder Größe nennt man ein *Promille*. Für 1 Promille schreibt man 1 ‰. Bezeichnungen in der Promillerechnung: *Grundwert, Promillesatz, Promillewert.*

Promille
Grundwert
Promillesatz
Promillewert

Beispiele: 1) Ein Eigenheim ist mit 140 000 DM versichert. Die jährliche Prämie beträgt 175 DM. Der Promillesatz beträgt also 1,25.
2) Der Alkoholgehalt im Blut wird in Promille angegeben.

3. Zinsrechnung

3.1. Zinsen und Zinssatz

[1] **Jahreszinsen.** Die Zinsen für ein Jahr erhält man aus

$Z = \frac{K \cdot p}{100}$

Z = *Zinsen* (Prozentwert)
K = *Kapital* (Grundwert)
p = *Zinssatz* (früher Zinsfuß)

Zinsen
Kapital
Zinssatz

Beispiel: Für 4500 DM Kapital erhält man bei einem Zinssatz von 5 % in einem Jahr

$Z = \frac{4500 \text{ DM} \cdot 5}{100} = 225$ DM Zinsen.

Die Zinsen in n Jahren liefert die einfache *Zinsformel*

$Z = \frac{K \cdot p \cdot n}{100}$

einfache Zinsformel

Bei der Berechnung der Zinsen nach der Zinsformel wird angenommen, daß der Grundbetrag (Kapital) während der gesamten Zeit unverändert bleibt. Werden die Zinsen jedoch dem Kapital zugeschlagen, so erhöht sich der Grundbetrag, und es ergeben sich höhere Zinsen, die mit Hilfe der Zinseszinsrechnung (↑ S. 63 ff.) berechnet werden.

Monats- und Tageszinsen

[2] Monats- und Tageszinsen. Bei Zinsrechnungen macht man die Annahmen:
1 Jahr = 12 Monate, 1 Monat = 30 Tage.
Wird die Zeit stets in Jahren angegeben, z. B. 1 Monat = $\frac{1}{12}$ Jahr, 1 Tag = $\frac{1}{360}$ Jahr, so gilt die

allgemeine Zinsformel

allgemeine Zinsformel

$$Z = \frac{K \cdot p \cdot i}{100}$$

Z = Zinsen
K = Kapital
i = Zeit in Jahren
p = Zinssatz

Beispiel: Ein Kapital von 8000 DM wird ein halbes Jahr zu dem Zinssatz 4 angelegt. Das Kapital bringt in dieser Zeit
$$Z = \frac{8000 \text{ DM} \cdot 4 \cdot 6}{100 \cdot 12} = 160 \text{ DM Zinsen.}$$

3.2. Grundaufgaben der Zinsrechnung
[1] Berechnung der Zinsen

Beispiel: Ein Kapital von 2000 DM wird zu 8 % vom 2. Mai bis zum 27. September desselben Jahres ausgeliehen. Die Zinsen sollen berechnet werden.

1. *Schritt:* Bestimmung der Zeitdauer

Vom 2. Mai bis 2. September	120 Tage
Vom 2. September bis 27. September	25 Tage
Vom 2. Mai bis 27. September	145 Tage

2. *Schritt:* Berechnung der Zinsen
$$Z = \frac{2000 \text{ DM} \cdot 8}{100} \cdot \frac{145}{360} = 64{,}44 \text{ DM}$$

[4] Berechnung des Kapitals

Beispiel: Ein Kapital bringt bei 6 %iger Verzinsung in 8 Monaten 240 DM Zinsen. Wie groß war das Kapital?
1. *Schritt:* Berechnung der Jahreszinsen
$$240 \text{ DM} : \frac{8}{12} = 240 \text{ DM} \cdot \frac{12}{8} = 360 \text{ DM}$$

2. *Schritt:* Berechnung des Kapitals nach der einfachen Zinsformel

$$K = \frac{Z \cdot 100}{p}; \quad K = \frac{360 \text{ DM} \cdot 100}{6} = 6000 \text{ DM}$$

[3] Berechnung des Zinssatzes

Beispiel: Herr U. hat ein Bauspardarlehen von 10 000 DM erhalten. Er muß dafür nach 5 Monaten 187,50 DM Zinsen bezahlen.

1. *Schritt:* Berechnung der Jahreszinsen

$$187{,}50 \text{ DM} : \frac{5}{12} = 187{,}50 \text{ DM} \cdot \frac{12}{5} = 450 \text{ DM}$$

2. *Schritt:* Berechnung des Zinssatzes

$$p = \frac{450 \text{ DM} \cdot 100}{10\,000 \text{ DM}} = 4{,}5$$

Herr U. muß das Bauspardarlehen mit 4,5 % verzinsen.

[4] Berechnung der Zeit

Beispiel: In welcher Zeit bringt ein Kapital von 16 000 DM bei 7 %iger Verzinsung 5000 DM Zinsen!

1. *Schritt:* Berechnung der Jahreszinsen

$$16\,000 \text{ DM} \cdot \frac{7}{100} = 1120 \text{ DM}$$

2. *Schritt:* Berechnung der Zeit

$$\frac{5000 \text{ DM}}{1120 \text{ DM}} = 4{,}464$$

Das Kapital bringt in 4,464 Jahren, d. h. in 4 Jahren, 5 Monaten und 17 Tagen, die Zinsen.

4. Zinseszinsrechnung

Werden die in einem Jahr (bzw. in einer Verzinsungsperiode) aufgelaufenen Zinsen zum Kapital geschlagen, so werden sie im nächsten Jahr mitverzinst. Man erhält *Zinseszinsen*. Auch bei der Berechnung von Renten werden Zinseszinsen berücksichtigt.

4.1. Zinseszins

[1] Aufzinsungsfaktoren. Wird ein Kapital K_o zu p % auf Zinseszins angelegt, so ist es bei jährlichem Zuschlag der Zinsen

Endkapital am Ende des n-ten Jahres auf ein *Endkapital* K_n angewachsen:

(1) $\quad K_n = K_o \left(1 + \frac{p}{100}\right)^n$ oder $K_n = K_o \cdot q^n$ mit

$q = 1 + \frac{p}{100}$

Aufzinsungsfaktoren Den Faktor q bezeichnet man als *Aufzinsungsfaktor*. Seine Potenzen q^n sind tabelliert.

> *Beispiel:* Ein Kapital von 12 000 DM wird mit 4 % verzinst. Wie groß ist das Kapital am Ende des 10. Jahres nach der Einzahlung?
> $K_{10} = 12\,000$ DM $(1 + 0{,}04)^{10} =$
> 12 000 DM $\cdot$ 1,4802 = 17 762,40 DM
> Der Aufzinsungsfaktor kann nach (1) berechnet oder einer Tabelle entnommen werden.

[2] Berechnungen mit dem Taschenrechner. Zinseszins- und Rentenberechnungen können gut mit einem Taschenrechner durchgeführt werden. Der Aufzinsungsfaktor $1 + \frac{p}{100}$ bzw. Rentenendwertfaktor wird als Konstante gespeichert.

> *Beispiel:* Ein Kapital von 8 000 DM wird mit 6,5 % verzinst. Wie groß ist das Kapital nach 1, 2, 3, ... Jahren?
>
> 8 000 $\boxed{\times}$ 1.065 $\boxed{K}$ $\boxed{=}$ $\boxed{=}$ $\boxed{=}$ $\boxed{=}$
> $\qquad\qquad\qquad\qquad$ 8 520. $\quad$ 9 073,80 $\quad$ 9 663,60
> $\uparrow\qquad\quad\uparrow\qquad\qquad\uparrow\qquad\quad\uparrow\qquad\quad\uparrow$
> Anfangs- Aufzinsungs- Kapital $\quad$ Kapital $\quad$ Kapital
> kapital $\quad$ faktor $\quad\quad$ nach 1. Jahr nach 2. Jahr nach 3. Jahr

Diskontierung **[3] Diskontierung.** Soll das Kapital K_o aus dem Endkapital K_n sowie q und n berechnet werden, so sagt man: K_n soll um n Jahre *diskontiert* werden. Es gilt:

$$K_o = \frac{K_n}{q^n} = K_n v^n \quad \text{mit} \quad q = 1 + \frac{p}{100} \quad \text{und} \quad v = \frac{1}{q}$$

Abzinsungsfaktor Den Faktor v bezeichnet man als *Abzinsungsfaktor*. Seine Potenzen sind tabelliert.

Beispiel: Familie A. beabsichtigt, in 5 Jahren ein Auto für 12 000 DM zu kaufen. Welcher Betrag muß auf ein Sparbuch bei 3 %iger Verzinsung eingezahlt werden, damit in 5 Jahren dieser Betrag zur Verfügung steht?

$$K_o = \frac{12\ 000\ DM}{1{,}035} = 10\ 351{,}30\ DM$$

[4] **Nomineller und tatsächlicher Zinssatz.** Wenn Zahlungsintervall und Abrechnungsperiode nicht übereinstimmen, muß zwischen nominellem und tatsächlichem (effektivem) Zinssatz unterschieden werden.

Beispiel: Wird bei einem Darlehen mit 6 %iger Verzinsung im Jahr (*nomineller Zinssatz*) z. B. monatlich abgerechnet, so ergibt sich ein monatlicher Zinssatz von 6/12 % = 0,5 %. Der Gläubiger erhält die Zinsen früher als bei jährlicher Abrechnung.

nomineller Zinssatz

Der *tatsächliche Zinssatz* gibt an, wie hoch die Verzinsung sein muß, damit der Darlehensgeber den gleichen Zinsertrag bei jährlicher Abrechnung erhält. Der tatsächliche Zinssatz ist höher als der nominelle Zinssatz.

tatsächlicher Zinssatz

Es sei p' der nominelle Zinssatz bei n-maliger Abrechnung im Jahr und p der zugehörige tatsächliche Zinssatz. Dann gilt:

$$p = 100\left(1 + \frac{p'}{100\,n}\right)^n - 100 \approx p' + \frac{n-1}{200\,n} \cdot p'^2$$

Beispiele: 1) Eine Bank berechnet für eine erste Hypothek 8 % Zinsen bei vierteljährlicher Abrechnung. Wie groß ist der zugehörige tatsächliche Zinssatz?

$$p \approx 8 + \frac{3}{200 \cdot 4} \cdot 64 = 8{,}24$$

Die Hypothek wird tatsächlich mit 8,24 % verzinst.

2) Ein Kaufhaus bietet für den Kreditkauf einen Kleinkredit von 2 000 DM an, der in 24 Monaten in Raten von 97 DM zurückzuzahlen ist. Wie hoch ist die tatsächliche Verzinsung?
a) der monatliche Zinssatz (Abrechnungs- und Zahlungszeitpunkt fallen zusammen!) beträgt 1,26 %,
b) der nominelle jährliche Zinssatz beträgt ca. 15 %,
c) der tatsächliche jährliche Zinssatz beträgt ca. 16 %.

Rente

4.2. Anwendungen

[1] Renten. Eine Rente ist ein fester Geldbetrag, der in gleichbleibenden Zeitabständen gezahlt wird. In der Finanzmathematik werden nicht nur regelmäßige Auszahlungen, sondern auch regelmäßige Einzahlungen als *Rente* bezeichnet. Bezüglich des Zahlungstermins unterscheidet man zwei Arten von Renten:

(1) Renten, bei denen die Zahlung zu Jahresbeginn erfolgt. Sie heißen vorschüssige oder *pränumerando*-Renten.

pränumerando

(2) Renten, bei denen die Zahlung am Jahresende erfolgt. Sie heißen nachschüssige oder *postnumerando*-Renten.

postnumerando

Ist die regelmäßige Einzahlung r bei $p\,\%$iger Verzinsung angelegt, so gilt für das Endkapital nach n Jahren:

Endwert einer vorschüssigen Zeitrente
$$K_n = r\frac{q^n-1}{q-1}q = r \cdot s_n$$

Endwert einer nachschüssigen Zeitrente
$$K_{\overline{n}|} = r\frac{q^n-1}{q-1} = rs_{\overline{n}|}$$

mit $q = 1 + \frac{p}{100}$ und $s_{\overline{n}|} = \frac{q^n-1}{q-1}\,q$ und $s_n = \frac{q^n-1}{q-1}$.

Rentenendwert-Faktoren

Die *Rentenendwert-Faktoren* s_n und $s_{\overline{n}|}$ sind tabelliert.

Man findet die pränumerando Rentenendwert-Faktoren für n Jahre, indem man die postnumerando Endwertfaktoren für $n + 1$ Jahre aufsucht und sie um 1 vermindert.

Beispiel: Ein Bausparer schließt einen Vertrag ab, in dem er sich verpflichtet, in Jahresabständen 500 DM einzuzahlen. Auf welchen Betrag ist die Sparsumme 10 Jahre nach Vertragsabschluß bei 4,5 %iger Verzinsung angewachsen?

a) bei vorschüssiger Zahlungsweise
$\overline{K_n} = 500\text{ DM} \cdot 12{,}8412 = 6420{,}60\text{ DM}$

b) bei nachschüssiger Zahlungsweise
$K_n = 500\text{ DM} \cdot 12{,}2882 = 6144{,}10\text{ DM}$

Barwert

Soll aus einem Kapital (*Barwert*) n Jahre lang eine Rente r ausbezahlt werden und dabei nach diesen Jahren das Kapital verbraucht sein, so gilt:

Barwert einer vorschüssigen Zeitrente $\overline{K_o} = \frac{q^n-1}{q-1} \cdot \frac{1}{q^{n-1}}$

mit $q = 1 + \frac{p}{100}$

Barwert einer nachschüssigen Zeitrente $K_o = r \frac{q^n-1}{q-1} \cdot \frac{1}{q^n}$

Beispiel: Welches Kapital muß zur Verfügung stehen, damit daraus 10 Jahre lang eine jährliche Rente von 4800 DM bei 3,5%iger Verzinsung bezahlt werden kann?

a) vorschüssige Zahlungsweise

$\overline{K_o}$ = 4800 DM · 8,6077 = 41316,96 DM

b) nachschüssige Zahlungsweise

K_o = 4800 DM · 8,3166 = 39919,68 DM

[2] **Tilgung einer Anleihe (Amortisation).** Wird eine Anleihe oder eine Hypothek zurückgezahlt, so ist jede Tilgungsrate die Summe aus Zinsanteil und Tilgungsquote. Die jährlichen Zahlungen des Schuldners an den Gläubiger bezeichnet man als *Annuität:*   *Annuität*

Annuität = Zinsanteil + Tilgungsanteil

Man unterscheidet zwei Hauptarten der Tilgung:

(1) Es wird vereinbart, daß der Tilgungsanteil während der Tilgung konstant bleiben soll, d. h., die Annuitätenbeträge nehmen im Verlauf der Tilgung ab (*Ratentilgung*).   *Ratentilgung*

(2) Es wird vereinbart, daß die Annuität während der Tilgung konstant bleiben soll, d. h., die Tilgungsanteile steigen im Verlauf der Tilgung (*Annuitätentilgung*).   *Annuitätentilgung*

Beispiel für einen Tilgungsplan (Annuitätentilgung):

Jahr	Schuld am Anfang des Jahres	Annuität	Zinsbetrag	Tilgungsbetrag
	DM	DM	DM	DM
1	8000,00	600,00	480,00	120,00
2	7880,00	600,00	472,80	127,20
3	7752,80	600,00	465,17	134,83
4	7617,97	600,00	457,08	142,92
5	7475,05	600,00	448,50	151,50
6	7323,55	600,00	439,41	160,59

Logarithmen und Rechenstab

1. Logarithmen

1.1. Definition von Logarithmus und Logarithmensystem

Mit Hilfe des logarithmischen Rechnens kann man das Multiplizieren und Dividieren reeller Zahlen auf die Rechenarten Addieren und Subtrahieren, das Potenzieren und Radizieren auf das Multiplizieren und Dividieren zurückführen.

[1] **Logarithmus (log).** Der Logarithmus einer Zahl b zur Basis a ist der Exponent x, mit dem man a potenzieren muß, um den Numerus b zu erhalten.
Die Gleichungen

$$a^x = b \quad \text{und} \quad x = \log_a b \quad (a, b, x \in \mathbb{R}, a > 0, a \neq 1)$$

Numerus
Basis
Logarithmus

sind gleichbedeutend.
Bezeichnungen: Die Zahl b wird bezeichnet als *Numerus* (Logarithmand), a als *Basis* und x als *Logarithmus*.

Beispiele:
1) $2^4 = 16 \Leftrightarrow 4 = \log_2 16$
2) $10^3 = 1000 \Leftrightarrow 3 = \log_{10} 1000$

Sonderfälle ($a > 0, a \neq 1$):
(1) $\log_a a = 1$
(2) $\log_a 1 = 0$
(3) $\log_a(a^n) = n$

[2] **Logarithmensysteme**
Die Menge aller Logarithmen zu einer Basis a nennt man das *Logarithmensystem zur Basis a*.
Als Basis eines Systems ist jede positive Zahl außer 1 möglich, jedoch werden 3 Systeme bevorzugt (Basis 10, e bzw. 2).

[3] Zehnerlogarithmen (dekadische, gemeine oder Briggssche Logarithmen) haben die Zahl 10 als Basis. Der Zehnerlogarithmus wird abgekürzt durch
$$\log_{10} b = \lg b$$
(gelesen: Zehnerlogarithmus von b)

Zehnerlogarithmen

[4] Natürliche Logarithmen (logarithmus naturalis, Nepersche oder hyperbolische Logarithmen) haben die Zahl $e = 2{,}7182818\ldots$ als Basis. Der natürliche Logarithmus wird abgekürzt durch
$$\log_e b = \ln b$$
(gelesen: logarithmus naturalis b oder ln b)

Natürliche Logarithmen

[5] Zweierlogarithmen (Binärlogarithmen) haben die Zahl 2 als Basis und werden abgekürzt durch:
$$\log_2 b = \text{lb } b$$
(gelesen: Zweierlogarithmus b)

Zweierlogarithmen

[6] Modul. Zur Umrechnung von natürlichen Logarithmen in Zehnerlogarithmen und umgekehrt gelten die Beziehungen

$$\lg x = M \cdot \ln x$$
und
$$\ln x = \frac{1}{M} \cdot \lg x$$

mit $M = \dfrac{1}{\ln 10} = \lg e = 0{,}434\,294\ldots$ und

$\dfrac{1}{M} = \ln 10 = \dfrac{1}{\lg e} = 2{,}302\,585\ldots$

Die Zahl M wird *Modul* der Zehnerlogarithmen genannt.

Modul

Beispiele:
1) Gegeben: ln 38,0 = 3,63759, gesucht: lg 38,0
   Lösung: lg 38,0 = 0,434294 · 3,63759 = 1,57978
2) Gegeben: lg 91,0 = 1,95904, gesucht: ln 91,0
   Lösung: ln 91,0 = 2,302585 · 1,95904 = 4,51086

---

[7] Die logarithmische Funktion $y = \log_a x$ ($a > 0$, $a \neq 1$)
Die logarithmischen Kurven verlaufen im ersten und vierten Quadranten eines Koordinatensystems. Sie gehen für alle Basen durch den Punkt (1 ; 0) und nähern sich der y-Achse asymptotisch.

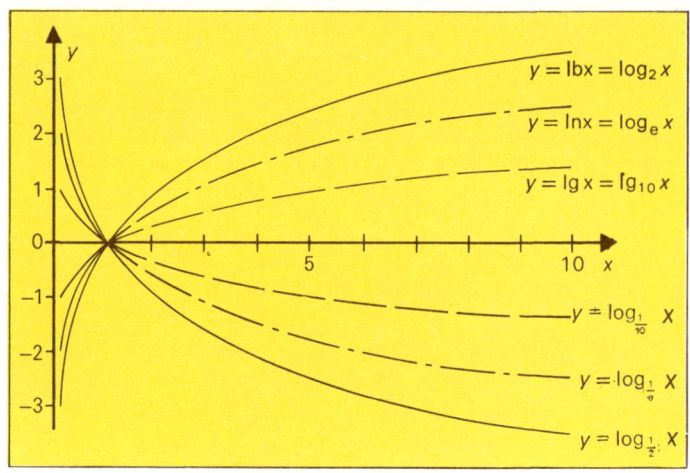

1.2. Logarithmengesetze
[1] Multiplikation und Division

$$\log_a(u \cdot v) = \log_a u + \log_a v$$
$$\log_a\left(\frac{u}{v}\right) = \log_a u - \log_a v$$

Beispiele: 1) $\log_a(12 \cdot 3) = \log_a 12 + \log_a 3$

2) $\log_a\left(\frac{2}{3}\right) = \log_a 2 - \log_a 3$

[2] Potenzieren

$$\log_a(u^n) = n \cdot \log_a u$$

Beispiele:
1) $\ln 5^8 = 8 \cdot \ln 5$
2) $\lg 10000 = \lg 10^4 = 4 \cdot \lg 10 = 4$

[3] Radizieren

$$\log_a \sqrt[n]{u} = \frac{1}{n} \cdot \log_a u$$

Beispiel: $\lg \sqrt[3]{100} = \frac{1}{3} \cdot \lg 100 = \frac{1}{3} \cdot 2 = \frac{2}{3}$

2. Gebrauch der Logarithmentafel

[1] **Mantisse und Kennziffer.** Logarithmieren bedeutet das Aufsuchen des Logarithmus zu einem gegebenen Numerus in einer Logarithmentafel. Im allgemeinen werden Tafeln mit Zehnerlogarithmen benutzt, die je nach Genauigkeitsanforderung 4- oder mehrstellig sind. *Logarithmieren*

Die Logarithmen der Numeri bestehen aus zwei Teilen, der Kennziffer (Kennzahl) und der Mantisse. *Kennziffer Mantisse*

Beispiele:
1) $\lg 6{,}058 = \underbrace{0}_{\text{Kennziffer}}{,}\underbrace{78233}_{\text{Mantisse}}$
2) $\lg 60{,}58 = \underbrace{1}_{\text{Kennziffer}}{,}\underbrace{78233}_{\text{Mantisse}}$

Die Kennziffer einer Zahl ist immer um 1 kleiner als die Anzahl der Stellen vor dem Komma. Ist der Numerus eine Zahl kleiner als 1, so ist die Kennziffer negativ und stimmt mit der Anzahl der Nullen überein, die vor der ersten von Null verschiedenen Ziffer stehen. *Kennziffer*

Beispiele:

Numerus	48326	3948	425	26	3	0,6	0,08
Kennziffer	4	3	2	1	0	−1	−2

Numerus	0,0000321
Kennziffer	−5

Die Mantisse des Logarithmus einer Zahl ist die Ziffernfolge hinter dem Komma. Alle Numeri mit gleicher Ziffernfolge haben die gleiche Mantisse. *Mantisse*

Beispiele:
$\lg 5{,}27 = 0{,}72181$; $\lg 52{,}7 = 1{,}72181$; $\lg 527 = 2{,}72181$

Bei negativer Kennziffer wird die Kennziffer hinter den Logarithmus geschrieben.

Beispiele:
$\lg 0{,}527 = 0{,}72181 - 1$; $\lg 0{,}0527 = 0{,}72181 - 2$

[2] Aufbau der Logarithmentafel. In der Eingangsspalte am linken Rand der Tafel stehen die ersten 2, 3 oder 4 Ziffern des Numerus. Die dazugehörige 3., 4. oder 5. Ziffer des Numerus befindet sich in der Zeile am oberen Rand der Tafel.
In den Zeilen rechts neben den Numeri befinden sich die Mantissen.
Oft werden zur besseren Übersicht die ersten Ziffern der Mantissen in einer besonderen Spalte (vor der Spalte 0) ausgedruckt, und zwar nur einmal vor der Zeile, deren Mantissen alle mit diesen Ziffern beginnen (in der Abbildung rechts der Zahlen 910 und 913). Die Mantissenteile *004; *009, ... sind mit einem Stern gekennzeichnet, da sie hinter dem Ziffernpaar 95 stehen, aber schon zu 96 gehören.

N.	L.	0	1	2	3	4	5	6	7	8	9
910	95	904	909	914	918	923	928	933	938	942	947
911		952	957	961	966	971	976	980	985	990	995
912		999	*004	*009	*014	*019	*023	*028	*033	*038	*042
913	96	047	052	057	061	066	071	076	080	085	090
914		095	099	104	109	114	118	123	128	133	137
915		142	147	152	156	161	166	171	175	180	185
916		190	194	199	204	209	213	218	223	227	232
917		237	242	246	251	256	261	265	270	275	280
918		284	289	294	298	303	308	313	317	322	327
919		332	336	341	346	350	355	360	365	369	374

[3] Rechnen mit einer Tafel
Aufsuchen des Logarithmus:
1. Schritt: Festlegen der Kennziffer
2. Schritt: Aufsuchen der Mantisse in der Logarithmentafel

Beispiele:

Numerus	91,73	912,3	0,9104
Kennziffer	1	2	−1
Mantisse	96251	96014	95923
Logarithmus	1,96251	2,96014	0,95923 −1

Die Mantisse zu lg 91,73 findet man, indem man senkrecht bis 917 in der Eingangsspalte und dann waagerecht bis zu der Mantisse vorgeht, die sich unter der 3 befindet.

Aufsuchen des Numerus:
1. Schritt: Aufsuchen der gegebenen Mantisse in der Logarithmentafel; von ihr geht man waagerecht nach links und findet die ersten Ziffern des Numerus; senkrecht über ihr steht die letzte Ziffer des gesuchten Numerus.
2. Schritt: Die Kennziffer des Logarithmus bestimmt die Stellenzahl des Numerus vor dem Komma.

Beispiele:

Logarithmus	3,96028	0,95904	0,96374 −2
Mantisse	96028	95904	96374
Kennziffer	3	0	−2
Numerus	9126	9,100	0,09199

[4] Interpolieren in einer Tafel

Aufsuchen des Logarithmus: Besitzt der Numerus mehr Ziffern, als in der Tafel vorgesehen sind, so wird linear interpoliert. Beim Interpolieren wird die Tafeldifferenz D in zehn gleiche Teile geteilt. Den Mantissenzuwachs d erhält man, indem man den zehnten Teil der Tafeldifferenz D mit der letzten Numerusziffer z multipliziert. Dann gilt allgemein:

Tafeldifferenz Mantissenzuwachs

$$d = \frac{D}{10} \cdot z.$$

Beispiele: 1) lg 91̇536 = x
Lösung: lg 91530 = 4,96156; $D = 5$; $z = 6$;
$d = \frac{5}{10} \cdot 6 = 3$

Ergebnis: lg 91536 = 4,96159

2) lg 91,632 = x
Lösung: lg 91,63 = 1,96204; $D = 5$; $z = 2$;
$d = \frac{5}{10} \cdot 2 = 1$

Ergebnis: lg 91,632 = 1,96205

Durch Interpolation erhält man im allgemeinen nur eine weitere Stelle der Mantisse, als in der Tafel angegeben ist. Meist sind in den Logarithmentafeln Proportionaltafeln vorhanden, die das Interpolieren erleichtern.

Proportionaltafel

Aufsuchen des Numerus:
Liegt die Mantisse eines gegebenen Logarithmus zwischen zwei in der Tafel aufgeführten Mantissen, so muß linear interpoliert werden. Dadurch wird eine weitere Ziffernstelle z des Numerus gefunden. Dann kann man nach der
Formel $d = \frac{D}{10} \cdot z$ die Numerusstelle z angeben:

$$z = \frac{10 \cdot d}{D}$$

D bedeutet die Tafeldifferenz und d die Differenz zwischen gegebener Mantisse und nächstkleinerer Tafelmantisse.

Beispiele: 1) lg x = 0,96035
Lösung: 0,96033 = lg 9,127; d = 2; D = 5; $z = \frac{10 \cdot 2}{5} = 4$

Ergebnis: 0,96035 = lg 0,1274, also x = 9,1274
2) lg x = 2,95946
Lösung: 2,95942 = lg 910,8; d = 4; D = 5; $z = \frac{10 \cdot 4}{5} = 8$

Ergebnis: 2,95946 = lg 910,88, also x = 910,88

[5] Beispiele zum logarithmischen Rechnen

Beispiele zur Multiplikation:
Aufgabe: x = 4397 · 3,495
Lösung: lg x = lg 4397 + lg 3,495

N	lg
4397	3,64316
3,495	0,54345 +
15368	4,18661

Bestimmung des Numerus zum Logarithmus 4,18661 (Interpolation):
Kennziffer: 4
Mantisse: 18661, nächstkleinere Mantisse: 18639 mit dem zugehörigen Numerus N = 1536

Mantissendifferenz d = 22, Tafeldifferenz D = 28
Die fünfte Numerusziffer z ergibt sich zu
$$z = \frac{22 \cdot 10}{28} = 7{,}86 \approx 8$$
Ergebnis: x = 15368

Aufgabe: $x = 0{,}04 \cdot 7{,}96$
Lösung: $\lg x = \lg 0{,}04 + \lg 7{,}96$

N	lg
0,04	0,60206 − 2
7,96	0,90091 +
0,3184	1,50297 − 2 = 0,50297 − 1

Ergebnis: $x = 0{,}3184$

Beispiele zur Division:

Aufgabe: $x = 49{,}7 : 3{,}24$
Lösung: $\lg x = \lg 49{,}7 - \lg 3{,}24$

N	lg
49,7	1,69636
3,24	0,51055 −
15,339	1,18581

Mantisse: 18581
nächstkleinere
Mantisse: 18554
dazugehöriger
Numerus:
1533

$d = 27$; $D = 29$;
$Z = \frac{27 \cdot 10}{29} \approx 9$

Ergebnis: $x = 15{,}339$

Aufgabe: $x = 17{,}3 : 40{,}2$
Lösung: $\lg x = \lg 17{,}3 - \lg 40{,}2$

N	lg	
17,3	2,23805 − 1	*
40,2	1,60423	−
0,43035	0,63382 − 1	

Mantisse: 63382
nächstkleinere
Mantisse: 63377
dazugehöriger
Numerus:
4303

$d = 5$; $D = 10$;
$z = \frac{10 \cdot 5}{10} = 5$

Ergebnis: $x = 0{,}43035$

* In dieser Aufgabe hätte man bei normaler Subtraktion eine negative Mantisse erhalten. Um dieses zu vermeiden, erhöht man die Kennziffer des Dividenden und hebt die Erhöhung durch Addition der negativen Kennziffer wieder auf. Die Erhöhung der Kennziffer kann auch um mehrere Einheiten erforderlich sein, man muß die negative Kennziffer zum Ausgleich an das Ende setzen.

Beispiel mit Multiplikation und Division:
Aufgabe: $x = \frac{4{,}3 \cdot 47{,}5}{12{,}9 \cdot 3{,}4}$
Lösung: $\lg x = \lg 4{,}3 + \lg 47{,}5 - (\lg 12{,}9 + \lg 3{,}4)$

N	lg
4,3	0,63347
47,5	1,67669
Zähler	2,31016 +
12,9	1,11059
3,4	0,53148
Nenner	1,64207 +
Zähler – Nenner	0,66809

Mantisse: 66809
nächstkleinere Mantisse: 66801, Numerus: 4656
$d = 8\,;\ D = 10\,;\ z = \dfrac{8 \cdot 10}{10} = 8 \quad x = 4{,}6568$

3. Rechenstab
3.1. Logarithmischer Rechenstab
[1] **Aufbau des Rechenstabes.** Das Funktionsprinzip des Rechenstabes beruht auf den Logarithmengesetzen. Im allgemeinen werden Rechtsstäbe mit einer Skalenlänge von 25 cm benutzt. Die Genauigkeit der Resultate liegt bei 0,1 % bis 1 %.

Stabkörper Der Rechenstab besteht aus drei Teilen: 1. Stabkörper (Stab),
Zunge 2. Zunge (Schieber), 3. Läufer (Reiter).
Läufer

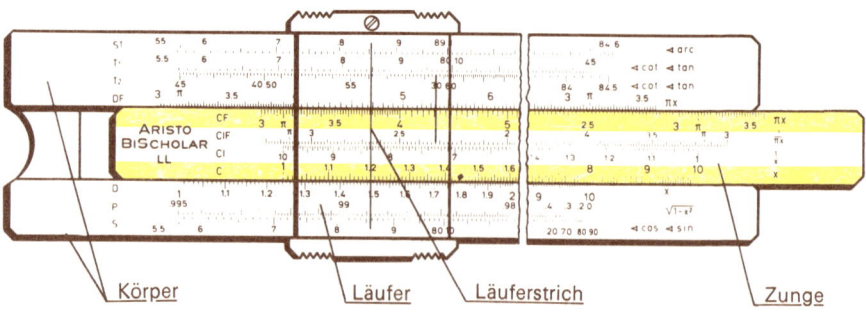

Körper   Läufer   Läuferstrich   Zunge

Auf dem Stabkörper befinden sich i. allg. die Skalen $A\,;\ D\,;\ CF\,;\ K\,;\ L\,;\ LL_3\,;\ S$ und T, auf der Zunge die Skalen $B\,;\ C\,;\ CF\,;\ CI$ und CIF. Je nach Ausführung können verschiedene Rechenstäbe weitere Skalen enthalten.

Ablesestrich Der Läufer besitzt senkrecht zur Skalenordnung einen durchgehenden Mittelstrich (Ablesestrich, Läuferstrich), der das Einstellen und Ablesen des Rechenstabes ermöglicht.

[2] Die Skalen des Rechenstabes. Auf den *Grundskalen C* und *D* befinden sich die *x*-Werte von 1 bis 10, die in logarithmischem Maßstab aufgetragen sind. — *Skalen C, D*

Die *Skalen A* und *B* sind ebenfalls logarithmisch eingeteilt und enthalten die x^2-Werte von 1 bis 100. — *Skalen A, B*

Die *K-Skala* gibt die x^3-Werte von 1 bis 1000 an. — *Skala K*

Die versetzten *Skalen CF* und *DF* sind gegenüber den Grundskalen *C* und *D* um den Faktor π verschoben. — *Skalen CF, DF*

Zu den Skalen *C* und *D* gibt die *Skala CI* (Invers- oder Reziprokskala) die Kehrwerte $\frac{1}{x}$ an; *CI* ist im Gegensatz zu den vorher genannten Skalen von rechts nach links abzulesen. — *Skala CI*

Auf der *Skala L* findet man die Zehnerlogarithmen zu den in *C* und *D* angegebenen Numeruswerten. — *Skala L*

Die *Skala LL_3* dient zur Bestimmung des natürlichen Logarithmus und der Potenzen von *e* zwischen den Werten $e^1 = 2{,}72$ und $e^{10} = 2{,}2 \cdot 10^4$. — *Skala LL_3*

Auf der *Sinusskala S* sind die Winkel von 5,74° bis 90° aufgetragen, die zugehörigen Sinuswerte sind der Skala *D* zu entnehmen. Zu jedem Winkel der Sinusskala ist in roter Schrift der Komplementwinkel angegeben, dessen Kosinus auf *D* abzulesen ist. — *Skala S*

Die *Skala T* erlaubt das Aufsuchen des Tangens von Winkeln zwischen 5,71° und 45° auf *D*. Oftmals befinden sich oberhalb der *T*-Skala in roter Schrift die Winkel von 45° bis 84,29°. Sie sind rückläufig zu lesen und ihre Tangenswerte aus der Reziprokskala zu entnehmen. — *Skala T*

[3] Die Einteilung der Grundskala D. Alle Abschnitte zwischen den ganzen Zahlen (»Einer«) sind in zehn Teile (»Zehntel«) unterteilt. Die Zehntel sind weiter unterteilt in »Hundertstel«:

im Bereich 1 bis 2: 10 Teile, jeder Teilstrich: 1 »Hundertstel«

im Bereich 2 bis 4: 5 Teile – jeder Teilstrich: 2 »Hundertstel«

im Bereich 4 bis 10: 2 Teile – jeder Teilstrich: 5 »Hundertstel«

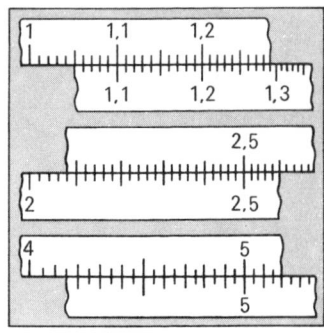

Das Ablesen der Skala geschieht in der Reihenfolge: Einer, Zehntel, Hundertstel.

3.2. Rechnen mit dem Rechenstab

Beim Rechnen mit dem Rechenstab erhält man nur die Ziffernfolge der gesuchten Zahl; der Stellenwert wird durch eine zusätzliche Überschlagsrechnung bestimmt.

Vereinbarung: C1 bedeutet die 1 auf der Skala C; D4—6—3 bedeutet die Ziffernfolge 463 auf der Skala D.

[1] Multiplikation

Aufgabe: 1,8 · 3,5 = x
Überschlag: 2 · 3 = 6

Einstellung mit den Skalen C und D :

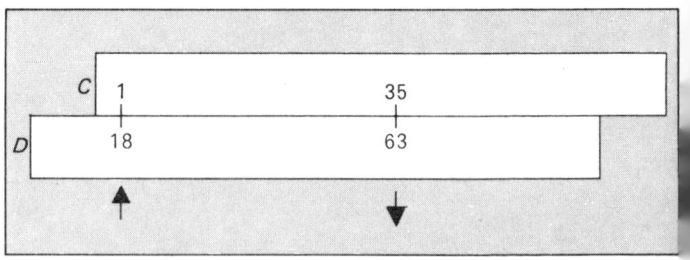

Man stellt C1 über D1 – 8 und liest das Ergebnis unter C3 – 5 auf D ab.

Ergebnis: x = 6,3

Einstellung mit den Skalen CF und DF:

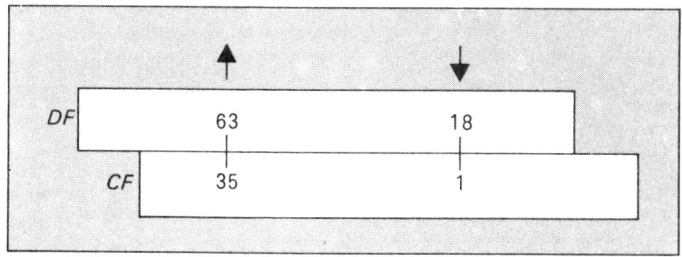

Man stellt CF1 unter DF1−8 und liest das Ergebnis über CF3−5 auf DF ab.
Ergebnis: $x = 6{,}3$

Multiplikation mit Umschlag (Rückschlag) der Zunge: Umschlag bedeutet ein Durchschieben der Zunge, so daß an Stelle von C1 über dem ersten Faktor C10 steht. Dieser Vorgang kann bei allen Rechnungen benutzt werden, wenn das Ergebnis außerhalb des Stabkörpers liegt.

Aufgabe: $22 \cdot 4{,}6 = x$
Überschlag: $20 \cdot 5 = 100$

Einstellung mit den Skalen C und D:

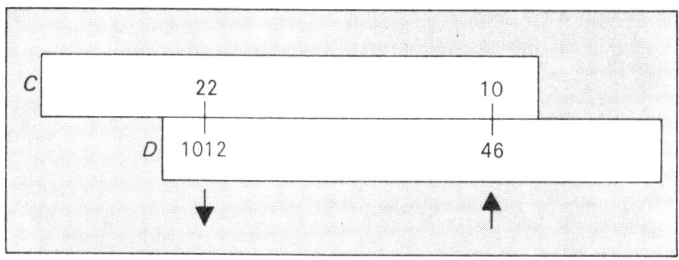

Man stellt C10 über D4−6 und liest das Ergebnis unter C2−2 auf D ab.
Ergebnis: $x = 101{,}2$

Verwendet man für Multiplikationsaufgaben die Skalen C, D und die Skalen CF und DF, so läßt sich das Durchschieben der Zunge vermeiden:

Einstellung mit den Skalen CF und DF:

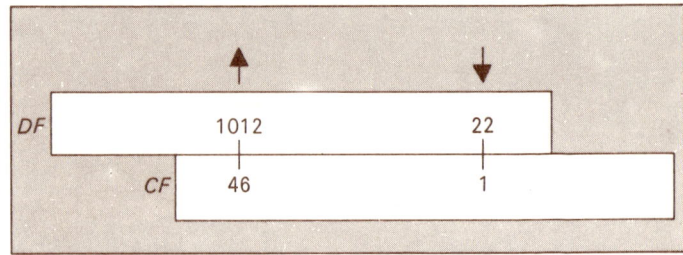

Man stellt CF1 *unter* DF2−2 und liest das Ergebnis *über* CF4−6 auf DF ab.
Ergebnis: $x = 101{,}2$

[2] Division
Aufgabe: $595 : 35 = x$
Überschlag: $600 : 30 = 20$
Einstellung mit den Skalen C und D:

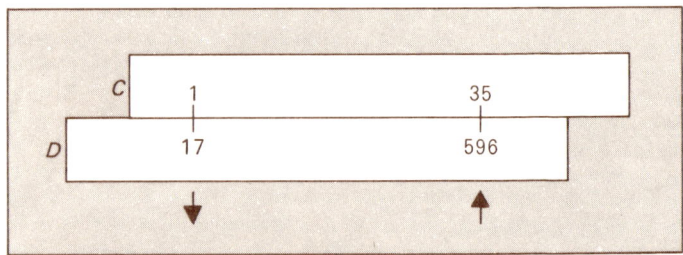

Man stellt den Läuferstrich auf D5−9−5, darüber C3−5 und liest das Ergebnis unter C1 auf D ab.
Ergebnis: $x = 17$

Aufgabe: $1{,}6 : 25 = x$
Überschlag: $2 : 20 = 0{,}1$
Einstellung mit den Skalen C und D:

Man stellt den Läuferstrich auf $D1-6$, darüber $C2-5$ und liest das Ergebnis unter $C10$ auf D ab.

Ergebnis: $x = 0{,}064$

[3] Vereinigte Multiplikation und Division. Multiplikation und Division lassen sich auch mit den Skalen A und B (bzw. CF und DF) durchführen. Die Einstellungen erfolgen wie beim Rechnen mit C und D, dabei entspricht der Skala C die Skala B (CF) und der Skala D die Skala A (DF).

Bei zusammengesetzter Multiplikation und Division wird zuerst dividiert.

Aufgabe: $\frac{2 \cdot 4{,}5}{6} = x$

Überschlag: $\frac{2 \cdot 5}{6} = 1{,}6\ldots$

Einstellung mit den Skalen C und D:

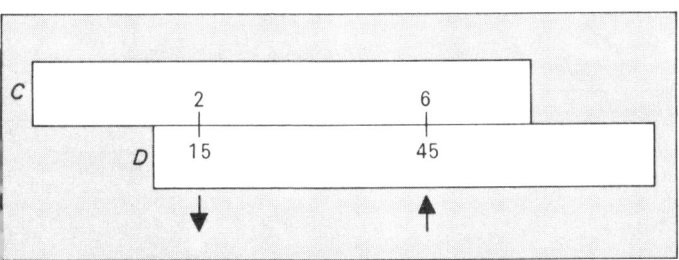

Man stellt den Läuferstrich auf $D4-5$, darüber $C6$ und liest das Ergebnis unter $C2$ auf D ab.

Ergebnis: $x = 1{,}5$

Der Vorteil beim *Multiplizieren mit den Skalen D und CI* besteht darin, daß die Einstellung immer sofort gelingt und der Produktwert stets unter einem Skalenende ablesbar ist.

Die Divisionsaufgabe $x = \frac{a}{b}$ läßt sich auch darstellen als

$x = a \cdot \frac{1}{b}$

Aufgabe: $\frac{795}{25} = x = 795 \cdot \frac{1}{25}$

Überschlag: $800 : 25 = 32$

Einstellung mit den Skalen D und CI :

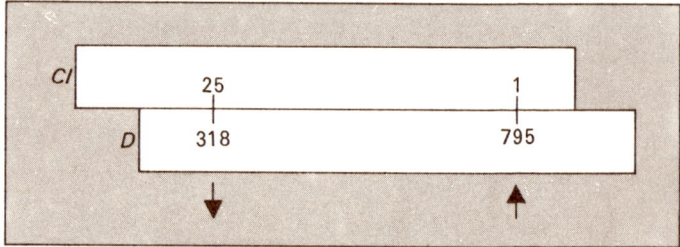

Man stellt den Läuferstrich über $D7-9-5$, darüber $CI1$ und liest das Ergebnis unter $CI2-5$ auf D ab.
Ergebnis: $x = 31{,}8$

[4] Quadrat und Quadratwurzel einer Zahl
Aufsuchen des Quadrates:
Aufgabe: $54{,}3^2 = x$
Überschlag: $50^2 = 2500$

Einstellung mit den Skalen D und A :

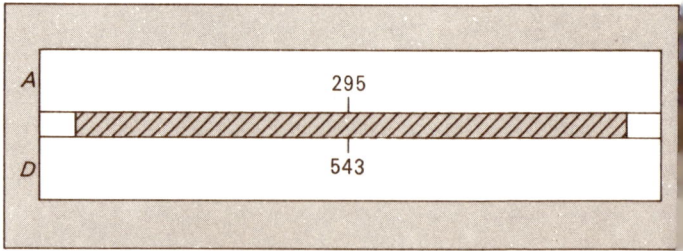

Man stellt den Läuferstrich auf $D5-4-3$ und liest darüber auf A die Ziffernfolge 295 ab.
Ergebnis: $x = 2950$

Aufsuchen der Quadratwurzel: Der Radikand wird vom Komma nach rechts und links in Gruppen zu je zwei Ziffern geteilt. Die am weitesten links stehende Gruppe entscheidet, ob der Läuferstrich zwischen 1 und 10 oder 10 und 100 auf der Skala A eingestellt wird: Ist ihr Wert kleiner als 10, so steht der Läuferstrich zwischen 1 und 10, ist er größer als 10, so steht die Visierlinie zwischen 10 und 100.

Aufgabe: $\sqrt{640} = x = \sqrt{6\ 40}$
Überschlag: $\sqrt{625} = 25$

Einstellung:

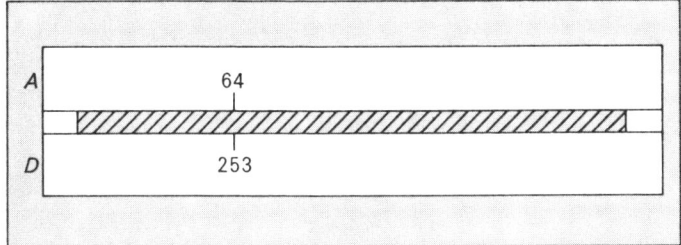

Man stellt den Läuferstrich auf A6−4 und liest darunter auf D das Ergebnis ab.
Ergebnis: $x = 25,3$

[5] Die Kubikskala K. Nach den gleichen Rechenschemata wie unter [4] erfolgt das Aufsuchen der 3. Potenz und der Kubikwurzel einer gegebenen Zahl mit Hilfe von K. Zum Radizieren wird der Radikand vom Komma aus nach rechts und links in Gruppen zu je drei Ziffern eingeteilt. Die Anzahl der Ziffern in der am weitesten links stehenden Gruppe entscheidet über die Einstellung des Läuferstriches in das erste, zweite oder dritte Drittel der Kubikskala.

[6] Logarithmieren. Der Rechenstab kann als dreistellige Logarithmentafel verwendet werden.
Zu gegebenen Zahlen auf der Grundskala D lassen sich die zugehörigen Zehnerlogarithmen auf der Skala L bestimmen:

[7] Sinusskala. Die Winkelmaße sind für 5,5° bis 90° auf der Skala S markiert. Die zugehörigen Sinuswerte stehen auf der Grundskala D.

(1) Einstellen des Winkelmaßes auf der Skala S,
(2) Ablesen des Sinuswertes auf der Skala D.

Umgekehrt lassen sich zu gegebenen Sinuswerten die Winkelmaße bestimmen.

Mengen

Die Mengenlehre besitzt für die Mathematik eine grundlegende Bedeutung, weil sie es ermöglicht, den gesamten Bereich unter einem einheitlichen Gesichtspunkt zu betrachten. In allen Teilgebieten der Mathematik geht es um Mengen von Dingen, zwischen denen gewisse Beziehungen bestehen: In der Geometrie gibt es z. B. Mengen von *Punkten* oder *Vektoren,* in der Algebra Mengen von *Zahlen.* Es lassen sich aber auch Mengen von *Figuren, Abbildungen* (Geometrie), von *Funktionen* (Analysis) und von *Ereignissen* (Wahrscheinlichkeitstheorie) betrachten.
Der Mathematiker Georg Cantor (1845—1918) gilt als Begründer der Mengenlehre. Der Ausbau dieser Theorie wurde besonders durch die Widerspruchsbeweise des Philosophen Bertrand Russell vorangetrieben.

1. Menge und Element

1.1. Grundbegriffe
[1] Menge und Element. Die Begriffe »Menge« und »Element« gehören zu den Grundbegriffen der Mengenlehre, die nicht definiert werden können. Bei einem axiomatischen Aufbau der Mengenlehre werden die Eigenschaften dieser beiden Begriffe durch Axiome festgelegt (↑ S. 173).

Menge

Element

Eine *Menge* ist eine Zusammenfassung von genau bestimmten, eindeutig unterscheidbaren Dingen. Die Dinge, welche die Menge bilden, heißen ihre *Elemente.*
Eine Menge ist festgelegt, wenn von jedem Element feststeht, ob es zur Menge gehört oder nicht.

Beispiele:
1) Die Menge der 8 kleinsten Primzahlen besteht aus den Elementen 2 ; 3 ; 5 ; 7 ; 11 ; 13 ; 17 ; 19.

2) Die Menge der Buchstaben im Wort »MENGENLEHRE« besteht aus den Elementen M ; E ; N ; G ; L ; H ; R. Man beachte, daß jeder Buchstabe nur einmal genannt wird.
3) Die »schönsten« Affen in Hagenbecks Tierpark bilden keine Menge, weil die Elemente durch die Eigenschaft »schön« nicht genau bestimmt sind.

In der Umgangssprache wird der Begriff »Menge« im doppelten Sinn verwendet:
a) eine Menge Schnee im Sinne von »viel Schnee«;
b) eine Volksmenge im mathematischen Sinne einer »Zusammenfassung von Menschen«.

[2] Als **Bezeichnung für Mengen** werden große Buchstaben $A ; B ; C ; \ldots$, für Elemente kleine Buchstaben $a ; b ; c ; \ldots$ verwendet. Ist a ein Element der Menge M, so schreibt man $a \in M$, ist x kein Element von M, so schreibt man $x \notin M$. Entsprechend bedeutet $M \ni a$ ($M \not\ni a$), die Menge M enthält das Element a (nicht).

Beispiele: Ist V die Menge der Vokale des Alphabets, so gilt: $a \in V$, $e \in V$, $b \notin V$, $x \notin V$, $V \ni u$, $V \not\ni \beta$.

1.2. Darstellung von Mengen

[1] **Aufzählende und beschreibende Form.** Die Festlegung einer Menge kann auf 2 Arten erfolgen:
a) *Aufzählende Form.* Die Elemente werden zwischen den Mengenklammern (geschweifte Klammern) aufgezählt und durch Semikolons oder Kommas voneinander getrennt.

aufzählende Form

Beispiel: Die Menge V der Vokale des Alphabets: $V = \{a ; e ; i ; o ; u\}$ (gelesen: »V ist die Menge mit den Elementen $a ; e ; i ; o$ und u.«)

b) *Beschreibende Form.* Die Elemente werden durch ihre gemeinsamen Eigenschaften charakterisiert. Die charakteristische Eigenschaft wird durch eine Aussageform und eine Grundmenge G festgelegt, aus der die Elemente der beschriebenen Menge auszusondern sind.

beschreibende Form charakteristische Eigenschaft

Beispiel: $M = \{\square \mid \square$ steht vor $f\}_A$
Grundmenge A: Menge aller Buchstaben des Alphabets.
Charakteristische Eigenschaft: »$\square$ steht vor f«.
Das Element a aus A gehört zur Menge M, weil beim Einsetzen in die Variable $\square$ die wahre Aussage »a steht vor f« entsteht. Entsprechend gehört g nicht zu M, weil die Aussage »g steht vor f« falsch ist.

[2] Die **Umwandlung** der beschreibenden Form einer Menge in die aufzählende Form erfolgt durch Einsetzen aller Elemente der Grundmenge in die Variable der charakteristischen Eigenschaft. Ein Element der Grundmenge gehört nur dann zur Menge, wenn beim Einsetzen eine wahre Aussage entsteht (↑ S. 158).

Beispiele:
1) $A = \{x \mid x$ ist eine Millionenstadt$\}_S$
   $A = \{$Berlin, München, Hamburg$\}$
   Grundmenge : S = Menge aller deutschen Städte
2) $B = \{x \mid x$ ist gerade$\}$
   $B = \{2\,;\,4\,;\,6\,;\,8\,;\,10\,;\,12\,;\,\ldots\}$
   Grundmenge :   = Menge der natürlichen Zahlen
3) $C = \{x \mid x$ ist Teiler von 18$\}$
   $C = \{1\,;\,2\,;\,3\,;\,6\,;\,9\,;\,18\}$

Grundmenge: $\mathbb{N}$ = Menge der natürlichen Zahlen

Die aufzählende Form wird vorwiegend für Mengen mit endlich vielen Elementen benutzt. Wird das Verfahren für unendliche Mengen angewendet, so werden wie in Beispiel 2 einige Elemente aufgeschrieben und die nachfolgenden durch 3 Punkte angedeutet.

Mengenbild
Venndiagramm

[3] Das **Mengenbild oder Venn-Diagramm** einer Menge ist die bildliche Darstellung der Elemente innerhalb einer geschlossenen Linie in der Ebene. Die Elemente werden durch Bilder oder Punkte mit Buchstaben o. ä. repräsentiert.

Beispiel: Mengenbild der Menge A mit den Elementen Dreieck (d), Quadrat (q) und Kreis (k):
$A = \{\blacktriangle\,;\,\bullet\,;\,\blacksquare\} = \{d\,;\,k\,;\,q\}$

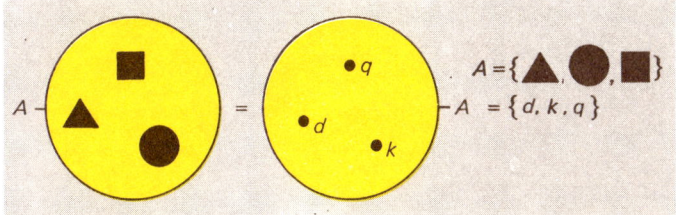

Beachte: Das Innere einer geschlossenen Linie wird als Repräsentant sowohl für endliche als auch für unendliche Mengen benutzt.

1.3. Mächtigkeit von Mengen

[1] Die Mächtigkeit (Zahleigenschaft) einer endlichen Menge M — geschrieben $|M|$ oder $z(M)$ — ist die Anzahl ihrer Elemente.   *Mächtigkeit
Zahleigenschaft*

Beispiele:
1) $A = \{a ; b ; c\}$ mit $|A| = 3$ bzw. $z(A) = 3$
2) $B = \{x | x < 10\}_\mathbb{N}$ mit $|B| = 9$ bzw. $z(B) = 9$.

[2] Eine **endliche Menge** enthält endlich viele Elemente. Ihre Mächtigkeit ist eine natürliche Zahl.   *endliche
Menge*

Beispiele:
1) $U = \{x | x$ ist ungerade und $x < 1000\}_\mathbb{N} =$
   $\{1 ; 3 ; 5 ; ... ; 997 ; 999\} ; |U| = 500$
2) Die Menge G der geraden Primzahlen: $G = \{2\}, |G| = 1$

Mengen, die nur ein Element enthalten, heißen *einelementige* Mengen. Ihre Mächtigkeit ist 1. Die Menge, die kein Element enthält, wird die *leere Menge* oder *Leermenge* genannt. Man schreibt $\{\}$ oder $\emptyset$. Die Leermenge hat die Mächtigkeit 0, $|\emptyset| = 0$.   *einelementige
Menge
leere Menge
Leermenge*

Beispiele:
1) Die Menge M der Monate mit weniger als 28 Tagen,
   $M = \{\}$
2) $\{x | x \neq x\} = \emptyset$.

[3] Eine **unendliche Menge** enthält nicht endlich viele Elemente. Ihre Mächtigkeit ist keine natürliche Zahl.   *unendliche
Menge*

Beispiele:
1) Die Menge ℕ der natürlichen Zahlen, ℕ = {1; 2; 3; 4; 5; 6; 7; 8; 9; 10; 11; ...}
2) Die Menge aller Punkte auf einer Geraden.

1.4. Besondere Mengen

Zahlenmengen

[1] Für bestimmte Zahlenmengen werden feste Bezeichnungen gebraucht.

Beispiele:
ℕ = {1; 2; 3; 4; 5; ...} Menge der natürlichen Zahlen
ℙ = {2; 3; 5; 7; 11; 13; ...} Menge der Primzahlen
ℤ = {...; −2; −1; 0; 1; 2; ...} Menge der ganzen Zahlen
ℚ = {$\frac{a}{b}$ | $a \in$ ℤ; $b \in$ ℕ} Menge der rationalen Zahlen
ℝ = Menge der reellen Zahlen

Intervall

Randpunkt

[2] **Intervalle.** Die Menge aller reellen Zahlen, die zwischen 2 Zahlen *a* und *b* liegen, bilden ein *Intervall*. Die beiden Zahlen *a* und *b* sind die *Randpunkte* des Intervalls.

Geschlossenes Intervall
$[a; b] = \{x | a \leq x \leq b\}_\mathbb{R}$

$a \in [a; b]$ $b \in [a; b]$

Offenes Intervall
$]a; b[= \{x | a < x < b\}_\mathbb{R}$

$a \notin]a; b[$ $b \notin]a; b[$

Halboffene Intervalle
$]a; b] = \{x | a < x \leq b\}_\mathbb{R}$
$[a; b[= \{x | a \leq x < b\}_\mathbb{R}$

$a \notin]a; b]$ $b \in]a; b]$

$a \in [a; b[$ $b \notin [a; b[$

Beispiele:
$[0; 3] = \{x | 0 \leq x \leq 3\}_\mathbb{R}$
$]1; \pi] = \{x | 1 < x \leq \pi\}_\mathbb{R}$
$[1,5; +\infty[= \{x | 1,5 \leq x\}_\mathbb{R}$

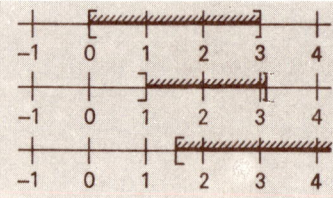

2. Relationen zwischen Mengen

2.1. Gleichheit und Gleichmächtigkeit

[1] **Gleichheit von Mengen.** Zwei Mengen A und B sind genau dann *gleich* (geschrieben $A = B$), wenn sie dieselben Elemente enthalten. Andernfalls werden sie verschieden oder *ungleich* genannt ($A \neq B$).

Gleichheit

Ungleichheit

Beispiele:
1) $\{2\,;\,3\,;\,4\} = \{4\,;\,2\,;\,3\}$
2) Buchstabenmenge von »OTTO« = Buchstabenmenge von »TOTO«, $\{O\,;\,T\} = \{T\,;\,O\}$
3) $\{3 + 4\,;\,9\,;\,8\} = \{7\,;\,3^2\,;\,9 - 1\}$
4) $\{a\,;\,c\,;\,d\} \neq \{a\,;\,b\,;\,c\,;\,d\}$

Gilt $A = B$, so folgt aus $a \in A$ stets $a \in B$ und aus $b \in B$ stets $b \in A$. Aus der Gleichheitsdefinition für Mengen ergibt sich ferner:
a) Die Reihenfolge in der die Elemente einer Menge aufgezählt werden, ist beliebig (↑ Beisp. 1,2);
b) Ein und dasselbe Element kann durch verschiedene Symbole dargestellt werden (↑ Beisp. 3).

[2] **Gleichmächtigkeit.** Zwei endliche Mengen A und B sind *gleichmächtig* (geschrieben $A \sim B$), wenn sie gleich viele Elemente enthalten. Zeichnet man die Mengenbilder zweier Mengen nebeneinander und verbindet ihre Elemente in eindeutiger Weise zu Paaren, so sind die Mengen gleichmächtig, wenn jedes Element der einen Menge genau einen Partner in der anderen Menge hat und umgekehrt (umkehrbar eindeutige Zuordnung).

Gleichmächtigkeit

Beispiel:

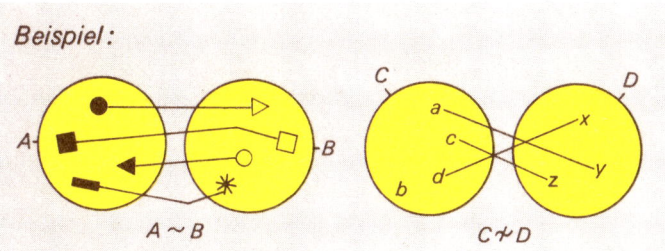

abzählbar unendlich

Zwei unendliche Mengen A und B sind gleichmächtig, wenn es für sie eine umkehrbar eindeutige Zuordnung gibt. Die Zahleigenschaft der Menge ℕ nennt man *abzählbar unendlich*.
Mengen, die die gleiche Mächtigkeit wie die Menge ℕ der natürlichen Zahlen haben, sind abzählbar unendlich.

Mächtigkeit Kardinalzahl

Werden alle Mengen nach der Beziehung »gleichmächtig« sortiert, so erhält man eine Klasseneinteilung (↑ S. 98). Die gemeinsamen Eigenschaften aller Mengen einer Klasse bestehen in der gleichen Anzahl von Elementen. Man sagt, sie besitzen dieselbe *Mächtigkeit* oder Zahleigenschaft (*Kardinalzahl*).

2.2. Teilmenge

Teilmenge

[1] **Teilmenge.** Eine Menge A heißt *Teilmenge* oder *Untermenge* einer Menge B (geschrieben A ⊆ B), wenn jedes Element von A auch Element von B ist. Man sagt auch, B ist *Obermenge* von A (B ⊇ A).

> *Beispiele:*
> 1) {a ; b} ⊆ {a ; b ; c}
> 2) Die Menge Q aller Quadrate ist Teilmenge der Menge R aller Rechtecke, Q ⊆ R.
> 3) {1 ; 2 ; 3 ; 4} ⊆ {2 ; 4 ; 3 ; 1}

Mengenbild für die Teilmengenrelation A ⊆ B.

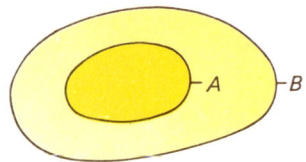

Aus a ∈ A und A ⊆ B folgt a ∈ B.

B ist keine Teilmenge von A (B ⊈ A), wenn mindestens ein Element von B nicht zu A gehört.
Aus der Definition der Teilmengenrelation folgt: Jede Menge M enthält sich selbst als Teilmenge (↑ Beisp. 3), M ⊆ M. Die leere Menge ist Teilmenge jeder Menge M, also ∅ ⊆ M.

echte Teilmenge

[2] **Echte Teilmenge.** Eine Menge A heißt echte Teilmenge einer Menge B (geschrieben A ⊂ B), wenn A ⊆ B und A ≠ B.

Beispiel:
1) Die Menge $M = \{a\,;b\}$ besitzt 4 Teilmengen, von denen 3 echte Teilmengen sind: $\emptyset \subset M$, $\{a\} \subset M$, $\{b\} \subset M$, $\{a\,;b\} \subseteq M$.
2) $\{x\,|\,6 \text{ teilt } x\}_\mathbb{N} \subset \{x\,|\,3 \text{ teilt } x\}_\mathbb{N}$

2.3. Potenzmenge

[1] **Potenzmenge.** Die Menge aller Teilmengen einer gegebenen Menge M heißt ihre *Potenzmenge* $P(M)$.

Potenzmenge

Beispiele:
1) $M = \emptyset$ $P(M) = \{\emptyset\}$
2) $M = \{a\}$ $P(M) = \{\emptyset, \{a\}\}$
3) $M = \{a\,;b\}$ $P(M) = \{\emptyset, \{a\}\,;\{b\}, \{a\,;b\}\}$
4) $M = \{a\,;b\,;c\}$ $P(M) = \{\emptyset, \{a\}, \{b\}, \{a\,;b\}, \{c\}, \{a\,;c\}, \{b\,;c\}, M\}$

Beachte: Die Elemente einer Potenzmenge sind selbst wieder Mengen.

Die Potenzmenge einer Menge mit n Elementen besitzt 2^n Elemente (Teilmengen). Die Beispiele 1 bis 4 zeigen:

Mächtigkeit der Potenzmenge

$|M|$	0	1	2	3
$|P(M)|$	$1 = 2^0$	$2 = 2^1$	$4 = 2^2$	$8 = 2^3$

[2] **Potenzmengengraph.** Die Mengen einer Potenzmenge werden im Graph geordnet. Dabei werden die Mengen von $P(M)$ der Mächtigkeit nach untereinander aufgeschrieben und die Teilmengenbeziehungen durch Striche angedeutet.

Potenzmengengraph

Beispiel: Potenzmengengraph von $P(M)$ mit $M = \{a\,;b\,;c\}$

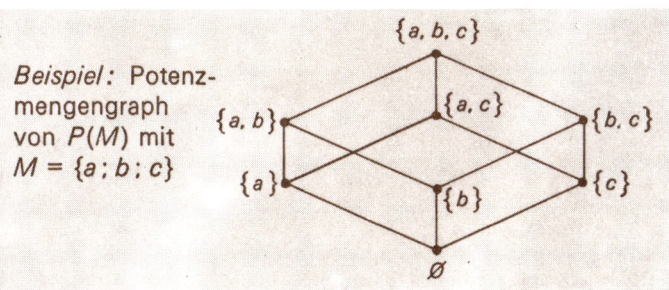

2.4. Gesetze der Mengenrelationen

[1] Die Gleichheitsrelation für Mengen ist

reflexiv a) *reflexiv*, weil $A = A$ für jede Menge A gilt;
symmetrisch b) *symmetrisch*, weil gilt: $A = B \Rightarrow B = A$ für je zwei Mengen A und B;
transitiv c) *transitiv*, weil gilt: $A = B$ und $B = C \Rightarrow A = C$ für je drei Mengen A; B und C.

[2] Gesetze der Mengenrelation

	=	$\neq$	$\subseteq$	$\subset$
reflexiv	$A = A$	gilt nicht, denn $A = A$	$A \subseteq A$	gilt nicht, denn $A \not\subset A$
sym-metrisch	$A = B$ $\Rightarrow B = A$	$A \neq B$ $\Rightarrow B \neq A$	gilt nicht: $A \subseteq B$ $\Rightarrow B \not\subseteq A$ wenn $A \neq B$	gilt nicht: $A \subset B$ $\Rightarrow B \not\subset A$
transitiv	$A = B$ $\wedge B = C$ $\Rightarrow A = C$	gilt nicht (↑ [3])	$A \subseteq B$ $\wedge B \subseteq C$ $\Rightarrow A \subseteq C$	$A \subset B$ $\wedge B \subset C$ $\Rightarrow A \subset C$

[3] Beweisbeispiele

1) Transitivität der Teilmengenbeziehung im Mengenbild,
$A \subset B \wedge B \subset C \Rightarrow A \subset C$, ($\wedge$: Zeichen für und)

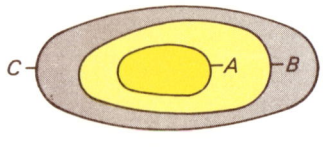

2) Die Mengenrelation $\neq$ ist nicht transitiv:
$\{1; 2; 3\} \neq \{3; 4\}$ und $\{3; 4\} \neq \{3; 2; 1\}$, aber $\{1; 2; 3\} = \{3; 2; 1\}$.

3. Verknüpfungen von Mengen

Wie die Addition bzw. Multiplikation von Zahlen lassen sich auch Verknüpfungen von Mengen definieren. Sie erfüllen meist entsprechende Gesetze wie die Zahlenverknüpfungen.

3.1. Bildung der Schnittmenge

[1] Die **Schnittmenge** zweier Mengen A und B enthält alle Elemente, die sowohl zu A als auch zu B (... zu A *und* zu B ...) gehören (↑ S. 162). *Schnittmenge*
Bezeichnung: $A \cap B$; gelesen: »A geschnitten mit B«. Kurzschreibweise:
$$A \cap B = \{x \mid x \in A \land x \in B\}$$

Beispiele:
1) Die Schnittmenge der Mengen $A = \{e; i; s\}$ und $B = \{b; r; e; i\}$ ist die Menge $A \cap B = \{e; i\}$ (↑ Abb. 1).

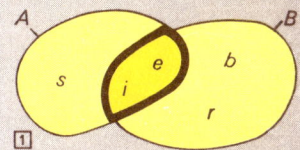
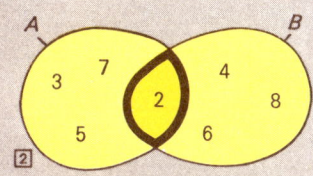

2) A ist die Menge aller Primzahlen, die kleiner als 8 sind, B die Menge aller geraden Zahlen, die kleiner als 10 sind. Die Schnittmenge $A \cap B$ enthält nur das Element 2 (↑ Abb. 2).

In der Abbildung 3 ist die Schnittmenge $A \cap B$ der Mengen A und B schraffiert. Dieses Gebiet gehört sowohl zu A als auch zu B, also gilt: *Mengenbild der Schnittmenge*

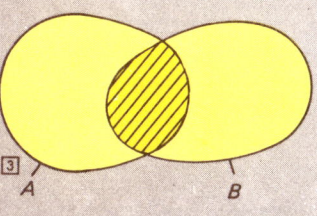

$A \cap B \subseteq A$ und $A \cap B \subseteq B$.

[2] **Bestimmung der Schnittmenge.** Wenn für ein Element $x \in A$ auch $x \in B$ gilt, so kommt es auch in $A \cap B$ vor. Man geht zur Bestimmung der Schnittmenge von endlichen Men- *Bestimmung der Schnittmenge*

gen von einer Menge (die mit der niedrigeren Mächtigkeit) aus und prüft für deren Elemente der Reihe nach, ob sie auch Elemente der anderen Menge sind.

disjunkte Mengen

[3] Sonderfälle bei der Schnittmengenbildung.
a) Zwei Mengen A und B, die kein gemeinsames Element besitzen ($A \cap B = \{\ \}$), heißen *elementefremd* oder *disjunkt*.

Beispiel:
$A = \{2; 4; 6; 8; 10\}$
$B = \{1; 3; 5; 7; 9\}$

$\Rightarrow A \cap B = \{\ \}$.

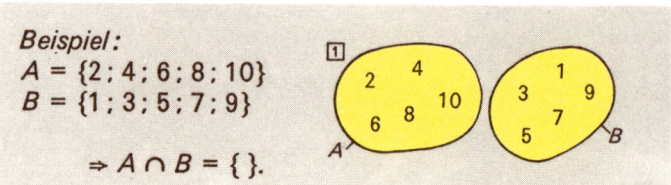

b) Ist eine Menge Teilmenge der anderen, etwa $A \subseteq B$, so gilt: $A \cap B = A$.

Beispiel:
$A = \{3; 9; 12\}$
$B = \{1; 3; 9; 12; 15\}$

$\Rightarrow A \cap B = \{3; 9; 12\} = A$

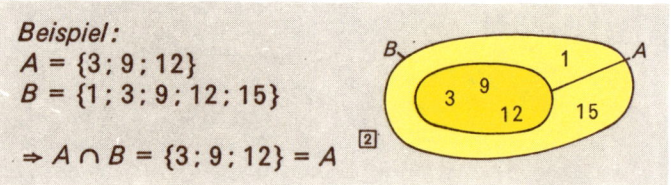

Wenn $A = B$ ist, so gilt $A \cap B = A$ bzw. $A \cap B = B$.

Schnittmenge von mehreren Mengen

[4] Schnittmengenbildung von mehreren Mengen. Auch von mehr als zwei Mengen läßt sich ein gemeinsames Mengenbild zeichnen. Die Schnittmenge dieser Mengen entspricht dem allen Mengen gemeinsamen Gebiet.

Beispiel:
$A = \{2; 4; 6; 8\}$
$B = \{5; 6; 7; 8\}$
$C = \{1; 4; 5; 8\}$

$\Rightarrow A \cap B \cap C = \{8\}$

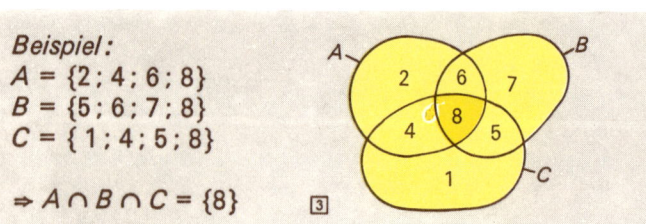

3.2. Bildung der Vereinigungsmenge

[1] Die **Vereinigungsmenge** zweier Mengen A und B enthält alle Elemente, die mindestens einer der beiden Mengen angehören (... die zu A oder B gehören ... (↑ S. 163)).

Vereinigungsmenge

Bezeichnung: A ∪ B; gelesen »A vereinigt mit B«.
Kurzschreibweise:
$$A \cup B = \{x \mid x \in A \vee x \in B\}$$

Beispiele:
1) $A = \{e; i; s\}$; $B = \{b; r; e; i\} \Rightarrow A \cup B = \{b; r; e; i; s\}$
(↑ Abb. 1).

2) $A = \{1, 2, 3\}$; $B = \{3, 4, 5\} \Rightarrow A \cup B = \{1, 2, 3, 4, 5\}$

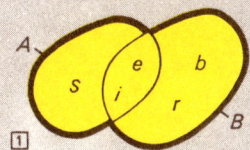

Die Vereinigungsmenge A ∪ B entspricht dem stark umrandeten Gebiet.
A ∪ B ist immer Obermenge von A und von B.

[2] Zur **Bestimmung der Vereinigungsmenge** von endlichen Mengen schreibt man alle Elemente von A und alle Elemente von B in eine Mengenklammer. Diejenigen Elemente, die A und B gemeinsam sind, dürfen in A ∪ B nur einmal vorkommen.

Bestimmung der Vereinigungsmenge

Beispiel: Die Buchstaben e und i (↑ Abb. 1) kommen in A ∪ B nur einmal vor.

[3] Sonderfälle bei der Bildung der Vereinigungsmenge
a) Ist etwa $A \subseteq B$, so gilt $A \cup B = B$ (↑ Abb. 2), denn beim Vereinigen von B mit $A \subseteq B$ kommen keine neuen Elemente zu B dazu. Für $A = B$ ist $A \cup B = A = B$.

Beispiele:
Vereinigungsmenge schraffiert

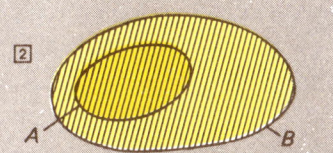

Mächtigkeit der Vereinigungsmenge

b) Für die Mächtigkeiten der Mengen A, B und A ∪ B gilt das Gesetz:
$$z(A \cup B) \leq z(A) + z(B)$$

Beispiele:
1) Für die Mengen in Abb. ① (S. 95) gilt: $z(A) = 3$; $z(B) = 3$ und $z(A \cup B) = 5$.

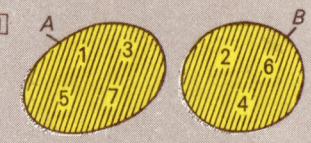

2) In Abb. ① (S. 96) sind zwei Mengen vereinigt, für die gilt $A \cap B = \{\}$ (sie sind disjunkt). In diesem Fall gilt für die Mächtigkeiten: $z(A) = 4$; $z(B) = 3$; $z(A \cup B) = 7$. Die Mächtigkeit von $A \cup B$ ist hier *gleich* der Summe der Mächtigkeiten von A und B.

c) Die Vereinigungsmenge einer beliebigen Menge mit der leeren Menge ergibt wieder die Ausgangsmenge:
$A \cup \{\} = A$.

Vereinigung von mehreren Mengen

[4] Vereinigungsmenge von mehreren Mengen
$A \cup B \cup C \ldots$ ist die Menge aus allen Elementen, die zu A oder B oder C usw. gehören.

Beispiel:
Für die folgenden Mengen A ; B und C ist die Vereinigungsmenge $A \cup B \cup C$ schraffiert.

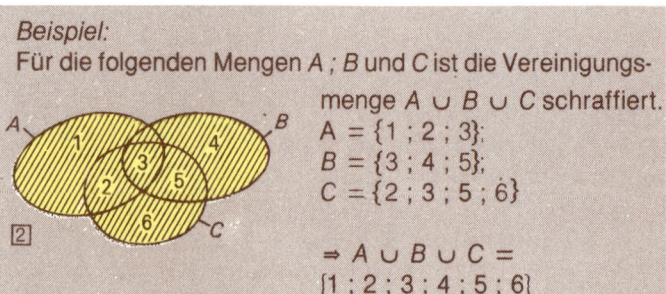

$A = \{1 ; 2 ; 3\}$;
$B = \{3 ; 4 ; 5\}$;
$C = \{2 ; 3 ; 5 ; 6\}$

⇒ $A \cup B \cup C = \{1 ; 2 ; 3 ; 4 ; 5 ; 6\}$

3.3. Mengenspiele
[1] Bei einem **Mengen**- bzw. **Torspiel** werden die Elemente einer Grundmenge G auf einer „Straße" zu einem „Tor" geführt, durch das nur Elemente mit einer bestimmten Eigenschaft passen.

Beispiel:

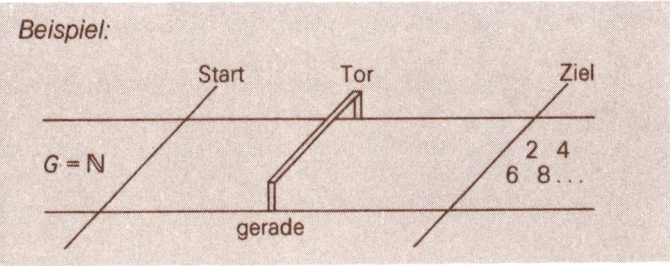

Durch das Tor können von G nur alle geraden Zahlen gelangen.

[2] Zur **Schnittmenge** führt das Torspiel mit hintereinander angeordneten Toren (Serienschaltung):

Beispiel: Bildung der Schnittmenge von G = Menge der geraden Zahlen und P = Menge der Primzahlen.

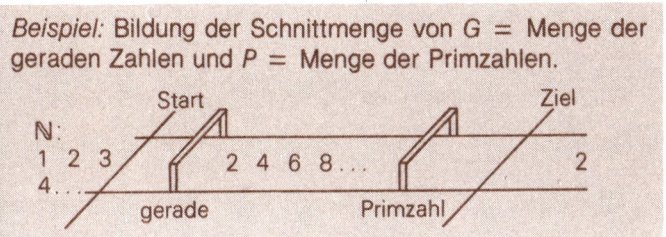

[3] Zur **Vereinigungsmenge** führt eine Parallelschaltung der Tore.

Beispiel: Bildung der Vereinigungsmenge der geraden und ungeraden natürlichen Zahlen.

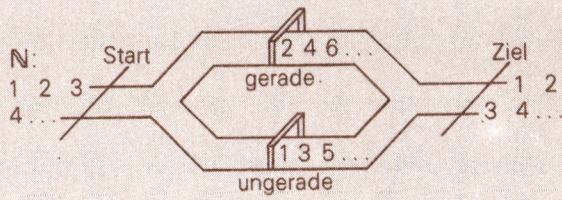

[4] Gesetze der Mengenalgebra können durch Torspiele empirisch nachgewiesen werden.

Beispiel: $A \cap (B \cup C) = (A \cap B) \cup (A \cap C)$, denn

und 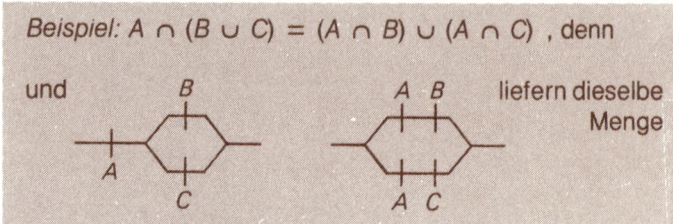 liefern dieselbe Menge

Klasseneinteilung

3.4. Klasseneinteilungen
Unter einer *Klasseneinteilung* der Menge A versteht man die Menge aller nichtleeren Teilmengen $T_1, T_2, T_3; \ldots$ von A, für die gilt:
(1) Alle Teilmengen $T_1, T_2, \ldots$ sind zueinander disjunkt.
(2) Die Vereinigung aller Teilmengen $T_1, T_2, \ldots$ enthält alle Elemente von A.

Beispiel:
$A = \{1;2;3;4;5;6;7;8;9;10;11\}$
$T_1 = \{2;4;6;8\}$
$T_2 = 1;3;5;7;9\}$
$T_3 = 10;11\}$

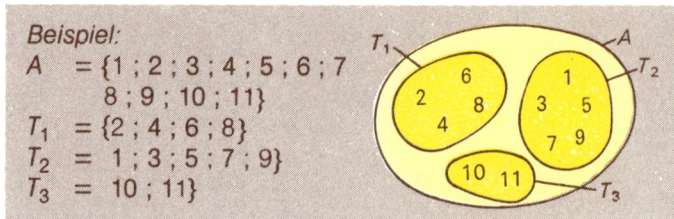

Klasse

Man erkennt, daß jedes Element von A in genau einer Teilmenge $T_1, T_2, \ldots$ (einer sogenannten *Klasse*) liegt. Jede Äquivalenzrelation (↑ S. 239) erzeugt eine Klasseneinteilung.

Karnaugh-Diagramm

3.5. Karnaugh-Diagramme
[1] Das **Karnaugh-Diagramm** wird zur Darstellung von Mengen benutzt, die in beschreibender Form (↑ S. 85) gegeben sind. Dabei werden die Elemente der Grundmenge in ein Rechteckraster eingetragen, getrennt danach, ob sie die charakteristische Eigenschaft besitzen oder nicht.

Beispiel:
$A = \{x \mid x \text{ ist gerade}\}_{\mathbb{N}}$

2 4	1 3
6 8 ...	5 7 ...

Im linken Feld stehen also die Elemente von A, im rechten die der Komplementmenge (↑ S. 100) von A bezüglich der Grundmenge $\mathbb{N}$

[2] Das **Karnaugh-Diagramm von zwei Mengen** A und B, deren Elemente durch die Aussageformen (↑ S. 159) $A(x)$ bzw. $B(x)$ festgelegt sind: $A = \{x \mid A(x) \text{ wahr}\}_G$, $B = \{x \mid B(x) \text{ wahr}\}_G$ besteht aus 4 Feldern, die wie folgt angeordnet sind:

Karnaugh-Diagramm von 2 Mengen

Feld 1	Feld 2
$A \cap B$	$A \cap \overline{B}$
Feld 3	Feld 4
$\overline{A} \cap B$	$\overline{A} \cap \overline{B}$

Feld 1 enthält alle Elemente von G, für die $A(x)$ und $B(x)$ wahr sind.
Feld 2 enthält alle Elemente von G, für die $A(x)$ wahr und $B(x)$ falsch ist.
Feld 3 enthält alle Elemente von G, für die $A(x)$ falsch und $B(x)$ wahr ist.
Feld 4 enthält alle Elemente von G, für die $A(x)$ und $B(x)$ falsch ist.

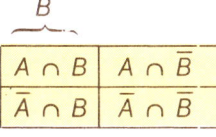

Bezeichnet man die Komplementmenge von A bzgl. G (↑ S. 100) $G \setminus A$ mit $\overline{A}$, so erhält man nebenstehende Anordnung der Elemente von G in die verschiedenen Felder.

Beispiel:
$A = \{x \mid x \text{ ist gerade und kleiner als } 10\}_{\mathbb{N}}$
$B = \{x \mid x \text{ ist Primzahl und kleiner als } 10\}_{\mathbb{N}}$

2	4
	6 8
3 5 7	1 9

[3] Darstellung der **Mengenverknüpfungen**, Schnittmenge, Vereinigungsmenge und Restmenge mit Hilfe des Karnaugh-Diagrammes:

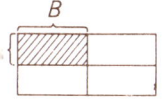 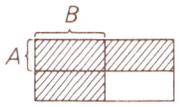 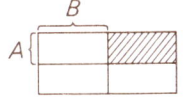 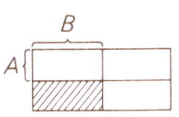

Schraffiert:
$A \cap B$ $\quad\quad\quad A \cup B \quad\quad\quad A \setminus B \quad\quad\quad B \setminus A$

[4] Karnaugh-Diagramm von drei Mengen A, B, C:

$A \cap B \cap \overline{C}$	$A \cap \overline{B} \cap \overline{C}$
$A \cap B \cap C$	$A \cap \overline{B} \cap C$
$\overline{A} \cap B \cap C$	$\overline{A} \cap \overline{B} \cap C$
$\overline{A} \cap B \cap \overline{C}$	$\overline{A} \cap \overline{B} \cap \overline{C}$

Restmenge

3.6. Restmengen- und Komplementmengenbildung

[1] Die **Restmenge** *der Menge B bezüglich der Menge A* enthält alle Elemente von A, die nicht in B vorkommen.
Bezeichnung: $A \setminus B$; gelesen: »A ohne B«.
Kurzschreibweise:
$$A \setminus B = \{x \mid x \in A \land x \notin B\}$$

Beispiele:
1) $A = \{e \,;\, i \,;\, s\}$; $B = \{b \,;\, r \,;\, e \,;\, i\} \Rightarrow A \setminus B = \{s\}$
2) $A = \{1 \,;\, 3 \,;\, 5 \,;\, 7\}$; $B = \{7 \,;\, 8 \,;\, 9\} \Rightarrow A \setminus B = \{1 \,;\, 3 \,;\, 5\}$

In Abbildung [1] ist die Restmenge $A \setminus B$ dargestellt. Zu ihr gehören alle Elemente von A mit Ausnahme der in $A \cap B$ gelegenen.

Bestimmung der Restmenge

[2] **Bestimmung der Restmenge.** Man bestimmt die Restmenge einer Menge B bezüglich einer Menge A, indem man nachprüft, welche Elemente zu A und zu B (d. h. zur Schnittmenge $A \cap B$) gehören und sie in A wegstreicht.

Beispiel: Sei $\mathbb{N}$ die Menge der natürlichen und $\mathbb{U}$ die Menge der ungeraden Zahlen, so ergibt sich als Restmenge $\mathbb{N} \setminus \mathbb{U}$ die Menge der geraden Zahlen.

Komplementmenge

[3] Sonderfälle bei der Restmengenbildung
a) Gilt für zwei Mengen A und B etwa $B \subseteq A$, so heißt $A \setminus B$ auch *Komplementmenge* von B bezüglich A.

Beispiel:

A = {1 ; 2 ; 3 ; 4 ; 5 ; 6 ;
     {7 ; 8 ; 9
B = {2 ; 4 ; 6 ; 8}

⇒ A \ B = {1 ; 3 ; 5 ; 7 ; 9}

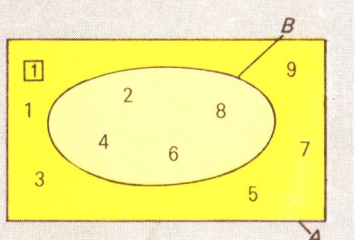

Für die Mächtigkeiten der Mengen A, B und der Komplementmenge von B bezüglich A gilt das Gesetz:
$$z(A \setminus B) = z(A) - z(B)$$

Beispiel: Für die Mengen in Abbildung ① ist $z(A) = 9$, $z(B) = 4$ und $z(A \setminus B) = 5$.

b) Die Restmenge (Komplementmenge) einer Menge A bezüglich sich selbst ist leer:
$$A \setminus A = \{x \mid x \in A \wedge x \notin A\} = \{\ \}.$$
c) Die Restmenge der leeren Menge { } bezüglich einer Menge A ist $A \setminus \{\ \} = A$, während $\{\ \} \setminus A = \{\ \}$ ist.

[4] **Restmengenbildung von mehreren Mengen**

Restmenge von mehreren Mengen

Beispiel:
(A \ B) \ C ist die in der Abbildung doppelt schraffierte Menge. Zunächst wird A \ B gebildet (einfach schraffiert), dann werden von A \ B alle Elemente von C herausgenommen.

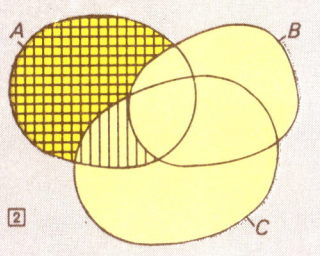

3.7. Produktmengenbildung

[1] **Geordnete Paare.** Bei einem *geordneten Paar* (x ; y) bezeichnet man x als *erste Komponente* (erste Koordinate), als *zweite Komponente* (zweite Koordinate).
Die beiden Komponenten eines geordneten Paares dürfen nicht miteinander vertauscht werden.

geordnetes Paar

Koordinate

Vorbereich
Nachbereich

Die Menge aller ersten Komponenten bildet den sogenannten *Vorbereich*, die Menge aller zweiten Komponenten den *Nachbereich*.

Beispiele: Für das geordnete Paar (2 ; 3) ist 2 die erste, 3 die zweite Komponente. Für die Paare (2 ; 3), (2 ; 4), (2 ; 5) ist der Vorbereich die Menge {2}, der Nachbereich die Menge {3 ; 4 ; 5}.

Produktmenge

[2] Die **Produktmenge** zweier Mengen A und B besteht aus allen geordneten Paaren $(x ; y)$, die man aus Elementen $x \in A$ als erster Komponente *und* $y \in B$ als zweiter Komponente bilden kann.
Bezeichnung: $A \times B$; gelesen: «A kreuz B».
Kurzschreibweise:
$$A \times B = \{(x ; y) | x \in A \land y \in B\}$$

Beispiel: Für die Mengen $A = \{1 ; 2 ; 3\}$ und $B = \{a ; b\}$ ist $A \times B = \{(1 ; a) ; (1 ; b) ; (2 ; a) ; (2 ; b) ; (3 ; a) ; (3 ; b)\}$.

Veranschaulichungen

Veranschaulichung der Produktmenge durch ein *Pfeildiagramm* bzw. durch ein *Gitternetz*:

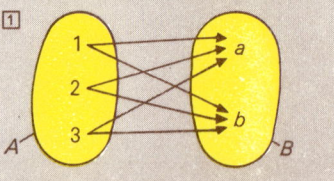
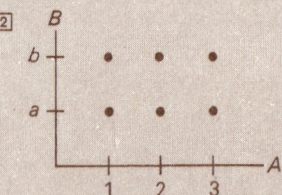

Jedem Element von $A \times B$ entspricht im Pfeildiagramm (Abb. 1) ein Pfeil, in Abb. 2 genau ein Punkt des Gitternetzes.

Mächtigkeit der Produktmenge

Für die Mächtigkeit der Produktmenge gilt:
$$z(A \times B) = z(A) \cdot z(B)$$

Beispiel: Für die Mengen A, B und $A \times B$ oben ist $z(A) = 3$, $z(B) = 2$ und $z(A \times B) = 6$.

Jeder Punkt der Koordinatenebene kann durch die Angabe zweier Zahlen in bestimmter Reihenfolge — also durch ei

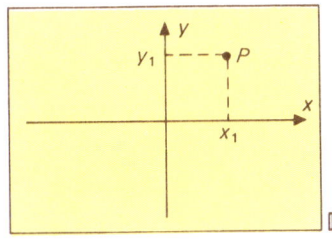

geordnetes Zahlenpaar — eindeutig festgelegt werden. Jedem Punkt $P \in \mathbb{E}$ entspricht ein Zahlenpaar $(x_1 ; y_1)$ mit $x_1 \in \mathbb{R}$ und $y_1 \in \mathbb{R}$ und umgekehrt jedem Zahlenpaar ein Punkt. Die Koordinatenebene kann also als die Veranschaulichung der Produktmenge $\mathbb{R} \times \mathbb{R}$ aufgefaßt werden.

4. Gesetze der Mengenalgebra

[1] Gesetze. Die Gesetze die für die Mengenverknüpfungen Durchschnitt (Zeichen ∩), Vereinigung (Zeichen ∪), Restmenge (Zeichen \) und Produktmenge (Zeichen ×) gelten, heißen Gesetze der Mengenalgebra.

Tabelle: Gesetze der Mengenalgebra

Gesetz	Verknüpfungsarten			
	∩	∪	\	×
Kommutativ-gesetz	$A \cap B = B \cap A$	$A \cup B = B \cup A$	gilt nicht, denn für $A \neq B$ ist $A \setminus B \neq B \setminus A$	gilt nicht, denn für $A \neq B$ ist $A \times B \neq B \times A$
Assoziativ-gesetz	$A \cap (B \cap C) =$ $(A \cap B) \cap C$	$A \cup (B \cup C) =$ $(A \cup B) \cup C$	gilt nicht, denn für $B \neq C$ ist $A \setminus (B \setminus C) \neq (A \setminus B) \setminus C$	nicht erfüllt
Distributiv-gesetz	$A \cap (B \cup C) =$ $= (A \cap B) \cup (A \cap C)$ $A \cup (B \cap C) =$ $= (A \cup B) \cap (A \cup C)$			$A \times (B \cap C) = (A \times B) \cap (A \times C)$ $(A \cap B) \times C = (A \times C) \cap (B \times C)$ $A \times (B \cup C) = (A \times B) \cup (A \times C)$ $(A \cup B) \times C = (A \times C) \cup (B \times C)$ $A \times (B \setminus C) = (A \times B) \setminus (A \times C)$ $(A \setminus B) \times C = (A \times C) \setminus (B \times C)$
Regeln von de Morgan	Seien $A \subseteq M$, $B \subseteq M$, $\overline{A} = M \setminus A$, $\overline{B} = M \setminus B$, dann ist: $\overline{(A \cap B)} = \overline{A} \cup \overline{B}$ $\overline{(A \cup B)} = \overline{A} \cap \overline{B}$			

Beachte: In den Kommutativ- und Assoziativgesetzen kommt nur jeweils eine der obengenannten Verknüpfungsarten vor. Beim *Kommutativgesetz* ändert sich die Reihenfolge der Mengen bezüglich des Verknüpfungszeichens, während beim *Assoziativgesetz* nicht die Reihenfolge der Mengen, sondern nur die Lage der Klammern anders wird.
Bei den *Distributivgesetzen* kommen *zwei* verschiedene Verknüpfungsarten vor.

[2] Beispiele.

1) Bildet man von den Mengen $A = \{1; 2; 3\}$ und $B = \{3; 4; 5\}$ die Schnittmengen $A \cap B$ und $B \cap A$, so erhält man in beiden Fällen die Menge $\{3\}$ (↑Abb. 1).
2) Für dieselben Mengen ist $A \setminus B = \{1; 2\}$, $B \setminus A = \{4; 5\}$, also $A \setminus B \neq B \setminus A$ (↑Abb. 2).

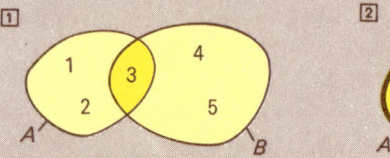
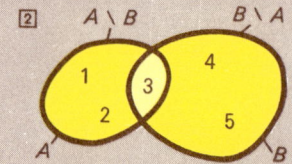

3) Für die Mengen $A = \{1; 2; 3\}$; $B = \{3; 4; 5\}$ und $M = \{1; 2; 3; 4; 5; 6; 7\}$ soll die Gültigkeit der Regel von de Morgan gezeigt werden:

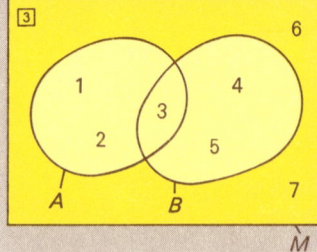

$A \cup B = \{1; 2; 3; 4; 5\}$
$M \setminus (A \cup B) = \{6; 7\}$
$= \overline{(A \cup B)}$
$M \setminus A = \overline{A} = \{4; 5; 6; 7\}$
$M \setminus B = \overline{B} = \{1; 2; 6; 7\}$
$\overline{A} \cap \overline{B} = \{6; 7\}$

[3] Beweisbeispiel. Die Gesetze der Mengenalgebra lassen sich durch geeignete Mengendiagramme beweisen. Dabei muß gezeigt werden, daß die im Gesetz links und rechts vom Gleichheitszeichen stehenden Terme dasselbe Mengenbild ergeben.

Beispiel: Beweis des Distributivgesetzes
$$A \cap (B \cup C) = (A \cap B) \cup (A \cap C).$$

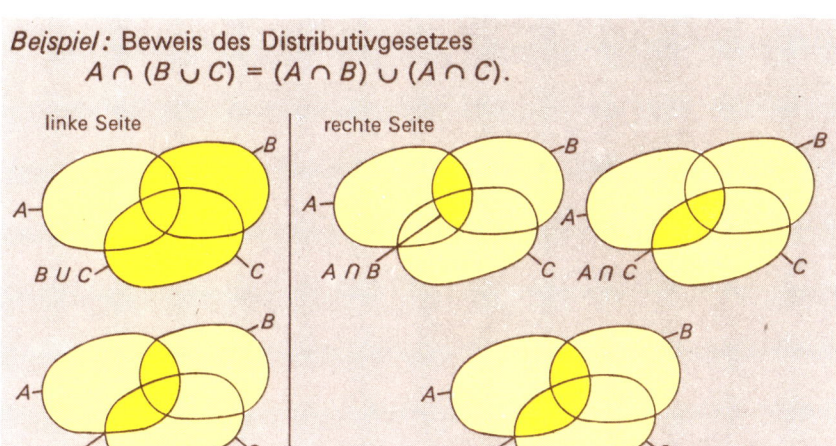

Die Gesetze der Mengenalgebra lassen sich auch mit Hilfe von Wahrheitstafeln (↑ S. 161 f) beweisen. Dabei wird gezeigt, daß jedes Element x, das Element der links vom Gleichheitszeichen stehenden Menge ist, auch der rechts stehenden Menge angehört.

Beispiel: Beweis des Distributivgesetzes

$$A \cap (B \cup C) = (A \cap B) \cup (A \cap C).$$

Wahrheitstafel; (1 bedeutet »trifft zu«, 0 dagegen »trifft nicht zu«):

$x \in A$	$x \in B$	$x \in C$	$x \in B \cup C$	$x \in A \cap B$	$x \in A \cap C$	$x \in A \cap (B \cup C)$	$x \in (A \cap B) \cup (A \cap C)$
1	1	1	1	1	1	1	1
1	1	0	1	1	0	1	1
1	0	1	1	0	1	1	1
1	0	0	0	0	0	0	0
0	1	1	1	0	0	0	0
0	1	0	1	0	0	0	0
0	0	1	1	0	0	0	0
0	0	0	0	0	0	0	0

Die letzten beiden Spalten der Tabelle, die der linken bzw. rechten Seite des Gesetzes entsprechen, haben dieselbe Wahrheitswertbelegung.

Zahlbereiche

Arithmetik
Zahlentheorie

Der Zahlbegriff ist ein Grundbegriff der Mathematik. Zahlen können als Eigenschaften von Mengen betrachtet werden. In der *Arithmetik* werden die Rechengesetze behandelt. In der *elementaren Zahlentheorie* werden Zahlen auf bestimmte Eigenschaften (z. B. Primzahleneigenschaft) und auf mögliche Beziehungen untereinander (z. B. Teiler von, Vielfaches von) untersucht.
Das praktische Rechnen mit Zahlen wird im Kapitel »Elementares Rechnen« (↑ S. 19 ff.) behandelt.

1. Natürliche Zahlen

1.1. Kardinal- und Ordinalzahlen

Die Zahlen, die man zum Zählen benutzt, bezeichnet man als natürliche Zahlen. Sie werden in der mathematischen Theorie als Eigenschaften von Mengen definiert (↑ S. 119).

Man unterscheidet dabei die Verwendung als Kardinal- bzw. Ordinalzahl.

Kardinalzahl
Ordinalzahl

Eine *Kardinalzahl* gibt z. B. die Anzahl der Elemente in einer Menge an, mit einer *Ordinalzahl* beschreibt man dagegen den Platz eines Elements in einer angeordneten Menge.

Beispiel:

Verwendung als	
Kardinalzahl	Ordinalzahl
In unserem Ort gibt es *neun* Schulen.	Die Schulstraße ist die *dritte* Straße rechts.

$\mathbb{N}$

Meist faßt man die Menge der Kardinalzahlen unter Fortlassung der 0 zur Menge $\mathbb{N}$ der natürlichen Zahlen zusammen:
$$\mathbb{N} = \{1\,;\,2\,;\,3\,;\,4\,;\,5\,;\,6\,;\,7\,;\,\ldots\}.$$

Nimmt man die 0 dazu, so erhält man die Menge $\mathbb{N}_0$
$\mathbb{N}_0 = \mathbb{N} \cup \{0\} = \{0; 1; 2; 3; 4; 5; 6; 7; \ldots\}$.

1.2. Verschiedene Darstellungsweisen für Zahlen

[1] Bei einem **Stellenwertsystem** stellt eine Ziffer, je nachdem an welcher Stelle sie steht, verschiedene Werte dar. Das Entstehen kann durch Bündeln von Elementen einer Menge erklärt werden.

Stellenwertsystem

> *Beispiel:* Die Zahl neunhundertneununddreißig schreibt man kurz als 939. Man meint damit diejenige Zahl, die sich als Summe aus 9 Hundertern, 3 Zehnern und 9 Einern ergibt, kurz $939 = 9 \cdot 100 + 3 \cdot 10 + 9 \cdot 1$. Die Zahlen 1, 10, 100 etc werden als *Stufenzahlen* bezeichnet. Die Stufenzahlen sind Potenzen der Basis, in diesem Falle Potenzen von 10 (daher *Dezimalsystem*).

Stufenzahl

Dezimalsystem

Wenn man andere als Zehner-Bündelungen vornimmt, erhält man weitere Stellenwertsysteme. Möglich ist jede Basis, die größer als 1 ist. Das System mit kleinster Bündelungszahl ist das *Dual-* oder *Zweiersystem*, mit den Ziffern 0 und 1 (die 1 wird gelegentlich auch als *I* oder *L* geschrieben). Die Stufenzahlen im Dualsystem sind in der letzten Stelle die Einer (2^0), davor die Zweier (2^1), davor die Vierer (2^2) usw. Entsprechend stehen in einem Dreiersystem mit den Ziffern 0, 1 und 2 in der letzten Stelle die Einer (3^0), davor die Dreier (3^1), davor die Neuner (3^2), usw.

Dualsystem

Ein *n*-ziffriges Stellenwertsystem verfügt über die Ziffern $0; 1; 2; \ldots; n-1$. Die Stufenzahlen sind in aufsteigender Reihenfolge n^0 (Einer), n^1; n^2; n^3; n^4; ....

> *Beispiel:* Die Zahl 17 wird in den verschiedenen Stellenwertsystemen wie folgt angegeben; der Index gibt die jeweilige Basis an.
> $10001_2 = 122_3 = 101_4 = 32_5 = 25_6 = 23_7 = 21_8$
> $= 18_9 = 17_{10} = 16_{11} = 15_{12} = \ldots$

Im folgenden sind einige Zahlen in andere Ziffernsysteme übergeführt, wobei *z* für die Ziffer mit dem Wert zehn, *e* für elf stehen möge.

1000_2 = 8, andererseits   1000 = 1111101000_2
1000_5 = 125, andererseits   1000 = 13000_5
1000_{10} = 1000, andererseits 1000 = 1000_{10}
1000_{12} = 1728, andererseits 1000 = $6e4_{12}$

Beispiele:
1) $6ez_{12}$ bedeutet $6 \cdot 12^2 + e \cdot 12 + z \cdot 1 =$
   $= 864 + 132 + 10 = 1006$.
2) Man erhält eine gesuchte Dualzahl, indem man die umzuwandelnde Zahl so oft wie möglich halbiert und sich die auftretenden Reste notiert. Sie ergeben, von unten nach oben gelesen, die Dualzahl:
$117 = 1110101_2$

$117 = 2 \cdot 58 + 1$
$58 = 2 \cdot 29 + 0$
$29 = 2 \cdot 14 + 1$
$14 = 2 \cdot 7 + 0$
$7 = 2 \cdot 3 + 1$
$3 = 2 \cdot 1 + 1$
$1 = 2 \cdot 0 + 1$

[2] Additionssysteme. Im Gegensatz zu den Stellenwertsystemen stehen die Additionssysteme. Das bekannteste ist das System der römischen Zahlzeichen. Es besteht aus Einzelsymbolen, die aneinandergereiht werden.

römische Zahlzeichen

Tafel der römischen Zahlzeichen

Dezimalzahl	1	5	10	50	100	500	1000
Römisches Zahlzeichen	I	V	X	L	C	D	M

Folgen Zahlzeichen, die gleichgroße oder kleinere [größere] Zahlenwerte darstellen, so sind die Zahlenwerte zu addieren [subtrahieren].

Beispiele: 1) III 3 ; VII 7 ; MDCCLXV 1765
2) 1973 MCMLXXIII ; 847 DCCCXLVII ;
   1789 MDCCLXXXIX.

1.3. Gesetze der Addition und Subtraktion in $\mathbb{N}_0$

[1] Die **Addition** ist die einfachste Rechenoperation (Rechenart) in $\mathbb{N}_0$, die Subtraktion ist ihre Umkehrung. Beide nennt man Verknüpfungen oder Rechenoperationen erster Stufe. Die Addition kann über das Vereinigen disjunkter Mengen (↑ S. 121) oder am Pfeilmodell (↑ S. 109) erklärt werden. Dabei ergeben sich folgende Gesetzmäßigkeiten:

Für alle $a \, ; \, b \, ; \, c \in \mathbb{N}_0$ gilt:

Satz	Formel	Beispiel	
Die Menge $\mathbb{N}_0$ ist bezüglich der Addition *abgeschlossen*, d. h. die Summe von zwei Zahlen aus $\mathbb{N}_0$ ist stets wieder eine Zahl aus $\mathbb{N}_0$.	$a + b = n$ mit $n \in \mathbb{N}_0$	$3 + 5 = 8$ mit $8 \in \mathbb{N}_0$	Abgeschlossenheit
Die Addition ist *kommutativ*.	$a + b = b + a$	$3 + 5 = 5 + 3$	Kommutativgesetz
Die Addition ist *assoziativ*.	$(a + b) + c =$ $= a + (b + c)$	$(3 + 4) + 5 =$ $= 3 + (4 + 5)$	Assoziativgesetz
Die 0 verhält sich bezügl. der Addition *neutral*.	$a + 0 = a$	$7 + 0 = 7$	Neutrales Element
Die Kleiner-Relation bleibt erhalten, wenn man auf beiden Seiten die gleiche Zahl aus $\mathbb{N}_0$ addiert.	Wenn $a < b$, dann $a + c < b + c$	Wenn $3 < 5$, dann $3 + 7 < 5 + 7$	Monotoniegesetz der Addition
Die Gleichheits-Relation bleibt erhalten, wenn man auf beiden Seiten die gleiche Zahl aus $\mathbb{N}_0$ addiert.	Wenn $a = b$, dann $a + c = b + c$	Wenn $3 = 3$, dann $3 + 2 = 3 + 2$	Additionsgesetz der Gleichheit

[2] Die **Subtraktion** kann über die Komplementmenge (↑ S. 100) oder als Umkehrung der Addition eingeführt werden. Denn die Differenz $b - a$ (*gelesen: b minus a*) ist eine Lösung der Gleichung $a + x = b$ ($a \, ; \, b \, ; \, x \in \mathbb{N}_0$).
Im Gegensatz zur Addition ist die Subtraktion in $\mathbb{N}_0$ nicht immer ausführbar. So hat z. B. die Aussageform $23 + x = 13$ in $\mathbb{N}_0$ keine Lösung.
Die Differenz zweier Zahlen aus $\mathbb{N}_0$ ist nur dann eine natürliche Zahl, wenn der Minuend größer als oder gleich dem Subtrahenden ist.

[3] **Pfeilmodell.**

Beispiele:

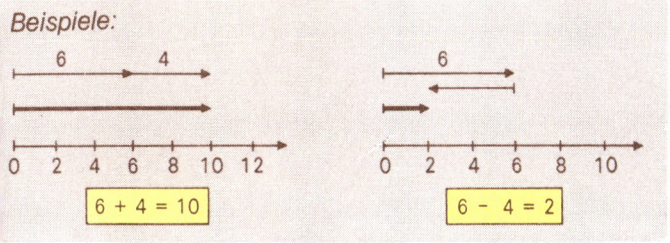

1.4. Gesetze der Multiplikation und Division in $\mathbb{N}_0$

[1] Multiplikation. Ein Produkt kann als Summe aus gleichen Summanden definiert werden:

$$\underbrace{a + a + \ldots + a}_{b\text{-mal}} = a \cdot b$$

Die Multiplikation kann auch von der Mengenlehre her erklärt werden (↑ S. 122).

Die Multiplikation in $\mathbb{N}_0$ hat folgende Eigenschaften:

Für alle $a\,;\,b\,;\,c \in \mathbb{N}_0$ gilt:

	Satz	Formel	Beispiel
Abgeschlossenheit	Die Menge $\mathbb{N}_0$ ist bezüglich der Multiplikation abgeschlossen, d. h. das Produkt von zwei Zahlen aus $\mathbb{N}_0$ ist stets wieder eine Zahl aus $\mathbb{N}_0$.	$a \cdot b = n$ mit $n \in \mathbb{N}_0$	$3 \cdot 4 = 12$ mit $12 \in \mathbb{N}_0$
Kommutativgesetz	Die Multiplikation ist kommutativ.	$a \cdot b = b \cdot a$	$3 \cdot 4 = 4 \cdot 3$
Assoziativgesetz	Die Multiplikation ist assoziativ.	$(a \cdot b) \cdot c =$ $= a \cdot (b \cdot c)$	$(3 \cdot 4) \cdot 5 =$ $= 3 \cdot 4 \cdot 5)$
neutrales Element	Die 1 verhält sich bezüglich der Multiplikation neutral.	$a \cdot 1 = a$	$7 \cdot 1 = 7$
$a \cdot 0 = 0$	Multipliziert man eine Zahl aus $\mathbb{N}_0$ mit 0, so ist das Produkt stets 0.	$a \cdot 0 = 0$	$7 \cdot 0 = 0$
Monotoniegesetz der Multiplikation	Die Kleiner-Relation bleibt erhalten, wenn man auf beiden Seiten mit der gleichen Zahl $c \in \mathbb{N}$ multipliziert.	Wenn $a < b$, dann $a \cdot c < b \cdot c$	Wenn $3 < 5$, dann $3 \cdot 4 < 5 \cdot 4$
Multiplikationsgesetz der Gleichheit	Die Gleichheits-Relation bleibt erhalten, wenn man auf beiden Seiten mit der gleichen Zahl $c \in \mathbb{N}_0$ multipliziert.	Wenn $a = b$, dann $a \cdot c = b \cdot c$	Wenn $3 = 3$, dann $3 \cdot 4 = 3 \cdot 4$

[2] Die **Division** kann als Umkehrung der Multiplikation eingeführt werden. Der Quotient $b : a$ (*gelesen: b durch a*) ist eine Lösung der Gleichung $ax = b$ für $a \neq 0$.
Für alle $a \in \mathbb{N}$ gilt: $a : a = 1\,;\,a : 1 = a\,;\,0 : a = 0$.
Im Gegensatz zur Multiplikation ist die Division in $\mathbb{N}_0$ nicht immer ausführbar.

Der Quotient zweier natürlicher Zahlen ist nur dann eine natürliche Zahl, wenn der Dividend ein Vielfaches (↑ S. 116) des Divisors ist.
Ein Quotient mit dem Divisor 0 ist nicht erklärt!

[3] Potenz. Eine Potenz ist ein Produkt aus gleichen Faktoren. Den dabei mehrfach auftretenden Faktor nennt man die *Basis* (Grundzahl). Der *Exponent* (Hochzahl) gibt an, wie oft der gleiche Faktor auftritt. Es gilt: *Basis, Grundzahl* *Exponent* *Hochzahl*

$$a^n = \underbrace{a \cdot a \cdot a \cdot \ldots \cdot a}_{n\text{-mal}} \text{ mit } a \in \mathbb{N}_0.$$

Man definiert zusätzlich: $a^1 = a \,;\, a^0 = 1$.

Beispiel: Für das Produkt $2 \cdot 2 \cdot 2 \cdot 2 \cdot 2 \cdot 2 \cdot 2$ schreibt man kürzer 2^7 (*gelesen:* 2 hoch 7).
Dabei sind 2^7 die Potenz aus 2 und 7, 2 die Basis und 7 der Exponent.

1.5. Distributivgesetz

Kommen in einem Term (↑ S. 182) Verknüpfungen verschiedener Stufen vor, so hängt das Rechenergebnis von der Reihenfolge der durchgeführten Rechenoperationen ab. Dabei sind folgende Regeln zu beachten:
Eingeklammerte Terme müssen zuerst berechnet werden (*Klammerregel*). *Klammerregel*
Für alle $a\,;\,b\,;\,c \in \mathbb{N}_0$ gilt das Distributivgesetz: *Distributivgesetz*
$$a \cdot (b + c) = ab + ac.$$

Beispiel: $5 \cdot (3 + 9) = 5 \cdot 3 + 5 \cdot 9 = 15 + 45 = 60$.

Aus dem Distributivgesetz sind folgende Beziehungen ableitbar:
Für alle $a\,;\,b\,;\,c \in \mathbb{N}_0$ mit $a \geq b$ gilt:
$$(a - b) \cdot c = ac - bc;$$
für alle $a\,;\,b \in \mathbb{N}_0$, $c \in \mathbb{N}$ und $c\,|\,a,\, c\,|\,b$ (↑ S. 112) gilt:
$$(a + b) : c = a : c + b : c;$$
für alle $a\,;\,b \in \mathbb{N}_0$, $c \in \mathbb{N}$ mit $c\,|\,a,\, c\,|\,b$ und $a \geq b$ gilt:
$$(a - b) : c = a : b - b : c.$$

> *Beispiele:*
> 1) $5 \cdot 8 - 3 \cdot 8 = (5 - 3) \cdot 8 = 2 \cdot 8 = 16$
> 2) $15 : 3 + 27 : 3 = (15 + 27) : 3 = 42 : 3 = 14;$
> 3) $144 : 6 - 96 : 6 = (144 - 96) : 6 = 48 : 6 = 8.$

1.6. Teilbarkeit

a Teiler von b
$a \mid b$

[1] Teiler. Man nennt eine Zahl *a* Teiler von *b*, wenn *b* durch *a* ohne Rest teilbar ist (*Kurzzeichen:* $a \mid b$, *gelesen: a* ist Teiler von *b* oder *a* teilt *b*).

> *Beispiele:*
> $2 \mid 6$, weil $6 : 2 = 3$
> $4 \nmid 10$, weil $10 : 4 = 2,5$ und $2,5 \notin \mathbb{N}$

gerade Zahl
ungerade Zahl

Alle Zahlen $a \in \mathbb{N}$, für die gilt $2 \mid a$, außerdem 0, heißen *gerade Zahlen*. Alle anderen natürlichen Zahlen heißen *ungerade Zahlen*.

[2] Teilbarkeitsregeln. Eine Zahl ist genau dann teilbar durch
2, wenn ihre letzte Ziffer eine gerade Zahl darstellt;
4, wenn ihre letzten beiden Ziffern eine durch 4 teilbare Zahl darstellen oder aus Nullen bestehen;
8, wenn ihre letzten drei Ziffern eine durch 8 teilbare Zahl darstellen oder aus Nullen bestehen;
5, wenn ihre letzte Ziffer eine 5 oder eine 0 ist;
25, wenn ihre letzten beiden Ziffern eine durch 25 teilbare Zahl darstellen oder aus Nullen bestehen;
125, wenn ihre letzten drei Ziffern eine durch 125 teilbare Zahl darstellen oder aus Nullen bestehen.

> *Beispiele:* 1) 624 ist teilbar durch 4, weil 24 durch 4 teilbar ist; kurz $4 \mid 624$, weil $4 \mid 24$.
> 2) $8 \mid 13\,328$, weil $8 \mid 328$; 3) $125 \mid 238\,375$, weil $125 \mid 375$;
> 4) $2 \nmid 123$, weil $2 \nmid 3$.

Bei zwei anderen wichtigen Teilbarkeitsregeln findet der Begriff der Quersumme Verwendung.

Quersumme

Die Summe der Ziffernwerte einer Zahl *a* bezeichnet man als die *Quersumme* $Q(a)$.

> *Beispiel:* $Q(13\,085) = 1 + 3 + 0 + 8 + 5 = 17.$

Eine Zahl ist genau dann durch 3 teilbar, wenn ihre Quersumme durch 3 teilbar ist.
Eine Zahl ist genau dann durch 9 teilbar, wenn ihre Quersumme durch 9 teilbar ist.

Teilbarkeitsregeln für 3 und 9

Beispiele:
1) 9 | 4563, weil 9 | 18 mit 18 = Q (4563) ;
2) 3 ∤ 5342, weil 3 ∤ 14 mit 14 = Q (5342).

[3] **Neunerprobe.** Jede Zahl a hat bei Division durch 9 den gleichen Rest wie ihre Quersumme.
Darauf beruht die Wirkung der Neunerprobe:
Der Neunerrest NR einer Summe [einer Differenz, eines Produkts] ist gleich der Summe [der Differenz, dem Produkt] der einzelnen Neunerreste.
Dabei ist jedoch zu beachten, daß die Ergebnisse immer auf einen Neunerrest, der kleiner als 9 ist, zu reduzieren sind (Kongruenz modulo 9, ↑ S. 252).

Neunerprobe

Beispiele:

Aufgabe	Neunerrest	Aufgabe	Neunerrest
456	6	79 · 43	7 · 7
+ 1238	+ 5	316	49
+ 831	+ 3	237	
2525	14	3397	

NR (2525) = 5 = NR (14)   NR (3397) = 4 = NR (49)

Hinweis: Mit der Neunerprobe kann man nicht die Richtigkeit einer Rechnung beweisen, sondern man kann nur aus dem Nichtaufgehen der Probe schließen, daß man einen Fehler gemacht hat.

[4] **Primzahlen** sind natürliche Zahlen, die genau zwei Teiler haben.
Die Menge der Primzahlen sind gleichmächtig zu $\mathbb{N}$.
Nach dem Verfahren, das »*Sieb des Eratosthenes*« genannt wird, erhält man die Primzahlen, die kleiner als n sind, wenn man sich die Zahlen bis n aufschreibt und dann die 1 und die echten Vielfachen (↑ S. 116) von 2 ; 3 ; 5 ; 7 ; 11 usw. streicht.

Primzahl

Sieb des Eratosthenes

Primzahltabelle

Tabelle der Primzahlen unter 500

2	31	73	127	179	233	283	353	419	467
3	37	79	131	181	239	293	359	421	479
5	41	83	137	191	241	307	367	431	487
7	43	89	139	193	251	311	373	433	491
11	47	97	149	197	257	313	379	439	499
13	53	101	151	199	263	317	383	443	
17	59	103	157	211	269	331	389	449	
19	61	107	163	223	271	337	397	457	
23	67	109	167	227	277	347	401	461	
29	71	113	173	229	281	349	409	463	

Primzahl-zwilling

Primzahlpaare, zwischen denen nur eine (gerade) natürliche Zahl liegt, nennt man *Primzahlzwillinge*.

Beispiele: 3 und 5 ; 5 und 7 ; 11 und 13 ; etc.

Es ist noch nicht gelungen nachzuweisen, ob ihre Mächtigkeit endlich oder unendlich ist.

Hasse-Diagramm

[5] Teilbarkeitsgraph. Die graphische Darstellung von Teilbarkeitsbeziehungen nennt man *Teilbarkeitsgraphen* oder *Hasse-Diagramme*.
In der untersten Zeile eines Teilbarkeitsgraphen einer Teilermenge steht stets eine 1, darüber stehen die Primzahlen der Teilermenge, darüber diejenigen Zahlen der Teilermenge, deren Primfaktorzerlegung auf 2 Primfaktoren führt, usw.

Beispiele:

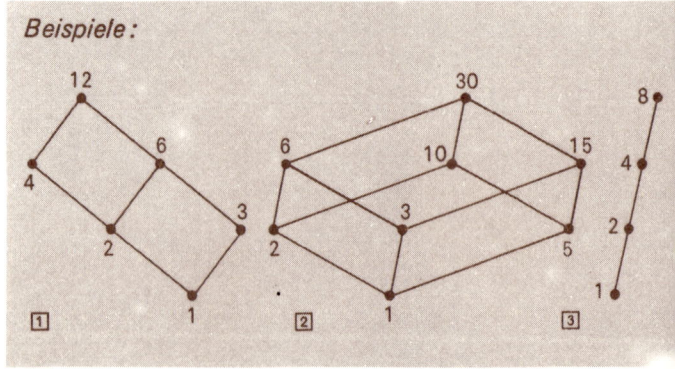

Teilerkette

Aus einem Teilbarkeitsgraphen kann man Teilerketten ablesen:

Beispiel: Man erhält aus Abb. [1] für $T(12)$ folgende Ketten: $1|2|4|12$; $1|2|6|12$; $1|3|6|12$.

[6] Größter gemeinsamer Teiler. Die Menge aller Teiler einer Zahl a faßt man zur *Teilermenge* $T(a)$ zusammen.

Teilermenge

Beispiele: $T(7) = \{1; 7\}$, $T(6) = \{1, 2, 3, 6\}$

Die Schnittmenge zweier Teilermengen $T(a)$, $T(b)$ enthält die *gemeinsamen Teiler*.

gemeinsamer Teiler

Beispiel:

$T(16) = \{1; 2; 4; 8; 16\}$,
$T(20) = \{1; 2; 4; 5; 10; 20\}$,
$T(16) \cap T(20) = \{1; 2; 4\}$,
also sind 1; 2 und 4 gemeinsame Teiler von 10 und 20.

Da jede natürliche Zahl den Teiler 1 hat, kann die Schnittmenge von Teilermengen nie leer sein.
Die größte Zahl in der Schnittmenge $T(a) \cap T(b)$ nennt man den *größten gemeinsamen Teiler* ggT $(a; b)$.

größter gemeinsamer Teiler

Beispiel: ggT $(16; 20) = 4$ (↑ Abb.)

Der ggT zweier oder mehrerer Zahlen ergibt sich auch als das Produkt der niedrigsten Potenzen ihrer gemeinsamen Primfaktoren oder ist gleich dem gemeinsamen Primfaktor oder gleich 1.

Beispiele:

1) $80 = 2^4 \cdot 5$
   $100 = 2^2 \cdot 5^2$
   $\overline{\text{ggT } (80; 100) = 2^2 \cdot 5 = 20}$

2) $15 = 3 \cdot 5$
   $16 = 2^4$
   $\overline{\text{ggT } (15; 16) = 1}$

Den ggT zweier Zahlen a; b kann man auch mit Hilfe des *Euklidischen Algorithmus* (Kettendivision) berechnen. Dabei teilt man die größere der beiden Zahlen durch die kleinere und bestimmt den Rest r_1, dann wird die kleinere durch den Rest r_1

Euklidischer Algorithmus

dividiert und der Rest r_2 bestimmt, jetzt wird der Quotient r_1 : r_2 gebildet, welcher den Rest r_3 liefert, usw. Das Verfahren bricht ab, wenn ein r_i Null wird; r_{i-1} ist dann der ggT $(a\,;\,b)$.

Beispiele: Gesucht

1) ggT (360; 1200)
$1200 = 3 \cdot 360 + 120$
$360 = 3 \cdot 120 + 0$
ggT(360; 1200) = 120

2) ggT (675; 1282)
$1282 = 1 \cdot 675 + 607$
$675 = 1 \cdot 607 + 68$
$607 = 8 \cdot 68 + 63$
$68 = 1 \cdot 63 + 5$
$63 = 12 \cdot 5 + 3$
$5 = 1 \cdot 3 + 2$
$3 = 1 \cdot 2 + 1$
$2 = 2 \cdot 1 + 0$
ggT(675; 1282) = 1

teilerfremd

verwandt

Zwei Zahlen a und b heißen *teilerfremd*, wenn sie außer 1 keinen gemeinsamen Teiler haben, d. h. wenn ggT $(a\,;\,b) = 1$. Ist ggT $(a\,;\,b) > 1$, nennt man die Zahlen a und b *verwandt*.

Beispiele:
$15 = 3 \cdot 5$
$28 = 2^2 \cdot 7$
$\Rightarrow$ ggT (15 ; 28) = 1 ; 15 und 28 sind teilerfremd.

$36 = 2^2 \cdot 3^2$
$48 = 2^4 \cdot 3$
$\Rightarrow$ ggT (36 ; 48) = $2^2 \cdot 3$ = 12 ; 36 und 48 sind verwandt (sie gehören zum Einmaleins von 12).

Vielfaches

[7] Kleinstes gemeinsames Vielfaches. Es heißt »a Vielfaches von b«, wenn »b Teiler von a« ist. Die Vielfachen einer Zahl a faßt man zur Vielfachenmenge $V(a)$ zusammen.

Beispiel: $V(11) = \{11\,;\,22\,;\,33\,;\,44\,;\,55\,;\,\ldots\}$.

gemeinsames Vielfaches

Die Schnittmenge $V(a) \cap V(b)$ von Vielfachenmengen $V(a)$, $V(b)$ enthält die *gemeinsamen Vielfachen*.

Beispiel: $V(6) = \{6\,;\,12\,;\,18\,;\,24\,;\,30\,;\,36\,\ldots\}$;
$V(9) = \{9\,;\,18\,;\,27\,;\,36\,;\,\ldots\}$;
$V(6) \cap V(9) = \{18\,;\,36\,;\,\ldots\}$;
also sind 18 ; 36 usw. gemeinsame Vielfache von 6 und 9.

Da das Produkt von mehreren Zahlen immer ein gemeinsames Vielfaches dieser Zahlen ist, kann die Schnittmenge von Vielfachenmengen nie leer sein.
Die kleinste Zahl in der Schnittmenge V $(a) \cap$ V (b) nennt man das *kleinste gemeinsame Vielfache* kgV $(a\ ;\ b)$.   kgV $(a\ ;\ b)$

Beispiel: kgV $(6\ ;\ 9) = 18$.

Das kgV zweier oder mehrerer Zahlen ergibt sich als das Produkt der höchsten Potenzen ihrer Primfaktoren.

Beispiele:

1) $6 = 2 \cdot 3$
    $9 = \quad 3^2$
    kgV$(6\ ;\ 9) = 2 \cdot 3^2 = 18$

2) $12 = 2^2 \cdot 3$
    $40 = 2^3 \cdot \quad 5$
    $196 = 2^2 \cdot \quad\quad\quad 7^2$
    kgV$(12\ ;\ 40\ ;\ 196)$
    $= 2^3 \cdot 3 \cdot 5 \cdot 7^2 = 5880$

Für das Produkt zweier natürlicher Zahlen $a\ ;\ b$ gilt:
$$a \cdot b = \text{ggT}(a\ ;\ b) \cdot \text{kgV}(a\ ;\ b).$$

Beispiel: Für $a = 48$ und $b = 108$ ergibt sich:
$\left.\begin{array}{l}48 = 2^4 \cdot 3 \\ 108 = 2^2 \cdot 3^3\end{array}\right\} \Rightarrow \left\{\begin{array}{l}\text{ggT}(48\ ;\ 108) = 2^2 \cdot 3 = 12 \\ \text{kgV}(48\ ;\ 108) = 2^4 \cdot 3^3 = 432\end{array}\right.$
$48 \cdot 108 = 2^4 \cdot 3 \cdot 2^2 \cdot 3^3 = 2^2 \cdot 3 \cdot 2^4 \cdot 3^3$
$= \text{ggT}(48\ ;\ 108) \cdot \text{kgV}(48\ ;\ 108)$

[8] **Primfaktorzerlegung.**
Jede natürliche Zahl, die nicht 0 ; 1 oder Primzahl ist, läßt sich als Produkt von Primzahlen angeben.
Die Primfaktorzerlegung ist bis auf die Reihenfolge der Faktoren eindeutig.

Die Primfaktoren einer Zahl kann man nach zwei Verfahren bestimmen:
(1) Man spaltet, beginnend mit dem kleinsten Primfaktor unter den Teilern der Zahl, die Primfaktoren ab.
(2) Man gibt irgendeine Faktorzerlegung der zu zerlegenden Zahl an und zerlegt die Faktoren weiter, bis schließlich alle Faktoren Primzahlen sind.

Beispiele:
1) $108 = 2 \cdot 54$
    $= 2 \cdot 2 \cdot 27$
    $= 2 \cdot 2 \cdot 3 \cdot 9$
    $= 2 \cdot 2 \cdot 3 \cdot 3 \cdot 3$
    $= 2^2 \cdot 3^3$

2) $108 = 9 \cdot 12$
    $= (3 \cdot 3) \cdot (3 \cdot 4)$
    $= 3 \cdot 3 \cdot 3 \cdot 2 \cdot 2$
    $= 2^2 \cdot 3^3$

Teilerrelation

[9] Die **Teiler-Relation** (Teilerbeziehung) kann auch selbst zum Gegenstand mathematischer Untersuchungen werden. Dann interessiert man sich vor allem für ihre Relationseigenschaften (↑ S. 237). Man erkennt:
(1) Die Teiler-Relation ist reflexiv.
   Für alle $a \in \mathbb{N}$ gilt: $a \mid a$.
(2) Die Teiler-Relation ist *nicht* symmetrisch.
   Nicht für alle $a ; b \in \mathbb{N}$ gilt:
   Wenn $a \mid b$, dann $b \mid a$.
(3) Die Teiler-Relation ist transitiv.
   Für alle $a ; b ; c \in \mathbb{N}$ gilt: Wenn $a \mid b$ und $b \mid c$, dann $a \mid c$.
Weitere Eigenschaften der Teiler-Relation:
Für alle $a ; b ; c ; d \in \mathbb{N}$ gilt:

Teilbarkeit eines Produkts
Multiplikationsregeln
Summenregel

(a) $1 \mid 1$.
(b) Wenn $a \mid b$, dann $a \mid bc$.
(c) Wenn $a \mid b$, dann $ac \mid bc$.
(d) Wenn $a \mid b$ und $c \mid d$, dann $ac \mid bd$.
(e) Wenn $a \mid b$ und $a \mid c$, dann $a \mid b + c$,

komplementäre Teiler

Wenn $a \cdot b = c$ gilt, nennt man a und b *komplementäre Teiler bezüglich* c. ($a ; b ; c \in \mathbb{N}$)

Beispiel: 2 und 3 sind komplementäre Teiler bezüglich 6, denn $2 \cdot 3 = 6$.

[10] **Diophantische Gleichungen.** Ist in einem linearen Gleichungssystem (↑ S. 202) die Anzahl der Gleichungen kleiner als die Anzahl der Variablen, so nennt man das System unterbestimmt. Führt man in ein solches Gleichungssystem als zusätzliche Nebenbedingung ein, daß die Lösungen natürliche Zahlen sein sollen, so spricht man von diophantischen Gleichungen.

Beispiel: Ein Bauer brachte Hühner und Kaninchen auf den Markt, um sie zu verkaufen. Die Tiere hatten insgesamt 24 Beine. — Sei x die Anzahl der Hühner, y die Anzahl der Kaninchen, so führt diese Aufgabe auf die Gleichung $2 \cdot x + 4 \cdot y = 24$, die als diophantische Gleichung $x + 2y = 12$ folgende Lösungspaare $(x\,;\,y)$ hat: $(2\,;\,5)$, $(4\,;\,4)$, $(6\,;\,3)$, $(8\,;\,2)$, $(10\,;\,1)$.

1.7. Natürliche Zahlen und Mengen

[1] Kardinalzahl. Zahlen sind Eigenschaften von gleichmächtigen Mengen (↑ S. 89). Die Mächtigkeiten haben besondere Namen, z. B. »eins«, »zwei«, »fünf« usw.

Ausgehend von der leeren Menge (↑ S. 87) kann man eine Untermengenkette angeben, deren »benachbarte« Mengen sich jeweils um genau ein Element unterscheiden.

Beispiel:

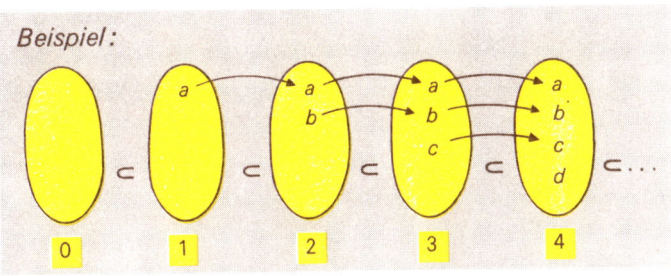

Die Zahleigenschaften der Mengen im obigen Beispiel kennzeichnet man durch die Kardinalzahlen (Grundzahlen $0\,;\,1\,;\,2\,;\,3\,;\,4\,;\,5\,;\,\ldots$). Man faßt sie zur Menge $\mathbb{N}_0$ der natürlichen Zahlen zusammen:

Kardinalzahl

$$\mathbb{N}_0 = \{0, 1, 2, 3, 4, 5, \ldots\}.$$

[2] Anordnung. Für alle $a \in \mathbb{N}_0$, $b \in \mathbb{N}$ definiert man:
a heißt kleiner als b (*in Zeichen: $a < b$*), wenn ein x aus $\mathbb{N}$ existiert, mit $a + x = b$.

$a < b$

Statt »a kleiner als b« sagt man auch »b größer als a« (in *Zeichen: $b > a$*).

$b > a$

Mit Hilfe der Kleiner- bzw. Größer-Relation lassen sich die natürlichen Zahlen zu einer Kette ordnen. Schreibt man sie der

Zahlen-halbgerade	Größe nach in einer Skala auf, so entsteht die *Zahlenhalbgerade:*

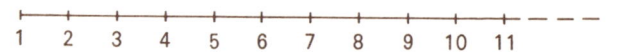

Trichotomie-gesetz	Daß natürliche Zahlen immer bezüglich ihrer Größe vergleichbar sind, besagt das Trichotomiegesetz:

Für zwei natürliche Zahlen a ; b gilt stets genau eine der drei Beziehungen: $a < b$; $a = b$; $a > b$.

$a \geq b$ $a \neq b$ $a \leq b$	Um die Verneinung dieser Beziehungen kürzer formulieren zu können, hat man folgende zusätzliche Zeichen eingeführt: nicht $(a < b) \Leftrightarrow a \not< b \Leftrightarrow a \geq b$, d.h. »$a$ größer oder gleich b« nicht $(a = b) \Leftrightarrow a \neq b$, d. h. »$a$ ungleich b« nicht $(a > b) \Leftrightarrow a \not> b \Leftrightarrow a \leq b$, d.h. »$a$ kleiner oder gleich b«

In Bezug auf die Rechenarten gelten für die Anordnungs- bzw. Gleichheits-Relation folgende Gesetze:

	Satz	Formel	Beispiel
Monotonie-gesetz der Addition	Die Kleiner-Relation bleibt erhalten, wenn man auf beiden Seiten die gleiche Zahl aus $\mathbb{N}_0$ addiert.	Wenn $a < b$, dann $a + c < b + c$	Wenn $3 < 5$, dann $3 + 7 < 5 + 7$
Additions-gesetz der Gleichheit	Die Gleichheits-Relation bleibt erhalten, wenn man auf beiden Seiten die gleiche Zahl aus $\mathbb{N}_0$ addiert.	Wenn $a = b$, dann $a + c = b + c$	Wenn $3 = 3$, dann $3 + 2 = 3 + 2$
Monotonie-gesetz der Multiplikation	Die Kleiner-Relation bleibt erhalten, wenn man auf beiden Seiten mit der gleichen Zahl $c \in \mathbb{N}$ multipliziert.	Wenn $a < b$, dann $a \cdot c < b \cdot c$	Wenn $3 < 5$, dann $3 \cdot 4 < 5 \cdot 4$
Multiplikations-gesetz der Gleichheit	Die Gleichheits-Relation bleibt erhalten, wenn man auf beiden Seiten mit der gleichen Zahl $c \in \mathbb{N}_0$ multipliziert.	Wenn $a = b$, dann $a \cdot c = b \cdot c$	Wenn $3 = 3$, dann $3 \cdot 4 = 3 \cdot 4$

Vorgänger Nachfolger	[3] **Nachfolgerelation.** In einer geordneten Menge bezeichnet man das *unmittelbar* vor einem Element stehende Element als *Vorgänger*, das *unmittelbar* folgende als *Nachfolger*.

Beispiel: In der nach der Kleinerrelation geordneten Menge $\mathbb{N}$ ist 5 der Vorgänger von 6 bzw. 7 der Nachfolger von 6.

Für die geordnete Menge $\mathbb{N}$ gilt insgesamt:

Jede natürliche Zahl, außer 1, hat genau einen Vorgänger.	⇔	Es gibt eine kleinste (erste) natürliche Zahl, die 1.
Jede natürliche Zahl hat genau einen Nachfolger.	⇔	Es gibt keine größte (letzte) natürliche Zahl.

[4] Peano-Axiome. Die Menge $\mathbb{N}$ kann durch das auf R. Dedekind und G. Peano zurückgehende Axiomensystem beschrieben werden:
(1) 1 ist eine natürliche Zahl.
(2) Jede Zahl n hat in der Menge genau einen Nachfolger n'.
(3) Es gilt stets $n' \neq 1$, d. h. 1 ist nicht Nachfolger einer Zahl.
(4) Aus $n' = m'$ folgt $n = m$, d. h. jede Zahl ist Nachfolger von höchstens einer Zahl.
(5) Jede Menge, die die Zahl 1 und mit einer Zahl n auch deren Nachfolger n' enthält, enthält alle natürlichen Zahlen (*Prinzip der vollständigen Induktion*).

Prinzip der vollständigen Induktion

[5] Die **Addition** in $\mathbb{N}_0$ hängt eng mit dem Vereinigen zweier Mengen zusammen:
Die Anzahl der Elemente der Vereinigungsmenge (↑ S. 95) $A \cup B$ zweier elementfremder Mengen A und B ist gleich der Summe aus den Anzahlen der Elemente der Mengen A und B:

$z(A \cup B) = z(A) + z(B)$, wenn $A \cap B = \{\}$. $a + b$

Beispiel:

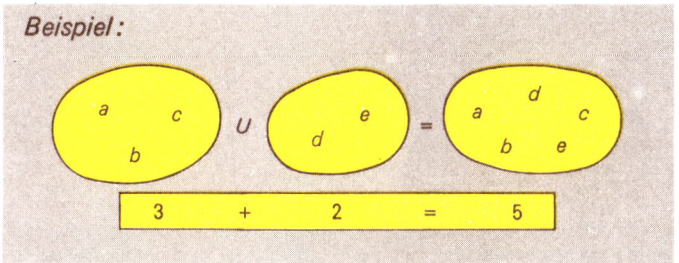

Aus der Definition folgt unmittelbar:
Für alle $a \in \mathbb{N}_0$ gilt: $a + 0 = 0 + a = a$.

[6] Der Zusammenhang der **Subtraktion** in $\mathbb{N}_0$ mit einer Mengenverknüpfung zeigt sich beim Bilden der *Restmenge* (↑ S. 100).
Die Anzahl der Elemente der Restmenge $A \setminus B$ zweier Mengen A und B ist gleich der Differenz aus den Anzahlen der Elemente der Mengen A und B, falls $B \subseteq A$:

$$z(A \setminus B) = z(A) - z(B), \text{ wenn } B \subseteq A.$$

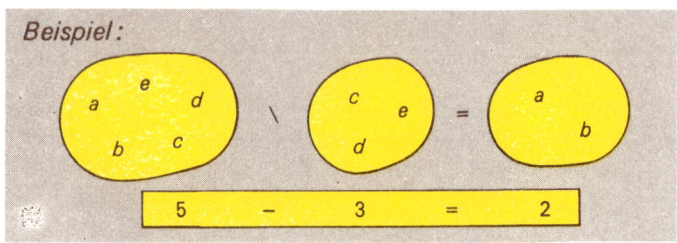

Beispiel:

Aus der Definition folgt unmittelbar:
Für alle $a \in \mathbb{N}_0$ gilt: $a - 0 = a$ und $a - a = 0$.

[7] Die **Multiplikation** in $\mathbb{N}_0$ hängt eng mit dem Bilden der Produktmenge (Kreuzmenge) zusammen:
Die Anzahl der Elemente der Produktmenge $A \times B$ zweier Mengen A und B ist gleich dem Produkt aus den Anzahlen der Elemente der Mengen A und B:

$$z(A \times B) = z(A) \cdot z(B).$$

Beispiel:

Aus der Definition folgt unmittelbar:
Für alle $a \in \mathbb{N}_0$ gilt: $a \cdot 1 = 1 \cdot a = a$.

2. Brüche

Den Brüchen kommt innerhalb der Mathematik wegen ihrer Anwendungen in anderen Gebieten der Mathematik und in der technischen Umwelt große Bedeutung zu. Dabei haben die Dezimalbrüche gegenüber den gewöhnlichen Brüchen ständig an Bedeutung gewonnen.
Brüche können als Lösung x einer Aussageform $x \cdot a = b$ mit $a \in \mathbb{N}$; $b \in \mathbb{N}_0$ abstrakt definiert, aber auch anschaulich über das Aufteilen irgendwelcher Dinge plausibel erklärt werden. Oft wird die Einführung der Bruchzahlen in der Schule auch mit Hilfe von Operatoren (Maschinenprogrammen) durchgeführt (↑ S. 136).

2.1. Bruchzahlen
[1] **Größen.** Mit Hilfe von Brüchen kann man Größen (z. B. Längen, Flächeninhalte, Rauminhalte, Gewichte, Geldbeträge, Zeitspannen usw.) aufschreiben; sie geben dabei die Maßzahl an. *Größen*

Beispiele:

a) Der 5te Teil von 1 m ist $\frac{1}{5}$ m, d. h. der 5te Teil von 100 cm; $\frac{1}{5}$ m = 20 cm.

b) Das 3fache von $\frac{1}{4}$ kg ist das 3fache des 4ten Teils von 1 kg, geschrieben $\frac{3}{4}$ kg, d. h. $\frac{3}{4}$ kg = $3 \cdot \frac{1}{4}$ kg = $3 \cdot 250$ g = 750 g.

Schreibfiguren wie $\frac{1}{5}, \frac{3}{4}, \frac{5}{8}, \frac{2}{7}, \frac{12}{5}$ usw. nennt man Brüche. *Bruch*
Es gibt Brüche, die dieselbe Maßzahl bezeichnen.

Beispiel:

$\frac{4}{10}$ km = $4 \cdot \frac{1000 \text{ m}}{10}$ = 400 m;

$\frac{2}{5}$ km = $2 \cdot \frac{1000 \text{ m}}{5}$ = 400 m.

Man sagt: Die Brüche $\frac{4}{10}$ und $\frac{2}{5}$ stellen dieselbe *Bruchzahl* dar. *Bruchzahl*

Obwohl *eine* Bruchzahl *verschiedene* Brüche, aber *ein* Bruch nur *genau eine* Bruchzahl repräsentieren kann, soll im folgenden nicht immer ausdrücklich zwischen Bruch und Bruchzahl unterschieden werden.

Zähler, Nenner Man nennt a den *Zähler*, b den *Nenner* des Bruches.

Ein Bruch $\frac{a}{b}$ heißt

Stammbruch — *Stammbruch*, wenn der Zähler 1 ist: $a = 1$, z. B. $\frac{1}{6}$;

echter Bruch — *echt*, wenn der Zähler kleiner ist als der Nenner:

$a < b$, z. B. $\frac{5}{6}$,

unechter Bruch — *unecht*, wenn der Zähler nicht kleiner ist als der Nenner:

$a \geq b$; z. B. $\frac{7}{6}$ oder $\frac{3}{3}$.

Die Menge der Bruchzahlen nennen wir auch die Menge der positiven rationalen Zahlen. Sie wird mit $\mathbb{Q}^+$ bezeichnet.

Setzt man $x = \frac{a}{b} = a : b$, so ist die Bruchzahl $\frac{a}{b}$ eine Lösung der Gleichung $b \cdot x = a$ mit $a, b \in \mathbb{N}$. Für $b = 1$ folgt $1 \cdot x =$

$a = \frac{a}{1}$ a, d. h. $x = \frac{a}{1}$ oder $x = a$. Somit gilt $a = \frac{a}{1}$ für alle $a \in \mathbb{N}$.

Beispiel: Nach dieser Absprache braucht man zwischen den Zeichen 3 und $\frac{3}{1}$ nicht zu unterscheiden.

$\mathbb{N} \subseteq \mathbb{Q}^+$ Die Menge $\mathbb{N}$ der natürlichen Zahlen ist eine Untermenge der Menge $\mathbb{Q}^+$ der (positiven) rationalen Zahlen.
Die natürliche Zahl 0 kann auch als Bruchzahl aufgefaßt werden. Es gilt: $0 = \frac{0}{1} = \frac{0}{2} = \frac{0}{3} = \frac{0}{4} = \ldots$

$0 \in \mathbb{Q}_0^+$ Erweitert man die Menge $\mathbb{Q}^+$ um die Bruchzahl 0, so erhält man die Menge $\mathbb{Q}_0^+$: $\mathbb{Q}_0^+ = \mathbb{Q}^+ \cup \{0\}$.

[2] **Erweitern und Kürzen.** *Verschiedene* Brüche für dieselbe *Bruchzahl* erhält man durch *Erweitern* und *Kürzen*.

Beispiel:

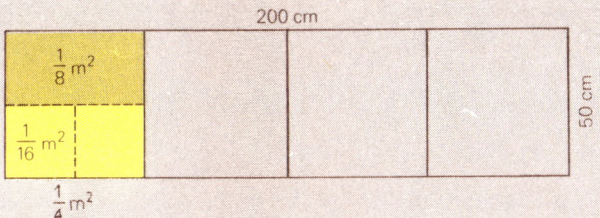

Aus der Figur, die eine Fläche mit 1 m² darstellen soll ersieht man:
$$\tfrac{1}{4}\,m^2 = \tfrac{2}{8}\,m^2 = \tfrac{4}{16}\,m^2.$$
Die Brüche $\tfrac{1}{4}, \tfrac{2}{8}, \tfrac{4}{16}$ stellen also dieselbe Bruchzahl dar; man erhält $\tfrac{2}{8}$ bzw. $\tfrac{4}{16}$, wenn man im Bruch $\tfrac{1}{4}$ Zähler und Nenner mit 2 bzw. 4 multipliziert.

Daher gilt:
Ein Bruch wird *erweitert*, indem man seinen Zähler *und* seinen Nenner mit derselben natürlichen Zahl multipliziert. *Erweitern*
Beim Erweitern bleibt der Wert der Bruchzahl erhalten.
Manchmal gibt man die Erweiterungszahl über dem Gleichheitszeichen an.

Beispiel: $\dfrac{5}{6} \stackrel{12}{=} \dfrac{12 \cdot 5}{12 \cdot 6} = \dfrac{60}{72}$

Ein Bruch wird *gekürzt*, indem man seinen Zähler und seinen Nenner durch dieselbe natürliche Zahl teilt. Beim Kürzen bleibt der Wert der Bruchzahl erhalten. *Kürzen*
Für alle $a, b, m \in \mathbb{N}$ mit $m \mid a$ und $m \mid b$ gilt:

$\dfrac{a}{b} = \dfrac{a : m}{b : m}$

Manchmal gibt man die Kürzungszahl unter dem Gleichheitszeichen an.

Beispiel: $\dfrac{96}{108} = \dfrac{96 : 4}{108 : 4} = \dfrac{24}{27} = \dfrac{24 : 3}{27 : 3} = \dfrac{8}{9}$

Anmerkung: Man kann manchmal auch mehrere Male nacheinander kürzen. — Kürzen mit 1 ist kein echtes Kürzen.

Grunddarstellung

Diejenige Darstellung eines Bruches, die sich nicht weiter kürzen läßt, nennt man die *Grunddarstellung*. Diese Grunddarstellung einer Bruchzahl wird häufig als Repräsentant der Klasse gleichwertiger Brüche ausgewählt.

[3] Anordnung. Bruchzahlen können, genau wie die natürlichen Zahlen (↑ S. 119), angeordnet werden:

gleichnamig

Bei Bruchzahlen mit gleichem Nenner (*gleichnamige* Bruchzahlen) ist diejenige mit dem kleineren Zähler auch die kleinere Bruchzahl.

Kleiner-Relation in $\mathbb{Q}^+$

Für alle $a\,;\,b\,;\,c \in \mathbb{N}$ gilt: $\frac{a}{c} < \frac{b}{c}$, wenn $a < b$.

Ungleichnamige Bruchzahlen werden vor dem Vergleichen durch Erweitern (oder Kürzen) gleichnamig gemacht.

Beispiele: 1) $\frac{3}{7} < \frac{4}{7}$, weil $3 < 4$;

2) $\frac{3}{8} < \frac{5}{12}$, weil $\frac{9}{24} < \frac{10}{24}$.

(1) Zu keiner Bruchzahl gibt es einen (unmittelbaren) Nachfolger.
(2) Zu keiner Bruchzahl gibt es einen (unmittelbaren) Vorgänger.
(3) Man kann stets *mindestens eine* Bruchzahl angeben, die zwischen zwei vorgegebenen Bruchzahlen liegt. Man sagt: Die Bruchzahlen liegen dicht.

Beispiele:

1) $\frac{2}{7} < \square < \frac{4}{7}$. $\square$ kann man durch $\frac{3}{7}$ ersetzen, damit man eine wahre Aussage erhält.

2) Lösung für die Aussageform $\frac{3}{5} < \triangle < \frac{4}{5}$:
Die Bruchzahlen werden erweitert, z. B. mit 4; man erhält dann $\frac{12}{20} < \triangle < \frac{16}{20}$. Es gibt mehrere Bruchzahlen, die zwischen $\frac{3}{5}$ und $\frac{4}{5}$ liegen, nämlich z. B. $\frac{13}{20}$, $\frac{14}{20} = \frac{7}{10}$, $\frac{15}{20} = \frac{3}{4}$.

Bruchzahlen auf der Zahlenhalbgeraden

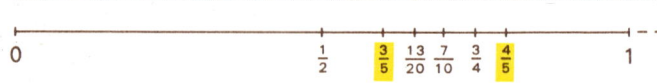

2.2. Multiplikation und Division in $\mathbb{Q}_0^+$

[1] Multiplikation. Die Multiplikation von Brüchen findet zahlreiche Anwendungen.

Beispiel: Dieter soll $\frac{2}{3}$ von $\frac{4}{5}$ einer Tafel Schokolade bekommen.

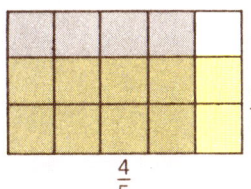

Aus der Figur erkennt man, daß durch das Einteilen der Tafel in 15 gleiche Stücke für Dieter davon 8 Stücke, also $\frac{8}{15} = \frac{2 \cdot 4}{3 \cdot 5}$ der Tafel Schokolade verbleiben.

Bruchzahlen werden multipliziert, indem man die Zähler und die Nenner der Faktoren miteinander multipliziert:

$$\frac{a}{b} \cdot \frac{c}{d} = \frac{a \cdot c}{b \cdot d} \text{ mit } a\,;\,c \in \mathbb{N}_0\,;\,b\,;\,d \in \mathbb{N}.$$

Produkt von Bruchzahlen

Beachte: Es ist vorteilhaft, möglichst früh zu kürzen.

Beispiele:

1) $\frac{3}{5} \cdot \frac{7}{11} = \frac{3 \cdot 7}{5 \cdot 11} = \frac{21}{55}$.

2) Statt zu rechnen
$\frac{36}{49} \cdot \frac{21}{8} = \frac{36 \cdot 21}{49 \cdot 8} = \frac{756}{392} \overset{7}{=} \frac{108}{56} \overset{4}{=} \frac{27}{14}$,

sollte man *erst* kürzen und dann endgültig ausmultiplizieren: $\frac{36}{49} \cdot \frac{21}{8} = \frac{36 \cdot 21}{49 \cdot 8} \overset{7}{=} \frac{36 \cdot 3}{7 \cdot 8} \overset{4}{=} \frac{9 \cdot 3}{7 \cdot 2} = \frac{27}{14}$.

3) Ein Rechteck hat die Kantenlängen $\frac{3}{5}$ m und $\frac{4}{7}$ m. Welchen Flächeninhalt A hat das Rechteck?

$A = \frac{3}{5} \cdot \frac{4}{7}$ m² $= \frac{3 \cdot 4}{5 \cdot 7}$ m² $= \frac{12}{35}$ m²

[2] Die Eigenschaften der Multiplikation in $\mathbb{Q}_0^+$ sind teils gleich denen der Multiplikation in $\mathbb{N}_0$ (↑ S. 110), d. h.:

(1) Die Menge $\mathbb{Q}_0^+$ ist bzgl. der Multiplikation *abgeschlossen*.
(2) Die Multiplikation in $\mathbb{Q}_0^+$ ist *kommutativ* und *assoziativ*.
(3) 1 ist das *neutrale Element* aus $\mathbb{Q}_0^+$ bzgl. der Multiplikation.

abgeschlossen
kommutativ
assoziativ
neutrales Element

Kehrbruch

(4) Zu jedem Bruch $\frac{a}{b}$, mit $a, b \in \mathbb{N}$ gibt es einen inversen Bruch (*Kehrbruch*) $\frac{b}{a}$, so daß gilt:
$$\frac{a}{b} \cdot \frac{b}{a} = 1.$$

Satz: $(\mathbb{Q}_0^+; \cdot)$ ist eine kommutative Gruppe (↑ S. 247).

Permanenz-prinzip

Die Rechengesetze der Multiplikationen in $\mathbb{N}_0$ gelten auch für die Multiplikation in $\mathbb{Q}_0^+$. Man spricht in diesem Zusammenhang von der *Permanenz* der Rechengesetze, die bei Zahlenbereichs-Erweiterungen möglichst gewährleistet sein soll.

[3] **Division.** Man dividiert durch eine Bruchzahl, indem man den Dividenden mit dem Kehrbruch des Divisors multipliziert, d. h. für alle $a\,;\,b\,;\,c\,;\,d \in \mathbb{N}$ gilt:
$$\frac{a}{b} : \frac{c}{d} = \frac{a}{b} \cdot \frac{d}{c}.$$

Beachte: Es ist vorteilhaft, möglichst früh zu kürzen.
Die Bruchdivision ist bei von 0 verschiedenem Divisor immer ausführbar.

Beispiele:

1) $\frac{5}{7} : \frac{3}{4} = \frac{5}{7} \cdot \frac{4}{3} = \frac{20}{21}$; $\frac{3}{8} : \frac{5}{4} = \frac{3}{8} \cdot \frac{4}{5} = \frac{3 \cdot 1}{2 \cdot 5} = \frac{3}{10}$;

2) $\frac{15}{14} : \frac{25}{21} = \frac{15}{14} \cdot \frac{21}{25} = \frac{15 \cdot 3}{2 \cdot 25} = \frac{3 \cdot 3}{2 \cdot 5} = \frac{9}{10}$;

3) Die Aussageform $\frac{2}{7} \cdot x = \frac{6}{11}$ hat die Lösung

$x = \frac{6}{11} : \frac{2}{7} = \frac{6}{11} \cdot \frac{7}{2} = \frac{3 \cdot 7}{11 \cdot 1} = \frac{21}{11}$.

[4] **Sonderfälle der Division**

(1) Man dividiert eine natürliche Zahl durch eine Bruchzahl, indem man die natürliche Zahl mit der Gegenbruchzahl (des Divisors) multipliziert, d. h. für alle $a\,;\,c\,;\,d \in \mathbb{N}$ gilt:
$$a : \frac{c}{d} = a \cdot \frac{d}{c}.$$

Beispiele: $3 : \frac{4}{7} = 3 \cdot \frac{7}{4} = \frac{21}{4}$; $9 : \frac{6}{5} = 9 \cdot \frac{5}{6} = \frac{3 \cdot 5}{2} = \frac{15}{2}$.

(2) Man dividiert eine Bruchzahl durch eine natürliche Zahl, indem man den Zähler beibehält und den Nenner mit der

natürlichen Zahl multipliziert, d. h. für alle $a\,;\,b\,;\,c \in \mathbb{N}$ gilt:
$$\frac{a}{b} : c = \frac{a}{b \cdot c}.$$

Beispiele: $\frac{9}{5} : 8 = \frac{9}{5 \cdot 8} = \frac{9}{40}$; $\frac{9}{5} : 12 = \frac{9}{5 \cdot 12} \overset{3}{=} \frac{3}{5 \cdot 4} = \frac{3}{20}$;

(3) Man kann den Quotienten aus zwei natürlichen Zahlen auch als Bruch schreiben. Dabei steht der Dividend im Zähler, der Divisor im Nenner.
Für alle $a\,;\,c \in \mathbb{N}$ gilt: $a : c = \frac{a}{1} \cdot \frac{1}{c} = \frac{a}{c}$.

Beispiele: $5 : 6 = \frac{5}{6}$; $12 : 8 = \frac{12}{8} = \frac{3}{2}$; $10 : 5 = \frac{10}{5} = 2$.

Ein Quotient, in dem der Dividend Null und der Divisor ungleich 0 ist, ist gleich 0. Kurz: Für alle $a \in \mathbb{Q}^+$ gilt: $0 : a = 0$.
Ein Quotient mit dem Divisor 0 bezeichnet auch in $\mathbb{Q}_0^+$ keine Bruchzahl.

2.3. Addition und Subtraktion in $\mathbb{Q}_0^+$

[1] Addition in $\mathbb{Q}_0^+$. Man berechnet die Summe zweier *gleichnamiger* Brüche, indem man die Zähler addiert und den gemeinsamen Nenner beibehält. Für $a\,;\,c \in \mathbb{N}_0\,;\,b \in \mathbb{N}$ gilt:

Summe

$$\frac{a}{b} + \frac{c}{b} = \frac{a+c}{b}$$

Ungleichnamige Bruchzahlen macht man zuerst durch Erweitern (oder Kürzen) gleichnamig.

Beispiele:
1) $\frac{3}{11} + \frac{5}{11} = \frac{3+5}{11} = \frac{8}{11}$; $\frac{3}{8} + \frac{7}{8} = \frac{3+7}{8} = \frac{10}{8} = \frac{5}{4}$;
2) $\frac{1}{2} + \frac{1}{6} = \frac{3+1}{6} = \frac{4}{6} = \frac{2}{3}$; $\frac{1}{4} + \frac{1}{5} = \frac{5}{20} + \frac{4}{20} = \frac{5+4}{20} = \frac{9}{20}$;
3) Eine Wand sei $\frac{12}{5}$ m lang. Kann man vor diese Wand zwei Schränke von $\frac{7}{5}$ m und $\frac{4}{5}$ m Breite stellen? Die Gesamtbreite l der Schränke ergibt sich zu
$l = \frac{7}{5} m + \frac{4}{5} m = \left(\frac{7}{5} + \frac{4}{5}\right) m = \frac{7+4}{5} m = \frac{11}{5} m$.

Antwort: Die Schränke können dort aufgestellt werden.

gemeinsamer Nenner

Um zwei Brüche gleichnamig zu machen, erweitert man sie auf einen *gemeinsamen Nenner*. Er ist ein gemeinsames Vielfaches der beiden vorgegebenen Nenner. Man wählt, um mit kleinen Zahlen rechnen zu können, den kleinsten gemeinsamen Nenner (Hauptnenner).

Hauptnenner

Der *Hauptnenner* ist das kleinste gemeinsame Vielfache der vorgegebenen Nenner.

> *Beispiele:*
> 1) ungünstige Wahl eines gemeinsamen Nenners:
> $$\frac{5}{18} + \frac{7}{24} = \frac{5 \cdot 24}{18 \cdot 24} + \frac{7 \cdot 18}{24 \cdot 18} = \frac{5 \cdot 24 + 7 \cdot 18}{18 \cdot 24} = \frac{120 + 126}{432} =$$
> $$= \frac{246}{432} = \frac{41}{72};$$
> 2) günstige Wahl eines gemeinsamen Nenners (Hauptnenners): kgV (18; 24) = 72;
> $$\frac{5}{18} + \frac{7}{24} = \frac{20}{72} + \frac{21}{72} = \frac{20 + 21}{72} = \frac{41}{72}.$$

Die Eigenschaften der Addition in $\mathbb{Q}_0^+$ sind gleich denen der Addition in $\mathbb{N}_0$ (↑ S. 109).

[2] Gemischte Zahlen. Die Summe aus einer natürlichen Zahl und einem Bruch kann man als gemischte Zahl schreiben.

> *Beispiele:* $5 + \frac{4}{5} = 5\frac{4}{5}$; $8 + \frac{9}{13} = 8\frac{9}{13}$

Beachte: Zwischen den Zahlen $4\frac{4}{5}$ und $4 \cdot \frac{4}{5}$ muß genau unterschieden werden. $4\frac{4}{5}$ steht für die *Summe* $4 + \frac{4}{5}$, aber $4 \cdot \frac{4}{5}$ ist ein *Produkt!*

Jede Bruchzahl, die größer als 1 ist, läßt sich als gemischte Zahl schreiben.

> *Beispiele:* $\frac{13}{4} = \frac{12}{4} + \frac{1}{4} = 3 + \frac{1}{4} = 3\frac{1}{4}$;
> $\frac{35}{3} = \frac{33}{3} + \frac{2}{3} = 11 + \frac{2}{3} = 11\frac{2}{3}.$

Gemischte Zahlen werden benutzt, weil man an dieser Sonderform von Bruchzahlen besser erkennen kann, in welcher Größenordnung eine Zahl liegt.
Rechnen mit gemischten Zahlen (↑ S. 27 f.).

[3] **Subtraktion** in $\mathbb{Q}_0^+$. Man berechnet die Differenz *gleichnamiger* Bruchzahlen, indem man die Zähler subtrahiert und den gemeinsamen Nenner beibehält.   *Differenz*
Für alle $a\,;\,c \in \mathbb{N}_0\,;\,b \in \mathbb{N}$ mit $a \geq c$ gilt:

$$\frac{a}{b} - \frac{c}{b} = \frac{a-c}{b}$$

Ungleichnamige Bruchzahlen macht man vor dem Subtrahieren durch Erweitern (oder Kürzen) gleichnamig.

Beispiele: 1) $\frac{9}{8} - \frac{5}{8} = \frac{9-5}{8} = \frac{4}{8} = \frac{1}{2}$;

2) $\frac{3}{4} - \frac{1}{3} = \frac{9}{12} - \frac{4}{12} = \frac{5}{12}$; $\frac{3}{8} - \frac{1}{6} = \frac{9}{24} - \frac{4}{24} = \frac{5}{24}$;

3) Die Aussageform $\frac{2}{5} + x = \frac{6}{5}$ hat die Lösung $x = \frac{6}{5} - \frac{2}{5} = \frac{4}{5}$.

[4] **Distributivgesetz** in $\mathbb{Q}_0^+$. Wie in $\mathbb{N}_0$ gilt analog auch in $\mathbb{Q}_0^+$ das Distributivgesetz:
Für alle $a\,;\,b\,;\,c \in \mathbb{Q}_0^+$ gilt: $a \cdot (b + c) = ab + ac$.
Aus dem Distributivgesetz und anderen Festlegungen sind folgende Beziehungen ableitbar:
Für alle $a\,;\,b\,;\,c \in \mathbb{Q}_0^+$ gilt: $(a + b) : c = a : c + b : c$.
Für alle $a\,;\,b\,;\,c \in \mathbb{Q}_0^+$ mit $a \geq b$ gelten:
$(a - b) c = ac - bc$ und $(a - b) : c = a : c - b : c$.

[5] **Doppelbrüche.** Brüche, deren Zähler und Nenner selber Brüche sind, nennt man *Doppelbrüche*.   *Doppelbruch*

Beispiele: $\dfrac{3}{\frac{5}{8}}$; $\dfrac{\frac{3}{4}}{5}$; $\dfrac{\frac{7}{8}}{\frac{6}{11}}$; $\dfrac{\frac{3}{4} + \frac{4}{5}}{\frac{9}{11}}$

Der Bruchstrich und der Divisionsdoppelpunkt werden als gleichwertige Verknüpfungszeichen aufgefaßt. Man führt Doppelbrüche meist auf einfache Brüche zurück.

Beachte:
(1) Bei Doppelbrüchen muß der Hauptbruchstrich immer deutlich hervorgehoben werden, etwa indem man ihn etwas länger als die anderen macht und ihn bei Termverknüpfungen in die Höhe der Rechen- bzw. Relationszeichen (z. B. Gleichheitszeichen) setzt.
(2) Ein Bruchstrich ersetzt Klammern.

Beispiele:

1) $\dfrac{3}{\frac{5}{8}} = 3 : \dfrac{5}{8} = 3 \cdot \dfrac{8}{5} = \dfrac{24}{5}$, aber $\dfrac{\frac{3}{5}}{8} = \dfrac{3}{5} : 8 = \dfrac{3}{5 \cdot 8} = \dfrac{3}{40}$;

2) $\dfrac{\frac{1}{2} + \frac{1}{3}}{\frac{5}{12} - \frac{1}{4}} = \dfrac{\frac{3+2}{6}}{\frac{5-3}{12}} = \dfrac{\frac{5}{6}}{\frac{2}{12}} = \dfrac{5}{6} \cdot \dfrac{12}{2} = \dfrac{5 \cdot 2}{1 \cdot 2} = 5.$

3) $\dfrac{\frac{1}{2} + \frac{1}{3}}{\frac{5}{12} - \frac{1}{4}} = \left(\dfrac{1}{2} + \dfrac{1}{3}\right) : \left(\dfrac{5}{12} - \dfrac{1}{4}\right) = \dfrac{5}{6} : \dfrac{2}{12} = 5$

2.4. Dezimalbrüche

[1] Dezimalzahlen. Natürliche Zahlen werden gewöhnlich im Dezimalsystem (↑ S. 107) angegeben. Es ist möglich, das System nach rechts zu erweitern, und zwar um jeweils ein Zehntel der links stehenden Zahl. In eine solche Tabelle kann man Ziffern eintragen, deren Werte eine neue Zahl, einen Dezimalbruch, angeben. Damit Dezimalbrüche (*älter:* Dezimalzahlen) auch ohne Tabelle angegeben werden können, hat man vereinbart, nach der Einerstelle stets ein Komma (in angelsächsischen Ländern einen Punkt!) zu setzen.

Beispiel:

...	100	10	1	$\frac{1}{10}$	$\frac{1}{100}$	$\frac{1}{1000}$	...
		2	3	5	0	6	

$23{,}506 = 2 \cdot 10 + 3 \cdot 1 + 5 \cdot \dfrac{1}{10} + 0 \cdot \dfrac{1}{100} + 6 \cdot \dfrac{1}{1000}$

Für das Rechnen mit Dezimalbrüchen gelten dieselben Rechengesetze wie für Brüche (↑ S. 127) Über das schriftliche Rechnen mit Dezimalbrüchen (↑ S. 23 ff.).

[2] Endliche Dezimalbrüche. Jede Bruchzahl läßt sich als Dezimalbruch schreiben. Dazu dividiert man den Zähler der Bruchzahl durch ihren Nenner:

Beispiele: $\frac{2}{5} = 2 : 5 = 0{,}4$; $\frac{15}{8} = 15 : 8 = 1{,}875$;
$\frac{20}{7} = 20 : 7 = 2{,}857\,142\,857\,142\,85\ldots$

Die abbrechenden Dezimalbrüche werden als *endliche* Dezimalbrüche, nicht abbrechende als *unendliche* Dezimalbrüche bezeichnet.
Eine Bruchzahl läßt sich genau dann als *endlicher* Dezimalbruch schreiben, wenn die Primfaktorzerlegung des Nenners (Bruchzahl in Grunddarstellung!) nur die Primfaktoren 2 oder 5 enthält.

endliche Dezimalbrüche
unendliche Dezimalbrüche

Umrechnungsbeispiele:
$\frac{7}{20} = 7 : 20 = 0{,}35$ oder $\frac{7}{20} \stackrel{5}{=} \frac{35}{100} = 0{,}35$;
$\frac{3}{15} \stackrel{3}{=} \frac{1}{5} = 1 : 5 = 0{,}2$ oder $\frac{3}{15} \stackrel{3}{=} \frac{1}{5} \stackrel{2}{=} \frac{2}{10} = 0{,}2$;
$0{,}375 = \frac{375}{1000} \stackrel{125}{=} \frac{3}{8}$; $0{,}55 = \frac{55}{100} \stackrel{5}{=} \frac{11}{20}$.

[3] Sofortperiodische Dezimalbrüche. Wiederholen sich bei einem unendlichen Dezimalbruch gewisse Ziffern in einer festen Reihenfolge, dann spricht man von einem *periodischen* Dezimalbruch. Die stets wiederkehrende Ziffernfolge heißt *Periode*. Sie wird durch Überstreichen dieser Ziffern gekennzeichnet.

periodisch

Periode

Beispiele: $\frac{20}{7} = 2{,}857142\,857142\,85\ldots = 2{,}\overline{857142}$;
$\frac{1}{9} = 0{,}1111\ldots = 0{,}\overline{1}$; $\frac{3}{22} = 0{,}1\,36\,36\ldots = 0{,}1\overline{36}$.

Bei den periodischen Dezimalbrüchen unterscheidet man zwischen *sofortperiodischen* Dezimalbrüchen, bei denen die Periode sofort nach dem Komma beginnt, und den *spätperiodischen* Dezimalbrüchen.
Eine Bruchzahl läßt sich genau dann als sofortperiodischer Dezimalbruch schreiben, wenn die Primfaktorzerlegung des

sofortperiodisch

spätperiodisch

Nenners (Bruchzahl in Grunddarstellung!) keine 2 und keine 5 enthält.

Beispiel: $\frac{30}{13} = 2,\overline{307692}$; $\frac{20}{35} = 0,\overline{571428}$

Man kann auch unendliche (sofortperiodische) Dezimalbrüche in gewöhnliche Bruchzahlen nach dem nebenstehend vorgerechneten Umwandlungsverfahren umschreiben.

Beispiel:
$\frac{a}{b} = 0,\overline{36}$
$100 \cdot \frac{a}{b} = 36,\overline{36}$
$99 \cdot \frac{a}{b} = 36$
$\frac{a}{b} = \frac{36}{99} = \frac{4}{9} = \frac{4}{11}$

Einen sofortperiodischen Dezimalbruch verwandelt man in eine Bruchzahl, indem man die Ziffern der Periode des Dezimalbruchs in den Zähler und eine gleichlange Periode aus Neunen in den Nenner schreibt.
Dann wird noch so weit wie möglich gekürzt!

Beispiele: $0,\overline{1} = \frac{1}{9}$; $0,\overline{09} = \frac{09}{99} = \frac{1}{11}$;
$0,\overline{142857} = \frac{142\,857}{999\,999} = \frac{1}{7}$

[4] Spätperiodische Dezimalbrüche. Eine Bruchzahl läßt sich genau dann als *spätperiodischer* Dezimalbruch schreiben, wenn die Primfaktorzerlegung des Nenners (Bruchzahl in Grunddarstellung!) außer anderen Primfaktoren auch die 2 oder 5 enthält.

Beispiele: $\frac{8}{15} = 0,5\overline{3}$; $\frac{5}{6} = 0,8\overline{3}$; $\frac{7}{22} = 0,3\overline{18}$

Mit Hilfe des oben gezeigten algebraischen Umrechnungsverfahrens kann man auch spätperiodische Dezimalbrüche in gewöhnliche Brüche umschreiben.

Beispiel:
$\frac{a}{b} = 0,1\overline{6}$
$10 \cdot \frac{a}{b} = 1,6\overline{6}$
$9 \cdot \frac{a}{b} = 1,5$
$\frac{a}{b} = \frac{1,5}{9} = \frac{15}{90} = \frac{1}{6}$

Einen *spätperiodischen* Dezimalbruch verwandelt man in eine Bruchzahl, indem man den Dezimalbruch durch Erweitern in eine solche Zahl verwandelt, deren Periode bei den Zehnteln beginnt. Dann kann man die Zahl als Summe aus einer natürlichen Zahl und einem sofortperiodischen Dezimalbruch schreiben. Letzterer wird wie oben beschrieben umgewandelt.
Zum Schluß wird wieder so weit wie möglich gekürzt!

Beispiel: $0{,}1\overline{6} = \left(\boxed{\frac{1}{10} \cdot 10}\right) \cdot 0{,}1\overline{6} = \frac{1}{10} \cdot 1{,}\overline{6} = \frac{1}{10} \cdot (1 + 0{,}\overline{6})$
$= \frac{1}{10} \cdot \left(1 + \frac{6}{9}\right) = \frac{1}{10} \cdot \left(1 + \frac{2}{3}\right) = \frac{1}{10} \cdot \frac{5}{3} = \frac{1}{6}.$

[5] **Periodenlänge.** Perioden können verschieden lang sein; selbst bei größeren Divisoren.

Beispiele: $\frac{1}{7} = 0{,}\overline{142857}$; $\frac{1}{9} = 0{,}\overline{1}$; $\frac{1}{11} = 0{,}\overline{09}$;
$\frac{100}{101} = 0{,}\overline{9900}.$

Man kann eine grobe Abschätzung angeben, wie lang eine Periode höchstens sein kann:
Die Länge einer Periode ist stets kleiner als der Nenner der zu verwandelnden gekürzten Bruchzahl.

[6] **Runden.** Häufig kommt es bei Berechnungen auf den genauen Zahlenwert des Ergebnisses nicht an. Man rechnet mit gerundeten Zahlen.
Soll eine Zahl auf n Dezimalstellen genau angegeben werden, so bleibt die n-te Stelle, wie sie ist, wenn an der $(n + 1)$-ten Stelle eine der Ziffern 0 ; 1 ; 2 ; 3 oder 4 steht (*abrunden*); die *abrunden*
n-te Stelle wird dagegen um 1 erhöht, wenn an der $(n + 1)$-ten Stelle eine der Ziffern 5 ; 6 ; 7 ; 8 oder 9 steht (*aufrunden*). *aufrunden*
(Gerade-Zahl-Regel, ↑ S. 30)

Beispiele: 1) Runden auf 3 Stellen nach dem Komma:
$5{,}46859 \approx 5{,}469$; $0{,}786395 \approx 0{,}786$.
2) Runden auf Hunderter:
$42\,649 \approx 42\,600$; $837\,489 \approx 837\,500$.

Es gibt zwei Möglichkeiten, mit unendlichen Dezimalbrüchen zu rechnen. Will man genau rechnen, so muß man die Dezimalbrüche nach den beschriebenen Verfahren in Bruchzahlen umrechnen und kann mit diesen nach den Regeln der Bruchrechnung (↑ S. 127 ff.) verfahren. Genügen gerundete Ergebnisse, so kann man die unendlichen Dezimalbrüche auf die gewünschte Stellenzahl runden und dann mit ihnen wie mit endlichen Dezimalbrüchen rechnen (↑ S. 23 ff.). Dabei sind jedoch die Regeln für das Rechnen mit gerundeten Zahlen zu beachten (↑ S. 30 ff.).

2.5. Maschinenmodell

Streckoperator

[1] **Streckoperatoren.** Mathematische Streckmaschinen können auf ein bestimmtes Programm (*Streckoperator*) eingestellt werden. Der Streckoperator gibt an, mit welcher natürlichen Zahl die Eingabegröße multipliziert werden muß, um die zugehörige Ausgabegröße zu erhalten.

Eingabegröße
Ausgabegröße

Beispiel:

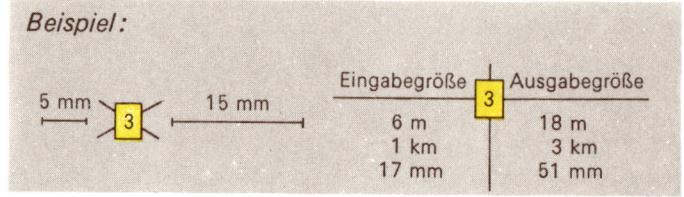

Verketten von Streckoperatoren

Schaltet man zwei Streckmaschinen hintereinander, so kann man ein Ersatzprogramm bestimmen, das diejenige Maschine haben muß, die die beiden hintereinander geschalteten Maschinen ersetzt. Den Streckoperator der Ersatzmaschine erhält man durch *Verketten* (*Symbol:* o) der beiden vorgegebenen Streckoperatoren.

Für alle a ; $b \in \mathbb{N}$ gilt: $\boxed{a}$ o $\boxed{b}$ = $\boxed{a \cdot b}$.

Beispiel:

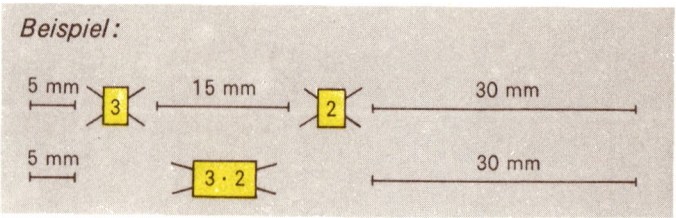

[2] Stauchoperatoren. Die Programme von Stauchmaschinen werden *Stauchoperatoren* genannt und mit einem Querstrich ($\boxed{\overline{n}}$) oder einem Doppelpunkt ($\boxed{:n}$) gekennzeichnet.

Stauchoperator

Beispiel:

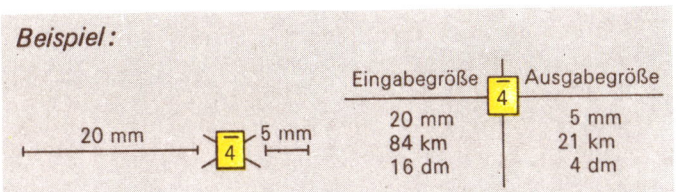

Zwei hintereinandergeschaltete Stauchmaschinen können durch *eine* Stauchmaschine ersetzt werden. Die Verkettung der Stauchoperatoren gibt den Stauchoperator der Ersatzmaschine an.

Verketten von Stauchoperatoren

Für alle $a\,;\,b \in \mathbb{N}$ gilt: $\boxed{\overline{a}} \circ \boxed{\overline{b}} = \boxed{\overline{a \cdot b}}$.

Beispiel:

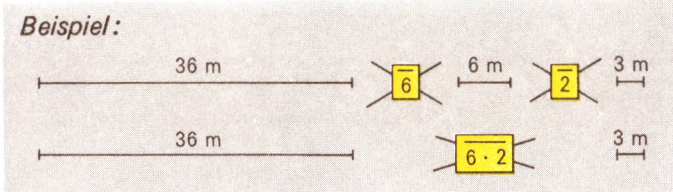

[3] Bruchoperatoren. Es können auch eine Streck- und eine Stauchmaschine hintereinander geschaltet werden. Den Operator der Ersatzmaschine nennt man *Bruchoperator*. Er ergibt sich durch Verketten der Operatoren von Stauch- und Streckmaschine.

Bruchoperator

Beispiel:

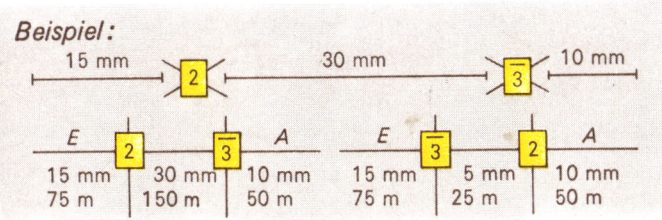

Für eine solche Verkettung gilt das Kommutativgesetz $\boxed{a} \circ \boxed{\overline{b}} = \boxed{\overline{b}} \circ \boxed{a}$. Man schreibt: $\boxed{a} \circ \boxed{\overline{b}} = \boxed{\overline{b}} \circ \boxed{a} = \boxed{\dfrac{a}{b}}$.

Zähler
Nenner

Man nennt a den *Zähler*, b den *Nenner* des Bruchoperators.
Sonderfälle:

(1) Für b = 1 erhält man $\boxed{a} \circ \boxed{1} = \boxed{a} = \boxed{\frac{a}{1}}$

(2) Für a = 1 folgt $\boxed{1} \circ \boxed{b} = \boxed{b} = \boxed{\frac{1}{b}}$.

Streck- und Stauchoperatoren sind besondere Bruchoperatoren.

(3) Es gilt: $\boxed{a} \circ \boxed{\overline{a}} = \boxed{1}$.

Gegenoperator

Man nennt daher $\boxed{\overline{a}}$ *Gegenoperator* zu $\boxed{a}$

Beispiel:

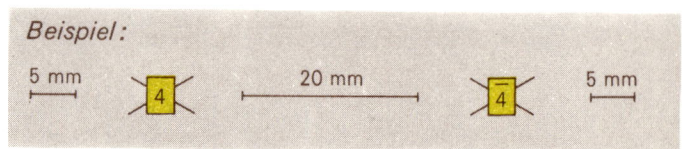

[4] **Erweitern und Kürzen.** Es gibt verschiedene Bruchoperatoren, die bei gleicher Eingabegröße die gleiche Ausgabegröße liefern: Ein stärkeres Strecken kann durch entsprechend stärkeres Stauchen ausgeglichen werden. Man nennt solche Bruchoperatoren *gleich*.

Gleichheit von
Bruch-
operatoren

Beispiele:

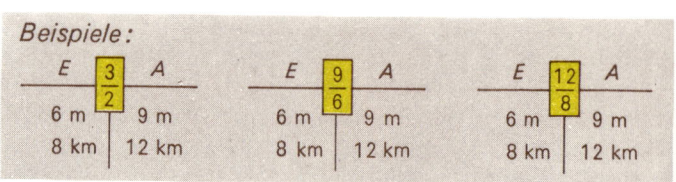

Erweitern

Ein Bruchoperator wird *erweitert*, indem man seinen Zähler und seinen Nenner mit derselben natürlichen Zahl multipliziert.
Beim Erweitern bleibt der Wert des Bruchoperators erhalten:

Für alle $a\,;\,b\,;\,n \in \mathbb{N}$ gilt: $\frac{a}{b} = \frac{a \cdot n}{b \cdot n}$

Kürzen

Ein Bruchoperator wird *gekürzt*, indem man seinen Zähler und seinen Nenner durch dieselbe natürliche Zahl teilt. Beim Kürzen bleibt der Wert des Bruchoperators erhalten:

Für alle $a\,;\,b\,;\,n \in \mathbb{N}$ mit $n \mid a$ und $n \mid b$ gilt: $\frac{a}{b} = \frac{a : n}{b : n}$.

Beispiele:

$$\boxed{\tfrac{3}{2}} = \boxed{3} \circ \boxed{2} = \boxed{3} \circ (\boxed{3} \circ \boxed{3}) \circ \boxed{2} = \boxed{3 \cdot 3} \circ \boxed{3 \cdot 2} = \boxed{9} \circ \boxed{6} = \boxed{\tfrac{9}{6}};$$

$$\boxed{\tfrac{12}{8}} = \boxed{12} \circ \boxed{8} = \boxed{3 \cdot 4} \circ \boxed{4 \cdot 2} = \boxed{3} \circ (\boxed{4} \circ \boxed{4}) \circ \boxed{2} = \boxed{3} \circ \boxed{2} = \boxed{\tfrac{3}{2}};$$

kurz: $\boxed{\tfrac{3}{2}} = \boxed{\tfrac{3 \cdot 3}{2 \cdot 3}} = \boxed{\tfrac{9}{6}}$ bzw. $\boxed{\tfrac{12}{8}} = \boxed{\tfrac{12 : 4}{8 : 4}} = \boxed{\tfrac{3}{2}}$.

Kürzen mit 1 ist kein *echtes* Kürzen.
Diejenige Darstellung eines Bruchoperators, die sich nicht mehr weiter kürzen läßt, nennt man die *Grunddarstellung*. Diese Grunddarstellung eines Bruchoperators wird häufig als Repräsentant der Klasse gleicher Bruchoperatoren ausgewählt.

Grunddarstellung

[5] Ordnen von Bruchoperatoren. Wendet man Bruchoperatoren auf die gleiche Eingabegröße an, so können die Ausgabegrößen nach der Relation »ist kleiner als« geordnet werden. Die Ordnung der Ausgabegrößen legt eine Ordnung der Bruchoperatoren fest.

Beispiel:

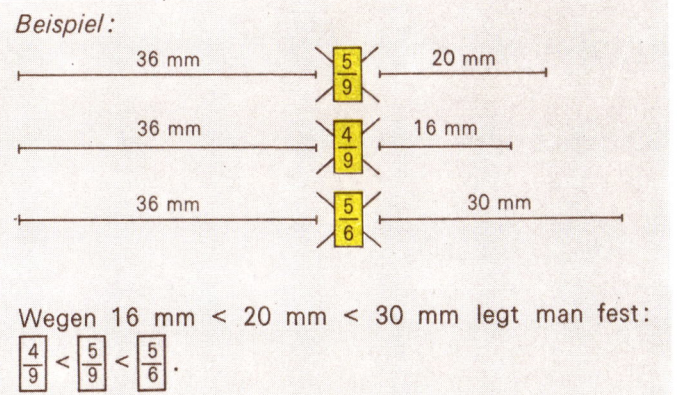

Wegen 16 mm < 20 mm < 30 mm legt man fest:
$\boxed{\tfrac{4}{9}} < \boxed{\tfrac{5}{9}} < \boxed{\tfrac{5}{6}}$.

Bruchoperatoren mit gleichem Nenner heißen *gleichnamig*. Vergleicht man *gleichnamige* Bruchoperatoren miteinander, so bezeichnet der mit dem kleineren Zähler auch den kleineren Bruchoperator.

gleichnamige Bruchoperatoren

Für alle $a; b; c \in \mathbb{N}$ gilt: $\boxed{\tfrac{a}{c}} < \boxed{\tfrac{b}{c}}$, wenn $a < b$.

Ungleichnamige Bruchoperatoren werden vor dem Vergleichen durch Erweitern (oder Kürzen) gleichnamig gemacht.

Beispiele: 1) $\boxed{\tfrac{3}{7}} < \boxed{\tfrac{4}{7}}$, weil 3 < 4;

2) $\boxed{\tfrac{3}{8}} < \boxed{\tfrac{5}{12}}$, weil $\boxed{\tfrac{9}{24}} < \boxed{\tfrac{10}{24}}$ wegen 9 < 10.

[6] Verkettung von Bruchoperatoren

Verkettung von Bruchoperatoren

Man verkettet zwei Bruchoperatoren, indem man die Zähler der beiden Bruchoperatoren und die Nenner der beiden Bruchoperatoren multipliziert.

Für alle $a\,;b\,;c\,;d \in \mathbb{N}$ gilt: $\boxed{\tfrac{a}{b}} \circ \boxed{\tfrac{c}{d}} = \boxed{\tfrac{a\cdot c}{b\cdot d}}$

Beispiele:

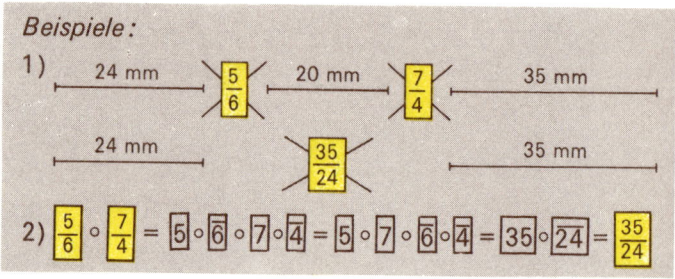

Die Eigenschaften der Verkettung von Bruchoperatoren sind gleich denen der Multiplikation in $\mathbb{N}$ bzw. gleich denen der Multiplikation in $\mathbb{Q}_0^+$, d. h.

abgeschlossen
kommutativ
assoziativ
neutrales Element

(1) die Menge der Bruchoperatoren B ist bezüglich der Verkettung *abgeschlossen*.
(2) Die Multiplikation in B ist *kommutativ* und *assoziativ*.
(3) $\boxed{\tfrac{1}{1}} = \boxed{1} = \boxed{\overline{1}}$ ist in B das neutrale Element bzgl. des Verkettens.

(4) Zu jedem Operator $\boxed{\tfrac{a}{b}}$ mit $a, b \in \mathbb{N}$ gibt es einen Gegen-

Gegenoperator

operator $\boxed{\tfrac{b}{a}}$, so daß gilt: $\boxed{\tfrac{a}{b}} \circ \boxed{\tfrac{b}{a}} = \boxed{1}$.

Aus (4) folgt, daß jede Operatorgleichung der Form

$\boxed{\tfrac{a}{b}} \circ x = \boxed{\tfrac{c}{d}}$ mit $a\,;b\,;c\,;d \in \mathbb{N}$ immer eine Lösung hat.

[7] **Positive rationale Zahlen.** Bruchoperatoren können auf Größen beliebiger Art angewendet werden. Wirkt ein Bruchoperator auf eine Einheit dieser Größen, so wird der Name des Bruchoperators auf die ausgegebene Größe übertragen.

Beispiele:

$\boxed{1}$ min ⟩⟨ $\boxed{\tfrac{2}{5}}$ ⟩⟨ $\boxed{\tfrac{2}{5}}$ min ; $\boxed{1}$ m ⟩⟨ $\boxed{\tfrac{2}{3}}$ ⟩⟨ $\boxed{\tfrac{2}{3}}$ m

Schreibfiguren der Form $\frac{a}{b}$ mit $a\,;\,b \in \mathbb{N}$ heißen *Brüche*, z. B. $\frac{2}{5}, \frac{1}{7}$.

3. Ganze und rationale Zahlen

Ganze Zahlen können als Lösung x einer Aussageform $a + x = b$ mit $a\,;\,b \in \mathbb{N}_0$ definiert werden. Die Einführung wird meist mit anschaulichen Hilfsmitteln (Modellen) durchgeführt. Neben dem Maschinenmodell (Buchungsmaschinen) ist die Einführung über das Rechnen am Zahlenstrahl am weitesten verbreitet.

3.1. Die Menge $\mathbb{Z}$ der ganzen Zahlen
[1] **Definition ganzer Zahlen.** Beim Addieren natürlicher Zahlen mit Pfeilen (↑ S. 109) zeigen beide Pfeilspitzen nach rechts, beim Subtrahieren wird die Orientierung des Subtrahenden-Pfeils geändert.

Beispiele:

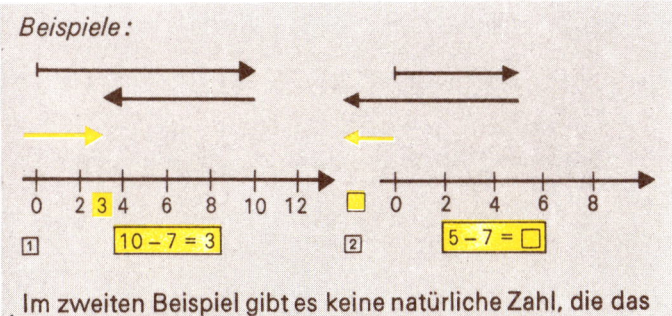

Im zweiten Beispiel gibt es keine natürliche Zahl, die das Ergebnis der Subtraktion angibt.

Zahlengerade

Die Differenz $a - b$ für $a < b$ ist in $\mathbb{N}_0$ nicht definiert (↑ Beispiel, Abb. [2]). Man verlängert daher die Zahlenhalbgerade nach links zur *Zahlengeraden*.

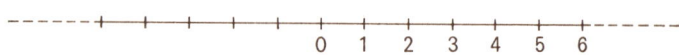

Vorzeichen

Das Spiegelbild der Zahl n bezüglich 0 wird mit $0 - n$, kürzer $(-n)$ bezeichnet; $-$ heißt das *Vorzeichen* der neuen Zahl. Jede Zahl $(-n)$ mit $n \in \mathbb{N}$ wird durch einen nach *links* orientierten Pfeil der Länge n dargestellt.

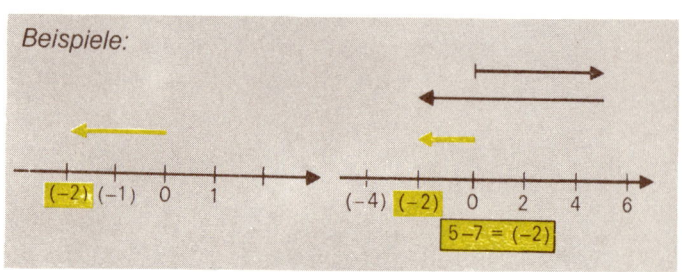

Beispiele:

negative ganze Zahl

positive ganze Zahl

Die Zahlen links von 0 (z. B. (-2), (-3), usw.) werden als *negative ganze Zahlen* bezeichnet und zur Menge $\mathbb{Z}^-$ zusammengefaßt. Die Zahlen rechts von 0 werden *positive ganze Zahlen* genannt (*geschrieben*: $(+2), (+3)$, usw.) und zur Menge der positiven ganzen Zahlen $\mathbb{Z}^+$ zusammengefaßt. Weiter definiert man: $\mathbb{Z}_0^+ = \mathbb{Z}^+ \cup \{0\}$ bzw. $\mathbb{Z}_0^- = \mathbb{Z}^- \cup \{0\}$ und die Menge der ganzen Zahlen $\mathbb{Z}$:

$\mathbb{Z}$

$\mathbb{Z} = \mathbb{Z}^- \cup \{0\} \cup \mathbb{Z}^+ = \{\ldots; -3; -2; -1; 0; +1; +2; +3; \ldots\}$

Die positiven ganzen Zahlen entsprechen den natürlichen Zahlen. Man setzt daher $a = (+a)$ mit $a \in \mathbb{N}$.

$\mathbb{N} \subset \mathbb{Z}$

Die Menge $\mathbb{N}$ der natürlichen Zahlen ist eine Untermenge der Menge $\mathbb{Z}$ der ganzen Zahlen.

$a < b$

[2] **Anordnung der ganzen Zahlen.** Für $a; b \in \mathbb{Z}$ gilt: Wenn a auf der Zahlengeraden links von b liegt, so schreibt man $a < b$.

Beispiel: $(-5) < (+5)$; $(-5) < (-4)$; $(-7) < (-3)$

(1) Jede ganze Zahl hat genau einen Vorgänger.
(2) Jede ganze Zahl hat genau einen Nachfolger.

(3) Für zwei ganze Zahlen a ; b gilt stets genau eine der drei Beziehungen: $a < b$; $a = b$; $a > b$.

[3] **Betrag.** Zu den Zahlen $(-a)$ und $(+a)$ gehören zwei Pfeile, die die gleiche Länge, aber entgegengesetzte Orientierung haben. Man sagt: $(-a)$ und $(+a)$ haben den gleichen Betrag und schreibt $|-a| = |+a|$.

Allgemein gilt: $|a| = \begin{cases} a \text{ für } a > 0 \\ -a \text{ für } a < 0 \\ 0 \text{ für } a = 0 \end{cases}$

Beispiel: $|+3| = 3$; $|-29| = 29$; $|-112| = 112$

[4] **Mächtigkeit**
Die Zahlenmengen $\mathbb{Z}$ und $\mathbb{N}$ sind gleichmächtig. Man sagt, sie sind abzählbar (unendlich).

Beispiel für eine Zuordnung (↑ S. 89)
$\mathbb{N} = \{1;\ 2;\ 3;\ 4;\ 5;\ 6;\ 7;\ \ldots\}$
       ↓   ↓   ↓   ↓   ↓   ↓   ↓
$\mathbb{N} = \{0;\ (+1);(-1);(+2);(-2);(+3);(-3);\ldots\}$

3.2. Rechnen in $\mathbb{Z}$

[1] **Addition in $\mathbb{Z}$.** Die Addition ganzer Zahlen kann auf das Rechnen mit Pfeilen zurückgeführt werden.

1) Haben beide Summanden gleiches Vorzeichen, so hat auch die Summe dieses Vorzeichen.
Der Betrag der Summe ist gleich der Summe der Beträge.

Beispiele:

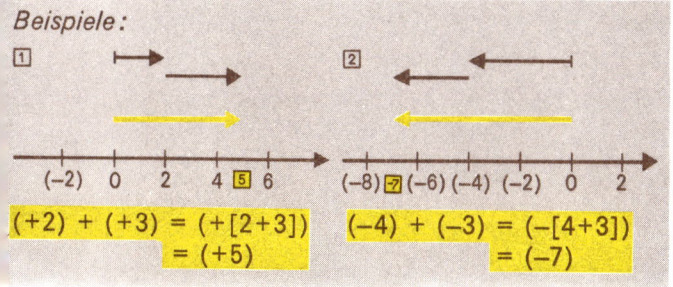

$(+2) + (+3) = (+[2+3])$
$= (+5)$

$(-4) + (-3) = (-[4+3])$
$= (-7)$

(2) Haben beide Summanden verschiedene Vorzeichen, so hat die Summe das Vorzeichen des Summanden mit dem größeren Betrag.
Der Betrag der Summe ist gleich der Differenz der Beträge.

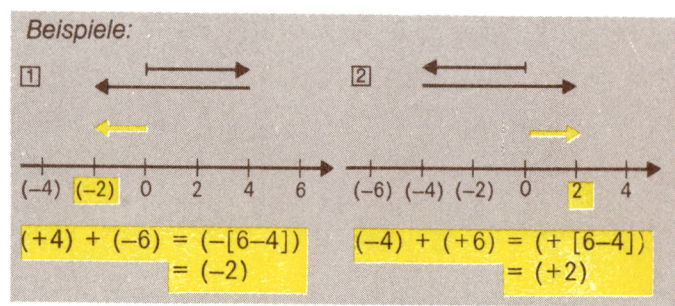

(3) Zahlen mit gleichem Betrag, aber verschiedenem Vorzeichen bezeichnet man als *inverse Zahlen bezüglich der Addition*. Die Summe zweier additiv inverser Zahlen ist stets 0.

additiv invers

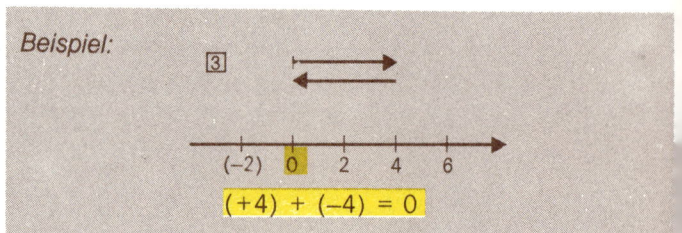

Die Eigenschaften der Addition in $\mathbb{Z}$ sind gleich denen der Addition in $\mathbb{N}_0$ (↑ S. 109), d. h.

abgeschlossen
kommutativ
assoziativ

(1) die Menge $\mathbb{Z}$ ist *abgeschlossen* bzgl. der Addition.
(2) Die Addition in $\mathbb{Z}$ ist *kommutativ* und *assoziativ*.
(3) 0 ist das neutrale Element der Addition.

Zusätzlich gilt:
(4) Zu jeder Zahl $a \in \mathbb{Z}$ gibt es eine (additive) inverse Zah $(-a)$, für die gilt: $a + (-a) = 0$.

Damit ist ($\mathbb{Z}$; +) eine Gruppe (↑ S. 246).
Ferner gelten auch in $\mathbb{Z}$ das Monotoniegesetz der Additior sowie das Additionsgesetz der Gleichheit (↑ S. 109).

[2] Subtraktion in $\mathbb{Z}$. Eine ganze Zahl wird subtrahiert, indem man die zum Subtrahenden (additiv) inverse ganze Zahl addiert (↑ S. 29).

Beispiele: Bestimme $3 - 7$.
1) Verfahren analog S. 109; 2) Addition der inversen Zahl:

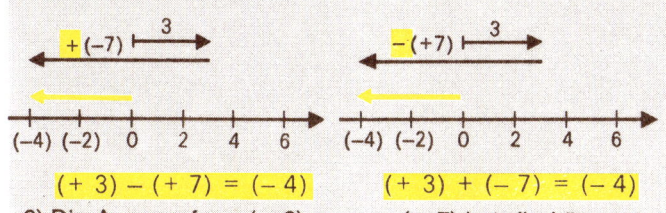

$(+3) - (+7) = (-4)$ $(+3) + (-7) = (-4)$
3) Die Aussageform $(-3) + x = (+7)$ hat die Lösung
$x = (+7) - (-3) = (+7) + (+3) = 10$

In der Menge der ganzen Zahlen $\mathbb{Z}$ ist jede Subtraktion ausführbar.
Durch die Identifizierung der positiven ganzen Zahlen mit den natürlichen Zahlen (↑ S. 142) wird auch die Schreibweise in praktischen Rechnungen wesentlich einfacher:

Beispiel: $(+8) + (-2) - (+3) = 8 - 2 - 3 = 6 - 3 = 3$

[3] Multiplikation in $\mathbb{Z}$. Die Multiplikation kann auf die Addition gleicher Summanden zurückgeführt werden.
Für alle $a\,;\,b \in \mathbb{Z}$ gilt: $a \cdot b = \underbrace{a + a + \ldots + a}_{b\text{-mal}}$

Beispiel: $(-3) \cdot (+4) = (-3) + (-3) + (-3) + (-3)$
$= -12$

Da wegen des Permanenzprinzips (↑ S. 128) die Multiplikation kommutativ sein soll, gilt außerdem: $(+4) \cdot (-3) = -12 = -[4 \cdot 3]$.
1) Haben beide Faktoren gleiches Vorzeichen, so ist das Produkt positiv.
2) Haben beide Faktoren verschiedenes Vorzeichen, so ist das Produkt negativ.
3) Der Betrag des Produkts ist gleich dem Produkt der Beträge.

Beispiele: $(+ \ ) \cdot (+4) = +12$; $(-3) \cdot (-4) = +12$;
$(-3) \cdot (+4) = -12$; $(+3) \cdot (-4) = -12$.

Die Eigenschaften der Multiplikation in $\mathbb{Z}$ sind gleich denen der Multiplikation in $\mathbb{N}_0$ (↑ S. 110).
Es gelten auch in $\mathbb{Z}_3$ das *Monotoniegesetz der Multiplikation* und das *Multiplikationsgesetz der Gleichheit* (↑ S. 110).

[4] Division in $\mathbb{Z}$. Die Division wird als Umkehrung der Multiplikation in $\mathbb{Z}$ eingeführt. Die Lösung der Aussageform $a \cdot x = b$ kann man mit dem Satz »x ist diejenige ganze Zahl, die mit a multipliziert, b ergibt« beschrieben werden. Dafür schreibt man kürzer: $x = b : a$.
(1) Haben Dividend und Divisor gleiches Vorzeichen, so ist der Quotient positiv.
(2) Haben Dividend und Divisor verschiedenes Vorzeichen, so ist der Quotient negativ.
(3) Der Betrag des Quotienten ist gleich dem Quotienten der Beträge.

Beispiele:
1) $(+15) : (+3) = +5$; $(-15) : (-3) = +5$;
$(-15) : (+3) = -5$; $(+15) : (-3) = -5$.
2) Die Aussageform $(-3) \cdot x = (+9)$ hat die Lösung
$x = (+9) : (-3) = (-3)$.

Der Quotient zweier ganzer Zahlen ist nur dann eine ganze Zahl, wenn der Divisor ein Teiler des Dividenden ist. Ein Quotient mit dem Divisor 0 ist ohne Sinn.

Bei der Division ganzer Zahlen a gilt stets: $a : 1 = a$;
für $a \neq 0$ gilt: $a : a = 1$; $0 : a = 0$.

3.3. Die Menge $\mathbb{Q}$ der rationalen Zahlen
Entsprechend den negativen ganzen Zahlen werden auch negative Brüche definiert.
Die Menge der negativen Brüche wird mit $\mathbb{Q}^-$ bezeichnet. 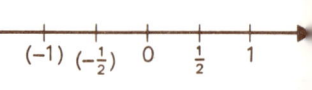 Man definiert weiterhin:
$\mathbb{Q}_0^- = \mathbb{Q}^- \cup \{0\}$ bzw. $\mathbb{Q}_0^+ = \mathbb{Q}^+ \cup \{0\}$
Dann ist die *Menge $\mathbb{Q}$ der rationalen Zahlen:*
$$\mathbb{Q} = \mathbb{Q}^- \cup \{0\} \cup \mathbb{Q}^+.$$

Die Menge $\mathbb{Q}$ enthält alle Zahlen, die man als positive oder negative Bruchzahlen schreiben kann.
Es gilt ferner: $\mathbb{N} \subset \mathbb{Z} \subset \mathbb{Q}$.
Für das Rechnen in $\mathbb{Q}$ gelten analoge Definitionen und Rechenregeln wie in Abschnitt 3.2. Bei der Division in $\mathbb{Q} \setminus \{0\}$ ist die Beschränkung aufgehoben, daß der Divisor ein Teiler des Dividenden sein muß.
Für die Menge der Bruchzahlen gilt wie für die Menge der rationalen Zahlen: Die Menge $\mathbb{Q}$ ist *dicht* (↑ S. 126).

4. Reelle Zahlen

4.1. Definitionen

[1] **Irrationale Zahlen.** Gleichungen der Form $x^n = a$ mit $n \in \mathbb{N}$; $a \in \mathbb{Q}_0^+$ ordnet man eine Lösung $x = \sqrt[n]{a}$ zu.

Beispiele: Wegen $(\frac{2}{3})^2 = \frac{4}{9}$ gilt die Identität $\sqrt[2]{\frac{4}{9}} = \frac{2}{3}$.

(Statt $\sqrt[2]{a}$ schreibt man meist $\sqrt{a}$).

Dagegen ist $\sqrt[3]{4}$ nicht ohne weiteres erklärt, weil kein $x \in \mathbb{Q}_0^+$ existiert mit $x^3 = 4$.

Die Zahlen der Form $\sqrt[n]{a}$ mit $n \in \mathbb{N}$; $a \in \mathbb{Q}_0^+$, welche sich nicht als Bruchzahlen darstellen lassen, nennt man *irrationale Zahlen*. Sie können z. B. durch Dezimalbrüche näherungsweise beschrieben werden.

irrationale Zahl

Beispiel: Es gibt keine rationale Zahl x, die der Gleichung $x^2 = 2$ genügt. Doch gilt z. B. die Ungleichungskette:
$1^2 < 2 < 2^2$, und damit $1 < \sqrt{2} < 2$. Ferner gilt:
da $1{,}4^2 \quad < 2 < 1{,}5^2, \quad$ ist $1{,}4 \quad < \sqrt{2} < 1{,}5$;
da $1{,}41^2 \quad < 2 < 1{,}42^2, \quad$ ist $1{,}41 \quad < \sqrt{2} < 1{,}42$;
da $1{,}414^2 < 2 < 1{,}415^2,$ ist $1{,}414 < \sqrt{2} < 1{,}415$ usw.

Die Zahl $\sqrt{2}$ kann durch unendlich viele Intervalle mit rationalen Intervallgrenzen beschrieben werden, die ineinandergeschachtelt sind.

[2] **Reelle Zahlen.** Jede Schachtelung der vorstehenden Art nennt man eine *Intervallschachtelung*. Jede Intervallschachtelung bestimmt eindeutig eine reelle Zahl.

Intervallschachtelung

Jeder endliche Dezimalbruch läßt sich als unendlicher Dezimalbruch schreiben.

Beispiel: $7,4 = 7,4000\ldots = 7,3\overline{9}99\ldots; 9 = 9,\overline{0} = 8,\overline{9}.$

ℝ

Gleichwertig mit der obigen Definition ist: Die unendlichen (positiven und negativen) Dezimalbrüche bilden die Menge der reellen Zahlen ℝ · ℕ, ℤ und ℚ sind Untermengen von ℝ

Beispiele: 1) Irrationale Zahlen sind außer $\sqrt{2}$; $\sqrt{3}$; $\sqrt{5}$; $\sqrt{6}$; usw. auch die Zahlen $\pi = 3,14159\ldots$, $\pi^2 = 9,8696\ldots;\ldots;$ e $= 2,71828\ldots$; $e^2 = 7,3905\ldots;\ldots;$ usw. Aber auch z. B. 1,101001000100001 ... oder 6,525525522555225555222... sind irrationale Zahlen.

[3] **Das Heron-Verfahren.** Es sei x_i ein Näherungswert für die Quadratwurzel $\sqrt{a}$, wobei $a \geq 0$.

Aus $x_i \lesseqgtr \sqrt{a}$ folgt $\dfrac{x_i}{a} \gtreqless \dfrac{1}{\sqrt{a}}$, d. h. $\dfrac{a}{x_i} \lesseqgtr \sqrt{a}$. Da somit $\sqrt{a}$ zwischen x_i und $\dfrac{a}{x_i}$ liegt, ist das arithmetische Mittel ebenfalls *ein Näherungswert, für den entsprechendes gilt.*

Das liefert ein Iterationsverfahren mit Hilfe der Formel

$$x_{i+1} = \frac{1}{2}\left(x_i + \frac{a}{x_i}\right).$$

Dabei ist x_i ein Näherungswert für $\sqrt{a}$, der nach Berechnung von x_{i+1} durch diesen (besseren) ersetzt wird.

Beispiel: Berechnung von $\sqrt{2}$; Anfangswert: $x_0 = 1,5$

i	x_i	$\dfrac{a}{x_i}$	x_{i+1}
0	1,5	0,66667	1,08334
1	1,08334	1,84614	1,46474
2	1,46474	1,36543	1,41509
3	1,41509	1,41333	1,41421...

$$\sqrt{2} = 1,41421\ldots$$

Offensichtlich kann man x_i und a/x_i jeweils als Intervallgrenzen für eine Schachtelung um $\sqrt{a}$ nehmen, die durch Mittelbildung zu einer besseren Näherung für $\sqrt{a}$ führt.

Durch $\left| x_i - \frac{a}{x_i} \right|$ kann man daher auch abschätzen, wie »gut« der erreichte Wert schon ist.

n-te Wurzeln, etwa $\sqrt[n]{a}$, kann man entsprechend mit der verallgemeinerten Iterations-Formel

$$x_{i+1} = \frac{1}{2} \cdot \left(x_i + \frac{a}{x_i^{n-1}} \right)$$

berechnen.

[4] Die **Ordnung** reeller Zahlen kann nach lexikographischer Art festgesetzt werden. Von zwei reellen Zahlen a und b vergleicht man die Ziffernfolgen stellenweise.

Beispiele:
$0{,}3456\ldots < 0{,}3466\ldots$; $-0{,}8562\ldots < -0{,}8559$

4.2. Rechenoperationen

[1] Rechnen mit Näherungswerten. Sehr häufig wird beim Rechnen mit irrationalen Zahlen auf Näherungswerte in $\mathbb{Q}$ zurückgegriffen und mit diesen wie mit gerundeten Dezimalbrüchen (↑ S. 30 ff.) gerechnet.

Beispiele:
$\sqrt{5} + \sqrt{7} \approx 2{,}236 + 2{,}646 = 4{,}882$
$\sqrt{8} - \sqrt{6} \approx 2{,}828 - 2{,}449 = 0{,}379$
$\sqrt{2} \cdot \sqrt{3} \approx 1{,}414 \cdot 1{,}732 \approx 2{,}449$

[2] Rechnen mit Potenzen. Im praktischen Gebrauch wird häufig mit den Potenz- und Wurzeldarstellungen nach den Regeln der Potenzrechnung gerechnet (↑ S. 195)

Beispiele:
$\sqrt{2} \cdot \sqrt{3} = \sqrt{2 \cdot 3} = \sqrt{6}$; $(\sqrt{2})^3 = 2 \cdot \sqrt{2}$;
$\sqrt{50} : \sqrt{7} = \sqrt{50 : 7} = \sqrt{\frac{50}{7}}$; $\sqrt{50} : \sqrt{10} = \sqrt{50:10} = \sqrt{5}$.

[3] Rechnen mit Intervallgrenzen. Bei diesem Verfahren rechnet man mit den rationalen Zahlen, die die jeweiligen Intervallgrenzen angeben (Gesetze ↑ S. 23 f.). Die neue Intervallschachtelung definiert die durch die Rechenoperation zugeordnete reelle Zahl.

Beispiel: $\sqrt{2} \cdot \sqrt{3} \approx 2{,}44948\ldots$
Wegen $1{,}4 < \sqrt{2} < 1{,}5$
und $\quad 1{,}7 < \sqrt{3} < 1{,}8$
$\quad$ gilt $1{,}4 \cdot 1{,}7 < \sqrt{2} \cdot \sqrt{3} < 1{,}5 \cdot 1{,}8$,
$\quad$ d. h. $\quad 2{,}38 < \sqrt{2} \cdot \sqrt{3} < 2{,}70$.
Wegen $1{,}41 < \sqrt{2} < 1{,}42$
und $\quad 1{,}73 < \sqrt{3} < 1{,}74$
$\quad$ gilt $1{,}41 \cdot 1{,}73 < \sqrt{2} \cdot \sqrt{3} < 1{,}42 \cdot 1{,}74$,
$\quad$ d. h. $\quad 2{,}4393 < \sqrt{2} \cdot \sqrt{3} < 2{,}4708$.
Wegen $1{,}414 < \sqrt{2} < 1{,}415$
und $\quad 1{,}732 < \sqrt{3} < 1{,}733$
$\quad$ gilt $1{,}414 \cdot 1{,}732 < \sqrt{2} \cdot \sqrt{3} < 1{,}415 \cdot 1{,}733$,
$\quad$ d. h. $\quad 2{,}449048 < \sqrt{2} \cdot \sqrt{3} < 2{,}452195$ usw.

[4] Die Rechenregeln für die Addition bzw. Multiplikation in $\mathbb{R}$ entsprechen denen für diese Verknüpfungen in $\mathbb{Q}$ (↑ S. 127 bzw. S. 130).

5. Komplexe Zahlen

5.1. Erweiterung der Menge $\mathbb{R}$

[1] *Imaginäre Zahlen.* In der Menge der reellen Zahlen ist die Gleichung $x^n = a$ mit $a\,;\,n \in \mathbb{R}$ und $a < 0$ nicht allgemein lösbar.

Beispiel: Die Gleichung $x^2 = -4$ hat in der Menge $\mathbb{R}$ keine Lösung. Setzt man z. B. $x = +2$, dann ist $x^2 = +4$, setzt man $x = -2$, dann ist $x^2 = +4$.

Hier führt nur eine Zahlbereichserweiterung von $\mathbb{R}$ mittels Zahlenpaaren weiter.
Zahlenpaare der Form $\alpha = (a_1\,;\,a_2)$ mit $a_1\,;\,a_2 \in \mathbb{R}$ heißen *komplexe Zahlen,* wenn für sie die auf den Seiten 151 und 153 erklärten Verknüpfungen gelten.

komplexe Zahl

Realteil
Imaginärteil

Man nennt $R(\alpha) = a_1$ den *Realteil* von α, $J(\alpha) = a_2$ den *Imaginärteil* von α und schreibt die komplexe Zahl auch häufig in der Form $\alpha = a_1 + a_2 \cdot i = R(\alpha) + J(\alpha) \cdot i$.

Ist $a_2 = 0$, so bestehen die Zahlen nur aus dem Realteil. Die komplexen Zahlen der Form $(a_1 ; 0)$ identifiziert man mit den reellen Zahlen a_1. Komplexe Zahlen der Form $(0 ; a_2)$ werden dagegen als *imaginäre Zahlen* bezeichnet.

imaginäre Zahl

Man faßt die komplexen Zahlen zur Menge $\mathbb{C}$ der komplexen Zahlen zusammen. Es gilt:
$$\mathbb{C} = \mathbb{R} \times \mathbb{R}.$$
Ein Modell für die komplexen Zahlen ist das Vektormodell (↑ Abb. 1).

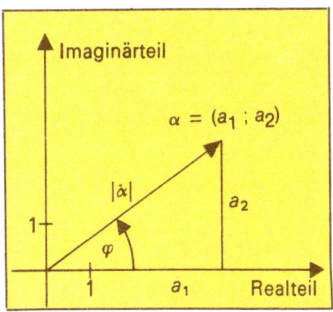

Komplexe Zahlen werden auch in der trigonometrischen Darstellung angegeben (↑ Polarkoordinaten, S. 361):
$$\alpha = |\alpha| \cdot (\cos \varphi + i \cdot \sin \varphi).$$
$(\cos \varphi + i \cdot \sin \varphi)$ heißt Richtungsfaktor der komplexen Zahl.

Es gilt: $e^{i\varphi} = \cos \varphi + i \sin \varphi$ (*Eulersche Formel*) und damit erhält man:
$$\alpha = |\alpha| \cdot e^{i\varphi}$$

Eulersche Formel

[2] Gleichheit. Zwei komplexe Zahlen α ; β sind *gleich*, wenn sie in Realteil *und* Imaginärteil übereinstimmen.
Für $\alpha = (a_1 ; a_2)$; $\beta = (b_1 ; b_2)$ mit a_1 ; a_2 ; b_1 ; $b_2 \in \mathbb{R}$ gilt:
Genau dann $\alpha = \beta$, wenn $a_1 = b_1$ und $a_2 = b_2$.

Beispiel: $(2 ; 3) = (2 ; 3)$; $(2 ; 3) \neq (2 ; 4)$; $(2 ; 3) \neq (-6 ; 3)$.

Auf die komplexen Zahlen kann die Kleiner-Relation der reellen Zahlen nicht übertragen werden. Das Trichotomiegesetz wird ersetzt durch den Satz: Zwischen zwei komplexen Zahlen α ; β gilt stets genau eine der beiden Beziehungen $\alpha = \beta$ oder $\alpha \neq \beta$.

5.2. Addition und Subtraktion in $\mathbb{C}$

[1] Definition der Addition. Komplexe Zahlen werden addiert, indem man die Realteile und die Imaginärteile addiert (↑ Vektormodell).
Für $\alpha = (a_1 ; a_2)$ und $\beta = (b_1 ; b_2)$ mit a_1 ; a_2 ; b_1 ; $b_2 \in \mathbb{R}$ gilt:
$$\alpha + \beta = (a_1 + b_1 ; a_2 + b_2)$$

Beispiel:
(2 ; 3) + (4 ; –5)
= (2+4 ; 3–5) = (6 ; –2)

entsprechend:
(2+3i) + (4–5i)
= (2+4) + (3–5)i
= 6 – 2i.

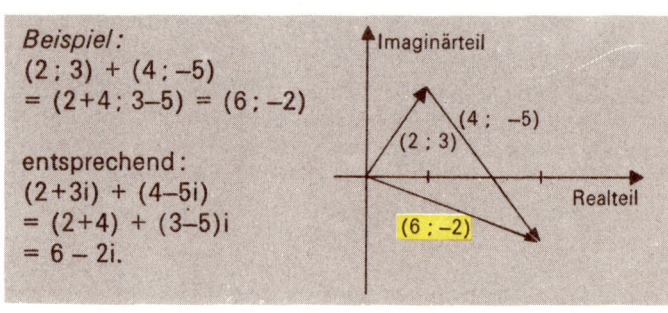

Die komplexen Zahlen sind nicht wie die bisher besprochenen Zahlenmengen an der Zahlengeraden darstellbar; man muß dazu eine Darstellung in der Ebene wählen, die man in diesem Falle *Gauß-Ebene* nennt.

Gauß-Ebene

[2] Rechenregeln für die Addition in $\mathbb{C}$

Abgeschlossenheit
(1) Die Menge $\mathbb{C}$ ist *abgeschlossen* bezüglich der Addition, d. h. die Summe aus zwei komplexen Zahlen ist stets eine komplexe Zahl.

Kommutativgesetz
(2) Die Addition in $\mathbb{C}$ ist *kommutativ*, d. h. für alle $\alpha ; \beta \in \mathbb{C}$ gilt: $\alpha + \beta = \beta + \alpha$.

Assoziativgesetz
(3) Die Addition in $\mathbb{C}$ ist *assoziativ*, d. h. für alle $\alpha ; \beta ; \gamma \in \mathbb{C}$ gilt: $(\alpha + \beta) + \gamma = \alpha + (\beta + \gamma)$.

neutrales Element
(4) $0 = (0 ; 0)$ ist das *neutrale Element* aus $\mathbb{C}$ bezüglich der Addition, d. h. es gilt für jedes $\alpha \in \mathbb{C}$:
$(0 ; 0) + \alpha = \alpha + (0 ; 0) = \alpha$.

Additionsgesetz der Gleichheit
(5) Die Gleichheits-Relation zwischen komplexen Zahlen $\alpha ; \beta$ bleibt erhalten, wenn man auf beiden Seiten die gleiche Zahl aus $\mathbb{C}$ addiert, d. h.:
Wenn $\alpha = \beta$, dann auch $\alpha + \gamma = \beta + \gamma$.

[3] Subtraktion in $\mathbb{C}$. Zu jeder komplexen Zahl $\alpha = (a_1 ; a_2)$ gibt es eine additive inverse Zahl $-\alpha = (-a_1 ; -a_2)$, so daß gilt: $\alpha + (-\alpha) = (0 ; 0)$.

Beispiel: $(5 ; -4) + (-5 ; 4) = (0 ; 0)$

Eine komplexe Zahl wird subtrahiert, indem man die zum Subtrahenden (additiv) inverse komplexe Zahl addiert.

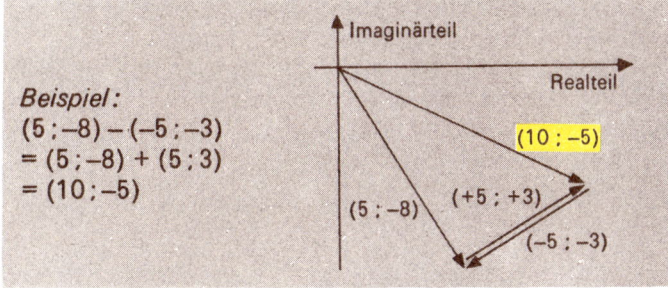

Beispiel:
(5 ; −8) − (−5 ; −3)
= (5 ; −8) + (5 ; 3)
= (10 ; −5)

In der Menge $\mathbb{C}$ ist jede Subtraktion ausführbar.

5.3. Multiplikation und Division in $\mathbb{C}$

[1] Definition der Multiplikation. Das Produkt aus zwei komplexen Zahlen $\alpha = (a_1 ; a_2)$, $\beta = (b_1 ; b_2)$ wird definiert durch die Gleichung

$$(a_1 ; a_2) \cdot (b_1 ; b_2) = (a_1 b_1 - a_2 b_2 ; a_1 b_2 + a_2 b_1).$$

Beispiele:
1) $(3 ; 4) \cdot (5 ; -6) = (3 \cdot 5 - 4 \cdot (-6) ; 3 \cdot (-6) + 4 \cdot 5)$
$= (15 + 24 ; -18 + 20)$
$= (39 ; 2)$
2) Mit $0 + 1 \cdot i = i = (0 ; 1)$ ergibt sich
$i^2 = (0 ; 1) \cdot (0 ; 1) = (0 - 1 ; 0 + 0) = (-1 ; 0)$
$= -1 + 0 \cdot i = -1$, also $i^2 = -1$.
3) Mit Hilfe der Beziehung $i^2 = -1$ kann man die Aufgabe von *Beispiel* (1) auch berechnen, indem man die komplexen Zahlen als Summe oder Differenz von Realteil und Imaginärteil schreibt und die Klammern nach den gewöhnlichen algebraischen Gesetzen ausmultipliziert:
$(3 + 4i) \cdot (5 - 6i) = 3 \cdot 5 + 3 \cdot (-6i) + 4i \cdot 5 + 4i \cdot (-6i)$
$= (15 - 24i^2) + (-18 + 20) \cdot i$
$= (15 + 24) + (-18 + 20) \cdot i$
$= 39 + 2i.$

[2] Geometrische Darstellung der Multiplikation. In trigonometrischer Darstellung ist das Produkt zweier komplexer Zahlen
$\alpha = |\alpha| \cdot (\cos \varphi + i \cdot \sin \varphi)$;
$\beta = |\beta| \cdot (\cos \psi + i \cdot \sin \psi)$:
$\alpha \cdot \beta = |\alpha| \cdot |\beta| \cdot [\cos (\varphi + \psi) + i \cdot \sin (\varphi + \psi)]$, bzw.
$\alpha \cdot \beta = |\alpha| \cdot |\beta| \cdot e^{i(\varphi + \psi)}$.

Man konstruiert den dem Produkt $\alpha \cdot \beta$ zweier komplexer Zahlen zugeordneten Vektor, indem man die den beiden komplexen Zahlen zugeordneten Vektoren vom Ursprung aus abträgt. Man dreht den β zugeordneten Vektor im positiven Sinn um den Winkel φ und streckt ihn im Verhältnis $1 : |\alpha|$.

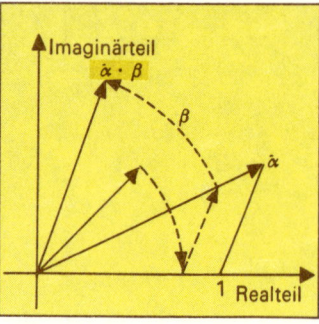

[3] Rechenregeln für die Multiplikation in $\mathbb{C}$

Abgeschlossenheit
(1) Die Menge $\mathbb{C}$ ist *abgeschlossen* bezüglich der Multiplikation, d. h. das Produkt aus zwei komplexen Zahlen ist stets eine komplexe Zahl.

Kommutativgesetz
(2) Die Multiplikation in $\mathbb{C}$ ist kommutativ, d. h. für alle α ; $\beta \in \mathbb{C}$ gilt: $\alpha \cdot \beta = \beta \cdot \alpha$.

Assoziativgesetz
(3) Die Multiplikation in $\mathbb{C}$ ist assoziativ, d. h. für alle α ; β ; $\gamma \in \mathbb{C}$ gilt: $(\alpha \cdot \beta) \cdot \gamma = \alpha \cdot (\beta \cdot \gamma)$.

neutrales Element
(4) $1 = (1 ; 0)$ ist das neutrale Element aus $\mathbb{C}$ bezüglich der Multiplikation,
d. h. es gilt für jedes $\alpha \in \mathbb{C}$:
$$1 \cdot \alpha = \alpha \cdot 1 = \alpha.$$

(5) Multipliziert man eine komplexe Zahl α mit $0 = (0 ; 0)$, so ist das Produkt stets 0: $\quad 0 \cdot \alpha = \alpha \cdot 0 = 0$.

(5*) Ein Produkt zweier komplexer Zahlen ist nur dann Null, wenn mindestens einer der Faktoren Null ist, d. h.: Wenn $\alpha \cdot \beta = 0$, dann ist $\alpha = 0$ *oder* $\beta = 0$.

Multiplikationsgesetz der Gleichheit
(6) Die Gleichheits-Relation zwischen komplexen Zahlen bleibt erhalten, wenn man auf beiden Seiten mit einer komplexen Zahl multipliziert, d. h.: Wenn $\alpha = \beta$, dann auch $\alpha \cdot \gamma = \beta \cdot \gamma$.

Existenz einer multiplikativ inversen komplexen Zahl
(7) Zu jeder komplexen Zahl $\alpha \neq (0 ; 0)$ gibt es eine (multiplikativ) inverse Zahl α^{-1}. Es gilt stets für $\alpha = (a_1 ; a_2)$ mit $a_1 ; a_2 \in \mathbb{C}$:
$$\alpha \cdot \alpha^{-1} = (a_1 ; a_2) \cdot \left(\frac{a_1}{a_1^2 + a_2^2} ; \frac{\cdot a_2}{a_1^2 + a_2^2} \right) = (1 ; 0).$$

[4] Betrag.
Unter dem Betrag der komplexen Zahl $\alpha = (a_1 ; a_2)$ mit $a_1 ; a_2 \in \mathbb{R}$ versteht man die positive reelle Zahl
$$|\alpha| = \sqrt{a_1^2 + a_2^2}.$$

Man nennt $\bar{\alpha} = (a_1; -a_2)$ die zu α *konjugiert komplexe Zahl*.   *konjugiert komplex*
Dann gilt:
$$|\alpha| = \sqrt{\alpha \cdot \bar{\alpha}}.$$
Für die zu α (multiplikativ) inverse komplexe Zahl ergibt sich
$$\alpha^{-1} = \frac{\bar{\alpha}}{\alpha \cdot \bar{\alpha}}.$$

[5] **Moivre-Formel.** Ein Sonderfall der Multiplikationsregel ist die Moivre-Formel:
$$\alpha^n = |\alpha|^n \cdot (\cos n\varphi + i \sin n\varphi).$$
Versteht man unter $\sqrt[n]{\alpha}$ diejenige komplexe Zahl ω, deren n-te Potenz gleich α ist ($\alpha = \omega^n$), so gilt
$$\omega = \sqrt[n]{|\alpha|} \cdot \left[\cos\left(\frac{\varphi}{n} + \frac{k \cdot 2\pi}{n}\right) + i \cdot \sin\left(\frac{\varphi}{n} + \frac{k \cdot 2\pi}{n}\right)\right].$$
Für $k = 0; 1; 2; 3; \ldots; (n-1)$ entstehen n verschiedene Werte für ω. Der Term $\sqrt[n]{\alpha}$ ist im Bereich der komplexen Zahlen mehrdeutig.

[6] **Division in $\mathbb{C}$.** Man dividiert durch eine komplexe Zahl, indem man mit der zum Divisor (multiplikativ) inversen komplexen Zahl multipliziert.

Beispiel:
$(3;4) : (5;-3)$
Zunächst bestimmt man die zu $(5;-3)$ (multiplikativ) inverse komplexe Zahl:
$$(5;-3)^{-1} = \frac{(5;3)}{(5;-3) \cdot (5;3)}$$
Damit erhält man:
$$(3;4) : (5;-3) = (3;4) \cdot \frac{(5;3)}{(5;-3) \cdot (5;3)}$$
$$= \frac{(15-12; 20+9)}{25+9}$$
$$= \left(\frac{3}{34}; \frac{29}{34}\right).$$

In der Menge $\mathbb{C} \setminus \{0\}$ ist jede Division ausführbar.

[7] **Geometrische Darstellung der Division.** In der trigonometrischen Darstellung errechnet sich die (multiplikativ, inverse komplexe Zahl β^{-1} zu
$$\beta^{-1} = \frac{1}{|\beta|} \cdot (\cos\psi - i \cdot \sin\psi) = |\beta|^{-1} e^{-i\psi}.$$

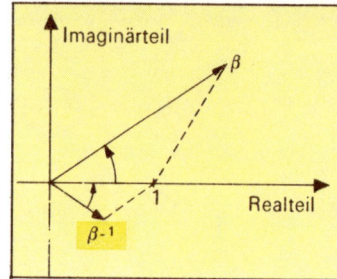

Man konstruiert den der inversen komplexen Zahl β^{-1} zugeordneten Vektor, indem man den der komplexen Zahl β zugeordneten Vektor vom Ursprung aus abträgt.
Man spiegelt ihn an der Realteil-Achse und staucht ihn auf die Länge $\frac{1}{|\beta|}$.

In trigonometrischer Darstellung ist der Quotient zweier komplexer Zahlen

$\alpha = |\alpha| \cdot (\cos \varphi + i \sin \varphi)$; $\beta = |\beta| \cdot (\cos \psi + i \sin \psi)$:

$\alpha : \beta = \frac{|\alpha|}{|\beta|} \cdot [\cos (\varphi - \psi) + i \cdot \sin (\varphi - \psi)]$ bzw.

$\alpha : \beta = \frac{|\alpha|}{|\beta|} \cdot e^{i(\varphi - \psi)}$.

5.4. Anwendungen

[1] Fundamentalsatz der Algebra. Jedes Polynom

$$g_n(z) = \alpha_0 + \alpha_1 z + \alpha_2 z^2 + \alpha_3 z^3 + \ldots + \alpha_n z^n$$

mit z ; $\alpha_i \in \mathbb{C}$; $n \in \mathbb{N}$ und $\alpha_n \neq 0$ läßt sich in genau n lineare Faktoren zerlegen; d. h. es gibt n (nicht notwendig verschiedene) Zahlen z_1 ; z_2 ; z_3 ; $\ldots$; z_n, so daß

$$g_n(z) = \alpha_n \cdot (z - z_1) \cdot (z - z_2) \cdot (z - z_3) \cdot \ldots \cdot (z - z_n).$$

Wurzel
Nullstelle

Die z_i heißen die *Wurzeln* oder *Nullstellen* des Polynoms.
Jede algebraische Gleichung n-ten Grades mit einer Variablen hat in $\mathbb{C}$ stets genau n Lösungen.
Der Satz gilt auch speziell für Gleichungen mit reellen Koeffizienten: Jede algebraische Gleichung n-ten Grades mit $\alpha_i \in \mathbb{R}$ hat stets genau n Lösungen in $\mathbb{C}$.

[2] Einheitswurzeln, Kreisteilungsgleichung. Gleichungen der Form $z^n - 1 = 0$ mit $z \in \mathbb{C}$; $n \in \mathbb{N}$ nennt man *Kreisteilungsgleichungen*. Eine Kreisteilungsgleichung hat in $\mathbb{C}$ genau n Wurzeln, die nach der Moivre-Formel bestimmt werden können und als *Einheitswurzeln* ε_1 ; ε_2 ; ε_3 ; $\ldots \varepsilon_n$ bezeichnet werden.

primitive n-te
Einheitswurzeln

Unter ihnen gibt es *primitive n-te Einheitswurzeln,* deren Potenzen alle anderen n-ten Einheitswurzeln ergeben.

Beispiel: Die Gleichung $z^3 - 1 = 0$ hat die Einheitswurzeln $\varepsilon_1 = 1$; $\varepsilon_2 = -\frac{1}{2} + \frac{i}{2}\sqrt{3}$; $\varepsilon_3 = -\frac{1}{2} - \frac{i}{2}\sqrt{3}$. Sowohl ε_2 als auch ε_3 sind primitive Einheitswurzeln, denn es gilt:
ε_2; $\varepsilon_2^2 = \varepsilon_3$; $\varepsilon_2^3 = 1 = \varepsilon_1$
bzw. ε_3; $\varepsilon_3^2 = \varepsilon_2$;
$\varepsilon_3^3 = 1 = \varepsilon_1$.

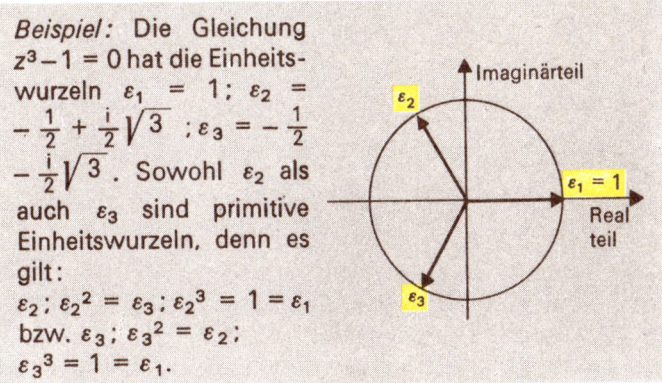

5.5. Übersicht über die Zahlbereiche

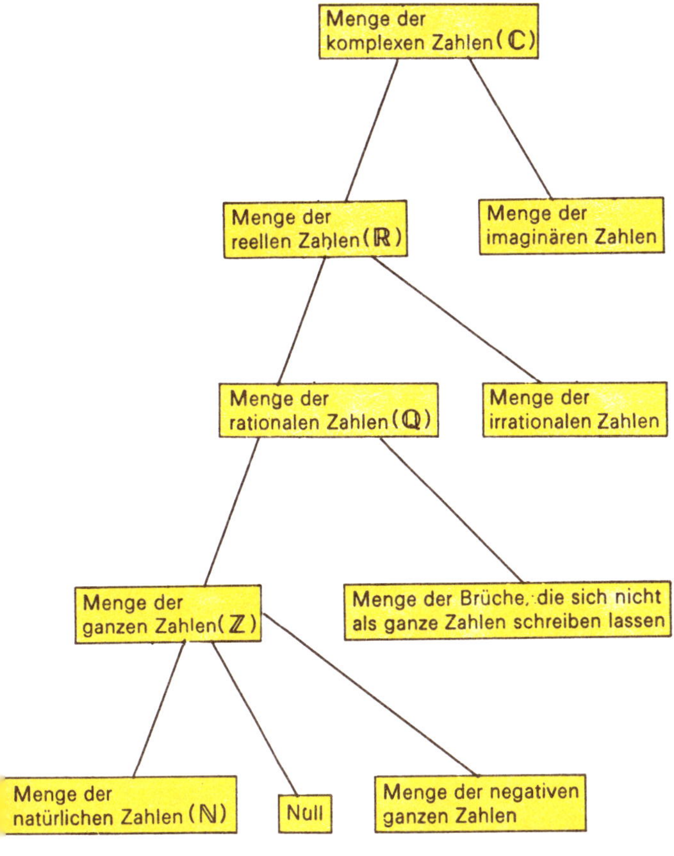

Menge der komplexen Zahlen ($\mathbb{C}$)
- Menge der reellen Zahlen ($\mathbb{R}$)
  - Menge der rationalen Zahlen ($\mathbb{Q}$)
    - Menge der ganzen Zahlen ($\mathbb{Z}$)
      - Menge der natürlichen Zahlen ($\mathbb{N}$)
      - Null
      - Menge der negativen ganzen Zahlen
    - Menge der Brüche, die sich nicht als ganze Zahlen schreiben lassen
  - Menge der irrationalen Zahlen
- Menge der imaginären Zahlen

Logik und Beweismethoden

formale Logik   Logik — in der Wissenschaft sagt man *formale Logik* — ist die *Lehre von der Folgerichtigkeit*. Ihr grundlegender Teil ist die *Aussagenlogik*. Diese befaßt sich mit den *Verknüpfungen von Aussagen*, für die ein genau bestimmter *Wahrheitswert* gefolgert wird. Ein zweiter wichtiger Bestandteil der formalen Logik ist die *Prädikatenlogik*. Hierbei wird die einzelne Aussage nicht mehr als Ganzes betrachtet, sondern hinsichtlich ihrer inneren Struktur. Je nach dem inneren Aufbau handelt es sich um die Charakterisierung von *Mengen* aus Elementen mit gleichen Eigenschaften oder um *Relationen* zwischen solchen Mengen.

Aussage
Wahrheitswert
Prädikatenlogik

Menge
Relationen

1. Aussagen- und Prädikatenlogik

1.1. Aussagen und Aussageformen
[1] Aussagen. Es gilt
(1) Eine Aussage ist ein sprachliches Gebilde, von dem feststeht, ob es *wahr* oder *falsch* ist.

wahre Aussage
falsche Aussage

(2) Eine wahre [falsche] Aussage hat den Wahrheitswert »wahr« (w) [»falsch« (f)].

> *Beispiele:*
> 1) Der Mond ist unbewohnt (wahre Aussage);
> 2) Dich soll der Teufel holen (keine Aussage);
> 3) $20 - 3 \cdot 5 = 5$ (wahre Aussage);
> 4) $2546 : 137 = 19$ (falsche Aussage).

(1) Jeder Aussage ist *genau ein* Wahrheitswert zugeordnet.
(2) Für die Wahrheitswerte schreibt man w bzw. f oder 1 bzw. 0.

> *Beispiele:* Die Aussage »Alle Menschen sind sterblich« ist *wahr.* Man schreibt dann
> 1) |Alle Menschen sind sterblich | = 1 (oder: = w).
> 2) Es gilt: |Die Zahl 6 ist eine Primzahl| = 0.

[2] **Aussageformen.** Die *Aussagenlogik* befaßt sich nicht mit der einzelnen Aussage, sondern mit Typen von Aussagen (Strukturen).   *Aussagenlogik*

Als Vertreter für Aussagen werden Buchstaben $A; B; C; \ldots$ — sog. *Aussagenvariable* — verwendet. Für die Verneinung (↑ S. 161) bzw. für Verknüpfungen — sind folgende Zeichen — sog. *Junktoren* — üblich: *Aussagenvariable*

nicht: $\neg$ oder $^-$; und: $\wedge$, oder $\vee$; wenn–dann $\rightarrow$.

Damit lassen sich verneinte bzw. zusammengesetzte Aussagen formalisieren: *formalisieren*

Verneinte Aussage A:	$\neg A$ oder $\overline{A}$	(↑ S. 162);
Und-Aussage:	$A \wedge B$	(↑ S. 162);
Oder-Aussage:	$A \vee B$	(↑ S. 163);
Wenn-dann-Aussage:	$A \rightarrow B$	(↑ S. 164).

verneinte Aussage
Und-Aussage
Oder-Aussage
Wenn-dann-Aussage

Ausdrücke dieser Art heißen *Aussageformen.*

[3] **Aussagenlogische Aussageformen** sind *weder wahr noch falsch.* Sie gehen erst nach Einsetzen von Aussagen für A und B in Aussagen über.   *Aussageform*

> *Beispiele:* 1) Die Aussage $A =$ »Jedes beliebige Dreieck hat die Winkelsumme 180°« hat die Verneinung $\overline{A} =$ »Nicht jedes beliebige Dreieck hat die Winkelsumme 180°«.
> 2) $A =$ »Das Licht brennt«; $B =$ »Es ist heller Tag« ergeben die zusammengesetzte *Und*-Aussage $A \wedge B =$ »Das Licht brennt, *und* es ist heller Tag«
> 3) Die Einsetzungen $A =$ »Die eckigen Plättchen können nach der Größe eingeteilt werden«; $B =$ »Die eckigen Plättchen können nach der Farbe eingeteilt werden« führen auf die (verkürzte) *Oder*-Aussage
> $A \vee B =$ »Die eckigen Plättchen können nach Größe *oder* Farbe eingeteilt werden«.
> 4) Die Aussage »Wenn 12 Eier 3,— DM kosten (A), dann bezahlt man —,25 DM für 1 Ei (B)« gehorcht der allgemeinen Form $A \rightarrow B$.

> 5) Die aus den 3 Aussagen
> A = »Es regnet«; B = »Es friert«; C = »Es gibt Glatteis«
> zusammengesetzte Aussage »Wenn es regnet und (gleichzeitig) friert, dann gibt es Glatteis« hat die Aussageform
> $(A \wedge B) \rightarrow C$.

Aussageform

[4] Prädikative Aussageformen haben die *Form* einer Aussage, jedoch kann man bei ihnen nicht wie bei Aussagen angeben, ob sie wahr oder falsch sind. In ihnen werden nur Teile von Aussagen durch Variable bezeichnet, etwa im Subjekt oder im Prädikat oder in beiden. (Näheres über solche *prädikativen Aussageformen* ↑ S. 169.)

> *Beispiele:* 1) »□ ist ein Angehöriger der Firma.« Mit »□ = Herr Schmidt« entsteht eine Aussage. — 2) »Als Sitzenbleiber hat Karl * «. Diese Aussageform geht durch die Einsetzung » * = ein schlechtes Zeugnis« in eine Aussage über. — 3.) »Nicht alle *x* sind *y*« kann eine Aussageform für die Aussage »Nicht alle *Vierecke* sind *Parallelogramme.*« sein. — 4) $3x + 2 = 11$. — 5) $3x + 2y \leq 4$.

[5] Wahrheitstafeln. Wenn die Aussage *A* wahr ist, schreibt man $|A| = 1$, sonst $|A| = 0$.
Jede Aussagenvaribale kann mit jedem der beiden Wahrheitswerte 0 oder 1 belegt werden; es gilt
entweder $|A| = 1$ oder $|A| = 0$.

Für die Wahrheitswerte von zusammengesetzten Aussagen gilt:
(1) Werden zwei Aussagen *A* und *B* zu einer Aussage *C* verknüpft, so hängt der Wahrheitswert von *C* von den Wahrheitswerten von *A* und *B* ab.

(2) Die Zusammenstellung aller möglichen Kombinationen von $|A|$ und $|B|$ mit den entsprechenden Werten $|C|$ nennt man die *Wahrheitstafel* der Verknüpfung.

Wahrheitstafel

> *Beispiel:* »Fritz geht in die Schule, ohne daß er fleißig ist« (*C*) ist die Verknüpfung der Aussagen *A* = »Fritz geht in die Schule«; *B* = »Er ist fleißig« durch die Wortverbindung »ohne daß«.

	A	B	C
1. Fall: F. geht zur Schule und ist fleißig: dann ist C falsch:	1	1	0
2. Fall: F. geht zur Schule und ist faul; dann ist C wahr:	1	0	1
3. Fall: F. geht nicht zur Schule und ist fleißig; dann ist C falsch:	0	1	0
4. Fall: F. geht nicht zur Schule und ist faul; dann ist C falsch:	0	0	0

1.2. Verknüpfungen von Aussagen

[1] **Verknüpfung.** Werden gegebene Aussagen durch Wörter bzw. Wortverbindungen wie »und«, »oder«, »wenn-dann«, »nicht« zu einer neuen Aussage zusammengesetzt, so spricht man von einer *Verknüpfung von Aussagen*.

Verknüpfung von Aussagen

Beispiele: 1) 12 ist durch 3 teilbar, *und* 12 ist durch 4 teilbar.
2) *Wenn* eine natürliche Zahl nicht gerade ist, *dann* ist sie ungerade.
3) Die beiden Geraden g und h der Ebene E schneiden sich, *oder* die beiden Geraden g und h sind parallel.

In der Aussagenlogik werden Verknüpfungen von Aussagen durch *Wahrheitstafeln* (Wahrheitswertetafeln) festgelegt, die angeben, wie die Wahrheitswerte der zusammengesetzten Aussagen von denen der gegebenen Aussagen abhängen.

Wahrheitstafel (Wahrheitswertetafel)

[2] **Negation.** Das Verneinen einer Aussage bezeichnet man als *Negation*. Die Verneinung geschieht i. a. durch »*nicht*«; häufig wird sie auch durch Wörter wie *kein, nie, nirgends, keineswegs* oder durch Vorsilben wie *un-* und *wider-* ausgedrückt. Ist A eine Aussagenvariable, so bezeichnet man die zugehörige Variable, für die die negierte Aussage eingesetzt werden soll, mit $\neg A$ oder $\overline{A}$.

Negation

Wahrheitstafel der Negation:

A	$\neg A$
1	0
0	1

Ist eine Aussage wahr, so ist die negierte Aussage falsch. Ist eine Aussage falsch, so ist die negierte Aussage wahr.

Beispiele:

Aussage		negierte Aussage	
Inhalt	Wahrheitswert	Inhalt	Wahrheitswert
7 ist eine Primzahl	1	Es gilt nicht: 7 ist eine Primzahl 7 ist keine Primzahl	0
Ein Quadrat hat 5 Seiten	0	Ein Quadrat hat nicht 5 Seiten	1

Konjunktion
logisches
Produkt
$A \wedge B$

[3] **UND-Verknüpfung.** Die Verknüpfung zweier Aussagen durch »und« zu einer neuen zusammengesetzten Aussage nennt man UND-Verknüpfung. *Konjunktion* oder *logisches Produkt*. Sind A und B zwei Aussagenvariable, so bezeichnet man ihre Verknüpfung durch »und« mit $A \wedge B$ (gelesen: A und B).

Wahrheitstafel der Konjunktion:

A	B	$A \wedge B$
1	1	1
1	0	0
0	1	0
0	0	0

$A \wedge B$ hat nur dann den Wahrheitswert 1, wenn für beide Aussagenvariablen A und B wahre Aussagen eingesetzt werden.

Beispiele:

Erste Aussage		Zweite Aussage		Zusammenges. Aussage	
Inhalt	Wahrheitswert	Inhalt	Wahrheitswert	Inhalt	Wahrheitswert
2 ist eine Primzahl	1	5 ist eine Primzahl	1	2 ist eine Primzahl, und 5 ist eine Primzahl	1
2 ist eine Primzahl	1	4 ist eine Primzahl	0	2 ist eine Primzahl, und 4 ist eine Primzahl	0
6 ist eine Primzahl	0	5 ist eine Primzahl	1	6 ist eine Primzahl, und 5 ist eine Primzahl	0
6 ist eine Primzahl	0	4 ist eine Primzahl	0	6 ist eine Primzahl, und 4 ist eine Primzahl	0

Haben zwei Sätze, die durch »und« verbunden sind, dasselbe Subjekt (↑ S. 169), so wird dieses häufig nur einmal aufgeführt.

Beispiel: Statt »6 ist durch 2 teilbar, und 6 ist durch 3 teilbar« sagt man kürzer »6 ist durch 2 und durch 3 teilbar«.

[4] **ODER-Verknüpfung.** In der Umgangssprache wird »oder« sowohl im *ausschließenden Sinn* als auch im *nichtausschließenden Sinn* benutzt.

Beispiele:

»oder« im ausschließenden Sinn:	»oder« im nichtausschließenden Sinn:
Herr E. ist katholischer oder evangelischer Theologe.	Kinder mit Fieber oder ansteckenden Krankheiten dürfen nicht geimpft werden.
Eine natürliche Zahl ist eine gerade Zahl oder eine ungerade Zahl.	24 ist durch 2 teilbar, oder 24 ist durch 3 teilbar.

Das ausschließende »oder« ist eine Abkürzung für »entweder-oder«. Die ENTWEDER-ODER-Verknüpfung bezeichnet man auch als *Kontravalenz-* oder *Antivalenzverknüpfung* oder als *Alternative*. In der Mathematik und in der Logik wird fast ausschließlich das nichtausschließende »oder« verwendet. Diese ODER-Verknüpfung wird als *Adjunktion, Disjunktion* oder *logische Summe* bezeichnet. Sind A und B zwei Aussagenvariable, so bezeichnet man ihre Verknüpfung durch »oder« (im nichtausschließenden Sinn) mit $A \vee B$.

Kontravalenz-, Antivalenz- Verknüpfung Alternative

Adjunktion Disjunktion logische Summe

Wahrheitstafel der Adjunktion:

A	B	$A \vee B$
1	1	1
1	0	1
0	1	1
0	0	0

Wenn $A \vee B$ wahr ist, so muß für mindestens eine der beiden Aussagenvariablen eine wahre Aussage eingesetzt werden.

$A \vee B$ hat nur dann den Wahrheitswert 0, wenn für beide Aussagenvariablen A und B falsche Aussagen eingesetzt werden.

Beispiele:

Erste Aussage		Zweite Aussage		Zusammenges. Aussage	
Inhalt	Wahrheitswert	Inhalt	Wahrheitswert	Inhalt	Wahrheitswert
54 ist durch 2 teilbar	1	54 ist durch 3 teilbar	1	54 ist durch 2, oder 54 ist durch 3 teilbar	1
56 ist durch 2 teilbar	1	56 ist durch 3 teilbar	0	56 ist durch 2 oder durch 3 teilbar	1
51 ist durch 2 teilbar	0	51 ist durch 3 teilbar	1	51 ist durch 2 oder durch 3 teilbar	1
53 ist durch 2 teilbar	0	53 ist durch 3 teilbar	0	53 ist durch 2 oder durch 3 teilbar	0

[5] WENN-DANN-Verknüpfung. Bei der umgangssprachlichen Formulierung mathematischer Gesetzmäßigkeiten tritt häufig die Formulierung »wenn ... dann ...« auf. Die Verknüpfung zweier Aussagen durch »wenn-dann« zu einer neuen Aussage bezeichnet man als WENN-DANN-Verknüpfung, *Subjunktion* oder *Implikationsverknüpfung*. Für diese Verknüpfung schreibt man das Zeichen →.

Subjunktion Implikationsverknüpfung

Wahrheitstafel der Subjunktion:

$A \rightarrow B$

A	B	A→B
1	1	1
1	0	0
0	1	1
0	0	1

$A \rightarrow B$ hat nur dann den Wahrheitswert 0, wenn für die Aussagenvariable A eine wahre Aussage und für die Aussagenvariable B eine falsche Aussage eingesetzt wird.

Beispiele:
1) $2 + 3 = 5$ → $(2 + 3)^2 = 5^2$ (wahre Aussage)
2) $2 + 3 = 5$ → $(2 + 3)^2 = 5$ (falsche Aussage)
3) $-1 = 1$ → $(-1)^2 = 1^2$ (wahre Aussage)
4) $-1 = 1$ → $(-1) \cdot 2 = 1 \cdot 2$ (wahre Aussage)

[6] GENAU-DANN-WENN-Verknüpfung. Gelten von zwei Aussagen entweder beide oder keine von beiden, so werden die Aussagen umgangssprachlich durch »genau dann —

wenn« verknüpft. Die Verknüpfung zweier Aussagen durch »genau dann — wenn« bezeichnet mal als GENAU DANN-WENN-Verknüpfung, *Bijunktion, Bisubjunktion* oder *Äquivalenzverknüpfung* (geschrieben: A ↔ B).

Bijunktion
Bisubjunktion
Äquivalenzverknüpfung

Wahrheitstafel der Bijunktion:

A	B	A ↔ B
1	1	1
1	0	0
0	1	0
0	0	1

A ↔ B hat nur dann den Wahrheitswert 1, wenn für beide Aussagenvariable wahre oder wenn für beide Aussagenvariable falsche Aussagen eingesetzt werden.

A↔B

Beispiele:
1) $3^2 = 9$ ↔ $3^2 \cdot 3^2 = 81$ (wahre Aussage)
2) $3^2 = 9$ ↔ $3^2 \cdot 3^2 = 9$ (falsche Aussage)
3) $5^2 = 16$ ↔ $5^2 \cdot 0 = 16 \cdot 0$ (falsche Aussage)
4) $5^2 = 16$ ↔ $5^2 \cdot 5^2 = 256$ (wahre Aussage)

[7] Verknüpfung zusammengesetzter Aussagen. Zusammengesetzte Aussagen können ihrerseits wiederum verknüpft werden. Die Reihenfolge der Zusammensetzungen wird durch Klammern angegeben.

Beispiele:
Gegeben sind die Aussagen
A Das Viereck hat gleich große Winkel.
B Das Viereck hat gleich lange Seiten.
C Das Viereck ist ein Quadrat.

Die zusammengesetzte Aussage »*Wenn* das Viereck gleich große Winkel hat *und* wenn das Viereck gleich lange Seiten hat, *dann* ist das Viereck ein Quadrat« kann in der Form
(A ∧ B) → C
geschrieben werden.

Die zusammengesetzte Aussage »*Wenn* das Viereck *keine* gleich großen Winkel hat *oder* wenn das Viereck *keine* gleich langen Seiten hat, *dann* ist das Viereck *kein* Quadrat« kann in der Form
((¬A) ∨ (¬B)) → (¬C)
geschrieben werden.

Die Wahrheitswerte mehrfach zusammengesetzter Aussagen kann man aus den Wahrheitswerten der Teilaussagen unter Benutzung von ¬, ∧; ∨; → ↔ bestimmen.

Beispiele:

1) Wahrheitstafel für $(A \vee (\neg B)) \wedge (\neg A)$

A	B	$\neg A$	$\neg B$	$A \vee (\neg B)$	$(A \vee (\neg B)) \wedge (\neg A)$
1	1	0	0	1	0
1	0	0	1	1	0
0	1	1	0	0	0
0	0	1	1	1	1

2) Verkürzte Wahrheitstafeln für drei Aussagenvariable

A	B	C	$(A \wedge B)$	$\rightarrow C$
1	1	1	1	1
1	1	0	1	0
1	0	1	0	1
1	0	0	0	1
0	1	1	0	1
0	1	0	0	1
0	0	1	0	1
0	0	0	0	1

A	B	C	$(\neg A \vee \neg B)$			$\rightarrow \neg C$	
1	1	1	0	0	0	1	0
1	1	0	0	0	0	1	1
1	0	1	0	1	1	0	0
1	0	0	0	1	1	1	1
0	1	1	1	1	0	0	0
0	1	0	1	1	0	1	1
0	0	1	1	1	1	0	0
0	0	0	1	1	1	1	1

[8] **Vollständige Systeme.** Es gibt sechzehn zweistellige Verknüpfungen, die aus *zwei* Aussagen *eine* neue Aussage erzeugen;

A	B	Wahrheitswerte bei der Verknüpfung von A und B															
1	1	1	1	1	1	0	1	0	0	1	1	0	1	0	0	0	0
1	0	1	1	1	0	1	0	0	1	0	1	1	0	1	0	0	0
0	1	1	1	0	1	1	0	1	0	1	0	1	0	0	1	0	0
0	0	1	0	1	1	1	1	1	1	0	0	0	0	0	0	1	0
Verknüpfung		1	2	3	4	5	6	7	8	9	10	11	12	13	14	15	16

Besondere Bedeutung haben:

Spalte der Tabelle	Name der Verknüpfung	Symbol	gelesen als
12	Konjunktion	$\wedge$	und
2	Adjunktion	$\vee$	oder
11	Kontravalenz	$\rightarrowtail$	entweder-oder
4	Subjunktion	$\rightarrow$	wenn-dann
6	Bijunktion	$\leftrightarrow$	genau dann-wenn

vollständiges System
Verknüpfungsbasis

Alle sechzehn Verknüpfungen lassen sich durch $\neg$; $\vee$ und $\wedge$ definieren. Man sagt: $\neg$, $\vee$ und $\wedge$ bilden ein *vollständiges System* oder eine *Verknüpfungsbasis*.

Beispiel: Die Kontravalenz »entweder-oder« (Spalte 11) kann definiert werden durch
$A \stackrel{\scriptscriptstyle\vee}{\scriptscriptstyle\wedge} B =_{\text{Def.}} (A \vee B) \wedge \neg (A \wedge B)$

Die *NOR-Verknüpfung* (entstanden aus NOT (engl. nicht) und OR (engl. oder)) (Peirce-Verknüpfung) bildet allein ein vollständiges System. Umgangssprachlich kann diese Verknüpfung durch »weder-noch« (Zeichen $\overline{\vee}$) beschrieben werden. Sie befindet sich in Spalte 15 der Tabelle.

NOR-Verknüpfung

Beispiele:
$A \vee B =_{\text{Def.}} (A \overline{\vee} B) \overline{\vee} (A \overline{\vee} B)$
$A \wedge B =_{\text{Def.}} (A \overline{\vee} A) \overline{\vee} (B \overline{\vee} B)$

Die *NAND-Verknüpfung* (Sheffer-Verknüpfung; Zeichen $\overline{\wedge}$ oder |) bildet allein ein vollständiges System. Die Bezeichnung *NAND* ist entstanden aus Not (engl. nicht) und AND (engl. und). Die NAND-Verknüpfung befindet sich in Spalte 5 der Tabelle. Die NAND-Verknüpfung und die NOR-Verknüpfung spielen in der Computertechnik eine große Rolle, da sich alle logischen Verknüpfungen mit ihrer Hilfe ausdrücken lassen.

NAND-Verknüpfung

Beispiele:
$A \wedge B =_{\text{Def.}} (A \overline{\wedge} B) \overline{\wedge} (A \overline{\wedge} B)$
$A \vee B =_{\text{Def.}} (A \overline{\wedge} A) \overline{\wedge} (B \overline{\wedge} B)$

[9] Logisches Gesetz. Eine Aussageform, die bei jeder Einsetzung von Aussagen für die in ihr auftretenden Aussagenvariablen den Wahrheitswert 1 hat, nennt man *logisches Gesetz* oder *Tautologie*.

logisches Gesetz
Tautologie

Beispiele:
1) *Satz vom ausgeschlossenen Dritten:* $A \vee (\neg A)$

A	$A \vee \neg A$	
1	1	0
0	0	1

Immer wahr ist z. B.:
»Es regnet oder es regnet nicht«,
»3 ist eine Primzahl oder 3 ist keine Primzahl«

Satz vom ausgeschlossenen Dritten

2) *Satz vom ausgeschlossenen Widerspruch:*
$\neg (A \wedge (\neg A))$; d. h. »Es gilt nicht: A und (nicht A)«.

Satz vom ausgeschlossenen Widerspruch

Implikation
$A \Rightarrow B$

Eine Tautologie, die sich durch Subjunktion aus zwei Aussageformen *A* und *B* ergibt, heißt *Implikation*. Für »$A \rightarrow B$ ist eine Tautologie« schreibt man kürzer: $A \Rightarrow B$.

Beispiele:
1) $(A \land B) \Rightarrow (A \lor B)$
2) $((A \rightarrow B) \land (B \rightarrow C)) \Rightarrow (A \rightarrow C)$

Äquivalenz
$A \Leftrightarrow B$

Eine Tautologie, die sich durch die Bijunktion aus zwei Aussageformen *A* und *B* ergibt, heißt *Äquivalenz*. Für »$A \leftrightarrow B$ ist eine Tautologie« schreibt man kürzer: $A \Leftrightarrow B$.

Kontrapositionsgesetz

Satz von der doppelten Negation

De-Morgansche-Gesetze

Beispiele:
1) *Kontrapositionsgesetz:* $(A \rightarrow B) \Leftrightarrow (\neg B \rightarrow \neg A)$; d. h. »Wenn *A*, dann *B*« ist äquivalent zu »Wenn nicht *B*, dann nicht *A*«. Z. B. »Wenn eine Zahl durch 4 teilbar ist, dann ist sie auch durch 2 teilbar« ist äquivalent zu »Wenn eine Zahl nicht durch 2 teilbar ist, dann ist sie auch nicht durch 4 teilbar«.
2) *Satz von der doppelten Negation:* $\neg(\neg A) \Leftrightarrow A$, d. h. »Eine doppelt verneinte Aussage ist äquivalent der Aussage«. Z. B. »Es gilt nicht, daß 7 keine Primzahl ist« ist äquivalent »7 ist eine Primzahl«.
3) *De Morgansche Gesetze:*
$\neg(A \land B) \Leftrightarrow (\neg A) \lor (\neg B)$; $\neg(A \lor B) \Leftrightarrow (\neg A) \land (\neg B)$
4) Zerlegung der Subjunktion: $A \rightarrow B \Leftrightarrow (\neg A) \lor B$
5) Zerlegung der Bijunktion: $A \leftrightarrow B \Leftrightarrow (A \rightarrow B) \land (B \rightarrow A)$

Kontradiktion

Die Zeichen $\Rightarrow$ und $\Leftrightarrow$ sind keine Verknüpfungszeichen; sie sind Zeichen für eine Relation (↑ S. 234 f.) zwischen aussagenlogischen Aussageformen. Eine Aussageform, die bei jeder Einsetzung von Aussagen für die Aussagenvariablen den Wahrheitswert 0 hat, nennt man logisch widerspruchsvoll bzw. eine *Kontradiktion*.

Beispiel: $A \land (\neg A)$; d. h. zum Beispiel »3 ist eine gerade Zahl, und drei ist keine gerade Zahl«. »Die Geraden *g* und *h* schneiden sich und schneiden sich nicht.« Diese Aussagen sind widerspruchsvoll.

1.3. Subjekte und Prädikate

Die Prädikatenlogik ist eine Erweiterung der Aussagenlogik und ein Teilgebiet der formalen Logik. In der Prädikatenlogik werden die logischen Beziehungen, die sich aus dem *inneren* Aufbau der Aussagen ergeben, untersucht.

[1] Aufbau einfacher Aussagen. Die Namen von wirklichen oder gedachten Dingen in einer Aussage heißen *Subjekte*. Die Namen von Eigenschaften oder Beziehungen heißen *Prädikate*. Zu Eigenschaften gehören *einstellige Prädikate*, da sie *ein* Ding beschreiben. Zu Beziehungen, die zwei oder mehrere Dinge einander zuordnen, gehören zwei- oder *mehrstellige Prädikate* (↑ Relationen, S. 234 f.).

Subjekt

Prädikat

Beispiele:

1) Einstellige Prädikate

Aussage	Subjekt	Prädikat
7 ist eine Primzahl	7	ist eine Primzahl
2 ist eine gerade Zahl	2	ist eine gerade Zahl
Ein Quadrat ist punktsymmetrisch	Quadrat	ist punktsymmetrisch

2) Zweistellige Prädikate

Aussage	Subjekte	Prädikat
2 ist kleiner als 5	2;5	ist kleiner als
8 ist Teiler von 24	8;24	ist Teiler von
$\{1;3\}$ ist Teilmenge von $\{1;2;3\}$	$\{1;3\},\{1;2;3\}$	ist Teilmenge von
g steht senkrecht auf h	g;h	senkrecht auf

3) Dreistellige Prädikate

Aussage	Subjekte	Prädikat
π liegt zwischen 3 und 4	π;3;4	liegt zwischen ... und ...
5 ist die Summe von 2 und 3	5;2;3	ist Summe von ... und ...
$\{1;2\}$ ist die Schnittmenge von $\{1;2;3;4\}$ und $\{1;2;5;10\}$	$\{1;2\},\{1;2;3;4\},\{1;2;5;10\}$	ist Schnittmenge von ... und ...

Das logische Subjekt einer Aussage ist nicht immer grammatisches Subjekt.

[2] Subjekt- und Prädikatvariable. Sprachliche Gebilde, die die Form von Aussagen haben, aber anstelle des Subjektes oder Prädikates eine Leerstelle enthalten, bezeichnet man als *prädikative Aussageformen* (↑ S. 160). Zur Kennzeichnung von Leerstellen für Subjekte verwendet man i. a. Kästchen oder kleine Buchstaben vom Ende des Alphabets. Die Zeichen, die die Leerstelle für ein Subjekt kennzeichnen, heißen *Subjektvariable*.

prädikative Aussageform

Subjektvariable

> *Beispiele:*
> 1) □ ist eine Quadratzahl
> 2) $x > 2$
> 3) $y + 2 = 3$
> 4) $2 \cdot x + 3 \cdot y = 23$

Prädikate werden durch Abkürzungen bezeichnet. Eine Aussageform kann auch eine Leerstelle für das Prädikat enthalten. *Prädikatvariable* werden i. a. durch die in der Mathematik üblichen Funktionszeichen f; g; h; ... bezeichnet.

Prädikatvariable

> *Beispiele:*
> 1) prim (5) ist z. B. eine Abkürzung für »5 ist eine Primzahl«.
> 2) prim (x) ist eine Aussageform. Durch die Einsetzung 3 für x wird sie zu einer wahren Aussage. Durch die Einsetzung 8 für x wird sie zu einer falschen Aussage.

Die Aussageform $f(x)$ enthält eine Subjekt- und eine Prädikatvariable. Es wird $f(x)$ erst dann eine Aussage, wenn sowohl für f als auch für x eine Einsetzung erfolgt.

1.4. Quantoren

[1] Allquantor. Viele mathematische Aussagen behaupten das Bestehen einer Eigenschaft für *alle* Elemente einer bestimmten Menge (*Allaussage*).

Allaussage

> *Beispiele:*
> 1) Alle Quadrate sind vierfach achsensymmetrisch.
> 2) Jede natürliche Zahl ist größer als ihr Vorgänger.
> 3) Jede durch 4 teilbare Zahl ist durch 2 teilbar.

gebundene Variable

Allaussagen können mit Hilfe von *gebundenen Variablen* formuliert werden. Für gebundene Variable kann man nicht den Namen eines Subjektes einsetzen.

Beispiel: Statt »Jede natürliche Zahl ist größer als ihr Vorgänger« kann man sagen: »Für alle x gilt: Wenn x eine natürliche Zahl ist, dann ist x größer als der Vorgänger von x«. Setzt man den Namen eines Subjektes, z. B. eine 5 ein, so erhält man einen sinnlosen Ausdruck: »Für alle 5 gilt: wenn 5 eine natürliche Zahl ist, dann ist 5 größer als der Vorgänger von 5.«

»Für alle x gilt:« symbolisiert man durch $\bigwedge_x$ (oder $\forall$).

Das Zeichen $\bigwedge$ wird als *Allquantor* bezeichnet.

Allquantor

Beispiel: Für die Aussage »Für alle x gilt: Wenn x eine natürliche Zahl ist, so ist x größer als der Vorgänger von x« schreibt man

$$\bigwedge_x (nat(x) \rightarrow x > vor(x)).$$

wobei »nat« eine Abkürzung für »ist eine natürliche Zahl« und »vor« eine Abkürzung für »Vorgänger von« ist.

[2] **Existenzquantor.** Viele mathematische Aussagen behaupten die Existenz von Dingen mit einer bestimmten Eigenschaft (*Existenzaussage*).

Existenzaussage

Beispiele:
1) Es gibt eine natürliche Zahl, die genau drei Teiler hat.
2) Es gibt eine Gerade, die zu einer vorgegebenen Geraden parallel ist.
3) Es gibt eine Figur, die achsen-, aber nicht punktsymmetrisch ist.

Existenzaussagen können mit gebundenen Variablen geschrieben werden. Für »mindestens ein x gilt:« oder für »es gibt mindestens ein x, so daß« schreibt man das Zeichen $\bigvee_x$ (oder $\exists\ x$). Dieses wird als *Existenzquantor* bezeichnet.

Existenzquantor

Beispiel: Statt »Es gibt eine Gerade, die zu einer vorgegebenen Geraden g parallel ist« kann man sagen »Für mindestens ein x gilt: x ist eine Gerade und x ist parallel zu g.« oder $\bigvee_x$ (x ist eine Gerade und x ist parallel zu g).«

Komplizierte mathematische Aussagen können durch Quantoren formalisiert werden. Dabei muß die Reihenfolge der Quantoren sorgfältig beachtet werden.

Beispiel: Die Aussage »Zu zwei verschiedenen Punkten der Ebene $\mathbb{E}$ gibt es stets eine Gerade g, auf der beide Punkte liegen« kann umgeformt werden:
»Für alle $x \in \mathbb{E}$, für alle $y \in \mathbb{E}$ gilt: Wenn $x \neq y$, dann gibt es ein g, so daß g eine Gerade ist und $g \ni x$ und $g \ni y$«.
» $\bigwedge_{x \in \mathbb{E}} \bigwedge_{y \in \mathbb{E}} \left(x \neq y \rightarrow \bigvee_{g} (g \text{ ist eine Gerade und } g \ni x \text{ und } g \ni y) \right)$«

[3] Negation von All- und Existenzaussagen. Die Verneinung einer Allaussage ist eine Existenzaussage. Die Verneinung einer Existenzaussage ist eine Allaussage.

Beispiele:

Aussage	negierte Aussage
Alle Dreiecke haben eine Winkelsumme von 180°.	Es gilt nicht: Alle Dreiecke haben eine Winkelsumme von 180°. Es gibt Dreiecke, deren Winkelsumme nicht 180° beträgt.
Es gibt Rechtecke mit gleich langen Seiten.	Alle Rechtecke haben ungleich lange Seiten.

2. Axiome und Beweise

Metamathematik Die Metamathematik ist eine konstruktive mathematische Theorie, die sich mit den Grundlagen der modernen Mathematik befaßt.

2.1. Axiom und Axiomensysteme
[1] Axiom. Bei einem axiomatischen Aufbau eines Teilgebietes der Mathematik geht man von gewissen ausgezeichneten
Axiom Aussagen aus, die als *Axiome* bezeichnet werden. Aus dieser Axiomen lassen sich die übrigen Aussagen des Teilgebietes der Mathematik rein logisch herleiten. Diese hergeleiteten

Aussagen bezeichnet man als *Sätze*. Die Begriffe, die in den Axiomen auftreten, werden *Grundbegriffe* genannt. Alle anderen Begriffe, die in dem Teilgebiet der Mathematik benutzt werden, müssen definiert werden ((↑ S. 175).

Ist eine Menge von Aussagen gegeben, die *axiomatisiert* werden soll, so muß eine Teilmenge dieser Aussagen bestimmt werden, aus der sich alle anderen Aussagen dieses Gebietes herleiten lassen. Diese Teilmenge von Aussagen wird als *Axiomensystem* bezeichnet. Eine Menge von Aussagen kann häufig auf mehrere verschiedenartige Weisen axiomatisiert werden. Eine bestimmte Aussage kann also innerhalb eines Axiomensystems ein Axiom sein, bei einer anderen Axiomatisierung aber ein herleitbarer Satz.

Satz
Grundbegriff

Axiomatisierung

Axiomensystem

Beispiel: Fordert man bei den Gruppenaxiomen (↑ S. 246 f.) die Existenz eines neutralen Elementes und die Existenz eines inversen Elementes zu jedem Element, so kann der Satz bewiesen werden, daß jede lineare Gleichung in der Gruppe lösbar ist.
Fordert man bei den Gruppenaxiomen statt dessen die Lösbarkeit von linearen Gleichungen, so können die Aussagen über die Existenz von neutralen und inversen Elementen als Sätze bewiesen werden.

2] **Modell.** Axiomensysteme stellen Eigenschaften von Gebilden dar. In der neueren Mathematik sieht man i. a. von der Bezugnahme auf einzelne konkrete Gebilde ab und untersucht nur deren allgemeine Eigenschaften.

Beispiele: 1) Das Axiomensystem von S. 245 stellt die Eigenschaft dar, eine Gruppe zu sein.
2) Das Axiomensystem von S. 239 stellt die Eigenschaft dar, eine Ordnung zu sein.

Ein Gebilde, das die durch ein Axiomensystem *A* dargestellte Eigenschaft besitzt, nennt man *Modell* von *A*.

Modell

Beispiele: 1) Alle endlichen Gruppen (↑ S. 247) sind Modelle für das Axiomensystem der Gruppe.
2) Die Zahlengerade mit den Marken 1 ; 2 ; 3 ; . . . ist ein Modell für das Axiomensystem der natürlichen Zahlen (↑ S. 121).

isomorphe Modelle

Zwei Modelle *M* und *M'* eines Axiomensystems *A* heißen *isomorph* zueinander, wenn es eine umkehrbare Abbildung von *M* auf *M'* gibt, bei der Relations- und Verknüpfungsstrukturen erhalten bleiben. Axiomensysteme, bei denen *alle* Modelle isomorph (↑ S. 250) zueinander sind, bezeichnet man als *kategorisch* oder *monomorph*. Die Bedeutung nichtkategorischer Axiomensysteme liegt darin, daß sie wegen der Verschiedenartigkeit ihrer Modelle eine größere Aussicht haben, in mehr als nur einem Teilgebiet der Mathematik verwandt zu werden.

kategorisch monomorph

> *Beispiele:* 1) Bei der axiomatischen Grundlegung der Geometrie strebte man ursprünglich nur ein kategorisches Axiomensystem für die euklidische Geometrie an, durch das diese Geometrie vollständig gekennzeichnet würde.
> 2) Zwei endliche Gruppen von dritter und achter Ordnung sind nicht isomorph, denn es gibt keine umkehrbare Abbildung zwischen ihnen. Das Axiomensystem der Gruppe ist also nicht kategorisch.

[3] Forderungen an ein Axiomensystem. Wie die Regeln eines Spiels, z. B. des Schachspiels, gewisse Bedingungen erfüllen müssen, müssen auch die Axiome eines Systems gewisse Bedingungen erfüllen. Besondere Bedeutung hat die *Widerspruchsfreiheit* oder *Konsistenz* von Axiomensystemen. Ein System heißt formal widerspruchsfrei oder konsistent, wenn es nicht möglich ist, aus den Axiomen eine Aussage *A* und auch die Aussage ¬ *A* herzuleiten. Es gilt:

Widerspruchsfreiheit Konsistenz

Satz von Gödel

Satz von Gödel: Jedes widerspruchsfreie Axiomensystem besitzt ein Modell.

vollständiges Axiomensystem

Ein Axiomensystem ist *vollständig,* wenn jede Aussage, die nur aus Grundbegriffen des Axiomensystems und mit der Hilfsmitteln der Logik aufgebaut ist, entweder aus dem Axiomensystem folgt oder aber ihm widerspricht. Jedes monomorphe Axiomensystem ist vollständig. Ein nicht vollständiges Axiomensystem ist nicht monomorph.

> *Beispiel:* Das Axiomensystem der Gruppe ist nicht vollständig, denn es kann weder die Aussage der Kommutativität noch die Aussage der Nichtkommutativität aus ihm hergeleitet werden. Es gibt Modelle für Gruppen, in denen das Kommutativgesetz gilt, und solche, in denen das Kommutativgesetz nicht gilt.

Ein Axiomensystem wird *unabhängig* genannt, wenn keines seiner Axiome aus den anderen gefolgert werden kann. Die Unabhängigkeit eines Axiomensystems kann so geprüft werden: Fügt man die Verneinung eines Axioms zu den übrigen Axiomen hinzu, so entsteht ein widerspruchsfreies Axiomensystem. Denn daß die Verneinung $\neg A$ eines Axioms A zusammen mit den übrigen Axiomen B ; C ; ... einen Widerspruch zur Folge hat, bedeutet, daß A eine Folge von B ; C ; ... ist. Zum Nachweis der Unabhängigkeit gibt man ein Modell an, für das die Verneinung des betreffenden Axioms und die übrigen Axiome gelten.

unabhängiges Axiomensystem

2.2. Definition
[1] Grundbegriffe. Die in einem Teilgebiet der Mathematik benutzten Grundbegriffe (↑ S. 173) werden nicht definiert. Ein Axiomensystem definiert eine Struktur, nicht aber die in ihr auftretenden Grundbegriffe.

Beispiel: Die Peano-Axiome (↑ S. 121) definieren die natürlichen Zahlen als Struktur, nicht aber die Nachfolgerelation.

[2] Explizite Definitionen stellen Abkürzungen für längere, umständlichere Terme dar.
Eine Definition darf nur Grundbegriffe oder bereits definierte Begriffe enthalten. Der Rückgang auf die Definition ist ein wesentliches Hilfsmittel beim Beweisen.

Beispiele: $A \cap B =_{def} \{x \mid x \in A \wedge x \in B\}$
2) Als Kreis $K_M(r)$ bezeichnet man die Menge aller Punkte der Ebene, die von einem (gegebenen) Punkt M den gleichen Abstand r haben.

[3] Rekursive Definitionen enthalten zwei kennzeichnende Bestandteile, den *Rekursionsbeginn* und *Rekursionsschritt*.

Rekursionsbeginn Rekursionsschritt

Beispiele:
1) Rekursive Definition von $n!$ (gelesen: n Fakultät):
Rekursionsbeginn $\quad 0! = 1$
Rekursionsschritt $\quad (n+1)! = n! \cdot (n+1)$
2) Rekursive Definition der elementaren Potenzen:
Rekursionsbeginn $\quad a^0 = 1$
Rekursionsschritt $\quad a^{n+1} = a^n \cdot a$

2.3. Schlußregeln und Beweisverfahren

[1] **Schlußschema.** Beim Gewinnen von Schlußfolgerungen aus gegebenen Tatsachen, d. h. wahren Aussagen — etwa beim Beweisen von mathematischen Sätzen — werden einige immer wiederkehrende Schlußschemata verwendet.

Schlußschema

Beispiel:
Ist eine Aussage A wahr und folgt die Aussage B aus der Aussage A, so ist auch die Aussage B wahr. Das *Schlußschema* hierfür schreibt man

$$\frac{\begin{array}{c} A \\ A \to B \end{array}}{B}$$

1. Abtrennungsregel modus ponens

Dieser Schluß heißt *1. Abtrennungsregel* oder (klassisch) *modus ponens*.

Prämisse Konklusion

Über dem Strich stehen in dem Schlußschema die *wahren* Voraussetzungen (*Prämissen*); unter dem Strich steht die dann *ebenfalls wahre* Schlußfolgerung (*Konklusion*).

Beispiel:
A = »Es ist ein schwerer Unfall passiert«;

$A \to B$ = »Wenn ein schwerer Unfall passiert, dann halten die Autofahrer an.«

B = »Die Autofahrer halten an.«

2. Abtrennungsregel

Aus dem modus ponens folgt die *2. Abtrennungsregel*

$$\frac{\begin{array}{c} A \to B \\ \overline{B} \end{array}}{\overline{A}}$$

modus tollens

auch *modus tollens* genannt.

Beispiel:
$A \to B$ = »Wenn ein schwerer Unfall passiert, dann halten die Autos an«

$\overline{B}$ = »Die Autos halten nicht an«;

$\overline{A}$ = »Es ist kein schwerer Unfall passiert«.

Kettenschluß

Eine der wichtigsten Schlußmethoden ist der *Kettenschluß* welcher sich auf die Abtrennungsregeln zurückführen läßt.

Es gilt
1. Prämisse: $A \to B$
2. Prämisse: $B \to C$

Konklusion: $A \to C$

Beispiel:
$A \to B =$ »Wenn die Ampel rot zeigt, dann halten die Autos an«;
$B \to C =$ »Wenn die Autos anhalten, dann bildet sich eine Schlange«;

$A \to C =$ »Wenn die Ampel rot zeigt, dann bildet sich eine Schlange«.

[2] **Beweisverfahren.** Bei *Beweisen* hat man es mit einer Reihe von Prämissen zu tun, aus denen eine *Behauptung,* d. h. eine *Folgerung* herzuleiten ist. In der Mathematik wird im Prinzipfall der modus ponens der Reihe nach wiederholt angewandt, bis die Behauptung bewiesen bzw. widerlegt ist. Auf diese Weise entsteht eine Aufeinanderfolge von Aussagen, die beim Zwischenschritt Prämisse, beim vorangehenden Folgerung sind.

Beweisverfahren
Behauptung

Kennzeichen eines Beweises:
(1) Ein Beweis besteht aus einer Kette von Folgerungen.
(2) Beim Übergang von einer Aussage der Folgerungskette zur nächsten dürfen verwendet werden:
— die Voraussetzungen des Satzes,
— schon bewiesene Sätze,
— Gesetze der Logik sowie Einsetzungs- und Ersetzungsregeln.
(3) Die letzte Aussage in der Folgerungskette ist die Behauptung des Satzes.
(4) Innerhalb eines Beweises wird die Behauptung des zu beweisenden Satzes nicht verwendet.

Ein *direkter Beweis* wird geführt, indem man unter Verwendung der gemachten Voraussetzung und bereits bewiesener Sätze durch eine Kette von richtigen Folgerungen zur Behauptung gelangt.

Direkter Beweis

> *Beispiel:* Satz von Vieta.
> Wenn eine quadratische Gleichung $x^2 + px + q = 0$ die Lösungen e_1 und e_2 hat, dann gilt:
> $$p = -(e_1 + e_2) \text{ und } q = e_1 \cdot e_2$$
> Beweis: Da e_1 und e_2 Lösungen der Gleichungen sind, gilt:
> $x = e_1$ oder $x = e_2$ $\Leftrightarrow$ $x - e_1 = 0$ oder $x - e_2 = 0$
> $\Leftrightarrow (x - e_1) \cdot (x - e_2) = 0$
> $\Leftrightarrow x^2 - e_1 x - e_2 x + e_1 e_2 = 0$
> $\Leftrightarrow x^2 + (-e_1 - e_2) x + e_1 e_2 = 0$
> $\Leftrightarrow x^2 + (-(e_1 + e_2)) x + e_1 e_2 = 0$
> Der Vergleich mit $x^2 + p x + q = 0$ liefert unmittelbar die zu beweisende Aussage.

Indirekter Beweis

Beim *indirekten Beweis* einer Behauptung »*A*« nimmt man an, die Behauptung »*A*« sei falsch. Also nimmt man an, das Gegenteil der Behauptung, also »*nicht A*« sei wahr. Aus »*nicht A*« und den gemachten Voraussetzungen leitet man eine Aussage ab, die falsch ist. Man gelangt so zu einem Widerspruch. Dieser zeigt, daß die Annahme »*nicht A*« falsch gewesen sein muß, daß also die Behauptung »*A*« wahr ist. Die falsche Aussage hat i. a. die Form: Es gilt die Aussage »*C*« und zugleich die Aussage »*nicht C*«.

Beschreibung des indirekten Beweises durch eine Schlußregel:

$$\frac{\neg A \Rightarrow C \quad \neg A \Rightarrow \neg C}{A}$$

> Schema eines indirekten Beweises:
>   Voraussetzung: ...
>   Behauptung: *A*
>   Indirekter Beweis:
>   Gegenannahme: »*nicht A*« sei wahr
>   ...
>   ...
>   Widerspruch
> Dieser Widerspruch besteht nur dann nicht, wenn die Gegenannahme »*nicht A*« falsch ist, also muß *A* wahr sein.

Beispiele: 1) Es gibt keine rationale Zahl x, für die $x^2 = 2$ gilt.

Indirekter Beweis:
Wenn der Satz nicht gilt, dann gibt es eine rationale Zahl a mit $a^2 = 2$. Jede rationale Zahl läßt sich durch einen gekürzten Bruch darstellen: $a = \frac{p}{q}$. Weil sich der Bruch nicht mehr kürzen läßt, gilt: *p und q haben keinen gemeinsamen Teiler.* Aus $a^2 = 2$ folgt weiter $\frac{p^2}{q^2} = 2$, und somit $p^2 = 2q^2$. Dann muß aber p mindestens einen Primfaktor 2 haben; es gilt also $p = 2 \cdot r$. Dies eingesetzt ergibt: $(2r)^2 = 2q^2$. Daraus folgt: $4r^2 = 2q^2$, d. h. $2r^2 = q^2$. Also muß auch q den Primfaktor 2 haben. Es folgt: *p und q haben einen gemeinsamen Teiler,* nämlich 2. Das ist ein Widerspruch. Wenn der zu beweisende Satz nicht gilt, dann erhält man einen Widerspruch; also muß der Satz wahr sein.

2) Es gibt unendlich viele Primzahlen.
Indirekter Beweis:
Wenn der Satz nicht gilt, dann gibt es nur endlich viele Primzahlen: $p_1 = 2, p_2 = 3, p_3 = 5, p_4 = 7, \ldots, p_n$.
Dabei ist p_n die größte Primzahl.
Wir bilden nun das Produkt aller Primzahlen und addieren 1: $b = p_1 \cdot p_2 \cdot p_3 \cdot p_4 \cdot \ldots \cdot p_n + 1$.
Die entstehende Zahl b ist keine Primzahl, weil sie größer als die größte Primzahl p_n ist. Sie muß sich daher aus den Primzahlen $p_1, p_2, p_3, \ldots, p_n$ multiplikativ zusammensetzen. *b muß daher durch mindestens eine der Primzahlen $p_1, p_2, p_3, \ldots, p_n$ teilbar sein.*
Andererseits erkennt man bei der Division von b durch eine der Primzahlen, daß b wegen der Addition von 1 *durch keine der Primzahlen teilbar ist.* Das ist ein Widerspruch. Die Annahme, daß der Satz falsch sei, führt auf einen Widerspruch; also muß der Satz wahr sein.

Um die Gültigkeit eines Satzes $A(n)$ für alle natürlichen Zahlen n zu beweisen, benutzt man das Beweisverfahren der vollständigen Induktion.

Vollständige Induktion

Schema eines Beweises durch vollständige Induktion:
Eine Behauptung $A(n)$ ist für alle $n \in \mathbb{N}$ richtig, wenn
(1) $A(n)$ für $n = 1$ gilt (Induktionsanfang),
(2) aus $A(k)$ folgt $A(k+1)$ für jedes beliebige $k \in \mathbb{N}$ (Induktionsschluß von k auf $k+1$).

Beispiel: Wir addieren die ungeraden natürlichen Zahlen und erhalten:
$$1 = 1$$
$$1 + 3 = 4$$
$$1 + 3 + 5 = 9$$
$$1 + 3 + 5 + 7 = 16$$
$$1 + 3 + 5 + 7 + 9 = 25$$
Wir vermuten den Satz: Für alle $n \in \mathbb{N}$ gilt: $1 + 3 + 5 + \ldots + (2n-1) = n^2$.
Beweis durch vollständige Induktion:
(1) *Induktionsanfang.* Die Aussage ist richtig für $n = 1$, denn es gilt $1 = 1^2$.
(2) *Induktionsschluß von k auf k+1.*
Aus $A(k)$ $1 + 3 + 5 + \ldots + (2k-1) = k^2$ ergibt sich durch Addition des nächsten Gliedes, nämlich $(2k+1)$:
$1 + 3 + 5 + \ldots + (2k-1) + (2k+1) = k^2 + (2k+1)$.
Der rechts stehende Term kann umgeformt werden in
$$k^2 + 2k + 1 = (k + 1)^2.$$
Wir erhalten also die richtige Formel für $(k+1)$. Damit ist der Beweis abgeschlossen.

[3] Notwendige und hinreichende Bedingungen.

hinreichend Folgt aus der Voraussetzung A (mit Sicherheit) die Behauptung B und kann es dabei sein, daß B auch gültig ist, ohne daß A erfüllt ist, dann nennt man A eine hinreichende Bedingung für B.

Beispiele: 1) Gegeben seien zwei konzentrische Kreise A und B mit den Radien a und b; wobei $a < b$ ist. Wenn ein Punkt P in A liegt, dann liegt er gewiß in B. »P in A« ist eine hinreichende Bedingung für »P in B«. Es gibt auch Punkte P, für die »P in B« *gilt, ohne daß* »P in A« erfüllt ist. — 2) Für eine Zahl z ist die Bedingung »z ist durch 6 teilbar« hinreichend für »z ist durch 3 teilbar«. Wenn die Zahl durch 6 teilbar ist, dann ist sie gewiß durch 3 teilbar. Es gibt aber Zahlen, die durch 3 teilbar sind, ohne daß sie durch 6 teilbar sind.

notwendig Ist die Behauptung B nur dann richtig, wenn die Voraussetzung C erfüllt ist und wenn C nicht erfüllt ist, gilt dann (mit Sicherheit) auch B nicht, dann nennt man C notwendige Bedingung für B.

Beispiele: 1) Gegeben seien zwei konzentrische Kreise *B* und *C* mit den Radien *b* und *c*, wobei $b < c$ ist. Die Bedingung »*P* in *B*« kann nur dann richtig sein, wenn die notwendige Bedingung »*P* in *C*« erfüllt ist. Wenn »*P* in *C*« nicht erfüllt ist, dann gilt »*P* in *B*« mit Sicherheit nicht. Die Bedingung ist nur notwendig, denn *P* kann in *C* liegen, ohne dem Kreis *B* anzugehören. — 2) Für eine Zahl *z* ist die Bedingung »*z* ist durch 3 teilbar« notwendige Bedingung für die Gültigkeit von »*z* ist durch 6 teilbar«. Ist die Zahl nicht durch 3 teilbar, dann ist sie auch mit Sicherheit nicht durch 6 teilbar. Die Bedingung ist nur notwendig, denn die Bedingung »*z* ist durch 3 teilbar« kann erfüllt sein, ohne daß »*z* ist durch 6 teilbar« gilt.

Ist die Behauptung *B* genau richtig, wenn die Bedingung *D* erfüllt ist, dann nennt man *D* notwendige und hinreichende Bedingung für *B*.

hinreichend und notwendig

Beispiele: 1) Für einen Kreis *B* und einen Punkt *P* gilt die Behauptung »*P* in *B*« genau dann, wenn gilt »*P* gehört zu allen zu *B* konzentrischen Kreisen mit $r > b$«. — 2) Für eine Zahl *z* ist die Behauptung »*z* ist teilbar durch 6« dann und nur dann gültig, wenn die Bedingung »*z* ist durch 2 und durch 2 teilbar« erfüllt ist.

Algebraische Umformungen

Algebraische Umformungen von Rechenausdrücken und Terme nehmen in der Algebra und in der Gleichungslehre einen breiten Raum ein.

1. Grundbegriffe

1.1. Termbegriff

Term

[1] Terme. Zahlzeichen, Variable sowie alle sinnvollen Verbindungen von Zahlzeichen und Variablen mit Verknüpfungszeichen wie $+$, $-$, $:$, $\cdot$ nennt man Terme. Bei Termen mit Variablen unterscheidet man Terme mit einer, zwei, drei oder mehreren Variablen. Diese werden mit $T(x)$, $T(x\,;\,y)$, $T(x\,;\,y\,;\,z)$ usw. bezeichnet.

Beispiele:

Term T	Aufbau des Terms
T_1: 12	Zahlzeichen
T_2: $5 + \sqrt{7}$	Zahl- und Rechenzeichen $+$
T_3: $9 \cdot (13 + 4)$	Zahlzeichen, Verknüpfungszeichen $+$, $\cdot$ und Klammern
T_4: $x^2 + 2y - 1$	Zahlzeichen, Variable und Verknüpfungszeichen $+$, $-$

Variable

[2] Variable sind Leerstellen, in die Elemente eingesetzt werden können.

Beispiele: 1) Setzt man im Term $x - 2$ für x die Zahl 5 ein, so erhält man $5 - 3$.
2) Setzt man für die Variable y im Term $y^2 \cdot (5 + y)$ die Zahl -3 ein, so erhält man $(-3)^2 \cdot (5 + (-3))$.

Beim Einsetzen in die Terme einer Gleichung erhält man wahre oder falsche Aussagen. Diejenigen Elemente einer Grundmenge, die beim Einsetzen in die Variable der Terme zu wahren Aussagen führen, werden zur Lösungsmenge zusammengefaßt (↑ S. 199).

Beispiel: Die Gleichung $x^2 + 2x + 1 = x \cdot (x + 1)$ besteht aus den Termen $x^2 + 2x + 1$ und $x \cdot (x + 1)$. Setzt man in die Variable x dieser beiden Terme die Zahl 5 ein, so erhält man die *falsche* Aussage
$$5^2 + 2 \cdot 5 + 1 = 5 \cdot (5 + 1),$$
setzt man -1 ein, so erhält man die *wahre* Aussage
$$(-1)^2 + 2 \cdot (-1) + 1 = (-1) \cdot (-1 + 1).$$

[3] **Definitionsbereich.** Ein Term $T(x)$ mit einer Variablen x ist auf einer Zahlenmenge D ($D \subseteq \mathbb{R}$) definiert, wenn der Term beim Einsetzen aller Elemente aus D in die Variable x stets in ein Zahlzeichen übergeht. D heißt *Definitionsbereich* des Terms.

Definitionsbereich

Beispiele: 1) Der Term $x^2 + 1$ ist definiert auf $\mathbb{R}$.
2) Der Term $\frac{1}{x-4}$ hat als Definitionsbereich $\mathbb{R} \setminus \{4\}$, weil der Term beim Einsetzen von 4 nicht in ein Zahlzeichen übergeht.

1.2. Äquivalenz von Termen

[1] **Äquivalenz.** Zwei Terme $T_1(x)$ und $T_2(x)$ sind *äquivalent* im gemeinsamen Definitionsbereich D, wenn beim Einsetzen derselben beliebigen Zahl aus D beide Terme stets in dieselbe Zahl übergehen. Sind T_1 und T_2 äquivalent, so schreibt man $T_1 = T_2$.

äquivalente Terme

Anmerkung: Die Äquivalenz von Termen mit mehreren Variablen wird entsprechend erklärt. Reine Zahlterme sind äquivalent, wenn sie dieselbe Zahl darstellen.

Beispiele:
1) Die Terme $7 \cdot (5 - 3)$ und $7 \cdot 5 - 7 \cdot 3$ sind äquivalent, weil beide die Zahl 14 bezeichnen; also:
$7 \cdot (5 - 3) = 7 \cdot 5 - 7 \cdot 3$.
2) $3x + 2x$ und $5x$ sind äquivalent, also $3x + 2x = 5x$.
3) $x^2 + 2xy + y^2$ und $(x + y)^2$ sind äquivalent, d. h.
$x^2 + 2xy + y^2 = (x + y)^2$.

[2] **Verknüpfung von Termen.** Für das Rechnen mit Termen gilt im gemeinsamen Definitionsbereich

Kommutativ-gesetze

(1) $T_1 + T_2 = T_2 + T_1$
(2) $T_1 \cdot T_2 = T_2 \cdot T_1$

Kommutativgesetze für Terme

Assoziativ-gesetze

(3) $(T_1 + T_2) + T_3 = T_1 + (T_2 + T_3)$
(4) $(T_1 \cdot T_2) \cdot T_3 = T_1 \cdot (T_2 \cdot T_3)$

Assoziativgesetze für Terme

Distributiv-gesetz

(5) $T_1 \cdot (T_2 + T_3) = T_1 \cdot T_2 + T_1 \cdot T_3$

Distributivgesetz für Terme

[3] **Arithmetische Umformungen.** Termumformungen, die durch Anwendung der arithmetischen Grundgesetze entstehen, nennt man *arithmetische Umformungen*. Zwei Terme T_1 und T_2 sind äquivalent, wenn sie durch arithmetische Umformungen auseinander hervorgehen.

arithmetische Umformungen

> *Beispiel:* Die beiden Terme $3x \cdot (x + y^2)$ und $3x^2 + 3xy^2$ sind äquivalent, weil sie durch das Distributivgesetz (↑ (5)) auseinander hervorgehen. Also gilt
> $3x \cdot (x + y^2) = 3x^2 + 3xy^2$.

2. Ganz-rationale Terme

2.1. Summen von Termen

algebraische Summe

Terme, die nur aus Summen oder Differenzen bestehen, heißen *algebraische Summen* oder *Summenterme*.

> *Beispiele:*
> 1) $5 + \sqrt{2}$
> 2) $3x + 7 - 2x$
> 3) $(a - 3) + (a - 2b) - a^2$

[1] **Algebraische Summen aus Variablen.** Für Terme, in denen nur Variable als Summanden auftreten, gelten folgende Umformungen.

Termumformung	Beispiel
$x + y = y + x$	$(-2) + 7 = 7 + (-2)$
$(x + y) + z = x + (y + z)$	$(9 + 4) + 3 = 9 + (4 + 3)$
$x - y = x + (-y)$	$12 - 7 = 12 + (-7)$
$x - (-y) = x + y$	$3 - (-5) = 3 + 5$
$(-x) + (-y) = -(x + y)$	$(-4) + (-6) = -(4 + 6)$
$\underbrace{x + x + x + \ldots + x}_{n\text{-mal}} = n \cdot x$	$5 + 5 + 5 + 5 + 5 + 5$ $= 6 \cdot 5$
$\underbrace{-x - x - x - \ldots - x}_{n\text{-mal}} = -n \cdot x$	$-3 - 3 - 3 - 3 - 3 = -5 \cdot 3$

[2] **Algebraische Summen aus gleichartigen Summanden.** Bei der Addition (Subtraktion) lassen sich nur gleichartige Terme zusammenfassen.

Beispiele: 1) $7y - 3y = (7 - 3) \cdot y = 4y$

2) $5x - 4x + 6x - 2x$ Umformen in Sum-
   $= 5x + (-4x) + 6x + (-2x)$ menterm.

   $= 5x + 6x + (-4x) + (-2x)$ Ordnen nach positi-
   $= (5x + 6x) + [-(4x + 2x)]$ ven und negativen
                                                                       Summanden.

   $= 11x + (-6x)$ Zusammenfassen
   $= 11x - 6x$ nach dem Distri-
   $= 5x$ butivgesetz.

[3] **Algebraische Summen aus verschiedenartigen Summanden.** Eine algebraische Summe aus verschiedenartigen Termen wird zunächst nach gleichartigen geordnet und dann zusammengefaßt.

Beispiel: $3x - 11y + 9y - 7x + 4x - 3y - 2x + 6y$
$= \underbrace{3x - 7x + 4x - 2x}_{\text{gleichartige Terme}} \underbrace{- 11y + 9y - 3y + 6y}_{\text{gleichartige Terme}}$

$= 3x + 4x - 7x - 2x + 9y + 6y - 11y - 3y$
$= 7x - 9x + 15y - 14y$
$= -2x + y$

[4] Addition und Subtraktion algebraischer Summen. Treten in algebraischen Summen Klammern auf, so sind zunächst die Klammern zu beseitigen, bevor man gleichartige Summanden zusammenfassen kann. Für das Auflösen von Klammern in algebraischen Summen gelten folgende Regeln.

(1) Steht ein Pluszeichen vor der Klammer, so kann die Klammer weggelassen werden.

Beispiele:
1) $x + (y + z) = x + y + z$
2) $x + (y - z) = x + y - z$
3) $2x + (7 - 3y + x) + 12 = 2x + 7 - 3y + x + 12$

(2) Steht ein Minuszeichen vor der Klammer, so sind beim Weglassen der Klammer alle Rechenzeichen in der Klammer umzukehren.

Beispiele:
1) $x - (y + z) = x - y - z$
2) $x - (y - z) = x - y + z$
3) $39 - (x - 26 + 13 - 2x) = 39 - x + 26 - 13 + 2x$

(3) Treten Klammern in Klammern auf, so löst man meistens zunächst die inneren Klammern auf und dann nacheinander die äußeren.

Beispiele:
1) $x - \{y - [z + (u-v)]\} = x - \{y - [z + u - v]\}$
 $= x - \{y - z - u + v\} = x - y + z + u - v$
2) $50 - [18 - (12 + 9) + 7] = 50 - [18 - 12 - 9 + 7]$
 $= 50 - 18 + 12 + 9 - 7 = 46$

2.2. Produkte von Termen

Produktterme

[1] Produktterme. Terme, die multiplikativ verknüpft werden, heißen *Produktterme*. Produktterme, die aus Zahlen und Variablen bestehen, werden gewöhnlich so aufgeschrieben, daß zuerst der Zahlfaktor und dann die Variablen in lexikographischer Reihenfolge stehen.

Beispiele:
1) $7 \cdot (2 + 3)$ ist ein Produktterm aus 7 und $(2 + 3)$.
2) $(3x + 4y) \cdot (2x - y)$ ist ein Produktterm aus 2 Summen.
3) Für den Produktterm $2 \cdot y^2 \cdot x \cdot 7 \cdot z$ schreibt man $14xy^2z$.

Für das Rechnen mit Produkttermen gelten folgende Regeln.

(1) Ein Summenterm wird mit einem Term multipliziert, indem man jeden Summanden mit dem Term multipliziert und die erhaltenen Produkte addiert.

Beispiele: 1) $a \cdot (x + y + z) = ax + ay + az$
2) $7 \cdot (2 + 3 - 4) = 7 \cdot 2 + 7 \cdot 3 - 7 \cdot 4 = 14 + 21 - 28 = 7$
3) $3xy \cdot (2x + 5y) = 6x^2y + 15xy^2$

(2) Zwei algebraische Summen werden miteinander multipliziert, indem man jeden Summanden der ersten Summe mit jedem Summanden der zweiten Summe multipliziert und diese Produkte addiert.

Beispiele: 1) $(a + b) \cdot (x + y) = ax + ay + bx + by$
2) $(3x + 4y) \cdot (2x - y + z) = 6x^2 - 3xy + 3xz + 8xy$
$ - 4y^2 + 4yz$
$ = 6x^2 + 5xy + 3xz - 4y^2 + 4yz$

Anwendungen: Binomische Formeln.   *Binomische*
$(x + y) \cdot (x + y) = (x + y)^2 = x^2 + 2xy + y^2$ *Formeln*
$(x - y) \cdot (x - y) = (x - y)^2 = x^2 - 2xy + y^2$
$(x + y) \cdot (x - y) = x^2 - y^2$

[2] **Faktorisieren.** Enthalten alle Summanden eines Summenterms einen gemeinsamen Faktor, so kann man diesen Faktor abspalten. Dieses Verfahren nennt man *Faktorisieren* *Faktorisieren* oder *Ausklammern*. *Ausklammern*

Beispiele: 1) $3x + 3y = 3 \cdot (x + y)$
2) $x^2 + xy = x \cdot (x + y)$
3) $12a^2b + 8a^2b^2 + 4a^3b = 4a^2b(3 + 2b + a)$
4) $x^2 + 6x + 8 = (x + 2) \cdot (x + 4)$

3. Gebrochen-rationale Terme

3.1. Addition und Subtraktion

[1] **Grundbegriffe.** Der aus den Termen T_1 und T_2 au[f]
Bruchterm gebaute Term $\frac{T_1}{T_2}$ heißt *Bruchterm*. Ein Bruchterm ist fü[r]
solche reellen Zahlen nicht definiert, die beim Einsetzen i[n]
Nenner die Zahl Null ergeben.

> *Beispiele:* 1) Der Bruchterm $\frac{x+2}{x-1}$ ist für $x = 1$ nicht
> definiert, weil $\frac{1+2}{1-1}$ kein Zahlzeichen ist. Der Definitions-
> bereich des Terms ist $\mathbb{R} \setminus \{1\}$.
> 2) Der Bruchterm $\frac{2x}{x^2+1}$ ist für alle reellen Zahlen defi-
> niert, weil der Term im Nenner für alle reellen Zahlen
> positiv ist.

[2] **Erweitern und Kürzen.**

Erweitern *Erweitern:* Zähler und Nenner eines Bruchterms werden mi[t]
demselben Term multipliziert,

$$\frac{T_1}{T_2} = \frac{T_1 \cdot T}{T_2 \cdot T}$$

Kürzen *Kürzen:* Zähler und Nenner eines Bruchterms werden durc[h]
denselben Term dividiert,

$$\frac{T_1}{T_2} = \frac{T_1 : T}{T_1 : T}$$

Anmerkung: Durch Erweitern bzw. Kürzen kann sich der Definitionsbe[-]
reich eines Bruchterms ändern. Es darf nicht mit der Zahl 0 erweiter[t]
werden und nicht mit der Zahl 0 gekürzt werden.

> *Beispiele:* 1) Erweitert man den für alle reellen Zahlen
> definierten Term $\frac{3x}{5}$ mit dem Term $2x$, so erhält man:
> $\frac{3x \cdot 2x}{5 \cdot 2} = \frac{6x^2}{10x}$. Der Term $\frac{6x^2}{10x}$ ist für $x = 0$ nicht definiert.
> 2) Der Bruchterm $\frac{x^4 - 16}{2x^2 - 8}$ hat als Definitionsbereich
> $\mathbb{R} \setminus \{2; -2-\}$.
> Kürzt man mit dem Term $x^2 - 4$, so erhält man
> $$\frac{x^4 - 16}{2x^2 - 8} = \frac{(x^2 - 4)(x^2 + 4)}{2(x^2 - 4)} = \frac{x^2 + 4}{2}$$
> Der Term $\frac{x^2 + 4}{2}$ ist für alle reellen Zahlen definiert.

[3] Addition und Subtraktion. *Addition Subtraktion*
Gleichnamige Bruchterme werden addiert (subtrahiert), indem man die Terme im Zähler addiert (subtrahiert) und den Term im Nenner beibehält,

$$\frac{T_1}{T} + \frac{T_2}{T} = \frac{T_1 + T_2}{T} \qquad \frac{T_1}{T} - \frac{T_2}{T} = \frac{T_1 - T_2}{T}$$

Ungleichnamige Bruchterme müssen zuerst gleichnamig gemacht werden. Als gemeinsamen Nenner wählt man meistens den *Hauptnenner*, also den einfachsten Term, der alle vorkommenden Nenner als Faktoren enthält (↑ S. 130). Man bestimmt den Hauptnenner durch Faktorisieren der Einzelnenner in nicht weiter zerlegbare Faktoren. *Hauptnenner*

Beispiele:

1) $\frac{3a + 2b}{3x} + \frac{4a}{3x} = \frac{7a + 2b}{3x}$

2) $\frac{9}{y^2} + \frac{4}{xy} - \frac{3}{x^2} = \frac{9x^2}{x^2 y^2} + \frac{4xy}{x^2 y^2} - \frac{3y^2}{x^2 y^2} = \frac{9x^2 + 4xy - 3y^2}{x^2 y^2}$,

$x \neq 0$, $y \neq 0$. Hauptnenner ist $x^2 y^2$.

3) $\frac{a + b}{4a^2 - 4ab} + \frac{5b}{6a^2 - 6b^2}$

1. Schritt: Hauptnenner bestimmen
Zerlegung des 1. Nenners: $4a^2 - 4ab = 4a \cdot (a - b)$
Zerlegung des 2. Nenners: $6a^2 - 6b^2 = 6 \cdot (a - b)(a + b)$
Hauptnenner: $12a(a - b)(a + b)$

2. Schritt: Bruchterme gleichnamig machen und ausrechnen

$\frac{(a + b) \cdot 3(a + b)}{12a(a + b)(a - b)} + \frac{5b \cdot 2a}{12a(a + b)(a - b)} =$

$\frac{3a^2 + 6ab + 3b^2 + 10ab}{12a^3 - 12ab^2} = \frac{3a^2 + 16ab + 3b^2}{12a^3 - 12ab^2}$

3.2. Multiplikation und Division

[1] Multiplikation. $\quad \frac{T_1}{T_2} \cdot \frac{T_3}{T_4} = \frac{T_1 \cdot T_3}{T_2 \cdot T_4}$ *Multiplikation*

Vor dem Ausmultiplizieren der Terme in Zähler und Nenner wird möglichst vollständig gekürzt.

Beispiel: $\frac{x^2 - 4}{x^2 - 1} \cdot \frac{x + 1}{x - 2} = \frac{(x - 2)(x + 2) \cdot (x + 1)}{(x + 1)(x - 1) \cdot (x - 2)} = \frac{x + 2}{x - 1}$

Der Ergebnisterm hat i. a. einen anderen Definitionsbereich als der Ausgangsterm. Im gemeinsamen Definitionsbereich $\mathbb{R} \setminus \{1\,;\,2\,;\,-1\}$ sind sie äquivalent.

Division

[2] Division.

$$\frac{T_1}{T_2} : \frac{T_3}{T_4} = \frac{T_1}{T_2} \cdot \frac{T_4}{T_3} = \frac{T_1 \cdot T_4}{T_2 \cdot T_3}$$

Beispiele:

1) $\dfrac{10x^2}{9y} : \dfrac{5x}{6yz} = \dfrac{10x^2 \cdot 6yz}{9y \cdot 5x} = \dfrac{4xz}{3}$, $x \neq 0, y \neq 0, z \neq 0$

2) $\dfrac{9a-9b}{5c} : \dfrac{3a^2-3b^2}{20abc} = \dfrac{9(a-b) \cdot 20abc}{5c \cdot 3(a^2-b^2)} = \dfrac{12ab}{a+b}$,

$a \neq 0;\quad b \neq 0;\quad c \neq 0.$

Doppelbruch

Zur Umformung von *Doppelbrüchen* kann man den Hauptbruchstrich als Divisionszeichen auffassen.

Beispiel:

$$\frac{\frac{1}{x}-\frac{1}{a}}{x-a} = \frac{\frac{a-x}{ax}}{x-a} = \frac{a-x}{ax} : (x-a) = \frac{a-x}{ax(x-a)} = \frac{-1}{ax},$$

$a \neq 0;\quad x \neq 0;\quad x \neq a.$

[3] Division durch algebraische Summen. Bei der Division durch eine algebraische Summe werden die Summen zuerst nach fallenden Potenzen der Variablen geordnet, und dann wird schrittweise dividiert. Das Verfahren der *schrittweisen Division* wird besonders dann angewendet, wenn bei der Division ein Rest bleibt.

schrittweise Division

Beispiele:
1) $(5x + 6 + x^2) : (3 + x)$
1. Schritt: Ordnen nach fallenden Potenzen von x.
$(x^2 + 5x + 6) : (x + 3)$
2. Schritt: Schrittweise Division.

$$\begin{array}{l}(x^2 + 5x + 6) : (x + 3) = x + 2\\ \underline{-(x^2 + 3x)}\\ \qquad\quad 2x + 6\\ \qquad\underline{-(2x + 6)}\\ \qquad\qquad\quad 0\end{array}$$

2) $(x^2 + 5x - 3) : (x + 7) = x - 2 + \frac{11}{x+7}$
$\underline{-(x^2 + 7x)}$
$\qquad -2x - 3$
$\qquad \underline{-(-2x - 14)}$
$\qquad\qquad\quad 11$

4. Potenzen und Wurzeln

4.1. Quadrate und Quadratwurzeln

[1] **Quadrate.** Das Quadrat einer Zahl $a \in \mathbb{R}$ ist das Produkt von a mit sich selbst: $\quad a^2 = a \cdot a$. *Quadrat*

Für alle $a \in \mathbb{R}$ ist: $\quad a^2 \geq 0$.

Für positive Zahlen a und b gilt: $\quad a < b \Rightarrow a^2 < b^2$.

> *Beispiele:*
> 1) $5^2 = 5 \cdot 5 = 25$; $(-3)^2 = (-3) \cdot (-3) = 9$
> 2) Mit $2 < 5$ ist $2^2 < 5^2$, denn es gilt $4 < 25$.

Zum Quadrieren benutzt man die A- und D-Skala des Rechenstabs (↑ S. 82) bzw. eine Quadratzahltafel oder die $\boxed{x^2}$-Taste eines Taschenrechners (↑ S. 50).

[2] **Quadratwurzeln.** Unter der *Quadratwurzel* aus einer Zahl $a \in \mathbb{R}_0^+$, versteht man diejenige Zahl $b \in \mathbb{R}_0^+$, deren Quadrat a ergibt: *Quadratwurzel*

$$b = \sqrt[2]{a} \Leftrightarrow b^2 = a.$$

Beim Wurzelzeichen $\sqrt[2]{}$ wird häufig der Wurzelexponent 2 weggelassen: $\sqrt{}$. Die Zahl a heißt *Radikand*, b heißt *Wurzelwert*. Das Bilden der Quadratwurzel aus einer Zahl wird als *Radizieren* (»Wurzelziehen«) bezeichnet.

Wurzelzeichen
Radikand
Wurzelwert
Radizieren

> *Beispiele:*
> $\sqrt{16} = 4$, denn $4^2 = 16$; $\sqrt{0{,}09} = 0{,}3$, denn $0{,}3^2 = 0{,}09$; $\sqrt{0} = 0$, denn $0^2 = 0$; Der Term $\sqrt{-4}$ ist nicht definiert, denn es gibt keine Zahl, die quadriert -4 ergibt.

Zur Berechnung wird der Rechenstab, die Quadratzahltafel bzw. die $\boxed{\sqrt{}}$-Taste eines Taschenrechners benutzt.

[3] Quadrieren und Radizieren. Bei positiven Zahlen sind Quadrieren und Radizieren Umkehrrechenarten.
$$\sqrt{a^2} = a \, ; (\sqrt{a})^2 = a \text{ für } a \in \mathbb{R}_0^+$$
Für *alle* Zahlen $a \in \mathbb{R}$ gilt: $\sqrt{a^2} = |a|$.

Die Gleichung $a^2 = b^2$ ist aber äquivalent mit $|a| = |b|$.

Anmerkung: Aus $a^2 = b^2$ kann nicht $a = b$ geschlossen werden!

> *Beispiele:* 1) $\sqrt{4^2} = 4; (\sqrt{2})^2 = 2$
> 2) $\sqrt{(5-)^2} = |-5| = 5; \sqrt{(a-b)^2} = |a-b|$
> 3) $(3-4)^2 = (4-3)^2 \Leftrightarrow |3-4| = |4-3| \Leftrightarrow |-1| =$
> $= |1| \Leftrightarrow 1 = 1;$
> $(3-4)^2 = (4-3)^2 \not\Leftrightarrow 3 - 4 = 4 - 3,$
>   denn $-1 \neq 1.$

Regeln für Quadratwurzeln

[4] Rechenregeln für Quadratwurzeln. Für alle $a; b \in \mathbb{R}_0^+$ gilt:

(1) Additions- und Subtraktionsregel
$$e \cdot \sqrt{a} \pm f \cdot \sqrt{a} = (e \pm f)\sqrt{a}$$

(2) Multiplikations- und Divisionsregel
$$\sqrt{a} \cdot \sqrt{b} = \sqrt{a \cdot b}; \quad \sqrt{a} : \sqrt{b} = \sqrt{a : b}$$

(3) Regel über das Potenzieren (↑ S. 195)
$$(\sqrt{a})^n = \sqrt{a^n} \text{ mit } n \in \mathbb{N}$$

> *Beispiele und Anwendungen:*
> 1) Es lassen sich nur Quadratwurzeln mit gleichen Radikanden addieren bzw. subtrahieren: $5 \cdot \sqrt{7} - 3 \cdot \sqrt{7} + 2 \cdot \sqrt{7} = (5 - 3 + 2) \cdot \sqrt{7} = 4 \cdot \sqrt{7}$
> 2) $\sqrt{8} \cdot \sqrt{2} = \sqrt{16} = 4$
> 3) Radizieren durch *Zerlegen des Radikanden* in Quadratzahlfaktoren: $\sqrt{484} = \sqrt{121 \cdot 4} = \sqrt{121} \cdot \sqrt{4} = 11 \cdot 2 = 22$
> 4) *Teilweises Radizieren:* $\sqrt{20} = \sqrt{4 \cdot 5} = \sqrt{4} \cdot \sqrt{5} = 2 \cdot \sqrt{5}$

Zerlegen des Radikanden

teilweises Radizieren

5) Unter die Wurzel bringen: $12 \cdot \sqrt{x} = \sqrt{144} \cdot \sqrt{x}$
$= \sqrt{144 \cdot x}$

6) $\sqrt{162} : \sqrt{18} = \sqrt{162 : 18} = \sqrt{9} = 3$

7) *Rationalmachen des Nenners:* $\frac{5}{\sqrt{3}} = \frac{5 \cdot \sqrt{3}}{\sqrt{3} \cdot \sqrt{3}} = \frac{5 \cdot \sqrt{3}}{\sqrt{9}}$
$= \frac{5}{3} \cdot \sqrt{3}$

Rationalmachen des Nenners

8) $(\sqrt{2})^6 = \sqrt{2^6} = \sqrt{2^2 \cdot 2^2 \cdot 2^2} = \sqrt{2^2} \cdot \sqrt{2^2} \cdot \sqrt{2^2}$
$= 2 \cdot 2 \cdot 2 = 8$

[5] **Definitionsbereich.** Der Quadratterm $(T(x))^2$ ist für alle $T(x)$ definiert, während der Quadratwurzelterm $\sqrt{T(x)}$ nur für Radikanden $T(x)$ mit $T(x) \geq 0$ definiert ist.

Definitionsbereich von Wurzeltermen

Beispiel: Der Definitionsbereich für den Term $\sqrt{5 \cdot x - 35}$
ist $D = \{x | x \geq 7\}_\mathbb{R} = [7 ; \infty[$, denn :
$5 \cdot x - 35 \geq 0 \Leftrightarrow 5 \cdot x \geq 35 \Leftrightarrow x \geq 7$.

4.2. Potenzrechnung

[1] **Potenzen mit natürlichen Exponenten.** Es ist:
$$a^n = a \cdot a^{n-1} \text{ für } a \in \mathbb{R}, n \in \mathbb{N}.$$
Das Produkt $a \cdot a \cdot a \cdot \ldots \cdot a$ aus n gleichen Faktoren $a \in \mathbb{R}$
ist daher: $\underbrace{a \cdot a \cdot \ldots \cdot a}_{n\text{-mal}} = a^n$; dabei: $a^1 = a$; $a^0 = 1$.

Ist $a^n = b$, so heißt a^n *Potenz*, a ihre *Basis*, n ihr *Exponent*, b der *Potenzwert*.

Potenz, Basis Exponent Potenzwert

Beispiele:
$5^3 = 5 \cdot 5 \cdot 5 = 125$; $2^8 = 2 \cdot 2 \cdot 2 \cdot 2 \cdot 2 \cdot 2 \cdot 2 \cdot 2 = 256$;
$(-1)^5 = (-1) \cdot (-1) \cdot (-1) \cdot (-1) \cdot (-1) = -1$

Regeln:
(1) Für $a > 0$ gilt: $a^n > 0$ für alle $n \in \mathbb{N}$
(2) Für $a = 0$ gilt: $a^n = 0$ für alle $n \in \mathbb{N}$
(3) Für $a < 0$ gilt: $a^{2n} > 0$ für alle $n \in \mathbb{N}$
   bzw. $a^{2n-1} < 0$ für alle $n \in \mathbb{N}$

Der Potenzwert einer Potenz mit der Basis $a < 0$ ist positiv [negativ], wenn der Exponent gerade [ungerade] ist.

4) Für $a > 0, b > 0$ gilt:
$a > b \Rightarrow a^n > b^n$ für alle $n \in \mathbb{N}$ (*Monotoniegesetz*).

Monotoniegesetz

Beispiele:
$2^3 = 8$; $7^4 = 2401$; $0^5 = 0$; $0^{16} = 0$; $(-2)^4 = 16$;
$(-2)^5 = -32$; $(-1)^{12} = 1$; $(-1)^{25} = -1$

Zehnerpotenzen

Potenzen mit natürlichen Exponenten können benutzt werden, um große Zahlen kurz und übersichtlich zu schreiben. Dabei zerlegt man die Zahl in ein Produkt aus einer Zahl zwischen 1 und 10 und einer Zehnerpotenz.

Beispiele:
1) $1\,000\,000 = 1 \cdot 10^6$; $20\,000 = 2 \cdot 10^4$;
   $543\,000 = 5{,}43 \cdot 10^5$;
2) Beispiel aus der *Physik:* Die Anzahl der Teilchen in einem Mol beträgt $6{,}022 \cdot 10^{23}$.

[2] **Potenzen mit ganzzahligen Exponenten.** Es ist:
$a^{-n} = \frac{1}{a^n}$; $a^0 = 1$ für alle $a \in \mathbb{R} \setminus \{0\}$, $n \in \mathbb{N}$.

Beispiele:

$5^{-2} = \frac{1}{5^2} = \frac{1}{25}$; $(-3)^{-3} = \frac{1}{(-3)^3} = -\frac{1}{27}$; $7^0 = 1$;

$(-7)^0 = 1$; $\left(\frac{1}{5}\right)^{-3} = \frac{1}{\left(\frac{1}{5}\right)^3} = \frac{1}{\frac{1}{125}} = 125$

Potenzen mit negativen Exponenten

Zehnerpotenzen mit negativen Exponenten

Für die Potenzwerte von Potenzen mit negativen Exponenten gelten dieselben Vorzeichenregeln wie für die von Potenzen mit natürlichen Exponenten (↑ S. 193).
Durch *Zehnerpotenzen mit negativen Exponenten* können sehr kleine Dezimalzahlen übersichtlich dargestellt werden.

Beispiele:
1) $0{,}0001 = \frac{1}{10\,000} = \frac{1}{10^4} = 10^{-4}$; $0{,}001 = 10^{-3}$;
   $0{,}000002 = 2 \cdot 10^{-6}$; $0{,}000000127 = 1{,}27 \cdot 10^{-7}$
2) Beispiele aus der *Physik:* Die Masse eines Elektrons ist $m_e = 9{,}1081 \cdot 10^{-31}$ kg; die Ladung eines Elektrons beträgt $e = 1{,}602 \cdot 10^{-19}$ C.

[3] **Potenzen mit rationalen Exponenten.** Der Potenzbegriff kann durch folgende Festlegung auf rationale Exponenten erweitert werden:

$a^{\frac{m}{n}} = b \Leftrightarrow b^n = a^m$ mit $b \in \mathbb{R}^+, a \in \mathbb{R}^+, n \in \mathbb{N}, m \in \mathbb{Z}$.

Für ungerade n können auch negative a ; b zugelassen werden.

Beispiele:

1) $b = 4^{\frac{3}{2}} \Leftrightarrow b^2 = 4^3 = 64 \Leftrightarrow b = 8$
2) $b = 16^{\frac{2}{8}} \Leftrightarrow b^8 = 16^2 = 256 \Leftrightarrow b = 2$
3) $b = 1^{\frac{-3}{5}} \Leftrightarrow b^5 = 1^{-3} \Leftrightarrow b^5 = \frac{1}{1^3} = 1 \Leftrightarrow b = 1$
4) $b = (-8)^{\frac{2}{3}} \Leftrightarrow b^3 = (-8)^2 = 64 \Leftrightarrow b = 4$

[4] Rechengesetze für Potenzen. Für alle Arten von Potenzen gelten in ihren Definitionsbereichen die folgenden Gesetze:

1) *Addition und Subtraktion von Potenzen:* Potenzen lassen sich nur bei gleichen Basen und Exponenten addieren oder subtrahieren.   *Addition und Subtraktion*

Beispiele:

1) $p \cdot a^x + q \cdot a^x = (p + q) \cdot a^x$
2) $2 \cdot x^3 + 5 \cdot x^3 - 3 \cdot x^3 = (2 + 5 - 3) \cdot x^3 = 4 \cdot x^3$

2) *Multiplikation von Potenzen mit gleicher Basis:* Beim Multiplizieren von Potenzen mit gleicher Basis wird die Basis mit der Summe der Exponenten potenziert.   *Multiplikation (gleiche Basis)*

Beispiele:

1) $a^x \cdot a^y = a^{x+y}$
2) $5^2 \cdot 5^3 = 5^5$; $\quad 2^7 \cdot 2^{-10} = 2^{-3}$; $\quad 3^{\frac{2}{3}} \cdot 3^{\frac{5}{2}} = 3^{\frac{2}{3}+\frac{5}{2}} =$
$= 3^{\frac{4+15}{6}} = 3^{\frac{19}{6}}$

3) *Division von Potenzen mit gleicher Basis:* Beim Dividieren von Potenzen mit gleicher Basis wird die Basis mit der Differenz der Exponenten potenziert.   *Division (gleiche Basis)*

> *Beispiele:*
> 1) $a^x : a^y = a^{x-y}$
> 2) $3^3 : 3^2 = 3^{3-2} = 3^1 = 3$; $\quad 7^{-5} : 7^2 = 7^{-7}$;
> $\quad 5^{\frac{1}{2}} : 5^{\frac{1}{3}} = 5^{\frac{1}{6}}$

Multiplikation (gleicher Exponent)

(4) *Multiplikation von Potenzen mit gleichen Exponenten:* Ein Produkt wird potenziert, indem beide Faktoren einzeln potenziert werden.

> *Beispiele:*
> 1) $a^x \cdot b^x = (a \cdot b)^x$
> 2) $5^2 \cdot 2^2 = (5 \cdot 2)^2 = 10^2 = 100$; $\quad (2 \cdot a)^{-3} = 2^{-3} \cdot a^{-3}$
> $= \frac{1}{8} \cdot a^{-3}$; $\quad 2^{\frac{1}{3}} \cdot 4^{\frac{1}{3}} = (2 \cdot 4)^{\frac{1}{3}} = 8^{\frac{1}{3}} = 2$

Division (gleicher Exponent)

(5) *Division von Potenzen mit gleichen Exponenten:* Ein Quotient wird potenziert, indem man Divisor und Dividend einzeln potenziert.

> *Beispiele:*
> 1) $a^x : b^x = (a : b)^x$
> 2) $6^5 : 2^5 = (6 : 2)^5 = 3^5 = 243$;
> $\left(\frac{x}{2}\right)^{-2} = x^{-2} : 2^{-2} = x^{-2} : \frac{1}{4} = 4x^{-2}$

Potenzieren

(6) *Potenzieren von Potenzen:* Eine Potenz wird potenziert, indem die Basis mit dem Produkt der Exponenten potenziert wird.

> *Beispiele:*
> 1) $(a^x)^y = a^{x \cdot y}$
> 2) $(2^4)^2 = 2^8 = 256$; $\quad (5^{-2})^2 = 5^{-4} = \frac{1}{625}$;
> $\left(8^{\frac{2}{3}}\right)^{-\frac{1}{2}} = 8^{-\frac{2 \cdot 1}{3 \cdot 2}} = 8^{-\frac{1}{3}} = \frac{1}{8^{\frac{1}{3}}} = \frac{1}{2}$

4.3. Rechnen mit Wurzeln

[1] Allgemeiner Wurzelbegriff. Für nicht-negative Basen a und $n \in \mathbb{N}$; $m \in \mathbb{Z}$ ist:

$$\sqrt[n]{a} = a^{\frac{1}{n}} \; ; \; \sqrt[n]{a^m} = a^{\frac{m}{n}}$$

Gelesen: »n-te Wurzel aus ...«; n heißt Wurzelexponent.

n-te Wurzel
Wurzelexponent

Beispiel:

$$\sqrt[2]{4} = 4^{\frac{1}{2}} = 2 \; ; \sqrt[4]{81} = 81^{\frac{1}{4}} = 3 \; ; \sqrt[3]{8^2} := 8^{\frac{2}{3}} = 4$$

[2] Potenzieren und Radizieren. Für alle $a \in \mathbb{R}_0^+$ gilt:

$$\sqrt[n]{a^n} = a \; ; \; (\sqrt[n]{a})^n = a$$

Für gerade Exponenten n ($n = 2k$) gilt für alle $a \in \mathbb{R}$:

$$\sqrt[n]{a^{2k}} = |a|$$

Beispiel:

1) $\sqrt[4]{2^4} = \sqrt[4]{16} = 2 \; ; \; \sqrt[4]{81^4} = 3^4 = 81$

Da für Potenzen $a^{\frac{1}{n}}$ mit ungeradem n auch negative Basen zugelassen werden können (↑ S. 195), kann der Term $\sqrt[n]{a}$ bei ungeradzahligen Wurzelexponenten n auch für negative Radikanden a definiert werden. Es gelten dann aber nicht mehr alle Rechengesetze für Wurzeln.

Beispiele:

1) $\sqrt[5]{(-2)^5} = \sqrt[5]{-32} = -2$

2) $(\sqrt[3]{-8})^3 = (-2)^3 = -8$

[3] Rechenregeln für Wurzeln. Im jeweiligen Definitionsbereich gilt:

1) $p \cdot \sqrt[n]{a^m} + q \cdot \sqrt[n]{a^m} = (p + q) \cdot \sqrt[n]{a^m}$

2) $\sqrt[n]{a^m} \cdot \sqrt[p]{a^q} = \sqrt[p \cdot n]{a^{mp + qn}}$

(3) $\sqrt[n]{a^m} : \sqrt[p]{a^q} = \sqrt[p\cdot n]{a^{mp-qn}}$

(4) $\sqrt[n]{a^m} \cdot \sqrt[n]{b^m} = \sqrt[n]{(a\cdot b)^m}$

(5) $\sqrt[n]{a^m} : \sqrt[n]{b^m} = \sqrt[n]{(a:b)^m}$

(6) $\sqrt[p]{\left(\sqrt[n]{a^m}\right)^q} = \sqrt[n\cdot p]{a^{mq}}$

Beispiele:

1) $4\cdot\sqrt[3]{5^2} + 7\cdot\sqrt[3]{5^2} - 2\sqrt[3]{5^2} =$

$(4+7-2)\cdot\sqrt[3]{5^2} = 9\cdot\sqrt[3]{5^2}$

[4]Definitionsbereich von Wurzeltermen. Terme der Gestalt $\sqrt[n]{T(x)}$ sind für $T(x) \geq 0$ definiert. Der Definitionsbereich wird auch für *ungeradzahligen* Wurzelexponenten nicht auf $T(x) \in \mathbb{R}$ erweitert, da dann nicht mehr alle Wurzelgesetze gelten.

Beispiele:

1) Der Definitionsbereich von $\sqrt[4]{(x-2)^5}$ ist $D = [2, \infty[$.

2) Der Definitionsbereich von $\sqrt[3]{x^2-4x+3}$ ist $D = \mathbb{R}.\backslash]1;3[$

3) Der Definitionsbereich von $\sqrt[4]{(x-5)^6}$ ist $D = \mathbb{R}$

4) Der Definitionsbereich von $\sqrt[6]{x^2-2x-3}$ ist $D = \mathbb{R}\setminus]-1;3[$, denn
$x^2-2x-3 \geq 0 \Leftrightarrow (x-3)\cdot(x+1) \geq 0$

$\Leftrightarrow \begin{cases} x-3 \geq 0 \wedge x+1 \geq 0 \\ x-3 \leq 0 \wedge x+1 \leq 0 \end{cases}$

$\Leftrightarrow \begin{cases} x \geq 3 \quad \wedge x \geq -1 \\ x \leq 3 \quad \wedge x \leq -1 \end{cases}$

$\Leftrightarrow x \geq 3 \quad \vee x \leq -1$

Gleichungen

Die Gleichungslehre befaßt sich mit der Frage nach der Lösbarkeit von Gleichungen und der Entwicklung von Methoden zu ihrer Lösung. In diesem Kapitel werden nur algebraische Gleichungen behandelt.

1. Grundbegriffe

1.1. Gleichung und Lösungsmenge

Steht zwischen zwei Termen $T_1(x)$ und $T_2(x)$ (↑ S. 182) ein Gleichheitszeichen, so nennt man $T_1(x) = T_2(x)$ eine *Gleichung in der Variablen x*. Sind die Terme Polynome (↑ S. 225), so nennt man die Gleichung *algebraisch*. Sind die Terme beispielsweise Exponential- oder Logarithmusfunktionen, so heißt die Gleichung *transzendent*.

Gleichung
algebraisch

transzendent

Als *Lösungen einer Gleichung* bezeichnet man die Elemente aus einer Grundmenge, die durch Einsetzen in die Variablen die Gleichung zu einer wahren Aussage machen. Die Lösungen einer Gleichung über einer Grundmenge G bilden die *Erfüllungsmenge* (*Lösungsmenge*) L der Gleichung.

Lösungen

Erfüllungsmenge
Lösungsmenge

Beispiele: 1) $3x = 5$; $G = \mathbb{Q}$; $L = \left\{\frac{5}{3}\right\}$
2) $(x-1)(x+1) = 0$; $G = \mathbb{Z}$; $L = \{1; -1\}$
3) $(x-1)(x+1) = 0$; $G = \mathbb{N}$; $L = \{1\}$

Zu jeder Gleichung ist die Angabe der Grundmenge wichtig. wie die Beispiele 2) und 3) zeigen.

1.2. Äquivalenzumformungen von Gleichungen

Zwei Gleichungen heißen über einer Grundmenge G *äquivalent*, wenn ihre Lösungsmengen in G gleich sind.

äquivalent

Um die Lösungsmenge einer Gleichung über einer Grundmenge G zu finden, formt man die Gleichung in eine dazu äquivalente um, deren Lösungsmenge unmittelbar zu erkennen ist.

> Beispiel: $4x + 5 = x - 4$; $G = \mathbb{Z}$
> $\Leftrightarrow 3x = -9$
> $\Leftrightarrow x = -3$ Der Äquivalenzpfeil wird
> $L = \{-3\}$ häufig auch fortgelassen.

1.3. Regeln für Äquivalenzumformungen

Eine Gleichung über einer Grundmenge G geht in eine äquivalente Gleichung über, wenn man

Regeln für Äquivalenzumformungen

1) die Terme auf der linken oder rechten Seite umformt nach den Regeln über Termumformungen (↑ S. 184);
2) zu den Termen auf beiden Seiten dasselbe Element aus der Grundmenge addiert (subtrahiert);
3) die Terme auf beiden Seiten mit derselben von 0 verschiedenen Zahl multipliziert;
4) die Terme auf beiden Seiten durch dieselbe von 0 verschiedene Zahl dividiert;
5) einen Term auf beiden Seiten addiert (subtrahiert).

> Beispiel: $\frac{1}{2}x - 3 = 4 \cdot (x + 3)$; $G = \mathbb{R}$
> $\Leftrightarrow \frac{1}{2}x - 3 = 4x + 12$ (Regel 1)
> $\Leftrightarrow \frac{1}{2}x - 4x - 3 = 12$ (Regel 5)
> $\Leftrightarrow -\frac{7}{2}x - 3 = 12$ (Regel 1)
> $\Leftrightarrow -\frac{7}{2}x = 12 + 3$ (Regel 2)
> $\Leftrightarrow x = 15 \cdot \left(-\frac{2}{7}\right)$ (Regel 1 und 3)
> $\Leftrightarrow x = -\frac{30}{7}$ (Regel 1)
> $L = \left\{-\frac{30}{7}\right\}$

Probe

Zur *Probe* setzt man jede Lösung in die Ausgangsgleichung ein und weist die Identität nach.

Beispiel: $\frac{1}{2}x - 3 = 4 \cdot (x + 3)$; Lösung: $x = -\frac{30}{7}$

Probe: linke Seite: $\frac{1}{2} \cdot \left(-\frac{30}{7}\right) - 3 = -\frac{36}{7}$

rechte Seite: $4 \cdot \left(\left(-\frac{30}{7}\right) + 3\right) = -\frac{36}{7}$

Die Probe ergibt eine Identität zwischen beiden Seiten, d. h. $-\frac{30}{7}$ ist Lösung der Gleichung.

2. Lineare Gleichungen

2.1. Lineare Gleichungen in einer Variablen

Tritt in einer Gleichung die Variable x nur in der 1. Potenz (↑ S. 21) auf, so nennt man sie eine *lineare Gleichung* oder *Gleichung 1. Grades* in x. Jede lineare Gleichung in einer Variablen läßt sich auf die Form bringen:

$$a \cdot x + b = 0; \quad a; b \in \mathbb{R}; a \neq 0$$

lineare Gleichung

Gleichung 1. Grades

Bezeichnungen: a: *Koeffizient von x*, b: *absolutes Glied*

Koeffizient
absolutes Glied

1] Algebraische Lösung

$$\begin{aligned} a \cdot x + b &= 0 \quad |-b \quad (a \neq 0) \\ a \cdot x &= -b \quad |:a \\ x &= -\frac{b}{a} \end{aligned}$$

algebraische Lösung

Beispiel: $12x - 4 = 2x - 10 \quad |-2x + 4; G = \mathbb{R}$
$10x = -6 \quad |:10$
$x = -\frac{3}{5}$

2] Graphische Lösung

Es ist $ax + b = 0 \Leftrightarrow ax + b = y \wedge y = 0$.
Der Graph der Funktion $f: x \to ax + b$ ist eine Gerade mit der Steigung a und dem y-Abschnitt b (↑ S. 220).
Die x-Koordinate des Schnittpunktes der Geraden mit der x-Achse liefert die Lösung von $ax + b = 0$.
Das graphische Verfahren führt im allgemeinen nur zu einer Näherungslösung.

Graphische Lösung

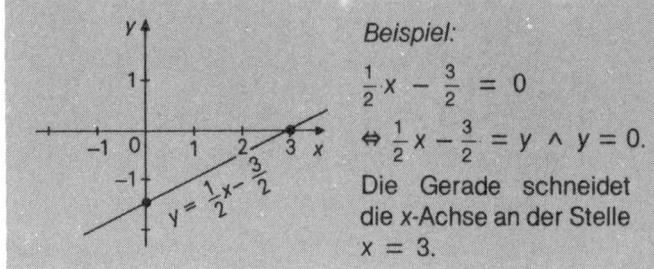

Beispiel:
$\frac{1}{2}x - \frac{3}{2} = 0$
$\Leftrightarrow \frac{1}{2}x - \frac{3}{2} = y \wedge y = 0.$
Die Gerade schneidet die x-Achse an der Stelle $x = 3$.

2.2. Lineare Gleichungen in n Variablen

lineare Gleichung in n Variablen

Enthält eine Gleichung n Variable $(x_1; x_2; \ldots; x_n)$ in der 1. Potenz, so spricht man von einer linearen Gleichung in n Variablen x_i.

$$a_1x_1 + a_2x_2 + \ldots + a_nx_n = b; (a_i \in \mathbb{R} \setminus \{0\}; n \in \mathbb{N})$$

n-Tupel

Die Lösungsmenge einer linearen Gleichung in n Variablen besteht aus *n-Tupeln* $(x_1; x_2; \ldots x_n)$. Für eine Gleichung mit zwei Variablen werden die Variablen meist mit x und y bezeichnet.

Beispiele: 1) Lineare Gleichung in 2 Variablen:
$3x + 6y = 9; G = \mathbb{R};$
$L = \{(x; y) | 3x + 6y = 9\}_{\mathbb{R} \times \mathbb{R}}$
$= \{(1; 1); (2; \frac{1}{2}); \ldots\}$
Die Lösungsmenge läßt sich durch eine Gerade veranschaulichen.
2) Lineare Gleichung in 3 Variablen:
$x + 2y + 4z = 1; G = \mathbb{R}$
$L = \{(x; y; z) | x + 2y + 4z = 1\}_{\mathbb{R} \times \mathbb{R} \times \mathbb{R}}$
$= \{(1; 2; -1); (1; 3; -\frac{3}{2}); \ldots\}$
Die Lösungsmenge läßt sich durch eine Ebene veranschaulichen.

3. Lineare Gleichungssysteme

3.1. Gleichungssysteme von 2 linearen Gleichungen in 2 Variablen

Gleichungssystem

Gegeben ist ein Gleichungssystem der Form
$a_1x + b_1y + c_1 = 0; a_1 \neq 0 \wedge b_1 \neq 0$
$a_2x + b_2y + c_2 = 0; a_2 \neq 0 \wedge b_2 \neq 0$

Als eine Lösung des Gleichungssystems bezeichnet man ein geordnetes Zahlenpaar (x_1 ; y_1), das sowohl die 1. Gleichung als auch die 2. Gleichung erfüllt. Für die Lösungsmenge gilt:

Lösung des Gleichungssystems

$$L = \{(x ; y) | a_1x + b_1y + c_1 = 0 \land a_2x + b_2y + c_2 = 0\}_{G \times G}$$

Zur Ermittlung der Lösungsmenge gibt es verschiedene Verfahren, die im folgenden an Beispielen erläutert werden.

[1] Graphisches Verfahren:

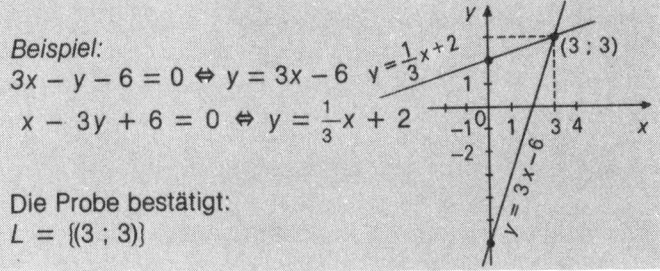

Beispiel:
$3x - y - 6 = 0 \Leftrightarrow y = 3x - 6$
$x - 3y + 6 = 0 \Leftrightarrow y = \frac{1}{3}x + 2$

Die Probe bestätigt:
$L = \{(3 ; 3)\}$

Graphisches Verfahren

[2] Einsetz- oder Substitutionsmethode:

$3x + 7y = 41 \Leftrightarrow x = \frac{41 - 7y}{3}$
$5x - 10y = 25$
In der zweiten Gleichung wird x durch $\frac{41 - 7y}{3}$ ersetzt:
$5 \frac{41 - 7y}{3} - 10y = 25$
$\qquad\qquad y = 2$
$L = \{(9 ; 2)\}$

Einsetz- oder Substitutionsmethode

[3] Gleichsetzmethode:

$x - 3y - 14 = 0 \Leftrightarrow x = 3y + 14$
$x - 5y - 22 = 0 \Leftrightarrow x = 5y + 22$
$3y + 14 = 5y + 22$;
$L = \{(2 ; -4)\}$

Gleichsetzmethode

[4] Additions-(Subtraktions-)Methode:

Elimination von y:
$3x + 5y = 19$
$\underline{7x + 5y = 31}$
$7x - 3x = 31 - 19$
$\qquad x = 3$

Additions-Subtraktions-Methode

Elimination $\quad 3x + 5y = 19 \Leftrightarrow 21x + 35y = 133$
von x: $\quad\quad 7x + 5y = 31 \Leftrightarrow 21x + 15y = 93 \quad |(-)$

$$\overline{}$$
$$35y - 15y = 133 - 93$$
$$y = 2$$

$L = \{(3\,;\,2)\}$

[5] **Determinantenverfahren** (↑ S. 205).

3.2. Allgemeine lineare Gleichungssysteme

[1] **Lineare Gleichungssysteme.** Ein lineares Gleichungssystem hat die Gestalt:

$$a_{11}x_1 + a_{12}x_2 + \ldots + a_{1n}x_n = b_1$$
$$a_{21}x_1 + a_{22}x_2 + \ldots + a_{2n}x_n = b_2$$
$$\ldots\ldots\ldots\ldots\ldots\ldots\ldots\ldots\ldots\ldots\ldots\ldots$$
$$a_{m1}x_1 + a_{m2}x_2 + \ldots + a_{mn}x_n = b_m$$

Die Koeffizienten a_{ik} und b_i sind gegebene reelle Zahlen, wobei der erste Index i angibt, daß es sich um Koeffizienten in der i-ten Gleichung handelt, der zweite Index bezeichnet die Nummer der Variablen.

Als Lösungen bezeichnet man n-Tupel $(\lambda_1\,;\,\lambda_2\,;\,\ldots\,;\,\lambda_n)$ aus reellen Zahlen $\lambda_1, \lambda_2, \ldots, \lambda_n$, welche alle m Gleichungen erfüllen. Jedes solches n-Tupel heißt eine Lösung des Gleichungssystems. Die Lösungsmenge besteht aus allen Lösungen.

[2] **Eliminationsmethode nach Gauß.** Das lineare Gleichungssystem wird so umgeformt, daß es eine gestaffelte Form erhält (sog. Dreiecksform):

$$a_{11}x_1 + a_{12}x_2 + a_{13}x_3 + \ldots + a_{1n}x_n = b_1$$
$$\bar{a}_{22}x_2 + \bar{a}_{23}x_3 + \ldots + \bar{a}_{2n}x_n = \bar{b}_2$$
$$\bar{a}_{33}x_3 + \ldots + \bar{a}_{3n}x_n = \bar{b}_3$$
$$\ldots\ldots\ldots\ldots\ldots\ldots\ldots\ldots\ldots$$
$$\bar{a}_{nn}x_n = \bar{b}_n$$

Sind alle Koeffizienten $a_{11}, \bar{a}_{22}, \bar{a}_{33}, \ldots, \bar{a}_{nn} \neq 0$, so besitzt das Gleichungssystem genau eine Lösung. Besitzt das Gleichungssystem keine oder mehrere Lösungen, so kann es nicht auf die gestaffelte Form gebracht werden, in der alle $a_{ii} \neq 0$ ($i = 1, \ldots, n$) sind.

Beispiele:
1) $\quad x_1 - 5x_2 + 6x_3 = -35 \qquad |\cdot(-3)|\cdot(-2)$
$\quad 3x_1 + x_2 + x_3 = -6$
$\quad 2x_1 + 3x_2 - x_3 = 8$

$\quad x_1 - 5x_2 + 6x_3 = -35$
$\quad\quad 13x_2 - 17x_3 = 99 \qquad |\cdot(-13)|$
$\quad\quad 16x_2 - 13x_3 = 78 \qquad |\cdot 16$

$\quad x_1 - 5x_2 + 6x_3 = -35$
$\quad\quad 16x_2 - 17x_3 = 99$
$\quad\quad\quad 13x_3 = -39$

Lösungsmenge: $L = \{(-2 ; 3 ; -3)\}$

2) $\quad 6x_1 - x_2 + 3x_3 = 11$
$\quad 4x_1 + 3x_2 - 6x_3 = 11$
$\quad -10x_1 + 9x_2 - 21x_3 = -11$

$\quad 6x_1 - x_2 + 3x_3 = 11$
$\quad\quad 11x_2 - 24x_3 = 11$
$\quad\quad\quad 0x_3 = 0$

Da $\bar{a}_{33}$ und $\bar{b}_3 = 0$, besitzt das Gleichungssystem unendlich viele Lösungen:

$$L = \left\{\left(\frac{44-3\lambda}{22} ; \frac{11+24\lambda}{11} ; \lambda\right) | \lambda \in \mathbb{R}\right\}$$

3) $\quad 2x_1 - x_2 + x_3 = 4$
$\quad x_1 - 2x_2 + x_3 = 2$
$\quad x_1 - 2x_2 + x_3 = 4$

$\quad 2x_1 - x_2 + x_3 = 4$
$\quad\quad 3x_2 - x_3 = 0$
$\quad\quad\quad 0x_3 = -4$

Da $\bar{a}_{33} = 0$ und $\bar{b}_3 \neq 0$, besitzt das System keine Lösung.

[3] Determinantenmethode. Gegeben ist ein lineares Gleichungssystem:

$$a_{11}x_1 + a_{12}x_2 + \ldots + a_{1n}x_n = b_1$$
$$a_{21}x_1 + a_{22}x_2 + \ldots + a_{2n}x_n = b_2$$
$$\ldots\ldots\ldots\ldots\ldots\ldots\ldots\ldots\ldots\ldots\ldots\ldots$$
$$a_{n1}x_1 + a_{n2}x_2 + \ldots + a_{nn}x_n = b_n$$

Koeffizienten-
determinante

Die Determinante

$$D = \begin{vmatrix} a_{11} & \cdots & a_{1n} \\ & & \\ a_{n1} & \cdots & a_{nn} \end{vmatrix}$$

nennt man die *Koeffizientendeterminante*.

Eine Determinante, die dadurch entsteht, daß die 2. Spalte durch die Spalte der Absolutglieder ersetzt wird, ist

$$D_2 = \begin{vmatrix} a_{11} & b_1 & a_{13} & \cdots & a_{1n} \\ a_{21} & b_2 & a_{23} & \cdots & a_{2n} \\ \cdots & \cdots & \cdots & \cdots & \cdots \\ a_{n1} & b_n & a_{n3} & \cdots & a_{nn} \end{vmatrix}$$

Entsprechend erhält man die übrigen D_j.
Ist $D \neq 0$, so besitzt das System genau eine Lösung (wenigstens ein b_k ist ungleich 0):

Cramersche Regel

$x_1 = \frac{D_1}{D}; x_2 = \frac{D_2}{D}; \ldots ; x_n = \frac{D_n}{D}; D \neq 0$ *Cramersche Regel*

Ist $D = 0$ und wenigstens ein D_j ungleich 0, so besitzt das Gleichungssystem keine Lösung.

Beispiel:
$x_1 + 2x_2 - x_3 = 5$
$x_1 + x_2 - x_3 = 4$; $D = \begin{vmatrix} 1 & 2 & -1 \\ 1 & 1 & -1 \\ 1 & -1 & 5 \end{vmatrix} = -6$
$x_1 - x_2 + 5x_3 = 2$

$$x_1 = \frac{D_1}{D} = \frac{\begin{vmatrix} 5 & 2 & -1 \\ 4 & 1 & -1 \\ 2 & -1 & 5 \end{vmatrix}}{D} = 3$$

$$x_2 = \frac{D_2}{D} = \frac{\begin{vmatrix} 1 & 5 & -1 \\ 1 & 4 & -1 \\ 1 & 2 & 5 \end{vmatrix}}{D} = 1$$

$$x_3 = \frac{D_3}{D} = \frac{\begin{vmatrix} 1 & 2 & 5 \\ 1 & 4 & -1 \\ 1 & -1 & 2 \end{vmatrix}}{D} = 0; \quad L = \{(3; 1; 0)\}$$

Zur Lösbarkeit linearer Gleichungssysteme (↑ S. 356).

4. Bruchgleichungen

4.1. Bruchgleichungen mit Variablen im Zähler.
Die Gleichung wird mit dem Hauptnenner der in ihr enthaltenen Bruchterme multipliziert. Die Lösung der Gleichung erfolgt dann mit Hilfe der Regeln über Äquivalenzumformungen (↑ S. 200).

Beispiel:
$2x - \frac{19-2x}{9} = \frac{11x-19}{4}$; Hauptnenner: 36
$72x - 76 + 8x = 99x - 171$; $L = \{5\}$

4.2. Bruchgleichungen mit Variablen im Nenner
Die Lösung erfolgt schrittweise:
(1) Bestimmung des Hauptnenners und der Definitionsmenge.
(2) Umformung der Bruchgleichung in eine algebraische Gleichung (↑ S. 212) durch Multiplikation mit dem Hauptnenner.
(3) Lösung der algebraischen Gleichung, wobei die Lösungsmenge eine Teilmenge der Definitionsmenge sein muß.

Beispiele:
1) $\frac{12}{x+2} = 1$;

   Hauptnenner: $x+2$;
   Definitionsmenge: $\mathbb{R} \setminus \{-2\}$
   $12 = x+2$; $L = \{10\}$

2) $\frac{1}{x+1} = \frac{2}{x-1}$;

   Hauptnenner: $(x+1)(x-1)$;
   Definitionsmenge: $\mathbb{R} \setminus \{-1\,;\,1\}$
   $x-1 = 2(x+1)$; $L = \{-3\}$

3) $\frac{4}{x^2-2x-3} = \frac{2}{x+1} + \frac{3}{x-3}$;

   Hauptnenner: $(x+1)(x-3)$
   Ausmultipliziert: $x^2 - 2x - 3$;
   Definitionsmenge: $\mathbb{R} \setminus \{-1\,;\,3\}$
   $4 = 2(x-3) + 3(x+1)$; $L = \left\{\frac{7}{5}\right\}$

4) $\frac{3x}{x-2} = \frac{6}{x-2} - 1$;

Hauptnenner: $x-2$;
Definitionsmenge: $\mathbb{R} \setminus \{2\}$
$3x = 6-(x-2)$
$x = 2$; $L = \{\,\}$, da 2 nicht in der Definitionsmenge enthalten ist.

5) $\frac{4x-2}{x-2} = \frac{3x}{x-2} + 1$;

Hauptnenner: $x-2$;
Definitionsmenge: $\mathbb{R} \setminus \{2\}$
$4x-2 = 4x-2$
Die Ausgangsgleichung ist allgemeingültig über $\mathbb{R} \setminus \{2\}$, d. h. $L = \mathbb{R} \setminus \{2\}$

6) $\frac{x-2}{x+2} + \frac{x+2}{x-2} = 4$;

Hauptnenner: $(x+2)(x-2)$;
Definitionsmenge: $\mathbb{R} \setminus \{-2\,;\,2\}$
Diese Gleichung führt nach Multiplikation mit dem Hauptnenner auf eine quadratische Gleichung (s. nächster Abschnitt)
$L = \{2\sqrt{3}\,;\,-2\sqrt{3}\}$

5. Quadratische Gleichungen

quadratische Gleichung

Jede *quadratische Gleichung* (Gleichung 2. Grades) läßt sich auf die Form $ax^2 + bx + c = 0$; $a \neq 0$ bringen.

5.1. Rein-quadratische Gleichung

rein-quadratische Gleichung

Kommt x nur in der 2. Potenz vor, so nennt man die Gleichung *rein-quadratisch*:
$ax^2 + c = 0$; $a \neq 0$; $G = \mathbb{R}$

Lösung: $ax^2 + c = 0 \Leftrightarrow x^2 = -\frac{c}{a} \Leftrightarrow |x| = \sqrt{-\frac{c}{a}}$

$\Leftrightarrow x = \sqrt{-\frac{c}{a}} \;\vee\; x = -\sqrt{-\frac{c}{a}}$ bzw.

$x_{1,2} = \pm \sqrt{-\frac{c}{a}}$

Existenz von Lösungen:

	Anzahl der Lösungen	
	reell	komplex
$-\frac{c}{a} > 0$	2	–
$-\frac{c}{a} = 0$	1	–
$-\frac{c}{a} < 0$	–	2

Existenz von Lösungen

Beispiele:
1) $4x^2 - 16 = 0 \,; G = \mathbb{R}$
   $\Leftrightarrow |x| = \sqrt{\frac{16}{4}} \Leftrightarrow x = 2 \lor x = -2 \,; L = \{2\,; -2\}$
2) $4x^2 = 0 \Leftrightarrow x = 0 \,; L = \{0\}$
3) $4x^2 + 15 = 0 \,; G = \mathbb{R}$
   $\Leftrightarrow |x| = \sqrt{-\frac{15}{4}} \,; L = \{\,\}$

5.2. Gemischt-quadratische Gleichung
Die Gleichung
$ax^2 + bx + c = 0 \,; a \neq 0 \,; b \neq 0$
nennt man *gemischt-quadratisch*.
Mit $p = \frac{b}{a}$ und $q = \frac{c}{a}$ erhält man die Normalform der gemischt-quadratischen Gleichung:
$x^2 + px + q = 0 \,; p \neq 0$

gemischt-quadratische Gleichung

Normalform

5.3. Lösungsverfahren für quadratische Gleichungen
[1] **Quadratische Ergänzung.** Die Lösung der Normalform der quadratischen Gleichung mit Hilfe der quadratischen Ergänzung:

$x^2 + px + q = 0 \Leftrightarrow x^2 + px + \left(\frac{p}{2}\right)^2 = -q + \left(\frac{p}{2}\right)^2 \,;$

$\left(\frac{p}{2}\right)^2$ heißt *quadratische Ergänzung*.

$\left|x + \frac{p}{2}\right| = \sqrt{-q + \left(\frac{p}{2}\right)^2}$, d. h.

$x_{1,2} = -\frac{p}{2} \pm \sqrt{-q + \frac{p^2}{4}} \,;$

quadratische Ergänzung

allgemeine Lösung der Normalform

Man nennt $-q + \frac{p^2}{4}$ Diskriminante D.

Diskriminante

Existenz von Lösungen

Existenz von Lösungen

	Anzahl der Lösungen	
	reell	komplex
$D > 0$	2	–
$D = 0$	1	–
$D < 0$	–	2

Beispiel:
(1) $x^2 + 8x + \frac{15}{4} = 0$

$x^2 + 8x + 4^2 = -\frac{15}{4} + 16$; quadr. Ergänzung

$|x + 4| = \frac{7}{2}$; $L = \left\{-\frac{1}{2}; -7\frac{1}{2}\right\}$.

(2) $x^2 + 7x + \frac{13}{4} = 0$; Für $p = 7$; $q = \frac{13}{4}$ erhält man nach der Formel:

$x_{1,2} = -\frac{7}{2} \pm \sqrt{-\frac{13}{4} + \frac{49}{4}}$; $L = \left\{-\frac{1}{2}; -6\frac{1}{2}\right\}$.

Bei der Lösung der gemischt-quadratischen Gleichung formt man auf die Normalform um und erhält die Lösung:

allgemeine Lösung

$$x = -\frac{p}{2} + \sqrt{\left(\frac{p}{2}\right)^2 - q} \lor x = -\frac{p}{2} - \sqrt{\left(\frac{p}{2}\right)^2 - q} \text{ bzw.}$$

$$x_1 = \frac{-b + \sqrt{b^2 - 4ac}}{2a} \qquad x_2 = \frac{-b - \sqrt{b^2 - 4ac}}{2a}$$

[2] **Satz von Vieta.** x_1 und x_2 sind genau dann die Lösungen der Gleichung $x^2 + px + q = 0$, wenn gilt:

Satz von Vieta

$$x_1 x_2 = q \land -(x_1 + x_2) = p$$

Beispiel: $x^2 + 7x + 12 = 0$. Da 12 das Produkt der Lösungen sein muß, betrachtet man die ganzzahligen multiplikativen Zerlegungen $12 = x_1 x_2$. Wenn ein Paar $(x_1; x_2)$ auftritt, für das $-(x_1 + x_2) = 7$ gilt, so sind die Lösungen gefunden. Eine Tabelle erleichtert die Rechnung.

x_1	1	2	3	–3
x_2	12	6	4	–4
$-(x_1 + x_2)$	–13	–8	–7	+7

$L = \{-3, -4\}$

[3] Linearfaktorzerlegung

Sind x_1 und x_2 Lösungen der Gleichung $x^2 + px + q = 0$, so läßt sich die Gleichung mit Linearfaktoren schreiben:

$$x^2 + px + q = (x - x_1) \cdot (x - x_2) = 0$$

Linearfaktorzerlegung

Beispiel: $x^2 - \frac{14}{3}x - \frac{5}{3} = 0$; $x_1 = 5$

$x^2 - \frac{14}{3}x - \frac{5}{3} = (x - 5) \cdot (x - x_2)$; $L = \left\{5; -\frac{1}{3}\right\}$

Die Probe bestätigt das Ergebnis.

[4] Graphische Lösung.

Graphische Lösung

1. *Verfahren:*

$ax^2 + bx + c = 0 \Leftrightarrow ax^2 + bx + c = y \wedge y = 0$

Der Graph der Funktion $f: x \to ax^2 + bx + c$; $x \in \mathbb{R}$ ist eine Parabel (↑ S. 372) mit Scheitel S:

$$S\left(-\frac{b}{2a}; \frac{4ac - b^2}{4a}\right).$$

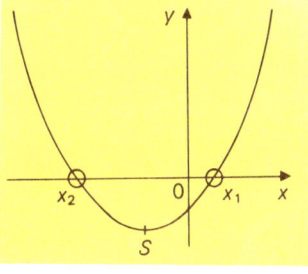

Die x-Koordinaten der Schnittpunkte mit der x-Achse liefern die Lösungen x_1 und x_2.

2. *Verfahren:*

$ax^2 + bx + c = 0 \Leftrightarrow x^2 = -\frac{b}{a} \cdot x - \frac{c}{a} \Leftrightarrow$

$x^2 = y \wedge y = -\frac{b}{a} \cdot x - \frac{c}{a}.$

Graphische Lösung

Die Abszissen der Schnittpunkte der Graphen von $f: x \to x^2$ und $f: x \to -\frac{b}{a} \cdot x - \frac{c}{a}$ liefern die Lösungen.

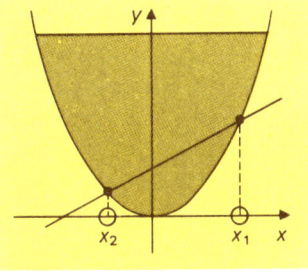

Benutzt man eine Schablone der Normalparabel, so hat man lediglich die Gerade zu zeichnen und die Schablone wie in der Abbildung anzulegen.

Das zweite Verfahren der graphischen Lösung ist besonders geeignet, sich einen Überblick über das Lösungsverhalten der Gleichung zu verschaffen; es liefert schnell Näherungswerte.

[5] Lösung mit dem Taschenrechner (ALH-System)

Bei der Lösung der gemischt quadratischen Gleichung nach der Lösungsformel (↑ S. 210) ist zweimal dieselbe Quadratwurzel zu bestimmen. Sobald die Quadratwurzel zum ersten Mal auftritt, wird sie eingespeichert und bei der Berechnung von x_2 aus dem Speicher zurückgerufen.

Beispiele:
1) $36x^2 - 47x + 15 = 0$

$$x_1 = \frac{47 + \sqrt{47^2 - 4 \cdot 36 \cdot 15}}{2 \cdot 36}; \quad x_2 = \frac{47 - \sqrt{47^2 - 4 \cdot 36 \cdot 15}}{2 \cdot 36}$$

Zur Berechnung von x_1 ergibt sich die Befehlsfolge:

$[(]\,47\,[+]\,[(]\,47\,[x^2]\,[-]\,4\,[\times]\,36\,[\times]\,15\,[)]\,[\sqrt{\ }]\,[STO]\,[)]\,[\div]$
$2\,[\div]\,36\,[=]$

Zur Berechnung von x_2:

$[(]\,47\,[-]\,[RCL]\,[)]\,[\div]\,2\,[\div]\,36\,[=]$

Die Lösungen sind $x_1 = 0{,}75 = \frac{3}{4}$; $x_2 = 0{,}5555555 = \frac{5}{9}$

2) $22x^2 - 21x + 16 = 0$
Zur Lösung ergibt sich als Befehlsfolge:
$[(]\,21\,[+]\,[(]\,21\,[x^2]\,[-]\,4\,[\times]\,22\,[\times]\,16\,[)]\,[\sqrt{\ }]$ hier muß die Befehlsfolge abgebrochen werden, da das Anzeigeregister ein Überschreitungssymbol zeigt, d. h. die quadratische Gleichung besitzt keine Lösung in $\mathbb{R}$

6. Gleichungen höheren Grades

6.1. Allgemeine Eigenschaften

Gleichung n-ten Grades

algebraische Gleichung

Polynom
Wurzel des Polynoms

[1] **Polynom.** Eine Gleichung der Form
$$a_0 x^n + a_1 x^{n-1} + \ldots + a_n = 0; n \in \mathbb{N}; a_0 \neq 0$$
nennt man eine Gleichung *n-ten Grades* oder allgemein *algebraische Gleichung* über dem Körper der komplexen Zahlen.
Bezeichnet man die linke Seite mit $p(x)$ (*Polynom*), dann nennt man eine Lösung der Gleichung $p(x) = 0$ *Wurzel des Polynoms* $p(x)$.
Ist $p(x)$ durch $(x - \xi_1)^k$, aber nicht mehr durch $(x - \xi_1)^{k+1}$ teilbar, so nennt man ξ_1 eine *k*-fache Wurzel der Gleichung $p(x) = 0$.

Beispiel: $3x^4 - 21x^3 + 48x^2 - 36x = 0$.
Da $3x^4 - 21x^3 + 48x^2 - 36x = 3x(x-2)^2(x-3)$, nennt man 2 eine zweifache, 3 und 0 jeweils einfache Wurzel der Gleichung.

[2] Fundamentalsatz der Algebra. Jede Gleichung n-ten Grades, deren Koeffizienten a_i reelle oder komplexe Zahlen sind, besitzt n reelle oder komplexe Wurzeln, wobei die k-fachen Wurzeln k mal gezählt werden. Sind die Wurzeln von $p(x)$ gleich $\xi_1; \xi_2; \xi_3; \ldots$ mit jeweils den Vielfachen $k; l; m; \ldots$, so ist:

$$p(x) = (x - \xi_1)^k (x - \xi_2)^l (x - \xi_3)^m \ldots$$

Fundamentalsatz der Algebra

[3] Vietascher Wurzelsatz. Sind $x_1; x_2; \ldots; x_n$ die n Wurzeln der Gleichung $x^n + a_1 x^{n-1} + \ldots + a_n = 0$, so gilt:

Vietascher Wurzelsatz

$$x_1 + x_2 + \ldots + x_n = \sum_{i=1}^{n} x_i = -a_1$$

$$x_1 x_2 + x_1 x_3 + \ldots + x_{n-1} x_n = \sum_{\substack{i,j=1; i<j}}^{n} x_i x_j = +a_2$$

$$x_1 x_2 x_3 + x_1 x_2 x_4 + \ldots + x_{n-2} x_{n-1} x_n = \sum_{\substack{i,j,k=1 \\ i<j<k}}^{n} x_i x_j x_k = -a_3$$

$$\ldots \ldots \ldots \ldots \ldots \ldots \ldots \ldots \ldots \ldots \ldots \ldots \ldots$$

$$x_1 x_2 \ldots x_n = (-1)^n \cdot a_n$$

Beispiel: Gesucht ist eine Gleichung 4. Grades, deren Lösungen gegeben sind: $x_1 = 0$; $x_2 = 2$; $x_3 = 2$; $x_4 = 3$. Mit dem Vietaschen Wurzelsatz findet man:

$$0 + 2 + 2 + 3 = -a_1; \quad a_1 = -7$$
$$0 \cdot 2 + 0 \cdot 2 + 0 \cdot 3 + 2 \cdot 2 + 2 \cdot 3 + 2 \cdot 3 = +a_2; \quad a_2 = +16$$
$$0 \cdot 2 \cdot 2 + 0 \cdot 2 \cdot 3 + 2 \cdot 2 \cdot 3 = -a_3; \quad a_3 = -12$$
$$0 \cdot 2 \cdot 2 \cdot 3 = (-1)^4 a_4; \quad a_4 = 0$$

Gesuchte Gleichung: $x^4 - 7x^3 + 16x^2 - 12x = 0$

5.2. Gleichung n-ten Grades mit reellen Koeffizienten

[1] Reelle Lösungen. Jede Gleichung ungeraden Grades mit reellen Koeffizienten hat stets mindestens eine reelle Lösung.

reelle Lösungen Existenz reeller

Beispiel: $x^3 + 16x - 3x^2 - 48 = 0$. Durch Probieren gewinnt man eine Lösung $x_1 = 3$. Damit ist
$x^3 + 16x - 3x^2 - 48 = (x-3)(x^2+16) = 0$.
Die beiden anderen Lösungen erhält man aus $x^2 + 16 = 0$; sie sind konjugiert komplex:
$x_2 = 4\sqrt{-1}$; $x_3 = -4\sqrt{-1}$. In $\mathbb{R}$ existiert also nur eine Lösung.

Satz von Descartes

[2] Anzahl der positiven reellen Wurzeln.
Satz von Descartes. Die Anzahl der positiven Wurzeln der Gleichung $p(x) = 0$ ist nicht größer als die Anzahl der Vorzeichenwechsel in der Folge der Koeffizienten von $p(x)$ und kann sich von dieser nur um eine gerade Zahl unterscheiden. (Dasselbe gilt für die Anzahl der negativen Wurzeln.)

Beispiel: Die Koeffizienten von $x^3 - 2x^2 + 2x - 4 = 0$ haben nacheinander die Vorzeichen $+$; $-$; $+$; $-$; d. h. das Vorzeichen wechselt dreimal. Die Gleichung hat entweder drei oder eine positive Wurzel. Ersetzt man x durch $-x$, so wechseln auch die Wurzeln der Gleichung ihre Vorzeichen:
$-x^3 - 2x^2 - 2x - 4 = 0$, d. h. die Gleichung hat keine negativen Wurzeln.

6.3. Lösung der Gleichung n-ten Grades
Für $n > 4$ ist eine Gleichung n-ten Grades im allgemeinen nur angenähert lösbar. Allerdings werden in der Praxis auch Gleichungen 3. und 4. Grades näherungsweise gelöst, da das explizite Verfahren zur Bestimmung der Lösungen von Gleichungen 3. und 4. Grades umständlich ist.

Gleichung mit ganzzahligen Koeffizienten

[1] Gleichungen n-ten Grades mit ganzzahligen Koeffizienten. Eine Gleichung der Form
$$x^n + a_1 x^{n-1} + \ldots + a_n = 0 \,;\, a_i \in \mathbb{Z} \,;\, a_n \neq 0$$
hat nur ganzzahlige, irrationale oder komplexe Lösungen. Das absolute Glied (a_n) muß unter seinen ganzzahligen Teilern auch die ganzzahligen Lösungen enthalten.

Beispiel: $x^4 - 31x^2 + 42x + 72 = 0$. Die Teiler von 72 sind ± 1; ± 2; ± 3; ± 4; ± 6; ± 8; ± 9; ± 12; ± 18; ± 24; ± 36; ± 72. Wenn eine ganzzahlige Lösung existiert, so muß diese unter den Teilern zu finden sein. Durch Probieren findet man: $x_1 = 4$ usw.

$x^4 - 31x^2 + 42x + 72 = (x-4)(x-3)(x+1)(x+6)$. D. h. die gegebene Gleichung hat die Lösungsmenge $L = \{4\,;3\,;-1\,;-6\}$. Darin gibt es nur Teiler von 72.

[2] Näherungslösungen. Die Berechnung der Wurzeln zerfällt in zwei Teile:
(1) Bestimmung grober Näherungswerte für die Wurzeln durch Überschlagsrechnung.
(2) Verfeinerung der gefundenen groben Näherungswerte.

Näherungslösungen

Der Prozeß der schrittweisen Näherung ermöglicht die Bestimmung der Wurzeln mit beliebiger Genauigkeit.

[3] Regula falsi. Setzt man $f(x) = x^n + a_1 x^{n-1} + \ldots + a_n$, so liegt im Intervall $[a\,;b]$ wenigstens eine Wurzel der Gleichung $f(x) = 0$, wenn $f(x)$ stetig (↑ S. 388) und $f(a)$ und $f(b)$ verschiedene Vorzeichen haben. Durch Probieren läßt sich stets ein hinreichend kleines Intervall finden, in dem nur eine Wurzel liegt.

Regula falsi

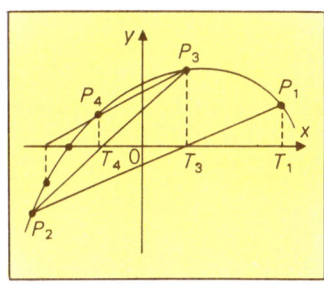

$P_1(x_1\,;y_1)$ und $P_2(x_2\,;y_2)$ sind zwei Kurvenpunkte in der Nähe von P_0. Die Sekante $P_1 P_2$ schneidet die x-Achse in $T_3(x_3\,;0)$. Es gilt:

$$x_3 = x_2 - \frac{y_2}{m_{12}}\,;\ m_{12} = \frac{y_1 - y_2}{x_1 - x_2}$$

Um sich noch mehr dem Punkt P_0 zu nähern, wiederholt man den Vorgang mit P_2 und P_3 und erhält (↑ Abb.):

$$x_4 = x_3 - \frac{y_3}{m_{23}}\,;\ m_{23} = \frac{y_2 - y_3}{x_2 - x_3}.$$

Näherungslösung

Allgemein: $x_{i+2} = x_{i+1} - \frac{y_{i+1}}{m_{i,i+1}}\,;\quad m_{i,i+1} = \frac{y_i - y_{i+1}}{x_i - x_{i+1}}$

[4] Lösung mit dem Taschenrechner (ALH-System)
Die Berechnung einer Näherungslösung einer Gleichung 3. oder höheren Grades kann z. B. mit der Regula falsi (↑ S. 215) erfolgen. Danach sind 4 Größen (y_i, y_{i+1}, $m_{i,i+1}$, x_{i+2}) zu bestimmen, d. h. dem Taschenrechner (1 Speicher, Klammerntasten) sind solange 4 Befehlsfolgen einzugeben, bis $y_i \approx y_{i+1}$ ist.

Beispiel: $\frac{1}{4} x^3 - 2x^2 + x + \frac{1}{3} = 0$. Um eine Lösung zu finden, betrachtet man $f : x \rightarrow \frac{1}{4} x^3 - 2x^2 + x + \frac{1}{3}$ im Intervall $[-3 ; 0]$. f ist stetig und $f(-3)$ und $f(0)$ haben verschiedene Vorzeichen, wie eine Überschlagsrechnung zeigt. Also besitzt die Funktion in $[-3 ; 0]$ eine Nullstelle.

Befehlsfolge: x_i wird gespeichert;

$\boxed{((}\ \boxed{(}\ 4\ \boxed{1/x}\ \boxed{\times}\ x_i\ \boxed{STO}\ \boxed{-}\ 2\ \boxed{)}\ \boxed{\times}\ \boxed{RCL}$
$\boxed{+}\ 1\ \boxed{)}\ \boxed{\times}\ \boxed{RCL}\ \boxed{+}\ 3\ \boxed{1/x}\ \boxed{=}$

Ergebnis: y_i

$$y_{i+1} = f(x_{i+1}) = \frac{1}{4} x_{i+1}^3 - 2x_{i+1}^2 + x_i + \frac{1}{3}$$

Befehlsfolge:
wie oben, dabei ist x_i durch x_{i+1} zu ersetzen.

$$m_{i,i+1} = \frac{y_i - y_{i+1}}{x_i - x_{i+1}}$$

Befehlsfolge:

$\boxed{(}\ y_i\ \boxed{-}\ y_{i+1}\ \boxed{)}\ \boxed{\div}\ \boxed{(}\ x_i\ \boxed{-}\ x_{i+1}\ \boxed{)}\ \boxed{=}$

Ergebnis: $m_{i,i+1}$, als gespeicherter Wert kann er bei der nächsten Befehlsfolge verwandt werden, ohne ihn neu eintippen zu müssen.

$$x_{i+2} = x_{i+1} - \frac{y_{i+1}}{m_{i,i+1}}$$

Befehlsfolge:
$x_{i+1}\ \boxed{-}\ y_{i+1}\ \boxed{\div}\ m_{i,i+1}\ \boxed{=}$

Ergebnis: x_{i+2}; das ist genau dann eine Näherungslösung, wenn $y_i \approx y_{i+1}$.

i	x_i	x_{i+1}	y_i	y_{i+1}	$m_{i,i+1}$	x_{i+2}
1	−3,00000	0,00000	−27,41666	0,33333	9,25000	−0,03604
2	0,00000	−0,03604	0,33333	0,29469	1,07240	−0,31083
3	−0,03604	−0,31083	0,29469	0,17824	1,72101	−0,20727
4	−0,31083	−0,20727	−0,17824	0,03792	2,08719	−0,22544
5	−0,20727	−0,22544	0,03792	0,00339	1,90053	−0,22722
6	−0,22544	−0,22722	0,00339	−0,00008	1,94373	−0,22718
7	−0,22722	−0,22718	−0,00008	0,00000	1,94751	−0,22718
8	−0,22718	−0,22718	0,00000	0,00000		

Die mit einem Taschenrechner durchgeführte Rechnung zeigt, daß eine Näherungslösung (auf 4 Stellen hinter dem Komma genau) −0,22718 ist.

[5] Newtonsches Näherungsverfahren. Ist x_0 Näherungslösung von $f(x) = 0$, so wählt man als bessere Näherung:

$$x_1 = x_0 - \frac{f(x_0)}{f'(x_0)}$$

Mit x_1 verfährt man ebenso wie mit x_0 usw. Allgemein:

$$x_{i+1} = x_i - \frac{f(x_i)}{f'(x_i)}$$

Das Newtonsche Näherungsverfahren bedeutet geometrisch ein Ersetzen der Kurve durch deren Tangente im Punkt mit der Abszisse x_0 (Abb.)

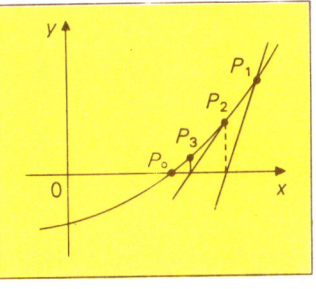

Lösung mit dem Taschenrechner (ALH-System)

Man berechnet $f'(x_i)$, speichert diesen Wert und dividiert dann den Funktionswert $f(x_i)$ durch den negativen Speicherinhalt. Addiert man dann zum Quotienten x_i, so ergibt sich x_{i+1}.

Beispiel: Zur Berechnung einer weiteren Nullstelle von
$$f(x) = \tfrac{1}{4}x^3 - 2x^2 + x + \tfrac{1}{3} = ((\tfrac{1}{4}x - 2)x + 1)x + \tfrac{1}{3}$$
(↑ S 216) nach dem Newton-Verfahren berechnet man:
$$f'(x) = \tfrac{3}{4}x^2 - 4x + 1 = (\tfrac{3}{4}x - 4)x + 1$$

Dann rechnet man dies mit dem Taschenrechner durch.
Befehlsfolge für $f'(x_i)$:

[(] x_i [STO] [×] 3 [÷] 4 [−] 4 [)] [×] [RCL] [+] 1 [=]↓

Ausgegebener Wert für $f'(x_i)$

Befehlsfolge für $f(x_i)$ und x_{i+1}:

[(] [(] [RCL] [÷] 4 [−] 2 [)] [×] [RCL] [+] 1 [)] [×] [RCL]
[+] 3 [1/x] [=] [÷] [[f'(x)]] [+/−] [+] [RCL] [=]

i	x_i	y_i	y'_i	y/y'
0	2,00000	−3,66666	−4,00000	0,91666
1	1,08333	−0,61270	−2,45312	0,24976
2	0,83356	−0,07797	−1,81314	0,04300
3	0,79056	−0,00256	−1,69351	0,00151
4	0,78905	−0,00000	−1,68925	0,00000

Eine Näherungslösung ist 0,78905

Funktionen und Relationen

1. Funktionen

1.1. Definition

[1] Funktion. Gegeben seien die Mengen A und B. Ist jedem Element $x \in A$ eindeutig ein Element $y \in B$ zugeordnet, so nennt man die Menge

$$\{(x;y) \mid x \in A \text{ ist ein } y \in B \text{ eindeutig zugeordnet}\}_{A \times B}$$

Funktion

eine *Funktion* von A in B.

Zur Bezeichnung von Funktionen wählt man kleine Buchstaben $f; g; h; \ldots$.
Im Pfeildiagramm erkennt man eine Funktion daran, daß von jedem Element der Menge A genau ein Pfeil ausgeht, der bei einem Element aus B endet.

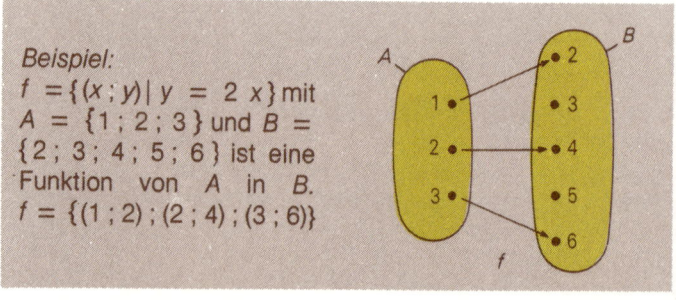

Beispiel:
$f = \{(x;y) \mid y = 2x\}$ mit
$A = \{1; 2; 3\}$ und $B = \{2; 3; 4; 5; 6\}$ ist eine Funktion von A in B.
$f = \{(1;2); (2;4); (3;6)\}$

Definitionsbereich
Argumente
Zielmenge

[2] Definitions- und Wertebereich. Ist f eine Funktion von der Menge D in die Menge B, so nennt man D den *Definitionsbereich* von f, die Elemente aus D heißen *Argumente*. Die Menge B heißt *Zielmenge*.

Funktionswert

Ist $(x;y) \in f$, so heißt die dem Argument x eindeutig zugeordnete zweite Koordinate y *Funktionswert* von x. Man schreibt $y = f(x)$ [gelesen: y gleich f von x].

Wertebereich

Die Menge aller Funktionswerte heißt *Wertebereich* W der Funktion. Es ist $W = \{f(x) \mid x \in D\}$.

Beispiel: Für die auf S. 218 dargestellte Funktion *f* gilt: Der Definitionsbereich von *f* enthält 3 Argumente:
$D = \{1; 2; 3\}$
Die zugehörigen Funktionswerte sind
$f(1) = 2; f(2) = 4$ und $f(3) = 6$.
Der Wertebereich ist
$W = \{2; 4; 6\}$.

[3] Zuordnungsvorschrift. Es seien *f* eine Funktion und *D* ihr Definitionsbereich. Wenn für alle $x \in D$ eine Vorschrift zur Bildung der zugehörigen Funktionswerte $f(x)$ besteht, nennt man $x \rightarrow f(x)$ [gelesen: x Pfeil f von x] die *Zuordnungsvorschrift* der Funktion *f*. Zusammen mit der Funktionsbezeichnung *f* und dem Definitionsbereich *D* wird die Funktion vollständig angegeben durch

$$f: x \rightarrow f(x), x \in D$$

Zuordnungsvorschrift

Beispiele: 1) $f: x \rightarrow 3x - 2, x \in \{-1; 0; 2; 4\}$ hat die Funktionswerte $f(-1) = -5; f(0) = -2; f(2) = 4$ und $f(4) = 10$. Es ist $W = \{-5; -2; 4; 10\}$.
2) $g: x \rightarrow x^2; x \in \{-2; 0; 1; 2\}$ hat die Funktionswerte $g(-2) = 4; g(0) = 0; g(1) = 1$ und $g(2) = 4$. Also ist $W = \{0; 1; 4\}$.

[4] Funktionsgleichung. Sei $f: x \rightarrow f(x), x \in D$ eine Funktion. Es ist

$(x; y) \in f \quad \Leftrightarrow \quad x \in D$ und $y = f(x)$

Da $f(x)$ von *x* gemäß der Zuordnungsvorschrift $x \rightarrow f(x)$ abhängt, heißen *y abhängige Variable* und *x unabhängige Variable*; $f(x)$ heißt *Funktionsterm*. Die Gleichung $y = f(x)$ heißt *Funktionsgleichung*. Häufig wird eine Funktion durch ihre Funktionsgleichung beschrieben.

abhängige, unabhängige Variable
Funktionsterm
Funktionsgleichung

Beispiel: $f: x \rightarrow x^2 - 1, x \in \mathbb{R}$ hat die Funktionsgleichung $y = x^2 - 1$.

[5] Graph einer Funktion. Ist *f* eine Funktion, so kann jedem Paar $(x; y) \in f$ umkehrbar eindeutig ein Punkt $P(x; y)$ in einem Koordinatensystem zugeordnet werden. Die Darstellung von *f* als Punktmenge im Koordinatensystem heißt *Graph* der Funktion *f* bzw. *Schaubild* der Funktion *f*.

Graph
Schaubild

Beispiele:

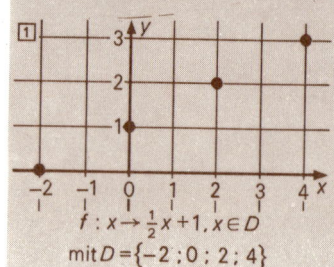
$f: x \to \frac{1}{2}x + 1, x \in D$
mit $D = \{-2; 0; 2; 4\}$

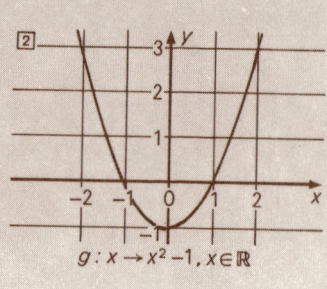
$g: x \to x^2 - 1, x \in \mathbb{R}$

1.2. Lineare Funktionen

lineare Funktion

[1] Eine **lineare Funktion** hat die Zuordnungsvorschrift
$$f: x \to m \cdot x + n; x \in \mathbb{R}$$
d. h. die Funktionsgleichung $y = m \cdot x + n$.

Beispiele: 1) $f: x \to \frac{1}{2} \cdot x + 1$ mit $m = \frac{1}{2}; n = 1$
2) $f: x \to 2 \cdot x$ mit $m = 2; n = 0$.

Graph einer linearen Funktion

[2] **Graph der linearen Funktion.** Der *Graph einer linearen Funktion* ist eine Gerade, die die y-Achse im Punkt (0; n) schneidet und die Steigung *m* besitzt. Dabei ist die Steigung definiert als Quotient $\frac{\Delta y}{\Delta x}$ († ③ und ④).

Beispiele:

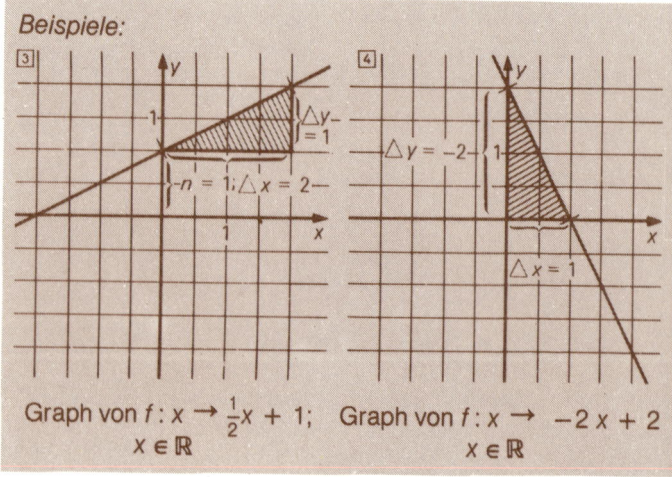

Graph von $f: x \to \frac{1}{2}x + 1$;   Graph von $f: x \to -2x + 2$
$\quad\quad x \in \mathbb{R}$ $\quad\quad\quad\quad\quad\quad\quad\quad x \in \mathbb{R}$

Bei negativem n schneidet die Gerade die y-Achse unterhalb des Koordinatenursprungs; bei negativer Steigung m fällt die Gerade mit wachsenden x-Werten (d. h. nach rechts hin).

[3] **Sonderfälle.** Bei der Funktion $f: x \to x$ spricht man von der *identischen Funktion*; ihr Graph ist die Diagonale des 1. und 3. Quadranten des Koordinatensystems (Abb. 1). *identische Funktion*
Jede Parallele zur x-Achse hat die Funktionsgleichung $y = c$ mit $c \in \mathbb{R}$; die x-Achse hat die Gleichung $y = 0$. Man spricht hier von einer *konstanten Funktion* (Abb. 2). *konstante Funktion*

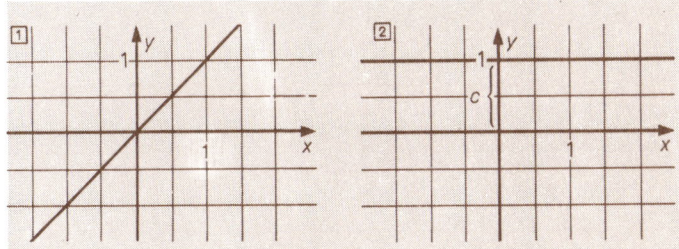

Tabelle spezieller stückweiser linearer Funktionen

Name und Graph	Zuordnungsschrift Definitions- und Wertebereich	Eigenschaften
Betragsfunktion	$f: x \to |x|$ mit $|x| = \begin{cases} x & \text{für } x > 0 \\ 0 & \text{für } x = 0 \\ -x & \text{für } x < 0 \end{cases}$ $D = \mathbb{R}; W = \mathbb{R}_0^+$	Symmetrie bezüglich der y-Achse; »Spitze« in $(0;0)$; dort stetig (↑ S. 388), aber nicht differenzierbar (↑ S. 392).
Signumfunktion	$f: x \to \text{sign } x$ mit $\text{sign } x = \begin{cases} 1 & \text{für } x > 0 \\ 0 & \text{für } x = 0 \\ -1 & \text{für } x < 0 \end{cases}$ $D = \mathbb{R}; W = \{-1, 0, 1\}$	Symmetrie bezüglich des Nullpunktes; »Sprungstelle« und damit unstetig bei $x_0 = 0$ (↑ S. 391).
Heavyside-Funktion	$f: x \to H(x)$ mit $H(x) = \begin{cases} 1 & \text{für } x > 0 \\ 0 & \text{für } x \leq 0 \end{cases}$ $D = \mathbb{R}; W = \{0, 1\}$	Unstetigkeitsstelle (↑ S. 391). bei $x_0 = 0$, da dort eine Sprungstelle ist.

Name und Graph	Zuordnungsschrift Definitions- und Wertebereich	Eigenschaften
Knickfunktion	$f: x \to k \cdot (x + |x|)$ mit $k \in \mathbb{R}$ $D = \mathbb{R}; W = \mathbb{R}_0^+$	Diese Funktion ist in $x_0 = 0$ stetig, aber nicht differenzierbar (↑ S. 393).
Gauß-Funktion	$f: x \to [x]$ mit $[x] = \begin{cases} x \text{ für } x \in \mathbb{Z} \\ \text{die nächstkleinere ganze Zahl} \\ \dots \\ x \text{ für } x \in \mathbb{Z} \end{cases}$ $D = \mathbb{R}; W = \mathbb{Z}$	Die Gauß-Funktion (bzw. Gaußklammerfunktion) besitzt unendlich viele Sprungstellen (für alle $x \in \mathbb{Z}$)

1.3. Quadratische Funktionen

reinquadratische Funktion

[1] Reinquadratische Funktion. Die *reinquadratische Funktion* hat die Zuordnungsvorschrift

$$f: x \to x^2 ; x \in \mathbb{R},$$

d. h. die Funktionsgleichung $y = x^2$.

Normalparabel

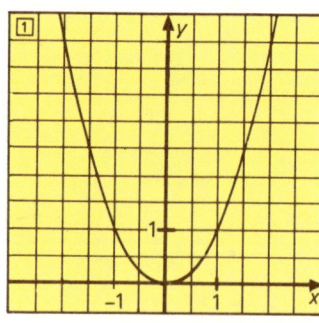

Der Graph ist die sogenannte *Normalparabel*, deren Scheitelpunkt S im Nullpunkt (0 ; 0) liegt.
Sie ist symmetrisch bezüglich der y-Achse (Gleichung der Symmetrieachse $x = 0$) und für $x < 0$ monoton fallend, für $x > 0$ monoton steigend (↑ 1).

Wertetabelle

x	-3	-2	-1	0	1	2	3
y	9	4	1	0	1	4	9

normierte quadratische Funktion

[2] Normierte quadratische Funktion. Eine *normierte quadratische Funktion* besitzt die Zuordnungsvorschrift

$$f: x \to x^2 + p \cdot x + q; \qquad x \in \mathbb{R},$$

d. h. die Funktionsgleichung $y = x^2 + p \cdot x + q$ mit $p; q \in \mathbb{R}$

Der Graph einer normierten quadratischen Funktion ist eine Parabel, deren Lage durch die Koeffizienten p und q ihrer Funktionsgleichung festgelegt wird.

Scheitelpunktskoordinaten: $S\left(-\frac{p}{2}; q - \frac{p^2}{4}\right)$

Scheitelpunkt

Die durch S gehende *Symmetrieachse* der Parabel hat die Gleichung $x = -\frac{p}{2}$.

Beispiele:
1) Bei der Funktion mit $f: x \to x^2 - 3$ ist $p = 0$; $q = -3$. Der Scheitelpunkt S (0; −3) liegt auf der y-Achse, die auch die Symmetrieachse ist (Abb. [1]).

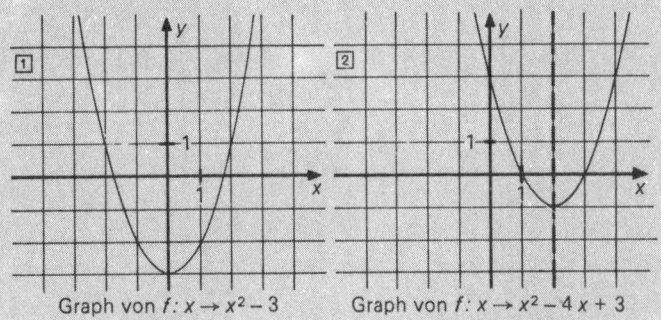

Graph von $f: x \to x^2 - 3$ Graph von $f: x \to x^2 - 4x + 3$

2) Bei der Funktion mit $f: x \to x^2 - 4 \cdot x + 3$ ist $p = -4$, $q = 3$. Der Scheitelpunkt hat die Koordinaten S (2; −1); die Gerade mit $x = 2$ ist die Symmetrieachse der Parabel (Abb. [2]).

[3] **Eine allgemeine quadratische Funktion** hat die Zuordnungsvorschrift

$$f: x \to a \cdot x^2 + b \cdot x + c; \quad x \in \mathbb{R},$$

d. h. die Funktionsgleichung $y = a \cdot x^2 + b \cdot x + c$ mit $a, b, c \in \mathbb{R}$ und $a \neq 0$.

allgemeine quadratische Funktion

Der Graph der allgemeinen quadratischen Funktion ist eine Parabel, deren *Öffnung* von dem Koeffizienten a abhängt.

Scheitelpunktskoordinaten: $S\left(-\frac{b}{2a}; c - \frac{b^2}{4a}\right)$

Scheitelpunkt

Die durch S gehende *Symmetrieachse* der Parabel hat die Gleichung $x = -\frac{b}{2a}$.

Beispiele:

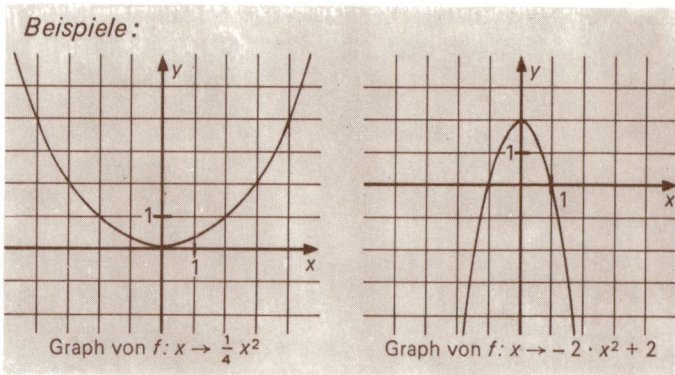

Graph von $f: x \to \frac{1}{4} x^2$ Graph von $f: x \to -2 \cdot x^2 + 2$

Nullstellen der quadratischen Funktion

Die Bestimmung der *Nullstellen der quadratischen Funktionen* erfolgt über die Lösung der quadratischen Gleichung $a \cdot x^2 + b \cdot x + c = 0$ (↑ S. 208).

1.4. Kubische Funktionen

[1] *Durch die Zuordnungsvorschrift*

$$f: x \to x^3; \quad x \in \mathbb{R}$$

kubische Funktion

erhält man eine *kubische Funktion* mit der Funktionsgleichung $y = x^3$, deren Graph *kubische Normalparabel* heißt.

Wertetabelle

x	−3	−2	−1	0	1	2	3
y	−27	−8	−1	0	1	8	27

Graph:

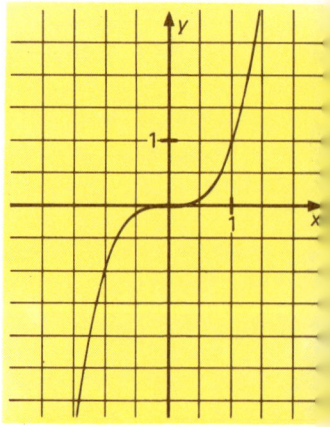

kubische Normalparabel

Die kubische Normalparabel ist punktsymmetrisch zum Ursprung und über ihren ganzen Definitionsbereich streng monoton steigend.
Der Punkt (0; 0), in dem die Rechtskrümmung (↑ S. 400) des Graphen in eine Linkskrümmung übergeht, heißt *Wendepunkt* (↑ S. 400) der kubischen Parabel.

[2] Eine *allgemeine kubische Funktion* hat als Zuordnungsvorschrift

$$f: x \to a \cdot x^3 + b \cdot x^2 + c \cdot x + d; \quad x \in \mathbb{R},$$

d. h. ein Polynom (↑ S. 212) dritten Grades
$y = a \cdot x^3 + b \cdot x^2 + c \cdot x + d$ mit $a; b; c; d \in \mathbb{R}$
als Funktionsgleichung.
Ihr Graph ist eine *Parabel dritten Grades*, deren Form und Lage durch die Koeffizienten $a; b; c; d$ bestimmt wird.

Beispiel:

Die allgemeine kubische Funktion besitzt höchstens drei Nullstellen (↑ S. 156), höchstens zwei Extremwerte (↑ S. 398) zwischen den Nullstellen und genau einen Wendepunkt (↑ S. 400).

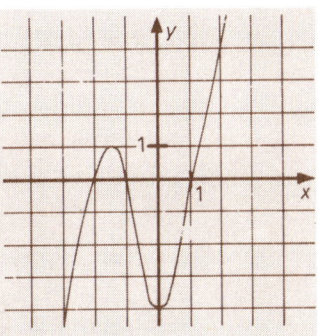

1.5. Rationale und nichtrationale Funktionen

[1] **Ganzrationale Funktionen.** Eine Funktion mit der Zuordnungsvorschrift:

$$f: x \to a_n x^n + a_{n-1} x^{n-1} + a_{n-2} x^{n-2} + \ldots + a_1 x + a_0 = p(x),$$

d. h. mit einem Polynom $p(x)$ n-ten Grades mit reellen Koeffizienten $a_n; a_{n-1}; \ldots; a_0$ in der Funktionsgleichung $y = p(x)$ nennt man eine *ganzrationale Funktion* bzw. *Polynomfunktion*.
Die linearen (↑ S. 200), quadratischen (↑ S. 222) und kubischen Funktionen (↑ S. 224) gehören zu den ganzrationalen Funktionen. Die Funktionsgleichung wird hierbei durch einen Term angegeben, in dem endlich viele rationale Rechenoperationen (Addition, Subtraktion, Multiplikation, Division) vorkommen.

Beispiele:
1) $f: x \to 2 \cdot x^4 + \frac{1}{2} \cdot x^3 - 0{,}35 \cdot x^2 + 56 \cdot x - 1; x \in \mathbb{R}$ ist eine ganzrationale Funktion 4. Grades.
2) $f: x \to -3x^2 + x - 16; x \in \mathbb{R}$ ist eine ganzrationale Funktion zweiten Grades (quadratische Funktion, ↑ S. 222).

Der Definitionsbereich einer ganzrationalen Funktion ist $\mathbb{R}$; sie ist in ganz $\mathbb{R}$ stetig (↑ S. 398) und beliebig oft differenzierbar (↑ S. 392).

Eine ganzrationale Funktion n-ten Grades ($n > 0$) besitzt höchstens n verschiedene reelle Nullstellen, höchstens $n-1$ verschiedene Extremwerte (↑ S. 398) und höchstens $n-2$ Wendepunkte (↑ S. 400).

Horner-Schema

Die Berechnung von Funktionswerten ganzrationaler Funktionen erfolgt i. a. günstig über das *Horner-Schema*. Das Polynom wird dazu umgeformt.

$ax^2 + bx + c = (ax + b)x + c$
$a_3x^3 + a_2x^2 + a_1x + a_0 = ((a_3x + a_2)x + a_1)x + a_0$
$a_nx^n + a_{n-1}x^{n-1} + \ldots + a_1x + a_0 = (((\ldots(a_nx + a_{n-1})x + a_{n-2})x + \ldots + a_1)x + a_0$

Bei Taschenrechnern mit ALH (S. 36) müssen die Klammern gesetzt werden, bei Taschenrechnern mit AL ist dies nicht notwendig.

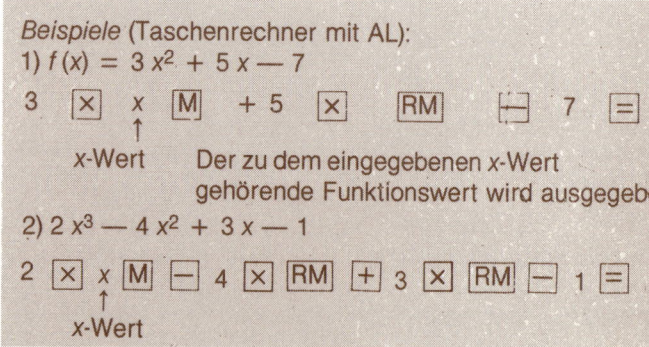

Beispiele (Taschenrechner mit AL):
1) $f(x) = 3x^2 + 5x - 7$

3 ⊠ x Ⓜ + 5 ⊠ ℝM ⊟ 7 ⊟
   ↑
   x-Wert   Der zu dem eingegebenen x-Wert
            gehörende Funktionswert wird ausgegeben

2) $2x^3 - 4x^2 + 3x - 1$

2 ⊠ x Ⓜ ⊟ 4 ⊠ ℝM ⊞ 3 ⊠ ℝM ⊟ 1 ⊟
   ↑
   x-Wert

[2] Gebrochenrationale Funktionen. Eine rationale Funktion hat die Zuordnungsvorschrift:

$$f: x \to \frac{p(x)}{q(x)}; \quad q(x) \neq 0$$

wobei $p(x)$ und $q(x)$ Polynome n-ten bzw. m-ten Grades sind. Gilt für die Koeffizienten des Nennerpolynoms
$q(x) = b_mx^m + b_{m-1}x^{m-1} + \ldots + b_1x + b_0$:
$b_m = b_{m-1} = \ldots b_1 = 0$,

gebrochenrationale Funktion

aber $b_0 \neq 0$, so geht die Zuordnungsvorschrift der sogenannten *gebrochenrationalen Funktion* in die Zuordnungsvorschrift einer ganzrationalen Funktion über.

Beispiele:

1) $f : x \to \dfrac{1}{x^3}$ 	2) $f : x \to \dfrac{x^3 - \sqrt{7}\, x^2 + 2x}{x^2 + 8x - 3}$

Bei nichtrationalen Funktionen besteht die Zuordnungsvorschrift aus einem Term mit nicht nur rationalen Rechenoperationen bzw. unendlich vielen rationalen Rechenoperationen.

nichtrationale Funktion

Beispiele:

1) $f : x \to \sqrt[3]{x}$ 	2) $f : x \to \lg(x-2)$

Für die nichtrationalen Funktionen läßt sich keine Normaldarstellung angeben. Die wichtigsten nichtrationalen Funktionen sind die Wurzelfunktionen, die Logarithmusfunktionen (↑ S. 69), die Exponentialfunktionen (↑ S. 229) und die trigonometrischen Funktionen (↑ S. 320).

Tabelle spezieller Potenzfunktionen

Als Sonderfälle rationaler und nichtrationaler Funktionen sind die sogenannten *Potenzfunktionen* in der folgenden Tabelle zusammengestellt.

Name und Graph	Zuordnungsvorschrift Definitions- und Wertebereich	Eigenschaften
Parabel n-ter Ordnung	$f : x \to x^n$ mit $n \in \mathbb{N}$ Für n gerade: $D = \mathbb{R}$; $W = \mathbb{R}_0^+$	Die Parabeln mit geradzahliger Ordnung ($n = 2, 4, 6, \ldots$) sind symmetrisch zur y-Achse (gerade Funktionen ↑ S 233 und besitzen einen Scheitelpunkt
	Für n ungerade: $D = \mathbb{R}$; $W = \mathbb{R}$	Die Parabeln mit ungeradzahliger Ordnung ($n = 3, 5, 7, \ldots$) sind punktsymmetrisch bezüglich des Ursprungs (ungerade Funktionen ↑ S.233), der gleichzeitig ihr Wendepunkt (↑ S. 400) ist.

Name und Graph	Zuordnungsvorschrift Definitions- und Wertebereich	Eigenschaften
Hyperbeln n-ter Ordnung	$f : x \to x^{-n}$ mit $n \in \mathbb{N}$ Die Zuordnungsvorschrift $y = x^{-n}$ läßt sich schreiben als: $y = \dfrac{1}{x^n}$ (↑ S. 194)	Der Graph zerfällt in zwei getrennte »Äste« und schmiegt sich der y-Achse bzw. beiden Koordinatenachsen an (den sog. Asymptoten). Die Hyperbeln mit geradzahliger Ordnung sind symmetrisch zur y-Achse (gerade Funktionen ↑ S. 233).
	Für n gerade: $D = \mathbb{R} \setminus \{0\}; W = \mathbb{R}$ Für n ungerade: $D = \mathbb{R} \setminus \{0\};$ $W = \mathbb{R} \setminus \{0\}$	Die Hyperbeln mit ungeradzahliger Ordnung sind punktsymmetrisch zum Ursprung (ungerade Funktionen ↑ S. 233) und achsensymmetrisch zur Winkelhalbierenden des 1. und 3. Quadranten.
Wurzelfunktionen	$f : x \to x^{\frac{1}{n}}$ mit $n \in \mathbb{N}$ Die Funktionsgleichung $y = x^{\frac{1}{n}}$ läßt sich auch schreiben als: $y = \sqrt[n]{x}$ (↑ S. 197)	Die Graphen der Wurzelfunktionen mit geradzahligen Wurzelexponenten sind Parabelhälften, wobei die x-Achse die Symmetrieachse wäre. Sie ergeben sich als Umkehrfunktionen der Parabeln n-ter Ordnung (n gerade) mit $x \in \mathbb{R}_0^+$.
	$f : x \to \sqrt[n]{x}$ Für n gerade: $D = \mathbb{R}_0^+ ; W = \mathbb{R}_0^+$ Für n ungerade: $D = \mathbb{R} ; W = \mathbb{R}$	Die Graphen der Wurzelfunktionen mit ungeradzahligen Wurzelexponenten sind punktsymmetrisch zum Ursprung. Sie ergeben sich als Umkehrfunktionen der Parabel n-ter Ordnung mit n ungerade.

1.6. Exponentialfunktionen

[1] Eine Exponentialfunktion hat die Zuordnungsvorschrift

Exponentialfunktion

$$f : x \to a^x ; \quad x \in \mathbb{R}^+$$

d. h. eine Funktionsgleichung $y = a^x$, bei der die unabhängige Variable x im Exponenten einer Potenz mit der Basis $a \in \mathbb{R}^+$ steht.

Für positive Basen a ist die Exponentialfunktion für alle $x \in \mathbb{R}$ definiert: $D = \mathbb{R}$; $W = \mathbb{R}^+$

Beispiele:

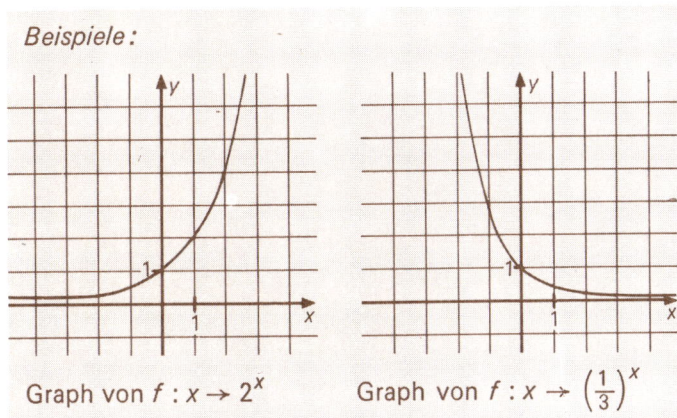

Graph von $f : x \to 2^x$ Graph von $f : x \to \left(\frac{1}{3}\right)^x$

[2] Besondere Eigenschaften der Exponentialfunktion.

(1) Der Graph jeder Exponentialfunktion der Form $f : x \to a^x$ geht durch den Punkt S (0 ; 1), denn $a^0 = 1$ für alle $a \in \mathbb{R}^+$.

(2) Für Basen a mit $0 < a < 1$ ist der Funktionsgraph streng monoton fallend (Abb. [1]), für $a > 1$ streng monoton steigend (Abb. [2]).

(3) Für die Basis $a = 1$ ergibt sich als Sonderlage für den Funktionsgraph von $f : x \to 1^x$ eine Parallele zur x-Achse durch (0 ; 1).

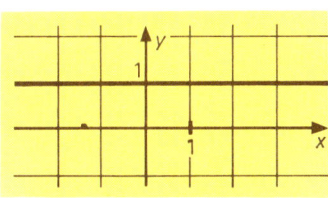

(4) In der Physik kommen häufig Exponentialfunktionen mit der Basis $e = 2{,}71828\ldots$ vor: $f : x \to k_1 \cdot e^{k_2 \cdot x}$.

Beispiele:

gedämpfte Schwingung

1) Eine *gedämpfte Schwingung* kann durch eine Funktionsgleichung der Gestalt $y = y_0 \cdot e^{-k \cdot t} \cdot \sin \omega_0 t$ beschrieben werden. Der Term $y_0 \cdot e^{-k \cdot t}$ gibt dabei die Abnahme der Anfangsamplitude y_0 mit der Zeit t an; k heißt Dämpfungsfaktor.

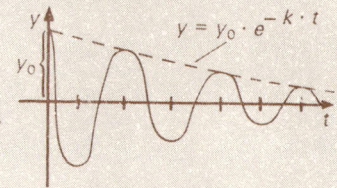

2) Der natürliche radioaktive Zerfall wird durch das Zerfallsgesetz

$$N = N_0\, e^{-\lambda \cdot t}$$

beschrieben. Dabei bedeutet N_0 die Anzahl der Atomkerne zur Zeit $t = 0$, N die Zahl der noch vorhandenen nicht zerfallenen Kerne zur Zeit t, und λ ist die Zerfallskonstante. Die Stabilität der radioaktiven Elemente wird durch die Halbwertszeit $T_{\frac{1}{2}}$ angegeben

$$T_{\frac{1}{2}} = \frac{\ln 2}{\lambda}$$

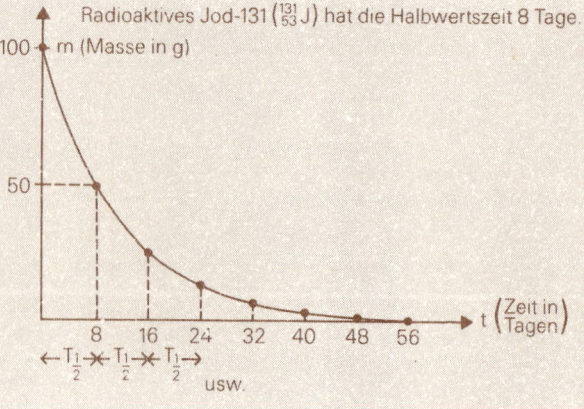

Radioaktives Jod-131 ($^{131}_{53}$J) hat die Halbwertszeit 8 Tage.

1.7. Klassifikation von Funktionen

[1] **Injektion, Surjektion und Bijektion.** Ist

$$f : x \to f(x), x \in D$$

eine Funktion von D in die Zielmenge B, d. h. ist $W \subseteq B$, *Zielmenge*
so kann f zu einer der folgenden Funktionsarten gehören:

Funktionsart	Definition	
Injektion	Jedes Element aus B tritt höchstens einmal als Funktionswert auf, d. h. wenn $f(x) = y$ und $f(z) = y$, dann $x = z$.	*Injektion*
Surjektion	Jedes Element aus B tritt mindestens einmal als Funktionswert auf, d. h. zu beliebigem $b \in B$ gibt es mindestens ein $x \in D$, so daß $f(x) = b$.	*Surjektion*
Bijektion	Jedes Element aus B tritt genau einmal als Funktionswert auf, d. h. zu beliebigem $b \in B$ gibt es genau ein $x \in D$, so daß $f(x) = b$.	*Bijektion*

Eine Funktion ist genau dann *bijektiv*, wenn sie zugleich injektiv und surjektiv ist.

Die möglichen Abbildungen (A.) von (bzw. aus) einer Menge D in (bzw. auf) eine Menge B können graphisch wie folgt dargestellt werden:

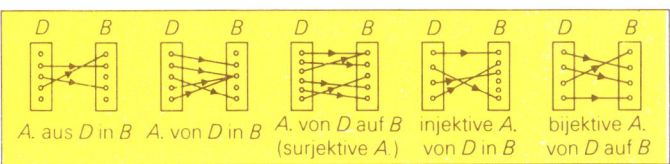

A. aus D in B A. von D in B A. von D auf B (surjektive A.)   injektive A. von D in B bijektive A. von D auf B

Beispiele: 1) $f : x \to x^2, x \in \mathbb{R}^+$ von $\mathbb{R}^+$ in $\mathbb{R}^+$ ist surjektiv und injektiv, also bijektiv.
2) $g : x \to |x|, x \in \mathbb{R}$ von $\mathbb{R}$ in $\mathbb{R}_0^+$ ist surjektiv, aber nicht injektiv.
3) $h : x \to \frac{1}{x}, x \in \mathbb{R}\setminus\{0\}$ von $\mathbb{R}\setminus\{0\}$ in $\mathbb{R}$ ist injektiv, aber nicht surjektiv.

[2] **Umkehrfunktion.** Ist $f : x \to f(x), x \in D$ eine Injektion von D in eine Menge B, also $f = \{(x \,;\, y) \mid x \in D \text{ und } y = f(x)\}$, so ist auch die Menge $f^{(-1)} = \{(y \,;\, x) \mid x \in D \text{ und } y = f(x)\}$ eine Funktion, die sogenannte *Umkehrfunktion* $f^{(-1)}$ von f.   *Umkehrfunktion*

$f^{(-1)}$ erhält man aus der Funktion f durch Vertauschen der Variablen x und y. Im Schaubild erhält man den Graphen von $f^{(-1)}$ daher durch die Spiegelung des Graphen von f an der Geraden mit der Gleichung $y = x$.

Die Menge $f^{(-1)}$ ist i. a. eine Relation. Genau dann, wenn f eine Injektion ist, ist $f^{(-1)}$ eine Funktion, und zwar ebenfalls eine Injektion.

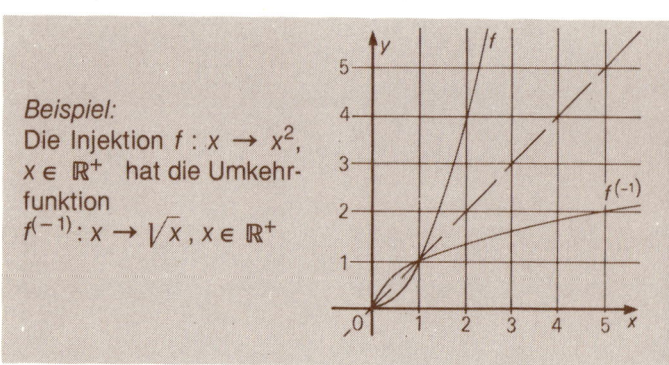

Beispiel:
Die Injektion $f : x \to x^2$, $x \in \mathbb{R}^+$ hat die Umkehrfunktion
$f^{(-1)} : x \to \sqrt{x}$, $x \in \mathbb{R}^+$

[3] **Verkettung.** Sind $f : x \to f(x)$, $x \in D_f$ und $g : x \to g(x)$, $x \in D_g$ Funktionen, so kann durch Hintereinanderausführung bzw. *Verkettung* von f und g eine neue Funktion $g \circ f$ (gelesen: g nach f) gebildet werden:

$$g \circ f : x \to g[f(x)], \; x \in D_{g \circ f} = \{x \mid f(x) \in D_g\}_{D_f}$$

Beispiel: $f : x \to 3x - 6$, $x \in \,]2; +\infty[$ und $g : x \to x^2$, $x \in \mathbb{R}^+$ ergeben wegen $g[f(x)] = g(3x-6) = (3x-6)^2$ die Verkettung $g \circ f : x \to (3x-6)^2$, $x \in \,]2; +\infty[$.

1.8. Verknüpfung von Funktionen

Summenfunktion
Differenzfunktion
Produktfunktion

Aus den Funktionen f und g lassen sich weitere Funktionen bilden:

(1) Summenfunktion $f + g : x \to f(x) + g(x)$, $x \in D_f \cap D_g$
(2) Differenzfunktion $f - g : x \to f(x) - g(x)$, $x \in D_f \cap D_g$
(3) Produktfunktion $f \cdot g : x \to f(x) \cdot g(x)$, $x \in D_f \cap D_g$

Quotientfunktion

(4) Quotientenfunktion $(f : g) : x \to f(x) : g(x)$, $x \in D_f \cap D_g$
    wenn $g(x) \neq 0$ für alle $x \in D_f \cap D_g$.

Beispiel: $f : x \to 2x - 1$, $x \in]-\infty\,; 5[$ und $g : x \to x + 1$, $x \in \mathbb{R}^+$ ergeben die Funktionen:
$f + g : x \to 3x - 1$, $x \in]0\,; 5[$
$f - g : x \to x - 3$, $x \in]0\,; 5[$,
$f \cdot g : x \to 2(x^2 - 1)$, $x \in]0\,; 5[$
$(f : g) : x \to 2\frac{x-1}{x+1}$, $x \in]0\,; 5[$.

1.9. Eigenschaften von Funktionen

[1] **Monotonie.** Sei $f : x \to f(x)$, $x \in D$ eine Funktion
Gilt für alle $x_1\,; x_2 \in D$ mit $x_1 < x_2$
(1) $f(x_1) \leq f(x_2)$, so heißt f *monoton steigend;*   *monoton*
(2) $f(x_1) < f(x_2)$, so heißt f *streng monoton steigend;*
(3) $f(x_1) \geq f(x_2)$, so heißt f *monoton fallend;*
(4) $f(x_1) > f(x_2)$, so heißt f *streng monoton fallend.*

Beispiele:
1) $f : x \to [x]$ (Gaußklammer, ↑ S. 222), $x \in [0\,; 2]$ ist monoton steigend (↑ Abb. ①),
2) $g : x \to 2x$, $x \in \mathbb{R}$ ist streng monoton steigend (↑ Abb. ②).
3) $h : x \to 1 - [x]$, $x \in [0\,; 2]$ ist monoton fallend (↑ Abb. ③).
4) $m : x \to -x$, $x \in \mathbb{R}$ ist streng monoton fallend (↑ ④).

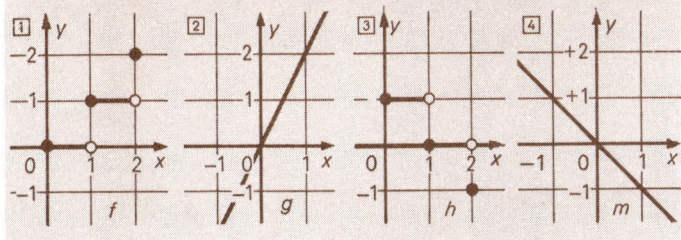

[2] **Gerade und ungerade Funktionen.** Eine Funktion   *gerade*
$f : x \to f(x)$; $x \in D$ heißt *gerade* [*ungerade*], wenn für alle   *ungerade*
$x \in D$ gilt

$$f(-x) = f(x) \quad [f(-x) = -f(x)].$$

Der Graph jeder geraden Funktion liegt symmetrisch zur y-Achse. Der Graph jeder ungeraden Funktion liegt punktsymmetrisch zum Ursprung des Koordinatensystems.

Beispiele:
1) $x \to x^2$ ist eine gerade Funktion
2) $x \to x^3$ ist eine ungerade Funktion

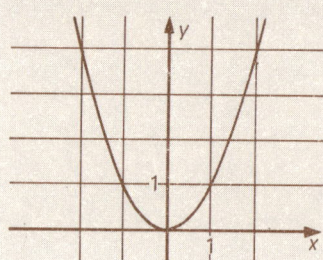
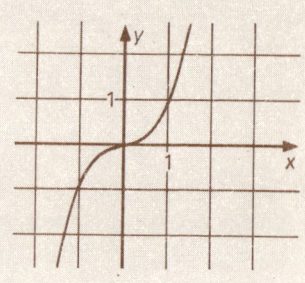

periodisch
Periode

[3] **Periodische Funktionen.** Eine Funktion $f: x \to f(x), x \in D$ heißt *periodisch,* wenn es $p \in \mathbb{R} \setminus \{0\}$ gibt, so daß $f(x) = f(x + p)$ für alle $x \in D$. p heißt *Periode.*

Beispiele: 1) $y = \sin x$, $y = \cos x$ sind periodisch mit der Periode $p = 2\pi$ (↑ S. 325).
2) $y = \tan x$ ist periodisch mit $p = \pi$ (↑ S. 326).

2. Relationen

2.1. Begriff der Relation

Relation zwischen A und B

Relation in M

Relationsvorschrift

[1] **Relationen.** Jede Teilmenge R der Produktmenge $A \times B$ (↑ S. 101) heißt *Relation zwischen A und B.* Ist $A = B = M$, also $R \subseteq M \times M$, so nennt man R eine *Relation in M.*
Eine Relation kann durch eine *Relationsvorschrift* (zweistelliges Prädikat, ↑ S. 169) festgelegt werden. Die Relationsvorschrift allein wird ebenfalls Relation genannt.
Für $(x; y) \in R$ schreibt man $x \, R \, y$.

Beispiele: 1) $R = \{(3;4);(3;6);(5;6)\}$ ist eine Relation zwischen $A = \{3;5;7\}$ und $B = \{1;2;4;6\}$.
2) $R = \{(2;1);(4;2);(6;3);\ldots\}$ ist eine Relation zwischen $A = \{2;4;6;8;\ldots\}$ und $B = \mathbb{N}$.
3) Die Relationsvorschrift »ist Teiler von« legt in $M = \{1;2;6\}$ die Relation $R = \{(1;1);(1;2);(1;6);(2;2);(2;6);(6;6)\}$ fest.

[2] **Funktion.** Eine Relation $R \subseteq A \times B$ heißt *Funktion,* wenn es zu jedem Element $x \in A$ genau ein Paar in R gibt, das mit x beginnt.
Man sagt:

Funktion

Eine Funktion ist eine linkstotale, *rechtseindeutige* Relation, denn es gibt zu *jedem* x ein Paar (linkstotal) und jedes x bestimmt *genau ein y* (rechtseindeutig).

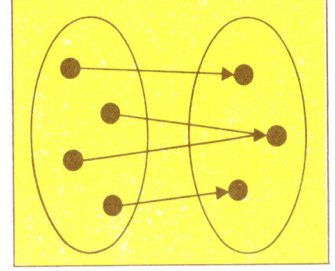

[3] **Vor- und Nachbereich.** Die Menge $V(R)$ [$N(R)$] derjenigen Elemente aus A [B], die mindestens in einem Paar aus R als erste [zweite] Koordinate (↑ S. 101) auftreten, heißt *Vorbereich* [*Nachbereich*] von R.

Vorbereich
Nachbereich

Beispiele: 1) $R = \{(5 ; 4) ; (5 ; 7) ; (6 ; 7)\}$ ist eine Relation mit $V(R) = \{5 ; 6\}$ und $N(R) = \{4 ; 7\}$.

2.2. Veranschaulichung von Relationen.

[1] **Pfeildiagramm.** Ist R eine Relation zwischen A und B, so ordnet man im *Pfeildiagramm* jedem Paar $(x ; y) \in R$ einen Pfeil von x nach y zu. Bei Relationen in einer Menge M wird M nur einmal dargestellt.

Pfeildiagramm

Beispiele:
1) $R_1 = \{(x ; y) | x < y\}_{A \times B}$ mit $A = \{1 ; 2 ; 4 ; 7\}$, und $B = \{1 ; 3 ; 4 ; 6\}$ und Relationsvorschrift »kleiner«

2) $R_2 = \{(x ; y) | x | y$ und $x \neq y\}_{M \times M}$ mit $M = \{2 ; 3 ; 4 ; 6 ; 12\}$ und Relationsvorschrift »teilt und ungleich«

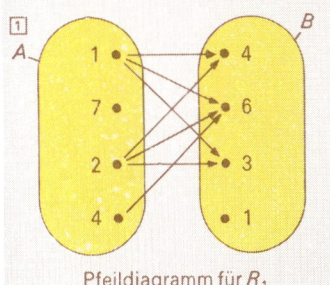
Pfeildiagramm für R_1

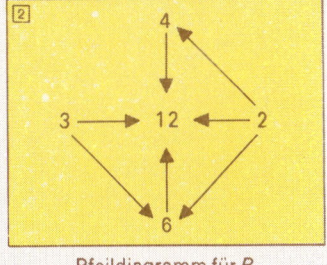
Pfeildiagramm für R_2

[2] **Graph im Koordinatensystem.** Jede Relation $R \subseteq \mathbb{R} \times \mathbb{R}$ kann in einem Koordinatensystem (↑ S. 360) durch eine Punktmenge dargestellt werden, indem jedem Paar $(x\,;\,y) \in R$ genau ein Punkt $P(x\,;\,y)$ zugeordnet wird.

Beispiel:
$R_1 = \{(x\,;\,y)\,|\,x < y\}_{A \times B}$ mit
$A = \{-2\,;\,-1\,;\,0\,;\,1\,;\,2\}$,
$B = \{-1\,;\,0\,;\,1\,;\,3\}$ und
der Relationsvorschrift
»kleiner«

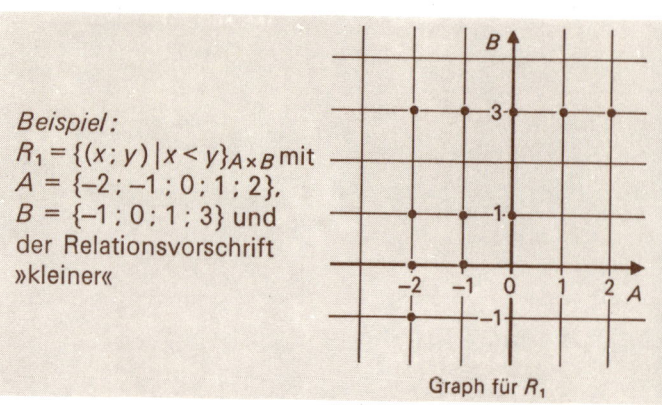

Graph für R_1

2.3. Umkehrrelation und Verkettung von Relationen

inverse Relation
reziproke Relation
Umkehrrelation

[1] **Umkehrrelation.** Unter der zu $R \subseteq A \times B$ inversen Relation R^{-1} versteht man die Menge $R^{-1} = \{(y\,;\,x)\,|\,(x\,;\,y) \in R\}$ mit $R^{-1} \subseteq B \times A$. Die Relation R^{-1} heißt auch *reziproke* Relation oder *Umkehrrelation*.
Im Pfeildiagramm entspricht dem Übergang zur Umkehrrelation die Umkehrung aller Pfeilrichtungen.

Beispiel: $R = \{(x\,;\,y)\,|\,x$ ist Teiler von $y\}_{A \times B}$ mit
$A = \{2\,;\,3\,;\,5\}$ und $B = \{5\,;\,6\,;\,7\,;\,21\}$, also $R = \{(2\,;\,6)\,;\,(3\,;\,6)\,;\,(3\,;\,21)\,;\,(5\,;\,5)\}$. Die Umkehrrelation ist $R^{-1} = \{(6\,;\,2)\,;\,(6\,;\,3)\,;\,(21\,;\,3)\,;\,(5\,;\,5)\}$, d. h.
$R^{-1} = \{(y\,;\,x)\,|\,y$ ist Vielfaches von $x\}_{B \times A}$.
Zugehörige Pfeildiagramme:

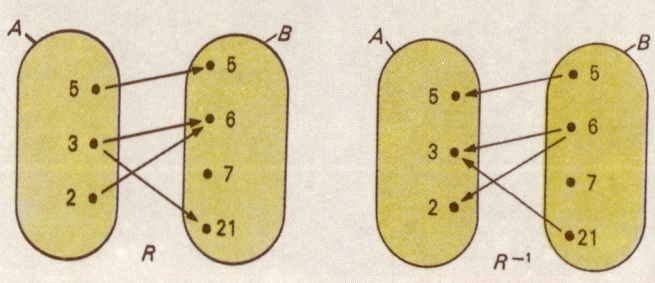

[2] Verkettung. Unter der *Verkettung R o S* zweier Relationen *Verkettung*
$R \subseteq A \times B$ und $S \subseteq B \times C$ versteht man die Relation $R \circ S =$
$\{(x\,;z)\,|\,\text{es gibt ein } y \in B \text{ mit } (x\,;y) \in R \text{ und } (y\,;z) \in S\}$ zwischen
A und C.

Beispiel:

$R = \{(2\,;4);\ (3\,;6);\ (4\,;8)\}$
$S = \{(4\,;5);\ (7\,;8);\ (8\,;9)\}$
$\overline{R \circ S = \{(2\,;5);(4\,;9)\}}$

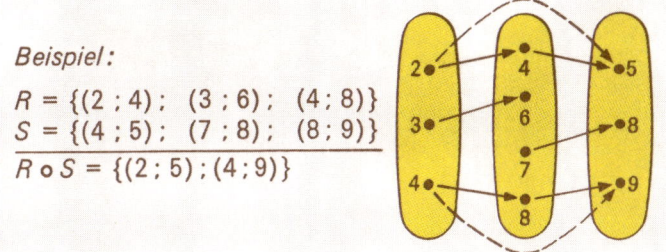

2.4. Eigenschaften von Relationen

[1[Reflexivität, Symmetrie, Transvisität sind Eigenschaften, die Relationen in M aufweisen können.

Eigenschaft	Definition	Darstellung im Pfeildiagramm
reflexiv	Für alle $x \in M$ gilt xRx	In jedem Punkt beginnt ein Pfeil, der wieder bei diesem Punkt endet (Ringpfeil)
symmetrisch	Für alle $x\,;y \in M$ gilt: wenn xRy, dann yRx	Zu jedem Pfeil existiert auch der Umkehrpfeil
transitiv	Für alle $x\,;y\,;z \in M$ gilt: wenn xRy und yRz, dann xRz	Für alle $x\,;y\,;z \in M$ gilt: wenn ein Pfeil von x nach y führt und ein Pfeil von y nach z, so führt auch ein Pfeil direkt von x nach z (Überbrückungspfeil)

Die Eigenschaften einer Relation $R \subseteq M \times M$ hängen von der jeweiligen Grundmenge M ab.

Relation	in M	Eigenschaften der Relation		
		reflexiv	symmetrisch	transitiv
gleich	in N	ja	ja	ja
ungleich	in N	nein	ja	nein
kleiner	in N	nein	nein	ja
kleiner gleich	in N	ja	nein	ja
ist Teiler von	in N	ja	nein	ja
ist nicht Teiler von	in N	nein	nein	nein

Relation	in M	Eigenschaften der Relation		
		reflexiv	symmetrisch	transitiv
ist Teilmenge von	in $P(A)$ $(A \neq \{\})$	ja	nein	ja
ist echte Teilmenge von	in $P(A)$ $(A \neq \{\})$	nein	nein	ja

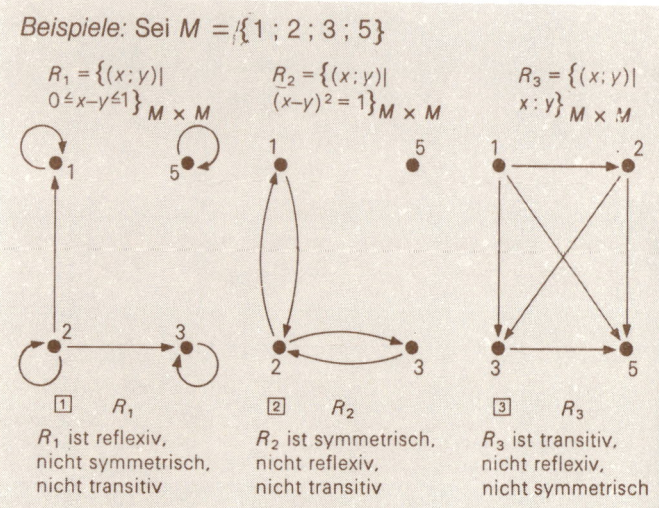

Beispiele: Sei $M = \{1\,;\,2\,;\,3\,;\,5\}$

$R_1 = \{(x\,;\,y)\,|\,0 \leq x-y \leq 1\}\, M \times M$

$R_2 = \{(x\,;\,y)\,|\,(x-y)^2 = 1\}\, M \times M$

$R_3 = \{(x\,;\,y)\,|\,x \cdot y\}\, M \times M$

[1] R_1
R_1 ist reflexiv, nicht symmetrisch, nicht transitiv

[2] R_2
R_2 ist symmetrisch, nicht reflexiv, nicht transitiv

[3] R_3
R_3 ist transitiv, nicht reflexiv, nicht symmetrisch

[2] **Antireflexivität, Asymmetrie, Konnexität, Identität** sind weitere Eigenschaften von Relationen in M. Ihre Definitionen sind in der folgenden Tabelle angegeben und auf S. 239 durch Beispiele erläutert.

Definition	Darstellung im Pfeildiagramm	Eigenschaft
Für alle $x \in M$ gilt: nicht $x\,R\,x$ (d. h. $(x\,;\,x) \notin R$ für alle $x \in M$)	Zu keinem Punkt gibt es einen Ringpfeil	*antireflexiv*
Für alle $x\,;\,y \in M$ mit $x \neq y$ gilt: wenn $x\,R\,y$, dann nicht $y\,R\,x$	Für alle $x\,;\,y \in M$ mit $x \neq y$ gilt: Verläuft ein Pfeil von x nach y, so verläuft kein Pfeil von y nach x	*asymmetrisch*
Für alle $x\,;\,y \in M$ gilt: $x\,R\,y$ oder $y\,R\,x$	Für alle $x\,;\,y \in M$ gilt: ein Pfeil führt von x nach y oder ein Pfeil führt von y nach x	*konnex*
Für alle $x\,;\,y \in M$ gilt: wenn $x\,R\,y$ und $y\,R\,x$, dann $x = y$	Für alle $x\,;\,y \in M$ gilt: führt ein Pfeil von x nach y und einer von y nach x, dann $x = y$	*identitiv*

Beispiele:
1) $R_1 = \{(x\,;\,y)\,|\,x\,|\,y\}_{M \times M}$
$M = \{2\,;\,4\,;\,8\,;\,16\}$

2) $R_2 = \{(x\,;\,y)\,|\,x < y\}_{M \times M}$
$M = \{2\,;\,3\,;\,4\,;\,5\}$

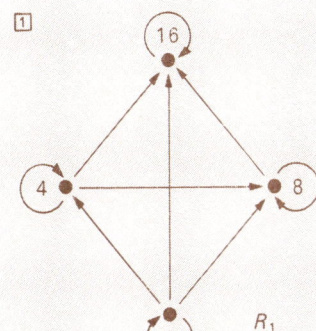

R_1 ist asymmetrisch, konnex, identitiv und reflexiv.

R_2 ist antireflexiv, identitiv, asymmetrisch, aber nicht konnex.

3) Relationen in $\mathbb{N}$:

Relation	Eigenschaften der Relation			
	antireflexiv	asymmetrisch	konnex	identitiv
kleiner	ja	ja	nein	ja
gleich	nein	ja	nein	ja
kleiner gleich	nein	ja	ja	ja
ist Teiler von	nein	ja	nein	ja

Beachte: i. a. ist *nicht reflexiv* nicht dasselbe wie *antireflexiv*, *nicht symmetrisch* nicht dasselbe wie *asymmetrisch*.

2.5. Äquivalenzrelationen und Ordnungsrelationen

[1] Äquivalenzrelation. Eine Relation heißt *Äquivalenzrelation*, wenn sie zugleich reflexiv, symmetrisch und transitiv ist. Ist $(x\,;\,y) \in R$, R eine Äquivalenzrelation, so sagt man: x und y sind *äquivalent*.

Äquivalenzrelation

äquivalent

Beispiele: 1) $R = \{(x\,;\,y)\,|\,x \text{ parallel } y\}_{M \times M}$ ist eine Äquivalenzrelation.
2) Gleichheitsrelation,
3) Kongruenzrelation. (↑ S. 305).

Klassen-einteilung

Jede auf einer Menge M definierte Äquivalenzrelation liefert für diese Menge eine *Klasseneinteilung* (↑ S. 98). Dabei werden zueinander äquivalente Elemente aus M zu Untermengen von M bzw. Klassen zusammengefaßt.

[2] Ordnungsrelationen.

Ordnungs-relation
geordnete Menge

(1) Eine Relation heißt *Ordnungsrelation,* wenn sie reflexiv, transitiv und asymmetrisch ist.
Ist $R \subseteq M \times M$ eine Ordnungsrelation, so heißt M *geordnete* Menge.

totale Ordnungs-relation
total geordnete Kette

(2) Eine Ordnungsrelation heißt *totale Ordnungsrelation,* wenn sie konnex ist.
Ist $R \subseteq M \times M$ eine totale Ordnungsrelation, so heißt M *total geordnete* Menge oder auch *Kette*.

strenge Ordnungs-relation
streng geordnet

(3) Eine Relation heißt *strenge Ordnungsrelation,* wenn sie transitiv, asymmetrisch und antireflexiv ist.
Ist $R \subseteq M \times M$ eine strenge Ordnungsrelation, so heißt M *streng geordnete* Menge.

Beispiele:

1) $R_1 = \{(x;y) \mid x \mid y\}_{M \times M}$
$M = \{2; 3; 4; 6; 24\}$

Ordnungs-Relation R_1

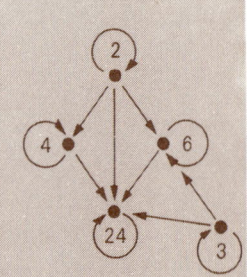

2) $R_3 = \{(x;y) \mid x < y\}_{M \times M}$
$M = \{1; 2; 3; 4\}$

strenge Ordnungsrelation R_3

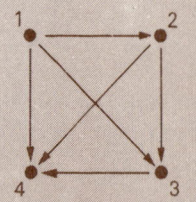

3) Relationen in $\mathbb{N}$:

Relation	Ordnungs-relation	totale Ord-nungsrelation	strenge Ord-nungsrelation
ist Teiler von	ja	nein	nein
kleiner gleich	ja	ja	nein
kleiner	nein	nein	ja

Algebraische Strukturen

Unter dem Gesichtspunkt der »*Struktur*« ist es in den letzten Jahrzehnten möglich geworden, die gesamte Mathematik unter einheitlichen Gesichtspunkten zu betrachten.

Man unterscheidet Ordnungsstrukturen, topologische und *algebraische Strukturen*. Mengen, in denen Verknüpfungen definiert sind, werden *strukturierte Mengen* oder allgemein *Strukturen* genannt.

algebraische Struktur

strukturierte Menge

Die Einteilung von Mengen in verschiedene Strukturtypen geschieht mit Hilfe von *Axiomensystemen* (↑ S. 172). Die in den Strukturen auftretenden abstrakten Begriffe können mit *Modellen* (↑ S. 173) aus unterschiedlichen Bereichen der Mathematik belegt werden. Der Vorteil der Strukturmathematik liegt darin, daß ein Ergebnis, das aus dem Studium der Strukturen hervorgeht, für sämtliche Modelle dieser Struktur gilt.

1. Verknüpfungen und ihre Eigenschaften

1.1. Begriff der Verknüpfung

[1] **Verknüpfung.** Eine *Verknüpfung* v besteht aus einer Vorschrift, nach der zwei Elementen $a \in M_1$ und $b \in M_2$ genau ein Element $v(a;b)$ einer Menge M als *Verknüpfungsergebnis* zugeordnet wird.

Verknüpfung

Verknüpfungsergebnis

Eine Verknüpfung ist eine Funktion (↑ S. 218), die so bezeichnet werden kann:

$$v: \begin{cases} M_1 \times M_2 \to M \\ (a;b) \to v(a;b) \end{cases}$$

Statt $v(a;b)$ schreibt man oft $a \circ b$ oder $a * b$ und liest »a verknüpft mit b«. Spezielle *Verknüpfungszeichen* sind: $+$, $-$, $\cdot$, $:$, $\cup$, $\cap$, $\setminus$, $\wedge$, $\vee$, $\neg$.

Verknüpfungszeichen

Beispiele:
1) Die Addition zweier Zahlen $a \in \mathbb{N}$ und $b \in \mathbb{N}$ ist eine Verknüpfung, denn dem Paar $(a\,;\,b) \in \mathbb{N} \times \mathbb{N}$ wird genau ein Element $v(a\,;\,b) = a + b$ aus $\mathbb{N}$ zugeordnet. Die Schreibfigur $3 + 4 = 7$ wird daher auch als $(3\,;\,4) \rightarrow 7$ geschrieben.

2) Zwei Mengen A und B kann als Verknüpfungsergebnis die Schnittmenge $A \cap B$ zugeordnet werden: $(A\,;\,B) \rightarrow A \cap B)$.

[2] Innere Verknüpfung. Meist werden bei Verknüpfungen Spezialfälle betrachtet.

innere Verknüpfung

Ordnet man jedem Paar $(a\,;\,b)$, wobei a und b Elemente derselben Menge M sind, wieder genau ein Element aus M zu, so spricht man von einer *inneren Verknüpfung* (oder Verknüpfung »in« M).

Beispiele:
1) Die Multiplikation ganzer Zahlen ist eine innere Verknüpfung in $\mathbb{Z}$, denn jedem Paar $(a\,;\,b) \in \mathbb{Z} \times \mathbb{Z}$ wird genau ein Element $a \cdot b \in \mathbb{Z}$ zugeordnet.
Etwa: $(3\,;\,2) \rightarrow 6$, denn $3 \cdot 2 = 6$ und $6 \in \mathbb{Z}$.

2) Die Bildung des größten gemeinsamen Teilers zweier Zahlen $a\,;\,b \in \mathbb{N}$ ist eine innere Verknüpfung in der Menge $\mathbb{N}$, denn das Verknüpfungsergebnis $ggT(a\,;\,b)$ ist stets ein Element von $\mathbb{N}$. Etwa: $(18\,;\,12) \rightarrow ggT(18\,;\,12)$ mit $ggT(18\,;\,12) = 6$ und $6 \in \mathbb{N}$.

3) Die Division ist keine innere Verknüpfung in $\mathbb{N}$, denn es gilt etwa: $(3\,;\,2) \rightarrow 3:2$ mit $3:2 = \frac{3}{2}$ und $\frac{3}{2} \notin \mathbb{N}$.

4) Die Vereinigungsmengenbildung von Mengen aus $P(M)$ (Potenzmenge von M († S. 91)) ist eine innere Verknüpfung, denn mit $A = \{1\,;\,2\,;\,3\}$, $B = \{3\,;\,4\,;\,5\}$ mit $A\,;\,B \subseteq \mathbb{N}$ ist: $(\{1\,;\,2\,;\,3\}\,;\,\{3\,;\,4\,;\,5\}) \rightarrow \{1\,;\,2\,;\,3\,;\,4\,;\,5\}$ mit $\{1\,;\,2\,;\,3\,;\,4\,;\,5\} \subseteq \mathbb{N}$.

Abgeschlossenheit

[3] Man sagt auch häufig für »v ist eine innere Verknüpfung von M«: M ist bezüglich der Verknüpfung v *abgeschlossen.*

Beispiel:

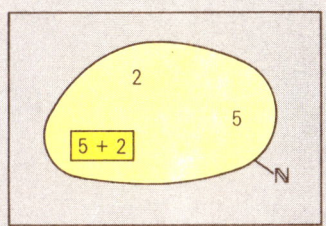

Für alle $a \in \mathbb{N}$ und $b \in \mathbb{N}$ gilt: $a + b \in \mathbb{N}$.
$\mathbb{N}$ ist bezüglich der Verknüpfung »+« abgeschlossen, denn zum Beispiel liegt das Verknüpfungsergebnis 7 von $2 \in \mathbb{N}$ und $5 \in \mathbb{N}$ ebenfalls in $\mathbb{N}$.

[4] Verknüpfungsgebilde. Man nennt eine Menge mit einer inneren Verknüpfung auch ein *Verknüpfungsgebilde* und bezeichnet es mit $(M\ ;\ \circ)$. Siehe auch Begriff der Halbgruppe (↑ S. 245) bzw. Gruppe (↑ S. 246).

Verknüpfungsgebilde

[5] Verknüpfungstabelle. In Verknüpfungstabellen (oder kurz V-Tabellen) wird zu zwei Elementen $a \in M$ und $b \in M$ das Verknüpfungsergebnis $a \circ b$ wie folgt eingetragen:

Verknüpfungstabelle

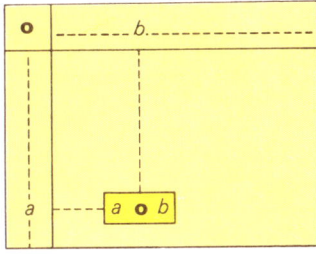

$a \circ b$ liegt in der *Zeile*, die mit a am linken Rand der Tabelle beginnt, und in der *Spalte*, die mit b am oberen Rand der Tabelle beginnt.
Bei einer inneren Verknüpfung kommen nur Elemente aus M in der V-Tabelle vor.

Zeile

Spalte

Beispiele:
1) Bei der Menge $M = \{0\ ;\ 1\}$ und der Verknüpfung »•« (Multiplikation) erhält man die nebenstehende V-Tabelle.

·	0	1
0	0	0
1	0	1

2) Für die Menge M_3 aller Drehungen, die das gleichseitige Dreieck ABC in sich überführen (Deckdrehungen) mit $M_3 = \{D_0\ ;\ D_{120}\ ;\ D_{240}\}$ sei $\circ$ das Hintereinanderausführen dieser Drehungen. Damit ist etwa:
$D_{120} \circ D_{120} = D_{240}$.

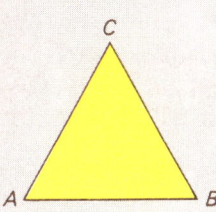

Aus der V-Tabelle ① geht hervor, daß M_3 bezüglich der Verknüpfung Hintereinanderausführen abgeschlossen ist.

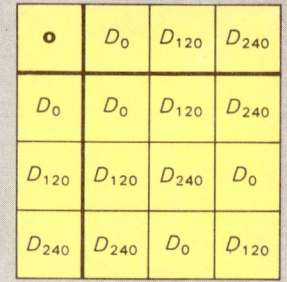
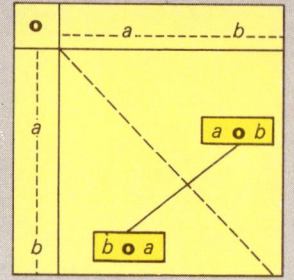

1.2. Eigenschaften von Verknüpfungen

Kommutativität

[1] Kommutativität. Eine Verknüpfung v heißt *kommutativ*, wenn für alle Elemente a ; $b \in M$ gilt: $a \circ b = b \circ a$ (Kommutativgesetz).

> *Beispiele:*
> 1) Die Addition und die Multiplikation natürlicher Zahlen sind kommutativ (↑ S. 110).
>
> 2) Die Verknüpfung »Hintereinanderausführen« von Deckdrehungen des gleichseitigen Dreiecks ist kommutativ (↑ Beispiel 2, S. 243).

Die Verknüpfungsergebnisse $a \circ b$ und $b \circ a$ liegen in einer V-Tabelle spiegelbildlich zur Hauptdiagonalen (oben in Abb. ② gestrichelt).

Wenn eine Verknüpfungstabelle symmetrisch zu ihrer Hauptdiagonalen ist (↑ ②), so ist die zugehörige Verknüpfung kommutativ.

Assoziativität

[2] Assoziativität. Eine Verknüpfung v (Zeichen $\circ$) heißt *assoziativ*, wenn für alle a ; b ; $c \in M$ gilt:

$a \circ (b \circ c) = (a \circ b) \circ c$ (Assoziativgesetz)

Die Assoziativität einer Verknüpfung kann in endlichen Mengen dadurch nachgewiesen werden, daß alle Möglichkeiten der Verknüpfung von je 3 Elementen der Menge durchgerechnet werden. Bei unendlichen Mengen muß die Assoziativität allgemein hergeleitet werden.

Beispiele:
1) Die Multiplikation ganzer Zahlen ist assoziativ.
2) Die Addition ganzer Zahlen ist assoziativ.
3) Das Hintereinanderausführen von Deckdrehungen des gleichseitigen Dreiecks ist assoziativ. Es gilt etwa (↑ S. 223):

$$D_0 \circ \underbrace{(D_{240} \circ D_{120})}_{D_0} = \underbrace{(D_0 \circ D_{240})}_{D_{240}} \circ D_{120}$$
$$\underbrace{D_0 \circ D_0}_{D_0} = \underbrace{D_{240} \circ D_{120}}_{D_0}$$

4) Das Verketten von Funktionen ist assoziativ.

2. Gruppen

2.1. Grundbegriffe

[1] **Halbgruppe.** Ein Verknüpfungsgebilde (M ; $\circ$) heißt *Halbgruppe*, wenn für alle Elemente aus M gilt:
(1) $\circ$ ist innere Verknüpfung
(2) $\circ$ ist assoziativ.

Halbgruppe

Beispiele:
1) ($\mathbb{N}$; +) ist eine Halbgruppe.
2) ($\mathbb{G}$; ·) ist eine Halbgruppe ($\mathbb{G}$ Menge der geraden Zahlen), denn es gilt:
   (1) Die Multiplikation zweier gerader Zahlen ergibt wieder eine gerade Zahl.
   (2) Das Assoziativgesetz gilt in $\mathbb{N}$, also auch in jeder Teilmenge von $\mathbb{N}$; $\mathbb{G} \subset \mathbb{N}$.

[2] **Neutrales und inverses Element.** Ein Element n aus M heißt *neutrales Element* von (M ; $\circ$), wenn für alle $a \in M$ gilt:
$$n \circ a = a \circ n = a$$

Beispiele:
1) In ($\mathbb{N}_0$; +) ist 0 das neutrale Element, denn es gilt $0 + a = a + 0 = a$ für alle $a \in \mathbb{N}_0$.
2) In (M_3 ; $\circ$) mit $M_3 = \{D_0 ; D_{120} ; D_{240}\}$ ist D_0 neutrales Element, denn es gilt:
$D_0 \circ D_{120} = D_{120} \circ D_0 = D_{120}$; $D_0 \circ D_{240} = D_{240} \circ D_0 = D_{240}$; $D_0 \circ D_0 = D_0 \circ D_0 = D_0$

neutrales Element

Aus der Verknüpfungstabelle läßt sich die Existenz eines neutralen Elements daraus ersehen, daß in irgendeiner Zeile bzw. Spalte der Verknüpfungstabelle die Elemente von M in derselben Reihenfolge vorkommen wie in der Eingangszeile bzw. Eingangsspalte.

Beispiel: Die Spalte von b entspricht der Eingangsspalte, ebenso die Zeile von b der Eingangszeile. Also ist b neutrales Element von (M; o).

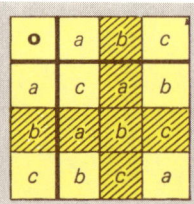

inverses Element

Existiert in einem Verknüpfungsgebilde (M; o) ein neutrales Element n, so heißt a* ∈ M *inverses Element* zu a ∈ M, wenn
a o a* = a* o a = n.

Beispiele:
1) In (ℤ; +) ist 0 das neutrale Element. Das inverse Element zu 5 ist −5, denn 5 + (−5) = (−5) + 5 = 0.
2) In ({D_0; D_{120}; D_{240}}; o) ist D_0 neutrales Element. D_{120} ist inverses Element von D_{240}; denn D_{120} o D_{240} = D_{240} o D_{120} = D_0.

Um das inverse Element a* zu einem Element a in der Verknüpfungstabelle zu bestimmen, sucht man in der Zeile (Spalte) von a das neutrale Element und findet in der Eingangsspalte (Eingangszeile) das zu a inverse Element a*.

Beispiel: In der durch die nebenstehende Tabelle erklärten Verknüpfung o ist a neutrales Element. Das inverse Element von b ist c.

2.2. Gruppen

Gruppe

[1] **Gruppenbegriff.** Ein Verknüpfungsgebilde (G; o) heißt *Gruppe,* wenn folgende Axiome (↑ S. 172) erfüllt sind:
(1) G bezüglich o abgeschlossen (↑ S. 242)
(2) o ist assoziativ in G (↑ S. 244)

(3) In (G ; o) existiert ein neutrales Element
(4) In (G ; o) existiert zu jedem Element ein inverses Element.
G heißt *kommutative* oder *abelsche Gruppe*, wenn außerdem gilt:
(5) o ist kommutativ in G († S. 244)

kommutative (abelsche) Gruppe

Die Gruppenaxiome (3) und (4) können durch folgende Bedingungen ersetzt werden:
Jede Gleichung der Form a o $x = b$ bzw. y o $a = b$ ist für alle a ; $b \in G$ in G eindeutig lösbar.

Lösbarkeit von a o $x = b$ bzw. y o $a = b$

Wenn nur ein Gruppenaxiom nicht erfüllt ist, ist die Menge G bezüglich der angegebenen Verknüpfung o keine Gruppe.

Beispiel: Für die Menge $\mathbb{N}_0$ († S. 107) sind bezüglich der Addition die Axiome (1), (2) und (3) erfüllt. Axiom (4) ist nicht erfüllt, denn es gibt z. B. kein Element $x \in \mathbb{N}_0$ mit $5 + x = 0$. Also ist $(\mathbb{N}_0 ; +)$ keine Gruppe.

[2] **Endliche und unendliche Gruppen.** Man unterscheidet *endliche* und *unendliche Gruppen*, je nach der Mächtigkeit († S. 87) der Menge G.
Bei endlichen Mengen G wird zur Überprüfung der Gruppenaxiome eine Verknüpfungstabelle († S. 243) aufgestellt und daran die Gültigkeit von (1) bis (4) (bzw. (5)) nachgewiesen.

endliche, unendliche Gruppe

Beispiel: Gruppe der Deckbewegungen des gleichseitigen Dreiecks.
Außer den Drehungen D_0 ; D_{120} und D_{240} († S. 243) bilden die Spiegelungen S_1, S_2 und S_3 an den festen Achsen a_1, a_2 und a_3 das gleichseitige Dreieck ABC auf sich selbst ab.
Die Deckdrehungen und die Spiegelungen werden zur Menge $\mathbb{D}_3$ der Deckbewegungen des gleichseitigen Dreiecks zusammengefaßt:

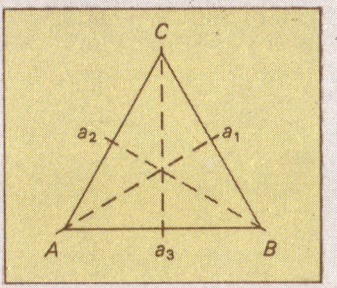

Gruppe der Deckbewegungen $\mathbb{D}_3$

$$\mathbb{D}_3 = \{D_0 ; D_{120} ; D_{240} ; S_1 ; S_2 ; S_3\}.$$

Die Verknüpfung in $\mathbb{D}_3$ ist das Hintereinanderausführen zweier Deckbewegungen. Das Verknüpfungsergebnis von S_1 o D_{120} ergibt sich z. B. auf folgende Weise:

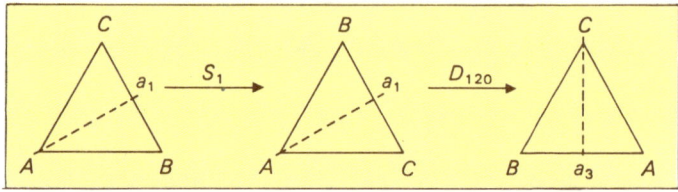

Die Lage des Dreiecks läßt sich hier direkt durch die Spiegelung S_3 erhalten. Also gilt: $S_1 \circ D_{120} = S_3$.

Verknüpfungstabelle:

$\circ$	D_0	D_{120}	D_{240}	S_1	S_2	S_3
D_0	D_0	D_{120}	D_{240}	S_1	S_2	S_3
D_{120}	D_{120}	D_{240}	D_0	S_3	S_1	S_2
D_{240}	D_{240}	D_0	D_{120}	S_2	S_3	S_1
S_1	S_1	S_2	S_3	D_0	D_{120}	D_{240}
S_2	S_2	S_3	S_1	D_{240}	D_0	D_{120}
S_3	S_3	S_1	S_2	D_{120}	D_{240}	D_0

Aus der V-Tabelle läßt sich die Gültigkeit der Axiome (1) (Abgeschlossenheit), (3) (Existenz des neutralen Elements D_0) und (4) (Existenz der inversen Elemente) erkennen. Das Assoziativgesetz (Axiom (2)) gilt ebenfalls, während das Kommutativgesetz (Axiom (5)) nicht erfüllt ist (Asymmetrie der Tabelle). Insgesamt gilt: ($\mathbb{D}_3$; $\circ$) *ist eine Gruppe, aber keine kommutative Gruppe.*

Bei unendlichen Mengen G muß allgemein bewiesen werden, daß die Gruppenaxiome erfüllt sind. Meist begnügt man sich aber damit, die Gültigkeit von (1) bis (4) (bzw. (5)) an Beispielen zu erläutern.

Beispiele:
1) Gruppe ($\mathbb{Z}$; +) der ganzen Zahlen bezüglich der Addition
Axiom (1): $-2 + 3 = 1$ mit $1 \in \mathbb{Z}$; d. h. $\mathbb{Z}$ ist bezüglich der Verknüpfung + abgeschlossen.
Axiom (2): $-2 + (3 + 2) = (-2 + 3) + 2$; d. h. + ist in $\mathbb{Z}$ assoziativ.

Axiom (3): $-5 + 0 = 0 + (-5) = -5$; d. h. $0 \in \mathbb{Z}$ ist das neutrale Element von $\mathbb{Z}$ bzgl. $+$.

Axiom (4): $5 + (-5) = (-5) + 5 = 0$; jedes Element aus $\mathbb{Z}$ besitzt genau ein inverses Element, für $a = 5$ ist $a^* = -5$.

2) Gruppe der Vektoren bezüglich der Vektoraddition (↑ S. 340).
3) Gruppe der Potenzen $P = \{x \mid x = a^z$ mit $a \in \mathbb{R} \setminus \{0\}$ und $z \in \mathbb{Z}\}$ bezüglich der Multiplikation.

2.3. Untergruppen

[1] Eine Teilmenge (↑ S. 90) U einer Gruppe G heißt *Untergruppe* von $(G\,;\,\circ)$, wenn $(U\,;\,\circ)$ eine Gruppe ist.

Beispiele:
1) Die Menge M_3 aller Deckdrehungen eines gleichseitigen Dreiecks ist eine Untergruppe der Gruppe $\mathbb{D}_3$ (↑ S. 247).
2) $(\mathbb{Z}\,;\,+)$ ist eine Untergruppe von $(\mathbb{Q}\,;\,+)$.

Triviale Untergruppen einer Gruppe $(G\,;\,\circ)$ sind G selbst und die Menge, die nur aus dem neutralen Element von G besteht. Alle anderen Untergruppen von G müssen ebenfalls das neutrale Element von G erhalten.

[2] Gruppengraph. Die Untergruppen einer Gruppe werden im *Gruppengraph* dargestellt. Dabei ordnet man die Untergruppen beginnend mit der Gruppe selbst der Mächtigkeit nach untereinander an und veranschaulicht die Untergruppenbeziehungen durch Striche.

Beispiel:
Gruppengraph für die Gruppe $(\mathbb{D}_3\,;\,\circ)$

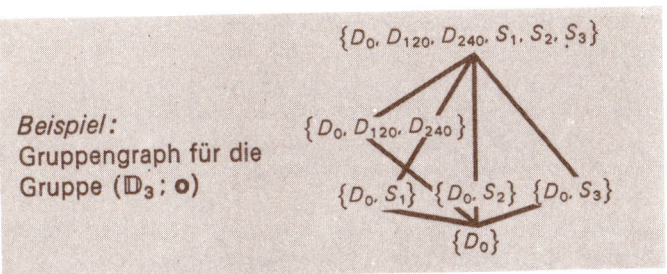

2.4. Homomorphie, Isomorphie

homomorph

[1] Homomorphie. Zwei Gruppen $(G\,;\,\circ)$ und $(G'\,;\,*)$ (↑ S. 246) heißen *homomorph*, wenn es eine Abbildung (↑ S. 305) $f:(G\,;\,\circ) \to (G'\,;\,*)$ der Elemente von G auf die von G' gibt mit

Homomorphie-gleichung

$f(a \circ b) = f(a) * f(b)$ mit $f(a), f(b), f(a \circ b)$ aus G' für alle $a\,;\,b \in G$.

Wenn diese sogenannte *Homorphiegleichung* erfüllt ist, gelten alle Beziehungen zwischen den Elementen von G auch für deren Bildelemente aus G'.

Homomorphismus

struktur-erhaltende Abbildung

Die Abbildung f heißt dann *homomorphe Abbildung* oder (Gruppen-) *Homomorphismus*. Mit Hilfe dieser sogenannten *strukturerhaltenden Abbildung* lassen sich Beziehungen zwischen strukturierten Mengen (z. B. Gruppen) herstellen. Sie ermöglichen einen Überblick über die Gesamtheit aller Mengen vom gleichen Strukturtyp.

Beispiele:

1) Die Menge $\mathbb{D}_3$ (↑ S. 247) läßt sich auf die nebenstehende Weise auf die Menge $Z_2 = \{0\,;\,1\}$ (↑ S. 252) homomorph abbilden. Die Verknüpfungen $\circ$ bzw. $*$ sind das Hintereinanderausführen $\circ$ bzw. die Restklassenaddition $\oplus_2$.

2) Mit $\mathbb{R}' = \mathbb{R} \setminus \{0\}$ ist die Abbildung $f: a \to |a|$ von $(\mathbb{R}'\,;\,\cdot)$ in $(\mathbb{R}'\,;\,\cdot)$ ein Homomorphismus. Es gilt nämlich: $|a \cdot b| = |a| \cdot |b|$ (Homomorphiegleichung).

isomorph

[2] Isomorphie. Zwei Gruppen $(G\,;\,\circ)$ und $(G'\,;\,*)$ heißen *isomorph*, wenn es eine bijektive (↑ S. 231) Abbildung f gibt, die die Elemente von G und G' einander zuordnet. Die Abbildung f muß der Homomorphiegleichung genügen. f heißt dann (Gruppen-) *Isomorphismus*.

Isomorphismus

Beispiele:

1) Die Gruppen $(\mathbb{Z}\,;\,+)$ und $(P\,;\,\cdot)$ mit $P = \{x \mid x = a^z$ mit $a \in \mathbb{R} \setminus \{0\} \wedge z \in \mathbb{Z}\}$ sind isomorph zueinander. Die Abbildung f mit $f: z \to a^z; z \in \mathbb{Z}$ ist bijektiv und erfüllt die Homomorphiegleichung: $a^{x+y} = a^x \cdot a^y$.

2) Die Gruppen ($\mathbb{D}_3$; o) (↑ S. 247) und (Z_3 ; $\oplus_3$) sind isomorph zueinander, denn durch die Übersetzungsvorschrift f mit $f: D_0 \to 0 ; D_{120} \to 1 ; D_{240} \to 2$ gehen die beiden folgenden V-Tabellen ineinander über:

o	D_0	D_{120}	D_{240}
D_0	D_0	D_{120}	D_{240}
D_{120}	D_{120}	D_{240}	D_0
D_{240}	D_{240}	D_0	D_{120}

$\oplus_3$	0	1	2
0	0	1	2
1	1	2	0
2	2	0	1

Die Isomorphie von Strukturen ist eine Äquivalenzrelation. (↑ S. 239)

3. Ringe, Körper, Verbände

3.1. Ringe

[1] Distributivgesetz. In einem Verknüpfungsgebilde (M; o ; ∗) mit den Verknüpfungen o und ∗ heißt ∗ *distributiv* bezüglich o , wenn für je drei Elemente aus M gilt:

distributiv

$a * (b \text{ o } c) = (a * b) \text{ o } (a * c)$ und
$(b \text{ o } c) * a = (b * a) \text{ o } (c * a)$.

Anmerkung: Wenn die Verknüpfungen o und ∗ beide kommutativ sind, so sind die beiden Gleichungen äquivalent.

Beispiele:
1) In ($\mathbb{N}$; + ; ·) ist · distributiv bezüglich +. Es gilt etwa:
$3 \cdot (4 + 5) = 3 \cdot 4 + 3 \cdot 5$.

2) In ($P(M)$; ∩ ; \) mit $M = \{1 ; 2 ; 3\}$ ist \ nicht distributiv bezüglich ∩ , denn
$\{1 ; 2 ; 3\} \setminus (\{2 ; 3\} \cap \{1 ; 3\}) \neq (\{1 ; 2 ; 3\} \setminus \{2 ; 3\}) \cap (\{1 ; 2 ; 3\} \setminus \{1 ; 3\})$

[2] Ring. Ein Verknüpfungsgebilde (R ; o ; ∗) heißt *Ring*, wenn gilt:

Ring

(1) (R ; o) ist abelsche Gruppe (↑ S. 247)
(2) (R ; ∗) ist Halbgruppe (↑ S. 245)
(3) ∗ ist bezüglich o distributiv.

Beispiele:
1) ($\mathbb{Z}$; + ; ·) ist der Ring der ganzen Zahlen.
2) (M_n ; + ; ·) ist der Matrizenring aller quadratischen Matrizen mit der Zeilen- und Spaltenzahl n (↑ S. 353).
3) ($\mathbb{N}$; + ; ·) ist kein Ring, weil ($\mathbb{N}$; +) keine Gruppe ist.

kongruent modulo n

[3] Restklassenring. Zwei Zahlen a ; $b \in \mathbb{Z}$ heißen *kongruent modulo* einer fest vorgegebenen Zahl $n \in \mathbb{N}$ (geschrieben $a \equiv b \bmod n$), wenn sie bei der Division durch n denselben Rest ergeben.

Beispiele: 1) $12 \equiv 17 \bmod 5$, weil 12 und 17 bei der Division durch 5 denselben Rest ergeben, nämlich 2.
2) $4 \equiv 8 \bmod 4$, Divisionsrest ist bei beiden 0.
3) $-11 \equiv 3 \bmod 2$, Divisionsrest ist bei beiden 1.

Restklassen modulo n

Die Relation »kongruent modulo n« ist eine Äquivalenzrelation (↑ S. 239) in der Menge der ganzen Zahlen $\mathbb{Z}$. Die zugehörige Klasseneinteilung teilt $\mathbb{Z}$ in *Restklassen mod n* ein. Zwei ganze Zahlen liegen in derselben Restklasse, wenn sie denselben Divisionsrest haben. Da bei der Division durch die Zahl n genau n Reste 0 ; 1 ; 2 ; . . . ; $n-1$ auftreten, gibt es n verschiedene Restklassen mod n, die mit 0^* ; 1^* ; 2^* ; . . . $(n-1)^*$ bezeichnet werden.

Beispiel: Restklassen mod 3: $0^* = \{0 ; \pm 3 ; \pm 6; \pm 9 ; \ldots,$
$1^* = \{\pm 1 ; \pm 4 ; \pm 7 ; \pm 10 ; \ldots\}$,
$2^* = \{\pm 2 ; \pm 5 ; \pm 8 ; \pm 11 ; \ldots\}$

Repräsentant

Wählt man ein Element aus der jeweiligen Klasse aus, so bezeichnet man dieses Element als *Vertreter* oder *Repräsentant* der Klasse. Für die Restklassen erklärt man eine Addition und eine Multiplikation dadurch, daß man Vertreter der einzelnen Restklassen addiert bzw. multipliziert.

Restaddition

Restmultiplikation

Beispiel: Z_3 bezeichnet die Menge aller Reste bei der Division mit der Zahl 3 ; $Z_3 = \{0 ; 1 ; 2\}$.
Restaddition mod 3: $a \oplus_3 b$ = Rest von $(a + b) : 3$
(bezeichnet mit $\oplus_3$) $1 \oplus_3 2$ = Rest von $(1 + 2) : 3 = 0$
Restmultiplikation $a \odot_3 b$ = Rest von $(a \cdot b) : 3$
mod 3: $1 \odot_3 2$ = Rest von $(1 \cdot 2) : 3 = 2$
(bezeichnet mit $\odot_3$)

Die Menge Z_n aller Restklassen modulo n bildet für die Restaddition $\oplus_n$ und die Restmultiplikation $\odot_n$ einen Ring, den *Restklassenring* $(Z_n; \oplus_n; \odot_n)$.

Restklassenring

Beispiel: Restklassenring $(Z_4; \oplus_4; \odot_4)$. Aus den Verknüpfungstabellen ergibt sich die Gültigkeit der 3 Ringaxiome.

$\oplus_4$	0	1	2	4		$\odot_4$	0	1	2	3
0	0	1	2	3		0	0	0	0	0
1	1	2	3	0		1	0	1	2	3
2	2	3	0	1		2	0	2	0	2
3	3	0	1	2		3	0	3	2	1

3.2. Körper

[1] **Körper.** Ein Verknüpfungsgebilde $(K; o; *)$ heißt Körper, wenn gilt:
(1) $(K; o)$ ist eine abelsche Gruppe.
(2) $(K'; *)$ ist eine abelsche Gruppe, wobei $K' = K \setminus \{n\}$ und n das neutrale Element von $(K; o)$ ist.
(3) $*$ ist bezüglich o distributiv.

Körper

Ist $(K'; *)$ eine nicht abelsche Gruppe, so nennt man den Körper K einen *Schiefkörper*.

Schiefkörper

Beispiele: 1) $(\mathbb{Q}; +; \cdot)$ ist der Körper der rationalen Zahlen.
2) $(\mathbb{R}; +; \cdot)$ ist der Körper der reellen Zahlen.
3) $(\mathbb{Z}; +; \cdot)$ ist kein Körper, weil ($\mathbb{Z} \setminus \{0\}; \cdot$) keine Gruppe ist (Körperaxiom (2)).

[2] **Endliche Körper.** Körper mit endlich vielen Elementen nennt man *endliche Körper* oder *Galoisfelder*. Die Anzahl der Elemente eines endlichen Körpers heißt die *Ordnung* des Körpers.

endlicher Körper (Galoisfeld) Ordnung

Beispiel: Der Restklassenring $(Z_2; \oplus_2; \odot_2)$ mit den folgenden Verknüpfungstafeln ist ein endlicher Körper der Ordnung 2.

$\oplus_2$	0	1		$\odot_2$	0	1
0	0	1		0	0	0
1	1	0		1	0	1

Sätze

(1) Der Restklassenring $(Z_p\,;\,\oplus_p\,;\,\odot_p)$ ist genau dann ein Körper, wenn p eine Primzahl ist.
(2) Die Ordnung endlicher Körper ist stets eine Primzahlpotenz.
(3) Es gibt keinen Schiefkörper endlicher Ordnung.

3.3. Verbände

[1] Algebraische Verbandsdefinition.

Verband — Eine Menge V mit den Verknüpfungen $\sqcup$ und $\sqcap$ heißt *Verband*, wenn für alle Elemente von V gilt:

(1) $a \sqcup b = b \sqcup a$ \quad (Kommutativität von $\sqcup$ und $\sqcap$)
 $a \sqcap b = b \sqcap a$

(2) $a \sqcup (b \sqcup c) = (a \sqcup b) \sqcup c$ \quad (Assoziativität von $\sqcup$
 $a \sqcap (b \sqcap c) = (a \sqcap b) \sqcap c$ \quad\quad und $\sqcap$)

Verschmelzungsgesetze
(3) $a \sqcup (a \sqcap b) = a$ \quad (Verschmelzungsgesetze)
 $a \sqcap (a \sqcup b) = a$

Man schreibt auch $(V\,;\,\sqcup\,;\,\sqcap)$ für einen Verband.

Beispiele:

1) In $\mathbb{N}$ werden als Verknüpfungen definiert:
$\sqcup : (a\,;\,b) \to \max(a\,;\,b)$ (d. h. die größeren der beiden Zahlen);
$\sqcap : (a\,;\,b) \to \min(a\,;\,b)$ (d. h. die kleinere der beiden Zahlen).
Für diese Verknüpfungen läßt sich die Gültigkeit von (1), (2) und (3) leicht nachweisen. Zum Beispiel ist für $2 \in \mathbb{N}$ und $5 \in \mathbb{N}$: $2 \sqcap 5 = \min(2\,;\,5) = 2\,;\,2 \sqcup 5 = \max(2\,;\,5) = 5$.

2) In $\mathbb{N}$ werden als Verknüpfungen definiert:
$\sqcup : (a\,;\,b) \to \mathrm{kgV}(a\,;\,b)$ (d. h. kleinstes gemeinsames Vielfaches von a und b)
$\sqcap : (a\,;\,b) \to \mathrm{ggT}(a\,;\,b)$ (d. h. größter gemeinsamer Teiler von a und b).
Es gilt etwa: $12 \sqcup 18 = \mathrm{kgV}(12\,;\,18) = 36\,;\,12 \sqcap 18 = \mathrm{ggT}(12\,;\,18) = 6.$ ($\mathbb{N}\,;\,\sqcup\,;\,\sqcap$) heißt *Teilerverband*.

Teilerverband

[2] Ordnungstheoretische Verbandsdefinition. Eine Menge V, in der eine Ordnungsrelation $a\,[\,b$ eingeführt ist, heißt *Verband*, wenn es zu jeder Untermenge $\{a\,;\,b\} \subseteq V$ mit der Mächtigkeit 2 sowohl eine kleinste obere Schranke

(↑ S. 383) (Bezeichnung: sup {a ; b}) als auch eine größte untere Schranke (↑ S. 383) (Bezeichnung: inf {a ; b}) gibt.

> *Beispiele:*
> 1) Die Menge $\mathbb{N}$ ist ebenso wie $\mathbb{Z}$; $\mathbb{Q}$ und $\mathbb{R}$ mit der Relation $\leq$ (kleiner oder gleich) ein Verband.
>
> 2) Die Menge $\mathbb{N}$ ist bezüglich der Ordnungsrelation | (Teilerrelation) ein Verband mit inf {a ; b} = ggT (a ; b) und sup {a ; b} = kgV (a ; b).

Die Bildung der kleinsten oberen bzw. größten unteren Schranke in V stellt jeweils eine Verknüpfung in V dar. Wählt man die Verknüpfungen
$\sqcup$: (a ; b) → sup {a ; b} ; $\sqcap$: (a ; b) → inf {a ; b},
so sind die Axiome (1), (2) und (3) der algebraischen Verbandsdefinition erfüllt.
Andererseits läßt sich durch die Festsetzung a [b bedeute $a \sqcup b = b$ und $a \sqcap b = a$ die ordnungstheoretische Definition erzeugen.

[3] Sätze

(1) Für alle Elemente $a \in V$ eines Verbandes gilt:
$a \sqcup a = a$ und $a \sqcap a = a$ (*Idempotenzgesetze*).

Idempotenzgesetze

(2) Jedes Gesetz der Verbandstheorie für die Verknüpfung $\sqcup$ gilt auch für $\sqcap$ und umgekehrt (*Dualitätsprinzip*).

Dualitätsprinzip

3.4. Boolesche Verbände

Ein Verband $(V ; \sqcup ; \sqcap)$ mit den zusätzlichen Eigenschaften:

1) Für alle $a ; b ; c \in V$ gilt:
$a \sqcup (b \sqcap c) = (a \sqcup b) \sqcap (a \sqcup c)$ (*Distributiv-*
$a \sqcap (b \sqcup c) = (a \sqcap b) \sqcup (a \sqcap c)$ *gesetze*)

2) Es gibt in V bezüglich seiner Ordnung ein *kleinstes Element* (Zeichen 0) und ein *größtes Element* (Zeichen 1).

Kleinstes und größtes Element in V

3) Zu jedem $a \in V$ gibt es ein Element $\bar{a} \in V$ mit
$a \sqcup \bar{a} = 1$ und $a \sqcap \bar{a} = 0$
($\bar{a}$ heißt *komplementäres Element* zu a).

komplementäres Element

heißt *Boolescher Verband* oder *Boolesche Algebra*.

Boolescher Verband

255

Beispiele:
1) Sei $P(M)$ die Potenzmenge (↑ S. 91) einer Menge M und die Verknüpfungen ⌐ und ⌐ die Schnittmengenbildung (Zeichen $\cap$) bzw. die Vereinigungsmengenbildung (Zeichen $\cup$). Aufgrund der Gesetze der Mengenalgebra (Tabelle ↑ S. 103) ergibt sich die Gültigkeit der Kommutativ-, Assoziativ- und Distributivgesetze. Außerdem gilt:
$A \cup (A \cap B) = A$ bzw. $A \cap (A \cup B) = A$. Das größte Element bezüglich der Ordnungsrelation $\subseteq$ in $P(M)$ ist M, das kleinste Element ist $\emptyset$. Das komplementäre Element zur Menge A ist die Menge $\overline{A} = M \setminus A$ (↑ S. 100). Diesen speziellen Booleschen Verband nennt man den *Mengenverband*.

Mengenverband

2) Die Menge $M = \{0\,;\,1\}$ ist bezüglich der in den folgenden V-Tabellen definierten Verknüpfungen ⌐ und ⌐ ein Boolescher Verband.

⌐	0	1
0	0	1
1	1	1

⌐	0	1
0	0	0
1	0	1

Die Zeichen 0 und 1 lassen sich dabei etwa als Wahrheitswerte von Aussagen (↑ S. 160) deuten. Die Verknüpfungen ⌐ und ⌐ entsprechen dann den Aussagenverknüpfungen $\wedge$ bzw. $\vee$ (↑ S. 161).

Schaltalgebra

In der *Schaltalgebra* wird 0 als nichtstromführender Zustand und 1 als stromführender Zustand einer elektrischen Schaltung interpretiert. Die Verknüpfungen ⌐ bzw. ⌐ können dann als Parallelschaltung bzw. Reihenschaltung gedeutet werden.

Geometrie

1. Grundbegriffe der Geometrie

Der Name Geometrie stammt aus der griechischen Sprache und bedeutet soviel wie Erdmessung bzw. Landmessung. Die Bedeutung des Wortes hat sich im Laufe der Zeit jedoch verändert. Die elementare oder *Euklidische Geometrie* beschäftigt sich vor allem mit Figuren und Körpern, ihren Eigenschaften und den Möglichkeiten, sie ineinander zu überführen.

1.1. Punkt, Gerade, Ebene

[1] **Punktmengen.** Alle geometrischen Figuren und Körper lassen sich als Mengen von Punkten auffassen, als Punktmengen. Die (euklidische) Geometrie wird daher heute als die Theorie einer Menge $\mathbb{R}$ (*Raum*) mit den Elementen A ; B ; C ; ... (»*Punkte*«) aufgefaßt. Bestimmte Teilmengen von $\mathbb{R}$ heißen *Geraden* (Bez. g ; h ; k ; ...) bzw. *Ebenen* (Bez. $\mathbb{E}$; $\mathbb{F}$; $\mathbb{G}$; ...). Das beinhaltet auch eine Benutzung der Symbole und Begriffe der Mengenlehre in der Geometrie.

Mengentheoretische Grundkonzeption

Zum Beispiel schreibt man für:
»Ein Punkt P liegt auf der Geraden g«: $\quad P \in g$;
»Ein Punkt Q liegt außerhalb der Ebene $\mathbb{E}$: $\quad Q \notin \mathbb{E}$;
»Die Geraden g und h schneiden sich im Punkte S«
$$g \cap h = \{S\}$$
»Die Gerade k liegt in der Ebene $\mathbb{E}$«: $\quad k \subseteq \mathbb{E}$

Im folgenden wird kein umfassendes Axiomensystem (↑ S. 172) der Geometrie angegeben, aus dem dann alle Sätze entwickelt werden, sondern nur eine Aufstellung der wichtigsten Begriffe und Sätze.

[2] **Geraden.** Zu einer Geraden gehören mindestens zwei verschiedene Punkte. Man sagt: *Der Punkt P liegt auf der Geraden g* oder »Die Gerade g geht durch den Punkt P« und schreibt $P \in g$.

Punkte auf Geraden

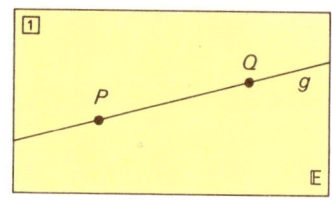

Verbindungsgerade

Andererseits wird durch zwei Punkte P und Q die Lage einer Geraden g in der Ebene bestimmt mit $P \in g$ und $Q \in g$ (Abb. 1). Sie heißt dann *Verbindungsgerade von P und Q* (Bez.: PQ).

Durch einen Punkt der Ebene lassen sich beliebig viele Geraden zeichnen.

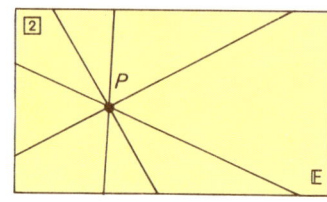

Geradenbüschel

Die Menge aller dieser Geraden der Ebene $\mathbb{E}$, die nur den Punkt P gemeinsam haben, nennt man ein *Geradenbüschel* (Abb. 2). P heißt dann *Trägerpunkt* des Geradenbüschels.

Schnittpunkt von Geraden

Zwei Geraden g und h der Ebene $\mathbb{E}$ haben höchstens einen Punkt gemeinsam (es sei denn, sie fallen in allen ihren Punkten zusammen), ihren *Schnittpunkt S* (Abb. 3). Man sagt: »Die Geraden g und h schneiden sich im Punkt S«: $g \cap h = \{S\}$.

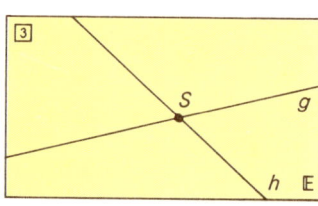 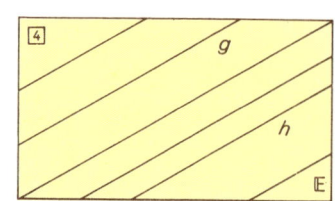

parallele Geraden

Besitzen zwei Geraden keinen Schnittpunkt oder fallen in allen ihren Punkten zusammen, so nennt man sie *parallel* bzw. Parallelen (Abb. 4). In Zeichen: $g \| h \Leftrightarrow g \cap h = \{\}$ oder $g = h$. Jede Gerade ist also zu sich selbst parallel.

Parallelenbüschel

Die Menge aller Geraden der Ebene $\mathbb{E}$, die parallel zueinander sind, bilden ein ebenes *Parallelenbüschel* (Abb. 4).

[3] **Ebene.** Im dreidimensionalen Raum kann es zwei Geraden geben, die keinen Schnittpunkt besitzen, aber auch nicht parallel sind ($g \subset \mathbb{E}_1, h \subset \mathbb{E}_2, g \cap h = \{\}$; $g \not\| h$).

Beispiel:

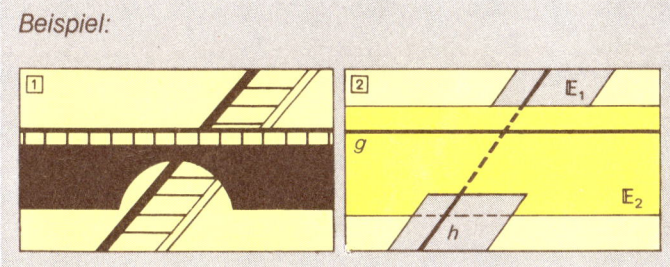

windschiefe Geraden

Solche Geraden nennt man *windschief* zueinander.

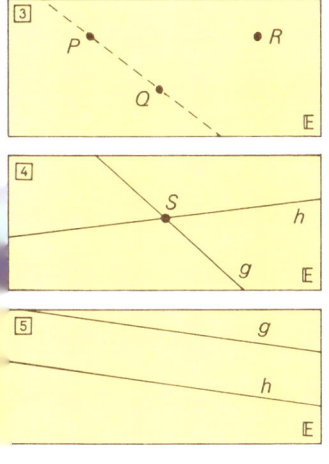

Im Raum wird die Lage einer Ebene $\mathbb{E}$ festgelegt:

Lage einer Ebene im Raum

a) durch drei nicht auf einer Geraden liegende Punkte P; Q; R ($\uparrow$ ③);
b) durch eine Gerade g (z. B. $g = PQ$ und einen Punkt R mit $R \notin g$
c) durch zwei Geraden g und h mit $g \cap h = \{S\}$ ($\uparrow$ ④).
d) durch zwei parallele Geraden $g \parallel h$, $g \neq h$ ($\uparrow$ Abb. ⑤).

Zwei Ebenen $\mathbb{E}_1$ und $\mathbb{E}_2$ können eine Gerade g als Schnittmenge besitzen: $\mathbb{E}_1 \cap \mathbb{E}_2 = g$ (Abb. ⑥).

gegenseitige Lage von Ebenen im Raum

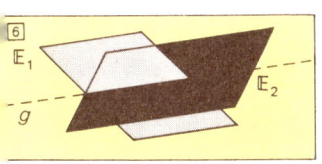
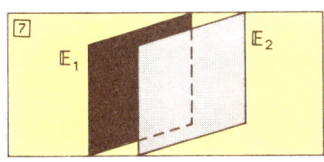

Trifft das nicht zu, gibt es zwei Möglichkeiten: $\mathbb{E}_1$ und $\mathbb{E}_2$ haben entweder überhaupt keinen Schnittpunkt ($\mathbb{E}_1 \cap \mathbb{E}_2 = \{\}$ ⇔ $\mathbb{E}_1 \parallel \mathbb{E}_2$) oder fallen in allen Punkten zusammen $\mathbb{E}_1 = \mathbb{E}_2$). In beiden Fällen sagt man: $\mathbb{E}_1$ *ist parallel zu* $\mathbb{E}_2$ Abb. ⑦).

orthogonale Geraden

[4] Zwei sich **schneidende Geraden** g und h der Ebene $\mathbb{E}$ heißen *orthogonal* zueinander (*senkrecht* aufeinander), wenn beide Halbgeraden g_1 ; g_2 (bzw. h_1 ; h_2) beim Falten entlang h (bzw. g) mit sich selbst zur Deckung kommen (Abb. [1]). Bezeichnung: $g \perp h$ (bzw. $h \perp g$).
Orthogonale Geraden kann man mit Hilfe des Geodreiecks zeichnen (Abb. [2]). Sie bilden einen rechten Winkel (⌐).

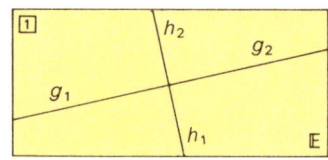
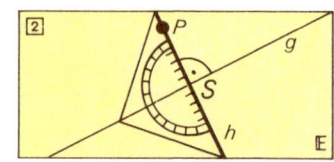

Lot vom Punkt P auf eine Gerade g

Sind eine Gerade $g \subset \mathbb{E}$ und ein Punkt $P \in \mathbb{E}$, $P \notin g$ gegeben, läßt sich mit Hilfe des Geodreiecks (Abb. [2]) eine Gerade h mit $h \perp g$ und $P \in h$ zeichnen. Die Strecke $\overline{PS}$ mit $\{S\} = g \cap h$ heißt *Lot von P auf g*. S ist der Fußpunkt des Lotes.

Lot vom Punkt P auf die Ebene

Gegeben seien eine Ebene $\mathbb{E}_1$ und ein Punkt $P \notin \mathbb{E}_1$. Um das Lot von P auf $\mathbb{E}_1$ zu fällen, wählt man sich eine Gerade $g \subset \mathbb{E}_1$. Durch g und P ist eine Ebene $\mathbb{E}_2$ festgelegt, in der das Lot von P auf g gefällt wird (Fußpunkt F). In F zeichnet man in $\mathbb{E}_1$ eine orthogonale Gerade h (mit $h \perp g$ und $F \in h$ und $h \subset \mathbb{E}_1$). Durch h und das Lot von P auf g ist die dritte Ebene $\mathbb{E}_3$ festgelegt, in der jetzt das Lot von P auf h gefällt werden kann. Damit hat man das *Lot von P auf* $\mathbb{E}_1$ mit dem Lotfußpunkt L erhalten. (Abb. [3]).

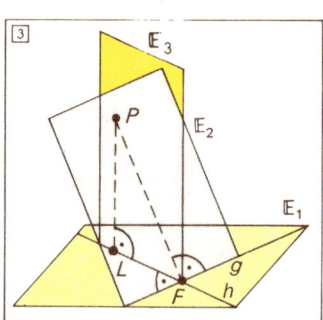

1.2. Anordnung

[1] Halbgerade. Eine Gerade g wird durch jeden Punkt mit $P \in g$ in zwei *Halbgeraden* (Strahlen) g_1 und g_2 zerlegt (Abb. [4]). Für die Punktmengen g_1 und g_2 gilt:
$g_1 \cap g_2 = \{P\}$; $g_1 \cup g_2 = g$.

Halbgeraden

Der Punkt P heißt *Anfangspunkt* der beiden Halbgeraden g_1 und g_2, g heißt Trägergerade der Halbgeraden. Liegt der Punkt A auf g_1 auch so bezeichnet werden: $g_1 = \overrightarrow{PA}$ (Abb. [1]). Zwei Halbgeraden g_1 und g_2 heißen *parallel*, wenn ihre Trägergeraden parallel sind (Abb. [2]).

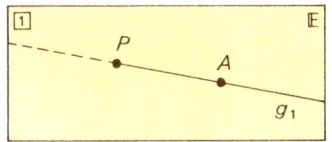

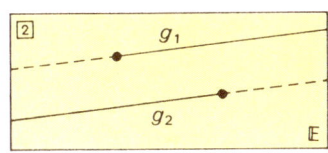

[2] Strecke. Die Punkte P und Q einer Geraden g erzeugen zwei Halbgeraden $\overrightarrow{PQ}$ und $\overrightarrow{QP}$. Die Schnittmenge der beiden Halbgeraden $\overrightarrow{PQ}$ und $\overrightarrow{QP}$ ist die Strecke $\overline{PQ}$ ($= \overline{QP}$) (bzw. Verbindungsstrecke von P und Q):

Strecken

$\overrightarrow{PQ} \subseteq g \wedge \overrightarrow{QP} \subseteq g$
$\Leftrightarrow \overrightarrow{PQ} \cap \overrightarrow{QP} = \overline{PQ}$
$\wedge \overrightarrow{PQ} \cap \overrightarrow{QP} \neq \{\ \}$.

P und Q sind die *Endpunkte* der Strecke $\overline{PQ}$ (Abb. [3]).

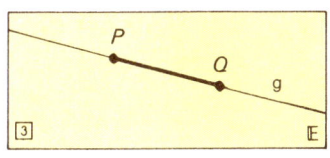

Zwei Strecken heißen *parallel*, wenn ihre Trägergeraden parallel sind.

[3] Streckenzug. Unter einem *Streckenzug* (Polygon) $\overline{ABCDE}$ versteht man die Vereinigung der Verbindungsstrecken $\overline{AB}$; $\overline{BC}$; $\overline{CD}$; $\overline{DE}$ in der angegebenen Reihenfolge: $\overline{ABCDE} = \overline{AB} \cup \overline{BC} \cup \overline{CD} \cup \overline{DE}$ (Abb. [4]).

Streckenzüge

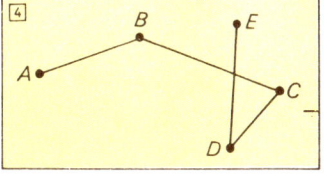

Ist der Anfangspunkt des Streckenzuges mit dem Endpunkt identisch, so spricht man von einem *geschlossenen Streckenzug* $\overline{ABCDA}$.

geschlossener Streckenzug

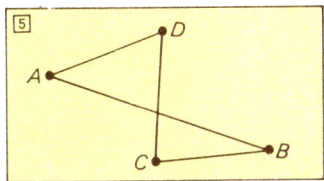

Halbebenen

[4] Halbebene. Jede Gerade teilt eine Ebene in zwei *Halbebenen* $\mathbb{A}$ und $\mathbb{B}$ (Abb. [1]). Die Gerade g gehört sowohl zur Halbebene $\mathbb{A}$ als auch zur Halbebene $\mathbb{B}$:

$\mathbb{A} \cup \mathbb{B} = \mathbb{E}$; $\mathbb{A} \cap \mathbb{B} = g$.

n Geraden teilen die Ebene in insgesamt höchstens

$\frac{n(n+1)}{2} + 1$ Teilgebiete.

(Abb. [2]).

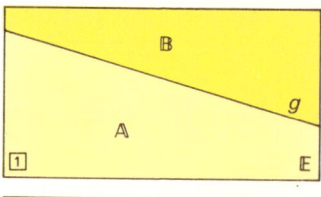

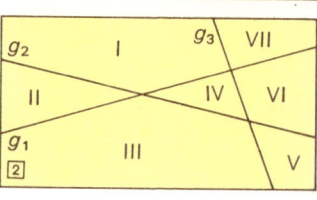

1.3. Winkel

[1] Winkel. Wie lassen sich die Drehungen beschreiben, die man auf den Zeiger einer Uhr ausüben kann? Die Drehung einer Halbgeraden a um ihren Anfangspunkt ist durch den Drehsinn und den Drehbetrag festgelegt. Man unterscheidet

positiver Drehsinn
a) den *positiven* (+) *Drehsinn* (dem Uhrzeigersinn entgegengesetzt);

negativer Drehsinn
b) den *negativen* (−) *Drehsinn* (im Uhrzeigersinn), ↑ [3].

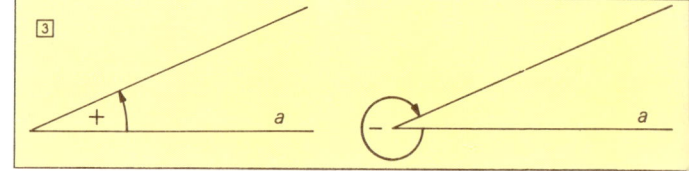

Winkel

Ein *Winkel* ist ein Gebiet der Ebene, das von 2 Halbgeraden a und b mit gemeinsamem Anfangspunkt S begrenzt wird (Abb. [4]); oder:

Ein Winkel ist ein geordnetes Paar aus 2 Halbgeraden a und b mit gemeinsamem Anfangspunkt S (Abb. [5]).

Schenkel
Scheitel
Die beiden Halbgeraden heißen *Schenkel*, ihr gemeinsamer Anfangspunkt heißt *Scheitel* des Winkels.

Bez.: a) $\sphericalangle (a;b)$ b) $\alpha ; \beta ; \gamma ; \ldots$ c) $\sphericalangle ASB$ mit $A \in a$, $B \in b$

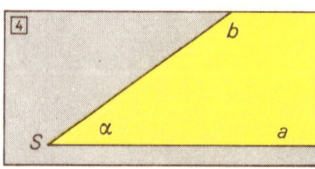

Winkel als Punktmenge

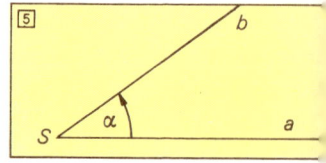

Winkel als Paar

Zu dem geordneten Paar (a ; b) gehören 2 Winkel, ein positiv orientierter und ein negativ orientierter (Abb. [1]). Damit ein Winkel durch Angabe zweier Halbgeraden eindeutig festgelegt ist, wird verabredet, unter ∢ (a ; b) stets den positiv orientierten zu verstehen.

Ein Winkel ∢ (a ; b) zerlegt die Ebene in 2 Gebiete. Das Innere I (Äußere A) von ∢ (a ; b) ist die Punktmenge, die vom Schenkel a überstrichen wird, wenn a im positiven Sinn (negativen Sinn) auf b gedreht wird.

Inneres (Äußeres) eines Winkels

I = Inneres von ∢ (a ; b)
A = Äußeres von ∢ (a ; b)
I ∪ A = E (↑ [1])

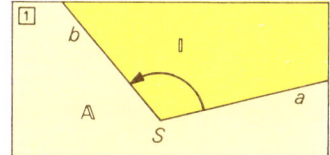

[2] Winkelkonstruktionen

Winkelhalbierung. Die Winkelhalbierende w von ∢ (a ; b) ist die Symmetrieachse des Winkels (↑ [2]).

Winkelhalbierung

Winkelantragen. Zu vorgegebenem Winkel α soll ein Winkel α' von gleicher Größe an eine Halbgerade a so angetragen werden, daß a der 1. Schenkel von α' ist.

Winkelantragen

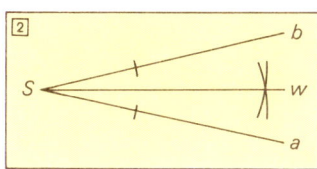

(1) Man schlägt um die Scheitel S und S' Kreisbögen mit gleichem Radius, die die Schenkel von α in A und B, die Halbgerade a in A' schneiden.

(2) Man schlägt einen Kreisbogen um A' mit dem Radius $\overline{AB}$, der den Kreisbogen um S' im Punkte B' schneidet. $\overline{S'B'}$ bildet den 2. Schenkel von α' (↑ [3]).

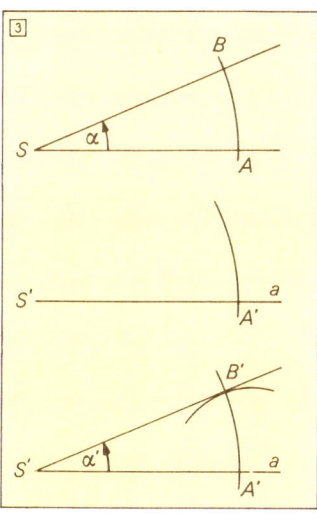

[3] Neben- und Scheitelwinkel. Durch 2 sich schneidende Geraden g und h wird die Ebene in 4 Winkel α ; β ; γ ; δ unterteilt.

Man unterscheidet folgende Winkelpaare, gebildet aus

Nebenwinkel

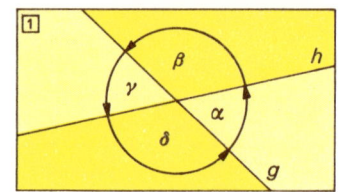

a) *Nebenwinkeln,* mit einem gemeinsamen Schenkel und 2 zu einer Geraden vereinigten Schenkeln;

Scheitelwinkel

b) *Scheitelwinkeln,* deren erste und zweite Schenkel jeweils eine Gerade erzeugen.

In [1] sind α und β, β und γ, γ und δ sowie α und δ Nebenwinkel, α und γ sowie β und δ sind Scheitelwinkel.

[4] Stufen- und Wechselwinkel. Werden 2 Parallelen g und h von einer dritten Geraden a geschnitten, so entstehen 8 Winkel, 4 innere Winkel (α' ; β' ; γ ; δ) mit $\overline{SS'}$ bzw. $\overline{S'S}$ als Schenkel und 4 äußere Winkel (α ; β ; γ' ; δ').

Stufenwinkel

Wechselwinkel

Ein innerer und ein äußerer Winkel auf derselben Seite der Schnittgeraden a heißen ein Paar von *Stufenwinkeln* (z. B. α und α' in Abb. [2]). Zwei innere (äußere) Winkel auf verschiedenen Seiten der Schnittgeraden a heißen ein Paar von *Wechselwinkeln* (δ und β' oder α und γ' in Abb. [2]).

$g \parallel h$
$a \cap g = \{S\}$
$a \cap h = \{S'\}$

1.4. Topologische Grundbegriffe

Die Topologie ist eine recht junge Teildisziplin der Mathematik. Ihre Begriffe sind heute schon fester Bestandteil anderer Gebiete der Mathematik, unter anderem auch der Geometrie.

Kurve

[1] Kurve. In der Topologie wird der Begriff der *Kurve* als ein nicht weiter abzuleitender Grundbegriff aufgefaßt.

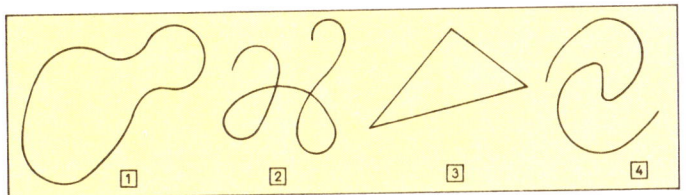

Kurven, die keine Schnittpunkte haben, heißen *einfache* (oder doppelpunktsfreie) *Kurven* — siehe Abbildungen ①, ③, ④ — die anderen entsprechend *nicht-einfache Kurven* (Kurven mit Doppelpunkten) — siehe Abbildung ②.
Die Abbildungen ① und ③ zeigen *geschlossene*, die Abbildungen ② und ④ *offene Kurven*.

einfache, nichteinfache Kurven

offene und geschlossene Kurven

[2] Gebiet. Jede geschlossene, einfache Kurve zerlegt die Ebene in zwei getrennte *Gebiete*, deren gemeinsamer Rand die Kurve ist (Abb. ⑤).

Gebiet

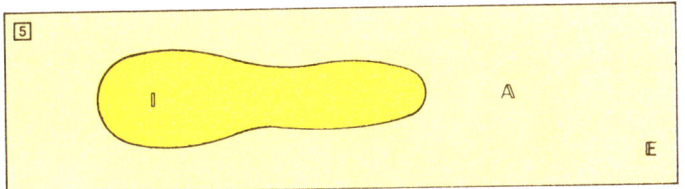

Von einem Punkt läßt sich stets angeben, ob er im *Inneren* I oder im *Äußeren* A oder auf der Kurve (auf dem Rand) liegt.

Inneres, Äußeres, Rand

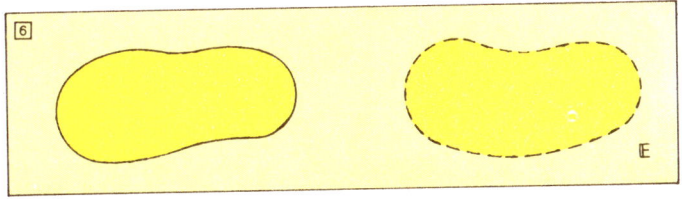

Eine Punktmenge $M \subseteq E$ heißt *abgeschlossen* bzw. *offen*, je nachdem ob der Rand dazugehört oder nicht (Abb. ⑥).

offene und abgeschlossene Punktmenge

[3] Schnittpunkt. Jede beliebige Verbindung eines Punktes $A \in M$ (A ist innerer Punkt des von der geschlossenen Kurve umrandeten Gebietes) mit einem Punkt $B \notin M$ (B äußerer Punkt) schneidet die Kurve in mindestens einem Punkt (*Schnittpunkte* S_1; S_2; ...) (Abb. ① und ②, S. 266).

Schnittpunkte

265

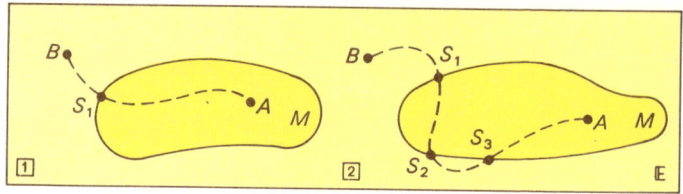

zusammen-
hängende
Punktmenge

[4] Konvexität. Eine Punktmenge $M \subset \mathbb{E}$ heißt *zusammen-hängend*, wenn sie nicht als Vereinigung (↑ S. 95) von zwei punktfremden offenen Teilmengen von M darstellbar ist (Abb. ③). Bei zusammenhängenden Punktmengen lassen sich zwei beliebige Punkte P_1 und P_2 aus M immer mit einem Streckenzug mit Punkten aus M verbinden (Abb. ④).

einfach zusam-
menhängende
Punktmenge

zweifach zusam-
menhängende
Punktmenge

nicht zusammen-
hängende
Punktmenge

konvexe
Punktmenge

Eine Punktmenge M heißt *konvex*, wenn sich je zwei Punkte P_1 und P_2 aus M durch eine Strecke verbinden lassen, die ganz in M liegt (Abb. ③).

2. Maße

2.1. Längenmaße

Gleichheit

[1] Länge. Die *Länge einer Strecke* ist eine Eigenschaft dieser Strecke. Mit Hilfe eines Stechzirkels kann man prüfen, ob zwei Strecken dieselbe Länge besitzen (Abb. ⑥).

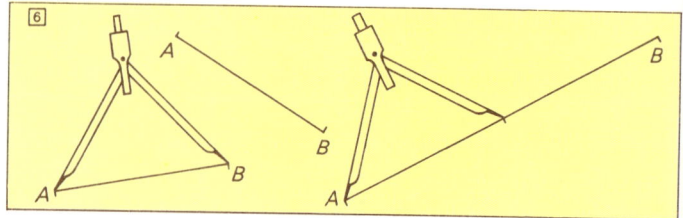

Eine Strecke ist *n*-mal so lang wie eine zweite, wenn man diese *n*-mal abgreifen müßte, um die gleiche Länge zu erhalten (↑ Abb. 6, S. 266).

Vielfachheit

Längen beschreibt man durch Angabe von Maßzahl und Einheit:

| Länge = Maßzahl · Längeneinheit |

[2] Längeneinheiten. Die *Längeneinheit* ist willkürlich festgesetzt: Als 1 Meter (1 m) bezeichnet man die Länge eines in Paris aufbewahrten Stabes (»Urmeter«). Heute nimmt man als Längeneinheit die 1 650 763,73-fache Wellenlänge der Orange-Linie des Kryptonisotops 86, d. h.
1 m = 1650 763,73 · λ_{KR}.

Längeneinheit

Abgeleitete Längeneinheiten:
Dezimeter: 1 dm = 10^{-1} m; 10 dm = 1 m
Zentimeter: 1 cm = 10^{-2} m; 100 cm = 1 m
Millimeter: 1 mm = 10^{-3} m; 1000 mm = 1 m
Mikrometer 1 µm = 10^{-6} m; 1 000 000 µm = 1 m
Nanometer: 1 nm = 10^{-9} m; 1 000 000 000 nm = 1 m
Kilometer: 1 km = 10^{3} m; 1 km = 1 000 m

[3] Messen. Will man die Länge einer Strecke angeben, so muß man feststellen, aus wie vielen Strecken der Einheitslänge 1 m (bzw. 1 cm; . . .) die Strecke aufgebaut ist. Diesen Vorgang nennt man *Messen*.

Meßvorgang

Beispiel:

Die Strecke $\overline{AB}$ hat die Länge 3 cm, denn sie ist aus drei Einheitslängen von je 1 cm aufgebaut.
Bezeichnung: $|\overline{AB}|$ = 3 cm oder $d(A;B)$ = 3 cm

Zum Messen benutzen wir ein Lineal oder einen Meterstab.

[4] Multiplizieren. Man multipliziert eine Länge mit einer Zahl, indem man die Maßzahl mit der Zahl multipliziert und die Einheit beibehält.

Vielfache von Längen

Beispiel: 3 · (1,5 cm) = 4,5 cm

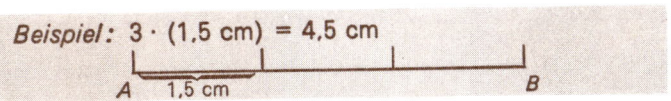

Addition von Längen

[5] Addieren. Man addiert Längen mit gleicher Einheit, indem man die Maßzahlen addiert und die Einheit beibehält.

Beispiel: 1,5 cm + 2,5 cm = (1,5 + 2,5) cm = 4 cm

|⊢————————|————————————————⊣|
A   1,5 cm   2,5 cm   B

Sind Längen in verschiedenen Einheiten angegeben, muß vor der Addition auf dieselbe Einheit umgeformt werden.

Beispiel: 5 m + 5 cm = 500 cm + 5 cm = 505 cm
oder: 5 m + 5 cm = 5 m + 0,05 m = 5,05 m

2.2. Flächenmaße

Flächeninhalt

[1] Flächeninhalt. Der *Flächeninhalt einer Fläche* ist eine Eigenschaft dieser Fläche. Zwei Flächen besitzen dann denselben Flächeninhalt, wenn sie sich so in Teilflächen zerlegen lassen, daß beide Flächen genau übereinander passen (Abb. [1]).

Eine Fläche besitzt einen n-mal so großen Flächeninhalt, wenn in sie n gleich große Flächen des Ursprungsflächeninhalts hineinpassen.

Einheit des Flächeninhalts

[2] Einheiten. Flächeninhalte beschreibt man durch die Angabe von Maßzahl und der *Einheit für den Flächeninhalt*. Diese Einheit ist dadurch willkürlich festgelegt, daß man Flächeninhalten bestimmter Flächen eigene Namen gibt.

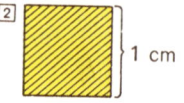

Der Flächeninhalt eines Quadrats mit der Seitenlänge 1 cm ist 1 *Quadratzentimeter* (↑ Abb. [2]).

Bezeichnung: 1 cm², gelesen »1 Quadratzentimeter« bzw. »1 Zentimeter hoch zwei«. Entsprechend heißt der Flächeninhalt eines Quadrats in 1 m Seitenlänge 1 *Quadratmeter* (1 m²).

[3] **Einheitsquadrate.** Im Prinzip muß man sich zunächst eine geeignete Einheit mm²; cm²; dm² bzw. m² aussuchen und dann feststellen, mit wie vielen Quadraten mit der ausgesuchten Einheit als Flächeninhalt die zu messende Fläche sich abdecken läßt. Für viele Flächen (Vielecke, Kreise usw.) lassen sich jedoch Formeln zur Berechnung des Flächeninhalts angeben (↑ S. 282; S. 286).

Messen von Flächeninhalten

[4] **Umwandlungen.** In ein Quadrat mit der Kantenlänge 1 dm (Flächeninhalt = 1 dm²) passen 100 Quadrate der Kantenlänge 1 cm (Flächeninhalt = 1 cm²), d. h. 1 dm² = 100 cm².

Zusammenhänge zwischen den Einheiten

Die Umwandlungszahl für Flächeninhalte von einer Einheit zur nächstkleineren Einheit ist also 100.

Umwandlungstabelle:

m²	dm²	cm²	mm²
1 m²	= 100 dm²	= 10 000 cm²	= 1 000 000 mm²
	1 dm²	= 100 cm²	= 10 000 mm²
		1 cm²	= 100 mm²

Gebräuchliche Maßeinheiten für den Flächeninhalt sind auch:
1 a = 100 m² (»Ar«);
1 ha = 100 a = 10 000 m² (»Hektar«).

[5] **Multiplizieren.** Man multipliziert den Flächeninhalt mit einer Zahl, indem man die Maßzahl mit der Zahl multipliziert und die Einheit beibehält.

Vielfache von Flächeninhalten

Beispiel:
3 · (4 cm²) = (3 · 4) cm²
= 12 cm²
Die Flächen werden dabei zu einer Gesamtfläche aneinandergelegt.

Addition von
Flächeninhalten

[6] Addieren. Flächeninhalte mit gleicher Einheit werden addiert, indem man die Maßzahlen addiert und die Einheit beibehält.

Beispiel:
$2 \text{ cm}^2 + 5 \text{ cm}^2 =$
$(2 + 5) \text{ cm}^2 = 7 \text{ cm}^2$
Auch hier werden die Flächen aneinandergelegt.

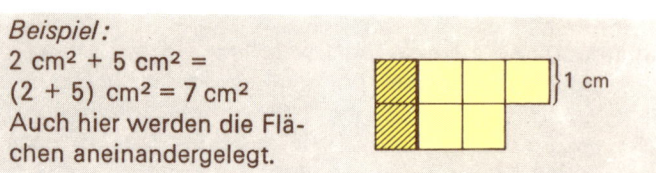

Sind die Flächeninhalte jedoch in verschiedenen Einheiten angegeben, muß vorher auf dieselbe Einheit umgewandelt werden.

Beispiel:
$15 \text{ m}^2 + 172 \text{ dm}^2 = 1500 \text{ dm}^2 + 172 \text{ dm}^2 = 1672 \text{ dm}^2$
$= 16{,}72 \text{ m}^2.$

2.3. Raummaße

Volumen

[1] Volumen. Das *Volumen* (der Rauminhalt) eines Körpers ist eine Eigenschaft dieses Körpers.

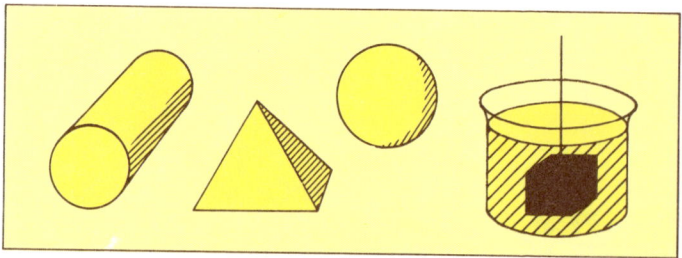

Die Volumina von Körpern lassen sich dadurch vergleichen, daß man die Körper vollständig in das Wasser in einem Meßglas taucht und den Anstieg der Wasseroberfläche am Rand des Meßglases mißt.

Gleichheit
des Volumens

Zwei Körper haben dann dasselbe Volumen, wenn sie denselben Anstieg der Wasseroberfläche bewirken. Dabei ist der Rauminhalt eines Körpers unabhängig von der Form.

Volumeneinheit

[2] Volumeneinheit. Das Volumen beschreibt man durch die Angabe von Maßzahl und *Volumeneinheit.* Diese Volumeneinheit ist willkürlich über bestimmte Körper festgelegt.

Das Volumen des Würfels mit der Kantenlänge 1 cm heißt 1 *Kubikzentimeter* (↑Abb. [1]).

Bezeichnung: 1 cm³; gelesen »1 Kubikzentimeter« bzw. »1 Zentimeter hoch drei«.

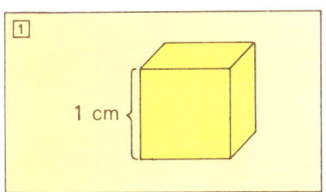

Entsprechend:

Kantenlänge des Würfels	Volumen des Würfels	gelesen
1 mm	1 mm³	1 Kubikmillimeter (1 Millimeter hoch drei)
1 cm	1 cm³	1 Kubikzentimeter (1 Zentimeter hoch drei)
1 km	1 km³	1 Kubikkilometer (1 Kilometer hoch drei)

[3] Umwandlung. Aus der Abb. [2] geht hervor, daß ein Würfel der Kantenlänge 1 dm in 1 000 Würfel der Kantenlänge 1 cm zerlegt werden kann, d. h. es gilt:
1 dm³ = 1 000 cm³.
Die Umwandlungszahl für Volumeneinheiten von einer Einheit zur nächstkleineren ist also 1 000.

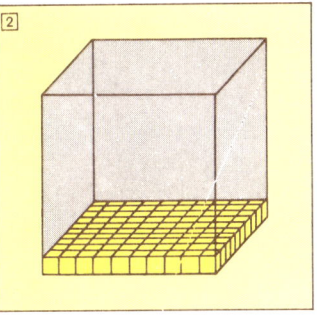

Zusammenhänge zwischen den Einheiten

Umwandlungstabelle:

m³	dm³	cm³	mm³
1 m³	= 1000 dm³	= 1 000 000 cm³	= 1 000 000 000 mm³
	1 dm³	= 1000 cm³	= 1 000 000 mm³
		1 cm³	= 1000 mm³

Gebräuchlich sind für das Volumen noch die Einheiten 1 l = 1 dm³ (1 Liter) und 1 hl = 100 dm³ (1 Hektoliter).

Vielfache von Volumina

[4] Multiplizieren. Volumen werden mit einer Zahl multipliziert, indem man die Maßzahl mit der Zahl multipliziert und die Einheit beibehält.

Beispiel: $3 \cdot (2 \text{ cm}^3) = (3 \cdot 2) \text{ cm}^3 = 6 \text{ cm}^3$

Dem Multiplizieren mit der Zahl 3 entspricht hier das Aneinanderlegen von 3 Körpern mit dem Ausgangsvolumen (↑ ①).

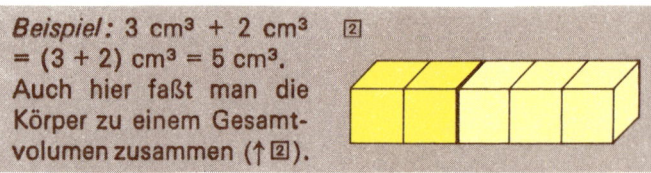

Addition von Volumina

[5] Addieren. Volumina mit gleicher Einheit addiert man, indem man die Maßzahlen addiert und die Einheit beibehält.

Beispiel: $3 \text{ cm}^3 + 2 \text{ cm}^3 = (3 + 2) \text{ cm}^3 = 5 \text{ cm}^3$.
Auch hier faßt man die Körper zu einem Gesamtvolumen zusammen (↑ ②).

Wenn jedoch verschiedene Volumeneinheiten vorliegen, muß man zunächst auf eine gemeinsame Einheit umwandeln.

Beispiel: $5 \text{ dm}^3 + 215 \text{ cm}^3 = 5\,000 \text{ cm}^3 + 215 \text{ cm}^3$
$= 5\,215 \text{ cm}^3 = 5{,}215 \text{ dm}^3$

2.4. Winkelmaße

Einheitswinkel

[1] Maßeinheiten. Man kann einen Winkel messen, indem man feststellt, wie oft ein zugrunde gelegter Einheitswinkel in diesen Winkel »hineinpaßt«. Die Wahl des Einheitswinkels ist willkürlich. Alle Winkelmaße ergeben sich aus Kreisteilungen. Teilt man einen (beliebigen) Kreis in 360 gleich große Kreisbögen, so erhält man das *altes Gradmaß* historisch überlieferte *Gradmaß*.

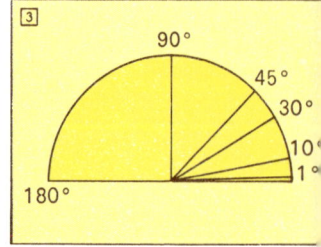

Zwei Halbgeraden, die vom Kreismittelpunkt zu benachbarten Teilpunkten auf dem Kreis führen, bilden den *Einheitswinkel* mit dem Maß 1° (1 Grad). Zum Halbkreis gehört ein Winkel von 180°, zum Viertelkreis ein Winkel von 90° usw.

Für das Winkelmaß $w(\alpha)$ eines Winkels α gilt:

(1) $0° \leq w(\alpha) \leq 360°$

Für genauere Winkelmessungen (etwa in der Navigation) ist eine feinere Unterteilung des Kreises notwendig geworden. Der 60. Teil eines Grades ist eine *Minute* (Zeichen 1'), der 60. Teil einer Minute eine Sekunde (Zeichen 1'').

neues Gradmaß

(2) $1° = 60' = 3600''$

Durch Unterteilung des Kreises in 400 gleich große Teile ergibt sich eine weitere — heute ebenfalls verwendete — Maßeinheit 1^g (1 Gon). Die nächstkleineren Einheiten sind 1 Minute (Zeichen 1^c) und 1 Sekunde (Zeichen 1^{cc}):

(3) $1^g = 100^c = 10\,000^{cc}$

Für die Umrechnung der Maßeinheiten gilt:

(4) $1° = \frac{10^g}{9} = 1{,}111\ldots^g \qquad 1^g = \frac{9°}{10} = 54'$

Beim *Bogenmaß* eines Winkels (Zeichen ^{rad}) geht man vom zugehörigen Bogen des Einheitskreises ($r = 1$, S. 286) aus. Dann gilt:

Bogenmaß

$360° = 2\pi^{rad};\ 180° = \pi^{rad};\ 90° = \left(\frac{\pi}{2}\right)^{rad};\ 1° = 0{,}01745^{rad}$

[2] Winkeleinteilung

Modell	Winkelart	Grad	Gon	
	spitzer Winkel	$0° < w(\alpha) < 90°$	$0^g < w(\alpha) < 100^g$	*spitzer Winkel*
	rechter Winkel	$w(\alpha) = 90°$	$w(\alpha) = 100^g$	*rechter Winkel*
	stumpfer Winkel	$90° < w(\alpha) < 180°$	$100^g < w(\alpha) < 200^g$	*stumpfer Winkel*

Modell	Winkelart	Grad	Gon
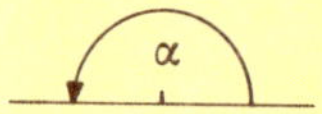 gestreckter Winkel	gestreckter Winkel	$w(\alpha) = 180°$	$w(\alpha) = 200^g$
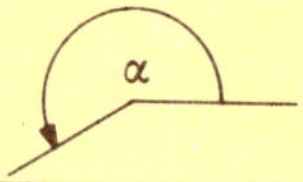 überstumpfer Winkel	überstumpfer Winkel	$180° < w(\alpha) < 360°$	$200^g < w(\alpha) < 400^g$
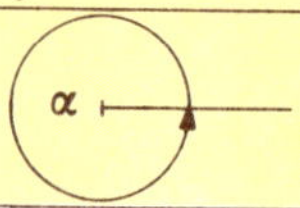 Vollwinkel	Vollwinkel	$w(\alpha) = 360°$	$w(\alpha) = 400^g$

gestreckter Winkel

überstumpfer Winkel

Vollwinkel

[3] Spezielle Winkel

	Skizze	Bezeichnung	Eigenschaft
Nebenwinkel		Nebenwinkel	$w(\alpha) + w(\beta) = 180°$
Scheitelwinkel		Scheitelwinkel	$w(\alpha) = w(\beta)$
Supplementwinkel		Supplementwinkel	$w(\alpha) + w(\beta) = 180°$
Komplementwinkel		Komplementwinkel	$w(\alpha) + w(\beta) = 90°$
Stufenwinkel		Stufenwinkel α u. β	$w(\alpha) = w(\beta)$
Wechselwinkel		Wechselwinkel γ u. δ	$w(\gamma) = w(\delta)$

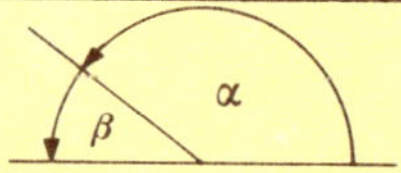

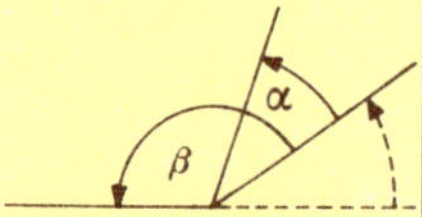

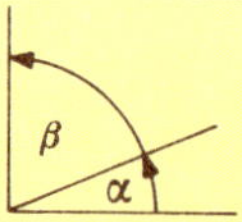

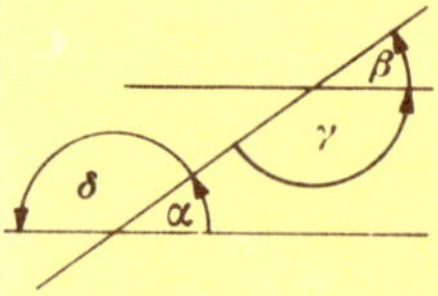

Drehbetrag

[4] **Drehungen.** Dreht man eine Halbgerade um ihren Anfangspunkt, so wird dabei ein Winkel überstrichen. Der *Drehbetrag* dieser Drehung wird durch das Winkelmaß festgelegt. Führt man 2 Drehungen $D_M 40°$ und $D_M 80°$ um einen Punkt M mit den Drehwinkeln 40° und 80° hintereinander aus, so er-

hält man als Ergebnis ebenfalls eine Drehung um den Punkt M, bezeichnet mit $D_M 40° \circ D_M 80°$ († S. 243). Der Drehbetrag dieser zusammengesetzten Drehung ergibt sich durch *Addition der Winkelmaße* der beteiligten Drehungen, 40° + 80° = 120°.

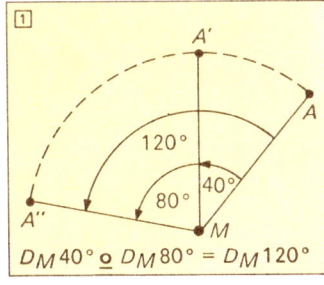

Addition von Winkelmaßen

3. Ebene Figuren

3.1. Grundbegriffe

[1] **Vielecke.** Die Punkte eines geschlossenen Streckenzuges $s = \overline{ABCDEA}$ († S. 261) ohne Überschneidungen und alle Punkte des Inneren I von s (S. 265) *bilden ein Vieleck.* $V = s \cup I$ (Abb. [2]).

Vieleck

Die einzelnen Strecken von s heißen *Seiten* des Vielecks, s selbst *Rand*.

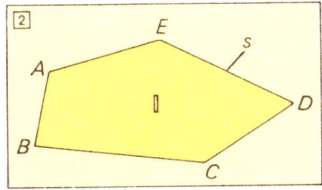

Seiten

Das Vieleck mit dem Streckenzug $\overline{ABCD}\ldots$ bezeichnet man mit $ABCD\ldots$; die Seiten $\overline{AB} = a$, $\overline{BC} = b$ usw. bekommen kleine, die *Ecken A ; B ; C ; D ; ...* große Buchstaben.

Je nach der Anzahl der Eckpunkte gibt es Dreiecke, Vierecke, Fünfecke, ..., allgemein n-Ecke.
Ein n-Eck besitzt n Ecken und n Seiten, ein 7-Eck z. B. 7 Ecken und 7 Seiten (Abb. [3]).

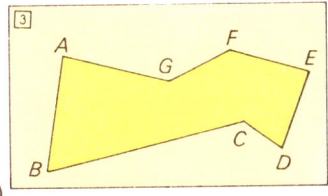

n-Eck

[2] **Regelmäßige Vielecke** sind n-Ecke mit n gleichlangen Seiten und n gleichgroßen Innenwinkeln.

Beispiele: Regelmäßiges Dreieck, Viereck, Sechseck

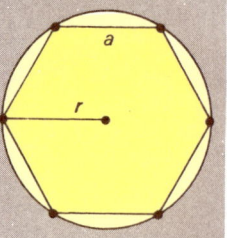

Alle regelmäßigen Vielecke besitzen einen *Inkreis*, bei dem die Seiten Tangenten sind, und einen *Umkreis*, der durch alle Eckpunkte des Vielecks geht (↑ 1).

Beispiel (Abb. 1): Das *regelmäßige Sechseck* besitzt einen Umkreis mit dem Radius *a* von der Länge der Sechseckseite. Man konstruiert daher ein regelmäßiges Sechseck, indem man einen Kreis mit dem Radius *a* zeichnet und Sehnen der Länge von *a* auf dem Kreisumfang abträgt.

Diagonalen

[3] Diagonalen. Die Verbindungsstrecken der bei einem Vieleck nicht auf einer Seite liegenden Eckpunkte heißen *Diagonalen* des Vielecks.

Beispiel:
Allgemein gibt es bei einem *n*-Eck $\frac{n}{2} \cdot (n-3)$ Diagonalen.
Diagonalen können auch außerhalb des Vielecks verlaufen (Abb. 2).

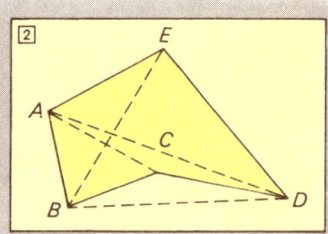

Innenwinkel

[4] Innenwinkel. In einem *n*-Eck gibt es *n* Innenwinkel.

Beispiel:
In einem Viereck sind es die vier Innenwinkel α; β; γ und δ (↑ 3).

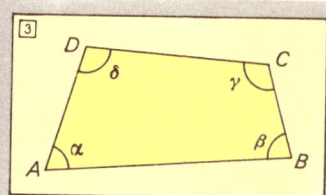

Die *Summe der Winkelmaße der Innenwinkel* eines *n*-Ecks beträgt $(n-2) \cdot 180°$.

Winkelsumme

Beispiel: Fünfeck mit $w(\alpha) + w(\beta) + w(\gamma) + w(\delta) + w(\varepsilon) = 540°$

Das Fünfeck läßt sich in drei Dreiecke mit der Winkelsumme von jeweils 180° zerlegen.

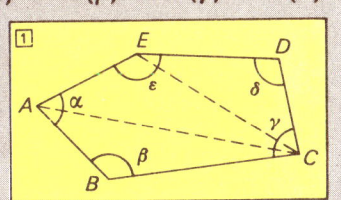

[5] **Außenwinkel.** Die Trägergeraden der Seiten *a* und *b* eines Vielecks schneiden sich im Eckpunkt *A* des Vielecks. Ihre Halbgeraden a_1; a_2; b_1; b_2 erzeugen insgesamt vier Winkel α; β; γ; δ. Nach dem Satz über Scheitelwinkel (↑ S. 264) sind die Maße von α und γ sowie von β und δ gleich. Die Winkel β und γ mit $w(\beta) = w(\gamma)$ heißen *Außenwinkel* des Vielecks beim Eckpunkt *A*.

Außenwinkel

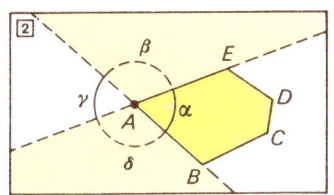

Auf diese Weise entstehen an jedem Eckpunkt 2 Außenwinkel mit demselben Winkelmaß. Zwischen den Maßen von Außen- und Innenwinkeln eines Vielecks besteht die Beziehung:
$w(\alpha) + w(\beta) = 180°$.
α und β sind Nebenwinkel (↑ S. 264).

3.2. Dreieck
[1] **Grundbegriffe.** Im Dreieck gelten folgende Seiten- und Winkelbeziehungen: Die Summe zweier Dreiecksseitenlängen ist stets größer als die Länge der 3. Seite.

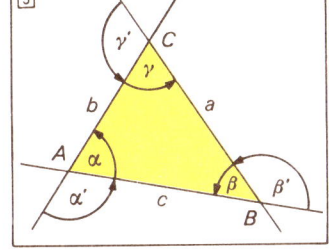

(Dreiecksungleichung):
(1) $l(c) < l(a) + l(b)$
$l(b) < l(a) + l(c)$
$l(a) < l(b) + l(c)$

Dreiecksungleichung

Winkelsumme

Die *Summe der Innenwinkel* (Außenwinkel) eines Dreiecks beträgt 180° (360°):

(2) $\begin{array}{l} w(\alpha) + w(\beta) + w(\gamma) = 180°\,; \\ w(\alpha') + w(\beta') + w(\gamma') = 360° \end{array}$

Mittelsenkrechte

[2] Besondere Linien im Dreieck. Die im Mittelpunkt einer Dreiecksseite errichtete Senkrechte heißt *Mittelsenkrechte* des Dreiecks.

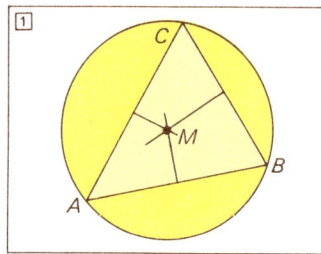

Umkreis

Die 3 *Mittelsenkrechten* eines Dreiecks schneiden sich in einem Punkt *M*. Um diesen Punkt läßt sich ein Kreis durch alle 3 Ecken des Dreiecks ziehen, der sogenannte *Umkreis*.

Das Lot von der Ecke eines Dreiecks auf die gegenüberliegende Seite heißt *Höhe* des Dreiecks.

Höhe

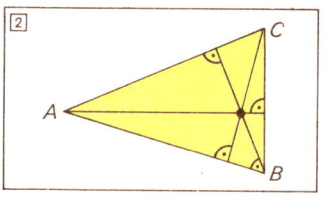

Die 3 Höhen eines Dreiecks schneiden sich in einem Punkt.

Seitenhalbierende

Die Verbindungsstrecke der Ecke eines Dreiecks mit dem Mittelpunkt der gegenüberliegenden Seite heißt *Seitenhalbierende* des Dreiecks.

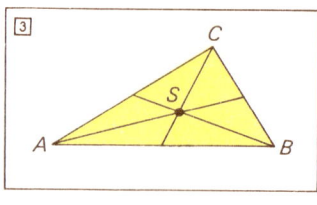

Schwerpunkt

Die 3 Seitenhalbierenden eines Dreiecks schneiden sich in einem Punkt *S*, dem *Schwerpunkt* des Dreiecks. Jede Seitenhalbierende wird durch *S* im Verhältnis 2 : 1 geteilt.

Winkelhalbierende

Die ganz auf der Winkelhalbierenden eines Innenwinkels gelegene Verbindungsstrecke vom Eckpunkt zur Gegenseite heißt *Winkelhalbierende* des Dreiecks.

Die 3 Winkelhalbierenden eines Dreiecks schneiden sich in einem Punkt M, dem Mittelpunkt eines Kreises, der alle Dreiecksseiten berührt. Dieser Kreis heißt *Inkreis* des Dreiecks.

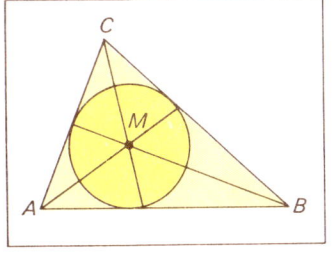

Inkreis

[3] Spezielle Dreiecke

Bezeichnung und Eigenschaft	Modell	Umfang U	Flächeninhalt F
allgemeines Dreieck		$U = a+b+c$	$F = \dfrac{a \cdot h_a}{2}$ $= \dfrac{b \cdot h_b}{2}$ $= \dfrac{c \cdot h_c}{2}$
gleichseitiges Dreieck. Alle 3 Seiten haben die gleiche Länge a		$U = 3a$	$F = \dfrac{a^2 \sqrt{3}}{4}$
gleichschenkliges Dreieck. 2 Seiten (Schenkel) haben die gleiche Länge a		$U = 2a+c$	$F = \dfrac{c}{2} \cdot h_c$ $= \dfrac{c}{2} \sqrt{a^2 - \dfrac{c^2}{4}}$
rechtwinkliges Dreieck. 1 Winkel mißt 90° (rechter Winkel)		$U = a+b+c$	$F = \dfrac{a \cdot b}{2}$

Umfang Flächeninhalt

gleichseitiges Dreieck

gleichschenkliges Dreieck

rechtwinkliges Dreieck

Im gleichschenkligen Dreieck heißt die 3. Seite *Basis*. Die beiden an der Basis gelegenen Winkel sind gleich groß, man nennt sie *Basiswinkel*.

Basiswinkel

Katheten Im rechtwinkligen Dreieck heißen die Schenkel des rechten
Hypotenuse Winkels *Katheten*, die gegenüberliegende Seite heißt *Hypotenuse*.

[4] Sätze über spezielle Dreiecke. Im gleichseitigen Dreieck sind die 3 Innenwinkel gleich groß; jeder mißt 60°. Die Mittelsenkrechten, Höhen, Seitenhalbierenden und Winkelhalbierenden fallen im gleichseitigen Dreieck zusammen.

Satz des Pythagoras

Satz des Pythagoras:
Im rechtwinkligen Dreieck ist die Summe der Kathetenquadrate flächengleich dem Hypotenusenquadrat.
Für $\gamma = 90°$ erhält man:
$a^2 + b^2 = c^2$

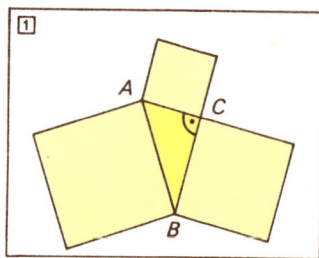

Satz des Thales

Satz des Thales:
Die Eckpunkte C_1; C_2; C_3; ... aller rechtwinkligen Dreiecke mit vorgegebener Hypotenuse $\overline{AB}$ liegen auf dem Kreis um den Mittelpunkt M von $\overline{AB}$ mit $|\overline{AM}|$ als Radius.

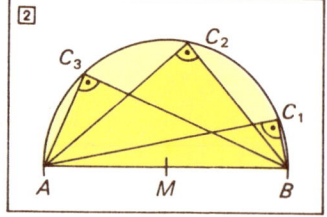

Kongruenzsätze

[5] Kongruenzsätze. Dreiecke sind kongruent, wenn sie in folgenden Stücken übereinstimmen:

a) in den 3 Seiten (*S S S*)

b) in 2 Seiten und dem von diesen Seiten gebildeten Innenwinkel (*S W S*)

c) in 2 Seiten und dem der längeren Seite gegenüberliegenden Innenwinkel (*S S W*)

d) in einer Seite und den beiden anliegenden Innenwinkeln (*W S W*).

Dreieckskonstruktion

[6] Dreieckskonstruktionen sind nur dann eindeutig ausführbar, wenn 3 Stücke angegeben sind, die einem der Kongruenzsätze entsprechen.

Beispiele: Die Dreieckskonstruktion aus $a = 1,5$ cm, $b = 2,5$ cm und dem der größeren Seite b gegenüberliegenden Winkel $\beta = 40°$ ist eindeutig.

Man zeichnet zuerst die Seite a mit den Endpunkten B und C und trägt an $\overline{BC}$ in B den Winkel β an. Der Kreisbogen um C mit dem Radius $b = 3$ cm schneidet den »freien« Schenkel von β in genau einem Punkt A.

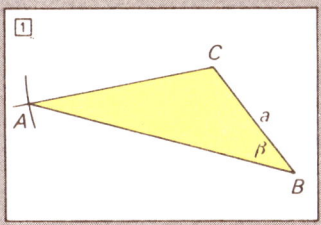

Die Dreieckskonstruktion aus $a = 2,4$ cm, $b = 1,7$ cm und $\beta = 40°$ ist nicht eindeutig.

Man erhält 2(!) Dreiecke $\triangle BCA$ und $\triangle BCA'$, die in diesen 3 Stücken übereinstimmen. Der Kreisbogen um C mit dem Radius $b = 2$ cm schneidet den »freien« Schenkel von β in 2 Punkten A und A'.

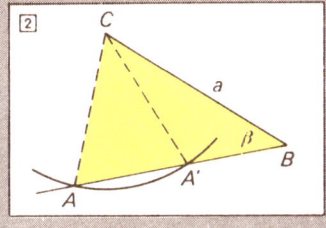

3.3. Viereck

[1] Grundbegriffe. Eine Diagonale zerlegt ein Viereck in 2 Dreiecke.

Deshalb beträgt die *Summe der 4 Innenwinkel* im Viereck $360°$ (↑ ③):

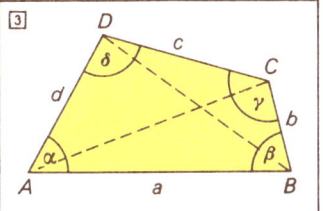

Winkelsumme

(1) $w(\alpha) + w(\beta) + w(\gamma) + w(\delta) = 360°$

Liegen beide Diagonalen vollständig im Innern des Vierecks wie in Abb. ③, so nennt man das Viereck *konvex*, im anderen Fall (Abb. ④) *konkav* (↑ S. 266).

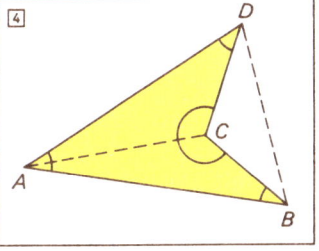

konvexes, konkaves Viereck

[2] Spezielle Vierecke

	Bezeichnung Eigenschaft	Modell	Umfang	Flächeninhalt	Symmetrie
	allgemeines Viereck		$a+b+c+d$	$\frac{d_1}{2}(h_1+h_2)$	
Trapez	Trapez 1 Paar paralleler Seiten		$a+b+c+d$	$m \cdot h_a$	
gleichschenkliges Trapez	gleichschenkl. Trapez 1 Paar paralleler-, 1 Paar gleich langer Seiten		$a+2b+c$	$m \cdot h_a$	1 Symmetrieachse
Drachen	Drachen 2 Paare gleich langer Nachbarseiten		$2a+2b$	$\frac{1}{2} \cdot d_1 d_2$	1 Symmetrieachse
Parallelogramm	Parallelogramm 2 Paare paralleler Seiten		$2a+2b$	$a \cdot h_a$	1 Symmetriepunkt
Rechteck	Rechteck 4 rechte Innenwinkel		$2a+2b$	$a \cdot b$	2 Symmetrieachsen 1 Symmetriepunkt
Rhombus	Rhombus 4 gleichlange Seiten		$4a$	$\frac{1}{2} \cdot d_1 d_2$	2 Symmetrieachsen 1 Symmetriepunkt
Quadrat	Quadrat 4 rechte Innenwinkel 4 gleich lange Seiten		$4a$	a^2	4 Symmetrieachsen 1 Symmetriepunkt

[3] Sätze über spezielle Vierecke

1) Im Parallelogramm halbieren sich die Diagonalen. Benachbarte Winkel ergänzen sich zu 180°, gegenüberliegende Winkel sind gleich groß.

$|\overline{AM}| = |\overline{MC}|, |\overline{BM}| = |\overline{MD}|$
$w(\alpha) + w(\beta) = 180°$
$w(\alpha) = w(\gamma)$

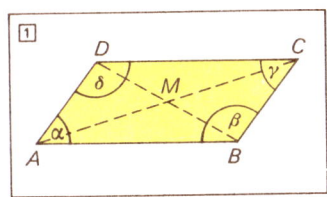

2) Im Rechteck (Quadrat) sind die Diagonalen gleich lang; im Rhombus (Quadrat) stehen die Diagonalen senkrecht aufeinander und halbieren die Innenwinkel, so daß vier kongruente Dreiecke entstehen.

3) Die *Mittellinie m* eines Trapez verläuft parallel zu den Grundlinien *a* und *c*,
$l(m) = \frac{l(a) + l(c)}{2}$

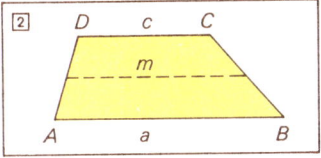

4) Im gleichschenkligen Trapez sind die Diagonalen gleich lang.

3.4. Kreis

[1] **Definition.** Ein Kreis *k* ist die Menge aller Punkte $P \in \mathbb{E}$, die von einem festen Punkt $M \in \mathbb{E}$ den gleichen Abstand *r* haben, in Zeichen:

Kreis

$k = \{P \mid P \in \mathbb{E} \text{ und } |\overline{PM}| = r\}$.
M heißt *Mittelpunkt*, *r* heißt *Radius* des Kreises.

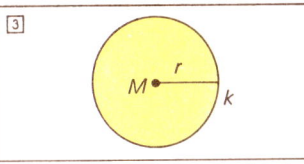

Mittelpunkt
Radius

Anmerkung: Der Kreis *k* wird auch *Kreisperipherie* oder *Kreislinie* genannt. Kreisinneres und Kreisperipherie bilden zusammen die *Kreisfläche*. Der Abstand *r* und die Strecke von *M* zur Kreisperipherie werden beide als Radius bezeichnet.

Kreisperipherie
Kreislinie
Kreisfläche

Sekante

Tangente
Passante

Sehne
Kreisdurch-
messer
Kreissegment

[2] Winkel im Kreis. Haben eine Gerade und ein Kreis 2 Schnittpunkte, so heißt die Gerade *Sekante* des Kreises. Bei genau einem Schnittpunkt (Berührungspunkt) spricht man von *Tangente,* bei keinem Schnittpunkt von *Passante* (↑ 1). Eine Strecke, deren Endpunkte beide auf dem Kreis liegen, heißt *Sehne* des Kreises. Eine Sehne, die durch den Mittelpunkt verläuft, heißt *Durchmesser* des Kreises. Durch eine Sehne wird das Kreisinnere in 2 *Kreissegmente* zerlegt (↑ 2).

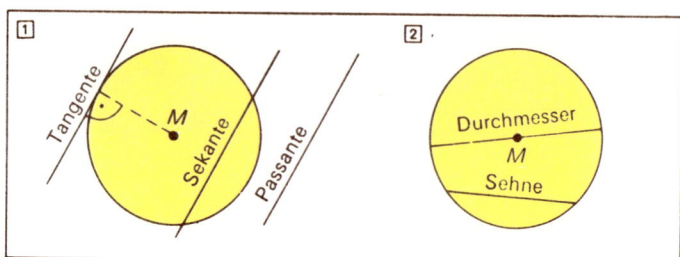

In einem Kreis k mit dem Mittelpunkt M unterscheidet man folgende Winkel:

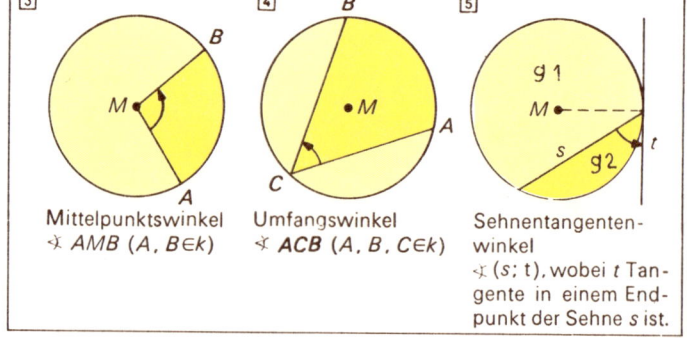

Mittelpunkts-,
Umfangs-,
Sehnentangen-
tenwinkel

Mittelpunktswinkel
∢ AMB ($A, B \in k$)

Umfangswinkel
∢ ACB ($A, B, C \in k$)

Sehnentangenten-
winkel
∢ ($s; t$), wobei t Tangente in einem Endpunkt der Sehne s ist.

Kreissektor
Kreisbogen

Ein Mittelpunktswinkel zerlegt die Kreisfläche in 2 *Sektoren,* die Kreisperipherie in 2 *Kreisbögen* (↑ Abb. 3).

[3] Sätze.
1) Gleich lange Sehnen eines Kreises haben den gleichen Abstand vom Mittelpunkt.

2) Die Mittelsenkrechte einer Sehne verläuft durch den Kreismittelpunkt.

3) Jeder Mittelpunktswinkel ist doppelt so groß wie ein zum gleichen Kreisbogen gehöriger Umfangswinkel; in Abb. ① gilt:

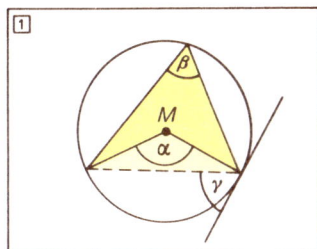

$w(\alpha) = 2w(\beta) = 2w(\gamma)$.

Insbesondere sind die Umfangswinkel über einem Halbkreis rechte Winkel (↑ S. 273).

4) Das Maß des Sehnentangentenwinkels ist gleich dem Umfangswinkels auf dem im Sehnentangentenwinkel gelegenen Bogen.

5) Die Tangente eines Kreises steht auf dem Radius durch ihren Berührungspunkt senkrecht (↑ Abb. ②).

[4] Grundkonstruktionen.
(1) Tangente in einem Punkt P des Kreises.

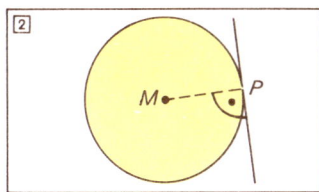

Man zeichnet die Verbindungsstrecke von P zum Kreismittelpunkt M und errichtet auf ihr in P die Senkrechte.

(2) Tangente an einen Kreis k von einem Punkt P außerhalb des Kreises (↑ ③).

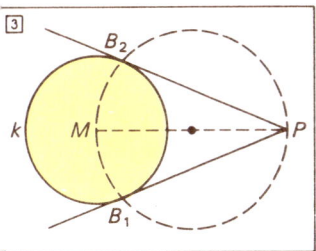

Man zeichnet die Verbindungsstrecke $\overline{PM}$ und errichtet über ihr den Thaleskreis (↑ S. 280). Der Thaleskreis schneidet den gegebenen Kreis k in den Berührungspunkten der Tangenten, bezeichnet mit B_1 und B_2.

[5] Maße.

Bezeichnung	Modell	Umfang U	Flächeninhalt F
Kreis	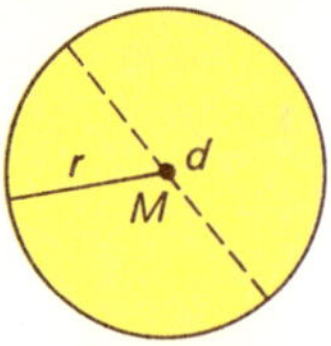 (Kreis mit r, d, M)	$U = 2\pi r$	$F = \dfrac{\pi d^2}{4} = \pi r^2$
Kreisring	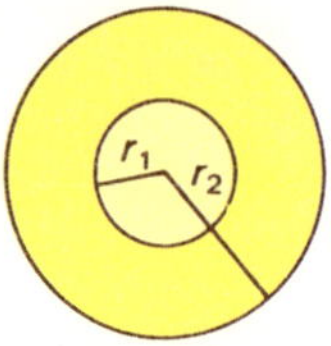 (Kreisring mit r_1, r_2)		$F = \pi(r_2^2 - r_1^2)$
Kreissektor	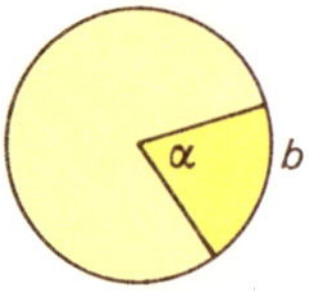 (Kreissektor mit α, b)	Bogenlänge von b: $b = \dfrac{\alpha \cdot \pi r}{180°}$	$F = \dfrac{b \cdot r}{2}$
Ellipse	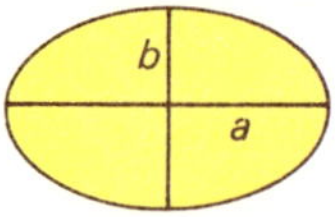 (Ellipse mit a, b)		$F = \pi a b$

4. Räumliche Figuren (Körper)

4.1. Darstellende Geometrie

Darstellende Geometrie

[1] Kennzeichnung. In der Darstellenden Geometrie geht es darum, von vorwiegend räumlichen Gegenständen möglichst anschauliche und zugleich maßgerechte Bilder in einer Zeichenebene zu erzeugen. Dabei werden gewisse Projektionsverfahren für die Abbildung der Punkte des Raumes in die Ebene verwendet, die zu einer besonderen Art der geometrischen Betrachtung, zur sog. projektiven Geometrie führen. Einige Darstellungsverfahren sind nachstehend aufgeführt.

Projektive Geometrie

[2] Axonometrie. Drei in einem Punkt zusammenstoßende Kanten eines Einheitswürfels (Dreibein) gestatten die Darstellung eines räumlichen Koordinatensystems oder *Würfelgitters.* In das Schrägbild (↑ S. 288) dieses Koordinatensystems lassen sich gegebene Raumpunkte einzeichnen. Darauf beruht das Zeichnen von *Schrägbildern* (↑ S. 280 f) und von Bildern in *Kavalierperspektive* (kein Verkürzungsmaßstab!). — Allgemein gilt der *Satz von Pohlke:* Jede Figur mit drei verschiedenen, von einem Punkt ausgehenden Strecken ist das axonometrische Bild eines Dreibeins. — Axonometrische Bilder sind i. a. Abbildungen durch Schrägstrahlen.

Dreibein

Schrägbild

Kavalierperspektive

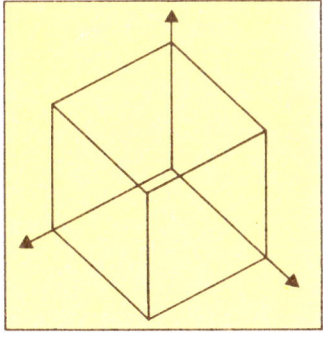

Satz von Pohlke

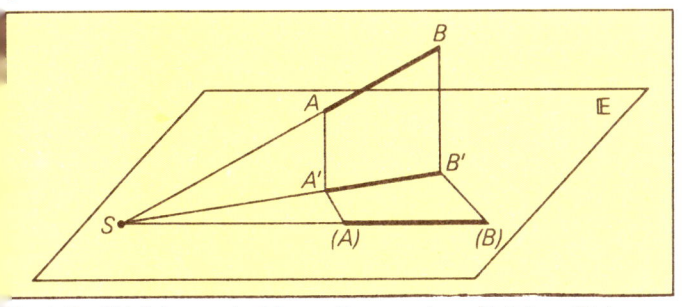

Sind die Abbildungsstrahlen orthogonal zur Zeichenfläche, so spricht man von einem *Eintafelverfahren.*

3] Zweitafelverfahren. Dies besteht in der orthogonalen Projektion eines räumlichen Gegenstandes auf zwei zueinander orthogonale Ebenen. Die Abbildung auf eine horizontale Ebene heißt *Grundriß,* diejenige auf eine dazu orthogonale Ebene heißt *Aufriß* bzw. *Seitenriß* (↑ 1, S. 288).

4] Perspektive. Es handelt sich darum, zu einem Raumpunkt P den Bildpunkt P' als Durchstoßpunkt des vom *Zentrum Z* (z. B. Auge) ausgehenden Sehstrahls $\overline{ZP}$ durch die Zeichenebene konstruktiv zu ermitteln. Dabei verlaufen die Bilder paralleler Geraden durch einen gemeinsamen *Fluchtpunkt.* Der Fluchtpunkt von Geraden, die orthogonal zur Zeichenebene verlaufen, ist der *Hauptpunkt* (* 2, S. 288).

Eintafelverfahren

Zweitafelverfahren

Grundriß
Aufriß
Seitenriß

Perspektive

Fluchtpunkt

Hauptpunkt

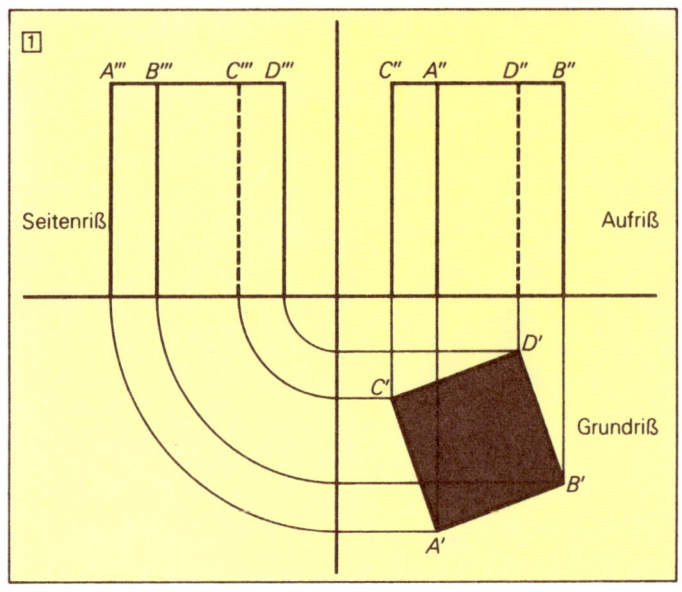

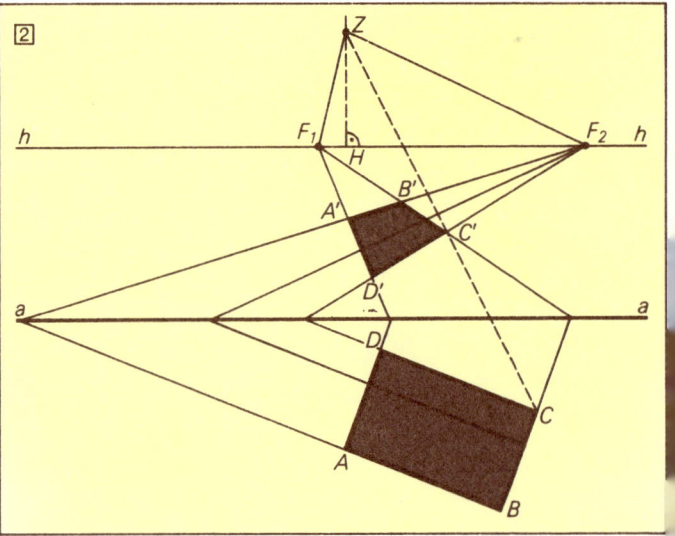

[5] Schrägbild. Körper werden auf der Zeichenebene als *Schrägbilder* dargestellt. Dabei werden zum Beispiel unter dem Winkel von 45° die nach »hinten« laufenden Kanten au die Hälfte ihrer wahren Länge verkürzt und nicht mehr orthogonal zu den »Vorderflächen« gezeichnet. Nicht sichtbare Linien werden gestrichelt (↑ ①).

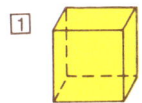 Winkel: 60°, Verkürzung auf $\frac{1}{3}$ der Länge

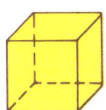 Winkel: 45°, Verkürzung auf $\frac{1}{2}$ der Länge

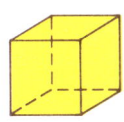 Winkel: 30°, Verkürzung auf $\frac{2}{3}$ der Länge

[6] **Perspektive Axonometrie.** Auch für das Zeichen perspektiver Bilder kann man axonometrisch vorgehen, indem man von dem perspektiven Bild eines kartesischen Koordinatensystems ausgeht. — *Perspektive Axonometrie*

4.2. Körper und ihre Maße

[1] **Körper.** Unter einem *Körper* versteht man in der Geometrie die Menge aller Punkte des dreidimensionalen euklidischen Raumes, die innerhalb eines vollständig abgeschlossenen Teils des Raumes liegen. Die Punkte der Begrenzungsflächen des Körpers gehören noch zum Körper. Die Teildisziplin der euklidischen Geometrie, die sich mit den Körpern, ihrer Form, Größe und bestimmten Teilmengen (Punkte, Geraden, Ebenen) der Körper beschäftigt, ist die *Stereometrie* (aus dem Griechischen: Körpermessung). — *Körper* / *Stereometrie*

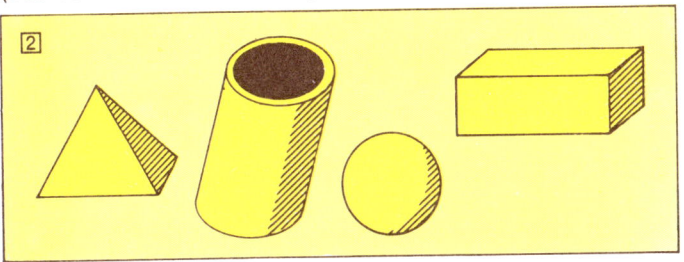

Gegenstand der Stereometrie sind sowohl Körper, die von gekrümmten Flächen begrenzt sind (z. B. Kugel, Kegel

Polyeder

(↑ S. 299)), als auch Körper, die von ebenen Flächen begrenzt sind, (z. B. Würfel, Pyramide (↑ S. 291)). Dies sind die sogenannten *Polyeder*, ihre Begrenzungsflächen sind Vielecke (↑ S. 275).

Seitenflächen, Kanten, Ecken

[2] Netze. Die das Polyeder begrenzenden Flächen (Vielecke) heißen *Seitenflächen*. Ihre Schnittmengen sind Strecken, die sog. *Kanten* des Polyeders, die wiederum nur die *Ecken* als gemeinsame Punkte haben.

Oberfläche
Netz

Um die *Oberfläche* eines Körpers zu berechnen, zeichnet man häufig ein *Netz* des Körpers.

Beispiele: Zylinder (↑ S. 299), Würfel (↑ S. 293) und dazugehörige Netze.

[1]

Solche Netze lassen sich durch Falten wieder zu einem Körpermodell zusammenfügen.

Volumen

Jeder Körper nimmt einen gewissen Raum ein. Die Größe dieses Raumes heißt *Volumen* (Volumenmaße ↑ S. 270).

Prinzip des Cavalieri

Bei der Berechnung des Volumens eines Körpers greift man häufig auf das 1629 von Cavalieri aufgestellte *Cavaliersche Prinzip* zurück, das besagt:

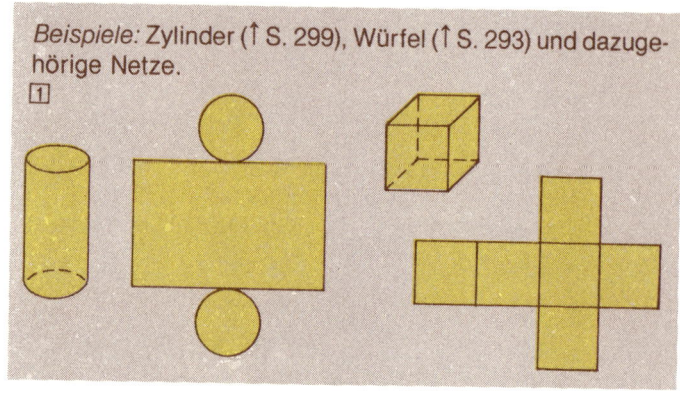

[2]

Zwei Körper mit gleicher Höhe, gleicher Grund- und Deckfläche haben dann dasselbe Volumen, wenn alle zur Grundfläche parallelen Querschnitte in gleicher Höhe denselben Flächeninhalt haben (↑ [2]).

4.3. Polyeder und ihre Maße

[1] Quader. Quader sind Körper, die von 6 *rechteckigen Flächen* begrenzt werden, mit 12 *Kanten und* 8 *Ecken*. Jeweils zwei gegenüberliegende Seitenflächen haben gleiche Form und Größe.

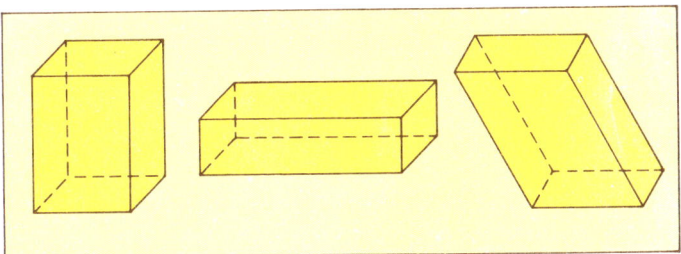

Jeder Quader hat 12 Kanten, von denen je 4 dieselbe Länge haben und zueinander parallel sind. Je drei Kanten enden in einem Eckpunkt, je 2 davon sind zueinander orthogonal (*Beispiele:* Kästen, Streichholzschachteln, Ziegelsteine).

Die *Kanten eines Quaders* und ihre Maße werden wie angegeben bezeichnet:
Länge a ; Breite b ; Höhe c

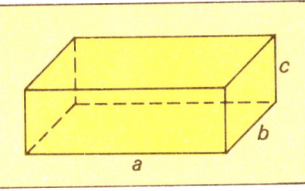

Länge, Breite
Höhe

Will man aus Pappe einen quaderförmigen Kasten bauen, kann man z. B. so schneiden wie in der Abbildung.

Das *Netz eines Quaders* besteht also aus drei Paaren kongruenter Rechtecke.

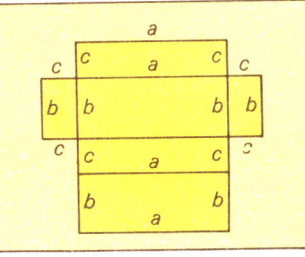

Netz eines Quaders

Aus dem Netz ergibt sich die *Oberfläche eines Quaders* als Summe der Flächeninhalte der 6 Rechtecke:

Oberfläche

$$O = 2a \cdot b + 2a \cdot c + 2b \cdot c$$
$$O = 2(a \cdot b + a \cdot c + b \cdot c)$$

Beispiel: Das Volumen eines Quaders mit den Kantenlängen $a = 5$ cm, $b = 2$ cm, $c = 3$ cm läßt sich mit Einheitswürfeln der Kantenlänge $l = 1$ cm ausfüllen:

Volumen

Es sind also insgesamt 30 Einheitswürfel mit jeweils 1 cm³ Rauminhalt.

$V = 5\,cm \cdot 3\,cm \cdot 2\,cm = (5 \cdot 3 \cdot 2)\,cm^3 = 30\,cm^3$

Man berechnet das Volumen eines Quaders nach der Formel:

$$V = a \cdot b \cdot c$$

Flächen-diagonalen

Beziehungen beim Quader. Jede *Flächendiagonale* eines Quaders verbindet die nichtbenachbarten Ecken ein- und derselben Begrenzungsfläche miteinander.

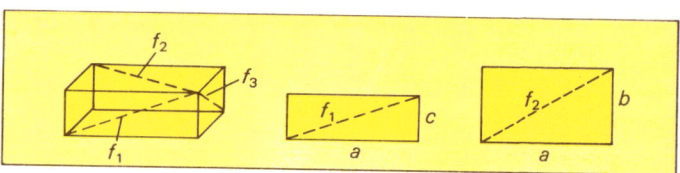

Die Länge z. B. von f_1 wird mit Hilfe des Satzes von Pythagoras (↑ S. 280) berechnet:

$$f_1^2 = a^2 + c^2 \Rightarrow f_1 = \sqrt{a^2 + c^2}$$

Entsprechend ist $f_2 = \sqrt{a^2 + b^2}$ und $f_3 = \sqrt{b^2 + c^2}$. Von den 12 Flächendiagonalen sind je vier gleich lang. Beim Würfel (↑ S. 293) ist $f_1 = f_2 = f_3 = l \cdot \sqrt{2}$.

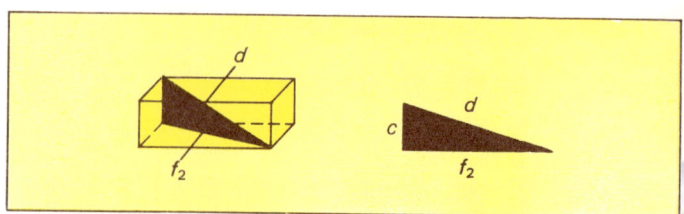

Raum-diagonalen

Jede der 4 *Raumdiagonalen* verbindet diejenigen Ecken miteinander, die nicht zu derselben Begrenzungsfläche gehören.

Die Länge der Raumdiagonalen ergibt sich nach dem Satz des Pythagoras zu:

$$d = \sqrt{f_2^2 + c^2} \Rightarrow d = \sqrt{a^2 + b^2 + c^2}$$

(Beim Würfeln ist $d = l \cdot \sqrt{3}$).

Im *Mittelpunkt M* des Quaders schneiden sich (und halbieren sich) alle Raumdiagonalen. Der Mittelpunkt ist zugleich *Schwerpunkt* des Quaders.

Mittelpunkt

Spezielle Quader

Modell	Beschreibung, Volumen, Oberfläche	
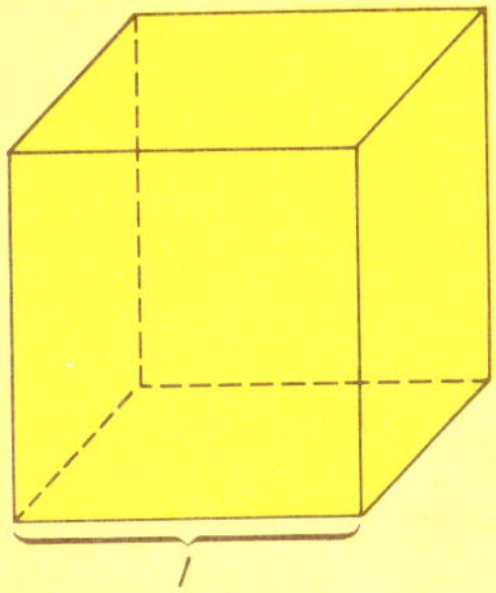	Ein Quader, bei dem alle Kanten dieselbe Länge haben, heißt *Würfel*. Das Netz eines Würfels besteht aus 6 gleichen Quadraten. *Oberfläche* des Würfels: $O = 6l^2$ *Volumen* des Würfels: $V = l^3$	Würfel
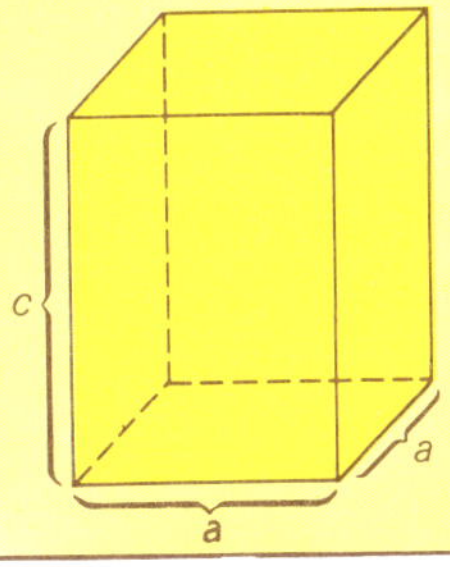	Bei einer *quadratischen Säule* sind zwei gegenüberliegende Seitenflächen quadratisch. *Oberfläche:* $O = 2a^2 + 4ac$ *Volumen* : $V = a^2 \cdot c$	Quadratische Säule

[2] Prismen. Jedes *Prisma* (griech. das Gesägte) besitzt in zwei zueinander parallelen Ebenen zwei kongruente Vielecke, (↑ S. 275), die *Grundfläche G* und die *Deckfläche D*.

Prisma

Die Seiten der Grundflächen nennt man die *Grundkanten* des Prismas (Bez. g_1; g_2; ...). Je zwei Grundkanten sind parallel und gleichlang. Alle *Seitenkanten s* beim Prisma sind gleich lang und zueinander parallel (↑ 1).

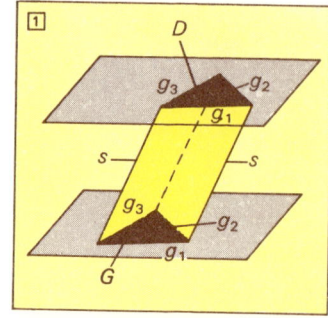

gerades Prisma

Sind alle Seitenkanten orthogonal zur Grundfläche, spricht man von einem *geraden Prisma* (2, sonst: schiefes Prisma).

regelmäßiges Prisma

Beim *regelmäßigen Prisma* sind Grund- und Deckfläche regelmäßige *n*-Ecke (↑ S. 276). Die Abbildung 3 zeigt ein regelmäßiges gerades Prisma, mit einem Quadrat als Grundfläche (quadratische Säule; ↑ S. 293).

Oberfläche

Die *Oberfläche eines Prismas* ist die Summe der Flächeninhalte von Grundfläche, Deckfläche und den Seitenflächen. Den Flächeninhalt aller Seitenflächen bezeichnet man als *Mantel M* des Prismas.

$$O = 2 \cdot G + M$$

Zur Berechnung der Oberfläche eines Prismas zeichnet man das Netz des Prismas und addiert die einzelnen Flächeninhalte.

Beispiel: Regelmäßiges, gerades sechseckiges Prisma.

Beim regelmäßigen Sechseck ist $G = \frac{3}{2}a^2 \cdot \sqrt{3}$.
Der Mantel besteht aus 6 Rechtecken des Flächeninhalts $F_R = a \cdot h$.

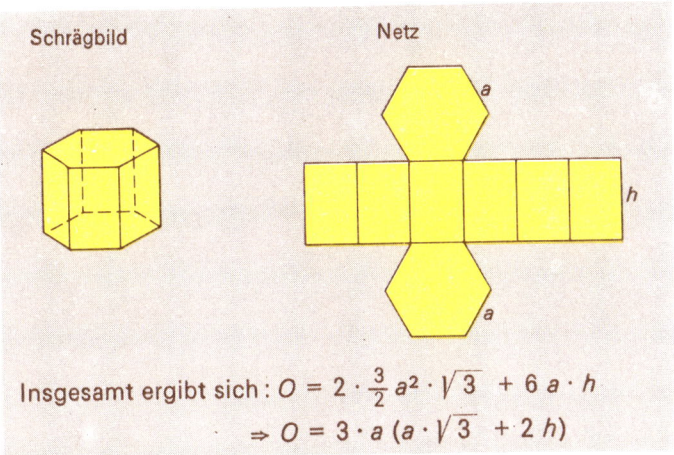

Schrägbild   Netz

Insgesamt ergibt sich: $O = 2 \cdot \frac{3}{2} a^2 \cdot \sqrt{3} + 6 a \cdot h$
$\Rightarrow O = 3 \cdot a (a \cdot \sqrt{3} + 2 h)$

Der Abstand von Grundfläche und Deckfläche des Prismas heißt *Höhe h*. Die Höhe ist hier orthogonal zu Grund- und Deckfläche.

Höhe

Das *Volumen* jedes Prismas berechnet sich als

Volumen

$$V = G \cdot h$$

mit G = Grundfläche, h = Höhe des Prismas.

Beispiel: Für das Beispiel des regelmäßigen, geraden sechseckigen Prismas ist dann $V = \frac{3}{2} a^2 \cdot \sqrt{3} \cdot h$.

[3] **Pyramide.** Verbindet man die Ecken eines in der Ebene $\mathbb{E}$ liegenden *n*-Ecks (*Grundfläche G*) mit einem Punkt $S \notin \mathbb{E}$ (*Spitze*), so entsteht ein als *Pyramide* bezeichneter Körper.

Grundfläche
Pyramide
Spitze

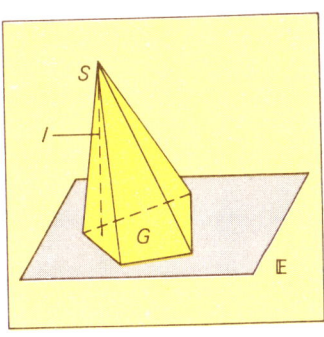

Die zum Körper gehörenden *n* ebenen Begrenzungsdreiecke heißen *Seitenflächen*. Alle Seitenflächen bilden den *Mantel* der Pyramide.

Mantel

Höhe

Die *Höhe h* der Pyramide ist das Lot *l* von der Spitze *S* auf die Ebene $\mathbb{E}$. (Bei einer schiefen Pyramide kann die Höhe außerhalb liegen!) Auch die Länge von *l* soll mit *l* bezeichnet werden.

Die Verbindungsstrecken der Ecken der Grundfläche *G* und der Spitze *S* heißen *Seitenkanten* der Pyramide, die Seiten der Grundfläche heißen *Grundkanten*.

regelmäßige Pyramide

Ist die Grundfläche ein regelmäßiges *n*-Eck, spricht man von einer *regelmäßigen Pyramide*.

Bei einer *geraden Pyramide* verbindet die Höhe *h* die Spitze *S* mit dem Mittelpunkt *M* der Grundfläche.

regelmäßige, gerade Pyramide

Abb. 1 zeigt eine regelmäßige gerade Pyramide mit einem Quadrat als Grundfläche. Hier sind alle Seitenkanten gleich lang, ebenso alle Grundkanten. Die Seitenflächen sind kongruente gleichschenklige Dreiecke.

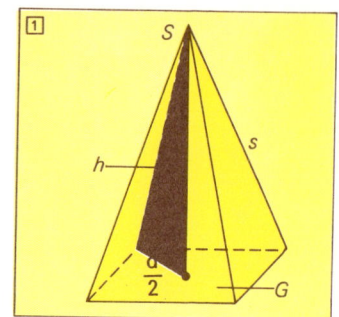

Tetraeder

Das *Tetraeder* ist eine regelmäßige gerade Pyramide, deren Grund- und Seitenflächen gleichseitige Dreiecke sind (↑ S. 279).

Volumen

Das Volumen einer Pyramide wird nach der Formel

$$V = \frac{1}{3} G \cdot h$$

berechnet. Nach dem Prinzip des Cavalieri (↑ S. 290) gilt diese Formel für gerade und auch schiefe Pyramiden.

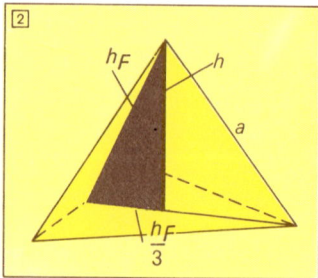

Beispiele:
Bei der geraden, regelmäßigen vierseitigen Pyramide von Abb. 1 ist
$$G = a^2 \Rightarrow V = \frac{1}{3} a^2 \cdot h$$
Zur Volumenberechnung eines *Tetraeders* braucht man die Höhe *h*.

Aus Abb. ②, S. 280, ist mit $h_F = \frac{a}{2}\sqrt{3}$ nach dem Satz des Pythagoras

$$h = \sqrt{a^2 - \frac{a^2}{3}} = \sqrt{\frac{2}{3}a^2} \; ; \; G = \frac{a^2}{4} \cdot \sqrt{3}$$

$$\Rightarrow V = \frac{1}{3} \cdot \frac{a^2}{4} \cdot \sqrt{3} \cdot a \cdot \frac{\sqrt{2}}{\sqrt{3}} = \frac{a^3}{12} \cdot \sqrt{2}$$

Zur Berechnung der *Oberfläche einer Pyramide* zeichnet man ihr Netz (↑ ①):

Oberfläche

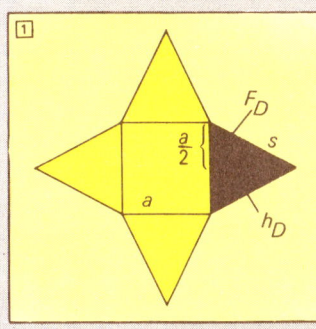

Beispiele:
1) Für die Pyramide von Abb. ①, S. 296, ergibt sich:
$O = G + 4\,F_D$
Zur Berechnung der Dreiecksfläche F_D benötigt man die Flächenhöhe h_D der Seitenflächen. Nach dem Satz des Pythagoras ist

$$h_D = \sqrt{s^2 - \left(\frac{a}{2}\right)^2} \Rightarrow$$

$$O = a^2 + 4 \cdot \frac{1}{2}a \cdot \sqrt{s^2 - \left(\frac{a}{2}\right)^2}$$

Ist allerdings anstelle von s nur die Höhe h angegeben, so muß s zunächst bestimmt werden. Aus dem schraffierten Dreieck (↑ ①, S. 296) ergibt sich $s = \sqrt{h^2 + \left(\frac{d}{2}\right)^2}$ mit $\frac{d}{2}$ als die Hälfte der Diagonale des Quadrats ($d = a \cdot \sqrt{2}$ (↑ S. 282)).

Insgesamt ist:
$$s = \sqrt{h^2 + \frac{a^2}{2}}$$

$$\Rightarrow O = a^2 + 2a\sqrt{h^2 + \frac{a^2}{2} - \frac{a^2}{4}}$$

$$\Rightarrow O = a^2 + 2a \cdot \sqrt{h^2 + \frac{a^2}{4}}$$

2) Die *Oberfläche des Tetraeders* ist $O = 4 \cdot F_D$, die Dreiecksfläche (↑ S. 282) $F_D = \frac{a^2}{4} \cdot \sqrt{3} \Rightarrow O = a^2 \cdot \sqrt{3}$.

Allgemein berechnet man die Oberfläche aus der Grundfläche und dem Mantel der Pyramide $O = G + M$.

Pyramiden-stumpf

[4] Pyramidenstumpf. Wird der obere Teil einer Pyramide durch eine zur Grundfläche G ⊂ 𝔼 parallele Ebene $\mathbb{E}_1$ abgetrennt, so heißt der Restkörper *Pyramidenstumpf* (↑ 1).

Oberfläche des Pyramiden-stumpfes

Er heißt gerade, schief oder regelmäßig, wenn es die ursprüngliche Pyramide war. Die *Oberfläche* besteht aus der Grundfläche G, der Deckfläche D und dem Mantel M.

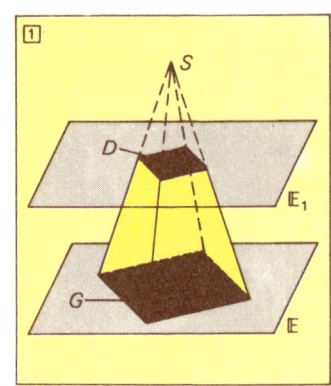

O = G + D + M

Der Mantel besteht im Falle der n-seitigen Pyramide aus n Trapezen; Grund- und Deckfläche sind ähnliche n-Ecke.

Volumen des Pyramiden-stumpfes

Das Volumen des Pyramidenstumpfes erhält man unter Anwendung der Strahlensätze zu

$$V = \frac{1}{3} \cdot h \cdot (G + \sqrt{G \cdot D} + D)$$

Beispiel: Für den Pyramidenstumpf in Abb. 2 wird Oberfläche und Volumen berechnet:

$$V = \frac{h}{3} \cdot (a_1^2 + a_1 \cdot a_2 + a_2^2)$$

$$O = a_1^2 + a_2^2 + M$$

Zur Berechnung von M benötigt man die Flächenhöhe h_T des Trapezes. Dazu wird der Satz des Pythagoras angewendet (↑ 3).

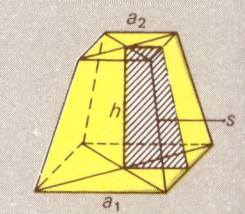

$$h_T = \sqrt{h^2 + \left(\frac{a_1 - a_2}{2}\right)^2}$$

$$\Rightarrow F_T = \frac{a_1 + a_2}{2} \cdot h_T$$

$$\Rightarrow O = a_1^2 + a_2^2 +$$
$$+ 4 \frac{(a_1 + a_2)}{2} \cdot \sqrt{h^2 + \left(\frac{a_1 - a_2}{2}\right)^2}$$

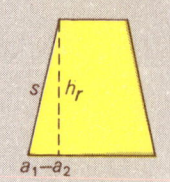

[5] Regelmäßige Polyeder. *Polyeder* sind Körper mit ebenen Begrenzungsflächen. Zu den Polyedern gehören also Quader, Pyramiden, Pyramidenstümpfe usw.

Regelmäßige Polyeder werden von zueinander kongruenten, regelmäßigen *n*-Ecken begrenzt. In der Natur kommen sie als Kristalle vor.

regelmäßige Polyeder

Beispiele:

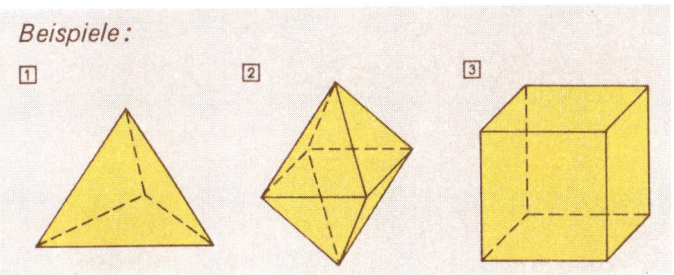

Tetraeder werden von 4 gleichseitigen Dreiecken begrenzt (Abb. ①).
Oktaeder werden von 8 gleichseitigen Dreiecken begrenzt (Abb. ②).
Isokaeder werden von 20 gleichseitigen Dreiecken begrenzt.
Hexaeder werden von 6 Quadraten begrenzt (Abb. ③).

Für konvexe (↑ S. 266) Polyeder gilt der *Eulersche Polyedersatz:*

Eulerscher Polyedersatz

$$e + f - k = 2$$

Dabei ist e = Anzahl der Ecken, f = Anzahl der Flächen und k = Anzahl der Kanten eines Polyeders.

Beispiel:
Beim Oktaeder ist $e = 6$, $f = 8$, $k = 12$,
$e + f - k = 2$.

4.4. Körper, die durch gekrümmte Flächen begrenzt sind

[1] Zylinder. Ein *Zylinder (Kreiszylinder)* besitzt in zwei parallelen Ebenen $\mathbb{E}_1$ und $\mathbb{E}_2$ (ihr Abstand ist die *Höhe h* des Zylinders) zwei gleich große Kreise als *Grundfläche G* und *Deckfläche D*.

Zylinder Höhe

Mantellinien
Mantel

Alle Verbindungsstrecken je zweier paralleler Radien der beiden Kreise (das sind die *Mantellinien*) bilden den *Mantel des Zylinders*. Die Mantellinien sind alle gleich lang.

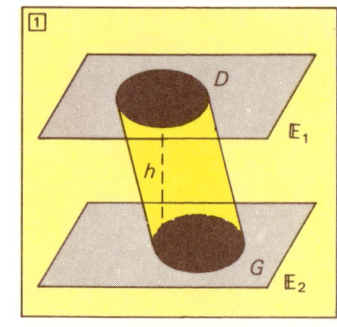

gerader und schiefer Zylinder

Ein Zylinder heißt gerade, wenn die Mantellinien senkrecht auf den Ebenen $\mathbb{E}_1$ und $\mathbb{E}_2$ stehen, sonst schief.

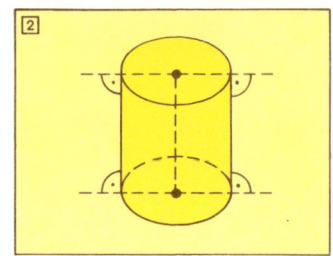

Allgemein spricht man auch von Zylindern, wenn anstelle von Kreisen zwei beliebige kongruente — in parallelen Ebenen liegende — Figuren durch parallele Strecken miteinander verbunden werden (z. B. elliptischer Zylinder).

Wickelt man den Mantel des geraden Zylinders entlang des Kreisumfanges ab, so ergibt sich aus dem entstehenden Netz die *Oberfläche des Zylinders*:

Oberfläche

$O = G + D + M = 2F_K + F_R$
mit $F_K = \pi r^2$; $F_R = 2\pi r \cdot h$
$O = 2\pi r^2 + 2\pi r \cdot h$
$O = 2\pi r (r + h)$

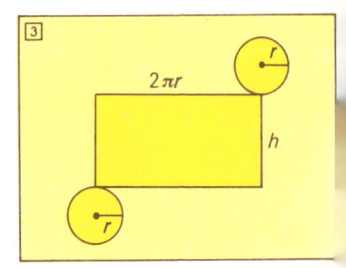

Volumen

Nach dem Satz des Cavalieri haben alle Zylinder mit gleicher Grundfläche und gleicher Höhe dasselbe Volumen:

$$V = G \cdot h \Rightarrow V = \pi r^2 \cdot h$$

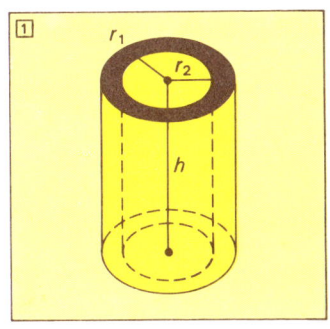

[2] Hohlzylinder. In der Technik finden *Hohlzylinder* häufig als Behälter bzw. Rohre Verwendung. Die Grund- und Deckfläche sind hier Kreisringe (↑ S. 286) mit $F_{KR} = \pi (r_1^2 - r_2^2)$.

Die gesamte Oberfläche besteht aus beiden Kreisringen, dem inneren und dem äußeren Mantel (↑ 1).

Hohlzylinder

$O = 2 F_{KR} + Mi + Ma$
$O = \pi (r_1^2 - r_2^2) + 2 \pi r h \cdot (r_1 + r_2)$

Das Volumen des Hohlzylinders ergibt sich als Differenz der Volumina von äußerem und innerem Zylinder zu

$V = \pi r_1^2 \cdot h - \pi r_2^2 \cdot h$
$V = \pi (r_1^2 - r_2^2) \cdot h = G \cdot h$

[3] Kegel. Verbindet man die Punkte eines Kreises in der Ebene $\mathbb{E}$ mit einem Punkt S (*Spitze* des Kegels) mit $S \notin \mathbb{E}$, so entsteht ein *Kegel* (Kreiskegel).

Kegel

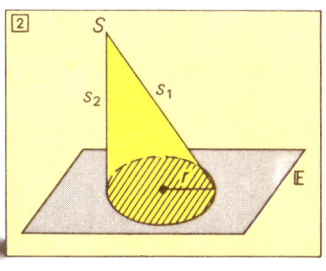

Der *Mantel M* des Kegels wird aus allen Verbindungsstrecken der Punkte auf der Kreislinie mit S (Mantellinien s_1; s_2; ...) gebildet.

Mantel

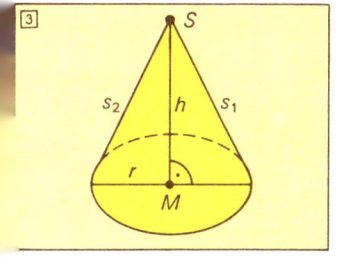

Der Abstand des Punktes S von der Ebene $\mathbb{E}$ ist die *Höhe h* des Kegels. Ist die Höhe die Verbindungslinie von Kreismittelpunkt M und S, so handelt es sich um einen geraden, sonst um einen schiefen Kegel. Beim *geraden Kegel* sind alle Mantellinien gleich lang (↑ 3).

Abwicklung des Kegelmantels

Der Mantel eines geraden Kreiskegels läßt sich in einer Ebene abwickeln, wobei ein Kreissektor (↑ S. 286) entsteht.

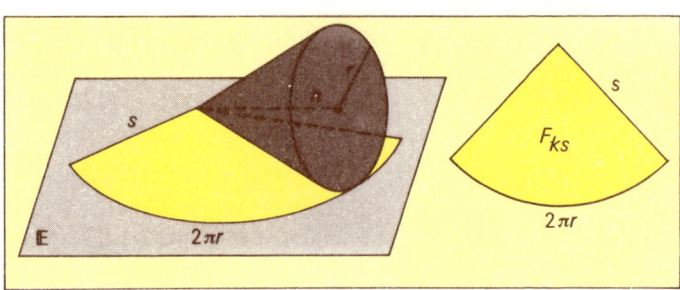

Oberfläche

Die *Oberfläche* besteht aus der Kreisfläche $F_K = \pi r^2$ und der Fläche des Kreissektors F_{KS} (Mantel) mit

$$F_{KS} = \frac{2\pi r \cdot s}{2} = \pi \cdot r \cdot s \quad \Rightarrow O = \pi r(r + s)$$

Ist statt der Mantellinie s die Höhe h angegeben, so errechnet man s nach dem Satz des Pythagoras aus Abb. [3], S. 301, zu $s = \sqrt{h^2 + r^2}$.

Volumen

Das *Volumen des Kegels* errechnet sich nach der Formel

$$V = \frac{1}{3} G \cdot h \quad \Rightarrow V = \frac{\pi r^2}{3} \cdot h.$$

Kegel mit gleicher Grundfläche und gleicher Höhe haben dasselbe Volumen (↑ S. 290).

Kegelstumpf

[4] **Kegelstumpf.** Aus dem Kegel entsteht durch Schnitt mit einer zur Ebene $\mathbb{E}$ parallelen Ebene $\mathbb{E}_1$ ein *Kegelstumpf*.

Wenn man hier den Mantel abwickelt, entsteht der Sektor eines Kreisringes. Aus der Differenz der beiden Kreissektoren folgt:

$M = \pi \cdot s(r_1 + r_2)$ und damit $O = \pi (r_1^2 + r_2^2) + \pi s \cdot (r_1 + r_2)$

Das Volumen berechnet man mit $V = \frac{\pi}{3} \cdot h \cdot (r_1^2 + r_1 \cdot r_2 + r_2^2)$.

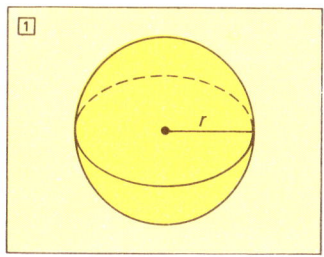

[5] Kugel. Eine *Kugel* ist die Menge aller Punkte, die von einem festen Punkt M (*Mittelpunkt*) einen Abstand $d \leq r$ haben, r nennt man *Radius* der Kugel. Alle Punkte mit dem Abstand $d = r$ vom Mittelpunkt bilden die *Kugeloberfläche*.

Kugel

Für das Volumen der Kugel gilt die Formel

$$V = \frac{4}{3}\pi r^3.$$

Kugelvolumen

Begründung:
Die Berechnung des Kugelvolumens wird auf die Berechnung der Volumina von Zylinder und Kegel zurückgeführt, denn nach dem Satz des Cavalieri besitzt ein gerader Kreiszylinder, aus dem ein gerader Kreiskegel herausgebohrt worden ist, dasselbe Volumen wie eine Halbkugel (↑ 2):

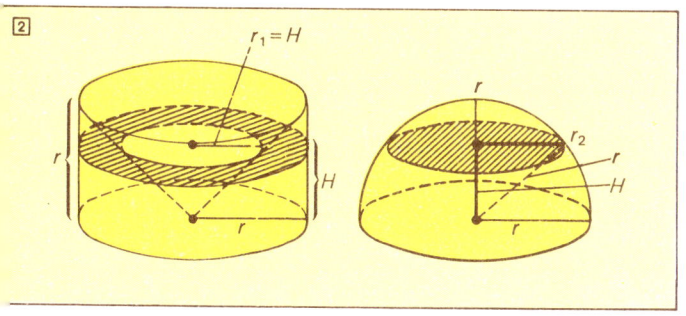

Es ist zu zeigen, daß die durch einen ebenen Schnitt in einer Höhe H entstehenden Figuren (Abb. 2) denselben Flächeninhalt haben. Dann haben beide Körper nach dem Satz des Cavalieri dasselbe Volumen.

Kugel:
$F_1 = \pi \cdot r_2^2$ mit $r_2^2 = r^2 - H^2 \Rightarrow$
$F_1 = \pi(r^2 - H^2)$

Zylinder ohne Kegel:
$F_2 = \pi \cdot r^2 - \pi \cdot r_1^2$ mit $r_1 = H \Rightarrow$
$F_2 = \pi(r^2 - H^2)$.

Nun kann man das Volumen des Restkörpers bestimmen:
$V = \pi \cdot r^2 \cdot r - \frac{1}{3}\pi \cdot r^2 \cdot r = \frac{2}{3}\pi r^3$ ist das Volumen der Halbkugel. Für die Vollkugel ist $V = \frac{4}{3}\pi r^3$ (s. o.).

Kugeloberfläche

Der Mantel einer Kugel läßt sich nicht als Netz zeichnen. Er ergibt sich auf anderem Wege:
$$O = 4\pi r^2$$

Die Kugel ist derjenige Körper, der von allen Körpern gleichen Volumens die kleinste Oberfläche besitzt, und nimmt daher in der Physik (Tropfen, Sterne) eine bedeutsame Rolle ein.

[6] Kugelteile.

Kugelsektor

Kugelsektor
(Kugelausschnitt)

$V = \frac{2\pi h}{3} \cdot r^2$

$O = \pi r(2h + r)$

Kugelsegment

Kugelsegment
(Kugelabschnitt) der Höhe h:

$V = \pi \cdot \frac{h^2}{3} \cdot (3r - h)$

$O = 2\pi r \cdot h$

Kugelschicht

Kugelschicht:
$V = \frac{\pi}{6} h (3r_1^2 + 3r_2^2 + h^2)$
$O = 2\pi r \cdot h$

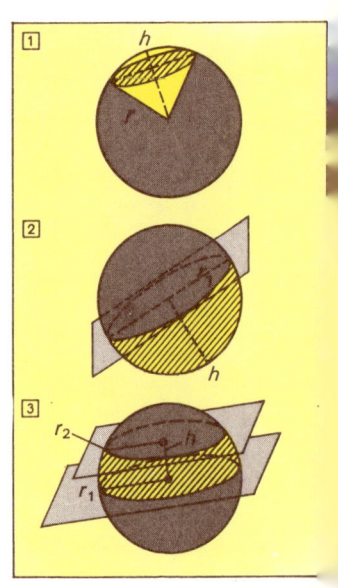

Hohlkugel

Bei einer *Hohlkugel* mit r_i = Radius der Innenkugel und r_a = Radius der Außenkugel ist:

$$V = \frac{4}{3}\pi \cdot (r_a^3 - r_i^3) \quad \text{und} \quad O = 4\pi r_i^2 + 4\pi r_a^2.$$

5. Abbildungen in der Ebene

5.1. Grundbegriffe

[1] Der Begriff der Abbildung spielt heute in der Geometrie eine große Rolle, etwa vergleichbar mit der des Funktionsbegriffes (↑ S. 218) in der Algebra oder Analysis.

Abbildungsbegriff

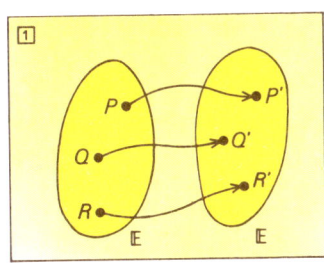

Unter einer *Abbildung einer Ebene* $\mathbb{E}$ *auf sich* versteht man eine eindeutige Zuordnung, die jedem Element von $\mathbb{E}$ (d. h. jedem Punkt) genau ein Element von $\mathbb{E}$ zuordnet.

Abbildung einer Ebene auf sich

Sprechweise: A wird abgebildet auf A', B auf B', usw., das Dreieck $\triangle ABC$ wird abgebildet auf $\triangle A'B'C'$. *Schreibweise:* $A \rightarrow A'$; $B \rightarrow B'$; ...; $\triangle ABC \rightarrow \triangle A'B'C'$.

Bei der Veranschaulichung kann man natürlich nur von einzelnen Punkten die Bildpunkte, von einer Figur die Bildfigur zeichnen. Das Innere (Äußere) einer Figur wird dabei auf das Innere (Äußere) der Bildfigur abgebildet.

[2] **Fixpunkt.** Wird ein Punkt bei einer Abbildung auf sich selbst abgebildet (also: Bildpunkt = Urbildpunkt), spricht man von einem *Fixpunkt der Abbildung.* (*Beispiel:* Drehzentrum bei einer Drehung (↑ S. 307)).

Fixpunkt

Ist jeder Punkt $P \in \mathbb{E}$ Fixpunkt der Abbildung, so spricht man von der *identischen Abbildung* (*Beispiel:* Nulldrehung (↑ S. 308)).

identische Abbildung

5.2. Kongruenzabbildungen

[1] **Kongruente Figuren.** Zwei Figuren F_1 und F_2 sind kongruent, wenn sie in ihren Seitenlängen und allen Abständen übereinstimmen. Man schreibt:

kongruente Figuren

$$F_1 \cong F_2.$$

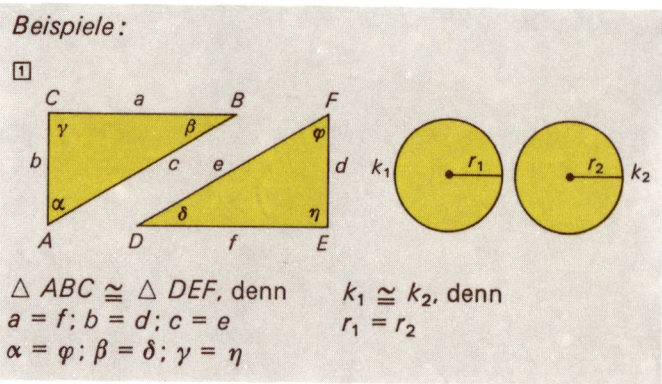

Beispiele:

△ ABC ≅ △ DEF, denn
$a = f$; $b = d$; $c = e$
$\alpha = \varphi$; $\beta = \delta$; $\gamma = \eta$

$k_1 \cong k_2$, denn
$r_1 = r_2$

Kongruenz-
abbildungen

[2] Kongruenzabbildungen. Abbildungen der Ebene auf sich, bei denen Urbild- und Bildfigur stets kongruent sind, nennt man *Kongruenzabbildungen*.

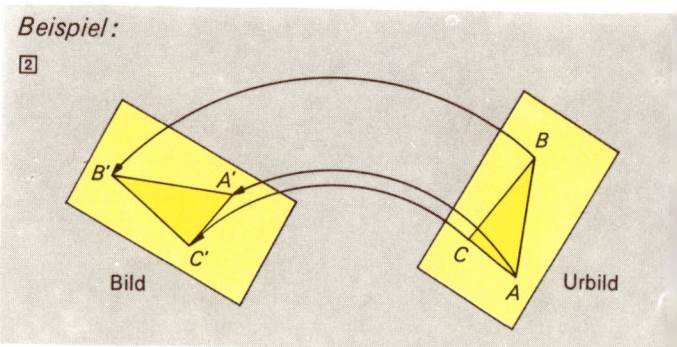

Beispiel:

Zu einer Bewegung eines Zeichenblattes auf einer Tischebene gehört eine Kongruenzabbildung (↑ Abb. [2]).

Längentreue
Winkeltreue

Bei Kongruenzabbildungen besteht Gleichheit für die Längen von Urbild- und Bildstrecken (*Längentreue*) und für die Maße von Urbild- und Bildwinkeln (*Winkeltreue*).

Parallel-
verschiebung

[3] Parallelverschiebung. Eine *Parallelverschiebung* ist eine Abbildung der Ebene, bei der alle Pfeile $\overrightarrow{PP'}$ von einem Urpunkt P zu seinem Bildpunkt P' gleiche Länge, Richtung und Orientierung haben.

Beispiel:

[1]

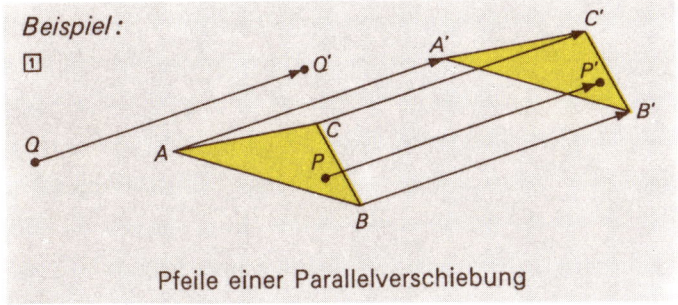

Pfeile einer Parallelverschiebung

Eine Verschiebung v ist bereits eindeutig festgelegt, wenn zu einem einzigen Punkt A der zugehörige Bildpunkt A' angegeben ist, d. h. wenn ein einziger *Verschiebungspfeil* $\overrightarrow{AA'}$ bekannt ist.

Verschiebungspfeil

Ein Verschiebungspfeil gibt die »Richtung« und die »Länge« der Verschiebung an. Verschiebungspfeile der Länge 0 bestimmen die *Nullverschiebung*. Bei der Nullverschiebung ist jeder Punkt der Ebene Fixpunkt. Alle anderen Verschiebungen besitzen keinen Fixpunkt. Geraden, die parallel zu einem Verschiebungspfeil verlaufen, werden auf sich selbst abgebildet; es ist aber kein Punkt der Geraden Fixpunkt.

Nullverschiebung

Konstruktion des Bildpunktes P'

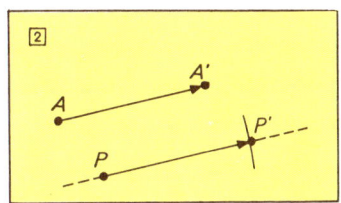

1) Ziehe eine Parallele zum Verschiebungspfeil $\overrightarrow{AA'}$.

2) Trage auf der Parallelen die Länge des Pfeiles $\overrightarrow{AA'}$ von P aus ab.

[4] Drehung. Eine *Drehung* ist eine Abbildung der Ebene mit folgenden Eigenschaften

a) Jeder Urpunkt $P \in \mathbb{E}$ und sein Bildpunkt $P' \in \mathbb{E}$ haben gleiche Entfernung von einem festen Punkt $M \in \mathbb{E}$;

b) ∢ PMP' besitzt für alle $P \in \mathbb{E}$ die gleiche Größe α.
M heißt *Drehpunkt* (Drehzentrum), ∢ PMP' *Drehwinkel* und α *Drehbetrag* der Drehung.

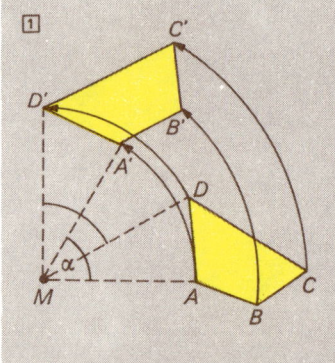

Drehungen gegen den Uhrzeigersinn um einen Punkt M mit Drehbetrag α heißen *Linksdrehungen* (bezeichnet mit $D_M^+ \alpha$). Drehungen im Uhrzeigersinn heißen *Rechtsdrehungen* ($D_M^- \alpha$). Es gilt: $D_M^+ \alpha = D_M^- (360° - \alpha)$. In der Abb. ist $D_M^+ 60°$ dargestellt. Diese Linksdrehung kann durch die Rechtsdrehung $D_M^- 300°$ ersetzt werden.

Verabredet man, jede Drehung als Linksdrehung mit einem kleineren Betrag als 360° aufzufassen, so gilt:

Jede Drehung in der Ebene ist durch Angabe des Drehpunktes und des Drehbetrages eindeutig bestimmt.

Konstruktion des Bildpunktes P':

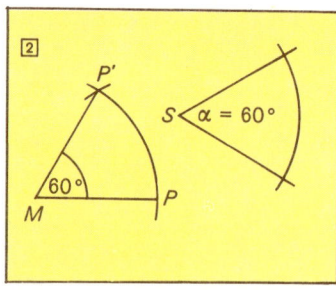

1) Schlage um den Drehpunkt M und um den Scheitelpunkt S des Drehwinkels α Kreisbögen mit dem Radius $\overline{MP}$.

2) Trage an $\overline{MP}$ in M einen Winkel der Größe α mit dem Zirkel an (↑ S. 263).

Halbdrehung
Nulldrehung

Eine Drehung mit dem Drehbetrag 180° heißt *Halbdrehung*. Eine solche Drehung kann als Punktspiegelung (S. 309) aufgefaßt werden. Eine Drehung mit dem Drehbetrag 0° heißt *Nulldrehung*.

Die Nulldrehung hat jeden Punkt der Ebene zum Fixpunkt, ist also die identische Abbildung. Jede andere Drehung besitzt genau einen Fixpunkt, den Drehpunkt.

[5] **Punkt**spiegelung. Bei einer Halbdrehung um *M* wird die *Punkt-*
Strecke $\overline{PP'}$ von einem Urpunkt $P \in \mathbb{E}$ zu seinem Bildpunkt *spiegelung*
$P' \in \mathbb{E}$ durch den Drehpunkt *M* halbiert. Diese Abbildung wird *Zentrum*
daher auch *Punktspiegelung* genannt mit dem Punkt *M* als
Zentrum.

Durch Vorgabe eines Zentrums *Z* ist eine Punktspiegelung
eindeutig festgelegt. Man bezeichnet sie mit S_Z.

Konstruktion des Bildpunktes P':

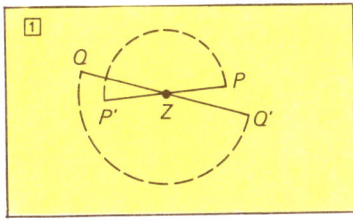

1) Verbinde *P* mit dem Zentrum *Z* und verlängere die Strecke $\overline{PZ}$ über *Z* hinaus.

2) Schlage um *Z* einen Kreisbogen mit $|\overline{ZP}|$ als Radius.

Eine Figur *F* ist *symmetrisch* zu einem Punkt *Z*, wenn es eine *Punkt-*
Punktspiegelung S_Z gibt, bei der *F* auf sich selbst abgebildet *symmetrie*
wird.

Beispiele:

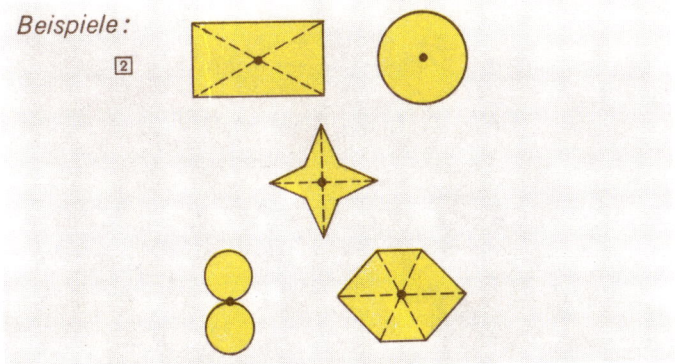

[6] **Geradenspiegelung und Achsensymmetrie.** Eine *Spie-* *Geraden-*
gelung in bezug auf eine Gerade g (*Achsenspiegelung*) ist ei- *spiegelung*
ne Abbildung der Ebene, bei der alle Punkte von *g* Fixpunkte
sind und bei der die Gerade *g* für die anderen Punkte der Ebene Mittelsenkrechte der Verbindungsstrecke $\overline{PP'}$ zwischen
Urpunkt *P* und Bildpunkt *P'* ist. Die Gerade *g* wird *Spiegel-*
achse genannt. *Spiegelachse*

Beispiel:

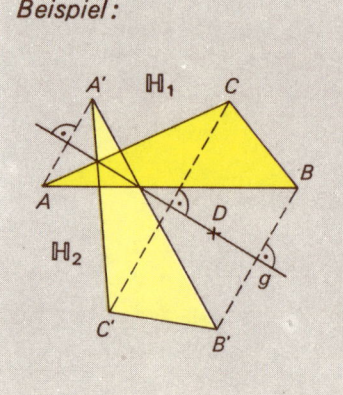

Eine Geradenspiegelung ist durch Angabe der Spiegelachse g eindeutig festgelegt und wird mit S_g bezeichnet. Die Punkte der einen Halbebene $\mathbb{H}_1$ werden auf die Punkte der anderen Halbebene $\mathbb{H}_2$ abgebildet. In der Abb. gilt:
$B \in \mathbb{H}_1$ und $B' \in \mathbb{H}_2$,
$A \in \mathbb{H}_2$ und $A' \in \mathbb{H}_1$,
$D \in g$ (Fixpunkt).

Konstruktion des Bildpunktes P':

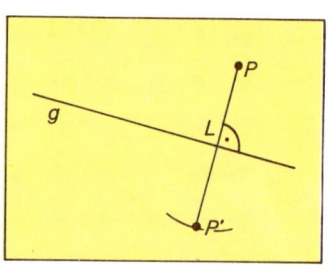

1) Fälle von P aus das Lot auf die Spiegelachse g;

2) Schlage einen Kreisbogen um den Fußpunkt L des Lotes mit $|\overline{LP}|$ als Radius.

Achsensymmetrie

Eine Figur F heißt *achsensymmetrisch,* wenn es eine Geradenspiegelung S_g gibt, die F auf sich selbst abbildet.

Beispiele:

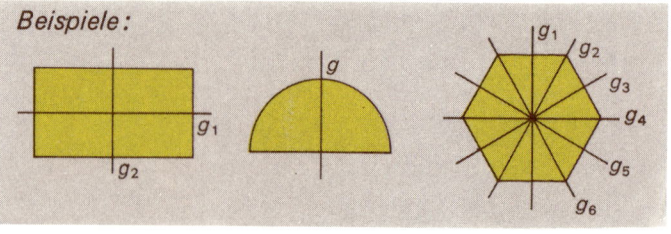

zusammengesetzte Kongruenzabbildung

[7] Zusammensetzung von Kongruenzabbildungen. Zwei Kongruenzabbildungen K_1 und K_2, die hintereinander ausgeführt werden, lassen sich stets durch eine Kongruenzabbildung K ersetzen. K wird *zusammengesetzte Kongruenzabbildung* genannt und mit $K = K_1 \circ K_2$ bezeichnet.

Beispiele:

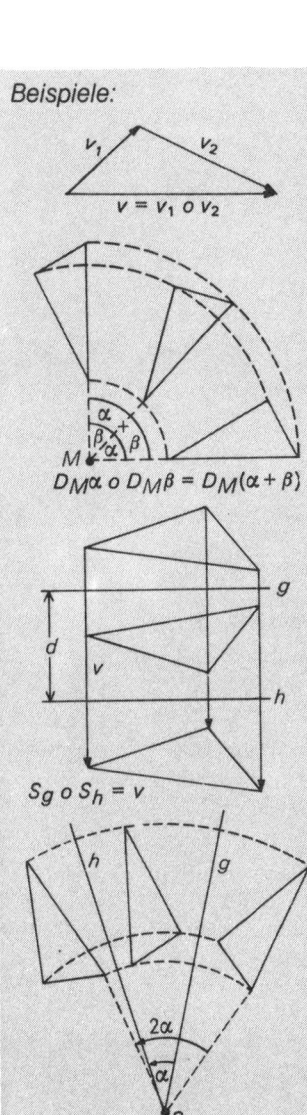

Die Zusammensetzung zweier Verschiebungen v_1 und v_2 ergibt wieder eine Verschiebung v (↑ S. 306). Die Zusammensetzung zweier Drehungen $D_M\alpha$ und $D_M\beta$ mit demselben Drehpunkt M ergibt wieder eine Drehung mit M als Drehpunkt und $\alpha + \beta$ als Drehbetrag (↑ S. 307). Die Zusammensetzung zweier Geradenspiegelungen S_g und S_h mit parallelen Spiegelachsen g und h ergibt eine Verschiebung v in Richtung einer Senkrechten auf g und h um den doppelten Abstand der Parallelen.

Die Zusammensetzung zweier Geradenspiegelungen S_g und S_h an zwei sich schneidenden Spiegelachsen g und h ergibt eine Drehung mit dem Geradenschnittpunkt S als Drehpunkt und einem Drehbetrag, der doppelt so groß ist wie der von den beiden Spiegelachsen gebildete Winkel ∢ $(g;h)$. Wird eine Geradenspiegelung S_g zweimal an derselben Spiegelachse g ausgeführt, so ist das Ergebnis die identische Abbildung E, kurz $S_g \circ S_g = E$.

Die Zusammensetzung zweier Geradenspiegelungen ergibt eine Verschiebung, Drehung oder die identische Abbildung. Umgekehrt läßt sich jede Verschiebung und jede Drehung aus 2 Geradenspiegelungen zusammensetzen.

5.3. Ähnlichkeitsabbildungen

ähnliche Figuren

[1] **Ähnlichkeit.** Man bezeichnet solche Figuren als *ähnlich*, die im Verhältnis ihrer Seitenlängen und in ihrer Innenwinkeln übereinstimmen.

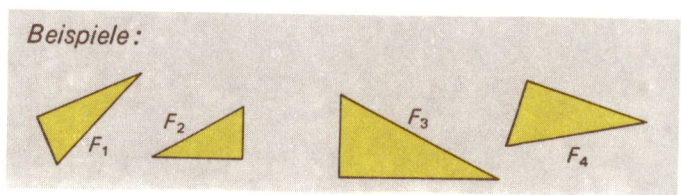

Ähnlichkeitsabbildungen

Ähnlichkeitsabbildungen sind solche Abbildungen der Ebene auf sich, die eine Figur F in eine dazu ähnliche Figur F' abbilden.
Dabei wird jeweils auch das Innere bzw. Äußere der Figur auf das Innere bzw. Äußere der Bildfigur abgebildet.

Streckung $k > 1$

[2] **Zentrische Streckung.** Bei einer *zentrischen Streckung* mit dem *Zentrum* Z und dem *Streckfaktor* $k > 0$ ($k \in \mathbb{R}$) wird jedem Punkt $P \in \mathbb{E}$ genau ein Punkt $P' \in \mathbb{E}$ zugeordnet, wobei P und P' auf derselben Seite von Z liegen, P, P' und Z auf einer Geraden liegen und für die Strecken $\overline{ZP}$ bzw. $\overline{ZP'}$ gilt:

$$|\overline{ZP'}| = |k| \cdot |\overline{ZP}|.$$

Stauchung $0 < k < 1$

Für $0 < k < 1$ handelt es sich um eine *Stauchung*. (↑ Abb. unten rechts) Streckungen mit $k > 0$ heißen gleichsinnig.

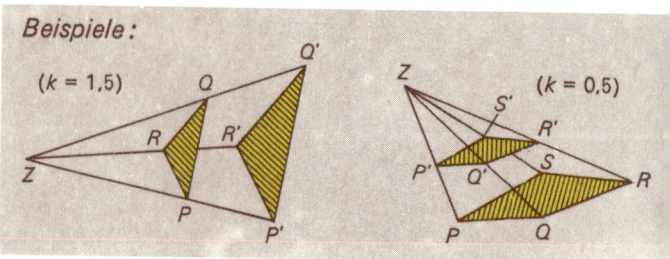

Bei zentrischen Streckungen mit $k < 0$ liegen die Bildpunkte jeweils auf der anderen Seite des Zentrums. Man spricht hier von *gegensinnigen zentrischen Streckungen*.

gegensinnige Streckungen $k < 0$

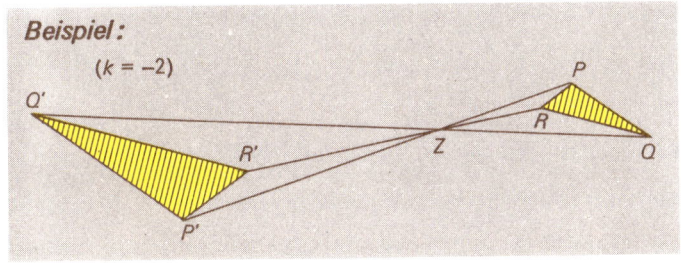

Eine zentrische Streckung mit $k = -1$ ist eine Punktspiegelung (↑ S. 309) an Z.

Konstruktion des Bildpunktes:

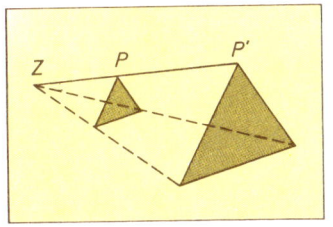

1) Verbinde Z und P und verlängere die Strecke $\overline{ZP}$ über P.
2) Miß die Länge der Strecke $\overline{ZP}$ und multipliziere sie mit dem angegebenen Streckfaktor k.
3) Trage auf der Halbgeraden $\overline{ZP}$ die so erhaltene Strecke mit der Länge $k \cdot |\overline{ZP}|$ ab und bestimme dadurch P'.

Konstruktionsvorschrift

[3] Eigenschaften der zentrischen Streckung
(1) Bei einer zentrischen Streckung wird jede durch das Zentrum gehende *Gerade* auf sich abgebildet, jede andere Gerade auf eine zur Urgeraden parallele Gerade.

Abbildung einer Geraden

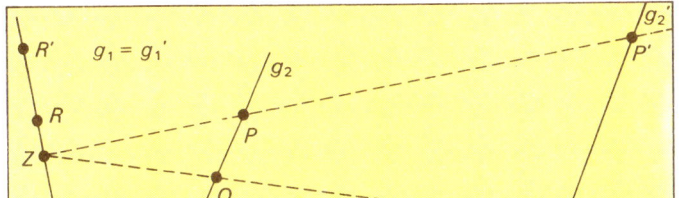

Abbildung einer Strecke

(2) Jede *Strecke* $\overline{AB}$ wird bei einer zentrischen Streckung mit dem Zentrum Z und dem Streckfaktor k auf die k-fache Länge gebracht (für $k < 0$ auf die $|k|$-fache Länge!), d. h.: $|\overline{A'B'}| = |k| \cdot |\overline{AB}|$ († 1).

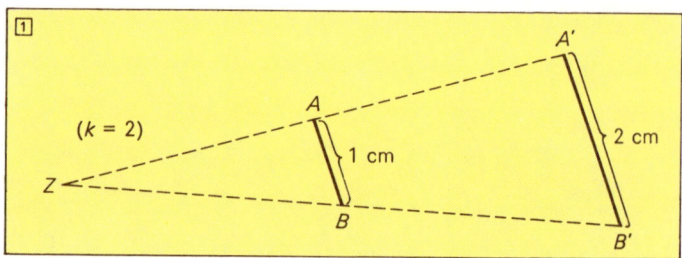

Längen, Winkel

(3) Das Verhältnis der *Längen* zweier Strecken und die *Größe eines Winkels* bleibt bei einer zentrischen Streckung erhalten.

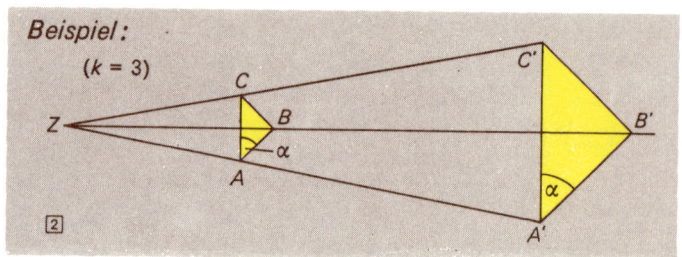

Alle Seiten $\overline{A'B'}$; $\overline{B'C'}$; $\overline{C'A'}$ sind zu den Seiten $\overline{AB}$; $\overline{BC}$; $\overline{CA}$ parallel und haben nach (2) eine dreimal so große Länge. Deshalb gilt (3).

Flächeninhalt

(4) Bei einer zentrischen Streckung mit dem Streckungsfaktor k wird jedes Vieleck auf ein Vieleck abgebildet, dessen *Flächeninhalt* k^2-mal so groß ist wie der des Urbildvielecks:

$$F' = k^2 \cdot F.$$

Beispiel: In Abb. 2 ist $\overline{AB} \perp \overline{BC}$ und deshalb $\overline{A'B'} \perp \overline{B'C'}$:

$$F'_\triangle = \frac{|\overline{A'B'}| \cdot |\overline{B'C'}|}{2} = \frac{|k| \cdot |\overline{AB}| \cdot |k| \cdot |\overline{BC}|}{2}$$

$$= k^2 \cdot \frac{|\overline{AB}| \cdot |\overline{BC}|}{2} = k^2 \cdot F$$

nach (1); (2) und (3).

(5) Jede zentrische Streckung ist nach (3) eine Ähnlichkeitsabbildung.

[4] Verknüpfung von zentrischen Streckungen und allgemeine Ähnlichkeitsabbildungen.

(1) Beim Hintereinanderausführen von zwei zentrischen Streckungen mit demselben Zentrum Z und den Streckungsfaktoren k_1 und k_2 ergibt sich eine zentrische Streckung mit dem Zentrum Z und dem Streckungsfaktor $k_1 \cdot k_2$.

Verknüpfung bei demselben Zentrum

(2) Werden zwei zentrische Streckungen mit verschiedenen Zentren miteinander verknüpft, so sind zwei verschiedene Fälle zu unterscheiden:
a) Das Ergebnis ist wieder eine zentrische Streckung.
b) Das Ergebnis ist eine Verschiebung.

Verknüpfung bei verschiedenen Zentren

Der Fall a) tritt nur bei $k_1 \cdot k_2 \neq 1$ auf. Das Zentrum derjenigen Streckung, die F in F'' abbildet, liegt auf der Geraden Z_1Z_2, der Streckungsfaktor ist $k_1 \cdot k_2$. (Abb ②).

Der Fall b) tritt immer dann auf, wenn $k_1 \cdot k_2 = 1$ ist. Die Verschiebung erfolgt parallel zur Verbindungsgeraden Z_1Z_2. (Abb ①).

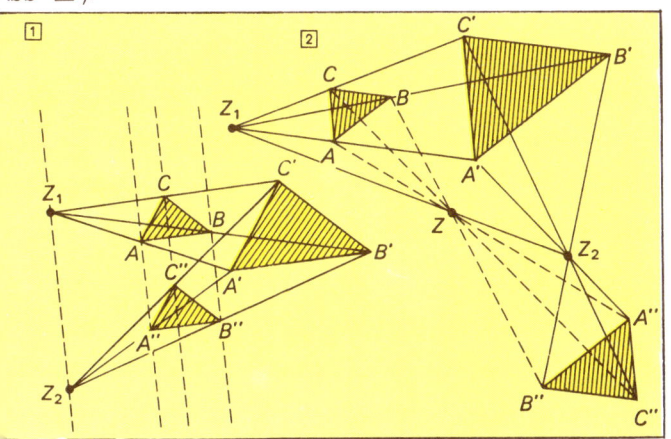

Es läßt sich zu je zwei ähnlichen Figuren F_1 und F_2 immer eine Ähnlichkeitsabbildung angeben, die F_1 in F_2 überführt. Dabei ist unter einer Ähnlichkeitsabbildung eine zentrische Streckung, eine Kongruenzabbildung oder eine beliebige Zusammensetzung dieser beiden Typen zu verstehen.

allgemeine Ähnlichkeitsabbildung

Beispiel:

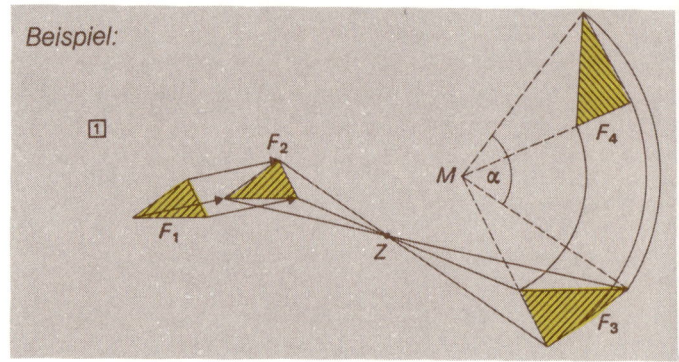

Gruppen-
eigenschaft

Die Menge der Ähnlichkeitsabbildungen bildet bezüglich der Verknüpfung Hintereinanderausführen eine *Gruppe* (↑ S. 249). Die wichtigsten Untergruppen (↑ S. 249) sind die Kongruenzabbildungen und die zentrischen Streckungen an demselben Zentrum.

[5] Strahlensätze. Aus den Eigenschaften der zentrischen Streckung ergeben sich die häufig angewandten *Strahlensätze*.
Vorausgesetzt wird dabei: Gegeben seien zwei parallele Geraden g_1 und g_2 und ein Punkt $Z \notin g_1$, $Z \notin g_2$. Zwei von Z aus gehende Halbgeraden h_1 und h_2 schneiden g_1 und g_2 in den Punkten P_1; P_2 bzw. Q_1; Q_2 (Abb. ②, ③).

1. Strahlensatz

1. Strahlensatz (↑ ②)
Für die Längen der Strecken gilt:

$$\frac{|\overline{ZP_1}|}{|\overline{ZP_2}|} = \frac{|\overline{ZQ_1}|}{|\overline{ZQ_2}|}$$

Der Satz ist umkehrbar.

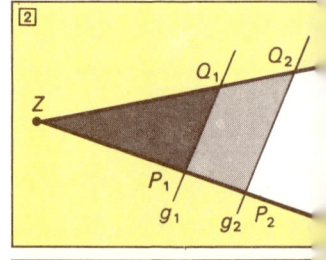

2. Strahlensatz

2. Strahlensatz (↑ ③)
Für die Längen der Strecken gilt:

$$\frac{|\overline{ZQ_1}|}{|\overline{ZQ_2}|} = \frac{|\overline{P_1Q_1}|}{|\overline{P_2Q_2}|}$$

Der Satz ist nicht umkehrbar.

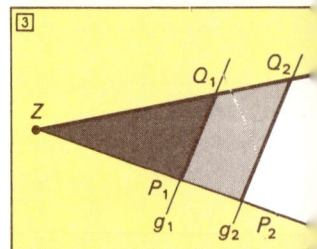

5.4. Scherung

[1] Konstruktion. Die *Scherung* ist eine Abbildung der Ebene auf sich. Jedem Punkt P wird dabei genau ein Punkt P' zugeordnet, für den bei gegebener Geraden a (*Scherungsachse*) gilt: $P \notin a \Rightarrow$

1) PP' ||a (P' liegt auf einer Parallelen zu a durch P).
2) ∡ (PF ; FP') hat immer dieselbe Orientierung und dasselbe Winkelmaß (*Scherungswinkel*).

Scherung

Scherungsachse

Scherungswinkel

Liegt P auf einer Scherungsachse a (P ∈ a), so wird er auf sich selbst abgebildet: Die Scherungsachse ist *Fixgerade*.

Konstruktionsvorschrift

Konstruktionsvorschrift: Man fällt zunächst das Lot von P auf a und erhält den Fußpunkt F (Abb. ①). Dann trägt man an $\overline{PF}$ in F den Scherungswinkel α an. P' liegt auf der Parallelen durch P zu a und auf dem freien Schenkel des in F an $\overline{PF}$ angetragenen *Winkels* α.

[2] Eigenschaften der Scherung.

1) Jede zur Scherungsachse parallele *Gerade g* wird auf sich selbst abgebildet, ist also *Fixgerade* .
Jede andere Gerade h wird auf eine Gerade h' abgebildet. h und h' schneiden sich auf der Scherungsachse a.

2) Eine zur Scherungsachse parallele Strecke bleibt bei der Scherung in ihrer *Länge* erhalten (siehe auch Abb. ①), während jede andere Strecke in ihrer Länge verändert wird (siehe auch Abb. ②).

3) Jedes Vieleck wird bei jeder Scherung auf ein flächengleiches Vieleck abgebildet. Man sagt: Die Scherung ist eine *flächentreue Abbildung*.

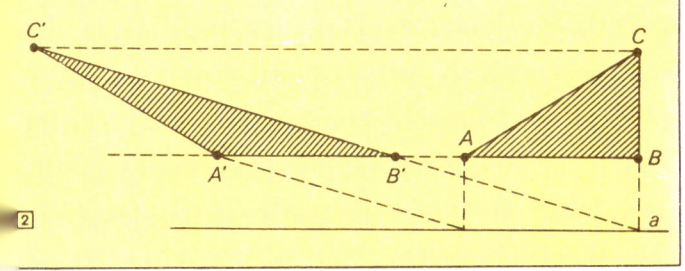

[3] Anwendung der Scherung.

Mit Hilfe der Scherung können flächengleiche Figuren hergestellt werden. Dreiecke bzw. Parallelogramme mit gleicher Grundseite und gleicher Höhe sind flächengleich.

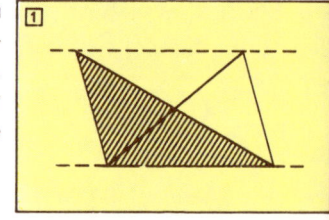

Satz von den Ergänzungsparallelogrammen.

Zeichnet man in ein Parallelogramm durch einen beliebigen Punkt P einer Diagonalen die Parallelen zu den Seiten, so sind die nicht von den Diagonalen durchschnittenen Parallelogramme flächengleich.

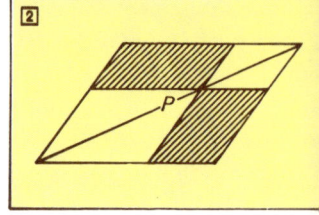

6. Nichteuklidische Geometrie

6.1. Definition

Nichteuklidische Geometrie

Jede von der euklidischen Geometrie (↑ S. 257 und 346, Axiomatik ↑ S. 172) abweichende Geometrie wird als *Nichteuklidische Geometrie* bezeichnet. Sie entsteht insbesondere wenn das Euklidische Parallelenaxiom (*zu einer Geraden g gibt es durch einen Punkt P ∉ g genau eine Parallele in der von g und P bestimmten Ebene*) abgeändert wird, aber alle anderen Axiome der Euklidischen Geometrie beibehalten werden.

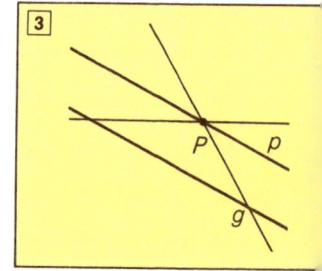

6.2 Elliptische Geometrie.

Elliptische Geometrie

Eine *elliptische Geometrie* entsteht, wenn im Euklidischen Parallelenaxiom »genau eine Parallele« durch »keine Parallele« ersetzt wird. Das bekannteste Modell ist die Kugelgeometrie

(↑ S. 332), wenn man als *Punkte* die Punkte einer Halbkugelfläche und als *Geraden* deren Großkreise (↑ S. 332) betrachtet, und wenn man ferner den Randkreis der Halbkugelfläche ausschließt. In dieser Geometrie haben zwei Geraden stets genau einen Schnittpunkt, es gibt also tatsächlich keine Parallelen. Die Winkelsumme im Dreieck beträgt in dieser Nichteuklidischen Geometrie *mehr* als $180°$.

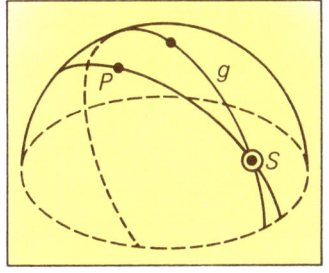

Winkelsumme

6.3 Hyperbolische Geometrie.

Eine solche entsteht, wenn im Euklidischen Parallelenaxiom »genau eine Parallele« durch »mehr als eine Parallele« ersetzt wird. Hierfür sind mehrere Modelle bekannt geworden, z. B. das *Klein'sche Modell* (Innenpunkte eines Kreises als *Punkte*, Sehnen ohne Randpunkte als *Geraden*) und das *Poincaré-Modell* (Punkte einer Halbebene ohne Randpunkte als *Punkte*, alle zum Rand orthogonalen Halbkreise als *Geraden*). Eine der elliptischen Kugelgeometrie entsprechende hyperbolische Geometrie ergibt sich auf der sog. *Pseudosphäre*. Diese entsteht, wenn eine *Traktrix* (Kurve, bei der die Tangente zwischen Berührpunkt und einer Geraden g konstante Länge hat) um g rotiert. In dieser Geometrie beträgt die Winkelsumme des Dreiecks weniger als $180°$.

Hyperbolische Geometrie

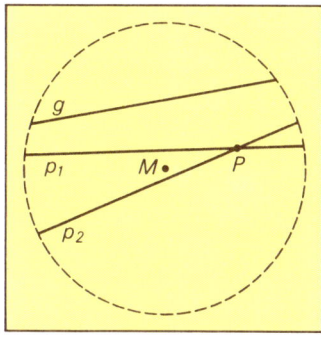

Klein'sches Modell

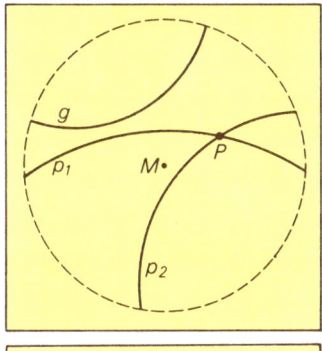

Traktrix

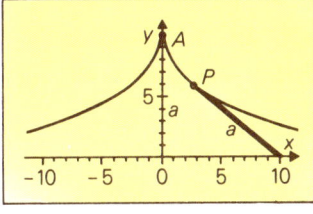

Pseudosphäre

Trigonometrie

Die Goniometrie (Winkelmessung) ist die Lehre von den Winkelfunktionen. Man verwendet diese Funktionen in der Trigonometrie (Dreiwinkelmessung), in der Dreiecke ausgemessen und berechnet werden. Daher heißen die Winkelfunktionen auch trigonometrische Funktionen. Die Trigonometrie wird in vielen Gebieten angewendet, z. B. in der Geometrie, Physik, Landesvermessung, Nautik und in der Technik.

1. Trigonometrische Funktionen

1.1. Sinus, Cosinus, Tangens, Cotangens

[1] Die Begriffe Sinus, Cosinus, Tangens und Cotangens. In einem rechtwinkligen Koordinatensystem sei K ein Kreis mit dem Radius r um den Ursprung O. Ein Winkel mit dem Scheitel O und dem Maß α wird so gelegt, daß der eine Schenkel festliegt und in Richtung der positiven x-Achse zeigt. Der Schnittpunkt des freien Schenkels mit dem Kreis K habe die Koordinaten $P(x;y)$.

Sinus

(1) Unter dem *Sinus* eines Winkels mit dem Maß α versteht man das Verhältnis der Ordinate y des Punktes P zum Radius r (↑ Abb.).

$\sin \alpha = \frac{y}{r}$ (gelesen: Sinus α gleich ...)

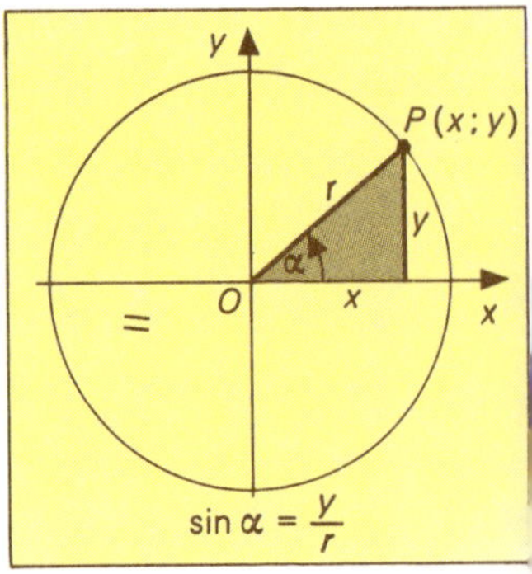

Sinus-Funktion

Die *Sinus-Funktion* sin wird definiert durch:
$\sin: \alpha \rightarrow \sin \alpha$; $\alpha \in \mathbb{R}$ (α in Bogenmaß, ↑ S. 273; Graph ↑ S. 325).

(2) Unter dem *Cosinus* eines Winkels mit dem Maß α versteht man das Verhältnis der Abszisse x des Punktes P zum Radius r des Kreises K (↑ Abb. 1).

$\cos \alpha = \frac{x}{r}$ (gelesen: Cosinus α gleich ...)

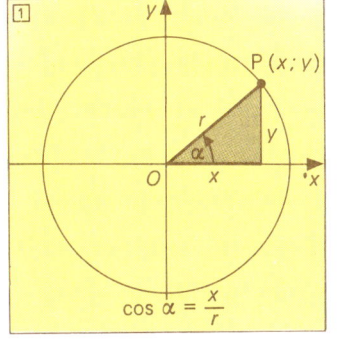

Cosinus

Die *Cosinus-Funktion* cos wird definiert durch:
$\cos: \alpha \to \cos \alpha\ ;\ \alpha \in \mathbb{R}$ (Graph, ↑ S. 325).

Cosinus-Funktion

(3) Unter dem *Tangens* eines Winkels mit dem Maß α versteht man das Verhältnis der Ordinate y zur Abszisse x des Punktes P, wenn $x \neq 0$. (↑ Abb. 2).

$\tan \alpha = \frac{y}{x}$ (gelesen: Tangens α gleich ...)

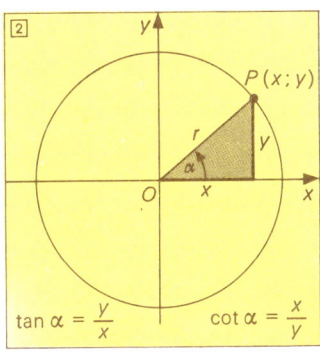

Tangens

Die *Tangens-Funktion* tan wird definiert durch:

$\tan: \alpha \to \tan \alpha$.

Tangens-Funktion

Definitionsbereich ist die Menge aller reellen Zahlen, die nicht ungerade Vielfache von $\frac{\pi}{2}$ sind. (Graph, ↑ S. 325).

(4) Unter dem *Cotangens* eines Winkels mit dem Maß α versteht man das Verhältnis der Abszisse x zur Ordinate y des Punktes P, wenn $y \neq 0$. (↑ Abb. 2.)
$\cot \alpha = \frac{x}{y}$ (gelesen: Cotangens α gleich ...)

Cotangens

Die *Cotangens-Funktion* cot wird definiert durch:

$\cot: \alpha \to \cot \alpha$.

Cotangens-Funktion

Definitionsbereich ist die Menge aller reellen Zahlen, die nicht Vielfaches von π sind (Graph, ↑ S. 326).

[2] Vektorzerlegung mit Sinus und Cosinus

Ein Vektor **a**; **a** ≠ **0**, und der zugehörige Lotvektor **ā** legen die Achsen eines Koordinatensystems fest (↑ Abb. [1]).

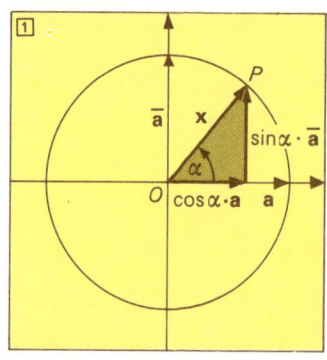

Ist **x** ein Vektor mit der gleichen Länge wie **a** und **ā** und ist α das Maß des Winkels, den **x** mit **a** bildet, so gilt:

x = cos α · **a** + sin α · **ā**

Diese Beziehung kann man als Definition für Sinus und Kosinus verwenden. Die Eigenschaften der trigonometrischen Funktionen lassen sich mit Hilfe der vektoriellen Darstellung ableiten.

[3] Seitenverhältnisse im rechtwinkligen Dreieck

Seitenverhältnisse

Die Werte der Winkelfunktionen für spitze Winkel lassen sich als *Seitenverhältnisse* im rechtwinkligen Dreieck berechnen (↑ Abb. [2]).

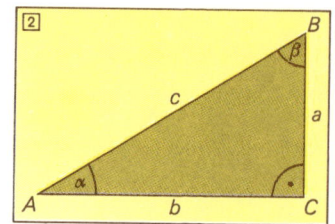

$\sin \alpha = \dfrac{a}{c} = \dfrac{\text{Gegenkathete}}{\text{Hypotenuse}}$; $\tan \alpha = \dfrac{a}{b} = \dfrac{\text{Gegenkathete}}{\text{Ankathete}}$;

$\cos \alpha = \dfrac{b}{c} = \dfrac{\text{Ankathete}}{\text{Hypotenuse}}$; $\cot \alpha = \dfrac{b}{a} = \dfrac{\text{Ankathete}}{\text{Gegenkathete}}$.

Entsprechend folgen:

$\sin \beta = \dfrac{b}{c} = \dfrac{\text{Gegenkathete}}{\text{Hypotenuse}}$; $\tan \beta = \dfrac{b}{a} = \dfrac{\text{Gegenkathete}}{\text{Ankathete}}$;

$\cos \beta = \dfrac{a}{c} = \dfrac{\text{Ankathete}}{\text{Hypotenuse}}$; $\cot \beta = \dfrac{a}{b} = \dfrac{\text{Ankathete}}{\text{Gegenkathete}}$.

[4] Funktionswerte für spezielle Winkel zwischen 0 und $\frac{\pi}{2}$: *Winkelfunktionswerte spitzer Winkel*

Funktion	Argument				
	0	$\frac{\pi}{6}$	$\frac{\pi}{4}$	$\frac{\pi}{3}$	$\frac{\pi}{2}$
	0°	30°	45°	60°	90°
sin	0	$\frac{1}{2}$	$\frac{1}{2}\sqrt{2}$	$\frac{1}{2}\sqrt{3}$	1
cos	1	$\frac{1}{2}\sqrt{3}$	$\frac{1}{2}\sqrt{2}$	$\frac{1}{2}$	0
tan	0	$\frac{1}{3}\sqrt{3}$	1	$\sqrt{3}$	–
cot	–	$\sqrt{3}$	1	$\frac{1}{3}\sqrt{3}$	0

Beispiele zur Berechnung von Funktionswerten spitzer Winkel:

Quadrat von der Seitenlänge 1

$\sin 45° = \frac{1}{\sqrt{2}} = \frac{1}{2}\sqrt{2}$,

$\tan 45° = \frac{1}{1} = 1$.

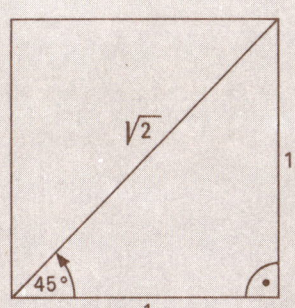

Gleichseitiges Dreieck von der Seitenlänge 1

$\sin 30° = \frac{\frac{1}{2}}{1} = \frac{1}{2}$,

$\cos 30° = \frac{\frac{1}{2}\cdot\sqrt{3}}{1} = \frac{1}{2}\cdot\sqrt{3}$,

$\tan 60° = \frac{\frac{1}{2}\cdot\sqrt{3}}{\frac{1}{2}} = \sqrt{3}$,

$\cot 60° = \frac{\frac{1}{2}}{\frac{1}{2}\cdot\sqrt{3}} = \frac{1}{\sqrt{3}}$

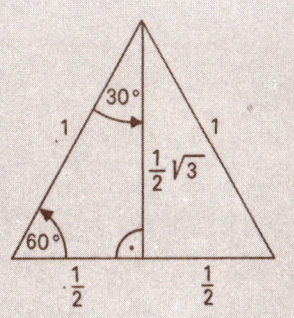

Goniometrische Grundformeln

[5] **Goniometrische Grundformeln** gelten für beliebige Winkelmaße α:

$\sin^2\alpha + \cos^2\alpha = 1$ $\qquad$ $\tan\alpha \cdot \cot\alpha = 1$

$\tan\alpha = \dfrac{\sin\alpha}{\cos\alpha} = \dfrac{1}{\cot\alpha}$ $\qquad$ $\cot\alpha = \dfrac{\cos\alpha}{\sin\alpha} = \dfrac{1}{\tan\alpha}$

1.2. Eigenschaften der Winkelfunktionen
[1] Definitions- und Wertebereich der Winkelfunktionen

Funktionsgleichung	Definitionsbereich	Wertbereich
$y = \sin x$	$\mathbb{R}$	$[-1\,;\,1]$
$y = \cos x$	$\mathbb{R}$	$[-1\,;\,1]$
$y = \tan x$	$\mathbb{R} \setminus \{x \mid x = (2z+1)\dfrac{\pi}{2} \text{ und } z \in \mathbb{Z}\}$	$\mathbb{R}$
$y = \cot x$	$\mathbb{R} \setminus \{x \mid x = z \cdot \pi \text{ und } z \in \mathbb{Z}\}$	$\mathbb{R}$

[2] Vorzeichentabelle der Funktionswerte

Funktions-wert	Argument			
	$0 < \alpha < \dfrac{\pi}{2}$	$\dfrac{\pi}{2} < \alpha < \pi$	$\pi < \alpha < \dfrac{3}{2}\pi$	$\dfrac{3}{2}\pi < \alpha < 2\pi$
	$0° < \alpha < 90°$	$90° < \alpha < 180°$	$180° < \alpha < 270°$	$270° < \alpha < 360°$
$\sin\alpha$	+	+	−	−
$\cos\alpha$	+	−	−	+
$\tan\alpha$	+	−	+	−
$\cot\alpha$	+	−	+	−

[3] Funktionswerte für ganzzahlige Vielfache von $\dfrac{\pi}{2}$

Funktions-wert	Argument				
	0	$\dfrac{\pi}{2}$	π	$\dfrac{3}{2}\pi$	2π
	$0°$	$90°$	$180°$	$270°$	$360°$
$\sin\alpha$	0	1	0	−1	0
$\cos\alpha$	1	0	−1	0	1
$\tan\alpha$	0	−	0	−	0
$\cot\alpha$	−	0	−	0	−

[4] Graphische Darstellung der Winkelfunktionen. Die Winkelfunktionen sind periodische Funktionen (↑ S. 234).

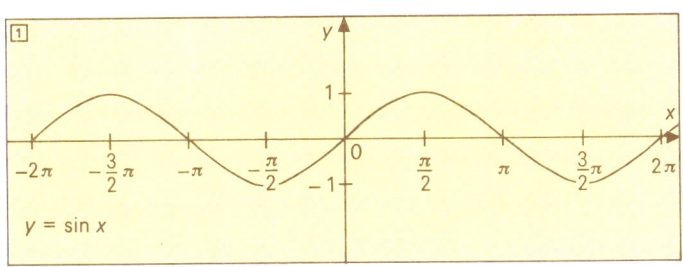

$y = \sin x$

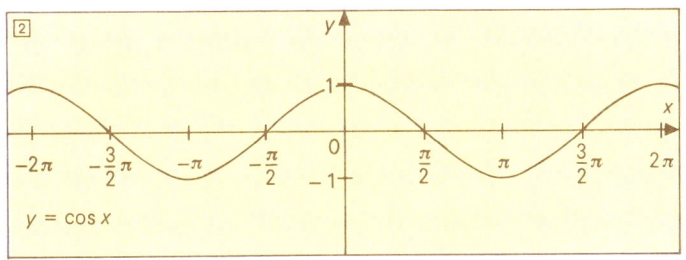

$y = \cos x$

Die Sinus- und Cosinusfunktion sind periodisch mit der kleinsten Periode 2π:

Periode

$\sin \alpha = \sin (\alpha \pm n \cdot 2\pi)$; $\cos \alpha = \cos (\alpha \pm n \cdot 2\pi)$: $n \in \mathbb{N}$

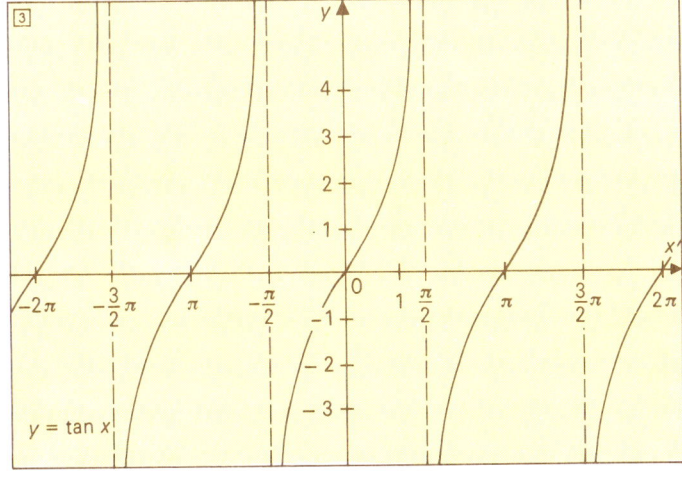

$y = \tan x$

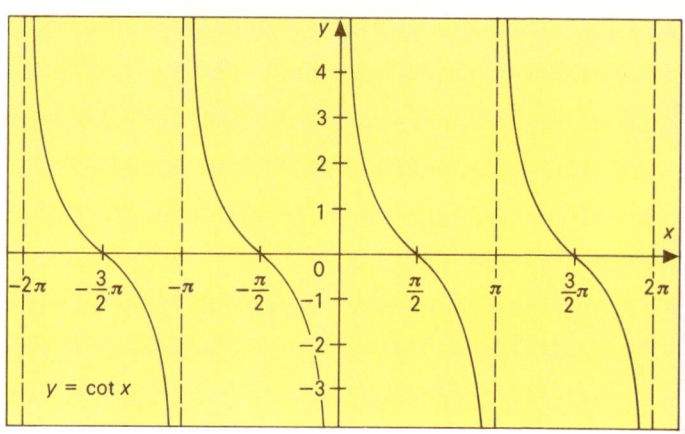

$y = \cot x$

Die Tangens- und Cotangensfunktion sind periodisch mit der kleinsten Periode π:

$\tan \alpha = \tan(\alpha \pm n \cdot \pi)$; $\cot \alpha = \cot(\alpha \pm n \cdot \pi)$; $n \in \mathbb{N}$

[5] Gerade und ungerade Winkelfunktionen
Die cos-Funktion ist gerade. Die sin-, tan-, und cot-Funktion sind ungerade:

$\sin(-\alpha) = -\sin \alpha \qquad \tan(-\alpha) = -\tan \alpha$
$\cos(-\alpha) = +\cos \alpha \qquad \cot(-\alpha) = -\cot \alpha$

[6] Beziehungen zwischen den Winkelfunktionen für Maße α spitzer Winkel:

Gesuchte Funktion	Vorgegebene Funktion			
	$\sin \alpha$	$\cos \alpha$	$\tan \alpha$	$\cot \alpha$
$\sin \alpha =$	$\sin \alpha$	$\sqrt{1-\cos^2 \alpha}$	$\dfrac{\tan \alpha}{\sqrt{1+\tan^2 \alpha}}$	$\dfrac{1}{\sqrt{1+\cot^2 x}}$
$\cos \alpha =$	$\sqrt{1-\sin^2 \alpha}$	$\cos \alpha$	$\dfrac{1}{\sqrt{1+\tan^2 \alpha}}$	$\dfrac{\cot \alpha}{\sqrt{1+\cot^2 \alpha}}$
$\tan \alpha =$	$\dfrac{\sin \alpha}{\sqrt{1-\sin^2 \alpha}}$	$\dfrac{\sqrt{1-\cos^2 \alpha}}{\cos \alpha}$	$\tan \alpha$	$\dfrac{1}{\cot \alpha}$
$\cot \alpha =$	$\dfrac{\sqrt{1-\sin^2 \alpha}}{\sin \alpha}$	$\dfrac{\cos \alpha}{\sqrt{1-\cos^2 \alpha}}$	$\dfrac{1}{\tan \alpha}$	$\cot \alpha$

[7] Quadrantenrelationen sind Beziehungen zwischen Funktionswerten von Winkeln aus verschiedenen Quadranten:

Funktions-wert	Argument φ			
	$90°\pm\alpha$	$180°\pm\alpha$	$270°\pm\alpha$	$360°\pm\alpha$
sin φ	cos α	$\mp$ sin α	$-$ cos α	$\pm$ sin α
cos φ	$\pm$ sin α	$-$ cos α	$\pm$ sin α	cos α
tan φ	$\mp$ cot α	$\pm$ tan α	$\mp$ cot α	$\pm$ tan α
cot φ	$\mp$ tan α	$\pm$ cot α	$\mp$ tan α	$\pm$ cot α

[8] Additionstheoreme: *Additionstheoreme*

$\sin(\alpha \pm \beta) = \sin\alpha \cdot \cos\beta \pm \cos\alpha \cdot \sin\beta$

$\tan(\alpha \pm \beta) = \dfrac{\tan\alpha \pm \tan\beta}{1 \mp \tan\alpha \cdot \tan\beta}$

$\cos(\alpha \pm \beta) = \cos\alpha \cdot \cos\beta \mp \sin\alpha \cdot \sin\beta$

$\cot(\alpha \pm \beta) = \dfrac{\cot\alpha \cdot \cot\beta \mp 1}{\cot\beta \pm \cot\alpha}$

$\sin 2\alpha = 2\sin\alpha \cdot \cos\alpha = \dfrac{2\tan\alpha}{1+\tan^2\alpha}$; $\tan 2\alpha = \dfrac{2\tan\alpha}{1-\tan^2\alpha}$

$\cos 2\alpha = 2\cos^2\alpha - 1 = \dfrac{1-\tan^2\alpha}{1+\tan^2\alpha}$; $\cot 2\alpha = \dfrac{\cot^2\alpha - 1}{2\cot\alpha}$

$\sin\alpha \pm \sin\beta = 2\sin\dfrac{\alpha \pm \beta}{2} \cdot \cos\dfrac{\alpha \mp \beta}{2}$

$\cos\alpha + \cos\beta = 2\cos\dfrac{\alpha+\beta}{2} \cdot \cos\dfrac{\alpha-\beta}{2}$

$\tan\alpha \pm \tan\beta = \dfrac{\sin(\alpha \pm \beta)}{\cos\alpha \cdot \cos\beta}$

$\cos\alpha - \cos\beta = -2 \cdot \sin\dfrac{\alpha+\beta}{2} \cdot \sin\dfrac{\alpha-\beta}{2}$

$\cot\alpha \pm \cot\beta = \dfrac{\pm\sin(\alpha \pm \beta)}{\sin\alpha \cdot \sin\beta}$

$\sin^2\alpha = \dfrac{1}{2}(1 - \cos 2\alpha)$; $\cos^2\alpha = \dfrac{1}{2}(1 + \cos 2\alpha)$

1.3. Trigonometrische Tafeln, Taschenrechner

[1] **Aufbau.** Wegen der Periodizität der Winkelfunktionen (↑ S. 326) und der Quadrantenrelationen (↑ [7]) reicht es aus, die Funktionswerte zwischen 0° und 90° (bzw. 0 und $\dfrac{\pi}{2}$) zu tabellieren. Trigonometrische Tafeln haben zwei Eingänge. Sie können von links oben aus (Sinus und Tangens) und von rechts unten aus (Cosinus und Cotangens) gelesen werden.

[2] **Aufsuchen von Werten.** Am Rand links stehen als Argumente die ganzen Grade senkrecht untereinander, in der

Spalte rechts daneben die Werte der betreffenden Funktion. In derselben Zeile folgen in den weiteren senkrechten Spalten die Funktionswerte für jeweils um 0,1° (bzw. 6') vergrößerte Argumente bis zum Funktionswert des nächsten ganzzahligen Arguments.

Beispiel:
sin 0°... sin 45°

	0'	6'	12'	18'	24'	54'	60'	
Grad	,0	,1	,2	,3	,4	0,9	1,0	
24	0,4067	4083	4099	4115	4131	4210	4226	65
25	4226	4242	4258	4274	4289	4368	4384	64
26	4384	4399	4415	4431	4446	4524	4540	63
27	4540	4555	4571	4586	4602	4679	4695	62
	1,0	,9	,8	,7	,6	,1	,0	Grad
	60'	54'	48'	42'	36'	6'	0'	

cos 90°... cos 45°

Von links und von oben liest man ab: sin 26°18' = 0,4431
Von rechts und von unten aus liest man ab: cos 63°42' = 0,4431

[3] **Taschenrechner.** Auf Taschenrechnern sind i. a. die Winkelfunktionen fest einprogrammiert. Für alle Werte, z. T. aber auch nur für Werte zwischen 0 und 360° bzw. 0 und 2π, werden die Funktionswerte der Winkelfunktionen berechnet. Da i. a. die Cotangensfunktionen nicht fest einprogrammiert ist, wird diese durch die Tastenfolge [tan] [1/x] berechnet.

Ist der Funktionswert vorgegeben und soll das zugehörige Argument bestimmt werden, so wird zuerst die Taste [INV] (oder [ARC] oder [f⁻¹]) betätigt und dann die mit der betreffenden Winkelfunktion (↑ S. 53).

2. Dreiecksberechnungen

2.1. Berechnung rechtwinkliger Dreiecke
[1] **Allgemeine Berechnung der möglichen Fälle.** Bei der Berechnung von Dreiecksstücken können die Bezie-

hungen $c^2 = a^2 + b^2$ (pythagoreischer Lehrsatz, ↑ S. 280) und $\alpha + \beta = 90°$ verwendet werden. Außer dem rechten Winkel benötigt man zwei weitere Dreiecksstücke.

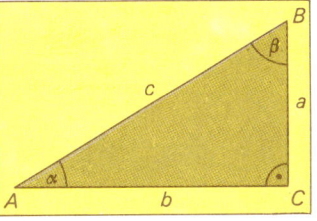

Berechnung rechtwinkliger Dreiecke

Lösungstabelle

Gegebene Stücke	Zu berechnende Stücke
Hypotenuse c und eine Kathete, etwa a	α aus $\sin \alpha = \dfrac{a}{c}$; $\beta = 90° - \alpha$ $b = \sqrt{c^2 - a^2}$ bzw. $b = c \cdot \cos \alpha$, da $\cos \alpha = \dfrac{b}{c}$
Hypotenuse c und ein anliegender Winkel, etwa α	$\sin \alpha = \dfrac{a}{c}$, daher $a = c \cdot \sin \alpha$ $b = \sqrt{c^2 - a^2}$ bzw. $b = c \cdot \cos \alpha$, da $\cos \alpha = \dfrac{b}{c}$ $\beta = 90° - \alpha$
eine Kathete, etwa a und ein Winkel, etwa α	$\cot \alpha = \dfrac{b}{a}$, daher $b = a \cdot \cot \alpha$, $\beta = 90° - \alpha$ $c = \sqrt{a^2 + b^2}$ bzw. $c = \dfrac{a}{\sin \alpha}$, da $\sin \alpha = \dfrac{a}{c}$
die Katheten a und b	α aus $\tan \alpha = \dfrac{a}{b}$; $\beta = 90° - \alpha$ $c = \sqrt{a^2 + b^2}$ bzw. $c = \dfrac{a}{\sin \alpha}$, da $\sin \alpha = \dfrac{a}{c}$

Beispiele: 1) In einem rechtwinkligen Dreieck sind eine Kathete $a = 28$ m und der Gegenwinkel $\alpha = 33°$ gegeben. Berechne c und b.

Lösung: $\cot \alpha = \dfrac{b}{a}$, daher $b = a \cdot \cot \alpha = 28$ m $\cdot \cot 33°$
$= 43{,}1$ m

$\sin \alpha = \dfrac{a}{c}$, also $c = \dfrac{a}{\sin \alpha} = \dfrac{28 \text{ m}}{\sin 33°} = 51{,}4$ m

2) In einem gleichschenkligen Dreieck sind die Basis $c = 55{,}2$ cm und der Winkel $\gamma = 73°20'$ an der Spitze gegeben. Berechne die Höhe h und den Schenkel s.

Lösung: $\tan \dfrac{\gamma}{2} = \dfrac{0{,}5\,c}{h}$; $h = \dfrac{0{,}5\,c}{\tan \dfrac{\gamma}{2}} = \dfrac{27{,}6 \text{ cm}}{\tan 36°40'} = 37{,}1$ cm

$\sin \dfrac{\gamma}{2} = \dfrac{0{,}5\,c}{s}$, daher $s = \dfrac{0{,}5\,c}{\sin \dfrac{\gamma}{2}} = \dfrac{27{,}6 \text{ cm}}{\sin 36°40'} = 46{,}2$ cm

2.2. Berechnung beliebiger Dreiecke

Sinussatz

[1] **Sinussatz:** Im ebenen Dreieck ist das Verhältnis jeder Seite zum Sinus des gegenüberliegenden Innenwinkels eine Konstante (Durchmesser des Umkreises):

$$\frac{a}{\sin \alpha} = \frac{b}{\sin \beta} = \frac{c}{\sin \gamma} = 2r$$

Cosinussatz

[2] **Cosinussatz:** Im ebenen Dreieck ist das Quadrat einer Seite gleich der Summe der Quadrate der beiden anderen Seiten vermindert um das doppelte Produkt aus diesen Seiten und dem Cosinus des von ihnen eingeschlossenen Winkels.

$$a^2 = b^2 + c^2 - 2bc \cdot \cos \alpha \;;$$
$$b^2 = a^2 + c^2 - 2ac \cdot \cos \beta \;;$$
$$c^2 = a^2 + b^2 - 2ab \cdot \cos \gamma \;.$$

Flächeninhalt

[3] **Berechnung des Flächeninhalts** eines Dreiecks. Der Flächeninhalt A eines jeden Dreiecks ist gleich dem halben Produkt aus zwei Seiten und dem Sinus des von ihnen eingeschlossenen Winkels.

$$A = \tfrac{1}{2} bc \cdot \sin \alpha = \tfrac{1}{2} ac \cdot \sin \beta = \tfrac{1}{2} ab \cdot \sin \gamma \;.$$

Beispiel:
In einem ebenen Dreieck sind zwei Seiten $a = 40\,\text{m}$, $b = 50\,\text{m}$ und der eingeschlossene Winkel $\gamma = 29°30'$ gegeben (↑ Abb. 1, S. 331). Die fehlenden Dreiecksstücke und der Flächeninhalt sind zu berechnen.

Lösung:

1) $c = \sqrt{a^2 + b^2 - 2ab \cos \gamma}$
   $= \sqrt{(40\,\text{m})^2 + (50\,\text{m})^2 - 2 \cdot 40\,\text{m} \cdot 50\,\text{m} \cdot \cos 29°30'}$
   $= 24{,}86\,\text{m}$ (nach Kosinussatz)

   $\sin \alpha = \dfrac{a \cdot \sin \gamma}{c} = \dfrac{40\,\text{m} \cdot \sin 29°30'}{24{,}86\,\text{m}} \;;$
   $\alpha = 52°24'$ (nach Sinussatz)
   $\sin \beta = \dfrac{b \cdot \sin \gamma}{c} = \dfrac{50\,\text{m} \cdot \sin 29°30'}{24{,}86\,\text{m}} \;;$
   $\beta = 82°3'$

2) $A = 0{,}5 \, a \cdot b \cdot \sin \gamma$
   $= 0{,}5 \cdot 40\,\text{m} \cdot 50\,\text{m} \cdot \sin 29°30'$
   $= 492{,}4\,\text{m}^2$

[4] Hauptfälle der Dreiecksberechnung

Folgende vier Hauptfälle der Dreiecksberechnung sind je nach Art der gegebenen Stücke möglich (↑ Kongruenzsätze, S. 280).

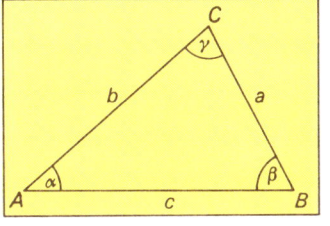

Dreiecksberechnungen

Gegebene Stücke		Zu berechnende Stücke	
$a; b; c$ (drei Seiten)	α	aus $\cos\alpha = \dfrac{b^2 + c^2 - a^2}{2bc}$	nach Cosinussatz
	β	aus $\cos\beta = \dfrac{a^2 + c^2 - b^2}{2ac}$	
		oder β aus $\sin\beta = \dfrac{\sin\alpha}{a}\cdot b$	nach Sinussatz
	γ	$= 180° - (\alpha + \beta)$	
$b; \alpha; c$ (zwei Seiten und der eingeschlossene Winkel)	a	$= \sqrt{b^2 + c^2 - 2bc\cos\alpha}$ nach Cosinussatz	
	β	aus $\sin\beta = \dfrac{\sin\alpha}{a}\cdot b$	nach Sinussatz
	γ	$= 180° - (\alpha + \beta)$	
$a; b; \beta$ (zwei Seiten und ein Winkel, der einer dieser Seiten gegenüberliegt)	α	aus $\sin\alpha = \dfrac{\sin\beta \cdot a}{b}$	nach Sinussatz
	γ	$= 180° - (\alpha + \beta)$	
	c	$= \dfrac{b \cdot \sin\gamma}{\sin\beta}$	nach Sinussatz
$a; \alpha; \beta$ (eine Seite und zwei Winkel)	γ	$= 180° - (\alpha + \beta)$	
	b	$= \dfrac{a \cdot \sin\beta}{\sin\alpha}$	
	c	$= \dfrac{a \cdot \sin\gamma}{\sin\alpha}$	nach Sinussatz

Beispiel: Längenbestimmung einer *unzugänglichen Strecke* $\overline{PQ}$.
Sei x die zu bestimmende Länge der Strecke $\overline{PQ}$ und $a = 525$ m die Länge einer Standlinie $\overline{AB}$, die mit $\overline{PQ}$ in einer Ebene liegt. Zur Berechnung von x werden in A die Winkelmaße

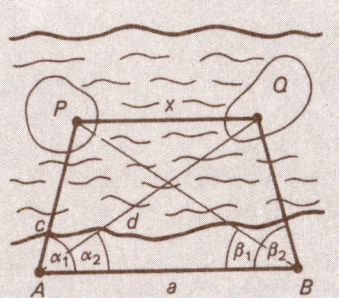

Längenbestimmung

$\alpha_1 = 70°42'$ (von $\sphericalangle PAB$) und $\alpha_2 = 42°12'$ (von $\sphericalangle QAB$) bestimmt und in B die Winkelmaße $\beta_1 = 45°18'$ (von $\sphericalangle PBA$) und $\beta_2 = 81°30'$ (von $\sphericalangle QBA$). Nach den Bezeichnungen in der Skizze folgt mit dem Sinussatz:

$$\frac{d}{\sin \beta_2} = \frac{a}{\sin(180°-\alpha_2-\beta_2)}, \text{ daher}$$

$$d = \frac{a \cdot \sin \beta_2}{\sin(180°-\alpha_2-\beta_2)}$$

$$= \frac{525 \text{ m} \cdot \sin 81°30'}{\sin(180°-123°42')}$$

$$= 624 \text{ m}$$

$$\frac{c}{\sin \beta_1} = \frac{a}{\sin(180°-\alpha_1-\beta_1)}, \text{ daher}$$

$$c = \frac{a \cdot \sin \beta_1}{\sin(180°-\alpha_1-\beta_1)}$$

$$= \frac{a \cdot \sin 45°18'}{\sin 64°}$$

$$= 415 \text{ m}$$

Nach dem Cosinussatz folgt im Dreieck AQP:

$$x = \sqrt{c^2 + d^2 - 2cd \cos(\alpha_1 - \alpha_2)} =$$
$$= \sqrt{415^2 + 624^2 - 2 \cdot 415 \cdot 624 \cdot \cos 28°30'}$$
$$= 326 \text{ m}$$

3. Sphärische Trigonometrie

3.1. Kugeldreieck

[1] **Kugelgeraden.** Jeder Kreis auf der Kugelfläche, dessen Mittelpunkt mit dem Kugelmittelpunkt zusammenfällt, heißt *Großkreis* oder *Kugelgerade*; alle anderen Kreise auf der Kugel nennt man *Kleinkreise*. Jeder Teilbogen $\overline{AB}$ einer Kugelgeraden ist eine *Kugelstrecke*; sie wird gemessen durch den zugehörigen Mittelpunktswinkel mit dem Maß γ (↑ Abb.). Ihre metrische Länge ist (Kugelradius r):

Großkreis
Kugelgerade
Kleinkreis

Kugelstrecke

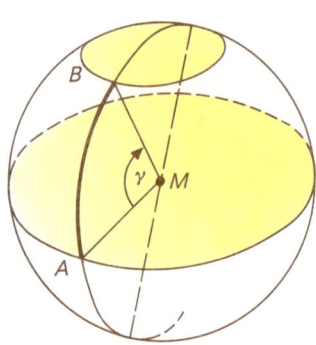

$$l = \frac{\gamma°}{180°} \cdot \pi r$$

[2] Kugelzweieck. Zwei Kugelgeraden schneiden sich in Gegenpunkten P und $\overline{P}$ (↑ [1]). Als Schnittwinkel bezeichnet man den Winkel mit dem Maß α zwischen den Großkreisebenen (↑ [1]). Die über α liegende Teilfläche der Kugel heißt *Kugelzweieck*. Sein Flächeninhalt ist

$$F = \frac{\alpha°}{90°} \cdot \pi\, r^2$$

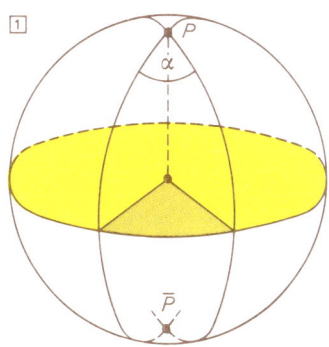

Gegenpunkte

Kugelzweieck

[3] Kugeldreieck. Drei Kugelgeraden schneiden sich in den 3 Punkten A; B; C und ihren Gegenpunkten $\overline{A}$; $\overline{B}$; $\overline{C}$ (↑ [2]). Die Kugelteilfläche ABC bezeichnet man als *sphärisches Dreieck* oder als *Kugeldreieck*. Seine *Seiten* sind die Kugelstrecken $\overline{AB}$; $\overline{AC}$; $\overline{BC}$ mit den Winkelmaßen c; b; a. Die *Winkel* des Kugeldreiecks sind die Winkel zwischen je zwei Dreiecksseiten; ihre Maße sind α; β; γ (↑ [2]). Das Dreieck $\overline{A}\,\overline{B}\,\overline{C}$ ist das *Gegendreieck* zum Dreieck ABC. Ferner nennt man $A\,\overline{B}\,C$ ein *Nebendreieck*, $A\,\overline{B}\,\overline{C}$ ein *Scheiteldreieck* zu ABC. Der Flächeninhalt von ABC ist

$$F = \frac{\alpha° + \beta° + \gamma° - 180°}{90°}\, \pi\, r^2$$

Kugeldreieck
Seite
Winkel

Gegendreieck

Nebendreieck
Scheiteldreieck

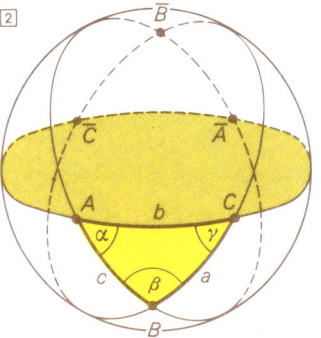

Es gelten die folgenden Sätze:

(1) Die *Winkelsumme* liegt zwischen 180° und 540°. die *Seitensumme* zwischen 0° und 360°. Der Überschuß der Winkelsumme über 180° heißt *sphärischer Exzeß*.

Winkelsumme
Seitensumme
sphär. Exzeß

(2) Der größeren Seite liegt der größere Winkel gegenüber.

(3) Die Summe [Differenz] zweier Seiten ist größer [kleiner] als die dritte Seite.

(4) Die um 180° verminderte Summe zweier Winkel ist kleiner als der dritte Winkel.

(5) Die Summe zweier Winkel ist größer [kleiner] als 180°. wenn die Summe der gegenüberliegenden Seiten größer [kleiner] als 180° ist.

3.2. Dreiecksberechnungen

[1] Trigonometrische Sätze. Im Kugeldreieck ABC († S. 333) gelten z. B. folgende Sätze:

Sinussatz $\sin \alpha : \sin \beta : \sin \gamma = \sin a : \sin b : \sin c$

Cosinus-Seitensatz
$$\begin{cases} \cos a = \cos b \cdot \cos c + \sin b \cdot \sin c \cdot \cos \alpha; \\ \cos b = \cos c \cdot \cos a + \sin c \cdot \sin a \cdot \cos \beta; \\ \cos c = \cos a \cdot \cos b + \sin a \cdot \sin b \cdot \cos \gamma. \end{cases}$$

Cosinus-Winkelsatz
$$\begin{cases} \cos \alpha = -\cos \beta \cdot \cos \gamma + \sin \beta \cdot \sin \gamma \cdot \cos a; \\ \cos \beta = -\cos \gamma \cdot \cos \alpha + \sin \gamma \cdot \sin \alpha \cdot \cos b; \\ \cos \gamma = -\cos \alpha \cdot \cos \beta + \sin \alpha \cdot \sin \beta \cdot \cos c. \end{cases}$$

[2] Grundaufgaben. Wenn 3 Stücke eines Kugeldreiecks gegeben sind, lassen sich die übrigen mit Hilfe der vorstehenden Formeln berechnen. Es gibt 6 Grundaufgaben, nämlich

SSS: Gegeben die 3 Seiten;
SSW: Gegeben 2 Seiten und 1 Gegenwinkel;
SWS: Gegeben 2 Seiten und 1 Zwischenwinkel;
WWW: Gegeben die 3 Winkel;
WWS: Gegeben 2 Winkel und 1 Gegenseite;
WSW: Gegeben 2 Winkel und 1 Zwischenseite

Beispiel: Gegeben seien $a = 30°$; $b = 60°$; $c = 45°$ (SSS). Aus dem Cosinus-Seitensatz folgt

$$\cos \alpha = \frac{\cos a - \cos b \cdot \cos c}{\sin b \cdot \sin c} = 0{,}837, \text{ d. h. } \alpha = 33{,}2°.$$

Mit dem Sinussatz findet man
$$\sin \beta = \frac{\sin b \cdot \sin \alpha}{\sin a} = 0{,}949, \text{ d. h. } \beta = 108{,}4°$$

und ebenso $\gamma = 50{,}8°$

[3] Neper-Regel. Für das rechtwinklige Dreieck, z. B. $\gamma = 90°$, gilt die *Neperregel:* Schreibt man die Stücke eines

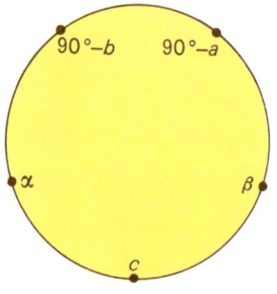

rechtwinkligen Kugeldreiecks in ihrer zyklischen Anordnung hin — die Katheten als ihre Komplemente —, so ist der cos-Wert jedes Stücks gleich dem Produkt der sin-Werte der nicht benachbarten bzw. gleich dem Produkt der cot-Werte der benachbarten Stücke.

Beispiel:
Gegeben seien $a = 30°$; $b = 60°$; $\beta = 108{,}4°$ (SSW).
Mit dem Sinussatz ergibt sich zuerst $\alpha = 33{,}2°$.
Man ergänzt ABC zu einem rechtwinkligen Dreieck ADC (↑ ①).
Dann liefert die Neperregel
$\sin h = \sin \alpha \cdot \sin b$, d. h.
$h = 28{,}3°$

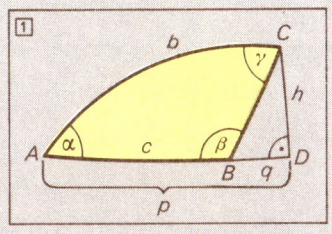

Entsprechend ist im Dreieck BDC (↑ ①):
$q = 10{,}5°$ und $p = 55{,}5°$.
$c = p - q = 45°$. $\gamma = 50{,}8°$.

3.3. Anwendungen in Geographie und Astronomie

[1] *Kursdreieck.* Jeder Punkt auf der Erdkugel (Radius 6 375 km) kann durch seine *geographischen Koordinaten* φ (*Breite*) und λ (*Länge*) festgelegt werden. Die Breitenkreise (↑ ②) verlaufen parallel zum Äquator und werden von $\varphi = 0°$ bis $\varphi = \pm 90°$ (nördliche bzw. südliche Halbkugel) bewertet. Die Längenkreise (*Meridiane*) stehen senkrecht auf dem Äquator und werden von $\lambda = 0°$ bis $\lambda = \pm 180°$ (östlich bzw. westlich vom *Nullmeridian* durch Greenwich) beziffert. Zwei Punkte auf der Erdkugel bilden mit dem Nord- bzw. Südpol ein *Kursdreieck*. In ihm kann man die Entfernung und die Kurse berechnen.

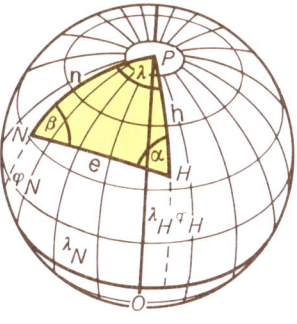

geographische
Koordinaten
Breite
Länge

Äquator

Meridian
Nullmeridian

Kursdreieck

Beispiel: In Hamburg ($\varphi_H = 53{,}6°$; $\lambda_H = +10°$) startet ein Flugzeug mit der Geschwindigkeit von $v = 1\,000$ km/h. Mit welchem Kurs α fliegt es nach New York ($\varphi_N = +40{,}7°$; $\lambda_N = -74°$) ab? Welche Zeit benötigt der Flug?

Lösung: (↑ [2], S. 335): Im *Kursdreieck NHP* kennt man
$n = 49,3°$; $h = 36,4°$ und $\lambda = 84°$;
$e = 55,12°$; $\alpha = 66,8°$
Der Erdumfang beträgt 40 000 km. Somit $e = 6\,125$ km.
Die Flugzeit beträgt demnach 6 Std., 7 Min., 30 Sek.

Himmelskugel

Zenit

Horizont
Himmelspol
Himmels-
äquator
Nautisches
Dreieck

Höhe
Deklination
Azimut
Stundenwinkel
Frühlingspunkt
Rektaszension
Sternzeit

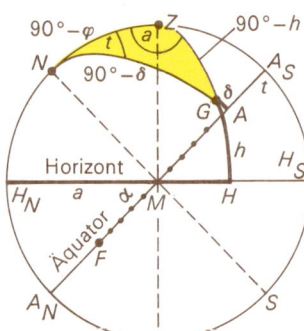

[2] Nautisches Dreieck.
Das *Himmelsgewölbe* erscheint von der Erde aus als eine Kugel, deren Mittelpunkt in den Erdmittelpunkt fällt. Der verlängerte Erdradius des Beobachters trifft (↑ Abb.) die *Himmelskugel* im *Zenit Z*. Die in *M* auf *MZ* senkrecht stehende Ebene schneidet den *Horizont* aus der Himmelskugel aus. Die Erdachse durchstößt sie in den *Himmelspolen N* und *S*. Die in *M* auf *MN* senkrechte Ebene enthält den *Himmelsäquator*. Mit den Punkten *N* und *Z* bildet der Gestirnsort *G* das *Nautische Dreieck*. Hierin ist $\overline{NZ} = 90° - \varphi$, wo φ die geographische Breite des Erdbeobachters ist. Der Abstand $\overline{HG}$ des Gestirns vom Horizont ist seine Höhe h, der Abstand $\overline{AG}$ vom Äquator seine *Deklination* δ. Der Bogen $\overline{H_N H}$ ist das *Azimut a*, der Bogen $\overline{A_S A}$ der *Stundenwinkel t* des Gestirns. Der *Frühlingspunkt F*, in dem sich die Sonne auf dem Äquator befindet, bestimmt *Rektaszension* $\alpha = \overline{FA}$ und die *Sternzeit* $t_F = \alpha + T$.

Beispiel: Man beobachtet ein Gestirn A ($\alpha^* = 19,87\,h$; $\delta^* = 8,73°$) um $20^h\,53,5^{min}$ Weltzeit (Greenwich) unter $\alpha^* = 139,2°$ und $h^* = 56,73°$. Die Sonne hatte zu diesem Zeitpunkt eine Rektaszension $\alpha_\odot$ '3 12,59 h. Wo befand sich der Beobachter?
Lösung: Im Nautischen Dreieck errechnet sich
$t^* = 21,2° = 1,41\,h$; $\varphi = 35,7°$.
Ferner ist $t_F = \alpha^* + t^*$
$= \alpha_\odot + t_\odot$, d. h. $t_\odot = \alpha^* + t^* - \alpha_\odot = 8,63\,h$.
Somit ist: Weltzeit $- t_\odot = 12,26\,h$.

Für je 15° Erddrehung ergibt sich eine Zeitdifferenz von 1 Stunde. Somit liegt der Beobachtungsort 183,5° westlich von Greenwich, also $\lambda = -185,5°$.

Vektoren, Matrizen, lineare Algebra

Die Vektorrechnung ist für die Beschreibung vieler geometrischer und physikalischer Probleme im Sinne einer Vereinfachung und Vereinheitlichung von Bedeutung. Durch Vektoren lassen sich viele Begriffe beschreiben, die durch mehrere Angaben charakterisiert sind.

Beispiele: 1) Physikalischer Begriff der *Kraft* (Größe und Wirkungslinie der Kraft).
2) Mathematischer Begriff der *Parallelverschiebung* (Größe, Richtung und Orientierung der Verschiebung).

1. Grundbegriffe

1.1. Begriff des Vektors

[1] Vektor. Bei einer Parallelverschiebung stimmen alle Pfeile von einem Ursprung *P* nach seinem Bildpunkt *P'* in ihrer Länge, Richtung und Orientierung überein (↑ S. 306). Die Menge der zu ein und derselben Parallelverschiebung gehörenden Pfeile nennt man einen Vektor. Vektoren werden mit kleinen fetten Buchstaben **a** ; **b** ; **c** ; ... oder mit übergesetztem Pfeil $\vec{a}, \vec{b}, \vec{c}, \ldots$ bezeichnet.

Vektor

Beispiel:

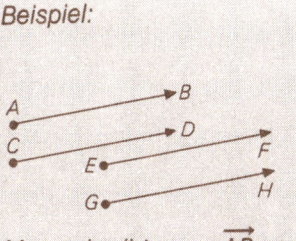

Ein Vektor **a** *läßt sich durch jeden seiner Pfeile repräsentieren* (*Repräsentantenpfeil*).
In der Abb. ist der Vektor **a** durch die Pfeile $\vec{AB}$; $\vec{CD}$; $\vec{EF}$; $\vec{GH}$ repräsentiert.

Repräsentantenpfeil

Man schreibt: $\mathbf{a} = \vec{AB}$; $\mathbf{a} = \vec{CD}$; $\mathbf{a} = \vec{EF}$; $\mathbf{a} = \vec{GH}$.

Vektor-gleichheit

[2] Vektorgleichheit. Zwei Vektoren **a** und **b** sind gleich (geschrieben **a** = **b**), wenn ihre Repräsentantenpfeile gleiche Länge, Richtung und Orientierung haben.

Beispiele:

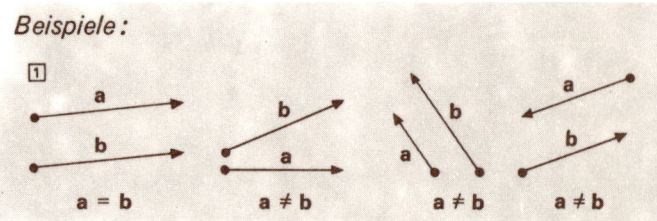

Nullvektor

Gegenvektor

Spezielle Vektoren:
Der Vektor **o** = $\overrightarrow{AA}$ heißt *Nullvektor*. Ist **x** = $\overrightarrow{PQ}$, so heißt $\overrightarrow{QP}$ *Gegenvektor* von **x** (geschrieben $\overrightarrow{QP}$ = − **x**).

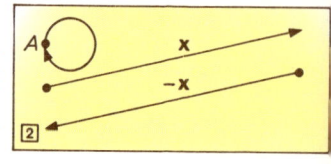

1.2. Vektoren im Koordinatensystem

Mit Hilfe von Koordinatensystemen lassen sich umkehrbar eindeutige Zuordnungen zwischen den Punkten und den Vektoren einer Ebene bzw. eines Raumes herstellen. Das folgende bezieht sich auf ein kartesisches Koordinatensystem mit Koordinatenursprung O (↑ S. 360).

[1] Vektoren in der Ebene. Für ein Koordinatensystem in der 2-dimensionalen Ebene werden die Einheitsvektoren in Richtung der postiven x- bzw. y-Achse mit **i** bzw. **j** bezeichnet. Ist $\overrightarrow{BC}$ ein Pfeil in der Ebene, so läßt sich der Vektor **a** = $\overrightarrow{BC}$ eindeutig schreiben als $a_1 \cdot$ **i** + $a_2 \cdot$ **j** mit $a_1 \in \mathbb{R}$, $a_2 \in \mathbb{R}$. Wählt man für **a** einen anderen Repräsentantenpfeil, so erhält man stets dieselbe Darstellung. Durch das geordnete Zahlenpaar $(a_1 ; a_2)$ ist der Vektor **a** demnach eindeutig bestimmt.

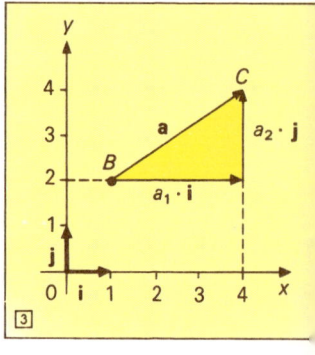

Man nennt die Zahlen a_1 und a_2 in der Darstellung $\mathbf{a} = a_1 \cdot \mathbf{i} + a_2 \cdot \mathbf{j}$ die *Koordinaten* des Vektors $\mathbf{a}$, die Vielfachen der Einheitsvektoren $a_1 \cdot \mathbf{i}$ und $a_2 \cdot \mathbf{j}$ heißen die *Komponenten* von $\mathbf{a}$ im zugrundegelegten Koordinatensystem. *Koordinaten Komponenten*

Jeder Vektor $\mathbf{x}$ der Ebene läßt sich in seine Komponenten zerlegen. Man schreibt für $\mathbf{x} = x_1 \cdot \mathbf{i} + x_2 \cdot \mathbf{j}$ eine Spalte $\mathbf{x} = \begin{pmatrix} x_1 \\ x_2 \end{pmatrix}$. *Spaltendarstellung*

Beispiele:
1) Vektor $\mathbf{a}$ in Abb. ③, S. 338: $\mathbf{a} = 3 \cdot \mathbf{i} + 2 \cdot \mathbf{j} = \begin{pmatrix} 3 \\ 2 \end{pmatrix}$
2) Einheitsvektoren: $\mathbf{i} = 1 \cdot \mathbf{i} + 0 \cdot \mathbf{j} = \begin{pmatrix} 1 \\ 0 \end{pmatrix}$;
   $\mathbf{j} = 0 \cdot \mathbf{i} + 1 \cdot \mathbf{j} = \begin{pmatrix} 0 \\ 1 \end{pmatrix}$
3) Nullvektor: $\mathbf{o} = 0 \cdot \mathbf{i} + 0 \cdot \mathbf{j} = \begin{pmatrix} 0 \\ 0 \end{pmatrix}$

Der zum Punkt $A(a_1; a_2)$ gehörige Vektor $\mathbf{a} = \overrightarrow{OA} = \begin{pmatrix} a_1 \\ a_2 \end{pmatrix}$ wird häufig als *Ortsvektor* von A bezeichnet.

Ortsvektor eines Punktes

[2] Vektoren im Raum. Für ein Koordinatensystem im 3 dimensionalen Raum werden die Einheitsvektoren auf der x-; y- bzw. z-Achse mit $\mathbf{i}$; $\mathbf{j}$ bzw. $\mathbf{k}$ bezeichnet.

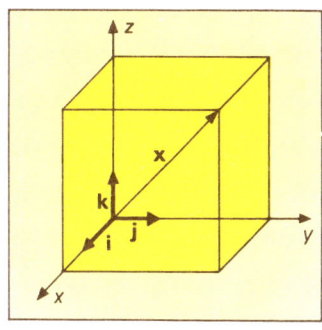

Jeder Vektor $\mathbf{x}$ des Raumes besitzt eine eindeutige Komponentenzerlegung

$\mathbf{x} = x_1 \cdot \mathbf{i} + x_2 \cdot \mathbf{j} + x_3 \cdot \mathbf{k} = \begin{pmatrix} x_1 \\ x_2 \\ x_3 \end{pmatrix}$.

Die Spaltendarstellung für $\mathbf{x}$ ist ein geordnetes Zahlentripel.

Zwei Vektoren in Koordinatendarstellung sind gleich, wenn sie in den entsprechenden Koordinaten übereinstimmen, *Vektorgleichheit*

$\begin{pmatrix} a_1 \\ a_2 \\ a_3 \end{pmatrix} = \begin{pmatrix} b_1 \\ b_2 \\ b_3 \end{pmatrix}$, wenn $a_1 = b_1$; $a_2 = b_2$ und $a_3 = b_3$.

$\mathbf{x} = \begin{pmatrix} x_1 \\ x_2 \\ \vdots \\ x_n \end{pmatrix}$ Geordnete Systeme von genau n reellen Zahlen (*geordnete n-Tupel*) lassen sich als Vektoren im n-dimensionalen Punktraum deuten.

geordnetes n-Tupel

2. Grundoperationen mit Vektoren

[1] **Vektoraddition.** Zwei Kräfte **a** und **b**, die an einem Gegenstand G ansetzen, lassen sich durch eine dritte Kraft **c** ersetzen. Die Kraft **c** wirkt längs der Diagonalen des von **a** und **b** »aufgespannten« Parallelogramms (↑ Abb. 1).

Parallelogramm der Kräfte

Diese Zusammensetzung von Vektoren bezeichnet man als Addition. Das Parallelogramm in Abb. 1 wird auch *Parallelogramm der Kräfte* genannt.

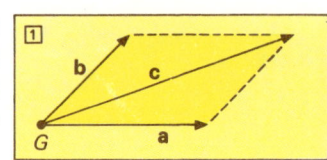

Summenvektor

Bilden die Repräsentantenpfeile zweier Vektoren **a** und **b** eine Pfeilkette (»**a**-**b**-Kette«), so ist der Pfeil vom Anfang zum Ende der Pfeilkette ein Repräsentant des *Summenvektors* **a** + **b**.

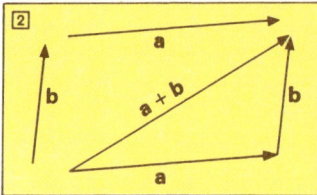

[2] **Rechengesetze für die Vektoraddition**

Kommutativgesetz
(1) **a** + **b** = **b** + **a**

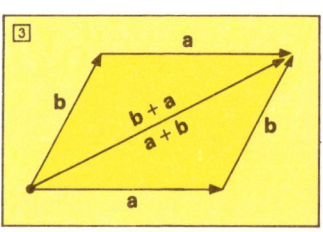

Assoziativgesetz
(2) (**a** + **b**) + **c** =
    a + (**b** + **c**)

Bei der Addition ist die Zusammenfassung mehrerer Vektoren zu Teilsummen beliebig. Man schreibt daher auch ohne Klammern **d** = **a** + **b** + **c**.

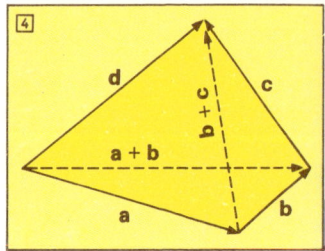

Bei der Addition von mehreren Vektoren hat man wie in Abb. ① aus geeigneten Repräsentanten Pfeilketten zu bilden.

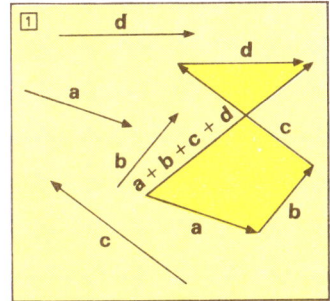

Spezialfälle
(3) $\mathbf{a} + \mathbf{o} = \mathbf{a}$
$\mathbf{a} + (-\mathbf{a}) = \mathbf{o}$

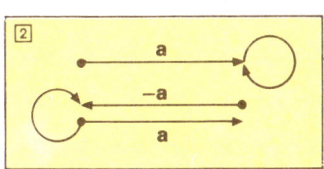

[3] Vektorsubtraktion

Der *Differenzvektor* $\mathbf{a} - \mathbf{b}$ von $\mathbf{a}$ und $\mathbf{b}$ ist definiert als Summenvektor von $\mathbf{a}$ und dem Gegenvektor von $\mathbf{b}$, $\mathbf{a} - \mathbf{b} = \mathbf{a} + (-\mathbf{b})$.

Analog: $\mathbf{b} - \mathbf{a} = \mathbf{b} + (-\mathbf{a})$

Der Differenzvektor $\mathbf{a} - \mathbf{b}$ läßt sich ebenso wie der Summenvektor durch eine Diagonale im Parallelogramm mit den Seitenvektoren $\mathbf{a}$ und $\mathbf{b}$ darstellen (↑ Abb. ④).

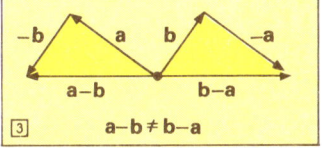

Differenzvektor

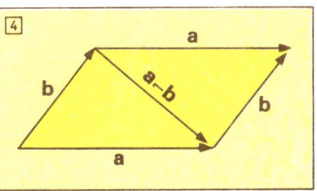

Spezialfälle: (4) $\mathbf{a} - \mathbf{o} = \mathbf{a}$; $\mathbf{o} - \mathbf{a} = -\mathbf{a}$; $\mathbf{a} - \mathbf{a} = \mathbf{o}$

[4] Koordinatendarstellung

	Addition	Subtraktion
Ebene	$\begin{pmatrix} a_1 \\ a_2 \end{pmatrix} + \begin{pmatrix} b_1 \\ b_2 \end{pmatrix} = \begin{pmatrix} a_1 + b_1 \\ a_2 + b_2 \end{pmatrix}$	$\begin{pmatrix} a_1 \\ a_2 \end{pmatrix} - \begin{pmatrix} b_1 \\ b_2 \end{pmatrix} = \begin{pmatrix} a_1 - b_1 \\ a_2 - b_2 \end{pmatrix}$
Raum	$\begin{pmatrix} a_1 \\ a_2 \\ a_3 \end{pmatrix} + \begin{pmatrix} b_1 \\ b_2 \\ b_3 \end{pmatrix} = \begin{pmatrix} a_1 + b_1 \\ a_2 + b_2 \\ a_3 + b_3 \end{pmatrix}$	$\begin{pmatrix} a_1 \\ a_2 \\ a_3 \end{pmatrix} - \begin{pmatrix} b_1 \\ b_2 \\ b_3 \end{pmatrix} = \begin{pmatrix} a_1 - b_1 \\ a_2 - b_2 \\ a_3 - b_3 \end{pmatrix}$

Skalares Produkt zwischen Vektor und Skalar

2.2. Multiplikation

[1] S-Multiplikation. Zahlen werden in der Vektorrechnung als *Skalare* bezeichnet. Zwischen einem Skalar $\lambda \in \mathbb{R}$ und einem Vektor **a** wird ein Produkt $\lambda \cdot$ **a** erklärt mit folgenden Eigenschaften

a) λ **a** hat die gleiche Richtung wie **a**;
b) λ **a** hat die gleiche (entgegengesetzte) Orientierung wie **a**, wenn $\lambda > 0$ ($\lambda < 0$);
c) $\lambda \cdot$ **a** hat die $|\lambda|$-fache Länge von **a**, kurz $|\lambda \mathbf{a}| = |\lambda| \cdot |\mathbf{a}|$
d) $0 \cdot \mathbf{a} \stackrel{.}{=} \mathbf{o}$

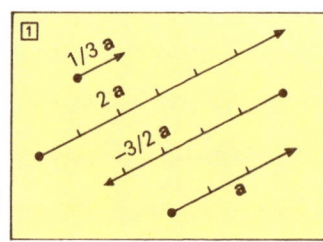

[2] Koordinatendarstellung

Ebene: $\lambda \mathbf{a} = \lambda \cdot \begin{pmatrix} a_1 \\ a_2 \end{pmatrix} = \begin{pmatrix} \lambda a_1 \\ \lambda a_2 \end{pmatrix}$ Raum: $\lambda \mathbf{a} = \lambda \begin{pmatrix} a_1 \\ a_2 \\ a_3 \end{pmatrix} = \begin{pmatrix} \lambda a_1 \\ \lambda a_2 \\ \lambda a_3 \end{pmatrix}$

[3] Gesetze für die S-Multiplikation

(5) $\mu (\lambda \mathbf{a}) = \lambda (\mu \mathbf{a}) = (\lambda \cdot \mu)\, \mathbf{a}$ *Assoziativgesetz*
(6) II. $(\lambda + \mu)\, \mathbf{a} = \lambda \mathbf{a} + \mu \mathbf{a}$ *Distributivgesetze*
  II. $\lambda (\mathbf{a} + \mathbf{b}) = \lambda \mathbf{a} + \lambda \mathbf{b}$

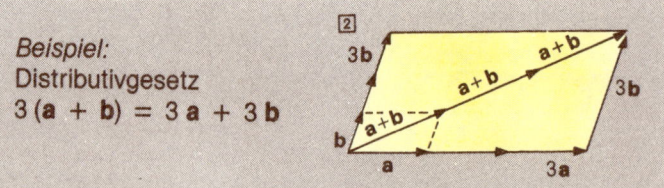

Beispiel:
Distributivgesetz
$3 (\mathbf{a} + \mathbf{b}) = 3\, \mathbf{a} + 3\, \mathbf{b}$

Vektorraum

Aus den Gegensetzen für die Vektoraddition und für die S-Multiplikation ergibt sich für die Menge aller Vektoren in der Ebene (Raum) die Struktur eines linearen *Vektorraums* (↑ S. 357).

2.3. Skalarprodukt

Betrag eines Vektors

[1] Betrag eines Vektors. Die Länge a eines Repräsentantenpfeils des Vektors **a** heißt der *Betrag des Vektors* **a** (geschrieben $|\mathbf{a}|$).

Aus der Koordinatendarstellung ergibt sich nach dem Satz des Pythagoras (↑ S. 280) für einen Vektor $\mathbf{a} = \begin{pmatrix} a_1 \\ a_2 \end{pmatrix}$

(7) Ebene: $|\mathbf{a}| = \sqrt{a_1^2 + a_2^2}$ Raum: $|\mathbf{a}| = \sqrt{a_1^2 + a_2^2 + a_3^2}$

Spezialfälle: $|\mathbf{o}| = 0$; $|-\mathbf{a}| = |\mathbf{a}|$; $|\mathbf{e}| = 1$ mit $\mathbf{e}$ als Einheitsvektor.
Der Betrag des Summenvektors $\mathbf{a} + \mathbf{b}$ errechnet sich im allgemeinen nicht durch Addition der Beträge von $\mathbf{a}$ und $\mathbf{b}$. Es gilt:
(8) $|\mathbf{a} + \mathbf{b}| \leq |\mathbf{a}| + |\mathbf{b}|$ Dreiecksungleichung

Dreiecksungleichung

Beispiel: $\mathbf{a} = \begin{pmatrix} 4 \\ 0 \end{pmatrix}$; $\mathbf{b} = \begin{pmatrix} 0 \\ 3 \end{pmatrix}$; $\mathbf{a} + \mathbf{b} = \begin{pmatrix} 4 \\ 3 \end{pmatrix}$
$|\mathbf{a}| = \sqrt{16} = 4, |\mathbf{b}| = \sqrt{9} = 3$
$|\mathbf{a} + \mathbf{b}| = \sqrt{4^2 + 3^2} = \sqrt{25} = 5$,
also erhält man:
$5 \leq 4 + 3$

[2] Das Skalarprodukt $\mathbf{a} \cdot \mathbf{b}$ zweier Vektoren $\mathbf{a}$ und $\mathbf{b}$ ist eine reelle Zahl (Skalar), $\mathbf{a} \cdot \mathbf{b} = |\mathbf{a}| \cdot |\mathbf{b}| \cdot \cos(\mathbf{a}, \mathbf{b})$, wobei $(\mathbf{a} ; \mathbf{b})$ der von zwei Repräsentantenpfeilen von $\mathbf{a}$ und $\mathbf{b}$ gebildeten Winkel ist.

Skalarprodukt

Beispiel:
In der Abb. gilt:
$|\mathbf{a}| = 4$; $|\mathbf{b}| = 2$;
$\sphericalangle (\mathbf{a}, \mathbf{b}) = 60°$
$\mathbf{a} \cdot \mathbf{b} = 4 \cdot 2 \cdot \cos 60°$
$= 8 \cdot \frac{1}{2} = 4$

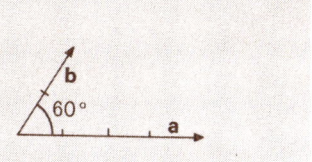

Geometrische Deutung: Aus den Beziehungen am rechtwinkligen Dreieck (↑ S. 279) ergibt sich in der Abb.:

$\cos(\mathbf{a}, \mathbf{b}) = \frac{|\overline{OB}|}{|\mathbf{b}|}$, also

$\mathbf{a} \cdot \mathbf{b} = |\mathbf{a}| \cdot |\mathbf{b}| \cdot \frac{|\overline{OB}|}{|\mathbf{b}|}$

$= |\mathbf{a}| |\overline{OB}|$

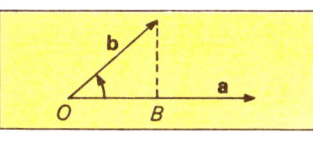

Das Skalarprodukt $\mathbf{a} \cdot \mathbf{b}$ läßt sich deuten als Produkt aus dem Betrag von $\mathbf{a}$ und der senkrechten Projektion von der Pfeilspitze von $\mathbf{b}$ auf die Richtung $\mathbf{a}$.

Koordinatendarstellung

Ebene	Raum
$\begin{pmatrix} a_1 \\ a_2 \end{pmatrix} \cdot \begin{pmatrix} b_1 \\ b_2 \end{pmatrix} = a_1 b_1 + a_2 b_2$	$\begin{pmatrix} a_1 \\ a_2 \\ a_3 \end{pmatrix} \cdot \begin{pmatrix} b_1 \\ b_2 \\ b_3 \end{pmatrix} = a_1 b_1 + a_2 b_2 + a_3 b_3$

Beispiele: $\mathbf{a} = \begin{pmatrix} -2 \\ 3 \end{pmatrix}$, $\mathbf{b} = \begin{pmatrix} 6 \\ -4 \end{pmatrix}$, $\mathbf{a} \cdot \mathbf{b} = (-2) \cdot 6 + 3 \cdot (-4) = -24$
$\mathbf{a}^2 = \mathbf{a} \cdot \mathbf{a} = (-2)^2 + 3^2 = 13$, $\mathbf{b} \cdot \mathbf{o} = 6 \cdot 0 + (-4) \cdot 0 = 0$

[3] **Gesetze der skalaren Multiplikation**
(10) $\mathbf{a} \cdot \mathbf{b} = \mathbf{b} \cdot \mathbf{a}$ *Kommutativgesetz*
(11) $\mathbf{a} \cdot (\mathbf{b} + \mathbf{c}) = \mathbf{a} \cdot \mathbf{b} + \mathbf{a} \cdot \mathbf{c}$ *Distributivgesetz*
(12) $\lambda \cdot (\mathbf{a} \cdot \mathbf{b}) = (\lambda \mathbf{a}) \cdot \mathbf{b} =$ *Gemischtes*
       $= \mathbf{a} \cdot (\lambda \mathbf{b})$ *Assoziativgesetz*

Das Assoziativgesetz gilt nicht, denn $\mathbf{a} \cdot (\mathbf{b} \cdot \mathbf{c})$ ist ein Vektor in Richtung $\mathbf{a}$, und $(\mathbf{a} \cdot \mathbf{b}) \cdot \mathbf{c}$ ist ein Vektor in Richtung $\mathbf{c}$.
(13) $\mathbf{a}^2 = |\mathbf{a}|^2 (\mathbf{a}^2 = \mathbf{a} \cdot \mathbf{a} = a_1^2 + a_2^2$, s. Formel (7))
(14) $\mathbf{a} \cdot \mathbf{b} = 0 \Leftrightarrow \mathbf{a} = \mathbf{o} \vee \mathbf{b} = \mathbf{o} \vee \mathbf{a} \perp \mathbf{b}$

Die Gleichung $\mathbf{a} \cdot \mathbf{x} = b$ ($b \in \mathbb{R}$) besitzt unendlich viele Lösungen für $\mathbf{x}$. Daher ist die Division durch einen Vektor nicht definierbar. Die Lösungsmenge der Gleichung $\mathbf{a} \cdot \mathbf{x} = 0$ besteht nach Formel (14) aus allen zu $\mathbf{a}$ senkrechten Vektoren. Unter diesen Vektoren befindet sich der eindeutig bestimmte *Lotvektor* von $\mathbf{a}$ (geschrieben $\bar{\mathbf{a}}$), der den gleichen Betrag wie $\mathbf{a}$ hat und aus $\mathbf{a}$ durch eine 90°-Drehung im positiven Sinn hervorgeht.

Lotvektor

2.4. Vektorprodukt

Vektorprodukt

[1] Das Vektorprodukt $\mathbf{a} \times \mathbf{b}$ (gelesen: »$\mathbf{a}$ kreuz $\mathbf{b}$«) aus zwei Vektoren $\mathbf{a}$ und $\mathbf{b}$ ist ein Vektor $\mathbf{c}$ mit folgenden Eigenschaften:

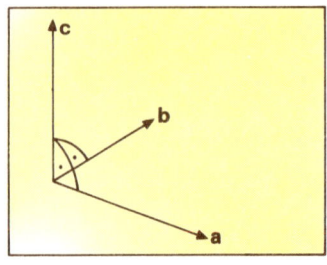

1) $\mathbf{c}$ steht senkrecht auf $\mathbf{a}$ und $\mathbf{b}$; $\mathbf{c} \perp \mathbf{a}$; $\mathbf{c} \perp \mathbf{b}$.

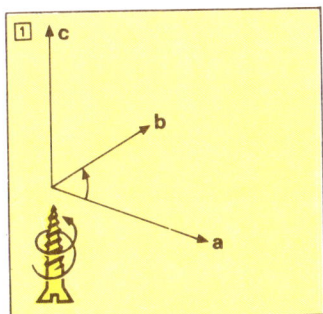

2) **a** ; **b** ; **c** bilden in dieser Reihenfolge ein *Rechtssystem*, d. h. bei Drehung von **a** über den kleineren Winkel in Richtung **b** entsteht eine Drehrichtung, die eine normale Schraube in Richtung und Orientierung von **c** bewegt (»Schraubenregel«, ↑ Abb. 1). *Rechtssystem*

3) Der Betrag von **c** ist gleich dem Flächeninhalt des von **a** und **b** aufgespannten Parallelogramms.

$$|\mathbf{c}| = |\mathbf{a} \times \mathbf{b}| = |\mathbf{a}| \cdot h$$
$$= |\mathbf{a}| \cdot |\mathbf{b}| \cdot \sin(\mathbf{a}, \mathbf{b})$$

Beispiel: In Abb. 2 ist $|\mathbf{a}| = 2$ und $h = 1$, also erhält man: $|\mathbf{a} \times \mathbf{b}| = 2 \cdot 1 = 2$

[2] Koordinatendarstellung

$$(15) \quad \mathbf{a} \times \mathbf{b} = \begin{pmatrix} a_1 \\ a_2 \\ a_3 \end{pmatrix} \times \begin{pmatrix} b_1 \\ b_2 \\ b_3 \end{pmatrix} = \begin{pmatrix} a_2 b_3 - a_3 b_2 \\ a_3 b_1 - a_1 b_3 \\ a_1 b_2 - a_2 b_1 \end{pmatrix}$$

[3] Gesetze der Vektormultiplikation
Die Vektoren **b** ; **a** ; −**c** in Abb. 2 bilden ein Rechtssystem. Es gilt daher:
(16) $\mathbf{a} \times \mathbf{b} = -(\mathbf{b} \times \mathbf{a})$
Wegen $\sin 90° = 1$ bzw. $\sin 0° = \sin 180° = 0$ erhält man
(17) $|\mathbf{a} \times \mathbf{b}| = |\mathbf{a}| \cdot |\mathbf{b}|$ für ∢ (**a** ; **b**) = 90°
(18) $\mathbf{a} \times \mathbf{b} = \mathbf{o}$ für ∢ (**a** ; **b**) = 0° (180°)
(19) $\mathbf{a} \times (\mathbf{b} + \mathbf{c}) = (\mathbf{a} \times \mathbf{b}) + (\mathbf{a} \times \mathbf{c})$ *Distributivgesetz*
(20) $\lambda (\mathbf{a} \times \mathbf{b}) = (\lambda \mathbf{a}) \times \mathbf{b} = \mathbf{a} \times (\lambda \mathbf{b})$ *gemischtes Assoziativgesetz*

3. Anwendungen der Vektorrechnung

3.1. Euklidische Geometrie
Die Verwendung des Skalarprodukts in der euklidischen Geometrie liefert viele einfache und elegante Beweise.

Satz des Pythagoras

[1] **Satz des Pythagoras** (↑ S. 280).
Für die Seitenvektoren **a** ; **b** ; **c** in Abb. ① gilt:

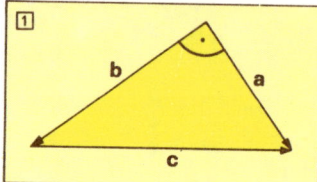

$$\mathbf{c} = \mathbf{a} - \mathbf{b} \text{ und } \mathbf{a} \cdot \mathbf{b} = 0$$
$$\Rightarrow \mathbf{c}^2 = (\mathbf{a} - \mathbf{b})^2$$
$$= \mathbf{a}^2 - 2\mathbf{a}\mathbf{b} + \mathbf{b}^2$$
$$= \mathbf{a}^2 + \mathbf{b}^2$$
d. h. $|\mathbf{c}|^2 = |\mathbf{a}|^2 + |\mathbf{b}|^2$
(↑ (13))

Satz des Thales

[2] **Satz des Thales** (↑ S. 280).
Für das skalare Produkt der Seitenvektoren $\overrightarrow{CB}$ und $\overrightarrow{AC}$ in Abb. ② erhält man Null, d. h. △ ABC ist rechtwinklig (↑ (14)).

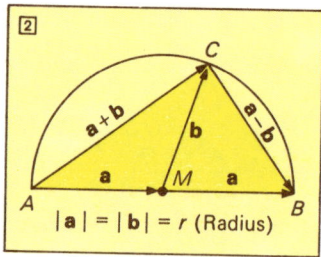

$$\overrightarrow{AC} \cdot \overrightarrow{CB} = (\mathbf{a} + \mathbf{b})(\mathbf{a} - \mathbf{b})$$
$$= \mathbf{a}^2 - \mathbf{b}^2$$
$$= |\mathbf{a}|^2 - |\mathbf{b}|^2$$
$$= r^2 - r^2 = 0$$
(↑ (13))

3.2. Trigonometrie

trigonometrische Funktionen

[1] **Die trigonometrischen Funktionen** lassen sich vektoriell mit Hilfe des Skalarprodukts darstellen. Die Einheitsvektoren $\mathbf{e}_1$ und $\mathbf{e}_2$ in Abb. ③ bilden einen Winkel der Größe α. $\bar{\mathbf{e}}_1$ ist der Lotvektor von $\mathbf{e}_1$.
Man definiert dann

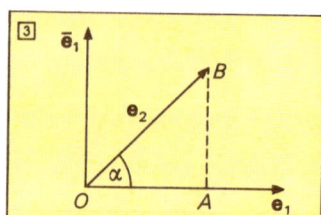

(1) $\cos \alpha = \mathbf{e}_1 \cdot \mathbf{e}_2 = |\overline{OA}|$
$\sin \alpha = \bar{\mathbf{e}}_1 \cdot \mathbf{e}_2 = |\overline{AB}|$

[2] **Cosinussatz.** Für die Seitenvektoren des schiefwinkligen Dreiecks $\triangle ABC$ in Abb. ① besteht die Beziehung $\mathbf{c} = \mathbf{b} - \mathbf{a}$. Werden in dieser Gleichung beide Seiten skalar mit sich selbst multipliziert, so erhält man

Cosinussatz

$\mathbf{c}^2 = \mathbf{b}^2 + \mathbf{a}^2 - 2\mathbf{ab}$

und daraus den *Cosinussatz* in vektorieller Form
$|\mathbf{c}|^2 = |\mathbf{b}|^2 + |\mathbf{a}|^2 - 2|\mathbf{a}||\mathbf{b}|\cos\gamma$

oder nicht vektoriell geschrieben (↑ S. 330).

(2) $c^2 = b^2 + a^2 - 2 \cdot ab\cos\gamma$

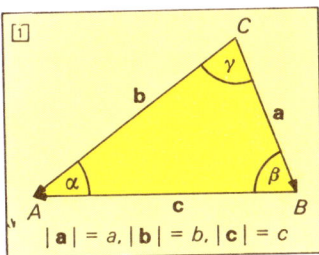

$|\mathbf{a}| = a, |\mathbf{b}| = b, |\mathbf{c}| = c$

Damit kann man die Länge der dritten Seite eines Dreiecks berechnen, wenn die Längen der anderen Seiten und das Maß des eingeschlossenen Winkels gegeben sind. Wenn die Längen aller drei Dreiecksseiten bekannt sind, läßt sich der Cosinussatz zur Berechnung der Winkelmaße heranziehen.

[3] **Sinussatz.** Multipliziert man die Gleichung $\mathbf{c} = \mathbf{b} - \mathbf{a}$ skalar mit dem Lotvektor $\bar{\mathbf{a}}$, so erhält man wegen $\bar{\mathbf{a}} \cdot \mathbf{a} = 0$
$\bar{\mathbf{a}} \cdot \mathbf{c} = \bar{\mathbf{a}} \cdot \mathbf{b}$, d. h. $ac \cdot \bar{\mathbf{a}}^\circ \cdot \mathbf{c}^\circ = ab \cdot \bar{\mathbf{a}}^\circ \cdot \mathbf{b}^\circ$, wobei $\mathbf{a}^\circ$; $\mathbf{b}^\circ$; $\mathbf{c}^\circ$ Einheitsvektoren sind. Nach Formel (1) gilt in Abb. ①:

Sinussatz

$\bar{\mathbf{a}}^\circ \cdot \mathbf{c}^\circ = \sin(180^\circ + \beta) = -\sin\beta$
$\bar{\mathbf{a}}^\circ \cdot \mathbf{b}^\circ = \sin(360^\circ - \gamma) = -\sin\gamma$

Daraus folgt dann $-c\sin\beta = -b\sin\gamma$ oder

$$\frac{c}{\sin\gamma} = \frac{b}{\sin\beta} \quad (Sinussatz)$$

(3) Ebenso erhält man: $\frac{a}{\sin\alpha} = \frac{b}{\sin\beta}$; $\frac{a}{\sin\alpha} = \frac{c}{\sin\gamma}$

3.3. Abbildungsgeometrie

[1] In der **Abbildungsgeometrie** wird durch die Verwendung der Vektorschreibweise eine übersichtliche und anschauliche Darstellung erreicht. Die Abbildungsvorschrift wird in Form einer Vektorgleichung (analytisch) beschrieben. In der folgenden Tabelle für einige elementare Abbildungen in der Ebene hat der Urpunkt P den Ortsvektor

$\mathbf{x} = \begin{pmatrix} x_1 \\ x_2 \end{pmatrix}$ und der Bildpunkt P' den Ortsvektor $\mathbf{x}' = \begin{pmatrix} x_1' \\ x_2' \end{pmatrix}$
(↑ S. 306).

Modell und Name der Abbildung	Koordinatengleichungen	Vektorielle Abbildungsgleichung
Parallelverschiebung	$x_1' = x_1 + v_1$ $x_2' = x_2 + v_2$	$\mathbf{x}' = \mathbf{x} + \mathbf{v}$ $= x_1 \begin{pmatrix} 1 \\ 0 \end{pmatrix} + x_2 \begin{pmatrix} 0 \\ 1 \end{pmatrix} + \begin{pmatrix} v_1 \\ v_2 \end{pmatrix}$
Spiegelung an der x-Achse	$x_1' = x_1$ $x_2' = -x_2$	$\mathbf{x}' = x_1 \begin{pmatrix} 1 \\ 0 \end{pmatrix} + x_2 \begin{pmatrix} 0 \\ -1 \end{pmatrix}$
Halbdrehung um O	$x_1' = -x_1$ $x_2' = -x_2$	$\mathbf{x}' = -\mathbf{x}$ $= x_1 \begin{pmatrix} -1 \\ 0 \end{pmatrix} + x_2 \begin{pmatrix} 0 \\ -1 \end{pmatrix}$
Zentrische Streckung mit Streckfaktor k und Zentrum O	$x_1' = k \cdot x_1$ $x_2' = k \cdot x_2$	$\mathbf{x}' = k \cdot \mathbf{x}$ $= x_1 \begin{pmatrix} k \\ 0 \end{pmatrix} + x_2 \begin{pmatrix} 0 \\ k \end{pmatrix}$

[2] Unter Anwendung der **Matrizenschreibweise** lassen sich die vektoriellen Abbildungsgleichungen in der Tabelle weiter vereinfachen. Allgemein erhält man für die Abbildungen der Ebene folgende Abbildungsgleichung

$$\mathbf{x}' = \mathbf{A} \cdot \mathbf{x} + \mathbf{v}$$

Abbildungsmatrix

mit der *Abbildungsmatrix* $\mathbf{A} = \begin{pmatrix} a & b \\ c & d \end{pmatrix}$ und dem Verschiebungsvektor $\mathbf{v} = \begin{pmatrix} v_1 \\ v_2 \end{pmatrix}$. Dabei ist $\mathbf{A} \cdot \mathbf{x}$ als Matrizenmultiplikation aufzufassen (↑ S. 355). Es wird vorausgesetzt, daß die Determinante der Abbildungsmatrix $\mathbf{A}$ von Null verschieden ist.

Beispiele: Die speziellen Abbildungen in der Tabelle haben folgende Abbildungsmatrizen:

Parallelverschiebung: $\begin{pmatrix} 1 & 0 \\ 0 & 1 \end{pmatrix}$; Spiegelung an der x-Achse: $\begin{pmatrix} 1 & 0 \\ 0 & -1 \end{pmatrix}$;

Halbdrehung: $\begin{pmatrix} -1 & 0 \\ 0 & -1 \end{pmatrix}$; Zentrische Streckung: $\begin{pmatrix} k & 0 \\ 0 & k \end{pmatrix}$.

[3] Die Zusammensetzung zweier Abbildungen $x' = A_1 \cdot x + v_1$ und $x' = A_2 \cdot x + v_2$ ergibt wieder eine Abbildung der Form $x' = A \cdot x + v$. Ihre Abbildungsmatrix A erhält man durch Multiplikation der Abbildungsmatrizen A_1 und A_2.

Beispiel: Zusammensetzung der Spiegelung an der x-Achse mit der Gleichung $x' = \begin{pmatrix} 1 & 0 \\ 0 & -1 \end{pmatrix} x$ und der Spiegelung an der y-Achse mit der Gleichung $x' = \begin{pmatrix} -1 & 0 \\ 0 & 1 \end{pmatrix} x$.

Man erhält $\begin{pmatrix} 1 & 0 \\ 0 & -1 \end{pmatrix} \cdot \begin{pmatrix} -1 & 0 \\ 0 & 1 \end{pmatrix} = \begin{pmatrix} -1 & 0 \\ 0 & -1 \end{pmatrix}$

als Matrix für die Halbdrehung um den Ursprung O (s. Tabelle).

3.4. Physik

[1] Vektorielle physikalische Größen. In der Physik gibt es Größen, zu deren vollständiger Charakterisierung außer der Angabe von Zahlenwert und Einheit noch eine Richtungsangabe gehört. Diese sogenannten *vektoriellen physikalischen Größen* lassen sich mit Hilfe des Vektorbegriffs und der Vektorrechnung vorteilhaft behandeln. Die Länge des Vektors gibt dabei den Zahlenwert der Größe, die Lage des Vektors die Richtung der Größe an.

Beispiele:
1) Jede auf ein Koordinatensystem bezogene Ortsangabe ist eine physikalische Größe (Abb. [1]).

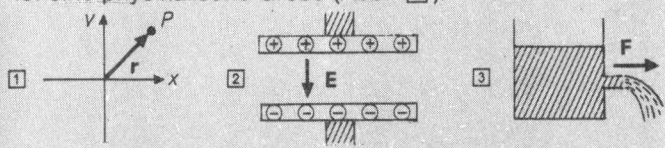

2) Weitere Vektorgrößen in der Physik sind Geschwindigkeit, Kraft, elektrische Feldstärke usw. (Abb. [2], [3]).

skalare physikalische Größe

Physikalische Größen, die nur durch Zahlenwert und Einheit vollständig bestimmt werden, heißen *skalare physikalische Größen* (Beispiele: Zeit, Masse, Ladung, Temperatur).

[2] Anwendung der Vektoraddition in der Physik

Komponentenzerlegung von Kräften

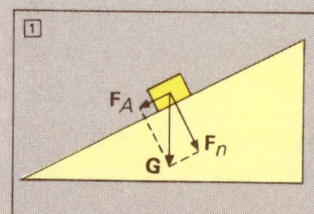

Beispiele:
1) *Komponentenzerlegung* einer Kraft am Beispiel der schiefen Ebene:

$$G = F_A + F_n$$

mit G als Gewichtskraft des Körpers, F_A als wirksamer Hangantrieb und F_n als durch die Unterlage ausgeglichene Normalkraft (↑ [1]).

Vektoraddition der Geschwindigkeiten

2) *Vektoraddition der Geschwindigkeiten* am Beispiel eines mit Höchstgeschwindigkeit v_{max} schräg gegen den Wind (Windgeschwindigkeit v_w) fliegenden Flugzeugs (↑ [2]).

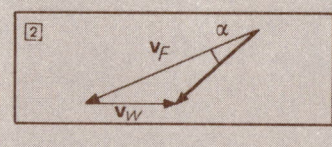

Das Flugzeug weicht um den Winkel α von der geplanten Flugrichtung ab und hat als resultierende Geschwindigkeit v_{res} eine geringere Geschwindigkeit als v_{max}.

[3] Anwendung des Skalarprodukts bei physikalischen Größen

Arbeit als Skalarprodukt

Beispiel: Die *Arbeit W* ist das Skalarprodukt der Kraft F und des Weges s: $W = F \cdot s$.
Nach der Definition des Skalarprodukts (↑ S. 342) wird für die Größe von W nur diejenige Komponente von F wirksam, die in Richtung s geht.

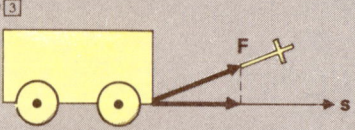 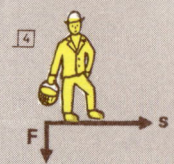

Aufgrund dieser Definition wird keine Arbeit beim Tragen verrichtet, da hier (Abb. [4]) Kraft und Weg senkrecht sind.

[4] Anwendung des Vektorprodukts bei physikalischen Größen

Beispiele:
1) Das magnetische Feld der Feldstärke **B** übt auf eine mit der Geschwindigkeit **v** bewegte Ladung Q (etwa ein Elektron) eine Kraft

$$F_m = Q\,(\mathbf{B} \times \mathbf{v})$$

aus. Diese sogenannte *Lorentzkraft* steht wegen der Definition des Vektorprodukts (↑ S. 344) immer senkrecht zur Bewegungsrichtung der Ladung und ändert daher nicht den Betrag, sondern nur die Richtung der Geschwindigkeit (↑ 1). *Lorentzkraft*

Anwendungen:
Ablenken von Elektronenstrahlen in der Fernsehröhre; Beschleunigung von Elementarteilchen.

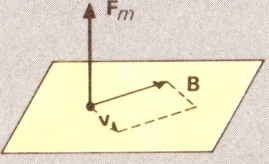

2) Unter dem *Drehmoment* **M** einer Kraft **F** in bezug auf einen Drehpunkt Z versteht man das Vektorprodukt *Drehmoment*
M = **r** × **F**, wobei **r** der Ortsvektor vom Bezugspunkt Z zum Angriffspunkt der Kraft ist.
Zur Berechnung von **M** wird **r** zerlegt in $\mathbf{r}_1$ und $\mathbf{r}_2$, wobei die Länge von **r**, der sogenannte *Hebelarm* der Kraft **F** ist (↑ 2). Der Betrag von **M** ergibt sich als
$|\mathbf{M}| = |\mathbf{F}| \cdot |\mathbf{r}_1|$.

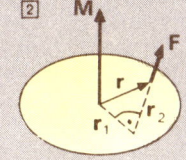

4. Determinanten und Matrizen

4.1. Determinanten

[1] **Determinante n-ter Ordnung.** Unter einer Determinante n-ter Ordnung versteht man eine Zahl D, die sich aus den zu einem quadratischen Schema aus n Zeilen und n Spalten angeordneten a_{ij} nach der Formel ergibt: *Determinante*

$$D = |a_{ij}| = \begin{vmatrix} a_{11} & a_{12} & \ldots & a_{1n} \\ a_{21} & a_{22} & \ldots & a_{2n} \\ \ldots & \ldots & \ldots & \ldots \\ a_{n1} & a_{n2} & \ldots & a_{nn} \end{vmatrix} = \Sigma\,(-1)^k a_{1\alpha} a_{2\beta} \ldots a_{n\omega}.$$

Inversion

Dabei durchlaufen die α ; β ; ... ; ω alle n! möglichen Permutationen (↑ S. 412) der Zahlen, 1 ; 2 ; ... ; n. Das Vorzeichen vor jedem Glied der Determinante wird durch die Anzahl k der *Inversionen* in jeder Permutation bestimmt. Dabei bilden zwei Elemente einer Permutation eine Inversion, wenn sie nicht in ihrer natürlichen Anordnung stehen.

> *Beispiel:*
> $$D = \begin{vmatrix} a_{11} & a_{12} & a_{13} \\ a_{21} & a_{22} & a_{23} \\ a_{31} & a_{32} & a_{33} \end{vmatrix}$$
> Das Glied $a_{13} \cdot a_{21} \cdot a_{32}$ hat ein positives Vorzeichen, da die Anordnung der zweiten Indizes 3 ; 1 ; 2 zwei Inversionen hat.

Unterdeterminante

[2] Unterdeterminante. Als Unterdeterminante des Elements a_{ij} bezeichnet man die Determinante ($n - 1$)-ter Ordnung, die sich aus der gegebenen Determinante durch Streichung der i-ten Zeile und j-ten Spalte ergibt.

Adjunkte

Die *Adjunkte* A_{ij} des Elements a_{ij} ist seine Unterdeterminante, der man das Vorzeichen »+« oder »−« gibt, je nachdem die Summe der Indizes ($i + j$) gerade oder ungerade ist.

> *Beispiel:*
> $$D = \begin{vmatrix} 1 & 3 & 4 \\ 5 & 7 & 6 \\ 1 & 5 & 4 \end{vmatrix}$$
> Adjunkte von 6:
> $$A_{23} = - \begin{vmatrix} 1 & 3 \\ 1 & 5 \end{vmatrix}$$

Eigenschaften von Determinanten

[3] Eigenschaften von Determinanten
(1) Eine Determinante ändert ihren Wert nicht, wenn man in ihr die Spalten mit den Zeilen vertauscht und umgekehrt.
(2) Eine Determinante ändert ihr Vorzeichen, wenn man zwei Zeilen (Spalten) vertauscht.
(3) Ein Faktor, der allen Elementen irgendeiner Zeile (Spalte) gemeinsam ist, kann vor die Determinante gezogen werden.
(4) Sind zwei Zeilen (Spalten) gleich oder ist eine Zeile (Spalte) eine Linearkombination der anderen, so hat sie den Wert 0.
(5) Der Wert der Determinante bleibt ungeändert, wenn man zu irgendeiner Zeile (Spalte) die mit einem gleichen Faktor multiplizierten Elemente einer anderen Zeile (Spalte) addiert (subtrahiert).

(6) Eine Determinante läßt sich nach den Elementen einer beliebigen (i-ten) Zeile [(j-ten) Spalte] nach der Formel $D = a_{i1}A_{i1} + a_{i2}A_{i2} + \ldots + a_{in}A_{in}$ entwickeln.

[4] Berechnung von Determinanten. Für die Determinante 2. Ordnung gilt:

Berechnung von Determinanten

$$\begin{vmatrix} a_{11} & a_{12} \\ a_{21} & a_{22} \end{vmatrix} = a_{11}a_{22} - a_{12}a_{21}.$$

Die Determinante 3. Ordnung läßt sich nach folgendem Schema entwickeln:

$$\begin{vmatrix} a_{11} & a_{12} & a_{13} \\ a_{21} & a_{22} & a_{23} \\ a_{31} & a_{32} & a_{33} \end{vmatrix} \begin{matrix} a_{11} & a_{12} \\ a_{21} & a_{22} \\ a_{31} & a_{32} \end{matrix} = \begin{matrix} a_{11}a_{22}a_{33} + a_{12}a_{23}a_{31} + a_{13}a_{21}a_{32} \\ - a_{13}a_{22}a_{31} - a_{11}a_{23}a_{32} - a_{12}a_{21}a_{33} \end{matrix}$$

Zur Berechnung einer Determinante n-ter Ordnung formt man um, so daß möglichst viele Elemente verschwinden. Dann führt man sie auf Determinanten $(n-1)$-ter Ordnung zurück.

Beispiel:

$$D = \begin{vmatrix} 2 & 3 & 4 \\ 28 & 7 & -35 \\ 1 & 2 & 4 \end{vmatrix} = 7 \cdot \begin{vmatrix} 2 & 3 & 4 \\ 4 & 1 & -5 \\ 1 & 2 & 4 \end{vmatrix} \text{ (Eigensch. 3)}$$

$$= 7 \cdot \begin{vmatrix} 1 & 1 & 0 \\ 4 & 1 & -5 \\ 1 & 2 & 4 \end{vmatrix} = 7 \cdot \left(\begin{vmatrix} 1 & -5 \\ 2 & 4 \end{vmatrix} - \begin{vmatrix} 4 & -5 \\ 1 & 4 \end{vmatrix} \right)$$

(Eigensch. 5 und Eigensch. 6)

$$= 7 \cdot ((4 + 10) - (16 + 5)) = \underline{\underline{-49}}$$

4.2. Matrizen

[1] Definition. Ein System von $m \cdot n$ Zahlen, die zu einem rechteckigen Schema von m Zeilen und n Spalten angeordnet sind, bezeichnet man als Matrix.

Matrix

$$A = \begin{pmatrix} a_{11} & a_{12} & \ldots & a_{1n} \\ a_{21} & a_{22} & \ldots & a_{2n} \\ \ldots & \ldots & \ldots & \ldots \\ a_{m1} & a_{m2} & \ldots & a_{mn} \end{pmatrix}$$

Unterdeterminanten

[2] Unterdeterminante k-ter Ordnung der Matrix (a_{ik}).
Eine *Unterdeterminante k-ter Ordnung* der Matrix (a_{ik}) ($k \leq m$; $k \leq n$) ist eine Determinante D, die aus k^2 Elementen gebildet wird, die auf den Schnittpunkten gewisser k Spalten und k Zeilen liegen.

Schema:

$$\begin{pmatrix} \bullet & \bullet & \bullet & \bullet & \bullet & \bullet \\ \bullet & x_1 & \bullet & x_2 & \bullet & \bullet \\ \bullet & \bullet & \bullet & \bullet & \bullet & \bullet \\ \bullet & \bullet & \bullet & \bullet & \bullet & \bullet \\ \bullet & x_3 & \bullet & x_4 & \bullet & \bullet \\ \bullet & \bullet & \bullet & \bullet & \bullet & \bullet \end{pmatrix} \ ; \ D = \begin{vmatrix} x_1 & x_2 \\ x_3 & x_4 \end{vmatrix}$$

Rang einer Matrix

[3] Rang einer Matrix. Unter dem *Rang einer Matrix* versteht man die höchste Ordnung, die deren nicht verschwindenden Unterdeterminanten haben können.

Bestimmung des Ranges

[4] Bestimmung des Ranges einer Matrix. Man untersucht zunächst Unterdeterminanten niederer Ordnung und geht zu Unterdeterminanten höherer Ordnung über. Sind dann etwa alle Unterdeterminanten der Ordnung $k + 1$ gleich 0, so ist der Rang der Matrix gleich k.

Hat man eine nicht verschwindende Unterdeterminante k-ter Ordnung (D_k) gefunden, so hat man die Unterdeterminante ($k + 1$)-ter Ordnung zu untersuchen, die sich durch *Ränderung* (d. h. Hinzunahme von Parallelspalten und -zeilen) von D_k ergeben.

Ränderung

Schema: $|\overline{D_k}|$ $|\overline{D_k}|$ $|\overline{D_k}|$ $|\overline{D_k}|$

Beispiel:
$$A = \begin{pmatrix} 1 & 2 & -1 & 0 & 4 \\ 1 & 4 & -5 & 1 & 3 \\ 3 & 2 & 6 & 2 & 2 \\ 2 & -2 & 10 & -3 & 11 \end{pmatrix}$$
Der Rang der Matrix ist 3, wie folgende Rechnung zeigt

Unterdeterminante 2-ter Ordnung $D_2 = \begin{vmatrix} 2 & -1 \\ 4 & -5 \end{vmatrix} \neq 0$;

Unterdeterminante 3-ter Ordnung $D_3 = \begin{vmatrix} 1 & 2 & -1 \\ 1 & 4 & -5 \\ 3 & 2 & 6 \end{vmatrix} \neq 0$;

Unterdeterminanten 4-ter Ordnung (im ganzen gibt es zwei):

$$D_4 = \begin{vmatrix} 1 & 2 & -1 & 0 \\ 1 & 4 & -5 & 1 \\ 3 & 2 & 6 & 2 \\ 2 & -2 & 10 & -3 \end{vmatrix} = 0 \; ; \; D_4 = \begin{vmatrix} 1 & 2 & -1 & 4 \\ 1 & 4 & -5 & 3 \\ 3 & 2 & 6 & 2 \\ 3 & -2 & 10 & 11 \end{vmatrix} = 0$$

[5] Addition von Matrizen

$$A = \begin{pmatrix} a_{11} & a_{12} & \ldots & a_{1n} \\ a_{21} & a_{22} & \ldots & a_{2n} \\ \vdots & & & \vdots \\ a_{m1} & a_{m2} & \ldots & a_{mn} \end{pmatrix} ; \quad B = \begin{pmatrix} b_{11} & b_{12} & \ldots & b_{1n} \\ b_{21} & b_{22} & \ldots & b_{2n} \\ \vdots & & & \vdots \\ b_{m1} & b_{m2} & \ldots & b_{mn} \end{pmatrix}$$

$$A + B = \begin{pmatrix} a_{11} + b_{11} & a_{12} + b_{12} & \ldots & a_{1n} + b_{1n} \\ a_{21} + b_{21} & a_{22} + b_{22} & \ldots & a_{2n} + b_{2n} \\ \vdots & & & \vdots \\ a_{m1} + b_{m1} & a_{m2} + b_{m2} & \ldots & a_{mn} + b_{mn} \end{pmatrix}$$

Summe zweier Matrizen

Man addiert Matrizen, indem man die Elemente an gleicher Stelle addiert. Man beachte, daß die Addition nur ausführbar ist, wenn die Zeilenanzahl der ersten Matrix mit der Zeilenanzahl der zweiten Matrix übereinstimmt.

[6] Multiplikation von Matrizen.

Die Matrizen **A** und **B** lassen sich nur dann multiplizieren, wenn die Spaltenanzahl von **A** mit der Zeilenanzahl von **B** übereinstimmt, d. h. wenn $m = n$ ist:

$$A \cdot B = \begin{pmatrix} \sum_{\nu=1}^{n} a_{1\nu} b_{\nu 1} & \sum_{\nu=1}^{n} a_{1\nu} b_{\nu 2} & \ldots & \sum_{\nu=1}^{n} a_{1\nu} b_{\nu n} \\ \sum_{\nu=1}^{n} a_{2\nu} b_{\nu 1} & \sum_{\nu=1}^{n} a_{2\nu} b_{\nu 2} & \ldots & \sum_{\nu=1}^{n} a_{2\nu} b_{\nu n} \\ \vdots & & & \vdots \\ \sum_{\nu=1}^{n} a_{n\nu} b_{\nu 1} & \sum_{\nu=1}^{n} a_{n\nu} b_{\nu 2} & \ldots & \sum_{\nu=1}^{n} a_{n\nu} b_{\nu n} \end{pmatrix}$$

Produkt zweier Matrizen

Es ist i. a. $A \cdot B \neq B \cdot A$

Beispiel:
$$A \cdot B = \begin{pmatrix} 1 & -1 & 1 \\ 2 & 1 & 2 \\ 1 & 2 & 1 \end{pmatrix} \cdot \begin{pmatrix} 1 & 2 & 1 \\ 2 & 1 & 0 \\ 0 & -1 & 1 \end{pmatrix} = \begin{pmatrix} -1 & 0 & 2 \\ 4 & 3 & 4 \\ 5 & 3 & 2 \end{pmatrix};$$

$$B \cdot A = \begin{pmatrix} 6 & 3 & 6 \\ 4 & -1 & 4 \\ -1 & 1 & -1 \end{pmatrix}$$

4.3. Lösbarkeit linearer Gleichungssysteme

inhomogenes Gleichungssystem

[1] Inhomogenes Gleichungssystem. Das System
$$a_{11}x_1 + a_{12}x_2 + \ldots + a_{1n}x_n = b_1$$
$$a_{21}x_1 + a_{22}x_2 + \ldots + a_{2n}x_n = b_2$$
$$\ldots\ldots\ldots\ldots\ldots\ldots\ldots\ldots\ldots\ldots$$
$$a_{m1}x_1 + a_{m2}x_2 + \ldots + a_{mn}x_n = b_m$$

Lösbarkeit

ist genau dann lösbar, wenn der Rang r der Matrix **A** gleich dem Rang der Matrix **B** ist.

$$A = \begin{pmatrix} a_{11} & a_{12} & \ldots & a_{1n} \\ a_{21} & a_{22} & \ldots & a_{2n} \\ \vdots & \vdots & & \vdots \\ a_{m1} & a_{m2} & \ldots & a_{mn} \end{pmatrix}; \quad B = \begin{pmatrix} a_{11} & a_{12} & \ldots & a_{1n} & b_1 \\ a_{21} & a_{22} & \ldots & a_{2n} & b_2 \\ \vdots & \vdots & & \vdots & \vdots \\ a_{m1} & a_{m2} & \ldots & a_{mn} & b_m \end{pmatrix}$$

erweiterte Matrix

B nennt man die *erweiterte Matrix*.

Beispiele:
1) $x_1 + 2x_2 - x_3 = 5$
   $x_1 + x_2 - x_3 = 4$
   $x_1 - x_2 + 5x_3 = 2$

Der Rang der Matrizen **A** und **B** ist jeweils gleich 3, das System ist somit lösbar. Lösung (↑ S. 206).

$-3x + y + t + 3z = 0$
$+ x + 3y + 3t + z = 3$
$- x + 2y + 2t + 2z = 2$
$+ 2x + y + t - z = 1$

Der Rang der Matrix **A** ist gleich zwei, der der Matrix **B** gleich 3, somit ist das Gleichungssystem nicht lösbar.

[2] Homogenes Gleichungssystem. Ist
$$b_1 = b_2 = \ldots = b_m = 0,$$

homogenes Gleichungssystem

so besitzt das *homogene Gleichungssystem* stets die triviale Lösung $x_1 = x_2 = \ldots = x_n = 0$. Besitzt es eine nicht triviale Lösung $(\alpha_1; \alpha_2; \ldots; \alpha_n)$, so besitzt es unendlich viele Lösungen der Form $(k\alpha_1; k\alpha_2; \ldots; k\alpha_n)$ mit $k \in \mathbb{R}$.

5. Lineare Algebra

Die lineare Algebra ist ein Teilgebiet der Mathematik, in der geometrische und algebraische Probleme im Zusammenhang mit der Struktur eines Vektorraumes betrachtet werden.

5.1. Definition des Vektorraumes

[1] **Äußere Verknüpfung.** Die Multiplikation eines Vektors $x \in V$ mit einer reellen Zahl λ ordnet dieser Zahl λ und dem Vektor x einen neuen Vektor λx zu. Die beschriebene Verknüpfung ist eine Zuordnung von $\mathbb{R} \times V$ in V und wird als *äußere Verknüpfung* bezeichnet.

äußere Verknüpfung

[2] **Vektorraum.** Eine additive abelsche Gruppe V (↑ S. 247) heißt *Vektorraum*, wenn außer der Addition in V noch eine Multiplikation zwischen jeder reellen Zahl λ und jedem $x \in V$ erklärt ist mit folgenden Eigenschaften:

Vektorraum

(1) $\lambda (x + y) = \lambda x + \lambda y$
(2) $(\lambda + \mu) x = \lambda x + \mu x$
(3) $(\lambda \cdot \mu) x = \lambda (\mu x)$
(4) $1 \cdot x = x$

Die Elemente eines Vektorraums heißen Vektoren. Demnach läßt sich ein *Vektor* als Element einer besonders strukturierten Menge auffassen.

Vektor

Anmerkung: Vektorräume lassen sich auch über anderen Körpern als dem der reellen Zahlen definieren.

> *Beispiele:* 1) Die Menge $\mathbb{R}^n$ aller geordneter n-Tupel reeller Zahlen mit folgenden Verknüpfungen bildet einen Vektorraum.
> Addition: $(a_1 ; a_2 ; \ldots ; a_n) + (b_1 ; b_2 ; \ldots ; b_n)$
> $= (a_1 + b_1 ; \ldots ; a_n + b_n)$
> Multiplikation: $\lambda \cdot (a_1 ; a_2 ; \ldots ; a_n)$
> $= (\lambda a_1 ; \lambda a_2 ; \ldots ; \lambda a_n)$
> 2) Die Menge der Vektoren der Ebene ist ein Vektorraum, wenn als Addition die Vektoraddition (↑ S. 340) und als Multiplikation mit reellen Zahlen die s-Multiplikaton (↑ S. 342) genommen wid.

3) Die Menge der möglichen Kräfte, die an einem Massenpunkt angreifen, bilden nach den Erkenntnissen der Physik einen Vektorraum. Dabei ist $F_1 + F_2$ die resultierende Kraft und $r\,F$ diejenige Kraft, die die gleiche Richtung wie F hat, aber die r-fache Größe.

4) Die Menge der linearen Gleichungen mit den Verknüpfungen

$(a_{j1}x_1 + \ldots + a_{jn}x_n = b_j) + (a_{j1}x_1 + \ldots + a_{jn}x_n = b_j) =$
$((a_{j1} + a_{j1})x_1 + \ldots + (a_{jn} + a_{jn})x_n = (b_j + b_j))$
$\lambda (a_{j1}x_1 + \ldots + a_{jn}x_n = b_j) = ((\lambda a_{j1})x_1 + \ldots + (\lambda a_{jn})x_n$
$= \lambda b_j))$

bildet einen Vektorraum.

5) Die Menge der Lösungen eines homogenen Gleichungssystems (↑ S. 356) ist ein Vektorraum.

6) Die Menge der im Intervall [a ; b] stetigen reellwertigen Funktionen mit den Verknüpfungen

$$[f + g](x) = f(x) + g(x)$$
$$[\lambda f](x) = \lambda f(x)$$

bildet einen Vektorraum.

[3] **Folgerungen.** Für die Vektoren **a, b** ∈ V und reelle Zahlen λ, μ gelten:

$\mathbf{a} + (-\mathbf{b}) = \mathbf{a} - \mathbf{b}$ $0 \cdot \mathbf{a} = \mathbf{o}$
$-(-\mathbf{a}) = \mathbf{a}$ $\lambda \mathbf{o} = \mathbf{o}$
$-(\mathbf{a} + \mathbf{b}) = -\mathbf{a} - \mathbf{b}$ $(-\lambda)\mathbf{a} = \lambda(-\mathbf{a})$
$-(\mathbf{a} - \mathbf{b}) = -\mathbf{a} + \mathbf{b}$ $\lambda(\mathbf{a} - \mathbf{b}) = \lambda \mathbf{a} - \lambda \mathbf{b}$
         $(\lambda - \mu)\mathbf{a} = \lambda \mathbf{a} - \mu \mathbf{b}$

5.2. Untervektorräume, Erzeugendensystem

Untervektorraum

[1] **Untervektorräume.** Eine nichtleere Untermenge U eines Vektorraumes V, die in bezug auf die in V definierten Verknüpfungen selbst ein Vektorraum ist, heißt ein *Untervektorraum* von V.

Jeder Vektorraum enthält zwei triviale Vekträume, nämlich sich selbst und denjenigen Vektorraum, dessen einziges Element der Nullvektor ist.

Es gilt der folgende Satz: Eine nichtleere Teilmenge U eines Vektorraumes V ist genau dann Untervektorraum, wenn U abgeschlossen ist bezüglich der in V definierten Verknüpfungen.

[2] **Linearkombination.** Gibt es für einen Vektor $x \in V$ reelle Zahlen $\lambda_1, \lambda_2, \ldots, \lambda_r$ und Elemente $a_1, a_2, \ldots, a_r \in S$, so daß
$$x = \lambda_1 a_1 + \lambda_2 a_2 + \ldots + \lambda_r a_r$$
dann läßt sich x linear kombinieren aus Vektoren von S.

Linearkombination

[3] **Erzeugendensystem.** Ist S eine nichtleere Menge von Vektoren eines Vektorraumes V, so bildet die Menge aller Linearkombinationen von S bezüglich der in V definierten Verknüpfungen einen Untervektorraum *(lineare Hülle)*.
Läßt sich ein Untervektorraum U von V als lineare Hülle einer Menge S von Vektoren darstellen, dann nennt man S ein *Erzeugendensystem* von U.

lineare Hülle

Erzeugendensystem

5.3. Basis, Dimension und Koordinaten

[1] **Basis.** Ist V ein Vektorraum und S ein Erzeugendensystem von V, so läßt sich jeder Vektor von V als Linearkombination von Vektoren aus S darstellen. Die Darstellung ist i. a. nicht eindeutig, d. h. es gibt in der Regel zahlreiche Erzeugendensysteme eines Vektorraumes V.
Sucht man unter allen Erzeugendensystemen die minimalen heraus, bei denen kein Element mehr enthalten ist, das Linearkombination der übrigen ist, dann erhält man eine *Basis B* des Vektorraumes V. Bezüglich einer Basis B läßt sich jeder Vektor *eindeutig* als Linearkombination darstellen.

Basis

[2] **Steinitz-Austauschsatz.** Ein Vektorraum habe eine Basis, die aus endlich vielen Vektoren besteht. Jede andere Basis dieses Vektorraumes hat dann gleich viele Vektoren.

Steinitz-Austauschsatz

[3] **Dimension.** Die allen Basen von V gemeinsame Anzahl von Basisvektoren nennt man *Dimension* des Vektorraumes.

Dimension

Beispiele: 1) Der Vektorraum der Vektoren der Ebene ist zweidimensional, denn je zwei nicht parallele Vektoren bilden eine Basis dieses Vektorraums.

[4] **Koordinaten.** Ist V ein n-dimensionaler Vektorraum und $B = \{a_1, a_2, \ldots, a_n\}$ eine Basis, so ist jeder Vektor $x \in V$ eindeutig als Linearkombination
$$x = x_1 a_1 + x_2 a_2 + \ldots + x_n a_n$$
darstellbar. Die eindeutig bestimmten Koeffizienten $x_1, x_2, \ldots, x_n$ heißen die *Koordinaten* von x bezüglich B.

Koordinaten

Analytische Geometrie

Die *analytische Geometrie* behandelt geometrische Probleme mit Hilfe algebraischer Methoden. Umgekehrt können algebraische Probleme unter geometrischer Sicht verständlicher gemacht werden. Die Grundlage für diese Wechselbeziehung ist die eindeutige Zuordnung zwischen Punkt und Zahl. Zur *Abbildungsgeometrie* ↑ S. 305 ff.

1. Grundbegriffe

1.1. Koordinatensysteme

Rechtwinkliges Koordinatensystem

[1] **Rechtwinkliges Koordinatensystem.** Beim rechtwinkligen (kartesischen) Koordinatensystem schneiden sich die Koordinatenachsen im Nullpunkt unter einem rechten Winkel.

Abszissenachse

Ordinatenachse

Man bezeichnet die erste Achse auch als x-Achse oder als Abszissenachse und die zweite Achse als y-Achse oder als Ordinatenachse.

Koordinaten

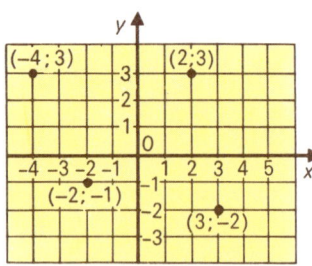

Die Festlegung eines beliebigen Punktes erfolgt mit je einer x- und y-Koordinate. Für den Punkt P mit den Koordinaten x und y schreibt man $P(x; y)$.

Parallelkoordinatensystem

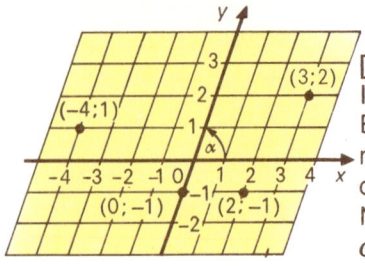

[2] **Schiefwinkliges Parallelkoordinatensystem.** Beim schiefwinkligen Koordinatensystem schneiden sich die Koordinatenachsen im Nullpunkt unter einem Winkel α der kleiner als $180°$ ist.

[3] **Polarkoordinatensystem.**
Ein Polarkoordinatensystem ist
festgelegt durch einen festen
Punkt O, den Pol, und eine von
ihm ausgehende Achse mit
Einheitsstrecke. Ein beliebiger
Punkt P der Ebene ist festgelegt durch die *Abweichung* φ
und den Radius $\varrho = |\overline{OP}|$; φ und ϱ werden *Polarkoordina-
ten* genannt.

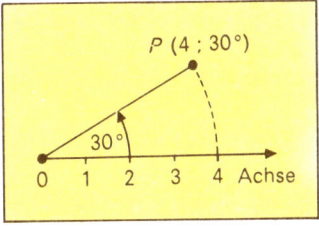

*Polar-
koordinaten-
system*

*Abweichung
Radius
Polarkoordinaten*

1.2. Koordinatentransformationen

[1] **Parallelverschiebung eines kartesischen Koordinatensystems.** Geht ein kartesisches Koordinatensystem K_2 mit
den Koordinaten ξ und η durch Parallelverschiebung (↑ S.
306) aus einem Koordinatensystem K_1 mit den Koordinaten x
und y hervor, und hat der Ursprung von K_2 in K_1 die Koordinaten $(a; b)$ so gelten die folgenden Umrechnungsformeln:

Koordinatentransformation bei Parallelverschiebung

$x = a + \xi$ umgekehrt $\xi = x - a$
$y = b + \eta$ umgekehrt $\eta = y - b$

*Parallel-
verschiebung*

Beispiel:
P hat bezüglich des xy-
Systems die Koordinaten
(4; 4), bezüglich des $\xi\eta$-
Systems die Koordinaten
(2; 1).

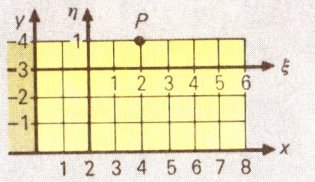

[2] **Drehung eines kartesischen Koordinatensystems.** Das
xy-System rechtwinkliger Koordinaten werde im mathematisch positiven Sinn um den Winkel ψ gedreht mit O als Drehpunkt:

Koordinatentransformation bei Drehung
$x = \xi \cdot \cos\psi - \eta \cdot \sin\psi$
$y = \xi \cdot \sin\psi + \eta \cdot \cos\psi$,
umgekehrt: $\xi = x \cdot \cos\psi + y \cdot \sin\psi$;
umgekehrt: $\eta = -x \cdot \sin\psi + y \cdot \cos\psi$.

Drehung

> *Beispiel:* Welche Koordinaten hat der Punkt $P(3;5)$ in einem um $\psi = 60°$ gedrehten Koordinatensystem?
> Mit $x = 3$; $y = 5$; $\sin 60° = \frac{1}{2}\sqrt{3}$ und $\cos 60° = \frac{1}{2}$ erhält man $\xi = \frac{3 + 5\sqrt{3}}{2} \approx 5{,}8$, $\eta = \frac{5 - 3\sqrt{3}}{2} \approx -0{,}1$.

[3] **Transformation von Polarkoordinaten in kartesische Koordinaten.** Hat P die Polarkoordinaten $(\varrho; \varphi)$ und die kartesischen Koordinaten $(x; y)$, so gilt:

Transformationsgleichungen

$$x = \varrho \cdot \cos \varphi; \quad \varrho = \sqrt{x^2 + y^2}$$
$$y = \varrho \cdot \sin \varphi; \quad \cos \varphi = \frac{x}{\sqrt{x^2 + y^2}}$$
$$x^2 + y^2 = \varrho^2; \quad \sin \varphi = \frac{y}{\sqrt{x^2 + y^2}}$$

Transformationsgleichungen

> *Beispiel:* Gegeben: $P(4; 30°)$. In kartesischen Koordinaten ist $P(3{,}46; 2)$.

1.3. Gerade

[1] **Geradengleichungen bezogen auf ein kartesisches Koordinatensystem.** Eine Gerade schneide die y-Achse im Punkte $(0; b)$:

Normalform

$y = mx + b$ (Normalform der Geradengleichung)

allgemeine Form

Die Normalform ist ein Spezialfall der allgemeinen Form der Geradengleichung $a_1 x + a_2 y + a_3 = 0$

Eine Gerade schneidet die x-Achse unter einem Winkel α:

$$m = \tan \alpha = \frac{y_2 - y_1}{x_2 - x_1}; \quad x_2 \neq x_1$$

Richtungsfaktor Steigung

m wird Richtungsfaktor oder Steigung der Geraden genannt.

Eine Gerade ist durch zwei Punkte $P_1(x_1; y_1)$ und $P_2(x_2; y_2)$ festgelegt:

Zweipunkteform

$(y - y_1):(x - x_1) = (y_2 - y_1):(x_2 - x_1)$ (Zweipunkteform)

Eine Gerade ist durch einen Punkt und einen Richtungsfaktor festgelegt:

$(y - y_1) = m(x - x_1)$ (Punktrichtungsform)

Eine Gerade schneide die y-Achse im Punkte (0 : b) mit $b \neq 0$ und die x-Achse in (a ; 0) mit $a \neq 0$:
$\frac{x}{a} + \frac{y}{b} = 1$ (Achsenabschnittsform der Geradengleichung)

Achsenabschnittform

Beispiel: Eine Gerade schneide die y-Achse in (0 ; –3), die x-Achse in (2 ; 0). Aus der Achsenabschnittsform $\frac{x}{2} - \frac{y}{3} = 1$ erhält man die Normalform $y = \frac{3}{2}x - 3$.

Ist n_0 die Projektion aller Strecken $\overline{OP}$ auf die *Normale* $\overline{OS}$, so gilt:

$x \cdot \cos \alpha + y \cdot \sin \alpha - n_0 = 0$
mit $n_0 \geq 0$.

Das ist die Hesse-Form der Geradengleichung.

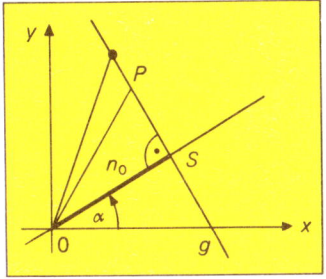

Hesse-Form

Der Zusammenhang zwischen der allgemeinen Form der Geradengleichung und der Hesse-Form ist gegeben durch:

$a_1 = k \cdot \cos \alpha \mid a_3 = -k\, n_0$
$a_2 = k \cdot \sin \alpha \mid \pm k = \sqrt{a_1^2 + a_2^2}$

Das Vorzeichen von k ist so zu wählen, daß $\frac{a_3}{k}$ negativ wird.

Für den Abstand d eines Punktes $P(x_1 ; y_1)$ von einer Geraden g gilt:
$d = x_1 \cos \alpha + y_1 \sin \alpha - n_0$ (Abstandsformel)

Abstandsformel

d ist positiv (negativ), wenn P_1 und O auf verschiedenen Seiten (der gleichen Seite) von der Geraden liegen.

Beispiel: Die Gleichung $-2x - y + 5 = 0$ ist in die Hesse-Form zu verwandeln und der Abstand der Geraden vom Nullpunkt zu bestimmen.
$\pm k = \sqrt{2^2 + 1^2} = \sqrt{5}$. Wegen $\frac{a_3}{k} < 0$ und $a_3 = 5$
ist $k < 0$ zu wählen, d. h. $k = -\sqrt{5}$.
$\cos \alpha = \frac{-2\sqrt{5}}{-5} \approx 0{,}895$; $\sin \alpha = \frac{-\sqrt{5}}{-5} \approx 0{,}447$;
$n_0 = \sqrt{5}$

Wegen $\sin \alpha > 0 \wedge \cos \alpha > 0$, d. h. $0° < \alpha < 90°$ ergibt sich $\alpha \approx 27°$. Der Abstand beträgt $n_0 = \sqrt{5} \approx 2{,}24$.

[2] Vektorielle Darstellung von Geraden
Eine Gerade ist eindeutig bestimmt, wenn ein Punkt mit dem Ortsvektor r_1 und ein Richtvektor u gegeben sind:
$r = r_1 + \lambda\, u$.

Sind zwei auf der Geraden liegende Punkte P_1 und P_2 mit den Ortsvektoren r_1 und r_2 gegeben, dann lautet die Gleichung der Geraden:

$r = r_1 + \lambda\, (r_2 - r_1)$

Eine Gerade ist durch einen Punkt mit Ortsvektor r_1 und einen Normalenvektor n gegeben, mit $c = n \cdot r_1$:

Vektorgleichung $n \cdot r - c = 0$; $c \geq 0$ (Normalenform)

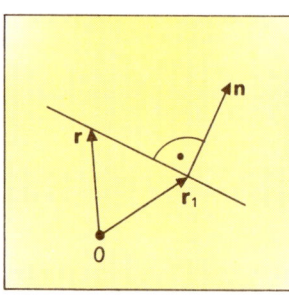

Bedeuten n^0 einen Normaleneinheitsvektor, der vom Nullpunkt zur Geraden zeigt, und $d = n^0 \cdot r \geq 0$ den Abstand der Geraden vom Nullpunkt, dann gilt für die Gerade:

Hessesche Normalenform $n^0 \cdot r - d = 0$ (Hessesche Normalenform)

Für einen Punkt mit dem Ortsvektor r, der nicht auf der Geraden liegt, gilt:

Abstandsformel vektoriell $d = n^0 \cdot r - c$ (Abstandsformel vektoriell)

mit $c = n\, r_1$.

Schnittpunkt   **[3] Schnittpunkt zweier Geraden** mit den Gleichungen $a_1 x + a_2 y + a_3 = 0$ und $b_1 x + b_2 y + b_3 = 0$ in $P(x_S; y_S)$

$x_S = \dfrac{a_3 b_2 - a_2 b_3}{a_2 b_1 - a_1 b_2}$; $y_S = \dfrac{a_3 b_1 - a_1 b_3}{a_1 b_2 - a_2 b_1}$; $a_1 b_2 - a_2 b_1 \neq 0$

Die Gerade g_1 bilde mit der Geraden g_2 den Winkel φ:

$\tan \varphi = \dfrac{m_2 - m_1}{1 + m_1 m_2}$ $m_1 m_2 \neq -1$

$m_1 = \tan \alpha_1$ $m_2 = \tan \alpha_2$

Sonderfälle:
$m_1 = m_2 \Leftrightarrow g_1 \parallel g_2$
$m_1 \cdot m_2 = -1 \Leftrightarrow g_1 \perp g_2$

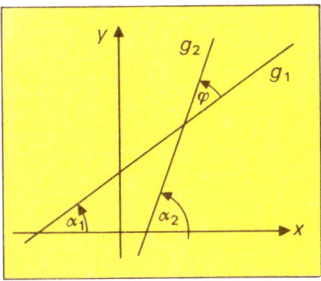

parallel
senkrecht

[4] Strecke

$|\overline{P_1 P_2}| =$
$= \sqrt{(x_2 - x_1)^2 + (y_2 - y_1)^2}$
(Länge der Strecke $\overline{P_1 P_2}$)

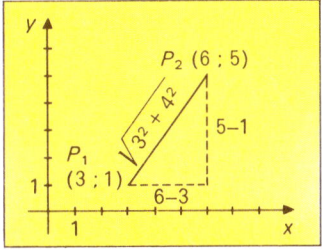

Länge

[5] Teilverhältnis

P_λ teilt die Strecke $\overline{P_1 P_2}$ im Verhältnis $|\lambda| = |\overline{P_1 P_\lambda}| : |\overline{P_\lambda P_2}|$, wobei $\lambda > 0$, wenn P_λ zwischen P_1 und P_2 liegt und $\lambda < 0$, wenn P_λ außerhalb von $\overline{P_1 P_2}$ liegt

$x_\lambda = \dfrac{x_1 - \lambda \cdot x_2}{1 - \lambda}$; $y_\lambda = \dfrac{y_1 - \lambda \cdot y_2}{1 - \lambda}$; $\lambda \neq 1$.

Für λ gilt: $\dfrac{-1 < \lambda < 0 \mid 0 < \lambda < 1 \mid 1 < \lambda < \infty \mid -\infty < \lambda < -1}{P_1 \qquad P_m \qquad P_2}$

Teilpunkt

Für den Mittelpunkt $P_m (x_m ; y_m)$ gilt:

$x_m = \dfrac{x_1 + x_2}{2}$; $y_m = \dfrac{y_1 + y_2}{2}$

Koordinaten des Mittelpunktes

Mittelpunkt

Beispiel: Gegeben $\overline{P_1 P_2}$; mit $P_1 \left(1 ; \dfrac{1}{2}\right)$; $P_2 \left(5 ; \dfrac{5}{2}\right)$.

Der Mittelpunkt von $\overline{P_1 P_2}$ hat die Koordinaten $\left(3 ; \dfrac{3}{2}\right)$.

2. Kegelschnitte

2.1. Schnittkurven von Ebenen mit einem geraden Kreiskegel

Kegelschnitte

[1] Man nennt solche Kurven *Kegelschnitte*, die als Schnittkurven von Ebenen mit einem geraden Kreiskegel entstehen. Der Winkel α, den die Ebene E mit der Kegelachse einschließt, bestimmt die Art des Kegelschnittes. γ bezeichne den Winkel, den eine Mantellinie des Kegels mit der Kegelachse einschließt. Den Zusammenhang zwischen α und Kegelschnitt zeigt die Tabelle auf S. 367.

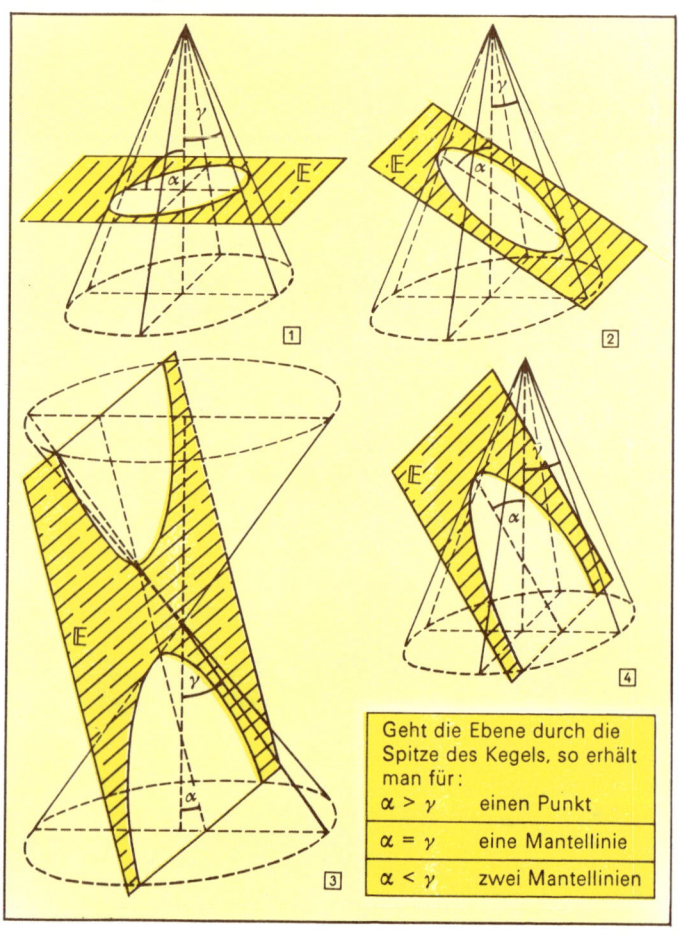

Geht die Ebene durch die Spitze des Kegels, so erhält man für:	
$\alpha > \gamma$	einen Punkt
$\alpha = \gamma$	eine Mantellinie
$\alpha < \gamma$	zwei Mantellinien

Bedingung für α	Kegelschnitt	Abbildung
α = 90°	Kreis	[1]
γ < α < 90°	Ellipse	[2]
α = γ	Parabel	[4]
α < γ	Hyperbel	[3]

[2] Kegelschnittgleichung im kartesischen Koordinatensystem

$y^2 = 2px - (1 - \varepsilon^2) x^2$ | Scheitelform der Kegelschnittgleichung | *Scheitelform*

Man nennt ε die *numerische Exzentrizität*, p den *Parameter* des Kegelschnittes.

numerische Exzentrizität Parameter

Die Scheitelformgleichung ergibt für:

$\varepsilon = 0$	einen Kreis	*Kreis*
$0 < \varepsilon < 1$	eine Ellipse	*Ellipse*
$\varepsilon = 1$	eine Parabel	*Parabel*
$1 < \varepsilon < \infty$	eine Hyperbel	*Hyperbel*

Durch Transformation (↑ S. 361) des Koordinatensystems gewinnt man, außer für die Parabel, aus der Scheitelform der Kegelschnittgleichung die Ursprungsform:

$\dfrac{(1 - \varepsilon^2)^2 x^2}{p^2} + \dfrac{(1 - \varepsilon^2) y^2}{p^2} = 1$ | Ursprungsform der Kegelschnittgleichung | *Ursprungsform*

2.2. Kreis

[1] Ortsliniendefinition: Der Kreis ist eine Punktmenge mit der Eigenschaft, daß für jeden Punkt die Entfernung r von einem festen Punkt M konstant ist.
M heißt *Mittelpunkt*, r *Radius* des Kreises.

Kreis

Mittelpunkt Radius

$x^2 + y^2 = r^2$
$\mathbf{r} \cdot \mathbf{r} = r^2; r = \text{const}$ | Ursprungsform

$(x - x_M)^2 + (y - y_M)^2 = r^2$
$(\mathbf{r} - \mathbf{r}_M) \cdot (\mathbf{r} - \mathbf{r}_M) = r^2; r = \text{const}$ | Verschiebungsform | *Kreisgleichungen*

$y^2 = 2rx - x^2$
$\mathbf{r} \cdot \mathbf{r} = 2\mathbf{a} \cdot \mathbf{r}$ | Scheitelform

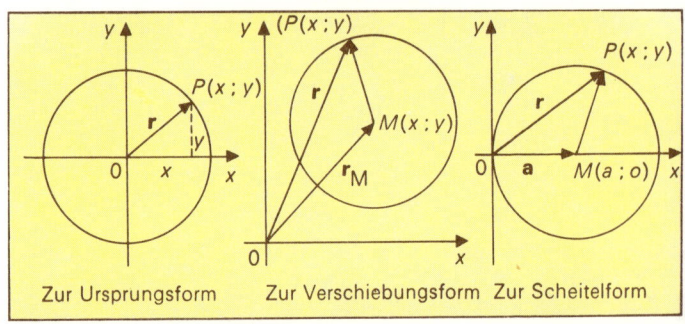

Zur Ursprungsform   Zur Verschiebungsform   Zur Scheitelform

Beispiel: Um die Gleichung eines Kreises, der die y-Achse im Ursprung O berührt und durch P_1 (8 ; 4) geht, zu ermitteln, braucht man zur Berechnung des Radius r lediglich die Koordinaten von P_1 in die Scheitelform einzusetzen und erhält $r = 5$. Somit ist $y^2 = 10x - x^2$ die gesuchte Kreisgleichung.

[2] Kreis und Gerade
Kreistangente in $P_1 (x_1 ; y_1)$:

Tangentengleichungen

$x_1 x + y_1 y = r^2$ | Ursprungsform
$\mathbf{r}_1 \cdot \mathbf{r} = r^2 ; r =$ const

$(x_1 - x_M) \cdot (x - x_M) + (y_1 - y_M) \cdot (y - y_M) = r^2$ | Verschie-
$(\mathbf{r}_1 - \mathbf{r}_M) \cdot (\mathbf{r} - \mathbf{r}_M) = r^2 ; r =$ const | bungsform

Polare

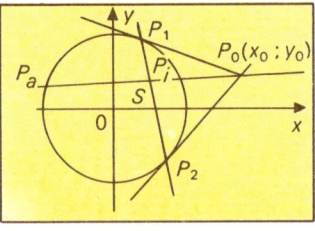

Polare oder Berührsekante p
$= P_1 P_2$ für zwei Tangenten an den Kreis von P_0 (Pol) aus:

$x_0 x + y_0 y = r^2$
$\mathbf{r}_0 \cdot \mathbf{r} = r^2 ; r =$ const | Ursprungsform

$(x_0 - x_M) \cdot (x - x_M) + (y_0 - y_M) \cdot (y - y_M) = r^2$ | Verschie-
$(\mathbf{r}_0 - \mathbf{r}_M) \cdot (\mathbf{r} - \mathbf{r}_M) = r^2 ; r =$ const | bungsform

Jede Gerade durch P_0, die den Kreis in P_i und P_a und die Polare in S schneidet, erzeugt eine *harmonische Punktreihe*

harmonische Punktreihe

$P_0 P_i \, S P_a : \quad |\overline{P_0 P_i}| : |\overline{P_i S}| \; = |\overline{P_0 P_a}| : |\overline{P_a S}|$.

Beispiel: Zur Bestimmung der Polarengleichung p_0 des Punktes $P_0\left(-9\frac{3}{5};7\frac{1}{5}\right)$ bezüglich des Kreises mit der Gleichung $(x-4)^2+(y-8)^2=16$ hat man in die Verschiebungsform der Polarengleichung die Koordinaten des Pols P_0 und des Mittelpunktes einzusetzen und erhält $y+7x-16=0$.

2.3. Ellipse

[1] Ortsliniendefinitionen.
Die Ellipse ist eine Punktmenge mit der Eigenschaft, daß für jeden Punkt P die Summe der Entfernungen von zwei festen Punkten F_1 und F_2 konstant ist und umgekehrt.

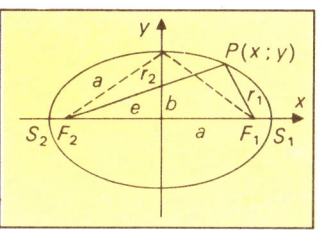

Ellipse

Man nennt a die *große*, b die *kleine Halbachse* der Ellipse. F_1 und F_2 sind die Brennpunkte der Ellipse. $\frac{F_1 F_2}{2} = e$ nennt man die *lineare Exzentrizität*, M den *Mittelpunkt*. Es gelten die Formeln:

Halbachsen

Brennpunkte

lineare Exzentrizität

$$e^2 = a^2 - b^2; \quad r_1 + r_2 = 2r; \quad p = \frac{b^2}{a}$$

Die Ellipse ist eine Punktmenge mit der Eigenschaft, daß für jeden Punkt P das Verhältnis der Abstände vom Brennpunkt und von der *Leitlinie* einen konstanten Wert $\mathcal{E}$ ($0 < \mathcal{E} < 1$) hat.

Die Leitlinie verläuft parallel zur y-Achse im Abstand:

$d' + a = \frac{a}{\mathcal{E}} = \frac{a^2}{e}$, wobei

$\mathcal{E} = \frac{r_1}{d} = \frac{e}{a}$

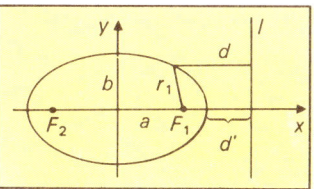

Leitlinie

$\dfrac{x^2}{a^2} + \dfrac{y^2}{b^2} = 1$ | Ursprungsform

$\dfrac{(x-x_M)^2}{a^2} + \dfrac{(y-y_M)^2}{b^2} = 1$ | Verschiebungsform

$y^2 = 2px - (1-\varepsilon^2) \cdot x^2$ | Scheitelform.

Ellipsengleichungen

Beispiele: 1) Die Halbachsen einer Ellipse sind $a = 5, b = 4$. Die Ursprungsform ist $\frac{x^2}{25} + \frac{y^2}{16} = 1$. Wird die Ellipse so verschoben, daß der Mittelpunkt die Koordinaten (3 ; 4) hat, so erhält man $\frac{(x-3)^2}{25} + \frac{(y-4)^2}{16} = 1$. Den Abstand des Mittelpunktes von der Leitlinie erhält man wegen $e^2 = a^2 - b^2$ und $\varepsilon = \frac{e}{a}$ zu $8\frac{1}{3}$.

2) Da die Normale n Winkelhalbierende des Winkels zwischen den Radiusvektoren ist, wird der im Brennpunkt erzeugte Schall so reflektiert, daß er zum anderen Brennpunkt gelangt.

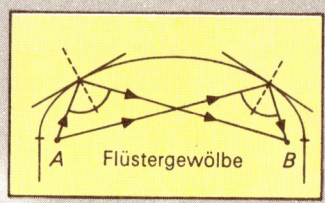

A   Flüstergewölbe   B

[2] Ellipse und Gerade
Ellipsentangente in $P_1 (x_1 ; y)$:

Tangentengleichungen

$\frac{x_1 x}{a^2} + \frac{y_1 y}{b^2} = 1$	Ursprungsform
$\frac{(x_1 - x_M)(x - x_M)}{a^2} + \frac{(y_1 - y_M)(y - y_M)}{b^2} = 1$	Verschiebungsform
$y_1 y = p(x_1 + x) - (1 - \varepsilon^2) x_1 x$	Scheitelform

Beispiel: Gesucht ist die Gleichung der Tangente in dem Punkt P (4 ; $y_1 < 0$) der Ellipse mit der Gleichung $\frac{x^2}{25} + \frac{y^2}{4} = 1$. Mit $y_1 = -\frac{6}{5}$ erhält man $y = \frac{8}{15} \cdot x - \frac{10}{3}$.

Polare für zwei Tangenten an die Ellipse von P_0 aus:

Polarengleichungen

$\frac{x_0 x}{a^2} + \frac{y_0 y}{b^2} = 1$	Ursprungsform
$\frac{(x_0 - x_M) \cdot (x - x_M)}{a^2} + \frac{(y_0 - y_M) \cdot (y - y_M)}{b^2} = 1$	Verschiebungsform
$y_0 y = p(x_0 + x) - (1 - \varepsilon^2) x_0 x$	Scheitelform

2.4. Hyperbel

Ortsliniendefinition

[1] **Ortsliniendefinition.** Die Hyperbel ist eine Punktmenge mit der Eigenschaft, daß für jeden Punkt P die Differenz der Entfernungen von zwei festen Punkten F_1 und F_2 konstant ist: $r_2 - r_1 = 2a$.

Die Hyperbel ist symmetrisch zur Achse durch die Scheitelpunkte S_1 und S_2 sowie zu einer Senkrechten zu dieser Achse durch den Mittelpunkt M, $|\overline{MS_1}| = |\overline{MS_2}|$. Die Streckenlänge $\overline{MS_1}$ bzw. $\overline{MS_2}$ wird mit a bezeichnet, die Streckenlänge $\overline{MF_1}$ bzw. $\overline{MF_2}$ mit e. Eine kleine Halbachse gibt es nicht. Da $e > a$, läßt sich b durch $b^2 = e^2 - a^2$ festlegen (vgl. Ellipse).

Hyperbel

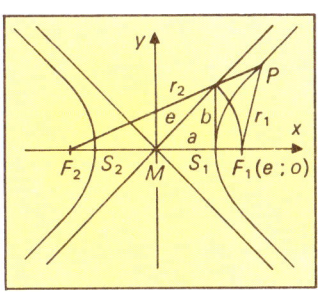

Die Hyperbel ist eine Punktmenge mit der Eigenschaft, daß für jeden Punkt das Verhältnis der Abstände von einem festen Punkt F und von der Leitlinie einen konstanten Wert ε ($1 < \varepsilon < \infty$) hat.

Ortsliniendefinition Leitlinie

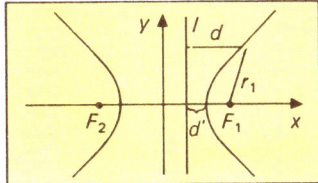

Die Leitlinie verläuft parallel zur y-Achse im Abstand $a - d' = \frac{a}{\varepsilon}$, wobei
$\varepsilon = \frac{r_1}{d} = \frac{e}{a}$

$\frac{(x-x_M)^2}{a^2} - \frac{(y-y_M)^2}{b^2} = 1$ | Verschiebungsform

Hyperbelgleichung

$y = \pm \frac{b}{a} x$ | Gleichungen der Asymptoten einer Hyperbel in Ursprungslage

Gleichung der Asymptoten

$\frac{b}{a}$ gibt die Steigung der Asymptoten an.

Verwendet man die Asymptoten der Hyperbel als Achsen eines $\xi\eta$-Koordinatensystems, so gilt, wenn die Hyperbel

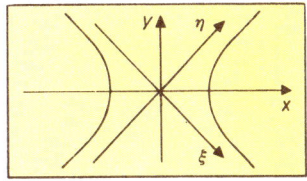

durch $\frac{x^2}{a^2} - \frac{y^2}{b^2} = 1$ gegeben ist:

$\xi \cdot \eta = \frac{a^2 + b^2}{4} = \frac{e^2}{4} = \text{const.}$

(Asymptotengleichung der Hyperbel)

Asymptotengleichung der Hyperbel

Beispiel: Eine Hyperbel ist gegeben durch die Gleichung $16x^2 - 64x - 25y^2 - 50y = 361$. Um die Lage der Leitlinie und Brennpunkte zu bestimmen, ist die Gleichung auf die Verschiebungsform zu bringen:

$$\frac{(x-2)^2}{25} - \frac{(y+1)^2}{16} = 1.$$ Wegen $b^2 = e^2 - a^2$, $\varepsilon = \frac{e}{a}$ folgt für den Abstand des Mittelpunktes von der Leitlinie $\frac{a}{\varepsilon} = \frac{25}{\sqrt{41}} \approx 3{,}90$. Mit $e = \sqrt{41} \approx 3{,}90$ folgt für die Brennpunkte $F_1(2 + \sqrt{41}; -1)$; $F_2(2 - \sqrt{41}; -1)$ d.h. $F_1(8{,}32; -1)$; $F_2(-4{,}32; -1)$.

[2] Hyperbel und Gerade

Tangenten-
gleichungen

$\frac{x_1 x}{a^2} + \frac{y_1 y}{b^2} = 1$ | Ursprungsform

$\frac{(x_1 - x_M)(x - x_M)}{a^2} - \frac{(y_1 - y_M)(y - y_M)}{b^2} = 1$ | Verschiebungsform

Polaren-
gleichungen

$\frac{x_0 x}{a^2} - \frac{y_0 y}{b^2} = 1$ | Ursprungsform

$\frac{(x_0 - x_M)(x - x_M)}{a^2} - \frac{(y_0 - y_M)(y - y_M)}{b^2} = 1$ | Verschiebungsform

Beispiel: Zur Bestimmung der Gleichungen der Tangenten, die von einem Punkt $P_0(4; -4)$ an die Hyperbel mit der Gleichung $\frac{x^2}{16} - \frac{y^2}{4} = 1$ gelegt werden können, läßt sich zunächst die Polarengleichung $y = -\frac{1}{4}x + 1$ bestimmen. Mit ihrer Hilfe und der Hyperbelgleichung ergeben sich die Berührpunkte:

$P_1(4; 0)$; $P_2\left(-6\frac{2}{3}; 2\frac{2}{3}\right)$.

Die Tangentengleichungen gewinnt man dann aus der Zweipunkteform (↑ S. 362) der Geradengleichung:

$x = 4$; $y = -\frac{5}{8}x - 1\frac{1}{2}$.

Ortslinien-
definition
Parabel

2.5. Parabel

[1] Ortsliniendefinition. Die Parabel ist eine Punktmenge mit der Eigenschaft, daß für jeden Punkt das Verhältnis der Abstände von einem festen Punkt F und von der Leitlinie einen konstanten Wert ε ($\varepsilon = 1$) hat.

$y^2 = 2px$
(Scheitelgleichung)

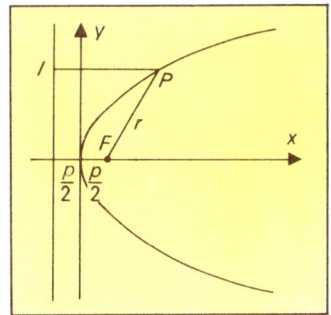

Parabelgleichung

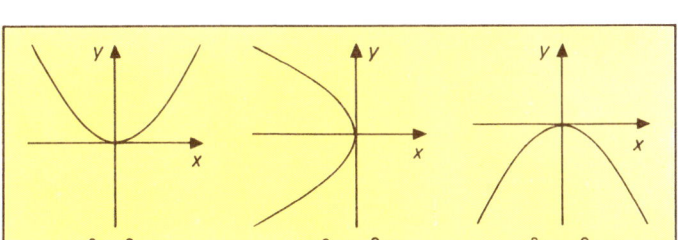

Hat der Scheitel der Parabel nach einer Parallelverschiebung des Koordinatensystems die Koordinaten (x_S ; y_S), so gilt für $p > 0$:

$(y - y_S)^2 = 2p(x - x_S)$ | $(x - x_S)^2 = 2p(y - y_S)$
$(y - y_S)^2 = -2p(x - x_S)$ | $(x - x_S)^2 = -2p(y - y_S)$

Verschiebungsformen

Beispiel: Um die Lage und den Parameter p der durch die Gleichung $8x - y^2 + 16y - 80 = 0$ gegebenen Parabel zu bestimmen, bringt man die Gleichung auf die Verschiebungsform $(y - 8)^2 = -2 \cdot 4 \cdot (x - 2)$, d. h., die Parabel ist nach links geöffnet, wobei $p = 4$ und $S(2 ; 8)$ ist.

[2] Parabel und Gerade

$y_1 y = p(x + x_1)$ | Scheitelform
$(y_1 - y_S) \cdot (y - y_S) = p \cdot [(x - x_S) + (x_1 - x_S)]$ | Verschiebungsform

Tangentengleichungen

$y_0 y = p(x + x_0)$ | Scheitelform
$(y_0 - y_S)(y - y_S) = p \cdot [(x - x_S) + (x_0 - x_S)]$ | Verschiebungsform

Polarengleichung

2.6. Kegelschnittgleichungen in Polarkoordinaten

Polargleichungen bezogen auf den Mittelpunkt

Kreis	$r^2 = \varrho^2 + \varrho_0^2 - 2\varrho\varrho_0 \cdot \cos(\varphi - \varphi_0)$	Polargleichungen der Kegelschnitte bezogen auf den Mittelpunkt als Pol
Ellipse	$r^2 = \dfrac{b^2}{1 - \varepsilon^2 \cos^2\varphi}$	
Hyperbel	$r^2 = \dfrac{b^2}{\varepsilon^2 \cos^2\varphi - 1}$	

Polargleichungen bezogen auf einen Brennpunkt

Kreis ($\varepsilon = 0$) Ellipse ($0 < \varepsilon < 1$) Parabel ($\varepsilon = 1$) Hyperbel ($\varepsilon > 0$)	$r = \dfrac{p}{1 + \varepsilon \cos\varphi}$	Polargleichung der Kegelschnitte bezogen auf einen Brennpunkt als Pol

3. Analytische Geometrie des Raumes

Beim kartesischen Koordinatensystem im 3-dimensionalen Raum stehen die Koordinatenachsen mit ihren Einheitsstrecken aufeinander senkrecht. Die Koordinatenachsen bilden ein Rechtssystem. Für den Punkt P mit den Koordinaten x; y; z schreibt man $P(x; y; z)$. Festlegung der Einheitsvektoren auf den Achsen (↑ S. 338).

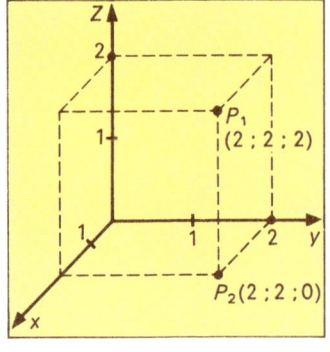

3.1. Gerade
[1] Geradengleichungen. $\mathbf{r}_1$ sei ein zu einem Punkt P_1 führender Ortsvektor, $\mathbf{u}$ ein Richtungsvektor der Geraden, $\lambda \in \mathbb{R}$; dann gilt:

Punktrichtungsgleichung

$\mathbf{r} = \mathbf{r}_1 + \lambda \mathbf{u}$

(Punktrichtungsgleichung)

Für $\mathbf{u} = \lambda(\mathbf{r}_2 - \mathbf{r}_1)$ ergibt sich:
$\mathbf{r} = \mathbf{r}_1 + \lambda(\mathbf{r}_2 - \mathbf{r}_1)$
(Zweipunktgleichung)

$\mathbf{n}^0$ sei ein Normaleneinheitsvektor, der vom Nullpunkt der Ebene zur Geraden zeigt.
$d = \mathbf{n}^0 \cdot \mathbf{r}_1 \geq 0$ gibt den Abstand der Geraden vom Nullpunkt an.

Zweipunktegleichung

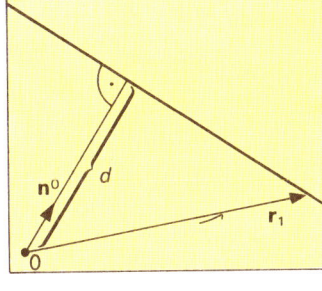

Die Gerade im Raum ist analytisch durch ein System zweier linearer Gleichungen (↑ S. 204 f.) definiert:
$A_1 x + B_1 y + C_1 z + D_1 = 0$
$B_2 x + B_2 y + C_2 z + D_2 = 0$

Beispiel: Gerade $g = P_1 P_2$
mit $P_1(1; 3; -4)$
und $P_2(-1; 2; 3)$;
$P(0; 2,5; -0,5)$.
$P \in g \Leftrightarrow$ Es gibt ein $\lambda_P \in \mathbb{R}$

mit $\begin{pmatrix} 0 \\ 2,5 \\ -0,5 \end{pmatrix} = \begin{pmatrix} 1 \\ 3 \\ -4 \end{pmatrix} + \lambda_P \begin{pmatrix} -1-1 \\ 2-3 \\ 3+4 \end{pmatrix}$;

$\lambda_P = \frac{1}{2}$, d. h. P liegt auf der Geraden g.

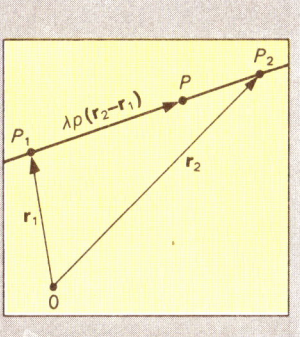

[2] Schnittpunkt zweier Geraden. Ihre Gleichungen sind: *Schnittpunkt*
$\mathbf{r} = \mathbf{r}_1 + \lambda \mathbf{u}$ und $\mathbf{r} = \mathbf{r}_2 + \mu \mathbf{v}$
$\mathbf{r}_1 + \lambda_P \mathbf{u} = \mathbf{r}_2 + \mu_P \mathbf{v} \Leftrightarrow \{P\} = g_1 \cap g_2$.

Beispiel: Zwei Geraden mit den Gleichungen
$\mathbf{r} = \begin{pmatrix} 5 \\ 5 \\ 1 \end{pmatrix} + \lambda \begin{pmatrix} 2 \\ 1 \\ 0 \end{pmatrix}$ und $\mathbf{r} = \begin{pmatrix} 1 \\ 3 \\ 1 \end{pmatrix} + \mu \begin{pmatrix} 2 \\ 1 \\ 1 \end{pmatrix}$

schneiden sich in S, da
$\lambda_S = -2$ und $\mu_S = 0$ die Gleichung

$\begin{pmatrix} 5 \\ 5 \\ 1 \end{pmatrix} + \lambda \begin{pmatrix} 2 \\ 1 \\ 0 \end{pmatrix} = \begin{pmatrix} 1 \\ 3 \\ 1 \end{pmatrix} + \mu \begin{pmatrix} 2 \\ 1 \\ 1 \end{pmatrix}$ erfüllen.

parallele und windschiefe Geraden

Sonderfälle: Existiert kein λ_p und μ_P, so daß gilt: $r_1 + \lambda_p \mathbf{u} = r_2 + \mu_P \mathbf{v}$, so sind die Geraden *parallel*, wenn $\mathbf{u}$ und $\mathbf{v}$ kollinear (d. h. gleichgerichtet) sind; die Geraden sind *windschief*, wenn $\mathbf{u}$ und $\mathbf{v}$ nicht kollinear sind.

[3] Teilpunkt einer Strecke
Für den Ortsvektor $\mathbf{t}$ des Teilpunktes gilt mit
$|\overline{AT}| : |\overline{TB}| = \tau :$

Teilpunkt
$$\mathbf{t} = \frac{\mathbf{a} + \tau \mathbf{b}}{1 + \tau}$$

(Teilpunkt einer Strecke)

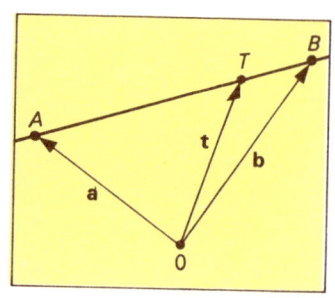

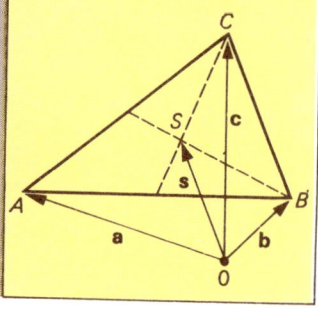

Beispiel: Da der Schwerpunkt eines Dreiecks die Seitenhalbierenden im Verhältnis 2:1 teilt (↑ S. 278), erhält man für den zum Schwerpunkt S führenden Ortsvektor
$$\mathbf{s} = \frac{\mathbf{a} + \mathbf{b} + \mathbf{c}}{3}$$

Halbierungspunkt

Es gilt
$\mathbf{m} = \frac{\mathbf{a} + \mathbf{b}}{2}$ für den Halbierungspunkt einer Strecke.

[4] Winkel und Abstand. Zwei Geraden mit den Richtungsvektoren $\mathbf{u}$ und $\mathbf{v}$ schneiden sich unter einem Winkel φ:

Winkel
$$\cos \varphi = \frac{\mathbf{u} \cdot \mathbf{v}}{|\mathbf{u}| \cdot |\mathbf{v}|}$$

Beispiel: Zwei Geraden sind gegeben durch
$\mathbf{r} = \begin{pmatrix} 5 \\ 5 \\ 1 \end{pmatrix} + \lambda \begin{pmatrix} 2 \\ 1 \\ 0 \end{pmatrix}$ und $\mathbf{r} = \begin{pmatrix} 1 \\ 3 \\ 1 \end{pmatrix} + \mu \begin{pmatrix} 2 \\ 1 \\ 1 \end{pmatrix}$.
$\cos \varphi = \frac{\sqrt{30}}{6} \approx \underline{0{,}91} ; \varphi \approx \underline{24°}$.

Für den Abstand zwischen einem Punkt P_2 ($P_2 \notin g$) und einer Geraden g mit $\mathbf{r} = \mathbf{r}_1 + \lambda \mathbf{u}$ gilt: *Abstand Punkt-Gerade*

$d = |(\mathbf{r}_2 - \mathbf{r}_1) \times \frac{\mathbf{u}}{|\mathbf{u}|}|$ (Abstand Punkt-Gerade)

Die Abstandsformel, die sich aus der Hesseschen Normalform ergibt (↑ S. 364), gilt wie in der Ebene. *Hesse-Form*

Beispiel: Gesucht ist der Abstand des Punktes P_2 (3; 1; 5) von der Geraden g mit der Gleichung
$\mathbf{r} = \begin{pmatrix} 2 \\ -3 \\ 4 \end{pmatrix} + \lambda \begin{pmatrix} 3 \\ -4 \\ 12 \end{pmatrix}$.

$(\mathbf{r}_2 - \mathbf{r}_1) \times \frac{\mathbf{u}}{|\mathbf{u}|} = \frac{1}{13} \begin{pmatrix} 52 \\ -9 \\ -16 \end{pmatrix}$; $d = \frac{1}{13} \cdot \sqrt{3041}$; $\approx \underline{4{,}24}$

Sind $\mathbf{r} = \mathbf{r}_1 + \lambda \mathbf{u}$ und $\mathbf{r} = \mathbf{r}_2 + \mu \mathbf{v}$ die Gleichungen zweier windschiefer Geraden, so erhält man für den Abstand:

$d = |(\mathbf{r}_1 - \mathbf{r}_2) \cdot (\frac{\mathbf{u}}{|\mathbf{u}|} \times \frac{\mathbf{v}}{|\mathbf{v}|})|$ (Abstand zweier windschiefer Geraden) *Abstand Gerade—Gerade*

3.2. Ebene

[1] Ebenengleichungen

$\mathbf{r} = \mathbf{r}_1 + \lambda \mathbf{u} + \mu \mathbf{v}$ (Punktrichtungsgleichung der Ebene) *Ebenengleichungen*

$\mathbf{r} = \mathbf{r}_1 + \lambda (\mathbf{r}_2 - \mathbf{r}_1) + \mu (\mathbf{r}_3 - \mathbf{r}_1)$ (Dreipunktegleichung der Ebene)

Ebene

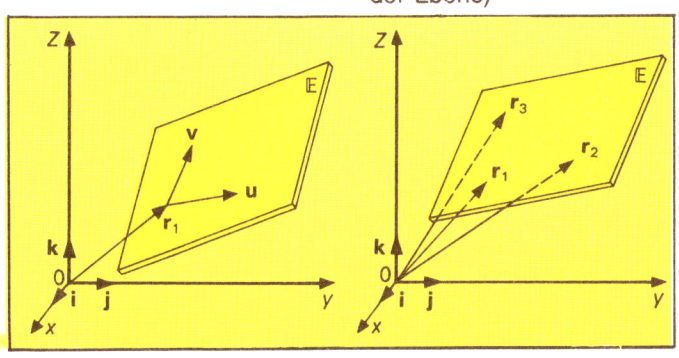

**Punktnormalenform
Hessesche Normalenform**

Jede Ebene im 3-dimensionalen Raum ist festgelegt durch einen Punkt P_1 und einen Normalenvektor (↑ Abb.).

$\mathbf{n} \cdot \mathbf{r} - \mathbf{r} \cdot \mathbf{r}_1 = 0$ | Punktnormalenform der Ebene
$\mathbf{n}^0 \cdot \mathbf{r} - d = 0$ | Hessesche Normalenform der Ebene

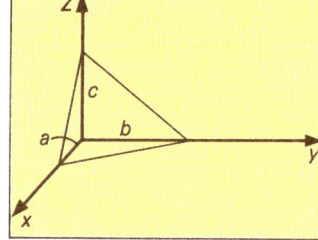

Zur Punkt-Normalenform   Zur Hesse-Form

allgemeine Ebenengleichung

$Ax + By + Cz + D = 0$ | allgemeine Ebenengleichung

Achsenabschnittsform

$\dfrac{x}{a} + \dfrac{y}{b} + \dfrac{z}{c} = 1$

(Achsenabschnittsform der Ebenengleichung)

parallele und gleiche Ebenen

[2] **Parallele Ebenen.** Zwei Ebenen mit
$\mathbf{r} = \mathbf{r}_1 + \lambda \mathbf{u}_1 + \mu \mathbf{v}_1$ und $\mathbf{r} = \mathbf{r}_2 + \lambda \mathbf{u}_2 + \mu \mathbf{u}_2$
sind genau dann parallel, wenn $\mathbf{u}_1$; $\mathbf{v}_1$; $\mathbf{u}_2$; $\mathbf{v}_2$ komplanar sind, d. h. wenn $\mathbf{u}_1 \times \mathbf{v}_1 \perp \mathbf{u}_2$ bzw. $\mathbf{v}_2$. Sie sind gleich, wenn zusätzlich $\mathbf{r}_2 - \mathbf{r}_1$; $\mathbf{u}_1$ und $\mathbf{v}_1$ komplanar sind.

Beispiel: Sind die durch die Gleichungen
$\mathbf{r} = \begin{pmatrix} 2 \\ 1 \\ 4 \end{pmatrix} + \lambda \begin{pmatrix} 3 \\ 0 \\ -2 \end{pmatrix} + \mu \begin{pmatrix} 5 \\ -1 \\ 4 \end{pmatrix}$ und $\mathbf{r} = \begin{pmatrix} 2 \\ 2 \\ -2 \end{pmatrix} + \lambda \begin{pmatrix} 1 \\ 1 \\ -8 \end{pmatrix} + \mu \begin{pmatrix} 1 \\ -2 \\ 14 \end{pmatrix}$
gegebenen Ebenen parallel? Die Komplanarität der Vektoren $\begin{pmatrix} 3 \\ 0 \\ -2 \end{pmatrix}$, $\begin{pmatrix} 5 \\ -1 \\ 4 \end{pmatrix}$ und $\begin{pmatrix} 1 \\ 1 \\ -8 \end{pmatrix}$ folgt aus der Komplanaritätsbedingung $\begin{pmatrix} 3 \\ 0 \\ -2 \end{pmatrix} = s \cdot \begin{pmatrix} 5 \\ -1 \\ 4 \end{pmatrix} + t \cdot \begin{pmatrix} 1 \\ 1 \\ -8 \end{pmatrix}$; sie ist mit $t = \dfrac{1}{2}$ und $s = \dfrac{1}{2}$ erfüllt. Die beiden Ebenen sind parallel.

Differentialrechnung

1. Folgen

1.1. Definition von Folgen

[1] Endliche und unendliche Folgen. Eine *unendliche* (*endliche*) *Folge* ist eine Funktion, deren Definitionsmenge die Menge $\mathbb{N}$ der natürlichen Zahlen (die Menge $\mathbb{N}_k = \{1; 2; \ldots; k\}$) ist:

$$f: n \to a_n, \ n \in \mathbb{N} \qquad (f: n \to a_n, \ n \in \mathbb{N}_k)$$

Die Funktionswerte einer Folge $\langle a_n \rangle$ bezeichnet man als *Folgenglieder*.

unendliche, endliche Folge

Folgenglied

Beispiele für unendliche Folgen:
1) $f: n \to 2n$, $n \in \mathbb{N}$, d. h. $a_1 = 2, a_2 = 4, a_3 = 6, a_4 = 8, \ldots$
kürzer: $2; 4; 6; 8; \ldots$.
2) $g: n \to \frac{1}{n^2}$, $n \in \mathbb{N}$, ergibt: $\frac{1}{1}; \frac{1}{4}; \frac{1}{9}; \frac{1}{16}; \ldots$

Beispiele für endliche Folgen:
1) $f: n \to \frac{1}{2n}$, $n \in \mathbb{N}_4$, ergibt: $\frac{1}{2}; \frac{1}{4}; \frac{1}{6}; \frac{1}{8}$.
2) $g: n \to n^2$, $n \in \mathbb{N}_7$, ergibt: $1; 4; 9; 16; 25; 36; 49$.

[2] Arithmetische Folgen. Eine Folge $\langle a_n \rangle$ heißt *arithmetisch*, wenn die Differenz zweier benachbarter Folgenglieder konstant ist, d. h. es gibt $d \in \mathbb{R}$, so daß für alle $n \in \mathbb{N}$ gilt:

arithmetische Folge

(1) $\quad a_{n+1} - a_n = d \quad$ und $\quad$ (2) $\quad a_n = a_1 + (n-1) \cdot d$.

Beispiel: Die Folge $f: n \to 3n - 2$, $n \in \mathbb{N}$, ist arithmetisch. Die ersten Folgenglieder lauten $1; 4; 7; 10; 13; 16; \ldots$
Die Differenz zweier benachbarter Glieder ist 3.

[3] Geometrische Folgen. Eine Folge heißt *geometrisch*, wenn der Quotient zweier benachbarter Folgenglieder konstant ist, d. h. es gibt $q \in \mathbb{R} \setminus \{0\}$, so daß für alle $n \in \mathbb{N}$ gilt:

geometrische Folge

(1) $\quad a_{n+1} : a_n = q \quad$ und $\quad$ (2) $\quad a_n = a_1 \cdot q^{n-1}$.

Beispiel: Die Folge $f: n \to 8 \cdot \left(-\frac{1}{2}\right)^n$, $n \in \mathbb{N}$, ist geometrisch. Die ersten Folgenglieder sind

$-4; 2; -1; \frac{1}{2}; -\frac{1}{4}; \frac{1}{8}; \ldots$

Der Quotient zweier benachbarter Glieder ist $-\frac{1}{2}$.

1.2. Eigenschaften unendlicher Folgen

monoton steigend

[1] **Monotone Folgen.** Eine Folge heißt *monoton steigend*, wenn $a_1 \leq a_2 \leq a_3 \leq \ldots$, d. h. wenn $a_n \leq a_{n+1}$ für alle $n \in \mathbb{N}$. $\langle a_n \rangle$ heißt *streng monoton steigend*, wenn $a_1 < a_2 < a_3 < \ldots$, d. h. wenn $a_n < a_{n+1}$ für alle $n \in \mathbb{N}$.

monoton fallend

Eine Folge heißt *monoton fallend*, wenn $a_1 \geq a_2 \geq a_3 \ldots$, d. h. wenn $a_n \geq a_{n+1}$ für alle $n \in \mathbb{N}$. $\langle a_n \rangle$ heißt *streng monoton fallend*, wenn $a_1 > a_2 > a_3 > \ldots$, d. h. wenn $a_n > a_{n+1}$ für alle $n \in \mathbb{N}$.

Beispiele:

1) Die Folge $f_1: n \to \left[\frac{n}{3}\right]$ ([ ] Gauß-Klammer, ↑ S. 222), $n \in \mathbb{N}$, ist monoton steigend, denn $0 \leq 0 \leq 1 \leq 1 \leq 1 \leq 2 \leq \ldots$

2) Die Folge $f_2: n \to \frac{n}{n+1}$ ist streng monoton steigend, denn $\frac{1}{2} < \frac{2}{3} < \frac{3}{4} < \ldots$.

3) $f_3: n \to \frac{n+1}{n}$, $n \in \mathbb{N}$, ist streng monoton fallend, denn $2 > \frac{3}{2} > \frac{4}{3} > \frac{5}{4} > \ldots$.

4) $f_4: n \to \left[-\frac{1}{2}n\right]$, $n \in \mathbb{N}$, ist monoton fallend, denn $-1 \geq -1 \geq -2 \geq -2 \geq -3 \geq \ldots$.

beschränkt

Schranke

[2] **Beschränkte Folgen.** Eine Folge $\langle a_n \rangle$ heißt *nach oben (nach unten) beschränkt*, wenn es ein $g \in \mathbb{R}$ gibt, so daß $a_n \leq g$ ($g \leq a_n$) für alle $n \in \mathbb{N}$. g heißt *obere (untere) Schranke*. Eine Schranke ist nicht eindeutig bestimmt, denn mit g ist auch jede Zahl $r \in \mathbb{R}$ obere (untere) Schranke, für die $g < r$ ($r < g$) gilt.

Beispiele:

1) Die Folge $\langle a_n \rangle$ mit $a_n = \frac{n}{n+1}$, also die Folge $\frac{1}{2}$; $\frac{2}{3}$; $\frac{3}{4}$; $\frac{4}{5}$; $\ldots$, ist durch die Schranke $g = 2$ nach oben

beschränkt, da $\frac{n}{n+1} \leq 2$ für alle $n \in \mathbb{N}$. Ebenso sind $g = 7$ oder $g = 1$ obere Schranken von $\langle a_n \rangle$.

2) Die Folge $\langle b_n \rangle$ mit $b_n = \frac{1}{n}$, also die Folge $1; \frac{1}{2};$ $\frac{1}{3}; \frac{1}{4}; \ldots$, ist durch $g = 0$ nach unten beschränkt, da $0 \leq \frac{1}{n}$ für alle $n \in \mathbb{N}$. Weitere untere Schranken sind z. B. $g = -1$ und $g = -2$.

Eine Folge $\langle a_n \rangle$ heißt *beschränkt*, wenn sie eine obere und eine untere Schranke hat.   *beschränkt*

Eine Folge $\langle a_n \rangle$ heißt nach oben (unten) *unbeschränkt*, wenn sie keine obere (untere) Schranke besitzt.   *unbeschränkt*

Beispiele: 1) Die Folge $\langle b_n \rangle$ mit $b_n = \frac{1}{n}$, also $1; \frac{1}{2}; \frac{1}{3};$ $\frac{1}{4}; \ldots$, ist beschränkt, da sie eine obere und eine untere Schranke hat.

2) Die Folge $\langle c_n \rangle$ mit $c_n = 2^n$ ist nach oben unbeschränkt, da sie keine obere Schranke hat.

[3] Häufungspunkt.
Eine Zahl $h \in \mathbb{R}$ heißt *Häufungspunkt* der Folge $\langle a_n \rangle$, wenn in jeder beliebigen Umgebung von h unendlich viele Glieder dieser Folge liegen.   *Häufungspunkt*

Beispiel: $0 \in \mathbb{R}$ ist Häufungspunkt der Folge $\langle a_n \rangle$ mit $a_n = \frac{1}{n}$.

[4] Satz von Bolanzo-Weierstraß. Unendliche beschränkte Folgen $\langle a_n \rangle$ besitzen mindestens einen Häufungspunkt.

Beispiele: 1) Die Folge $\langle a_n \rangle$ mit $a_n = \frac{n+1}{n}$, d. i. die Folge $\frac{2}{1}; \frac{3}{2}; \frac{4}{3}; \frac{5}{4}; \ldots$, hat genau einen Häufungspunkt, nämlich $h = 1$.

2) Die Folge $\langle b_n \rangle$ mit $b_n = (-1)^n \cdot \frac{n}{n+1}$, d. i. die Folge $-\frac{1}{2}; \frac{2}{3}; -\frac{3}{4}; \frac{4}{5}; -\frac{5}{6}; \frac{6}{7}; \ldots$, hat zwei Häufungspunkte, nämlich $h_1 = -1$ und $h_2 = 1$.

Grenzwert
Limes

1.3. Konvergente Folgen

[1] **Grenzwert.** Hat eine Folge genau einen Häufungspunkt h, so heißt h der *Grenzwert* (bzw. der *Limes*) der Folge: Eine Zahl $a \in \mathbb{R}$ heißt Grenzwert einer unendlichen reellen Folge $\langle a_n \rangle$, wenn in jeder noch so kleinen ε-Umgebung $U_\varepsilon(a)$ von a unendlich viele Glieder der Folge liegen und außerhalb immer nur endlich viele.

Beispiel: Die Folge $f: n \to \frac{1}{n}$, $n \in \mathbb{N}$, hat den Grenzwert $a = 0$, denn ist $\varepsilon = \frac{1}{k}$, $k \in \mathbb{N}$, beliebig gewählt, so folgt $\frac{1}{n} \in U_{\frac{1}{k}}(0)$ für alle $n > k$. Ist z. B. $\varepsilon = \frac{1}{10}$, so folgt $\frac{1}{n} \in \,]-\frac{1}{10}; \frac{1}{10}[\, = U_{\frac{1}{10}}(0)$ für alle $n > 10$. Nur endlich viele Folgenglieder, nämlich $a_1; \ldots; a_{10}$ liegen außerhalb der Umgebung.

konvergent
divergent

Limes

Eine Folge, die einen Grenzwert besitzt, heißt *konvergent*. Eine Folge, die keinen Grenzwert besitzt, heißt *divergent*. Konvergiert die Folge $f: n \to a_n$, $n \in \mathbb{N}$, gegen den Grenzwert a (bzw. *Limes* a), so schreibt man: $\lim_{n \to \infty} a_n = a$.

Beispiel: Die Folge $f: n \to 2 + \frac{1}{n}$, $n \in \mathbb{N}$, d. h. die Folge $3; \frac{5}{2}; \frac{7}{3}; \frac{9}{4}; \ldots$, hat den Limes $a = 2$. Man schreibt dafür
$$\lim_{n \to \infty} \left(2 + \frac{1}{n}\right) = 2.$$

Nullfolge

Konvergiert eine Folge gegen Null, so heißt sie *Nullfolge:*
$\langle a_n \rangle$ ist Nullfolge $\Leftrightarrow \lim_{n \to \infty} a_n = 0$.

Beispiel: $f: n \to \frac{1}{n}$, $n \in \mathbb{N}$, ist eine Nullfolge. Es ist $\lim_{n \to \infty} \frac{1}{n} = 0$.

[2] **Sätze über konvergente Folgen**
(1) Eine konvergente Folge hat genau einen Häufungspunkt, nämlich ihren Grenzwert.

Beispiel: $f: n \to (-1)^n \cdot \frac{2}{n} + 1$, $n \in \mathbb{N}$, d. i. die Folge $-1; 2; \frac{1}{3}; \ldots$, ist konvergent. Sie hat den Häufungspunkt $h = 1$ als Grenzwert: $\lim_{n \to \infty} \left(1 + (-1)^n \cdot \frac{2}{n}\right) = 1$.

(2) Monoton steigende (fallende) und nach oben (unten) beschränkte Folgen sind konvergent mit der kleinsten oberen (unteren) Schranke als Grenzwert. Die kleinste obere (untere) Schranke heißt obere (untere) Grenze oder *Supremum (Infimum)*. *Supremum Infimum*

Beispiel: Die Folge $f: n \to 1 - \frac{2}{n}$, $n \in \mathbb{N}$, ist (sogar streng!) monoton steigend: $-1 < 0 < \frac{1}{3} < \frac{1}{2} < \frac{3}{5} < \frac{2}{3} < \ldots$ Eine obere Schranke ist z. B. $s = 10$. Das Supremum $a = 1$ ist der Grenzwert.

(3) **Grenzwertsätze.** Konvergieren die Folgen
$f: n \to a_n$, $n \in \mathbb{N}$, und $g: n \to b_n$, $n \in \mathbb{N}$,
gegen die Grenzwerte a bzw. b, so gilt:
a) Die *Summenfolge* $n \to a_n + b_n$, $n \in \mathbb{N}$ konvergiert gegen die Summe der Grenzwerte $a + b$. *Summenfolge*
b) Die *Differenzfolge* $n \to a_n - b_n$, $n \in \mathbb{N}$, konvergiert gegen die Differenz der Grenzwerte $a - b$. *Differenzfolge*
c) Die *Produktfolge* $n \to a_n b_n$, $n \in \mathbb{N}$, konvergiert gegen das Produkt der Grenzwerte ab. *Produktfolge*
d) Die *Quotientenfolge* $n \to a_n : b_n$, $n \in \mathbb{N}$, konvergiert, wenn $b \neq 0$, gegen den Quotienten der Grenzwerte $a : b$. *Quotientenfolge*

Beispiel: Sei $a_n = 2 - \frac{1}{n}$ und $b_n = 4 + \frac{2}{n}$. Es gilt $\lim_{n \to \infty} a_n = 2$ und $\lim_{n \to \infty} b_n = 4$. Es folgt: $\lim_{n \to \infty} (a_n + b_n) = 2 + 4 = 6$, $\lim_{n \to \infty} (a_n - b_n) = 2 - 4 = -2$, $\lim_{n \to \infty} (a_n \cdot b_n) = 2 \cdot 4 = 8$ und da $\lim_{n \to \infty} b_n \neq 0$ ist, gilt $\lim_{n \to \infty} (a_n : b_n) = \frac{1}{2}$.

[3] Konvergenzkriterien
(1) Eine Folge $\langle a_n \rangle$ heißt *Cauchyfolge* (Fundamentalfolge), wenn es für jedes beliebige $\epsilon > 0$ ein $n \in \mathbb{N}$ gibt, so daß *Cauchyfolge*

für alle $k, l \in \mathbb{N}$ gilt: wenn $k, l > n$, dann $|a_k - a_l| < \epsilon$.
Es gilt: $\langle a_n \rangle$ ist Cauchyfolge $\Leftrightarrow$ $\langle a_n \rangle$ ist konvergent.
(2) $a \in \mathbb{R}$ ist Grenzwert der Folge $\langle a_n \rangle$, falls es zu jedem (beliebig kleinen) $\epsilon > 0$ ein $n_0 \in \mathbb{N}$ gibt, so daß
$|a_n - a| < \epsilon$ für alle $n > n_0$.

2. Reihen

2.1. Definition von Reihen

endliche Reihe
unendliche Reihe
Reihenglied

[1] **Reihe und Partialsumme.** Ist $f: n \to a_n, n \in \mathbb{N}_k$, eine endliche Folge, so nennt man die Summe $a_1 + a_2 + \ldots + a_k$ *endliche Reihe*. Ist $\langle a_n \rangle$ eine unendliche Folge, so nennt man $a_1 + a_2 + \ldots + a_n + a_{n+1} + \ldots$ eine *unendliche Reihe*.
$a_1; a_2; \ldots$ heißen *Reihenglieder*.

Beispiele:
1) Zur Folge $f: n \to \frac{1}{2n}$, $n \in \mathbb{N}_6$, gehört die Reihe
$\frac{1}{2} + \frac{1}{4} + \frac{1}{6} + \frac{1}{8} + \frac{1}{10} + \frac{1}{12}$.
2) Zur Folge $g: n \to \frac{1}{n}$, $n \in \mathbb{N}$, gehört die Reihe $\frac{1}{1} + \frac{1}{2} + \frac{1}{3} + \frac{1}{4} + \ldots + \frac{1}{n} + \frac{1}{n+1} + \ldots$ Diese Reihe heißt *harmonische Reihe*.

harmonische Reihe

Partialsummen

Ist $\langle a_n \rangle$ eine Folge, so heißen die Summen $s_n = a_1 + a_2 + \ldots + a_n, n \in \mathbb{N}$, die *Partialsummen* der zugehörigen Reihe.

Beispiel: Die ersten Partialsummen der harmonischen Reihe sind: $s_1 = \frac{1}{1}$, $s_2 = \frac{1}{1} + \frac{1}{2}$, $s_3 = \frac{1}{1} + \frac{1}{2} + \frac{1}{3}$, $s_4 = \frac{1}{1} + \frac{1}{2} + \frac{1}{3} + \frac{1}{4}, \ldots$

konvergent
divergent

Summenwert

[2] **Konvergente Reihen.** Eine unendliche Reihe heißt *konvergent* (*divergent*), wenn die zur Reihe gehörige Folge $\langle s_n \rangle$ der Partialsummen konvergiert (divergiert). Den Grenzwert $s = \lim_{n \to \infty} s_n$ nennt man *Summenwert der Reihe*.

Zu seiner formalen Bezeichnung dient das Symbol $\sum_{n=1}^{\infty} a_n$.

Beispiele: 1) Die zu $f: n \to \frac{1}{n(n+1)}$, $n \in \mathbb{N}$, gehörige Reihe ist $\frac{1}{1 \cdot 2} + \frac{1}{2 \cdot 3} + \frac{1}{3 \cdot 4} + \frac{1}{4 \cdot 5} + \ldots + \frac{1}{n(n+1)} + \ldots$
Wegen $\langle s_n \rangle : n \to 1 - \frac{1}{n+1}$, $n \in \mathbb{N}$, konvergiert die Reihe mit dem Grenzwert 1.
2) Die harmonische Reihe ist divergent, da die Folge der Partialsummen über alle Grenzen wächst, wenn nur der Index n genügend groß gewählt wird: Es gilt $s_{2m} > 1 + (m-1) \cdot \frac{1}{2}$, z. B. $s_{25} = s_{32} > 1 + 4 \cdot \frac{1}{2} = 3$.

[3] **Potenzreihen.** Jede Reihe der Form
$$a_0 + a_1 x + a_2 x^2 + \ldots + a_n x^n + \ldots$$
heißt *Potenzreihe*. Es gibt eine Zahl $r \geq 0$, so daß die Reihe für alle $|x| < r$ konvergiert, für alle $|x| > r$ divergiert.

Potenzreihe

2.2. Arithmetische und geometrische Reihen

[1] **Arithmetische Reihen.** Die zu einer arithmetischen Folge $f: n \to a_1 + (n-1) \cdot d$, $n \in \mathbb{N}$, gehörende Reihe

arithmetische Reihe

$$a_1 + (a_1 + d) + (a_1 + 2d) + \ldots + (a_1 + (n-1) \cdot d) + \ldots$$

heißt *arithmetische Reihe*.

Beispiel: Zur Folge $f: n \to 1 + (n-1) \cdot 3$, $n \in \mathbb{N}$, gehört die arithmetische Reihe $1 + 4 + 7 + 10 + 13 + \ldots$.

Für arithmetische Reihen gelten folgende Beziehungen:
(1) für die Reihenglieder: $a_n = a_1 + (n-1) \cdot d$, $n \in \mathbb{N}$;
(2) für die Partialsummen:
$$s_n = \frac{n}{2} \cdot [2a_1 + (n-1)d] = \frac{n}{2}(a_1 + a_n), \; n \in \mathbb{N};$$
(3) Arithmetische Reihen sind divergent, wenn $d \neq 0$.

[2] **Geometrische Reihen.** Die zu einer geometrischen Folge $f: n \to a \cdot a^{n-1}$, $n \in \mathbb{N}$, gehörende Reihe

geometrische Reihe

$$a + a \cdot q + a \cdot q^2 + \ldots a \cdot q^n + \ldots$$

heißt *geometrische Reihe*.

Beispiel: Zur Folge $f: n \to 4 \cdot \left(\frac{1}{2}\right)^{n-1}$, $n \in \mathbb{N}$, gehört die geometrische Reihe $4 + 2 + 1 + \frac{1}{2} + \frac{1}{4} + \frac{1}{8} + \ldots$.

Bei geometrischen Reihen gelten folgende Beziehungen:
(1) für die Reihenglieder: $a_n = a_1 \cdot q^{n-1}$, $n \in \mathbb{N}$;
(2) für die Partialsummen: $s_n = a \cdot \frac{(1-q^n)}{1-q}$. für $n \in \mathbb{N}$ und $q \neq 1$.

Ist $-1 < q < 1$, so konvergiert die zu
$f : n \to aq^{(n-1)}$, $n \in \mathbb{N}$
gehörende geometrische Reihe und hat den Summenwert

$$\lim_{n \to \infty} s_n = \sum_{n=0}^{\infty} a \cdot q^n = \frac{a}{1-q}.$$

Beispiel: Die geometrische Reihe $4 + 2 + 1 + \frac{1}{2} + \frac{1}{4} + \ldots$ ist konvergent, da $q = \frac{1}{2}$, also $-1 < q < 1$.
Der Summenwert ist $\sum_{n=0}^{\infty} 4 \cdot \left(\frac{1}{2}\right)^n = \frac{4}{1-\frac{1}{2}} = 8$.

Konvergenz-
kriterien

2.3. Konvergenzkriterien

[1] **Notwendiges Kriterium.** Ist die zur Folge $f : n \to a_n$ $n \in \mathbb{N}$, gehörende Reihe konvergent, so gilt $\lim_{n \to \infty} a_n = 0$.

[2] **Majorantenkriterium.** Die Reihen
$R_1 : a_1 + a_2 + \ldots + a_n + \ldots$ und
$R_2 : b_1 + b_2 + \ldots + b_n + \ldots$
mögen nur positive Glieder haben.
Ist die Reihe R_2 konvergent und gilt
$a_1 \leq b_1, a_2 \leq b_2, a_3 \leq b_3, \ldots, a_n \leq b_n, \ldots$, so konvergiert auch die Reihe R_1.

[3] **Leibniz-Kriterium.** Eine alternierende Reihe ist konvergent, wenn die Absolutbeträge der Reihenglieder monoton fallend gegen Null konvergieren.

[4] **Quotientenkriterium.** Besteht die Reihe $a_1 + a_2 + \ldots + a_n + \ldots$ nur aus positiven Gliedern und gibt es ein $q < 1$ mit $a_{n+1} : a_n \leq q$ für alle $n \in \mathbb{N}$, so ist die Reihe konvergent.

[5] **Hinreichendes Kriterium.** Ist die Reihe $|b_1| + |b_2| + |b_3| + \ldots + |b_n| + \ldots$ konvergent, so ist auch die Reihe $b_1 + b_2 + \ldots + b_n + \ldots$ konvergent.

3. Umgebungen

3.1. Umgebungsbegriff
[1] **Umgebung.** Jedes offene Intervall $]l;r[$ mit $l, r \in \mathbb{R}$ heißt Umgebung U_a von $a \in \mathbb{R}$, falls $a \in]l;r[$.

Umgebung

> *Beispiel:* $]1;4[$ ist eine *Umgebung* von 2, da $2 \in]1;4[$.

[2] **Symmetrische Umgebung.** $U_a =]l;r[$ heißt symmetrische Umgebung von a, wenn $a \in]l;r[$ und $a - l = r - a$, d. h. wenn a die Intervallmitte bildet.

symmetrische Umgebung

> *Beispiel:* $]1;9[$ ist eine *symmetrische Umgebung* von $a = 5$.

ϵ-Umgebung

Unter der ϵ-Umgebung von $a \in \mathbb{R}$ versteht man die Menge $U_\epsilon(a) = \{x \mid a - \epsilon < x < a + \epsilon\}$, also $]a - \epsilon; a + \epsilon[$.

> *Beispiel:* $U_{\frac{1}{2}}(4) =]3\frac{1}{2}; 4\frac{1}{2}[$ ist eine $\frac{1}{2}$-Umgebung von $a = 4$.

3.2. Abbilden von Mengen und Umgebungen
Ist f eine Funktion und M eine Menge, so versteht man unter dem Bild von M bei f die Menge
$$f(M) = \{f(x) \mid x \in M \cap D_f\}.$$

> *Beispiele:* Gegeben: $f: x \to x^2, x \in \mathbb{R}^+$;
> $M_1 = \{-5; 2; 3\}; M_2 = \{1; \sqrt{2}; 4\}$.
> Dann ist
> $f(M_1) = \{4; 9\}, f(M_2) = \{1; 2; 16\}, f(\mathbb{R}^-) = \emptyset$.

Ist f eine Funktion und U_a eine Umgebung von a, so ist das Bild von U_a bei f die Menge $f(U_a) = \{f(x) \mid x \in U_a \cap D_f\}$.

> *Beispiele:*
> 1) $f: x \to 2x - 1, x \in \mathbb{R}$
> $f(U_1(3)) = f(]2;4[) =]3;7[$
> 2) $f: x \to \frac{1}{2}x + 3, x \in [4, +\infty[$
> $f(U_3(4)) = f(]1;7[) =]5;6,5[$
> (s. Abb. S. 388)

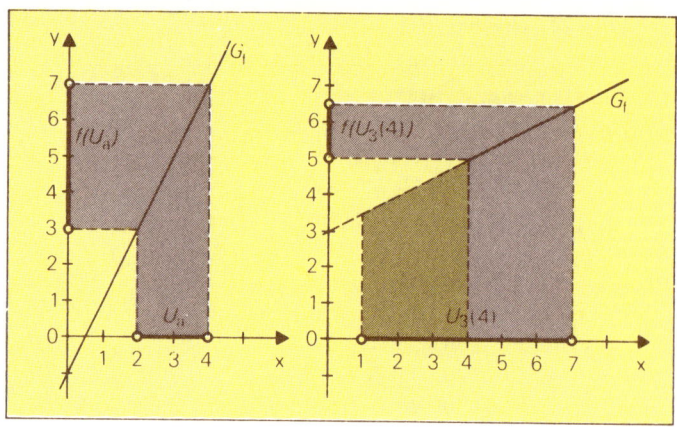

4. Stetigkeit

4.1. Grenzwert von Funktionen

funktional-
abhängige
Folge
Grundfolge

[1] **Folge von Funktionswerten.** Sei $f: x \to f(x)$, $x \in D$, eine Funktion und $\langle a_n \rangle$ eine Folge, deren Glieder alle im Definitionsbereich D der Funktion f liegen. Dann kann jedem Folgenglied a_n der Funktionswert $f(a_n)$ zugeordnet werden, so daß eine neue *Folge der Funktionswerte* $g: n \to f(a_n)$, $n \in \mathbb{N}$, entsteht: $f(a_1); f(a_2); f(a_3); \ldots$, die zur sogenannten *Grundfolge* $\langle a_n \rangle$ gehört.

Beispiel: Gegeben seien die Funktion $f: x \to x^2, x \in D = \mathbb{Q}$, und die Folge $g: n \to \frac{1}{n}$, $n \in \mathbb{N}$. Die zugehörige Folge der Funktionswerte ist
$h: n \to \frac{1}{n^2}$, $n \in \mathbb{N}$, bzw. $\frac{1}{1}; \frac{1}{4}; \frac{1}{9}; \frac{1}{16}; \frac{1}{25}; \ldots$.

Randstelle

[2] **Grenzwert von Funktionen.** Sei G eine Grundmenge und M eine Teilmenge von G. Ein Element $a \in G$ heißt *Randstelle* von M, wenn für jede Umgebung $U_\varepsilon(a)$ gilt: $U_\varepsilon(a) \cap M \neq \{\}$.

Beispiel: Ist $G = \mathbb{R}$, so sind 1 und 2 Randstellen von $[1; 2[$.

Grenzwert
einer Funktion

Sei $f: x \to f(x)$, $x \in D$, eine Funktion und $a \in D$ oder a Randstelle von D. Ferner sei $g: n \to a_n$, $n \in \mathbb{N}$, eine Grundfolge, die gegen a konvergiert. Unter dem *Grenzwert der Funktion f an der Stelle a* versteht man den Grenzwert der Folge der Funktionswerte $f(a_1); f(a_2); f(a_3); \ldots$, falls dieser Wert von der speziellen Wahl der Grundfolge $\langle a_n \rangle$ unabhängig ist. Den Grenzwert der Funktion f bei a bezeichnet man mit dem Symbol $\lim\limits_{x \to a} f(x)$.

Beispiel: Gegeben seien $f: x \to (x^2 + 1)$, $x \in \mathbb{R}$, und $g: n \to 2 + \frac{1}{n}$, $n \in \mathbb{N}$.

$\lim\limits_{x \to 2} f(x) = \lim\limits_{x \to 2} (x^2 + 1) = \lim\limits_{n \to \infty} \left[\left(2 + \frac{1}{n}\right)^2 + 1 \right]$
$= \lim\limits_{n \to \infty} \left(5 + \frac{4}{n} + \frac{1}{n^2}\right) = 5$, also $\lim\limits_{x \to 2} f(x) = 5$.

[3] **Verallgemeinerte Grenzwertsätze.** Besitzen die Funktionen $f: x \to f(x)$, $x \in D_f$, und $g: x \to g(x)$, $x \in D_g$, an der Stelle a Grenzwerte, so haben auch die Funktionen $f + g$; $f - g$; $f \cdot g$ und, sofern $\lim\limits_{x \to a} g(x) \neq 0$ ist, $f : g$ Grenzwerte bei a, und es gilt:

(1) $\lim\limits_{x \to a} [f(x) + g(x)] = \lim\limits_{x \to a} f(x) + \lim\limits_{x \to a} g(x)$

(2) $\lim\limits_{x \to a} [f(x) - g(x)] = \lim\limits_{x \to a} f(x) - \lim\limits_{x \to a} g(x)$

(3) $\lim\limits_{x \to a} [f(x) \cdot g(x)] = \lim\limits_{x \to a} f(x) \cdot \lim\limits_{x \to a} g(x)$

(4) $\lim\limits_{x \to a} [f(x) : g(x)] = \lim\limits_{x \to a} f(x) : \lim\limits_{x \to a} g(x)$

Beispiel: Gegeben sind
$f: x \to \frac{6 \cdot x}{x + 2}$, $x \in \mathbb{R}$ und $g: x \to \frac{4x - 1}{2 - x}$, $x \in \mathbb{R}$.
Es gilt $\lim\limits_{x \to 1} f(x) = 2$ und $\lim\limits_{x \to 1} g(x) = 3$.
Also folgt:
$\lim\limits_{x \to 1} [f(x) + g(x)] = 2 + 3 = 5$,
$\lim\limits_{x \to 1} [f(x) - g(x)] = 2 - 3 = -1$,
$\lim\limits_{x \to 1} [f(x) \cdot g(x)] = 2 \cdot 3 = 6$ und da
$\lim\limits_{x \to 1} g(x) \neq 0$ ist, gilt $\lim\limits_{x \to 1} [f(x) : g(x)] = \frac{2}{3}$.

4.2. Stetige Funktionen

stetig an einer Stelle

[1] Stetigkeit an einer Stelle. Gegeben sei eine Funktion $f: x \rightarrow f(x)$, $x \in D$.

Die Funktion f heißt *stetig an einer Stelle* $a \in D$ des Definitionsbereiches D, wenn der Grenzwert von f bei a gleich dem Funktionswert $f(a)$ ist.

Grenzwertdefinition

f stetig bei a $\Leftrightarrow$ Es gibt eine Umgebung $U_\epsilon(a) \subseteq D$ und $\lim_{x \to a} f(x) = f(a)$

Beispiel: Gegeben $f: x \rightarrow x^3 - 5$, $x \in \mathbb{R}$, und $2 \in \mathbb{R}$. Es ist $\lim_{x \to 2}(x^3 - 5) = 3$ und $f(2) = 3$, also $\lim_{x \to 2} f(x) = f(2)$.

f ist stetig bei $a = 2$.

Umgebungskriterium

Gleichwertig zur obigen *Grenzwertdefinition* ist die Umgebungsdefinition der Stetigkeit:

Eine Funktion f heißt stetig an der Stelle $a \in D_f$, wenn es zu *jeder* ϵ-Umgebung $V_\epsilon(f(a))$ (*mindestens*) eine δ-Umgebung $U_\delta(a)$ gibt, so daß $f(x) \in U_\epsilon(f(a))$ für alle $x \in U_\delta(a) \cap D_f$.

Wegen $U(f(a)) = \{x \mid |x - f(a)| < \epsilon\}$ und
$U_\delta(a) = \{x \mid |x - a| < \delta\}$ ist
die folgende Fassung zur Umgebungsdefinition gleichwertig:

Eine Funktion f heißt stetig an der Stelle $a \in D_f$, wenn es zu jedem $\epsilon \in \mathbb{R}^+$ (*mindestens*) ein $\delta \in \mathbb{R}^+$ gibt, so daß für alle $x \in D_f$ mit $|x - a| < \delta$ stets $|f(x) - f(a)| < \epsilon$ folgt.

Das bedeutet: $U_\delta(a)$ wird durch f in die Menge $U_\epsilon(f(a))$ abgebildet.

Beispiel: Gegeben ist $f: x \rightarrow 2x + 3$, $x \in \mathbb{R}$ und $a = 4$. $\epsilon \in \mathbb{R}^+$ sei beliebig gewählt. Dann gilt:

$|f(x) - f(4)| < \epsilon \Leftrightarrow |(2x + 3) - (2 \cdot 4 + 3)| < \epsilon$
$\Leftrightarrow |2(x - 4)| < \epsilon \Leftrightarrow 2|x - 4| < \epsilon \Leftrightarrow |x - 4| < \frac{\epsilon}{2}$

Also folgt für jedes $x \in U_{\frac{\epsilon}{2}}(4) \cap D_f$, daß $|f(x) - f(4)| < \epsilon$.

Wählt man daher ein $\delta \in]0; \frac{\epsilon}{2}[$, so folgt $|f(x) - f(4)| < \epsilon$ für alle $x \in D_f$ mit $|x - 4| < \delta$. f ist stetig bei $a = 4$.

[2] Stetige Funktionen. Eine Funktion heißt stetig, wenn sie an *allen* Stellen ihres Definitionsbereiches stetig ist.

stetige Funktionen

> *Beispiele:*
> 1) Jede ganzrationale Funktion ist stetig.
> 2) Jede rationale Funktion ist stetig.

[3] Sätze über stetige Funktionen.
(1) **Verknüpfungssatz:** Sind f und g stetig bei a, so sind $f + g$, $f - g$ und $f \cdot g$ stetig bei a. Ist $g(a) \neq 0$, so ist $f : g$ stetig bei a.

Verknüpfungen von Funktionen

(2) **Satz von der reziproken Funktion:** Ist f stetig bei a und $f(a) \neq 0$, so ist f^{-1} stetig bei a.

reziproke Funktion

> *Beispiel:* $f: x \to 2x$, $x \in \mathbb{R}$ ist stetig bei $a = 1$. Da $f(1) = 2 \neq 0$, ist f^{-1} stetig bei $a = 1$.

(3) **Verkettungssatz:** Ist f stetig bei a und g stetig bei $f(a)$, so ist die verkettete Funktion $g \circ f$ stetig bei a.

Verkettungssatz

> *Beispiel:* $f: x \to 3x - 1$, $x \in \mathbb{R}$, ist stetig bei $a = 2$ und $g: x \to x^2$, $x \in \mathbb{R}$, ist stetig bei $f(2) = 5$, also ist $g \circ f: x \to (3x - 1)^2$, $x \in \mathbb{R}$, stetig bei $a = 2$.

(4) **Zwischenwertsatz:** Ist f stetig in $[a; b]$, $f(a) < c < f(b)$, so gibt es ein $x_0 \in \,]a; b[\,$ mit $f(x_0) = c$.

Zwischenwertsatz

> *Beispiel:* $f: x \to x^3 - 1$, $x \in \mathbb{R}$, ist stetig auf $[-1; 2]$ mit $f(-1) < 0 < f(2)$. Es gibt also $x_0 \in \,]-1; 2[\,$ mit $f(x_0) = 0$.

(5) **Satz vom Maximum und Minimum:** Ist f stetig in $[a; b]$, so existieren $\max f([a; b])$ und $\min f([a; b])$.

> *Beispiel:* $f: x \to x^2$, $x \in \mathbb{R}$, ist stetig in $[-1; 2]$. Es gibt $\max f([-1; 2]) = 4$ und $\min f([-1; 2]) = 0$.

(6) **Unstetige Funktionen.** Die Funktion $f: x \to f(x)$, $x \in D$, heißt *unstetig* an der Stelle $a \in D$, wenn $\lim_{x \to a} f(x) \neq f(a)$.

> *Beispiel:* $f: x \to \begin{cases} \frac{1}{x}, & \text{wenn } x \in \mathbb{R} \setminus \{0\} \\ 1, & \text{wenn } x = 0 \end{cases}$ ist unstetig bei $a = 0$.

unstetig — Eine Funktion f heißt *unstetig*, wenn es eine Stelle $a \in D_f$ gibt, an der f unstetig ist.

[4] Stetige Fortsetzung einer Funktion.
Sind f und g Funktionen, wobei $a \notin D_f$ und $D_g = D_f \cup \{a\}$, so heißt g Fortsetzung von f bei a.
Ist g stetig bei a, so heißt g stetige Fortsetzung von f bei a.

> *Beispiel:*
> Gegeben: $f : x \to \dfrac{x^2 - 4}{x - 2}$, $x \in \mathbb{R}\setminus\{2\}$; $a = 2$.
> Wegen $x^2 = (x + 2)(x - 2)$ ist $g : x \to x + 2$, $x \in \mathbb{R}$ als ganzrationale Funktion stetige Fortsetzung von f bei $a = 2$.

5. Differentialrechnung

5.1. Differenzierbarkeit

[1] **Steigung einer Geraden.** Die Steigung m einer Geraden ist definiert als der Tangens des Winkels α, den die Gerade mit der positiven Richtung der x-Achse bildet. Die Steigung einer Geraden ist konstant (↑ Abb. 1).

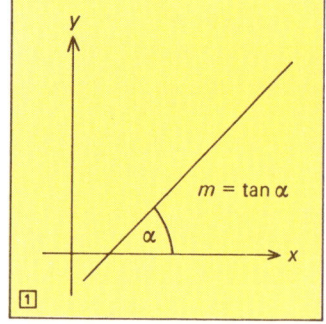

[2] **Steigung einer Funktion.** Der Begriff der Steigung kann bei einer Kurve (bzw. dem Graphen einer Funktion) i. allg. nur dann sinnvoll sein, wenn die Betrachtung eingeschränkt wird auf einen Kurvenpunkt P bzw. auf eine Umgebung dieses Punktes P. Betrachtet man eine Punktfolge Q_1; Q_2; Q_3; ... (↑ 2), so ergibt sich eine Folge s_1; s_2; s_3;

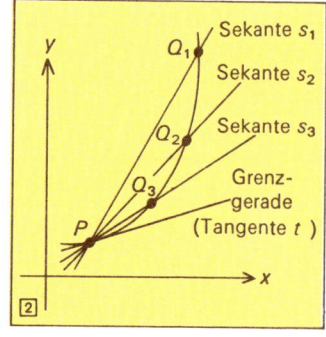

... von Sekanten. Die Grenzgerade dieser Folge heißt *Tangente* des Graphen von f in P. Ihre Steigung bezeichnet man als die *Steigung der Funktion F* an der Stelle x_0. Zur Ermittlung der Steigung m der Tangente t bildet man den Grenzwert der Sekantensteigungen m_s für $Q \to P$. (↑ Abb.)

Tangente

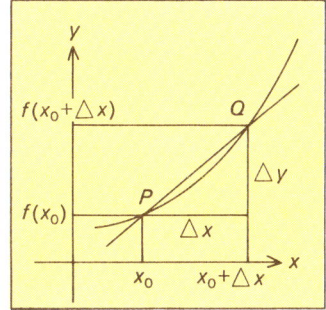

$$m = \lim_{Q \to P} m_s = \lim_{\Delta x \to 0} \frac{f(x_0 + \Delta x) - f(x_0)}{\Delta}.$$

[3] Ableitung. Die Ableitung $f'(x_0)$ der Funktion $f: x \to f(x)$, $x \in D$, an der Stelle $x_0 \in D$ ist definiert als der Grenzwert

Ableitung

$$f'(x_0) = \lim_{x \to x_0} \frac{f(x) - f(x_0)}{x - x_0} = \lim_{\Delta x \to 0} \frac{f(x_0 + \Delta x) - f(x_0)}{\Delta x}.$$

Existiert die Ableitung $f'(x_0)$, so heißt f differenzierbar bei x_0.

differenzierbar

| f heißt differenzierbar bei x_0 | ⇔ | Es gibt eine Umgebung $U_\varepsilon(x_0) \subseteq D$ und $\lim\limits_{\Delta x \to 0} \frac{\Delta f}{\Delta x}$ existiert |

Beispiel: Gegeben: $f: x \to x^2$, $x \in \mathbb{R}$,
$f'(x_0) = \lim\limits_{\Delta x \to 0} \frac{f(x_0 + \Delta x) - f(x_0)}{\Delta x} = \lim\limits_{\Delta x \to 0} \frac{(x_0 + \Delta x)^2 - x_0^2}{\Delta x} =$
$= \lim\limits_{\Delta x \to 0} \frac{2x_0 \cdot \Delta x + (\Delta x)^2}{\Delta x} = 2x_0;$
$f'(x_0) = 2x_0$ für alle $x_0 \in \mathbb{R}$, z. B. $f'(1) = 2$.

f ist genau dann differenzierbar bei a, wenn es eine Umgebung $U(a) \subseteq D_f$ und eine Funktion f_a, stetig bei a, gibt, so daß für alle $x \in D_f$ gilt: $f(x) = f(a) + (x - a) f_a(x)$.
Es gilt $f'(a) = f_a(a)$.

Beispiel: Gegeben: $f: x \to x^3$, $x \in \mathbb{R}$ und $a \in \mathbb{R}$. Gesucht: $f'(a)$.
Aus $f(x) = f(a) + (x - a) \cdot f_a(x)$ folgt
$f_a(x) = \frac{f(x) - f(a)}{x - a}$ für $x \neq a$.

f_a ist die stetige Fortsetzung der Differenzenquotientenfunktion
$d : x \to \frac{f(x) - f(a)}{x - a}$, $x \in D_f \setminus \{a\}$ von f bei a.

Für $f(x) = x^3$ folgt $d : x \to \frac{x^3 - a^3}{x - a}$, $x \in \mathbb{R} \setminus \{a\}$.

Wegen $\frac{x^3 - a^3}{x - a} = x^2 + ax + a^2$ ist (Rechnung ↑ Horner Schema)
$f_a : x \to x^2 + ax + a^2$, $x \in \mathbb{R}$ stetige Fortsetzung von d, und daher $f'(a) = f_a(a) = a^2 + a^2 + a^2 = 3a^2$.

Differentialoperator
Die Ableitung $f'(x)$ der Funktion f an der Stelle x beschreibt man mit dem *Differentialoperator* $\frac{d}{dx}$, angewendet auf f:

Differentialquotient
$f'(x) = \frac{df(x)}{dx}$ $\frac{df(x)}{dx}$ heißt *Differentialquotient*.

differenzierbare Funktion
[4] **Differenzierbare Funktionen.** Eine Funktion heißt differenzierbar, wenn sie an allen Stellen ihres Definitionsbereiches differenzierbar ist.

Beispiel: $f : x \to x^2$, $x \in \mathbb{R}$, ist differenzierbar auf $\mathbb{R}$, da $f'(x) = 2x$ für alle $x \in \mathbb{R}$.

Ableitungsfunktion
[5] **Ableitungsfunktion.** Die Funktion $f' : x \to f'(x)$, $x \in D_f$ mit $D_{f'} = D_f$ heißt Ableitungsfunktion der differenzierbaren Funktion f.

Beispiele: 1) $f : x \to x^2$, $x \in \mathbb{R}$, ist differenzierbar. Die Ableitungsfunktion ist $f' : x \to 2x$, $x \in \mathbb{R}$.

2) $g : x \to \sin x$, $x \in \mathbb{R}$, ist differenzierbar auf $\mathbb{R}$. Die Ableitungsfunktion ist $g' : x \to \cos x$, $x \in \mathbb{R}$.

Die Funktion $f'' : x \to f''(x)$, $x \in D_{f'}$, ist die Ableitungsfunktion der differenzierbaren Funktion f'.

stetig differenzierbar
Jede in x_0 differenzierbare Funktion ist in x_0 stetig. f heißt genau dann *stetig differenzierbar* an der Stelle x_0, wenn die erste Ableitung f' stetig in x_0 ist.

[6] Ableitungen spezieller Funktionen.

$f(x)$	$f'(x)$	$f(x)$	$f'(x)$	$f(x)$	$f'(x)$
a	0	$\sin x$	$\cos x$	$\sinh x$	$\cosh x$
x^n	$n \cdot x^{n-1}$	$\cos x$	$-\sin x$	$\cosh x$	$\sinh x$
$\sqrt{a^2-x^2}$	$-\dfrac{x}{\sqrt{a^2-x^2}}$	$\tan x$	$\dfrac{1}{\cos^2 x}$	$\tanh x$	$\dfrac{1}{(\cosh x)^2}$
a^x	$a^x \cdot \ln a$	$\cot x$	$-\dfrac{1}{\sin^2 x}$	$\coth x$	$-\dfrac{1}{(\sinh x)^2}$
e^x	e^x	arc sin x	$\dfrac{1}{\sqrt{1-x^2}}$	ar sinh x	$\dfrac{1}{\sqrt{x^2+1}}$
$\log_a x$	$\dfrac{1}{x \cdot \ln a}$	arc cos x	$-\dfrac{1}{\sqrt{1-x^2}}$	ar cosh x	$\dfrac{1}{\sqrt{x^2-1}}$
$\ln x$	$\dfrac{1}{x}$	arc tan x	$\dfrac{1}{1+x^2}$	ar tanh x	$\dfrac{1}{1-x^2}$
$\sqrt{x}$	$\dfrac{1}{2 \cdot \sqrt{x}}$	arc cot x	$-\dfrac{1}{1+x^2}$	ar coth x	$-\dfrac{1}{x^2-1}$

5.2. Differentiationsregeln

Differentiationsregeln

[1] Potenzregel: Die Funktion
$$f : x \to x^n, \; x \in \mathbb{R}$$
ist differenzierbar mit
$$f'(x) = n \cdot x^{n-1} \text{ für alle } n \in \mathbb{N}.$$

Beispiel: Für $f(x) = x^4$ folgt $f'(x) = 4 \cdot x^3$

[2] Allgemeine Potenzregel:
Für alle $r \in \mathbb{R}$ gilt:
Die Funktion $f : x \to x^r, \; x \in \mathbb{R}^+$ ist differenzierbar mit
$f'(x) = r \cdot x^{r-1}$ für alle $x \in \mathbb{R}^+$

Sind die Funktionen u und v an der Stelle $x \in D_u \cap D_v$ differenzierbar, so gilt:

[3] Summen-, Differenzregel: $(u \pm v)'(x) = u'(x) \pm v'(x)$.   *Summenregel*

[4] Produktregel: $(u \cdot v)'(x) = u'(x) \cdot v(x) + u(x) \cdot v'(x)$ *Produktregel*

Quotientenregel

[5] **Quotientenregel:** $\left(\frac{u}{v}\right)'(x) = \frac{u'(x) \cdot v(x) - u(x) \cdot v'(x)}{[v(x)]^2}$, wenn $v(x) \neq 0$.

> *Beispiele:* $u: x \to \sin x, x \in \mathbb{R}^+$ und $v: x \to x^2, x \in \mathbb{R}^+$ sind differenzierbar mit
> $u'(x) = \cos x$ und $v'(x) = 2x$ für alle $x \in \mathbb{R}^+$.
> Daher ist $(u \pm v)'(x) = \cos x \pm 2x$,
> $(u \cdot v)'(x) = \cos x \cdot x^2 + \sin x \cdot 2x$ und
> $\left(\frac{u}{v}\right)'(x) = \frac{\cos x \cdot x^2 - \sin x \cdot 2x}{x^4}$

[6] **Reziprokenregel:** Ist $f: x \to f(x), x \in D_f$ differenzierbar bei a und $f(a) \neq 0$, so ist $(f^{-1})'(a) = -\frac{f'(a)}{[f(a)]^2}$

> *Beispiel:* $f: x \to 3x^2 + 4, x \in \mathbb{R}^+$ ist differenzierbar mit $f'(a) = 6a$ und $f(a) \neq 0$ für alle $a \in \mathbb{R}^+$,
> also $(f^{-1})'(a) = -\frac{6a}{(3a^2 + 4)^2}$.
> Für $a = 1$ folgt $(f^{-1})'(1) = -\frac{6}{49}$.

Faktorregel

[7] **Faktorregel:** Ist die Funktion u differenzierbar bei $x \in D_u$ und $k \in \mathbb{R}$, so folgt:
$(k \cdot u)'(x) = k \cdot u'(x)$

> *Beispiel:* $u: x \to x^2, x \in \mathbb{R}$, ist differenzierbar mit $u'(x) = 2x$, so daß mit $k = 3$ folgt:
> $(3 \cdot u)'(x) = 3 \cdot 2x$ für alle $x \in \mathbb{R}$.

Kettenregel

[8] **Kettenregel.** Ist $f: x \to f(x), x \in D_f$, differenzierbar bei a und ist $g: x \to g(x), x \in D_g$, differenzierbar bei $b = f(a)$ und ist $W_f \subseteq D_g$, so ist die Verkettungsfunktion $g \circ f$:
$x \to g(f(x)), x \in D_f$, an der Stelle a differenzierbar. Es gilt:
$(g \circ f)'(a) = g'(f(a)) \cdot f'(a) = g'(b) \cdot f'(a)$.

> *Beispiel:* $f: x \to 3x + 4, x \in \mathbb{R}$, und $g: x \to x^2, x \in \mathbb{R}$, sind differenzierbar. Aus $f'(x) = 3$ und $g'(x) = 2x$ folgt für $a = 2$ und $b = f(2) = 10$: $(g \circ f)'(2) = g'(f(2)) \cdot f'(2)$
> $= g'(10) \cdot 3 = 20 \cdot 3 = 60$.

Umkehrregel:

[9] **Umkehrregel.** Es habe f die Umkehrfunktion g. Ist f bei a differenzierbar, $f'(a) \neq 0$ und g bei $b = f(a)$ stetig, folgt:
$$g'(b) = g'(f(a)) = \frac{1}{f'(a)}.$$

Beispiel: $f: x \rightarrow x^2$, $x \in \mathbb{R}^+$, hat die Umkehrfunktion
$g: x \rightarrow \sqrt{x}$, $x \in \mathbb{R}^+$.
Berechnet werden soll $g'(2,25)$:
Mit $g(2,25) = 1,5$ bzw. $f(1,5) = 2,25$ und $f'(x) = 2x$ folgt:
$$g'(2,25) = g'(f(1,5)) = \frac{1}{f'(1,5)} = \frac{1}{2 \cdot 1,5} = \frac{1}{3},$$
also $g'(2,25) = \frac{1}{3}$.

5.3. Satz von Rolle und Mittelwertsatz der Differentialrechnung

[1] **Satz von Rolle:** Ist f in $[a, b]$ stetig und in $]a, b[$ differenzierbar und $f(a) = f(b)$, dann gibt es ein $c \in]a, b[$ mit $f'(c) = 0$. *Satz von Rolle*

Beispiel: $x \rightarrow 4 - x^2$, $x \in \mathbb{R}$ ist differenzierbar. f ist also stetig auf $[-1; 1]$ und differenzierbar auf $]-1; 1[$. Ferner ist $f(-1) = f(1)$. Also gibt es ein $c \in]-1; 1[$ mit $f'(c) = 0$. Es ist $c = 0$.
Anschauliche Deutung: Da $f'(c)$ die Steigung der Tangente t im Kurvenpunkt $P(c; f(c))$ — hier $P(0,4)$ — angibt und $f'(0) = 0$, verläuft t parallel zur x-Achse.

[2] **Mittelwertsatz der Differentialrechnung.** Ist f stetig in $[a; b]$ und differenzierbar in $]a; b[$, so gibt es (mindestens) ein $c \in]a; b[$ mit
$$f'(c) = \frac{f(b) - f(a)}{b - a}.$$
Mittelwertsatz

Beispiel: $f: x \rightarrow x^2 - 2x$, $x \in \mathbb{R}$ ist differenzierbar. Für z. B. $[0; 3]$ gibt es also c mit
$$f'(c) = \frac{f(3) - f(0)}{3 - 0} = \frac{3 - 0}{3 - 0} = 1.$$
Es gilt also $f'(c) = 1 \Leftrightarrow 2c - 2 = 1 \Leftrightarrow c = 1,5$.

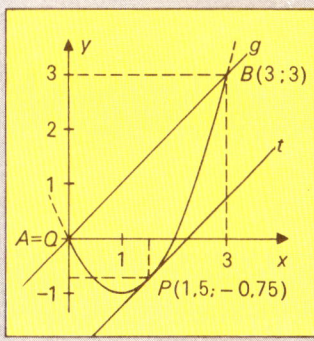

Anschauliche Deutung: Es gibt eine Stelle $c \in]a; b[$, so daß die Tangente t im Punkt $P(c; f(c))$ parallel zur Geraden durch $A(a; f(a))$ und $B(b; f(b))$ verläuft.
Im Beispiel: Die Tangente t durch $P(1,5; -0,75)$ verläuft parallel zur Sekante durch O und $B(3; 3)$.

Taylorreihe

[3] Taylorreihe. Wenn sich die Funktion f in eine Potenzreihe (↑ S. 385) entwickeln läßt, so gilt der *Taylorsatz*

$$f(x + a) = f(a) + \frac{f'(a)}{1!} x + \frac{f''(a)}{2!} x^2 + \ldots \frac{f^{(n)}(a)}{n!} x^n + \ldots$$

5.4. Kurvendiskussion und Extremwerte

Die Anwendung der Differentialrechnung ermöglicht eine genaue Untersuchung über den Verlauf des Graphen einer Funktion.

Monotonie

[4] Monotonie. Ist f differenzierbar im Intervall I, so gilt:

Ableitung von f in I	Monotonieverhalten von f in I
$f'(x) < 0$	streng monoton fallend
$f'(x) \leq 0$	monoton fallend
$f'(x) > 0$	streng monoton steigend
$f'(x) \geq 0$	monoton steigend
$f'(x) = 0$	konstant

lokales Maximum, Minimum

[2] Extrema. Die Funktion $f : x \to f(x)$, $x \in D_f$, besitzt an der Stelle $a \in D_f$ ein *lokales Maximum* (*Minimum*), falls es eine Umgebung $U_\epsilon(a) \subseteq D_f$ gibt, so daß $f(x) \leq f(a)$ ($f(x) \geq f(a)$) für alle $x \in U_\epsilon(a)$. Der Punkt $P(a ; f(a))$ heißt Hochpunkt (Tiefpunkt).

absolutes Maximum, Minimum

Eine Funktion $f : x \to f(x)$, $x \in D_f$ besitzt an der Stelle $a \in D_f$ ein *absolutes Maximum* (*Minimum*), falls $f(x) \leq f(a)$ ($f(x) \geq f(a)$) für alle $x \in D_f$ gilt. Der Punkt $P(a, f(a))$ heißt absolutes Maximum (Minimum).

Satz vom lokalen Extremum: Ist f bei a differenzierbar und hat f bei a ein lokales Extremum, so ist $f'(a) = 0$.

Beispiel: $f : x \to x^2$, $x \in \mathbb{R}$ ist bei $a = 0$ differenzierbar und $f(0) \leq f(x)$ für alle $x \in U_\epsilon(0)$ mit $\epsilon > 0$, da $f(x) = x^2 > 0$ für alle $x \in \mathbb{R}\setminus\{0\}$. Also folgt $f'(0) = 0$.

notwendige Bedingung
hinreichende Bedingung

Notwendige Bedingung für die Existenz eines lokalen Extremums bei $a \in D_f$ ist $f'(a) = 0$.
Hinreichende Bedingungen für Extrema.
1. Ist die Funktion $f : x \to f(x)$, $x \in D_f$, in a zweimal stetig differenzierbar und gilt $f'(a) = 0$ und $f''(a) < 0$ ($f''(a) > 0$), so liegt in a ein lokales Maximum (Minimum) vor.

2. Wenn die Ableitung von $f: x \to f(x)$, $x \in D_f$, bei a verschwindet - d. h. $f'(a) = 0$ - und die Ableitung niedrigster Ordnung, die an der Stelle a nicht verschwindet, von gerader (ungerader) Ordnung ist, so hat f bei a ein Extremum (Sattelpunkt). Ob ein Maximum oder ein Minimum vorliegt, entscheidet das Vorzeichen ähnlich wie im Kriterium 1.

Beispiele:
1) $f: x \to 2x^3 - 3x^2, x \in \mathbb{R}$, hat die Ableitungsfunktion $f': x \to 6x(x-1), x \in \mathbb{R}$, und diese $f'': x \to 6(2x-1), x \in \mathbb{R}$. Da $f'(x) > 0$ für alle $x \in \mathbb{R} \setminus [0;1]$ und $f'(x) < 0$ für alle $x \in\ ]0;1[$, ist f streng monoton steigend auf $\mathbb{R} \setminus]0;1[$ und streng monoton fallend auf $[0;1[$.

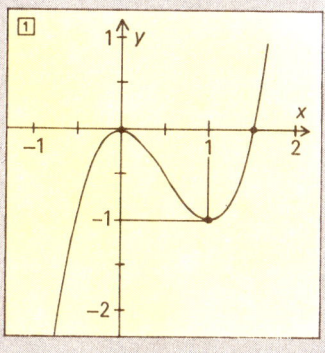

f' hat die Nullstellen $x_{11} = 0$ und $x_{12} = 1$, die also die notwendige Bedingung für die Existenz eines lokalen Extremums erfüllen. Da $f''(0) = -6 < 0$ $(f''(1) = 6 > 0)$, sind zusammen mit $f'(0) = 0$ $(f'(1) = 0)$ hinreichende Bedingungen für die Existenz eines lokalen Maximums (Minimums) bei $x_{11} = 0$ $(x_{12} = 1)$ gefunden (↑ Abb. 1).

2) *Extremwertaufgabe:* *Extremwertaufgabe*
„Aus einem rechteckigen Blech mit $a = 180$ cm, $b = 60$ cm ist ein Kasten ohne Deckel herzustellen. Welche Höhe x muß der Kasten haben, damit er ein möglichst großes Volumen v erhält? (↑ Abb. 2)

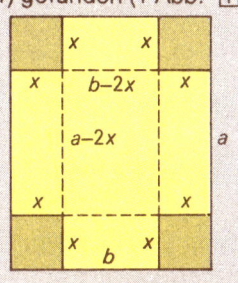

Es ist $v = (180 - 2x) \cdot (60 - 2x)x = 4x^3 - 480x^2 +$ *Zielfunktion* $10800x$ mit $v(0) = v(30) = 0$. Für die Zielfunktion $v: x \to 4x^3 - 480x^2 + 10800x, x \in\ ]0;30[$, folgt $v'(x) = 12x^2 - 960x + 10800 = 12(x^2 - 80x + 900)$ und $v''(x) = 24x - 960 = 24(x - 40)$ für alle $x \in\ ]0;30[$. Die Nullstellen von v' sind $x_{1,2} = 40 \pm 10\sqrt{7}$, also $x_1 \approx 66,5$ cm und $x_2 \approx 13,5$ cm. Da $x_1 \notin\ ]0;30[$ und $v''(x_2) \approx$

$-636 < 0$, hat der Kasten bei der Höhe $x_2 \approx 13{,}5$ cm maximales Volumen. Zur Herstellung des Kastens muß aus jeder Ecke des Blechs ein Quadrat von der Seitenlänge $x_2 \approx 13{,}5$ cm ausgeschnitten werden.

Wendepunkt

[3] Wendepunkt. Die differenzierbare Funktion $f: x \to f(x)$, $x \in D_f$, hat an der Stelle $a \in D_f$ einen *Wendepunkt* $W(a; f(a))$, falls die erste Ableitung dort ein lokales Extremum hat.

Notwendige Bedingung

Notwendige Bedingung: Besitzt die zweimal differenzierbare Funktion f bei $a \in D_f$ einen Wendepunkt, so gilt $f''(a) = 0$.

hinreichende Bedingung

Hinreichende Bedingungen für die Existenz eines Wendepunktes: Ist $f: x \to f(x)$, $x \in D_f$, dreimal stetig differenzierbar und sind für $a \in D_f$ die Bedingungen $f''(a) = 0$ und $f'''(a) \neq 0$ erfüllt, so liegt an der Stelle a ein Wendepunkt vor. Ein Wendepunkt bei $a \in D_f$ heißt *Sattelpunkt*, wenn $f'(a) = 0$.

Sattelpunkt

Beispiele: 1) $f: x \to \sin x$, $x \in \left[\frac{\pi}{2}; \frac{3}{2}\pi\right]$, hat bei $a = \pi$ einen Wendepunkt, denn aus $f'(x) = \cos x$, $f''(x) = -\sin x$, $f'''(x) = -\cos x$ ergibt sich $f''(\pi) = 0$ und $f'''(\pi) = 1$.
2) $g: x \to x^3$, $x \in \mathbb{R}$, hat bei $a = 0$ einen Wendepunkt, denn aus $g'(x) = 3x^2$, $g''(x) = 6x$ und $g'''(x) = 6$ folgt $g''(0) = 0$ und $g'''(0) = 6$. Da auch $g'(0) = 0$, liegt ein Sattelpunkt vor.

[4] Krümmung. Beim Durchlaufen des Graphen einer Funktion in Richtung der positiven x-Achse ändert sich beim Durchgang durch den Wendepunkt der Drehsinn der Tangente bzw. die Art der Krümmung des Graphen.

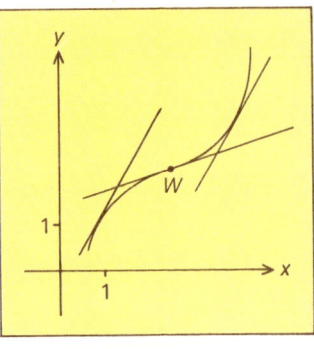

Der Graph einer zweimal differenzierbaren Funktion f heißt auf einem Intervall I *links-(rechts-)gekrümmt*, wenn

links- rechts- gekrümmt

f' auf I streng monoton steigt (fällt), d.h. wenn $f''(x) > 0$ ($f''(x) < 0$) für alle $x \in I$.

Beispiel: Die Funktion $g: x \to x^3$, $x \in \mathbb{R}$ ist linksgekrümmt auf $\mathbb{R}^+$, da $g''(x) > 0$ für alle $x \in \mathbb{R}^+$, rechtsgekrümmt auf $\mathbb{R}^-$, da $g''(x) < 0$ für alle $x \in \mathbb{R}^-$.

Integralrechnung

1. Integrale

1.1. Stammfunktionen

[1] Es seien g und f Funktionen. g heißt *Stammfunktion* von f, falls $g' = f$.

Stammfunktion

> *Beispiel:* $g : x \to \frac{1}{4} x^4$, $x \in \mathbb{R}$, ist eine Stammfunktion von $f : x \to x^3$, $x \in \mathbb{R}$, da $g'(x) = f(x)$ für alle $x \in \mathbb{R}$.

[2] Ist g eine Stammfunktion von f, so läßt sich *jede andere* Stammfunktion h von f in der Form $h = g + c$ mit $c \in \mathbb{R}$ schreiben, d. h. es ist $h : x \to g(x) + c$, $x \in D_g$.

> *Beispiel:* $g : x \to x^2$, $x \in \mathbb{R}$, ist eine Stammfunktion von $f : x \to 2x$, $x \in \mathbb{R}$. Ist auch h Stammfunktion von f, so gibt es ein $c \in \mathbb{R}$ mit $h : x \to x^2 + c$, $x \in \mathbb{R}$.

1.2. Unbestimmtes Integral

[1] **Stammfunktion und unbestimmtes Integral.** Unter dem *unbestimmten Integral* einer Funktion f versteht man die Menge aller Stammfunktionen von f. Diese Menge wird mit dem Symbol $\int f(x)\,dx$ bezeichnet.
Wenn g eine Stammfunktion von f ist, gilt

unbestimmtes Integral

$$\int f(x)\,dx = \{\, g + c \mid c \in \mathbb{R} \,\}.$$

Kürzer schreibt man:

$$\int f(x)\,dx = g(x) + C.$$

Hierbei ist C als Parameter aufzufassen, der alle reellen Zahlen durchläuft. $f(x)$ heißt *Integrand*, C heißt *Integrationskonstante*.

Integrand
Integrationskonstante

> *Beispiele:* 1) $g : x \to x^2$, $x \in \mathbb{R}$ ist Stammfunktion von $f : x \to 2x$, $x \in \mathbb{R}$,
> also $\int 2x\,dx = x^2 + C$.
> 2) $g : x \to \sin x$, $x \in \mathbb{R}$ ist Stammfunktion von
> $f : x \to \cos x$, $x \in \mathbb{R}$,
> also $\int \cos x\,dx = \sin x + C$.

[2] Tabelle von unbestimmten Integralen

$\int dx = x + C$

$\int x^n \, dx = \frac{x^{n+1}}{n+1} + C$ $\qquad \int \frac{f'(x)}{f(x)} \, dx = \ln|f(x)| + C$

$\int \frac{1}{x} \, dx = \ln|x| + C$ $\qquad \int \ln x \, dx = x \cdot \ln x - x + C$

$\int e^x \, dx = e^x + C$ $\qquad \int a^x \, dx = \frac{a^x}{\ln a} + C$

$\int \sin x \, dx = -\cos x + C$ $\qquad \int \cos x \, dx = \sin x + C$

$\int \frac{dx}{\sin^2 x} = -\cot x + C$ $\qquad \int \frac{dx}{\cos^2 x} = \tan x + C$

$\int \tan x \, dx = -\ln|\cos x| + C \quad \int \cot x \, dx = \ln|\sin x| + C$

$\int \arcsin x \, dx = x \cdot \arcsin x + \sqrt{1-x^2} + C$

$\int \arctan x \, dx = x \cdot \arctan x - \frac{1}{2} \ln(1+x^2) + C$

$\int \arccos x \, dx = x \cdot \arccos x - \sqrt{1-x^2} + C$

$\int \text{arc cot } x \, dx = x \cdot \text{arc cot } x + \frac{1}{2} \ln(1+x^2) + C$

$\int \sinh x \, dx = \cosh x + C$

$\int \tanh x \, dx = \ln \cosh x + C$

$\int \cosh x \, dx = \sinh x + C$

$\int \coth x \, dx = \ln|\sinh x| + C$

$\int \frac{dx}{\sqrt{1-x^2}} = \arcsin x + C = -\arccos x + C$

$\int \frac{dx}{1+x^2} = \arctan x + C \quad \int \frac{dx}{x^2-1} = \frac{1}{2} \ln \frac{x-1}{x+1} + C$

$\int \sqrt{a^2+x^2} \, dx = \frac{x}{2}\sqrt{x^2+a^2} + \frac{a^2}{2} \cdot \ln\left(x + \sqrt{x^2+a^2}\right) + C$

$\int \sqrt{a^2-x^2} \, dx = \frac{x}{2}\sqrt{a^2-x^2} + \frac{a^2}{2} \arcsin \frac{x}{|a|} + C$

Integrations-
regeln
Faktorregel

1.3. Integrationsregeln

[1] Faktorregel. Ein konstanter Faktor des Integranden kann vor das Integral gezogen werden:

$$\int a \cdot f(x) \, dx = a \cdot \int f(x) \, dx$$

Summenregel

[2] Summenregel. Ist der Integrand eine Summe (Differenz), so kann gliedweise integriert werden:

$$\int (f(x) \pm g(x)) \, dx = \int f(x) \, dx \pm \int g(x) \, dx$$

Beispiele:

1) $\int 4x^3 \, dx = 4 \cdot \int x^3 \, dx = 4 \cdot \left(\frac{1}{4}x^4 + C'\right) = x^4 + C$

2) $\int (2x + x^3) \, dx = \int 2x \, dx + \int x^3 \, dx = x^2 + \frac{1}{4}x^4 + C$

[3] Partielle Integration. Für differenzierbare Funktionen f und g gilt:
$$\int f(x) \cdot g'(x)\,dx = f(x) \cdot g(x) - \int f'(x) \cdot g(x)\,dx$$

Partielle Integration

Beispiel: $\int x \cdot \cos x\,dx$ ist zu berechnen.
Setzt man $f(x) = x$ und $g'(x) = \cos x$,
folgt mit $f'(x) = 1$ und $g(x) = \sin x$,
daß $\int x \cdot \cos x\,dx = x \cdot \sin x - \int 1 \cdot \sin x\,dx =$
$= x \cdot \sin x + \cos x + C$

[4] Substitutionsregel. Sind f, g und g' stetige Funktionen, so gilt: $\int f(g(x)) \cdot g'(x)\,dx = \int f(z)\,dz$ mit $z = g(x)$.

Substitutionsregel

Beispiel: 1) Anwendung der Regel *von links nach rechts:*
Zu berechnen ist: $\int \sin^3 x \cdot \cos x\,dx$.
Setzt man $z = \sin x$, so ist
$\int \sin^3 x \cos x\,dx = \int z^3\,dz = \frac{1}{4} z^4 + C = \frac{1}{4}(\sin x)^4 + C$.

2) Anwendung der Regel »*von rechts nach links*«:
Zu berechnen ist: $\int \cos(3z)\,dz$.
Setzt man $z = g(x) = \frac{1}{3} x$, so ist

$\int \cos\left(3 \cdot \frac{1}{3} x\right) \cdot \frac{1}{3} \cdot dx = \frac{1}{3} \cdot \int \cos x\,dx = \frac{1}{3} \cdot \sin x + C$
$= \frac{1}{3} \sin(3z) + C$.

1.4. Bestimmtes Integral

[1] Bestimmtes Integral. Es sei f eine auf $[a\,;\,b]$ definierte Funktion. Für jedes $n \in \mathbb{N}$ seien zur Zerlegung des Intervalls $[a\,;\,b]$ $n+1$ Teilungspunkte $x_0^n \leq x_1^n \leq x_2^n \leq \ldots \leq x_n^n$ gegeben mit $a = x_0^n$ und $b = x_n^n$, die $[a\,;\,b]$ in Teilintervalle $[x_{i-1}^n,\,x_i^n]$ der Länge $\Delta x_i^n = x_i^n - x_{i-1}^n$ unterteilen mit $\lim_{n \to \infty} \Delta x_i^n = 0$ für alle $i \in \mathbb{N}$.

Bestimmtes Integral

Ist $z_i^n \in [x_{i-1}^n,\,x_i^n]$ beliebig gewählt und existiert

$$\lim_{n \to \infty} \sum_{i=1}^{n} f(z_i^n) \cdot \Delta x_i^n$$

unabhängig von der Wahl der Teilungspunkte x_0^n bis x_n^n für alle $n \in \mathbb{N}$, so heißt dieser Limes das *bestimmte Integral* von f zwischen den *Integrationsgrenzen* a und b.

Integrationsgrenzen Es wird mit dem Symbol $\int_a^b f(x)\,dx$ bezeichnet:

$$\int_a^b f(x)\,dx = \lim_{n\to\infty} \sum_{i=1}^{n} f(z_i^n)\left(x_i^n - x_{i-1}^n\right)$$

[2] **Sätze über bestimmte Integrale.**

(1) Für jede auf [a ; b] stetige Funktion existiert $\int_a^b f(x)\,dx$.

Mittelwertsatz der Integralrechnung

(2) **Mittelwertsatz der Integralrechnung:** Für jede auf [a ; b] stetige Funktion f gibt es (mindestens) ein

$c \in\,]a\,;b[$, so daß $\dfrac{1}{b-a}\int_a^b f(x)\cdot dx = f(c)$.

$f(c)$ heißt Mittelwert von f auf [a ; b].

Beispiel: Gegeben sei $f: x \to 3x^2,\ x \in \mathbb{R}$. f (ganzrational) ist stetig auf [1 ; 4] . f hat auf [1 ; 4] den Mittelwert

$\dfrac{1}{4-1}\int_1^4 3x^2\cdot dx = \dfrac{1}{3}[x^3]_1^4 = 21 = f(c)$

mit $c = \sqrt{7} \in [\,1\,;\,4\,]$.

(3) Sind g und h auf dem Intervall [a ; b] definierte Stammfunktionen von f, so gilt
$g(b) - g(a) = h(b) - h(a)$.

(4) Integration mit Stammfunktionen. Für jede Stammfunktion g von f gilt, falls $[a\,;\,b] \subseteq D_f$,

$$\int_a^b f(x)\,dx = g(b) - g(a).$$

Man schreibt auch $g(b) - g(a) = |g(x)|_a^b$, daher

$$\int_a^b f(x)\,dx = |g(x)|_a^b$$

Beispiele:

1) Zu berechnen ist $\int_1^2 x^2\,dx$. Aus $g(x) = \dfrac{1}{3}x^3$ folgt $g'(x) = x^2$, daher $\int_1^2 x^2\,dx = g(2) - g(1) = \left|\dfrac{1}{3}x^3\right|_1^2 =$
$= \dfrac{8}{3} - \dfrac{1}{3} = \dfrac{7}{3}$.

2) Zu berechnen ist $\int_0^{\pi/2} \cos x \, dx$. Aus $g(x) = \sin x$ folgt

$g'(x) = \cos x$, daher $\int_0^{\pi/2} \cos x \, dx = g\left(\frac{\pi}{2}\right) - g(0) = \left|\sin x\right|_0^{\pi/2} =$
$= \sin \frac{\pi}{2} - 0 = 1$.

[3] **Integralfunktionen.**
Sei f eine Funktion, die auf einem Intervall $I \subseteq \mathbb{R}$ definiert ist und über jedes Teilintervall $[a\,;\,b] \subseteq I$ von I integrierbar ist (z. B. wenn f stetig). Sei $c \in I$ beliebig, aber fest gewählt. Dann heißt die Funktion

$G_c : x \rightarrow \int_c^x f(u) \, du$, $x \in I$ Integralfunktion zu f auf I.   *Integralfunktion*

Beispiel: Gegeben seien $f : x \rightarrow \frac{1}{x}$, $x \in \mathbb{R}^+$ und $c = 1$.

Die Integralfunktion $G_1 : x \rightarrow \int_1^x \frac{1}{v} \, du$, $x \in \mathbb{R}^+$

ist die Logarithmusfunktion zur Basis e († Eulersche Zahl).

Jede Integralfunktion einer stetigen Funktion f ist eine Stammfunktion von f. Es gilt der

[4] **Hauptsatz der Differential- und Integralrechnung:**
Ist f eine auf einem Intervall $I \subseteq \mathbb{R}$ stetige Funktion, so ist jede Integralfunktion

$G_c : x \rightarrow \int_c^x f(u) \, du$, $x \in I$ ($c \in I$ fest gewählt)

an jeder Stelle $a \in I$ differenzierbar, wobei $G'_c(a) = f(a)$ gilt.

Beispiel: Gegeben sei $f : x \rightarrow \sqrt{x + 3}$, $x \in \mathbb{R}^+$

Für $G_1 : x \rightarrow \int_1^x \sqrt{u + 3} \, du$, $x \in \mathbb{R}_+^+$ gilt

$G'_1(6) = f(6) = \sqrt{9} = 3$.

Regeln zur bestimmten Integration

1.5. Regeln zur bestimmten Integration

[1] Vertauschung der Integrationsgrenzen. Vertauscht man die Integrationsgrenzen, so wechselt das Integral das Vorzeichen:

$$\int_a^b f(x)\,dx = -\int_b^a f(x)\,dx\,;$$

speziell folgt $\int_a^a f(x)\,dx = 0$

Beispiel: $\int_0^{\pi/2} \sin x\,dx = -\int_{\pi/2}^0 \sin x\,dx = \int_{\pi/2}^0 (-\sin x)\,dx = \cos 0 - \cos \frac{\pi}{2} = 1$

[2] Zerlegung des Integrationsintervalls. Das Integral über das Intervall [a ; b] ist gleich der Summe der Integrale über die Teilintervalle:

Für $a \leq b \leq c$ gilt $\int_a^c f(x)\,dx = \int_a^b f(x)\,dx + \int_b^c f(x)\,dx$

Beispiel: $\int_0^3 (2x-2)\,dx = \int_0^1 (2x-2)\,dx + \int_1^3 (2x-2)\,dx = \left|x^2 - 2x\right|_0^1 + \left|x^2 - 2x\right|_1^3 = 3.$

Faktorregel

[3] Faktorregel. $\int_a^b k \cdot f(x)\,dx = k \cdot \int_a^b f(x)\,dx$

Summenregel

[4] Summenregel.

$$\int_a^b [f(x) + g(x)]\,dx = \int_a^b f(x)\,dx + \int_a^b g(x)\,dx$$

Produktregel

[5] Produktregel.

$$\int_a^b f(x) \cdot g'(x)\,dx = \left|f(x)\,g(x)\right|_a^b - \int_a^b f'(x) \cdot g(x)\,dx$$

Beispiel: (↑ S. 403) $\int_0^{\frac{\pi}{2}} x \cdot \cos x \, dx =$

$|x \cdot \sin x|_0^{\frac{\pi}{2}} - \int_0^{\frac{\pi}{2}} \sin x \, dx =$

$|x \cdot \sin x|_0^{\frac{\pi}{2}} + |\cos x|_0^{\frac{\pi}{2}} = \frac{\pi}{2} - 1$.

[6] Substitutionsregel. $\int_a^b f[g(x)] \cdot g'(x) \, dx = \int_{g(a)}^{g(b)} f(x) \, dx$ Substitutionsregel

Beispiele: 1) Berechne: $\int_0^{\frac{\pi}{2}} \sin^3 x \cdot \cos x \cdot dx$ (↑ Beispiel 1) von S. 403)

Mit $g(x) = \sin x$, also $g'(x) = \cos x$ ist:

$\int_0^{\frac{\pi}{2}} \sin^3 x \cdot \cos x \cdot dx = \int_{\sin 0}^{\sin \frac{\pi}{2}} x^3 \, dx = \left|\frac{x^4}{4}\right|_0^1 = \frac{1}{4}$

2) Berechne: $\int_0^{\pi} \cos 3x \cdot dx$ (↑ Beispiel 2) von S. 403)

mit $g(x) = \frac{1}{3}x$, also $g'(x) = \frac{1}{3}$ und $g^{(-1)}(x) = 3x$ folgt

$\int_0^{\pi} \cos 3x \cdot dx = \int_0^{3\pi} \cos x \cdot \frac{1}{3} \cdot dx = \frac{1}{3} |\sin x|_0^{3\pi} = 0$.

1.6. Anwendung des bestimmten Integrals

[1] Flächeninhalt und Bogenlänge. Der *Flächeninhalt A* zwischen dem Graphen G_f einer Funktion f und der *x*-Achse von $x = a$ bis $x = b$ (↑ Abb.) kann mit dem bestimmten Integral berechnet werden:

$A = \int_a^b f(x) \, dx$.

Flächeninhalt

Die *Bogenlänge s* des Graphen von f über dem Intervall $[a; b]$ ist:

$s = \int_a^b \sqrt{1 + [f'(x)]^2} \cdot dx$.

Bogenlänge

Beispiel: Zu berechnen ist der Flächeninhalt zwischen der Parabel mit $f: x \to x^2$, $x \in \mathbb{R}$, der x-Achse und den Senkrechten $x = 0$ und $x = 3$:

$$A = \int_0^3 x^2 \, dx = \left| \frac{1}{3} x^3 \right|_0^3 = 9 \;.$$

[2] Volumen und Oberfläche von Rotationskörpern. Bei Rotation des Graphen einer Funktion $f: x \to f(x)$, $x \in D_f$, um die x-Achse entsteht zwischen den begrenzenden Ebenen $x = x_1$ und $x = x_2$ ein Rotationskörper mit dem Volumen:

Rotationsvolumen

$$V_x = \pi \int_{x_1}^{x_2} f(x)^2 \, dx \;.$$

Bei Rotation um die y-Achse zwischen $y = y_1$ und $y = y_2$:

$$V_y = \pi \int_{y_1}^{y_2} x^2 \, dy \;.$$

Mantelfläche

Die Mantelflächen dieser Rotationskörper sind:

$$M_x = 2\pi \int_{x_1}^{x_2} y \sqrt{1 + y'^2} \cdot dx \quad \text{und}$$

$$M_y = 2\pi \int_{y_1}^{y_2} x \cdot \sqrt{1 + \left(\frac{1}{y'}\right)^2} \cdot dy$$

Beispiele: Der *Rauminhalt V_x einer Kugel* mit dem Radius r entsteht durch Drehung des Kreises mit $x^2 + y^2 = r^2$ um die x-Achse:

$$V_x = \pi \int_{-r}^{r} (r^2 - x^2) \, dx = \pi \cdot \left| r^2 x - \frac{1}{3} x^3 \right|_{-r}^{r} = \frac{4}{3} \pi r^3 \;.$$

[3] Anwendungen in der Physik

Trägheitsmoment.

(1) Das *Trägheitsmoment* eines starren Körpers in bezug auf die Drehachse D wird definiert durch

$$J = \int_{x_1}^{x_2} x^2 \, dm,$$

wobei $m(x)$ die Massenverteilung des Körpers angibt in Abhängigkeit des Abstandes x von der Drehachse D.

Beispiel: Gegeben: Kreisscheibe mit Radius R, Höhe h und der Gesamtmasse $M = \pi \cdot \varrho \cdot h \cdot R^2$. Es ist $m(x) = \varrho \cdot \pi \cdot x^2 h$, also $m'(x) = 2 \cdot \varrho \pi h x$, $dm = 2\varrho\pi h x\, dx$. Daher $J = \int_0^R 2\pi\varrho h x^3 \, dx = 2\pi\varrho h \left[\frac{x^4}{4}\right]_0^R = \frac{1}{2} \pi\varrho h R^4 =$
$= \frac{1}{2} MR^2$.

(2) Wird auf einen Körper, der sich auf einer Geraden (x-Achse) von x_1 nach x_2 bewegt, in Wegrichtung die Kraft $F(x)$ ausgeübt, so ist längs des Weges die *Arbeit*   *Arbeit*

$$W = \int_{x_1}^{x_2} F(x) \, dx$$

zu verrichten.

Beispiel: $F(x) = D \cdot x$ ($x \triangleq$ Ausdehnung einer Feder), $D = 0{,}5 \frac{N}{cm}$ (D = Federkonstante). Bei der Ausdehnung der Feder durch eine Masse m von $x_1 = 0$ cm bis $x_2 = 10$ cm ist zu verrichten:
$W = \int_0^{10} D \cdot x \cdot dx = D \int_0^{10} x\, dx = D \left|\frac{x^2}{2}\right|_0^{10} = 50 \cdot D\, cm^2 = 50 \cdot 0{,}5$ Ncm $= 0{,}25$ Nm.

(3) Die *elektrische Spannung* U zwischen zwei Punkten P_1 *Spannung* und P_2 eines elektrischen Feldes E ist definiert als die Potentialdifferenz

$$U = - \int_{P_1}^{P_2} \mathbf{E} \cdot d\mathbf{s}$$

Beispiel: Im Feld eines Plattenkondensators ist $\mathbf{E}$ konstant. Im Feld zwischen den Punkten P_1 und P_2 mit dem Abstand $d = d(P_1; P_2)$ auf einer Geraden senkrecht zu den Platten ergibt sich für den Betrag der Spannung:
$U = \left| -\int_{P_1}^{P_2} \mathbf{E} \cdot d\mathbf{s} \right| = E \int_{P_1}^{P_2} ds = E\, d$.

2. Differentialgleichungen

2.1. Definition gewöhnlicher Differentialgleichungen

gewöhnliche Differentialgleichungen

Sei $f : x \to f(x)$, $x \in D_f$, eine Funktion *einer* Variablen x. Sind $y' = f'(x), y'' = f''(x), \ldots, y^n = f^{(n)}(x), \ldots$ die Ableitungen von f nach x, so heißt jede Gleichung in x, y und endlich vielen Ableitungen $y^{(n)}$ von f mit Koeffizienten aus $\mathbb{R}$ eine *gewöhnliche* Differentialgleichung in x. Die höchste Ableitung, die in einer Differentialgleichung vorkommt, nennt man ihre *Ordnung*.

Ordnung
Lösungsfunktion

Jede Funktion, die eine Differentialgleichung löst, heißt Lösungsfunktion oder Integral dieser Gleichung.

2.2. Beispiele

[1] Beispiel: $y' = \dfrac{y}{x}$ mit $x \neq 0$
(gewöhnliche Differentialgleichung 1. Ordnung)

Alle linearen Funktionen $f : x \to mx$, $x \in \mathbb{R} \setminus \{0\}$ mit $m \in \mathbb{R}$ sind Lösungsfunktionen, denn aus der Funktionsgleichung $y = m \cdot x$ folgt $y' = m$ und $\dfrac{y}{x} = m$, also $y' = \dfrac{y}{x}$.

Ist f Lösungsfunktion und $(a ; b) \in f$, so folgt $f'(a) = \dfrac{b}{a}$. Trägt man in einem Schaubild in den Punkten $P(a|b)$ kurze Strecken der Steigung $f'(a) = \dfrac{b}{a}$ ein, so erhält man das *Richtungsfeld* der Differentialgleichung $y' = \dfrac{y}{x}$. Dieses läßt erkennen:

Richtungsfeld

Geometrisch betrachtet sind diejenigen Funktionen Lösungen, deren Graphen auf das Richtungsfeld der Differentialgleichung »passen«. In diesem Beispiel sind es alle Ursprungsgeraden (ausgenommen ist immer der Ursprung selbst).

Richtungsfeld von $y' = \dfrac{y}{x}$

[2] Beispiel: $y'' + y = 0$ ist eine gewöhnliche Differentialgleichung 2. Ordnung und hat ausschließlich Lösungsfunktionen der Art $f : x \to c \cdot \sin x + d \cdot \cos x$, $x \in \mathbb{R}$, wobei c und d reelle Konstanten sind.

Kombinatorik

Die Kombinatorik ist ein Teilgebiet der Theorie von Mengen mit einer endlichen Anzahl von Elementen. Sie befaßt sich u. a. mit der Anzahl der Möglichkeiten, *Kombinatorik*

a) aus einer gegebenen Grundmenge Teilmengen mit einer gegebenen Anzahl von Elementen auszuwählen;
b) die Elemente einer gegebenen Menge oder der Teilmengen dieser Menge anzuordnen.

Kombinatorische Probleme können oft durch Urnenversuche veranschaulicht werden. *Urnenversuche*

Die Kombinatorik wird von zwei Hauptregeln beherrscht:

1. Produktregel der Kombinatorik
Ein Versuch wird in k Stufen durchgeführt. Für ein Ereignis gebe es auf der
1. Stufe n_1 Möglichkeiten,
2. Stufe jeweils n_2 Möglichkeiten,
3. Stufe jeweils n_3 Möglichkeiten,
....
k-ten Stufe jeweils n_k Möglichkeiten.

Dann gibt es bei diesem Versuch für das Ereignis insgesamt
$n = n_1 \cdot n_2 \cdot n_3 \cdot ... \cdot n_k$ Möglichkeiten.

2. Summenregel der Kombinatorik
Gegeben seien die beiden *unvereinbaren* Ereignisse E_1, E_2.

Für das Ereignis E_1 gebe es n_1 Möglichkeiten,
für das Ereignis E_2 gebe es n_2 Möglichkeiten.
Für das Ereignis E_1 *oder* E_2 gibt es dann $n_1 + n_2$ Möglichkeiten.

Damit sind die im folgenden aufgeführten Sonderfälle begründbar.

1. Permutationen

1.1. Permutationen ohne Wiederholung

Grundmenge — Die Grundmenge enthalte n Elemente; auf wie viele Arten können diese angeordnet werden?

Ziehung — **Urnenmodell:** Aus einer Urne mit n Kugeln werden diese der Reihe nach ohne Zurücklegen gezogen und hingelegt.

Permutation — Jede Anordnung der Elemente einer n-Menge (d. i. eine Menge mit n Elementen) in einer bestimmten Reihenfolge heißt eine Permutation dieser n Elemente.

n-Menge — Zu einer n-Menge gibt es
(1) $p(n) = n \cdot (n-1) \cdot (n-2) \ldots 3 \cdot 2 \cdot 1$ Permutationen.

Beispiel: Die Permutationen der Menge $\{a, b, c, d\}$ sind:

abcd abdc acbd acdb adbc adcb bacd badc
bcad bcda bdac bdca cabd cadb cbad cbda
cdab cdba dabc dacb dbac dbca dcab dcba

Das sind 24 Permutationen: $p(4) = 4 \cdot 3 \cdot 2 \cdot 1 = 24$

Fakultät — Statt $n(n-1) \ldots 2 \cdot 1$ schreibt man meist kürzer $n!$ (gelesen: n-Fakultät), d. h. es ist $p(n) = n!$. Es gilt z. B.:

Tabelle der Fakultäten

n	1	2	3	4	5	6	7	8	9	10
$n!$	1	2	6	24	120	720	5040	40320	362880	3628800

Allgemein gilt
(2) $(n+1)! = (n+1) \cdot n!$
Man setzt im Einklang mit (2):

0!; 1! — (3) $\quad 0! = 1; \quad 1! = 1$

Für große n ist näherungsweise

Stirlingsche Formel — (4) $\quad n! \approx \left(\dfrac{n}{e}\right)^n \cdot \sqrt{2\pi n}$ (Stirlingsche Formel)

1.2. Permutationen mit Wiederholung

Betrachtet man von einer n-Menge nach dem Entnehmen $a, b, c, \ldots, z$ Elemente als ununterscheidbar, so ist die Anzahl der Permutationen mit Wiederholung

Permutationen mit Wiederholung — (5) $\quad p(n \mid a; b; c; \ldots; z) = \dfrac{n!}{a! \cdot b! \cdot c! \cdot \ldots \cdot z!}$

Beispiel: Es liegen nebeneinander 4 gelbe, 2 weiße und 6 braune Kugeln:

Wie viele voneinander unterscheidbare Anordnungen gibt es?

Es ist $p(12 | 4; 2; 6) = \frac{12!}{4! \cdot 2! \cdot 6!} = 13\,860$.

2. Variationen

2.1. Variationen ohne Wiederholung

Variationen ohne Wiederholung

Die Grundmenge enthalte n Elemente: Auf wie viele Arten kann man geordnete Teilmengen von k Elementen ($k < n$) bilden?

Urnenmodell: Aus einer Urne mit n Kugeln werden k Kugeln der Reihe nach ohne Zurücklegen gezogen und hingelegt.

Jede Anordnung der Elemente einer k-Teilmenge aus einer n-Menge heißt eine *Variation* der n Elemente zur Klasse k ohne Wiederholung.

Zu einer n-Menge gibt es

1) $p_k(n) = n \cdot (n-1) \cdot (n-2) \ldots (n-k+1) =$
$= \frac{n!}{(n-k)!}$, $k < n$,

Variationen zur Klasse k ohne Wiederholung.

Beispiel: Die Menge $\{1; 2; 3; 4\}$ hat folgende Variationen zu 2 Elementen:

12 21 31 41
13 23 32 42
14 24 34 43

Das sind 12 Variationen im Einklang mit $p_2(4) = \frac{4!}{2!} =$
$= 4 \cdot 3 = 12$.

2.2. Variationen mit Wiederholung

Variationen mit Wiederholung

Einer Urne mit n verschiedenen Kugeln werden k Kugeln *mit* Zurücklegen entnommen, d. h. nach jedem Zug wird die Kugel notiert und in die Urne zurückgelegt. Auf wie viele Arten lassen sich Anordnungen von k Elementen bilden?

Variationen
mit
Wiederholung

Es gibt
(2) $p_k^*(n) = n^k$
Anordnungen dieser Art. Sie heißen *Variationen mit Wiederholung*.

Beispiele: 1) Die 3-Menge $\{a; b; c\}$ hat folgende 2-Variationen mit Wiederholung:

aa ba ca
ab bb cb   d. h. $p_2^*(3) = 3^2 = 9$
ac bc cc

2) Wie viele »Zahlwörter« kann man durch Werfen von 3 unterscheidbaren Würfeln erzeugen? — Ein derartiges Zahlwort ist z. B. 245 (entspr. ⌜·⌝ ⌜··⌝ ⌜··⌝); im ganzen gibt es $p_3^*(6) = 6^3 = 216$ derartige Zahlwörter.

3. Kombinationen

3.1. Kombinationen ohne Wiederholung

Die Grundmenge sei eine n-Menge. Wie viele verschiedene ungeordnete k-Teilmengen ($k \leq n$) gibt es?

Urnenmodell: Aus einer Urne mit n verschiedenen Kugeln werden auf *einen* Griff k Kugeln gezogen. Wie viele Möglichkeiten für die Ziehung auf einen Griff gibt es?

Kombination

Jede k-Teilmenge einer n-Menge heißt eine Kombination von n Elementen zur Klasse k.

Für die Anzahl der Kombinationen zur Klasse k gilt:
Jede n-Menge hat $c_k(n)$ verschiedene Teilmengen ($k \leq n$):

(1) $\quad c_k(n) = \dfrac{n \cdot (n-1) \cdot (n-2) \cdot \ldots \cdot (n-k+1)}{k \cdot (k-1) \cdot (k-2) \cdot \ldots \cdot 2 \cdot 1} = \dfrac{n!}{k! \cdot (n-k)!} =$

$= \binom{n}{k}$ (gelesen: »n über k«)

Binomialkoeffizient

Die Terme $\binom{n}{k}$ heißen auch *Binomialkoeffizienten* (↑ S. 415).

Beispiele: 1) Zur 4-Menge$\{x; y; z; u\}$gehören die folgenden 3-Teilmengen:$\{x; y; z\}, \{x; y; u\}, \{x; z; u\}, \{y; z; u\}$.
Das sind 4 Teilmengen im Einklang mit

$c_3(4) = \binom{4}{3} = \dfrac{4!}{3! \cdot 1!} = \dfrac{4 \cdot 3 \cdot 2}{3 \cdot 2 \cdot 1} = 4$

2) Im Zahlenlotto werden aus 49 Zahlen bei jeder Ausspielung 6 Gewinnzahlen ausgelost. Das geht auf

Zahlenlotto

$$c_6(49) = \frac{49 \cdot 48 \cdot 47 \cdot 46 \cdot 45 \cdot 44}{6 \cdot 5 \cdot 4 \cdot 3 \cdot 2 \cdot 1} = 13\,983\,816 \text{ Arten.}$$

3.2. Kombinationen mit Wiederholung

Es sollen n Elemente einer Menge, z. B. der Größe nach bei Zahlen, in Anordnungen zu k Elementen — auch wiederholt — zusammengestellt werden. Auf wie viele Arten ist das möglich?

Kombinationen mit Wiederholung

Urnenmodell: Eine Urne enthält n numerierte Kugeln. Es werden nacheinander k Kugeln mit Zurücklegen entnommen. Die k Ziehungen werden nach der Nummer geordnet und notiert.

Anordnungen der vorstehenden Art heißen *Kombinationen mit Wiederholung* zur Klasse k. Es gibt bei einer n-Menge

(2) $\quad c_k^*(n) = \binom{n + k - 1}{k}$ Möglichkeiten.

Beispiel: Ein Weingut hat ein Lager von 5 verschiedenen Weinsorten und bietet Geschenkpackungen zu 6 Flaschen an. Wie viele verschiedene Zusammenstellungen von Weinsorten gibt es?
Die Anzahl ist

$$c_6(5) = \binom{5 + 6 - 1}{6} = \binom{10}{6} = \frac{10 \cdot 9 \cdot 8 \cdot 7 \cdot 6 \cdot 5}{6 \cdot 5 \cdot 4 \cdot 3 \cdot 2 \cdot 1} = 210$$

3.3. Binomialkoeffizienten

Für die Koeffizienten $c_k(n)$ bzw. $\binom{n}{k}$ in Formel (1) (↑ S. 414) gelten folgende Rechenregeln:

Binomialkoeffizienten

(1) $\quad \binom{n}{k} = \binom{n}{n-k}; \binom{n}{0} = \binom{n}{n} = 1$

(2) $\quad \binom{n}{1} = \binom{n}{n-1} = n$

(3) $\begin{cases} \binom{n}{0} + \binom{n}{1} + \binom{n}{2} + \ldots + \binom{n}{n-1} + \binom{n}{n} = 2^n \\ \binom{n}{0}^2 + \binom{n}{1}^2 + \binom{n}{2}^2 + \ldots + \binom{n}{n-1}^2 + \binom{n}{n}^2 = \binom{2n}{n} \end{cases}$

(4) $\quad \binom{n}{k} = \binom{n-1}{k-1} + \binom{n-1}{k}$

Beispiel: Für Formel (5) (↑ S. 412) kann man schreiben

$$p(n|a,b,c,\ldots) = \frac{n!}{a! \cdot b! \cdot c! \ldots} = \binom{n}{a} \cdot \binom{n-a}{b} \cdot \binom{n-a-b}{c} \cdot \ldots$$

4. Binomischer Satz

4.1. Pascal-Dreieck

Vervollständigt man das Schema ① in der Weise, daß die Punkte nacheinander durch die Summe der unmittelbar benachbarten Zahlen in der vorangehenden Zeile ersetzt werden, so entsteht das sog. Pascaldreieck ②. Man erkennt in ihm die Binomialkoeffizienten wieder, außerdem die in **3.3** gegebenen Zusammenhänge, d. h.

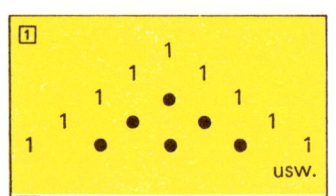

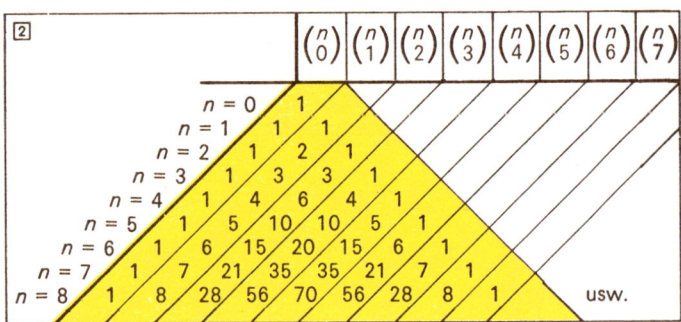

4.2. Binomische Formeln

Binomischer Satz

Für alle reellen Zahlen a und b sowie alle natürlichen Zahlen n gilt der binomische Satz

$$(a+b)^n = \binom{n}{0} a^n + \binom{n}{1} a^{n-1}b + \binom{n}{2} a^{n-2}b^2 + \ldots$$

$$\ldots + \binom{n}{n-1} ab^{n-1} + \binom{n}{n} b^n$$

Die Koeffizienten $\binom{n}{0}$, $\binom{n}{1}$ usw. sind durch Formel (1) (↑ S. 414) definiert. Sie können danach direkt berechnet oder statt dessen auch dem Pascaldreieck entnommen werden.

Beispiel: Man berechne $(x+y)^5$. – Man findet die Koeffizienten in der Zeile $n = 5$ des Pascaldreiecks. Daher gilt
$(x+y)^5 = x^5 + 5x^4y + 10x^3y^2 + 10x^2y^3 + 5xy^4 + y^5$

Wahrscheinlichkeitsrechnung

Es gibt Vorgänge, die kein eindeutig voraussagbares Ergebnis haben, z. B. beim Werfen eines Würfels. Trotzdem kann man in manchen Fällen mit einer mathematisch genau definierten *Wahrscheinlichkeit* etwas über den Ausgang solcher Vorgänge aussagen. Man überträgt in der Wahrscheinlichkeitstheorie die Zufallseigenschaften nach bestimmten Regeln auf *Stichproben* von meist begrenztem Umfang. Der umgekehrte Prozeß ist Aufgabe der *Statistik* (↑ S. 442). Auch hierfür liefert die Wahrscheinlichkeitstheorie die erforderlichen mathematischen Voraussetzungen. Alles, was mit Wahrscheinlichkeit zu tun hat, wird unter dem Begriff *Stochastik* zusammengefaßt.

Wahrscheinlichkeit

Stichprobe

Stochastik

1. Ereignisse

1.1. Experiment und Ereignisraum

Vorgänge, die unter bestimmten, bei jedem Versuch in gleicher Weise nachvollziehbaren Bedingungen wiederholt werden können, werden als *Experimente* bezeichnet.

Experiment

> *Beispiele:* 1) Fallenlassen eines Steines aus einer bestimmten Höhe. 2) Messung der Stromstärke in einem Stromkreis. 3) Werfen einer Münze. 4) Ziehen einer Karte aus einem Skatspiel. 5) Befragung von Personen nach ihrer politischen Meinung.

Die Ergebnisse der Experimente 1) und 2) sind eindeutig und voraussagbar. Im Falle von 3), 4) und 5) gibt es jeweils mehrere *Ausfälle:* Die Münze kann »Zahl« oder »Wappen« zeigen. Die gezogenen Karten können von verschiedener Farbe sein. Die befragten Personen können für verschiedene Parteien votieren.

kausale Experimente
Zufallsexperimente

Ausfall Realisierung

Ereignisraum

Experimente der Art 1) und 2) heißen *kausale* Experimente, die der Art 3), 4), 5) heißen *Zufallsexperimente*. Sie haben mehrere Ausfälle, die nach dem Zufall eintreten.
Jedes mögliche Ergebnis eines Experiments nennt man *Ausfall*, Ausgang oder Realisierung des Experiments.
Die Menge aller Ausfälle $s_1, s_2, s_3, \ldots s_n$ eines Experiments ist der Ereignisraum S des Experiments:

$$S = \{s_1; s_2; s_3; \ldots ; s_n\}.$$

Zu jedem Ausfall des Experiments gehört genau ein Element von S.

Ziehen auf einen Griff

Beispiele: 1) Werfen einer Münze: $S = \{W; Z\}$ (Wappen, Zahl). – 2) Werfen eines Würfels: $S = \{⚀; ⚁; ⚂; ⚃; ⚄; ⚅\}$ oder $S = \{1; 2; 3; 4; 5; 6\}$. – 3) Ziehen von 2 Kugeln ohne Zurücklegen aus einer Urne, die je 1 Kugel ○ und ● sowie 2 Kugeln ⊗ enthält: $S = \{○ ●; ○ ⊗; ● ⊗; ⊗ ⊗\}$ (Ziehen auf einen Griff!)

Ereignisbaum

Das Experiment bzw. sein Ereignisraum läßt sich auch bildlich durch einen Ereignisbaum darstellen (↑ [1], [2]):

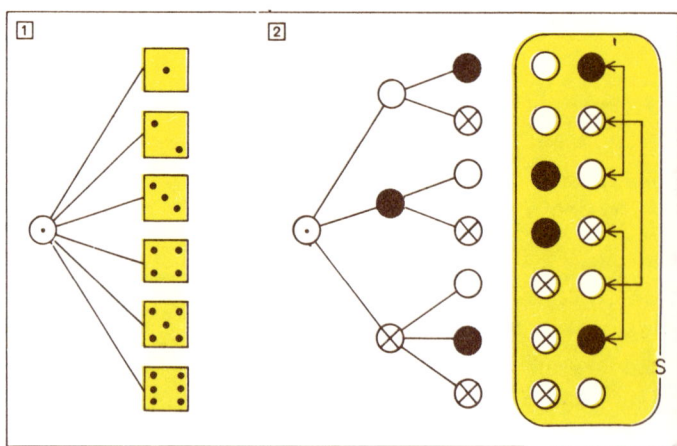

1.2. Ereignis und Ereignismenge

elementare Ereignismenge Elementarereignis

Jede Menge, die genau ein Element eines Ereignisraumes S enthält, wird *elementare Ereignismenge* genannt und ist einem *Elementarereignis* zugeordnet. Beim Werfen eines Würfels z. B. stellt die Einermenge $\{⚀\}$ das Elementarereignis dar, welches durch den Ausfall »2 Augen« gegeben ist. Allgemeiner gilt:

Jede Teilmenge E des Ereignisraumes S heißt *Ereignismenge* und stellt wie jeder Teilbaum des Ereignisbaumes ein *Ereignis* dar.

Ereignismenge
Teilbaum

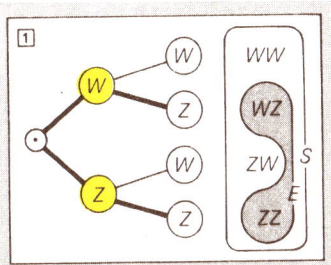

Beispiele: 1) Eine Kupfer- und eine Silbermünze werden geworfen: $S = \{ⓌⓌ;$ $ⓌⓏ; Ⓩ Ⓦ; ⓏⓏ\}$. Die Teilmenge $E = \{ⓌⓏ;$ $ⓏⓏ\}$ beschreibt das Ereignis »Die Silbermünze zeigt Z« (die Abb. enthält den dick gezeichneten Teilbaum). – 2) Der Ereignisraum bestehe aus allen Buchstaben des Alphabets. Dann hat das Ereignis, einen Vokal zu wählen, die Ereignismenge $E = \{a; e; i; o; u\}$.

Die leere Menge $\{\ \} = \emptyset$ gehört zum *unmöglichen* Ereignis. Es kann nie eintreten.

unmögliches Ereignis

Der Ereignisraum S stellt das *sichere* Ereignis dar, welches bei jeder Realisierung des Experiments eintritt.
Ereignisse, deren Ereignismengen E und $\bar{E}$ verschiedene Elemente haben und sich zum Ereignisraum ergänzen, heißen *Gegenereignisse*. Es gilt nach den Regeln der Mengenlehre (↑ S. 84 ff.).

sicheres Ereignis

(1) $E \cup \bar{E} = S\ ;\ E \cap \bar{E} = \emptyset$.

Ein Ausfall von E kann kein Ausfall von $\bar{E}$ sein und umgekehrt.

Beispiel: Im obigen Münzenbeispiel sind die Ereignisse »keine Z« mit $E = \{WW\}$ und »mindestens einmal Z« mit $\bar{E} = \{WZ; ZW; ZZ\}$ Gegenereignisse.

1.3. Vereinbarkeit und Abhängigkeit

[1] Zwei Ereignisse sind stochastisch miteinander vereinbar, wenn ihre Ereignismengen E_1 und E_2 mindestens ein gemeinsames Element enthalten, d. h. wenn

vereinbare Ereignisse

$$E_1 \cap E_2 \neq \emptyset$$

unvereinbare Ereignisse

In allen anderen Fällen sind die Ereignisse stochastisch unvereinbar. Man sagt statt dessen auch »Die Ereignisse schließen sich gegenseitig aus« oder »Es handelt sich um gegenseitig sich ausschließende Ereignisse«.

Beispiele: 1) Beim Werfen eines Würfels sind die Ereignisse »Gerade Augenzahl« ($E_1 = \{2:4;6\}$) und »Augenzahl gleich Primzahl« ($E_2 = \{2;3;5\}$) vereinbar, da $E_1 \cap E_2 = \{2\}$ also $\neq \emptyset$. — 2) Gegenereignisse sind unvereinbar da $E \cap \overline{E} = \emptyset$, etwa $E_1 = \{2;4;6\}$ und $\overline{E_1} = 1:3;5\}$. — 3) Die in der Definition angegebene Mengeneigenschaft ist zuweilen nicht auf den ersten Blick erkennbar: Jemand spielt in 2 verschiedenen Lotterien. Es liegt auf der Hand, daß die Ereignisse »Gewinn in Lotterie I« (E_1) und »Gewinn in Lotterie II« (E_2) miteinander vereinbar sind. Mengenmäßig gilt folgende Überlegung: Der Ereignisraum besteht aus den Ausfällen

$g_1 g_2$ (Gewinn in I und II),
$g_1 \overline{g}_2$ (Gewinn in I, Verlust in II),
$\overline{g}_1 g_2$ (Verlust in I, Gewinn in II) und
$\overline{g}_1 \overline{g}_2$ (Verlust in I und II), somit
$S = \{ g_1 g_2 ; g_1 \overline{g}_2 ; \overline{g}_1 g_2 ; \overline{g}_1 \overline{g}_2 \}$.
Die beiden Ereignismengen sind dann $E_1 = \{ g_1 g_2 ; g_1 \overline{g}_2 \}$ und $E_2 = \{ \overline{g}_1 g_2 ; g_1 g_2 \}$ mit dem gemeinsamen Element $g_1 g_2$.

abhängige Ereignisse

unabhängige Ereignisse

[2] Zwei Ereignisse sind voneinander *stochastisch abhängig*, wenn das Eintreten des zweiten Ereignisses von dem Eintreten oder Nichteintreten des ersten Ereignisses abhängt. Ereignisse, die stochastisch nicht abhängig sind, heißen *unabhängig*.

Beispiele: 1) Wenn zwei Würfel gleichzeitig oder nacheinander geworfen werden, so sind die Ereignisse »Augenzahl 2 auf dem 1. Würfel« und »Augenzahl 5 auf dem 2. Würfel« stochastisch unabhängig. — 2) Eine Urne enthalte 2 weiße und 1 rote Kugel. Es werden nacheinander 2 Kugeln ohne Zurücklegen gezogen. Dann ist das Ereignis »Beim 2. Zug erscheint die rote Kugel« davon abhängig, ob das Ereignis »Beim 1. Zug kommt eine weiße Kugel, aber nicht beim 2. Zug« eingetreten ist.

Zwei Ereignisse sind unabhängig, wenn ein Urnenmodell angegeben werden kann, bei dem nach jeder Ziehung die entnommene Kugel wieder zurückgelegt und nach Durchmischung eine neue Ziehung vorgenommen wird. Dagegen läßt sich durch ein Urnenmodell ohne Zurücklegen die Abhängigkeit von Ereignissen darstellen; da sich der Urneninhalt nach jeder Ziehung ändert, wird jedes Ziehungsergebnis von den vorhergehenden abhängig.

1.4. Verknüpfung von Ereignissen

Vorbemerkung. In der Wahrscheinlichkeitstheorie ist es oft üblich, das Ereignis mit seiner Ereignismenge zu identifizieren. Statt also zu sagen »Das Ereignis mit der Ereignismenge E« sagt man dann kürzer »Das Ereignis E«. Das soll auch hier von jetzt ab geschehen, wenn Verwechslungen unmöglich sind.

[1] Das Ereignis »E_1 oder E_2« ist das Ereignis, welches eintritt, wenn mindestens eines der beiden Ereignisse eintritt. Dieses Oder-Ereignis hat die Ereignismenge $E_1 \cup E_2$. Es gilt stets $E_1 \cup E_2 \subseteq S$, wenn $E_1, E_2 \subseteq S$ (Abb. 1). *Oder-Ereignis*

Man beachte, daß »oder« etwas anderes bedeutet wie »entweder ... oder« Letzteres meint das Eintreten von *genau* einem der beiden Ereignisse. *entweder-oder*

Beispiel: Beim Werfen zweier Würfel soll ein Gewinn bei höchstens 3 Augen oder mindestens 11 Augen ausgezahlt werden. – Es ist $E_1 = \{⚀⚀; ⚀⚁; ⚁⚀\}$ und $E_2 = \{⚅⚅; ⚅⚄; ⚄⚅\}$; somit gilt für das Oder-Ereignis:
$E_1 \cup E_2 = \{⚀⚀; ⚀⚁; ⚁⚀; ⚅⚅; ⚅⚄; ⚄⚅\}$
(vgl. auch Abb. 2, wo (1; 1) bedeutet: ⚀⚀ usw.).

1	2					
	(1; 1)	(1; 2)	(1; 3)	(1; 4)	(1; 5)	(1; 6)
	(2; 1)	(2; 2)	(2; 3)	(2; 4)	(2; 5)	(2; 6)
	(3; 1)	(3; 2)	(3; 3)	(3; 4)	(3; 5)	(3; 6)
	(4; 1)	(4; 2)	(4; 3)	(4; 4)	(4; 5)	(4; 6)
	(5; 1)	(5; 2)	(5; 3)	(5; 4)	(5; 5)	(5; 6)
	(6; 1)	(6; 2)	(6; 3)	(6; 4)	(6; 5)	(6; 6)

Und-Ereignis

[2] Das Ereignis »E_1 und E_2« ist das Ereignis, welches eintritt, wenn E_1 und E_2 zugleich eintreten. Dieses *Und-Ereignis* hat die Ereignismenge $E_1 \cap E_2 \subseteq S$, wenn E_1, $E_2 \subseteq S$ (Abb. [1]).

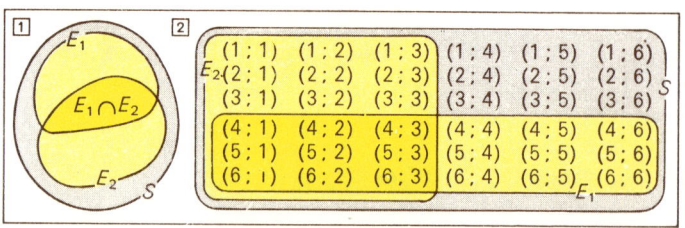

Beispiel: Beim Werfen zweier Würfel soll der erste mindestens 4 Augen und der zweite höchstens 3 Augen zeigen. Alle anderen Würfe gelten als Verlustwürfe. — Es ist E_1 = {(4, 1); (4, 2); ...; (6, 5); (6, 6)} (s. Abb. [2]) und E_2 = {(1, 1); (1, 2) ;...; (6, 2); (6,3)}. Somit gilt für das Und-Ereignis
$E_1 \cap E_2$ = {(4, 1); (4, 2); (4, 3); (5, 1); (5, 2);
(5, 3); (6, 1); (6, 2); (6, 3)}.
(in Abb. [2] dunkel!)

Mengenalgebra
Ereignisalgebra

[3] Anmerkungen: Mit den Darlegungen der Abschnitte [1] und [2] werden Experimente und Ereignisse auf Mengen zurückgeführt. Dadurch wird es möglich, mit Ereignissen genauso zu »rechnen« wie mit Mengen (↑ S. 93). Ebenso wie von *Mengenalgebra* spricht man dann von *Ereignisalgebra*.

2. Wahrscheinlichkeit

2.1. Häufigkeit

Stichprobe
Urliste
Umfang der Stichprobe
Besetzungszahl
absolute Häufigkeit

Wenn ein Experiment mehrfach wiederholt und das Ergebnis jedes einzelnen Versuchs notiert wird, so entsteht eine *Stichprobe*, festgehalten in ihrer *Urliste* (↑ S. 443). Die Anzahl n der Fälle, in denen der Ausfall z_i von S oder ein Ereignis E über S eingetreten ist, heißt *Besetzungszahl* oder absolute Häufigkeit von s_i bzw. von E in der Stichprobe.

Die Bruchzahl

(1) $\dfrac{\text{Besetzungszahl des Ausfalls}}{\text{Umfang der Stichprobe}} = \dfrac{n_i}{n} = h(s_i) = h_i$

wird *Häufigkeit* des Ausfalls s_i genannt.
Da $n_i \leqq n$ ist, gilt stets

Häufigkeit

(2) $\quad 0 \leqq h(s_i) \leqq 1$.

Statt z. B. $h(E) = 0{,}64$ sagt man oft auch $h(E) = 64\,\%$. Die Summe der Häufigkeiten für alle Ausfälle von S ist 1.

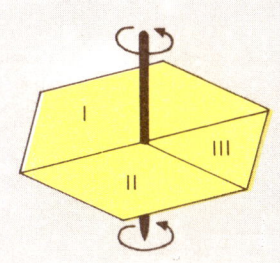

Beispiel: Ein Drehkreisel (↑ Abb.) wird in Bewegung gesetzt. Der Sektor, auf dem er zur Ruhe kommt, wird notiert. Auf diese Weise wurde eine Stichprobe erzeugt. Sie ist in der unten folgenden Tabelle dargestellt.

Der Versuch wurde 100mal wiederholt. Nach 3, 10, 20, ..., 90, 100 Versuchen wurden die Besetzungszahlen aufgeschrieben und die entsprechenden Häufigkeiten notiert. Das Ergebnis zeigt folgende Tabelle:

		3	10	20	30	40	50	60	70	80	90	100
Ausfall I	Besetzungszahl	2	4	9	16	20	26	29	36	41	45	51
	Häufigkeit	0,67	0,40	0,45	0,53	0,50	0,52	0,48	0,51	0,51	0,50	0,51
Ausfall II	Besetzungszahl	0	4	7	8	14	14	20	22	23	29	33
	Häufigkeit	0,00	0,40	0,35	0,27	0,35	0,28	0,33	0,32	0,29	0,32	0,33
Ausfall III	Besetzungszahl	1	2	4	6	6	10	11	12	16	16	16
	Häufigkeit	0,33	0,20	0,20	0,20	0,15	0,20	0,19	0,17	0,20	0,18	0,16

Die Stichprobe zeigt, daß die Häufigkeiten der einzelnen Ausfälle mit steigendem Umfang der Stichprobe »stabil werden«, und zwar: $h(I)$ und nähert sich mehr und mehr dem Wert 0,50. Ferner: $h(II)$ pendelt um 0,33; $h(III)$ scheint sich dem Wert 0,17 anzunähern. Die folgende Abbildung verdeutlicht diese Feststellungen.

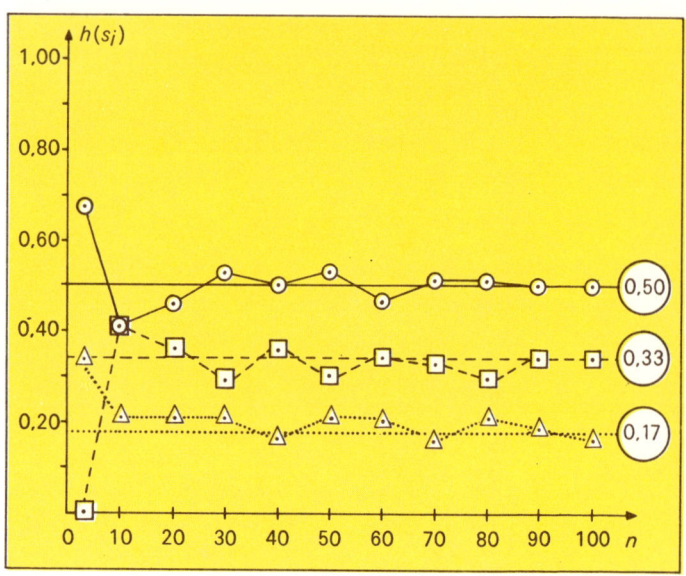

Häufigkeits-summen

Haben zwei miteinander unvereinbare Ereignisse die Häufigkeiten $h(E_1)$ und $h(E_2)$, so ist die Häufigkeit des Oder-Ereignisses »E_1 oder E_2« die Summe der gegebenen Häufigkeiten:

(3) $\quad h(E_1 \cup E_2) = h(E_1) + h(E_2)\,;\ E_1 \cap E_2 = \emptyset$

> *Beispiel:* Im vorangehenden Experiment entspreche E_1 dem Erscheinen von Sektor I und E_2 dem Erscheinen von Sektor III. Bei der Stichprobe mit 100 Würfeln ist $h(E_1) = 0{,}51$ und $h(E_2) = 0{,}16$. Auf das Ereignis »Sektor I oder Sektor III« entfallen nach Tabelle 51 + 16, d. h. 67 Würfe. Somit ist $h(E_1 \cup E_2) = \frac{67}{100} = 0{,}67 = 0{,}51 + 0{,}16 = h(E_1) + h(E_2)$. Die beiden Ereignisse sind unvereinbar, da das Erscheinen von Sektor I das von Sektor II ausschließt und umgekehrt.

2.2. Axiome der Wahrscheinlichkeit

Stabilität
$P(E)$

[1] Die im obigen Beispiel dargelegten Eigenschaften der Häufigkeit, insbesondere ihre Stabilität, legen es nahe, jedem Ereignis E eine Zahl $P(E)$ zuzuordnen, für die die experimentell aus einer Stichprobe ermittelte Häufigkeit $h(E)$ ein mit wachsendem Stichprobenumfang sich verbessernder Näherungswert ist.

Die Zahl $P(E)$ wird als die (mathematische) *Wahrscheinlichkeit* für das Eintreten des Ereignisses E bezeichnet. Mit Hilfe dieser Festsetzungen und der an Häufigkeitsuntersuchungen gewonnenen empirischen Erfahrungen werden die folgenden Grundsätze (*Axiome*) der Wahrscheinlichkeitstheorie motiviert.

mathematische Wahrscheinlichkeit

Axiome der W.R

(A I)   Zufallsexperimente und Ereignisse werden durch Mengen und ihre Gesetze beschrieben.

(A II)   Jedem Ereignis E wird *genau eine* nicht-negative Zahl $P(E)$ zugeordnet (Wahrscheinlichkeit für E):
$P(E) \geq 0$.

Wahrscheinlichkeit $P(E)$

(A III)   Das sichere Ereignis S hat die Wahrscheinlichkeit 1: $P(S) = 1$.

sicheres Ereignis

(A IV)   Das Oder-Ereignis $E_1 \cup E_2$ aus den unvereinbaren Ereignissen E_1 und E_2 hat die Wahrscheinlichkeit
$P(E_1 \cup E_2) = P(E_1) + P(E_2)$; $E_1 \cap E_2 = \emptyset$.

Oder-Ereignis

Hieraus ergeben sich wichtige Folgerungen:

(1) Summenregel für n unvereinbare Ereignisse:
$P(E_1 \cup E_2 \cup \ldots \cup E_n) = P(E_1) + P(E_2) + \ldots + P(E_n)$.

Summenregel

(2) Das unmögliche Ereignis $\emptyset$ hat die Wahrscheinlichkeit 0:
$P(\emptyset) = 0$.

unmögliches Ereignis

(3) Wenn $E_1 \subseteq E_2$ dann ist $P(E_1) \leq P(E_2)$.

(4) Die Wahrscheinlichkeit ist stets eine Zahl zwischen 0 und 1;
$0 \leq P(E) \leq 1$.
Sie wird auch in % angegeben, z. B. 48 % statt 0,48.

[2] Besonders wichtig ist der klassische Fall der *Gleichwahrscheinlichkeit:* Setzt sich der Ereignisraum aus lauter gleichwahrscheinlichen Elementarereignissen (↑ S. 418) zusammen, d. h. sind alle Ausfälle von S gleichmöglich, so ist für
$S = \{s_1; s_2; s_3; \ldots; s_m\} = E_1 \cup E_2 \cup E_3 \cup \ldots \cup E_m$:
$P(E_1) = P(E_2) = \ldots = P(E_m)$, also $P(E_1) = \frac{1}{m}$.

Gleichwahrscheinlichkeit

Hat das Ereignis E die gleichwahrscheinlichen Ausfälle $s_1; s_2; \ldots; s_g$, so gilt die klassische Wahrscheinlichkeitsdefinition

klassische W.definition

(5) $P(E) = \dfrac{g}{m} = \dfrac{\text{Anzahl der günstigen Ausfälle}}{\text{Anzahl der möglichen Ausfälle}}$

günstige Fälle mögliche Fälle

Gleichmöglich-keit

Anmerkung: Die Gleichmöglichkeit der Ausfälle eines Experiments ergibt sich nicht aus mathematischen, sondern i. a. aus physikalischen Gegebenheiten. Die Gleichmöglichkeit von »Wappen« und »Zahl« beim Münzenwurf wird durch die physikalische Beschaffenheit der Münze nahegelegt.

Beispiele: 1) Wie groß ist die Wahrscheinlichkeit, mit einem Würfel eine Augenzahl zwischen 2 und 5 zu werfen? — Es ist $S = \{1; 2; 3; 4; 5; 6\}$ und $E = \{3; 4\}$. Somit ist $m = 6$, $g = 2$, also $P(E) = \frac{2}{6} = 0{,}333 = 33{,}3\%$. —

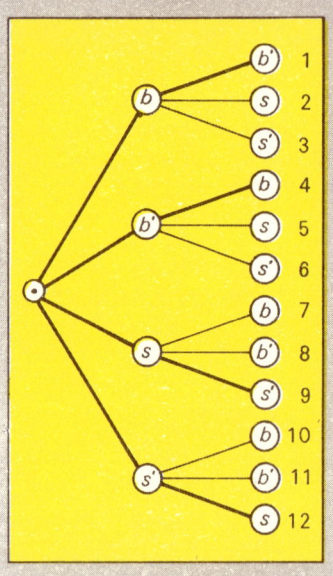

2) Auf dem dunklen Trockenboden hängen ein Paar blaue Socken (b, b') und ein Paar schwarze Socken (s, s'). Mit welcher Wahrscheinlichkeit erwischt man ein zusammengehöriges Paar, wenn man im Dunkeln blindlings 2 Socken von der Leine nimmt? — Der Ereignisbaum (Abb.) zeigt, daß $m = 12$. Die günstigen Fälle (Nr. 1, 4, 9, 12) sind dick markiert, d. h., $g = 4$. Somit ist $P(E) = \frac{4}{12} = \frac{1}{3} = 0{,}333 = 33{,}3\%$. — 3) Eine Warenlieferung enthält 4 einwandfreie (e), 3 bedingt brauchbare (b) und 3 unbrauchbare (u) Stücke, die aber äußerlich nicht erkennbar sind. Man entnimmt blindlings 7 Stücke. Wie groß ist die Wahrscheinlichkeit, 2 unbrauchbare und 5 verwendungsfähige Stücke zu erhalten, wobei allerdings mehr einwandfreie als bedingt brauchbare Stücke sein sollen? — Die 10 gelieferten Stücke lassen sich auf $\binom{10}{7}$ Arten entnehmen, also ist $m = \binom{10}{7} = 120$. Folgende Entnahmekombinationen kommen in Frage: ($3e, 2b, 2u$) und ($4e, 1b, 2u$). Im ersten Falle kann man von den 4 e-Stücken je 3 auf $\binom{4}{3} = 4$ Ar-

ten, von den 3 b-Stücken je 2 auf $\binom{3}{2}$ = 3 Arten, von den 3 u-Stücken je 2 auf $\binom{3}{2}$ = 3 Arten entnehmen. Jeder e-Fall kann mit jedem b-Fall und diese Verbindung mit jedem u-Fall gekoppelt sein. Das ergibt dann g_1 = 4 · 3 · 3 = 36, also $P(3e, 2b, 2u) = \frac{36}{120}$ = 0,3. Entsprechend findet man g_2 = 3 · 3 · 1 = 9, d. h. $P(4e, 1b, 2u)$ = $\frac{9}{120}$ = 0,075. Da beide Fälle unvereinbar sind, hat man im Sinne der Aufgabe die Gesamtwahrscheinlichkeit $P(E)$ = 0,3 + 0,075 = 0,375. Nur in 37,5% aller Fälle erhält man die verlangten Kombinationen.

[3] Für *Gegenereignisse* E und $\overline{E}$ gilt: $E \cup \overline{E} = S$ und $E \cap \overline{E} = \emptyset$ (↑ S. 419). Somit $P(E \cup \overline{E}) = P(E) + P(\overline{E}) = P(S) = 1$ oder
(6) $\quad P(\overline{E}) = 1 - P(E)$
Gegenwahrscheinlichkeiten ergänzen sich zu 1.

Gegenwahrscheinlichkeit

Beispiel: Wie groß ist die Wahrscheinlichkeit, beim Werfen eines Würfels höchstens 5 Augen zu erhalten? — »Höchstens 5 Augen« ist soviel wie »Nicht 6 Augen«. Wenn $E \triangleq$ »6 Augen«, dann ist $P(E) = \frac{1}{6}$; also ist $P(\overline{E}) = 1 - \frac{1}{6} = \frac{5}{6}$ die gesuchte Wahrscheinlichkeit.

2.3. Multiplikationssatz

[1] Für abhängige Ereignisse (↑ S. 420) gilt der folgende Satz: Beschränkt man sich beim Eintreten des Ereignisses B auf die Bedingung, daß das Ereignis A bereits eingetreten ist — man spricht vom »Ereignis B unter der Bedingung A«, geschrieben $B \mid A$ —, so ist

Ereignis B unter Hypothese von Ereignis A

(1) $\quad P(B \mid A) = \frac{P(A \cap B)}{P(A)}$

Meist schreibt man (1) in der Form

(2) $\quad P(A \cap B) = P(A) \cdot P(B \mid A)$

und nennt (2) den *Multiplikationssatz für bedingte Wahrscheinlichkeiten.*

Multiplikationssatz für bedingte Wahrscheinlichkeiten

Beispiel: Wie groß ist die Wahrscheinlichkeit, daß von 40 Personen mindestens 2 am gleichen Tage Geburtstag haben? – Die Wahrscheinlichkeit, daß die 1. Person an irgendeinem der 365 Tage Geburtstag hat, ist $\frac{365}{365}$, ferner die, daß die 2. Person an einem der übrigen 364 Tage Geburtstag hat, ist $\frac{364}{365}$ usw. Die Wahrscheinlichkeit, daß alle 40 Personen an verschiedenen Tagen Geburtstag haben, ist also

$$\frac{365 \cdot 364 \cdot 363 \cdot \ldots \cdot 327 \cdot 326}{365 \cdot 365 \cdot 365 \cdot \ldots \cdot 365 \cdot 365} = 0{,}109$$

Die Gegenwahrscheinlichkeit 1−0,109 = 0,891 beantwortet die Frage. Es ist also fast sicher, daß von 40 Personen mindestens 2 am gleichen Tag Geburtstag haben.

[2] Wenn $P(B|A) = P(B)$, dann nennt man die Ereignisse A und B unabhängig. In diesem Falle ist

(3) $P(A \cap B) = P(A) \cdot P(B)$

Das ist der *Multiplikationssatz für unabhängige Ereignisse*.

Multiplikationssatz für unabhängige Ereignisse

Beispiel: Die Gewinnaussichten in Lotterie A seien 60 %, in Lotterie B dagegen 70 %. Wie groß ist die Wahrscheinlichkeit, in beiden Lotterien zu verlieren?
Es ist $P(\overline{A}) = 0{,}4$; $P(\overline{B}) = 0{,}3$.
Beide Ereignisse sind unabhängig; somit gilt
$P(\overline{A} \cap \overline{B}) = P(\overline{A}) \cdot P(\overline{B}) = 0{,}4 \cdot 0{,}3 = 0{,}12$.

Wahrscheinlichkeitsgraph

[3] Eine praktische Anwendung finden (2) und (3) im sog. *Wahrscheinlichkeitsgraphen.* Dies ist ein Ereignisbaum, an dessen Zweige die *Übergangswahrscheinlichkeiten* angeschrieben worden sind.

Beispiele: Bei einer Sport-Auswahlrunde muß die Mannschaft M gegen die Mannschaften A, B, C antreten. M kommt eine Runde weiter, wenn sie gegen mindestens 2 von A, B, C gewinnt. Die Gewinnaussichten schätzt M ein zu 80 % gegen A, zu 70 % gegen B und zu 50 % gegen C. Welche Gewinnaussichten hat M insgesamt?
An die Zweige des Ereignisbaumes (↑ ①, S. 429) sind bei den einzelnen Spielen die Gewinnwahrscheinlichkeiten angeschrieben, z. B. 0,8 bei A (Gewinn!) bzw. 0,2 bei $\overline{A}$

(Verlust!). Für die Spielfolge ABC gilt also nach dem Multiplikationssatz (↑ S. 428) für die Erfolgswahrscheinlichkeit von ABC: 0.8 · 0.7 · 0.5 = 0,28. Entsprechend folgt für
$A\bar{B}C$: 0,8 · 0,7 · 0,5 = 0,28;
$\bar{A}BC$: 0,8 · 0,3 · 0,3 = 0,12;
ABC: 0,2 · 0,7 · 0,5 = 0,07.
Diese 4, in Abb. [1] durch * gekennzeichneten Spielfolgen sind die einzigen Erfolgsserien. Somit ist die Gesamtwahrscheinlichkeit für das Aufrücken nach der Summenregel (↑ S. 425)

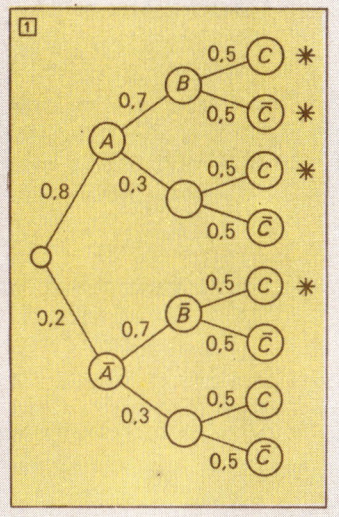

0,28 + 0,28 + 0,12 + 0,07 = 0,75 = 75 %.

Im Ereignisbaum erhält man also die Wahrscheinlichkeit für einen Ausfall, indem man die Übergangswahrscheinlichkeiten entlang des zugehörigen Pfades multipliziert. Enthält die Ereignismenge mehrere Ausfälle, so werden die entsprechenden Einzelwahrscheinlichkeiten addiert.

Ereignisbaum
Übergangs-
wahrschein-
lichkeiten

[4] Das Axiom (A IV) gilt nur für elementefremde Ereignismengen. d. h. unvereinbare Ereignisse. Für den Fall $E_1 \cap E_2 \neq \emptyset$ (Abb. [2]) gilt der *Additionssatz für vereinbare Ereignisse:*

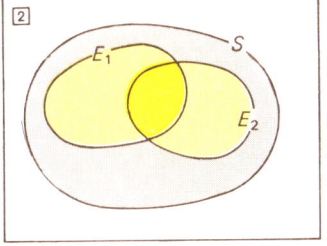

Additionssatz
für vereinbare
Ereignisse

(4) $P(E_1 \cup E_2) = P(E_1) + P(E_2) - P(E_1 \cap E_2)$

Beispiel: Die Gewinnaussichten in der Lotterie A betragen 60 %, in Lotterie B jedoch 70 %. Mit welcher Wahrscheinlichkeit ist ein Gewinn in mindestens einer der beiden Lotterien zu erwarten?
Es gilt $P(A \cup B) = P(A) + P(B) - P(A \cap B)$
Nun sind aber A und B unabhängig, also ist
$P(A \cap B) = P(A) \cdot P(B)$. Somit gilt
$P(A \cup B) = 0,6 + 0,7 - 0,6 \cdot 0,7 = 0,88 = 88 \%$.

3. Markoff-Ketten

3.1. Stochastische Prozesse

stochastische Prozesse

Ein stochastischer Prozeß ist die kontinuierliche, in aufeinanderfolgenden Schritten eintretende Wiederholung eines Zufallsexperiments. Dabei ist das Ergebnis jeder Wiederholung von einer i. a. endlichen Anzahl der vorhergehenden Wiederholungen abhängig.
Die Behandlung stochastischer Prozesse erfordert eine Theorie von den Wahrscheinlichkeiten bei abhängigen Ereignissen.
Stochastische Prozesse spielen in der modernen praktischen Mathematik eine große Rolle.

Beispiele:

1) Physik kleinster Teilchen (*Brown*sche Bewegung; Diffusionserscheinungen, radioaktiver Zerfall usw.),

2) Bevölkerungsbewegung (Geburts- und Absterbeprozesse, Einwanderungsvorgänge, Epidemien usw.),

3) Voraussagen, Prognosen (Genetik, Management, Personalbewegung, Investitionen, Lagerhaltung usw.),

4) Warteschlangen (Bedienungsprobleme, Verkehrsfragen, Kassenschlangen, Flugzeuge in Warteräumen usw.),

5) Irrfahrtprobleme.

Markoff-Kette

Bei den sog. *Markoff-Ketten* geht man von der einfachen Annahme aus, daß jede Wiederholung des Experiments nur von der unmittelbar vorangehenden abhängt und daß es keine Rolle spielt, wie weit der Prozeß schon fortgeschritten ist.

Beispiel: In einer Werkstatt können pro Stunde 2 Kunden zugleich bedient werden. Man läßt höchstens 2 Kunden warten. Kommen mehr Kunden, schickt man diese in eine Ersatzwerkstatt. Bei diesem Prozeß gibt es folgende »Zustände«;

E_1 : kein Kunde wartet;
E_2 : ein Kunde wartet;
E_3 : zwei Kunden warten.

Die Menge $Z = \{E_1; E_2; E_{30}\}$ ist der sog. *Zustandsraum*. Befindet sich der Prozeß in einem der Zustände von Z, z. B. E_i, so geht er bei der nächsten Wiederholung des Experiments wieder in einen der Zustände von Z, z. B. E_j, mit der genau definierten *Übergangswahrscheinlichkeit* p_{ij} über.

Eine Markoffkette ist gekennzeichnet durch den Zustandsraum Z und die Übergangswahrscheinlichkeiten p_{ij} zwischen den Zuständen E_i und E_j, den Elementen von Z.

Zur Verdeutlichung diene die Fortsetzung des obigen Beispiels, welches auch bei den weiteren Darlegungen immer wieder aufgegriffen werden soll.

Zustandsraum

Markoffkette
Zustandsraum
Übergangswahrscheinlichkeit

Beispiel (Forts.): Durch langzeitige Beobachtung ist festgestellt worden, daß folgende Ankunftsraten zu erwarten sind:

Ankünfte	0 pro Std.	1 pro Std.	2 pro Std.	3 pro Std.
Anteil	10 %	20 %	40 %	30 %

Hieraus lassen sich die Übergangswahrscheinlichkeiten bestimmen.

Befindet sich der Prozeß im Zustand E_1, so geht er wieder in E_1 über, wenn 0 oder 1 oder 2 Kunden während der Stunde ankommen; das passiert in 10 % + 20 % + 40 % = 70 % aller Fälle. Somit ist $p_{12} = 0{,}7$. E_1 geht in E_2 über, wenn 3 Kunden ankommen, da 2 Kunden sofort bedient werden; das gilt für 30 % der Fälle, also ist $p_{12} = 0{,}3$. E_1 kann nicht in E_3 übergehen, weil in diesem Falle 4 Kunden ankommen müßten, was aber nach den Erfahrungen nicht vorkommt ($p_{13} = 0$).

In entsprechender Weise berechnen sich die anderen Übergangswahrscheinlichkeiten.

	E_1	E_2	E_3
E_1	0,7	0,3	0,0
E_2	0,3	0,4	0,3
E_3	0,1	0,2	0,7

In der nebenstehenden Tabelle stehen in der linken Spalte die Ausgangszustände, in der Kopfzeile die Folgezustände, während die Zahlen die Übergangswahrscheinlichkeiten bedeuten. Man beachte, daß die Sum-

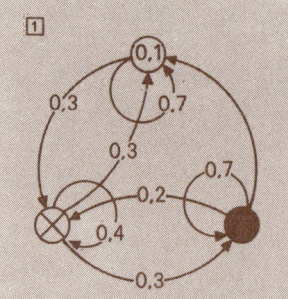

Übergangs-diagramm

me der Übergangswahrscheinlichkeiten in einer Zeile immer 1 sein muß; denn auf jeden Zustand muß ja irgendein Zustand aus Z folgen. Die Abb. zeigt die möglichen Übergange noch einmal anhand eines Diagramms ($E_1 \triangleq \bigcirc$; $E_2 \triangleq \otimes$; $E_3 \triangleq \bullet$)

3.2. Übergangsmatrizen

Übergangs-matrix 1. Stufe

Die Angaben der Tabelle faßt man kurz in der sog. *Übergangsmatrix 1. Stufe* zusammen:

$$(1) \quad P^{(1)} = \begin{pmatrix} 0{,}7 & 0{,}3 & 0 \\ 0{,}3 & 0{,}4 & 0{,}3 \\ 0{,}1 & 0{,}2 & 0{,}7 \end{pmatrix}$$

$$\text{allgemein: } P^{(1)} = \begin{pmatrix} p^{(1)}_{11} & p^{(1)}_{12} & \ldots & p^{(1)}_{1n} \\ p^{(1)}_{21} & p^{(1)}_{22} & \ldots & p^{(1)}_{2n} \\ \vdots & \vdots & & \vdots \\ p^{(1)}_{n1} & p^{(1)}_{n2} & \ldots & p^{(1)}_{nn} \end{pmatrix}$$

Übergangs-matrix 2. Stufe

Die *Übergangsmatrix 2. Stufe* gibt die Übergangswahrscheinlichkeiten von einem Zustand E_i zu einem Zustand E_j unter Einschaltung irgendeines beliebigen Zwischenzustandes E_x an.

Beispiel: Im Werkstattbeispiel gibt es zwischen E_1 und E_2 die *zweistufigen* Übergänge $E_1 \to E_1 \to E_2$, $E_1 \to E_2 \to E_2$; den Übergang $E_1 \to E_3 \to E_2$ gibt es nicht, da der *einstufige* Übergang $E_1 \to E_3$ unmöglich ist. Somit ist die Wahrscheinlichkeit $p^{(2)}_{12}$ für irgendeinen zweistufigen Übergang von E_1 nach E_2 gegeben durch

$$p^{(2)}_{12} = p^{(1)}_{11} \cdot p^{(1)}_{12} + p^{(1)}_{12} \cdot p^{(1)}_{22} = 0{,}7 \cdot 0{,}3 + 0{,}3 \cdot 0{,}4 = 0{,}33.$$

Auf diese Weise ergibt sich die Matrix $P^{(2)}$ für alle möglichen *Übergangswahrscheinlichkeiten 2. Stufe* $p^{(2)}_{ij}$:

$$P(2) = \begin{pmatrix} 0{,}58 & 0{,}33 & 0{,}09 \\ 0{,}36 & 0{,}31 & 0{,}33 \\ 0{,}20 & 0{,}25 & 0{,}55 \end{pmatrix}$$

Es gilt allgemein:

(2) $\qquad P(2) = \begin{pmatrix} p_{11}^{(2)} & p_{12}^{(2)} & \cdots & p_{1n}^{(2)} \\ p_{21}^{(2)} & p_{22}^{(2)} & \cdots & p_{2n}^{(2)} \\ \vdots & & & \\ p_{1n}^{(2)} & p_{2n}^{(2)} & \cdots & p_{nn}^{(2)} \end{pmatrix} = P(1) \cdot P(1);$

$P(3) = P(2) \cdot P(1)$

usw.

Die Übergangsmatrix einer beliebigen Stufe kann durch Matrizenmultiplikation (↑ S. 355) aus solchen einer niedrigeren Stufe berechnet werden.

3.3. Zustandsvektor und Fixvektor

Ein stochastischer Prozeß läßt sich auch durch einen Baum darstellen.

Baumdarstellung

Beispiel: Für das obige Werkstattbeispiel (↑ S. 431) ergibt sich (Abb.):

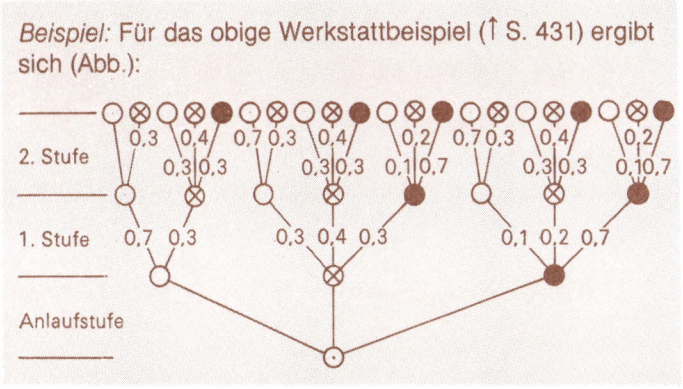

Im allgemeinen weiß man nicht, mit welchem Zustand der Prozeß anläuft. Der *Anfangszustand* hängt in den meisten Fällen vom Zufall ab, d. h., jeder Zustand E_i aus Z hat eine gewisse Wahrscheinlichkeit $p_i^{(0)}$, der Anfangszustand beim Anlauf des Prozesses zu sein. Dies bringt man durch den *Anlaufvektor*

Anfangszustand

Anlaufvektor

(3) $\mathbf{p}^{(0)} = \left(p_1^{(0)} ; p_2^{(0)} ; \ldots ; p_n^{(0)} \right)$

zum Ausdruck. Hierin bedeutet also $p_1^{(0)}$ die Wahrscheinlichkeit, daß E_1 Anfangszustand, $p_2^{(0)}$ die Wahrscheinlichkeit, daß E_2 Anfangszustand ist usw. Ist sicher, daß nur *ein* bestimmter Zustand. z. B. E_k. Anfangszustand ist, so ist

$p_k^{(0)} = 1$, aber $p_1^{(0)} = p_2^{(0)} = \ldots = 0$, d. h.

$$\mathbf{p}^{(0)} = (0 ; 0 ; \ldots ; 1 ; \ldots ; 0),$$

wobei die 1 an der k^{ten} Stelle steht.

Zustandsvektor der n-ten Stufe

Nach n Schritten ergibt sich der *Zustandsvektor der n^{ten} Stufe*

(4) $\mathbf{p}^{(n)} = \mathbf{p}^{(0)} \cdot \mathbf{P}^{(n)}$

Beispiel: Im Werkstattbeispiel soll jeder Anfangszustand gleich möglich sein; dann ist $\mathbf{p}^{(0)} = \left(\frac{1}{3} ; \frac{1}{3} ; \frac{1}{3} \right)$.

Nach 2 Stunden ist folgende Wahrscheinlichkeitsverteilung zu erwarten:

$\mathbf{p}^{(2)} = \mathbf{p}^{(0)} \cdot \mathbf{P}^{(2)} = \left(\frac{1}{3} ; \frac{1}{3} ; \frac{1}{3} \right) \cdot \begin{pmatrix} 0{,}58 & 0{,}33 & 0{,}09 \\ 0{,}36 & 0{,}31 & 0{,}33 \\ 0{,}20 & 0{,}25 & 0{,}55 \end{pmatrix}$,
also

$\mathbf{p}^{(2)} = (0{,}38 ; 0{,}30 ; 0{,}32)$,

d. h. in 38 % der Fälle müssen noch 0, in 30 % noch 1, in 32 % noch 2 Kunden warten.

Zustandsgleichgewicht Fixvektor reguläre Markoffkette

Nach unendlich vielen Schritten stellt sich u. U. ein *Zustandsgleichgewicht* ein, welches durch den *Fixvektor* der Markoffkette beschrieben wird. Er berechnet sich bei *regulären Markoffketten* (es gibt mindestens *eine* Übergangsmatrix $\mathbf{P}^{(i)}$ mit nur positiven Elementen) aus dem Gleichungssystem

(5) $\mathbf{p} = \mathbf{p} \cdot \mathbf{P}^{(1)}$

Beispiel: Im Werkstattbeispiel liegt eine reguläre Markoffkette vor, da schon $\mathbf{P}^{(2)}$ lauter positive Elemente hat. Somit gilt mit $\mathbf{p} = (p_1 ; p_2 ; p_3)$:

$(p_1 ; p_2 ; p_3) = (p_1 ; p_2 ; p_3) \cdot \begin{pmatrix} 0{,}7 & 0{,}3 & 0{,}0 \\ 0{,}3 & 0{,}4 & 0{,}3 \\ 0{,}1 & 0{,}2 & 0{,}7 \end{pmatrix} =$

$= (0{,}7\, p_1 + 0{,}3\, p_2 + 0{,}1\, p_1 ; 0{,}3\, p_1 + 0{,}4\, p_2 + 0{,}2\, p_3 ; 0{,}3\, p_1 + 0{,}7\, p_3)$.

Durch Elementvergleich links und rechts, sowie mit Rücksicht auf $p_1 + p_2 + p_3 = 1$ ergibt sich
$$\mathbf{p} = (0,4 \, ; \, 0,3 \, ; \, 0,3),$$
d. h., nach (beliebig) vielen Schritten mußten in 40 % der Fälle noch 0, in 30 % noch 1 und in 30 % der Fälle noch 2 Kunden warten.

3.4. Absorptionsketten

Eine besondere, praktisch wichtige Art von Markoffketten sind die *Absorptionsketten*.

Absorptionskette
absorbierender Zustand

Beispiel: Der »Bankhalter« (*B*) und der »Spieler« (*S*) haben jeder zwei Münzen. *B* würfelt und muß bei gerader Augenzahl 1 Münze an *S* zahlen; bei ungerader Augenzahl erhält er von *S* eine Münze. – Der Zustand E_k bedeutet: »*S* hat *k* Münzen«. Somit gibt es die Zustände E_4, E_3, E_2, E_1, E_0. Die Übergangsmatrix $\mathbf{P}^{(1)}$ ergibt sich zu:

	E_4	E_3	E_2	E_1	E_0
E_4	1	0	0	0	0
E_3	0,5	0	0,5	0	0
E_2	0	0,5	0	0,5	0
E_1	0	0	0,5	0	0,5
E_0	0	0	0	0	1

d. h. $\mathbf{P}^{(1)} = \begin{pmatrix} 1 & 0 & 0 & 0 & 0 \\ 0,5 & 0 & 0,5 & 0 & 0 \\ 0 & 0,5 & 0 & 0,5 & 0 \\ 0 & 0 & 0,5 & 0 & 0,5 \\ 0 & 0 & 0 & 0 & 1 \end{pmatrix}$.

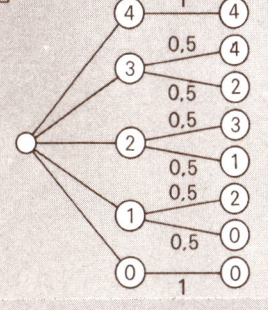
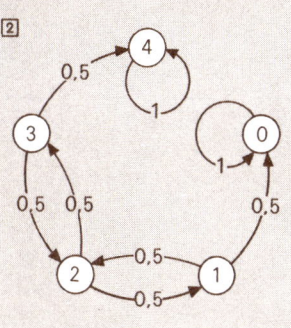

E_4 und E_0 sind absorbierende (End-)Zustände, weil im ersten Falle *B* »ruiniert«, im letzten Falle *S* ruiniert ist, d. h. der Prozeß beendet ist (↑ Abb. 1, 2).

Ruin

4. Wahrscheinlichkeitsverteilungen

4.1. Zufallsvariable

Die Elemente des Ereignisraumes S (↑ S. 418) sind in vielen Fällen keine Zahlen, z. B. beim Münzenwurf ($S = \{W ; Z\}$). Dennoch sind solchen Ausfällen oft Zahlenwerte zugeordnet, beim Münzenwurf etwa 1 und 0, wenn man beim Eintreten von W den Gewinn 1 (DM), bei Z keinen Gewinn (0) hat. Man sagt in diesem Fall:

Bewertung

Die Ausfälle von S werden *bewertet,* oder: Dem Ereignisraum S wird eine *Bewertung* zugeordnet.

Statt der Ausfälle in S kann man auch die durch Bewertung zugeordneten Zahlenwerte angeben, um ein bestimmtes Ereignis zu kennzeichnen.

Zufallsgröße
Zufallsvariable

Auf solche Weise wird den Ausfällen eines Experiments eine *Zufallsgröße X* — meist *Zufallsvariable* genannt — zugeordnet, die verschiedene Zahlenwerte annehmen kann.

Beispiel: Das Experiment »Werfen eines Würfels« hat den Ereignisraum $S = \{⚀ ; ⚁ ; ⚂ ; ⚃ ; ⚄ ; ⚅\}$. Wählt man als Zufallsvariable die Augenzahl, so geht S über in $W = \{1 ; 2 ; 3 ; 4 ; 5 ; 6\}$.

a) Das Ereignis $E_1 = \{⚀\}$ hat die Wahrscheinlichkeit $P(E_1) = \frac{1}{6}$. Statt dessen schreibt man auch $P(X = 1) = \frac{1}{6}$, weil zu diesem E_1 der Wert $X = 1$ gehört.

b) Für die Wahrscheinlichkeit, mindestens 3 Augen zu werfen, also für $E_2 = \{⚂ ; ⚃ ; ⚄ ; ⚅\}$, gilt

$$P(E_2) = P(X \geq 3) = \frac{4}{6} = \frac{2}{3}.$$

c) Für das Ereignis »Mehr als 2, aber höchstens 5 Augen« gilt $E_3 = \{⚂ ; ⚃ ; ⚄\}$, also

$$P(E_3) = P(2 < X \leq 5) = \frac{3}{6} = \frac{1}{2}.$$

Jedem Ausfall $s \in S$ (und damit auch jedem Ereignis $E \subseteq S$) wird ein Zahlenwert x der Zufallsvariablen X und diesen gemeinsam eine Wahrscheinlichkeit p zugeordnet:

(1) $\quad P(\{s\}) = P(X = x) = p.$

Eine Zufallsvariable kann endlich viele Werte (z. B. Werfen eines Würfels) oder unendlich viele Werte annehmen (z. B.

Körpergewicht von Personen). Im ersten Falle ist die Zufallsvariable *diskret*, im zweiten Falle kontinuierlich oder *stetig*.

Statt $P(X = x)$ schreibt man meist kürzer $\omega(x)$ und nennt dann die Zuordnung $x \to \omega(x)$ eine stochastische Verteilung; $\omega(x)$ heißt Wahrscheinlichkeitsdichte.

diskret
stetig
stochastische Verteilung
Wahrscheinlichkeitsdichte

Es gilt

(2) $\quad P(x_1 < X \leq x_2) = P(X \leq x_2) - P(X \leq x_1)$.

Einige Verteilungen werden in **4.3., 4.4., 4.5.** dargestellt.

4.2. Mittelwert und Varianz

Im Falle einer diskreten Zufallsgröße erhält man für ihren Wertebereich $\{x_1; x_2; \ldots; x_n\}$ den *Mittelwert*:

(1) $\quad \mu = \varepsilon(X) = x_1 \omega(x_1) + x_2 \omega(x_2) + \ldots + x_n \omega(x_n)$

Mittelwert
Erwartungswert

Er wird auch *Erwartungswert* der Zufallsgröße genannt.

> *Beispiel:* Für das Experiment »Werfen eines Würfels« findet man für die Zufallsgröße »Augenzahl«
>
> $\mu = 1 \cdot \frac{1}{6} + 2 \cdot \frac{1}{6} + \ldots + 6 \cdot \frac{6}{6} = \frac{21}{6} = 3{,}5$.

Ein weiterer wichtiger *Kennwert* des Experiments ist die *Varianz*:

Varianz

(2) $\quad \sigma^2 = (x_1 - \mu)^2 \cdot \omega(x_1) + (x_2 - \mu)^2 \cdot \omega(x_2)$
$\quad\quad\quad + \ldots + (x_n - \mu)^2 \cdot \omega(x_n)$.

Die Größe $\sigma = \sqrt{\sigma^2}$ wird auch die *Standardabweichung* der Zufallsvariablen genannt.

Standardabweichung

> *Beispiel:* Im Würfelexperiment ist
>
> $\sigma^2 = (1 - 3{,}5)^2 \cdot \frac{1}{6} + (2 - 3{,}5)^2 \cdot \frac{1}{6} + \ldots + (6 - 3{,}5)^2 \cdot \frac{1}{6}$
> $= 2{,}92$ und daher $\sigma = 1{,}71$.

Die Varianz ist ein Maß für die Abweichung der Zufallsgröße von ihrem Erwartungswert. Diese Tatsache kommt in der sog. *Tschebyscheffschen Ungleichung* zum Ausdruck: Die Abweichung $|X - \mu|$ der Zufallsvariablen X von Mittelwert μ ist mindestens gleich der positiven Zahl a mit einer Wahrscheinlichkeit von höchstens $\frac{\sigma^2}{a^2}$, d. h.

Tschebyscheffsche Ungleichung

(3) $\quad P(|X - \mu| \geq a) \leq \frac{\sigma^2}{a^2}$.

Binomial-
verteilung

4.3. Binomialverteilung

Eine der wichtigsten stochastischen Verteilungen ist die *Binomialverteilung*. Sie kann so beschrieben werden: Ein Ereignis E habe für sein Eintreten die Wahrscheinlichkeit p. Das Experiment werde n-mal unter gleichen Bedingungen wiederholt. Die Frage ist, wie groß die Wahrscheinlichkeit dafür ausfällt, daß unter den n Wiederholungen das Ereignis x-mal eintritt. Es gilt

(1) $\quad P(X = x) = \omega_{n;p}(x) = \binom{n}{x} \cdot p^x \cdot (1-p)^{n-x}$

Staffelbild

Die Abb. zeigt das sog. Staffelbild der Verteilung (1) für $n = 10$ und $p = 0{,}25$. Es hat die Eigenschaft, daß der Flächeninhalt jedes Rechtecks gleich der Wahrscheinlichkeit für den rechten Endpunkt seiner Grundlinie ist. Infolgedessen ist der Flächeninhalt unter dem gesamten Staffelbild gleich 1. Dunkelgefärbt sind die Wahrscheinlichkeiten $P(X = 4)$ und $P(X \geq 6)$; vgl. auch das folgende Beispiel.

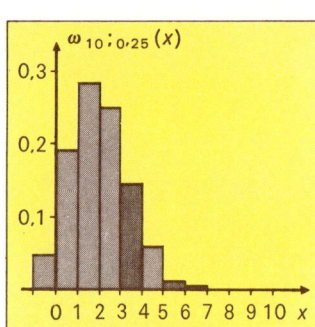

Beispiel: Eine Firma teilt ihre Erzeugnisse zu je 25 % ein in Stücke der Gebrauchsklasse, der Standardklasse, der Wertklasse und der Luxusklasse. Zehn Prüfer entnehmen stündlich je 1 Stück aus der Fertigung. Wie groß ist die Wahrscheinlichkeit, daß unter 10 Stücken
a) genau 4 in die Luxusklasse fallen?

Hier ist $p = \frac{1}{4}$, $n = 10$, $x = 4$, d. h.

$\omega_{10;0,25}(4) = \binom{10}{4} \cdot 0{,}25^4 \cdot 0{,}75^6 = 0{,}146$ (↑ Abb.)

b) mindestens 6 in die Wertklasse entfallen?
Hier gilt:
$P(X \geq 6) = \omega_{10;0,25}(6) + \omega_{10;0,25}(7) + \ldots + \omega_{10;0,25}(10)$
$= 0{,}016 + 0{,}003 + 0{,}001 + 0{,}000 + 0{,}000 = 0{,}020$.

Rekursions-
formel

Die Binomialverteilung gilt also für diskrete Zufallsvariable. Zur Erleichterung der Rechnung dient die Rekursionsformel

(2) $\omega_{n;p}(x+1) = \frac{n-x}{x+1} \cdot \frac{p}{1-p} \cdot \omega_{n;p}(x)$.

Für diese Verteilung der Zufallsvariablen findet man

(3) $\begin{cases} \text{Mittelwert } \mu = n\,p \\ \text{Varianz } \sigma^2 = n\,p \cdot (1-p) \end{cases}$

Mittelwert
Varianz

Beispiel: Im vorangehenden Beispiel ist die Anzahl der unter 10 Stücken gefundenen Exemplare der Luxusklasse im Mittel
$$\mu_L = 10 \cdot 0{,}25 = 2{,}5$$
mit der Varianz
$$\sigma^2 = 10 \cdot 0{,}25 \cdot 0{,}75 \approx 1{,}9\,;\quad \sigma \approx 1{,}4.$$

4.4. Normalverteilung

[1] Für *kontinuierliche* Zufallsvariable gilt in vielen Fällen die sog. *Normalverteilung*

Normalverteilung

(1) $\omega(x) = \dfrac{1}{\sigma \cdot \sqrt{2\pi}} \cdot e^{-\frac{(x-\mu)^2}{2\sigma^2}}$

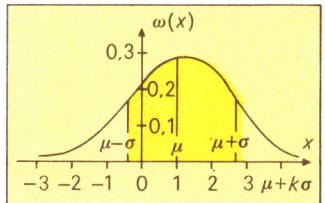

Der Faktor $\dfrac{1}{\sigma \cdot \sqrt{2\pi}}$ in (1) bewirkt, daß der Flächeninhalt unter dem Graph von (1) die Größe 1 annimmt ((↑ Abb.).

Beispiel: Bei der Musterung von Wehrdienstpflichtigen wird regelmäßig das Körpergewicht G festgestellt. Für G fand man beispielsweise folgendes Ergebnis:

G (kg)	56	58	60	62	64	66	68	70	72	74	76
n (Pers)	44	16	124	563	1659	2552	2293	1038	281	48	7

Trägt man diese Werte in einem (G; n)-Koordinatensystem auf, enthält man ein ähnliches Bild wie in Abb. [1] .

[2] Die Binomialverteilung wird durch (1) angenähert, wenn man setzt:

Binomialverteilung

(2) $\mu = n\,p\,;\ \sigma = \sqrt{n\,p\,(1-p)}$

439

Beispiel: Die Binomialverteilung $\omega_{8;0,5}(x)$ soll durch
(1) angenähert werden. Man erhält

x	0	1	2	3	4	5	6	7	8
$\omega(x)$	0,005	0,030	0,104	0,220	0,282	0,220	0,104	0,030	0,005
$\omega_{8;0,5}(x)$	0,004	0,031	0,109	0,219	0,273	0,219	0,109	0,031	0,004

[3] Die Wahrscheinlichkeit
$P(\mu - k\sigma < X \leq \mu + k\sigma)$
für das in der Abb. gelb getönte
Gebiet ist nur von k abhängig.
Man setzt daher

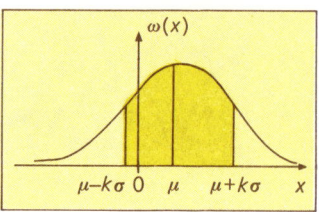

$P(\mu - k\sigma < X \leq \mu + k\sigma) = \Omega^*(k)$

Intervallregel

Für normal verteilte Zufallsvariablen gilt die allgemeine *Intervallregel:*

Im Bereich $\mu - k\sigma < x \leq \mu + k\sigma$ liegen $\Omega^*(k) = a\%$ der Ausfälle gemäß folgender Tabelle

k	0	0,2	0,4	0,6	0,8	1,0	1,2	1,4	1,6	1,8	2,0	2,4	2,8	3,0
a	0	15,9	31,1	45,1	57,6	68,3	77,0	83,8	89,0	92,8	95,4	98,4	99,5	99,7

Besonders wichtig ist der Fall $k = 1,96$, für den $a = 95$ wird
(95 %-*Regel*).

Beispiel: Beim Werfen zweier Würfel hat die Augenzahl
den Mittelwert

$\mu = 2 \cdot \frac{1}{36} + 3 \cdot \frac{2}{36} + 4 \cdot \frac{3}{36} + \ldots + 11 \cdot \frac{2}{36} + 12 \cdot \frac{1}{36} = 7;$

somit ist
$\sigma^2 = 5,83$, d. h. $\sigma = 2,41$.

Theoretisch müssen für $k = 1$ im Bereich $[7 \pm 2,41] = [4,6; 9,4]$ nach der Intervallregel etwa 68,3% der Ausfälle liegen. Tatsächlich sind es im Idealfall 4 Fälle mit 5 Augen, 6 mit 6 Augen, 6 mit 7, 5 mit 8 und 4 mit 9 Augen. Im ganzen sind es also 24 von den 36 Fällen, d. h. 66,7%, was die Voraussage gut annähert. Auch für andere k wird die Feststellung leicht bestätigt.

[4] Auch für unsymmetrische Intervalle unter dem Graph von $\omega(x)$ kann man die Wahrscheinlichkeiten mit Hilfe der Tabelle von $\Omega^*(k)$ (↑ S. 440) bestimmen:

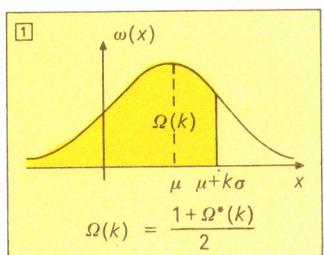

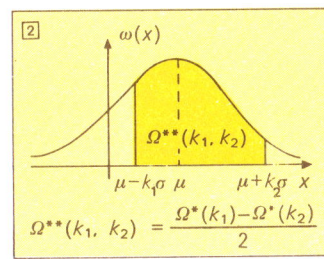

4.5. Poissonverteilung

Eine andere Annäherung an die Binomialverteilung ist die *Poisson-Verteilung*

(1) $\omega_\mu(x) = \dfrac{\mu^x}{x!} \cdot e^{-\mu}$.

Poisson-
verteilung

Sie gilt näherungsweise dann, wenn bei binomischen Experimenten p sehr klein, n sehr groß wird. Für Mittelwert und Varianz findet man

Mittelwert
Varianz

(2) $\mu = \mu \, ; \, \sigma^2 = \mu$.

Beispiel: In einer Stadt wurden während eines Jahres an t Tagen x Strafmandate an Autofahrer ausgesprochen gemäß folgender Tabelle:

x	0	1	2	3	4	5	6	7
t	71	118	80	48	37	6	4	1

Ein angenäherter Mittelwert ist

$\mu \approx \dfrac{71 \cdot 0 + 118 \cdot 1 + 80 \cdot 2 + 48 \cdot 3 + 37 \cdot 4 + 6 \cdot 5 + 4 \cdot 6 + 7 \cdot 1}{365}$

$= \dfrac{631}{365} = 1{,}73$. Somit ist $\omega_\mu(x) = \dfrac{1{,}73^x}{x!} \cdot e^{-1{,}73}$, also

x	0	1	2	3	4	5	6	7
$\omega_\mu(x) \cdot 365$	66	111	95	55	25	9	3	1

was gut zur obigen Tabelle paßt.

Die Poissonverteilung spielt eine wichtige Rolle in der Theorie der Warteschlangen, der Bedienungsprozesse u. ä. (↑ S. 430). Aber auch in den Naturwissenschaften, z. B. beim radioaktiven Zerfall, kommt man ohne sie nicht aus.

Statistik

In der Wahrscheinlichkeitstheorie kann den Ereignissen eine bestimmte theoretische Wahrscheinlichkeit zugeschrieben und diese auf Stichproben übertragen werden. Die Statistik stellt das Umkehrproblem dar. Ihre Aufgaben sind daher z. B.

(a) Empirische Ermittlung von Schätzwerden für die Wahrscheinlichkeit und für die Kennwerte stochastischer Verteilungen;
(b) Prüfung von Hypothesen über die Werte von (a);
(c) Angabe von Vertrauensbereichen für Schätzwerte;
(d) Entscheidung zwischen Alternativen bei Vergleichsprüfungen.

1. Beschreibende Statistik

1.1. Stichproben

Stichprobe

Umfang der Stichprobe

[1] *Das Ergebnis eines einmal oder mehrmals ausgeführten Experiments* (↑ S. 417) nennt man eine *Stichprobe*. Die Anzahl der Erhebungen (d. h. z. B. der Wiederholungen des Experiments) heißt *Umfang der Stichprobe*.

> *Beispiele:* a) Eine Münze wird 20mal geworfen. Beim Erscheinen von »Wappen« wird »0«, beim Erscheinen von »Zahl« wird »1« notiert. Die Stichprobe kann dann etwa so aussehen:
> 01110 10101 10111 00001
> b) Die Erhebung der Körpergewichte (↑ Beispiel S. 439) ist eine statistische Stichprobe.

Eine Stichprobe kann *endlichen* oder beliebig großen (kurz: *unendlichen*) Umfang haben.

Beispiele: a) Das Werfen einer Münze kann 10mal, 100mal, 1000mal, 10 000mal ... usw. wiederholt werden; in Gedanken ist eine unendliche Stichprobe möglich. — b) Die Frage nach dem Wahlverhalten einer Stadt von 10 000 Einwohnern ermöglicht nur eine Stichprobe von höchstens 10 000 Befragungen; sie ist also immer endlich.

Statt Stichprobe vom Umfang n sagt man auch »n-Stichprobe« aus einer *Grundgesamtheit*.

n-Stichprobe
Grundgesamtheit

[2] Die Menge aller verschiedenen Ausfälle, die in einer Stichprobe auftreten können, ist der Ereignisraum des zugehörigen Experiments (↑ S. 417). Er wird daher auch *Stichprobenraum* genannt.

Stichprobenraum

Beispiele: a) Die obige Münzenwurf-Stichprobe 01110 10101 10111 00001 hat den Stichprobenraum $S = \{0\,;\,1\}$.
— b) Die Stichprobe über die Körpergewichte (↑ S. 439) führt auf $S = \{56\ \text{kg};\ \ldots\ 76\ \text{kg}\}$.

1.2. Mittelwert einer Stichprobe

[1] Urliste. Bei der Durchführung der Stichproben werden alle Ergebnisse in der *Urliste* notiert.

Urliste

[2] Spannweite. Die Differenz zwischen dem größten Meßwert (m^*) und dem kleinsten (m_*) heißt die *Spannweite* w der Stichprobe, $[m_*;\,m^*]$ das Spannweitenintervall
(1) $w = m^* - m_*$.
Alle Meßwerte liegen innerhalb $[m_*;\,m^*]$.

Spannweite

Spannweitenintervall

Beispiel: In einer Baumschule werden die Wuchshöhen von 40 beliebig ausgewählten Tannenbäumen gemessen. Es ergab sich folgende Urliste (in m):

1,92 2,33 2,45 1,47 1,96 1,49 2,08 1,79 1,26 1,95
2,17 1,30 2,40 2,25 1,88 1,78 2,63 2,28 2,06 1,64
1,91 2,29 1,76 2,21 1,11 2,35 2,71 2,70 1,34 2,80
1,65 1,08 1,87 1,94 2,26 2,07 2,27 2,16 1,62 1,54

Die kleinste Messung (m_*) beträgt 1,08 m, die größte (m^*) dagegen 2,80 m. Die Spannweite ist 2,80 m − 1,08 m = 1,72 m. Alle Messungen liegen im Spannweitenintervall [1,08 m; 2,80 m].

[3] Mittelwert. Der Wert $\overline{m}$, den man erhält, wenn man **a)** die Meßwerte m_1 ; m_2 ; m_3 ; . . . : m_n der Stichprobe addiert und **b)** diese Summe durch den Umfang n der Stichprobe dividiert, heißt der *Mittelwert* der Stichprobe:

Mittelwert (2) $$\overline{m} = \frac{m_1 + m_2 + m_3 + \ldots + m_n}{n}$$

> *Beispiel:* Das obige Tannenbaumbeispiel liefert
> $$\overline{m} = \frac{1{,}92 + 2{,}32 + 2{,}45 + \ldots + 1{,}62 + 1{,}54}{40} \quad m = 1{,}97\,m.$$

Der Mittelwert $\overline{m}$ liegt stets innerhalb des Spannweitenintervalls $[m_*; m^*]$, bei »normalen« Stichproben angenähert in der Mitte des Intervalls.

[4] Strichliste. Die Meßwerte einer Stichprobe können auch in einer *Strichliste* festgehalten werden.

Besetzungszahl

> *Beispiel:* Zwei Würfel werden 100mal geworfen. Bei jedem Wurf wird die Augensumme in einer Strichliste notiert:

Augensumme	2	3	4	5	6	7	8	9	10	11	12
Besetzungszahl	IIII	ℍℍ	ℍℍ II	ℍℍℍℍ I	ℍℍℍℍ III	ℍℍℍℍ ℍℍ III	ℍℍℍℍ IIII	ℍℍℍℍ	ℍℍIIII	ℍℍ I	III
	4	5	7	11	13	18	14	10	9	6	3
Häufigkeit	0,04	0,05	0,07	0,11	0,13	0,18	0,14	0,10	0,09	0,06	0,03

Für die Berechnung des Mittelwertes gilt:
Man findet den Mittelwert einer Stichprobe mit mehrfach besetzten Meßwerten, indem man jeden Meßwert m_i
a) mit seiner Besetzungszahl n_i multipliziert und dann die Summe aller dieser Produkte durch den Umfang der Stichprobe dividiert:

(3) $$\overline{m} = \frac{m_1 \cdot n_1 + m_2 \cdot n_2 + \ldots + m_k \cdot n_k}{n_1 + n_2 + \ldots + n_k}$$

oder
b) mit der Häufigkeit $h_i = \frac{n_i}{n}$ seines Auftretens (↑ S. 423) multipliziert, d. h.

(4) $\overline{m} = m_1 \cdot h_1 + m_2 \cdot h_2 + \ldots + m_k \cdot h_k.$

Beispiel: Das obige Würfelbeispiel liefert

a) $\overline{m} = \dfrac{2\cdot 4 + 3\cdot 5 + 4\cdot 7 + \ldots + 11\cdot 6 + 12\cdot 3}{100} = 7{,}04;$

b) $\overline{m} = 2\cdot 0{,}04 + 3\cdot 0{,}05 + \ldots + 11\cdot 0{,}06 + 12\cdot 0{,}03 = 7{,}04.$

Der Mittelwert ist ein *Schätzwert* für den Erwartungswert des Experiments (↑ S. 417).

Schätzwert

1.3. Rangieren einer Stichprobe. Zentralwert

[1] Rangieren. Wenn die Meßwerte einer Stichprobe der Größe nach geordnet werden, spricht man vom *Rangieren* einer Stichprobe. In der *rangierten Stichprobe* wird jedem Meßwert eine Platznummer zugeordnet.

*Rangieren
rangierte
Stichprobe
Platznummer*

Beispiel: Die rangierte Stichprobe des Tannenbaumbeispiels hat folgenden Anfang bzw. Ende:
1,08; 1,11; 1,26; 1,30; ...; 2,63; 2,70; 2,71; 2,80 (m).

[2] Zentralwert. Der auf die mittlere Platznummer einer rangierten ungeradzahligen Stichprobe fallende Meßwert heißt *Zentralwert z* (auch *Halbwert* oder *Medianwert*) der Stichprobe. Bei geradzahligen Stichproben ist es der Mittelwert der auf die beiden mittleren Plätze fallenden Meßwerte der rangierten Stichprobe.

Zentralwert

Beispiel: Beim Tannenbaumbeispiel liegt z zwischen dem 20. und 21. Meßwert der rangierten Stichprobe. d. h. zwischen 1,95 und 1,96. Somit ist $z = 1{,}955$ m.

Mittelwert m und Zentralwert z fallen zusammen, wenn die Stichprobe *symmetrisch* ist. Beim Tannenbaumbeispiel ist $m \approx z$, nämlich $1{,}97 \approx 1{,}955$, weil die Stichprobe *näherungsweise* symmetrisch ist.

*symmetrische
Stichprobe*

1.4. Gruppierte Stichproben, Staffel- und Summenbild

[1] Klassen. Bei Stichproben von großem Umfang und mit kontinuierlichen bzw. eng liegenden diskreten Meßwerten wird der Meßwert-Bereich oft in gleich große *Klassen* eingeteilt. In praktischen Fällen wählts man meist 5 bis 10, bei sehr umfangreichen Stichproben auch mehr Klassen.

Klasse

gruppierte Stichprobe

Wird der Meßwert-Bereich einer Stichprobe in eine endliche Anzahl von Teilbereichen (gleicher Breite) eingeteilt und werden die einzelnen Meßwerte der Stichprobe den entsprechenden Klassen zugeteilt, so erhält man eine *gruppierte Stichprobe*. Messungen, die auf eine Klassengrenze fallen, werden der Klasse zugezählt, die diesen Wert als obere Klassengrenze hat.

Beispiel: Tannenbaumstichprobe (↑ S. 443);
5 Klassen: über 1,00 m bis 1,40 m;
über 1,40 m bis 1,80 m usw.

Klassenbereich	1,00–1,40	1,40–1,80	1,80–2,20	2,20–2,60	2,60–3,00
Klassenmitte	1,20	1,60	2,00	2,40	2,80
Besetzungszahl	ҤҤ 5	ҤҤ IIII 9	ҤҤ ҤҤ II 12	ҤҤ ҤҤ 10	IIII 4
Häufigkeit	0,125	0,225	0,300	0,250	0,100

Klassenbreite Klassenmitte

Der Klassenbereich kann auch durch die Angabe der *Klassenbreite* (hier 0,40 m) und der *Klassenmitten* (hier 1,20 m; 1,60 m usw.) gekennzeichnet werden.

praktischer Mittelwert

Aus der gruppierten Stichprobe läßt sich der (angenäherte) *praktische Mittelwert* mit (3), (4) auf S. 444 berechnen.

Beispiel: Im Tannenbaumbeispiel ist $\bar{m} \approx 1{,}20 \cdot 0{,}125 +$
$1{,}60 \cdot 0{,}225 + \ldots + 1{,}80 \cdot 0{,}100 = 1{,}99$ m
gegenüber den tatsächlichen Mittelwert 1,97 m.

Staffelbild

[2[**Staffelbild.** Die gruppierte Stichprobe wird durch das *Staffelbild* veranschaulicht.

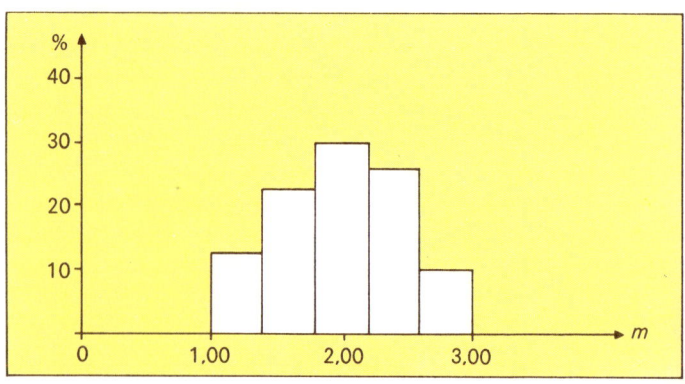

Beispiel: Nach der Tabelle auf S. 446 wird über jeden Klassenbereich ein Rechteck gezeichnet, dessen Höhe durch die Klassenhäufigkeit (in %) gegeben ist (↑ S. 446).

[3] **Summenbild.** Addiert man die Klassenhäufigkeiten, beginnend mit der ersten Klasse, jeweils bis zur nächsten Klassengrenze auf, so ergibt sich das *Summenbild*.

Summenbild

Beispiel: Tannenbaumstichprobe (↑ S. 443 und 446):

Meßwerte von 1 m	bis 1,40 m	bis 1,80 m	bis 2,20 m	bis 2,60 m	bis 3,00 m
Häufigkeit	0,125	0,350	0,650	0,900	1,000

Darstellung:

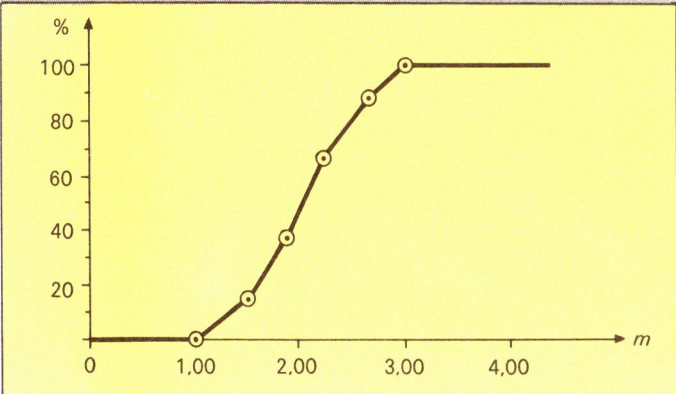

1.5. Varianz und Standardabweichung

[1] **Abweichung.** Bei einer Stichprobe liegt i.a. ein Teil der Meßwerte unterhalb, ein anderer oberhalb des Mittelwertes. Als Abweichung a_i eines Meßwertes m_i vom Mittelwert $\overline{m}$ der Stichprobe bezeichnet man die Differenz der beiden Werte

Abweichung

(1) $\qquad a_i = m_i - \overline{m}$

Beispiel: Die rangierte Tannenbaumstichprobe (↑ S. 445) hat die Abweichungen $1,08 - 1,97 = -0,89$; $1,11 - 1,97 = -0,86$ usw., also
$-0,89$; $-0,86$; $-0,71$; $-0,67$; $-0,63$; ...;
$+0,48$; $+0,66$; $+0,73$; $+0,74$; $+0,83$.

Varianz

[2] Varianz. Zur Beurteilung einer Stichprobe benutzt man neben dem Mittelwert die Abweichungsquadrate:
Die Varianz s^2 einer Stichprobe ist die Summe der Abweichungsquadrate, dividiert durch den um 1 verminderten Umfang n der Stichprobe:

(5) $\quad s^2 = \dfrac{a_1^2 + a_2^2 + \ldots + a_n^2}{n-1}$

Beispiel: Die rangierte Stichprobe von S. 445 liefert mit den Abweichungen von S. 447:

$$s^2 = \frac{0{,}89^2 + 0{,}86^2 + 0{,}71^2 + \ldots + 0{,}74^2 + 0{,}83^2}{40 - 1} = 0{,}193.$$

Standardabweichung
Streuung

[3] Standardabweichung. Die Wurzel aus der Varianz s^2 heißt die *Standardabweichung s* oder *Streuung* der Stichprobe:

(6) $\quad s = \sqrt{\dfrac{1}{n-1}\left(a_1^2 + a_2^2 + \ldots + a_n^2\right)}.$

Beispiel: Im vorangehenden Beispiel ist
$s = \sqrt{0{,}193} = 0{,}44.$

s-Regel

[4] Von den Meßwerten einer Stichprobe liegen »normalerweise« im Bereich (*s-Regel*):
[$\overline{m} - s$; $\overline{m} + s$] etwa 68,3 %,
[$\overline{m} - 2s$; $\overline{m} + 2s$] etwa 95,4 %,
[$\overline{m} - 3s$; $\overline{m} + 3s$] etwa 99,7 %
der Meßwerte einer Stichprobe.

Beispiel: Im Tannenbaumbeispiel findet man 70,0 %; 97,5 %; 100 %.

empirische Varianz

Die empirische Varianz s^2 ist ein *Schätzwert* für den theoretischen Wert σ^2 der Varianz (↑ S. 437).
Für den theoretischen Mittelwert μ des Experiments (↑ S. 437) gilt mit einer Wahrscheinlichkeit von 0,95:

(7) $\quad \overline{m} - 1{,}96 \cdot \dfrac{\sigma}{\sqrt{n}} < \mu < \overline{m} + 1{,}96 \cdot \dfrac{\sigma}{\sqrt{n}}.$

Ist σ nicht bekannt, sondern nur s, so gilt für Stichproben vom Umfang $n \approx 20$ entsprechend.

(8) $\quad \overline{m} - 2{,}10 \cdot \dfrac{s}{\sqrt{n}} < \mu < \overline{m} + 2{,}10 \cdot \dfrac{s}{\sqrt{n}}.$

Beispiel: Im Tannenbaumbeispiel gilt mit $s = 0{,}44$:
$m = 1{,}97$; $n = 40$:
$1{,}82 < \mu < 2{,}12$;
d. h. mit 95 % Wahrscheinlichkeit ist der wahre Mittelwert der Grundgesamtheit größer als 1,82 m, aber kleiner als 2,12 m.

Durch (7) bzw. (8) wird ein *Vertrauensintervall* für den Mittelwert einer Stichprobe gegeben.

Vertrauensintervall

[4] Je kleiner die Standardabweichung ist, um so enger liegen die Meßwerte der Stichprobe um den Mittelwert verteilt, d. h., um so steiler ist das Staffelbild der Stichprobe. Je steiler das Staffelbild ist, um so weniger streut die Stichprobe.

2. Testen von Hypothesen

Aus den Daten einer Stichprobe können Mittelwert und Varianz ohne besondere Kenntnisse über die zugehörige Grundgesamtheit berechnet werden. Oft hat man aber Informationen über die Grundgesamtheit und hat darüber zu entscheiden, ob das Ergebnis der Stichprobe mit diesen Angaben verträglich ist, d. h., ob die Stichprobe der Grundgesamtheit angehört. Man geht von der sog. *Nullhypothese* H_0 aus, daß die Stichprobe der Grundgesamtheit angehört. Falls Unterschiede bestehen, ist zu prüfen, ob diese rein zufällig sind, ohne H_0 in Frage zu stellen, oder ob sie so schwerwiegend sind, daß statt H_0 eine *Gegenhypothese* H_1 angenommen werden muß.

Nullhypothese

Gegenhypothese

2.1. Prüfung eines Stichprobenmittelwertes

Mit 95 %iger Wahrscheinlichkeit kann angenommen werden, daß eine n-Stichprobe, in der das Ereignis E genau x-mal eingetreten ist, der durch μ und σ gegebenen normal verteilten Grundgesamtheit angehört, wenn

Prüfung eines Stichprobenmittelwertes

(1) $\quad \frac{|x - \mu|}{\sigma} \leq 1{,}96$

Durch diese Beschränkung werden zu große Absolutabweichungen vom Mittelwert μ ausgeschlossen.

Beispiel: Nach den Erfahrungen eines Reisebüros hatten 25 % der Urlauber südliche Ziele bevorzugt. Die Frage ist, ob im kommenden Jahr wieder mit diesem Anteil gerechnet werden kann. Eine Meinungsbefragung wird in zwei verschiedenen Bezirken unter je 1 200 nach dem Zufall ausgewählten Urlaubern durchgeführt. Sie ergab im 1. Bezirk eine Anzahl von 348 »Südurlaubern«, im 2. Bezirk jedoch nur 276. Kann das Reisebüro die Planung mit 25 % Südurlaubern aufrechterhalten? — Die Nullhypothese H_0 lautet: »Die Erhebung stimmt mit der Erfahrung überein, d. h., 25 % reisen in den Süden.« Die Lösung des Problems führt natürlich auf eine Binominalverteilung (entweder »Süden« oder »Nichtsüden«). Somit sind die theoretischen Kennwerte (↑ S. 439).

$$\mu = np = 1200 \cdot \frac{1}{4} = 300 \; ; \quad \sigma = \sqrt{np(1-p)} =$$

$$= \sqrt{1200 \cdot \frac{1}{4} \cdot \frac{3}{4}} = 15.$$

Aus (1) folgt $\frac{|x - \mu|}{\sigma} = \frac{|348 - 300|}{15} = \frac{48}{15} = 3{,}2$ im 1. Bezirk bzw. $\frac{|276 - 300|}{15} = \frac{24}{15} = 1{,}6$ im 2. Bezirk.

Wegen 3,2 > 1,96 ist (1) im 1. Bezirk nicht erfüllt; hier muß H_0 verworfen und die Gegenhypothese angenommen werden, daß der Anteil der Südurlauber sich verändert hat. Im 2. Bezirk dagegen ist 1,6 < 1,96, d. h. (1) erfüllt. Hier hat sich nichts geändert.

Aus (1) geht hervor, daß die Nullhypothese dann zu verwerfen ist, wenn die Anzahl der Südurlauber unter 270 sinkt oder über 329 steigt.

zweiseitiger Test

einseitiger Test

Der im vorstehenden Beispiel behandelte Test ist ein sog. zweiseitiger Test: Es werden zu kleine bzw. zu große Stichprobenmittelwerte ausgeschlossen. Bei einseitigen Tests hängt die Annahme der Nullhypothese nur vom Überschreiten einer unteren (linkseinseitigen) bzw. oberen (rechtseinseitigen) Annahmegrenze ab. Bei links- bzw. rechtseinseitigen Tests gilt für die Annahme von H_0 bei 95 %iger Sicherheit

(2) $\quad \frac{\mu - x}{\sigma} \leqq 1{,}64 \quad$ bzw. $\quad \frac{x - \mu}{\sigma} \leqq 1{,}64.$

Beispiel: Eine Partei kommt nur dann in den Landtag, wenn sie in einem Wahlkreis mindestens 5 % der Stimmen erreicht. Die ABC-Partei läßt kurz vor der Wahl 1000 zufällig ausgewählte Personen eines Wahlkreises befragen. Davon wollen 41 Personen die Partei wählen. — Die Nullhypothese ist: Das Ergebnis liegt im Rahmen des Zufalls innerhalb der Grundgesamtheit. Es kommt nur darauf an, daß 5 % erreicht werden; eine obere Grenze wird nicht wirksam. In diesem Beispiel handelt es sich um einen linkseinseitigen Test (Überschreiten einer unteren Grenze). Hier ist $\mu = 1000 \cdot 0{,}05 = 50$ und
$\sigma = \sqrt{1000 \cdot 0{,}05 \cdot 0{,}95} = 6{,}9$.
Somit gilt nach (2)
$\frac{50 - 41}{6{,}9} = 1{,}3 \leq 1{,}64$. Das Ergebnis spricht nicht gegen die Nullhypothese; sie wird also angenommen.

2.2. Beurteilungsrisiko

Die Annahme einer Hypothese bedeutet nicht, daß sie für absolut richtig erachtet wird, sondern nur, daß sie unter den gegebenen Umständen als annehmbar erscheint. Ebenso bedeutet die Ablehnung einer Hypothese nicht, daß sie falsch ist. Für die Beurteilung einer Hypothese gibt es also 2 Risiken:

Risiko 1. Art: Die Hypothese H_0 wird verworfen, obwohl sie in Wirklichkeit richtig ist. Die *Irrtumswahrscheinlichkeit* beträgt für die Formeln (1) und (2) genau 5 %. Will man sie auf 1 % herabsetzen, so sind die Werte 1,96 bzw. 1,64 zu ersetzen durch 2,58 bzw. 2,33.

Risiko 1. Art Irrtumswahrscheinlichkeit

Risiko 2. Art: Die Hypothese H_0 wird angenommen, obwohl sie tatsächlich falsch ist.

Risiko 2. Art

2.3. Vertrauensintervall

Im Abschnitt **2.1.** ging es darum, alle Stichprobenwerte x zu ermitteln, die noch mit der Nullhypothese verträglich sind. Man kann aber umgekehrt auch fragen, mit welchen verschiedenen Nullhypothesen ein bestimmter Stichprobenwert p_0 noch verträglich ist.
Mit 95 %iger Sicherheit kann man behaupten, daß die empirisch ermittelte Häufigkeit p_0 mit der Nullhypothese
»$p \in [\, p_* \, ; \, p^* \,]$« vereinbar ist, wobei p_* und p^* die Lösungen der Gleichung für p

Vertrauens-
intervall

(3) $\quad p_o - p = 1{,}96 \cdot \sqrt{\frac{p(1-p)}{n}}$

sind; $[p_*; p^*]$ ist das Vertrauensintervall für p.

Beispiel: Im Urlaubsbeispiel (↑ S. 450) ist für den 1. Bezirk
$p_o = \frac{x}{n} = \frac{348}{1200} = 0{,}29$. Somit liefert (3) die Bedingung

$0{,}29 - p = 1{,}96 \cdot \sqrt{\frac{p(1-p)}{1200}}$, d. h.

$p^2 - 0{,}58134026\, p + 0{,}083883162 = 0$;
$p_* = 0{,}265;\ p^* = 0{,}316$.
Man irrt sich mit einer Wahrscheinlichkeit von höchstens 5 %, wenn man im 1. Bezirk den Anteil der Südurlauber zwischen 26,5 % und 31,6 % annimmt.

2.4. Chiquadrat-Test

χ^2-**Verteilung**
Chi-Quadrat

Außer den vorstehend behandelten Hypothesentests gibt es noch zahlreiche weitere. Von besonderer Bedeutung ist die sog. χ^2-*Verteilung*, die insbesondere bei *Anpassungstests* Verwendung findet. Geprüft wird die Zufallsgröße χ^2 (Chiquadrat), z. B.

(4) $\quad \chi^2 = \Sigma \frac{(z_b - z_e)^2}{z_e}$

Dabei bedeutet z_b die in Stichproben beobachtete Anzahl der Realisierungen eines Ereignisses, z_e die entsprechende theoretische Anzahl gemäß der Vergleichsverteilung.

Beispiel: Mit einem Würfel hat man bei 360 Würfen folgendes Ergebnis erzielt.

Augenzahl	1	2	3	4	5	6
z_b (beob.)	47	70	64	77	53	49
z_e (theor.)	60	60	60	60	60	60

Gleich-
verteilung

Ist das Stichprobenergebnis mit der theoretisch erwarteten Gleichverteilung im Einklang?
Die Tabelle liefert

$$\chi_b^2 = \frac{(47-60)^2}{60} + \frac{(70-60)^2}{60} + \frac{(64-60)^2}{60} + \frac{(77-60)^2}{60}$$
$$+ \frac{(53-60)^2}{60} + \frac{(49-60)^2}{60} = 11{,}9.$$

Den für eine Irrtumswahrscheinlichkeit 5 % maßgeblichen χ^2-Wert erhält man aus folgender Tabelle (f Anzahl der Freiheitsgrade).

f	1	2	3	4	5	6	8	10	20	40
χ^2	3,84	5,99	7,82	9,49	11,07	12,59	15,59	18,31	31,40	55,76

Wenn der aus der Stichprobe errechnete Wert χ_b^2 kleiner als der Tabellenwert χ_t^2 ist, wird die Nullhypothese angenommen. Die Anzahl f der *Freiheitsgrade* ist gleich der Anzahl der zu vergleichenden Stichprobendaten, vermindert um die Anzahl der zur Berechnung erforderlichen Maßzahlen der Vergleichsverteilung.

Freiheitsgrad

Beispiel: Im obigen Beispiel ist $f = 5$, nämlich die Differenz aus der Anzahl der Beobachtungen (6) und der Anzahl der Maßzahlen (1, nämlich der Mittelwert 60). Die Tabelle liefert

$\chi_t^2 = 11,07$.

Somit ist $\chi_b^2 > \chi_t^2$; die Nullhypothese, daß das Stichprobenergebnis mit der theoretisch erwarteten Gleichgewichtsverteilung übereinstimmt, muß verworfen werden.

2.5. Prognosen (Hochrechnung)

Eine wichtige Aufgabe der Statistik sind *Prognosen* bei Wahlen, Marktanalysen, Meinungsumfragen u. ä. *Trendanalysen* bei langfristigen Voraussagen, etwa über die Arbeitsmarktentwicklung, Bevölkerungsbewegung usw., kann man häufig mit dem Hilfsmittel der Regressionen (↑ Abschnitt 3, S. 455) erfassen. Eine andere Möglichkeit ist der direkte Schluß von der Stichprobe auf die Grundgesamtheit, die sog. *Hochrechnung*, die ganz besonders eindrucksvoll bei Wahlen angewandt wird. Das Prinzip der Wahlhochrechnung soll hier in seinen Grundzügen erläutert werden.

Trendanalyse

Hochrechnung

Für die Voraussage des Wahlausgangs wählt man möglichst eine Reihe von Wahlkreisen aus, die in ihrem vermutlichen Wahlverhalten und ihrer Zusammensetzung in etwa als Modell der Gesamtbevölkerung gelten können. Die prozentualen Stimmengewinne bzw. -verluste einer Partei in diesen Wahlkreisen werden im Verhältnis der Wahlberechtigten zum prozentualen Ergebnis der Vorwahl addiert. Das Ergebnis ist ein Schätzwert für das Ergebnis der Jetztwahl, welcher sich mit steigender Zahl der berücksichtigten Wahlkreise oft schnell dem Endergebnis annähert.

Es gilt

$$p' = p + 100 \cdot \frac{(s'_1-s_1) \vdots + (s'_2-s_2) \vdots + \ldots + (s'_k-s_k)}{n_1 \vdots + n_2 \vdots + \ldots + n_k},$$

wobei

p' = geschätzter prozentualer Stimmenanteil der Partei s bei der Jetztwahl;

p = bekannter prozentualer Stimmenanteil der Partei s bei der Vorwahl;

s_i = Zahl der für Partei s bei der Jetztwahl abgegebenen Stimmen;

s_i = Zahl der für Partei s bei der Vorwahl abgegebenen, auf die Jetztwahl der Wahlberechtigten bezogenen Stimmen, d. h. $s_i = \dfrac{n_i \text{ (Jetztwahl)}}{n_i \text{ (Vorwahl)}} \cdot s_i \text{ (Vorwahl)}$;

n_i = Zahl der Wahlberechtigten bei der Jetztwahl im Wahlkreis Nr. i.

In der Praxis laufen die Meldungen der Modellwahlkreise nacheinander ein. Ist z. B. das Ergebnis des Wahlkreises 1 zunächst als einziges bekannt, so benutzt man die obige Hochrechnungsformel bis zur punktierten Linie, liegen 2 Ergebnisse vor, dann bis zur gestrichelten Linie usw.

Beispiel: Bei einer Landtagswahl 1970 kamen nacheinander die Meldungen von 6 Wahlkreisen an (folgende Tabelle, Spalte i). Die Anzahl der Wahlberechtigten von 1970 steht in Spalte n_i, während das prozentuale Vorwahlergebnis 1966 für die Partei s (CDU) in Spalte p_i steht. Aus diesen Zahlen ergeben sich die Erwartungszahlen s_i, während die Spalte s_i die Anzahl der s-Stimmen von 1970 enthält. Die weiteren Spalten sind Rechenspalten.

i	n_i (1970)	p_i (1966)	s_i	s'_i (1970)	s'_i-s_i	$\Sigma(s'_i-s)$	Σn_i	p'
1	59 547	22,3%	13 279	22 509	9 230	9 230	59 547	41,9%
2	63 589	15,5	9 856	16 650	6 794	16 024	123 136	39,4%
3	68 710	17,7	12 162	22 570	10 408	26 234	191 846	40,2%
4	70 237	21,0	14 750	24 830	10 080	36 512	262 083	40,3%
5	74 797	30,6	22 889	31 425	8 536	45 048	336 880	39,8%
6	68 647	21,2	14 553	23 222	8 669	53 717	405 527	39,6%

Bei der Vorwahl erreichte die Partei 26,4 % der Stimmen, bei der Wahl 1970 dagegen 39,7 %. Die Tabellenspalte p'

zeigt deutlich, wie die Hochrechnung sich diesem Endergebnis annähert. Das zeigt auch die Abb.

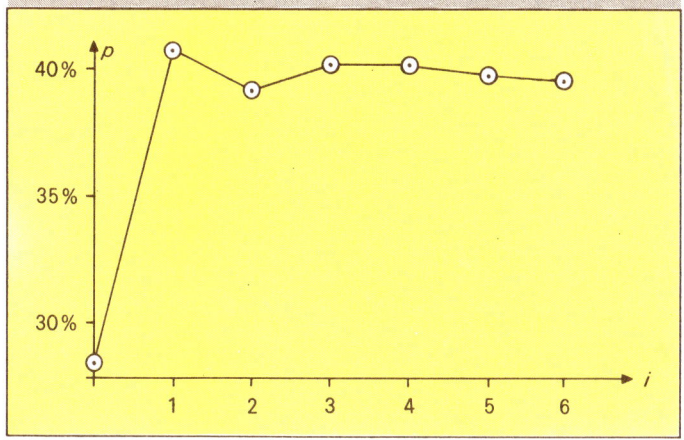

3. Regression und Korrelation

3.1. Regression
Besteht zwischen den Werten x_i und y_i zweier Merkmale einer Grundgesamtheit eine lineare Beziehung
$$y_i = mx_i + b; i = 1, 2, 3, \ldots, n;$$
dann sind die y_i durch die x_i eindeutig linear erklärt.

Beispiel: Eine Bank gibt Darlehen (1. Merkmal) von Betrag x zu 9 % und einer jährlichen Bearbeitungsgebühr von 10,— DM ab. Die jährlichen Gesamtkosten (2. Merkmal) vom Betrag y errechnen sich zu
$$y = 0{,}09 \cdot x + 10$$

Bei empirischen Daten ist nicht zu erwarten, daß eine solche Beziehung exakt erfüllt ist. Es geht dann darum, die y_i »möglichst gut« durch die x_i zu erklären.

Beispiel: Welcher Zusammenhang besteht zwischen der Anzahl der genossenen Flaschen Bier und dem Blutalkoholgehalt? Der Test an einigen Personen ergab die folgende Tabelle:

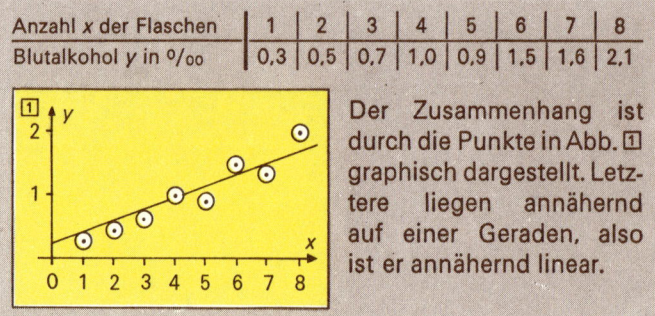

Anzahl x der Flaschen	1	2	3	4	5	6	7	8
Blutalkohol y in ‰	0,3	0,5	0,7	1,0	0,9	1,5	1,6	2,1

Der Zusammenhang ist durch die Punkte in Abb. ① graphisch dargestellt. Letztere liegen annähernd auf einer Geraden, also ist er annähernd linear.

Regression
Einflußgröße
Zielgröße
Regressionsgerade

Eine lineare Beziehung der vorstehenden Art nennt man eine *Regression*. Dabei ist im einfachsten Fall die sog. *Einflußgröße* x (hier die Anzahl der Flaschen) meßfehlerfrei und zufallsunabhängig, dagegen die *Zielgröße* y zufällig, also eine Zufallsvariable. Die bildliche Darstellung führt zu einer *Regressionsgeraden*. Ihre Gleichung ist

(1) $\quad y - \overline{y} = m_{x \cdot y}(x - \overline{x})$, wobei $\overline{y} = \frac{1}{n}\Sigma y_i$;

$\overline{x} = \frac{1}{n}\Sigma x_i$; $m_{x \cdot y} = \frac{\Sigma x_i y_i - n\overline{x}\,\overline{y}}{\Sigma x_i^2 - n\overline{x}^2}$.

n Anzahl der Meßpaare $(x_i; y_i)$; $\overline{x}, \overline{y}$ Mittelwerte

Regressionskoeffizient

Die Größe $m_{x \cdot y}$ stellt die Steigung der Regressionsgeraden dar. Sie wird üblicherweise *Regressionskoeffizient* genannt.

Beispiel: Die obige Tabelle führt zu der in der folgenden Tabelle dargestellten Rechnung:

x_i	y_i	$x_i y_i$	x_i^2
1	0,3	0,3	1
2	0,5	1,0	4
3	0,7	2,1	9
4	1,0	4,0	16
5	0,9	4,5	25
6	1,5	9,0	36
7	1,6	11,2	49
8	2,1	16,8	64
$\Sigma x_i = 36$	$\Sigma y_i = 8,6$	$\Sigma x_i y_i = 48,9$	$\Sigma x_i^2 = 204$
$\overline{x} = 4,5$	$\overline{y} = 1,1$		

$\overline{x} = 4,5$; $\overline{y} = 1,1$

$m_{x \cdot y} = \frac{48,9 - 8 \cdot 4,5 \cdot 1,1}{204 - 8 \cdot 4,5^2}$

$= 0,221$

Somit
$y - 1,1 = 0,221 \cdot (x - 4,5)$
Für $x_0 = 0$ ergibt sich $y_0 = 0,11$. Auch ohne Alkoholgenuß ist ein geringer Blutalkoholgehalt vorhanden.

3.2. Korrelation

In manchen Fällen sind sowohl Einflußgröße x als auch Zielgröße y Zufallsvariable.
In diesem Fall kann man x als zufallsunabhängige Einflußvariable, y als zufällige Zielvariable oder umgekehrt x als zufällige Zielvariable und y als zufallsunabhängige Einflußvariable auffassen. Es gibt also 2 Regressionsgeraden mit den Regressionskoeffizienten (↑ Abb.)

(2) $\quad m_{x \cdot y} = \dfrac{\Sigma x_i y_i - n\overline{x}\,\overline{y}}{\Sigma x_i^2 - n\overline{x}^2} \; ; \; m_{y \cdot x} = \dfrac{\Sigma x_i y_i - n\overline{x}\,\overline{y}}{\Sigma y_i^2 - n\overline{y}^2}.$

Beispiel: An 6 Personen werden Körpergewicht x und Körperlänge y gemessen.

Person Nr.	1	2	3	4	5	6
x (kg)	50,2	59,3	65,1	74,8	85,3	90,6
y (m)	1,58	1,61	1,74	1,76	1,79	1,84

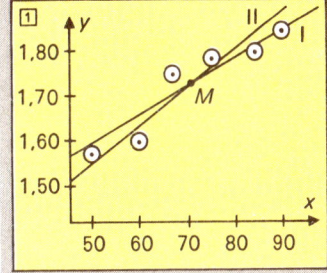

Nach dem Muster des obigen Beispiels ergibt die Rechnung
$m_{x \cdot y} = 0{,}00621$ (Gerade I),
$m_{y \cdot x} = 139{,}886$ (Gerade II),
↑ Abb.

Das geometrische Mittel der Regressionskoeffizienten $m_{x \cdot y}$ und $m_{y \cdot x}$ heißt *Korrelationskoeffizient r* :

Korrelationskoeffizient

(3) $\quad r = \dfrac{\Sigma x_i y_i - n\overline{x}\,\overline{y}}{\sqrt{(\Sigma x_i^2 - n\overline{x}^2)\cdot(\Sigma y_i^2 - n\overline{y}^2)}}$

Das obige Beispiel ergibt $r = 0{,}932$.
Es gilt allgemein
(4) $\quad -1 \leq r \leq 1.$

$|r| = 1$ bedeutet völlige Korrelation, d. h. lineare Abhängigkeit zwischen x und y. Dagegen zeigt $r = 0$ absolute lineare Unabhängigkeit an.
Korrelation zwischen x und y ist mit 95 %iger Sicherheit, also mit 5 %iger Irrtumswahrscheinlichkeit, anzunehmen, wenn der berechnete Wert r_b größer ist als der folgende Tabellenwert r_T (theoretische Korrelation).

theoretische Korrelation

n	3	10	15	20	25	30	35	40	50	60	80	100
r_T	0,997	0,632	0,514	0,444	0,396	0,361	0,334	0,312	0,279	0,254	0,220	0,197

In unserem Beispiel ist $r_T \approx 0{,}82$. Da $r_b > r_T$, ist 93,2 %ige Korrelation mit 95 %iger Sicherheit anzunehmen.

4. Zufallsziffern und Monte-Carlo-Methode

4.1. Zufallsziffern

[1] Tabellen von Zufallsziffern enthalten die Ziffern in zufälliger Anordnung. Man kann sie z. B. durch »Auslosen« gewinnen: Eine Urne enthält 10 Kugeln, die mit 0, 1, 2, 3, . . ., 9 numeriert sind. Nach dem Durchmischen wird eine Kugel gezogen und nach dem Notieren ihrer Nummer wieder zurückgelegt. Durch n-malige Wiederholung wird eine Liste mit n Zufallsziffern erhalten. In der Praxis gibt es zahlreiche maschinelle und rechnerische Verfahren, die wesentlich schneller als das obige Auslosen funktionieren. Solche Verfahren sind notwendig, weil man beim Einsatz von Computern mehr Speicherraum für die Speicherung der Zufallsziffern zur Verfügung stellen müßte als für die Berechnung. Letztere müssen also bei Bedarf erst einzeln erzeugt werden. Allerdings entstehen bei den üblichen Verfahren keine Zufallsziffern im obigen Sinne, sondern sog. *Pseudozufallsziffern*.

[2] Quadratmethode. Irgendeine vierziffrige Zahl wird quadriert (z. B. $2637^2 = 06\,9537\,69$); von der so entstehenden achtziffrigen Zahl benutzt man die mittleren 4 in gleicher Weise weiter ($9537^2 = 90\,9543\,69$) usw. Auf diese Weise entsteht in unserem Falle folgende Liste:

```
2637  9537  9543  0688  4733  4012  0961  9235  2852
1339  7929  8690  5161  6359  4368  0794  6304  7404
8192  1088  1837  3745  0250  0625  3906  2568  5946
3549  5954  4501  2590  7081  1405  9740  8676  2729
4474  0166  0275  0756  5715  6612  7185  6242  9625
```

Die zufällige Verteilung der Ziffern, Ziffernpaare usw, kann mit Hilfe eines x^2-Tests (↑ S. 452) geprüft werden.

Für den »Hausgebrauch« genügt auch ein Telefonbuch. Man verwendet der Reihe nach von jedem Anschluß die letzte Hälfte der angegebenen Ziffern, also z. B. von 437 521 die Zifferngruppe 521 usw.

Telefonziffern

Beispiel: Auf diese Weise wurden folgende Ziffern gewonnen:

1040	3456	8995	1190	8249	0925	7296	8414	7787
2180	4001	9337	6130	5227	0271	8311	0604	6431
9648	9517	1274	9268	4966	7002	7466	3058	0347
3163	3960	3757	4737	1080	0548	9201	8702	0309
6107	6926	2630	7950	5921	4365	2624	7833	6081

[3] Taschenrechner. Dafür eignet sich folgendes Verfahren: Ausgehend von einer beliebigen Zahl $z_0 \in {]}0; 1{[}$ erhält man eine Folge auf $[0; 1]$ gleichverteilter Zahlen durch die Rekursion

$z_{i+1} = $ Dezimalteil von $(997 \cdot z_i)$.

Beispiel: $z_0 = 0{,}5832487$; $997 \cdot z_0 = 56{,}5751239$, also $z_1 = 0{,}5751239$

Einstellungen: $\boxed{0{,}5832487}\boxed{\times}\boxed{997}\boxed{=}\boxed{56{,}5751239}\boxed{-}\boxed{56}$
$= 0{,}5751239$

Weiter: $z_1 = 0{,}5751239$; $997 \cdot z_1 = 573{,}3985283$, also $z_2 = 0{,}3985233$ usw.

Hat z_0 insgesamt n Stellen nach dem Komma und ist $10^n \cdot z_0$ nicht durch 2 oder 5 teilbar, dann kehrt z_0 frühestens als z_k mit $k = 4 \cdot 5^{n-1} + 1$ wieder.
Kommanahe Ziffern sind »zufälliger« als kommaferne.
Wir verwenden nur die ersten 5 Nachkommastellen der z_j.
Dann ergibt sich folgende Tabelle an Zufallsziffern:
58324 57512 39852 ....
Mit den in obigen Tabellen aufgeführten Ziffern lassen sich bereits statistische Aufgaben lösen (s. u.).

4.2. Auswahl von Stichproben

Zufallsziffern sind ein wichtiges Hilfsmittel, um bei der Auswahl von Stichproben die Zufälligkeit der Stichprobenelemente sicherzustellen. Die Elemente der Grundgesamtheit wer-

Auswahl von Stichproben

den numeriert; entsprechend dem beabsichtigten Umfang werden der Tabelle der Zufallsziffern Zifferngruppen entnommen.

Beispiel: Aus einer Gruppe von 81 Personen sollen nach dem Zufall 12 Personen ausgewählt werden. — Dazu werden die Personen mit den Nummern 01; 02; ...; 80; 81 versehen. Aus der Zufallszifferntabelle werden nun 12 Ziffernpaare entnommen. Dabei werden die Paare 82; 83; ...; 99; 00 unberücksichtigt gelassen, und tritt ein Paar zum 2. Mal oder noch mehr auf, wird es nur einmal gezählt. Auf diese Weise ergibt sich aus der obigen Liste:
26 37 95 ~~37~~ ~~95~~ 43 06 ~~06~~ 47 33 40 12 09 61 ~~92~~ 35 28

Der Beginn der Zählung in der Liste ist willkürlich. Ferner: Statt von links nach rechts kann man auch umgekehrt oder von oben nach unten oder diagonal usw. ablesen, natürlich innerhalb einer Stichprobe einheitlich.
Dieses Verfahren läßt sich auf Zufallsexperimente übertragen.

Beispiel: Im Zahlenlotto werden jede Woche 6 aus den Zahlen 1 bis 49 gezogen. — Man könnte, um dieses Experiment mit Zufallsziffern nachzuahmen, aus der Liste der Zufallsziffern 6 Paare nacheinander entnehmen. Dabei müßten natürlich die Paare 50; 51; ... 99; 00 und Wiederholungen ausgelassen werden. Es gingen also etwa die Hälfte der Tabellenpaare verloren. Um das zu vermeiden, subtrahiert man von den Zahlen über 50 immer 50 (z. B. 79 — 50 = 29) und verwendet das so erhaltene Ergebnis; die Paare 00 und 50 werden ausgelassen. Unter Verwendung der zweiten Liste von Zufallsziffern auf S. 459 erhält man die Doppelziffern, wenn man von oben nach unten liest
10; 21; 46 (statt 96); 31; 11 (statt 61); 40.

4.3. Monte-Carlo-Methode

Viele stochastische Probleme sind so kompliziert, daß eine Berechnung auf theoretischer Grundlage einen außerordentlichen Arbeitsaufwand erfordern würde. Ferner gibt es statistische Aufgaben, die in der Wirklichkeit nur unter erheblichem und kostspieligem Materialeinsatz durchzuführen wären. Die meisten der vorstehend angesprochen Fragen lassen sich mit Zufallsziffern *simulieren*, d. h. nachahmen. Diese Methode heißt *Monte-Carlo-Methode*. Der Name soll nur die Zufallseigenschaften andeuten. Mit dem Roulettespiel von Monte Carlo hat er nichts zu tun. Die Methode soll an zwei Beispielen erläutert werden.

simulieren
Monte-Carlo-Methode

Beispiele: a) Während eines Monats (30 Tage) wird eine Informationsstelle von 40 Personen aufgesucht. Dabei ist es rein zufällig, an welchem Tage der einzelne Besucher sich zum Besuch entschließt. — Wir entnehmen der Zufallszifferntabelle 40 Ziffernpaare; die Paare 00 und 91; 92; ...; 99 werden nicht berücksichtigt. Von den Paaren zwischen 31 und 60 wird 30, von den Paaren zwischen 61 und 90 wird 60 subtrahiert. Jedes Ziffernpaar bezeichnet 1 Besucher an dem durch das Paar bezeichneten Tag. Die zweite Tabelle liefert folgende Paare:

10 10 04 26 29 ~~95~~ 11 30 22 19 09 25 12 ~~96~~ 24
14 17 27 21 20 10 01 ~~93~~ 07 01 30 22 27 02 11
23 11 06 04 04 01 ~~96~~ 18 ~~95~~ 17 12 14 ~~92~~ 08 19
06

An 6 Tagen gab es 0 Besucher (3; 5; 13; 15; 16; 28)
An 12 Tagen gab es 1 Besucher
An 8 Tagen gab es 2 Besucher
An 4 Tagen gab es 3 Besucher (1; 4; 10; 11)
An 1 Tag gab es 4 Besucher

Das Ergebnis stimmt mit dem theoretischen Ergebnis (8; 12; 6; 3; 1) gut überein

b) Das Bedienungsbeispiel auf S. 430 kann ebenfalls simuliert werden. Wir deuten die Zufallsziffern gemäß folgender Tabelle:

Ankunft von ... Kunden	0	1	2	3
Anteil	10%	20%	40%	30%
Zufallsziffern	1	2; 3	4; 5; 6; 7	8; 9; 0

Dann ergibt sich

Nr.	Zufallsziffer	Zahl der Ankft.	Dazu Warter	Zahl der Abfert.	Verbleib. Warter	Zur Ers.-Werkst.	Endg. Zahl d. Warter
1	1	0	0	0	0	0	0
2	0	3	3	2	1	0	1
3	4	2	3	2	1	0	1
4	0	3	4	2	2	0	2
5	3	1	3	2	1	0	1
6	3	1	3	2	1	0	1
7	5	2	3	2	1	0	1
8	6	2	3	2	1	0	1
9	8	3	4	2	2	0	2
10	9	3	5	2	3	1	2
11	9	3	5	2	3	1	2
12	5	2	4	2	2	0	2
13	1	0	2	2	0	0	0
14	1	0	0	0	0	0	0
15	9	3	3	2	1	0	1
16	0	3	4	2	2	0	2
17	8	3	5	2	3	1	2
18	2	1	3	2	1	0	1
19	4	2	3	2	1	0	1
20	9	3	4	2	2	0	2
21	0	3	5	2	3	1	2
22	9	3	5	2	3	1	2
23	2	1	3	2	1	0	1
24	5	2	3	2	1	0	1
25	7	2	3	2	1	0	1
26	2	1	2	2	0	0	0
27	9	3	3	2	1	0	1
28	6	2	3	2	1	0	1
29	8	3	4	2	2	0	2
30	4	2	4	2	2	0	2
31	1	0	2	2	0	0	0
32	4	2	2	2	0	0	0
33	7	2	2	2	0	0	0
34	7	2	2	2	0	0	0
35	8	3	3	2	1	0	1

Somit mußten in 35 Stunden insgesamt 39 Kunden (Summe der letzten Spalte!) warten, d. h. pro Stunde 1 Kunde. Die Firma müßte also ihren Kundendienst noch verbessern.

Entscheidungsprozesse

Die Anwendbarkeit der Monte-Carlo-Methode reicht bis in gesellschaftliche, militärische und ökonomische Fragestellungen hinein. Sie ist für praktische *Entscheidungsprozesse* unentbehrlich geworden. Natürlich sind in konkreten Fällen weit mehr Zufallsziffern und Daten zu verarbeiten als in den vorangegangenen Beispielen; aber diese Tatsache wird durch den Einsatz von Computern fast bedeutungslos.

Optimierungs- und Planungsmethoden

Als Operations Research oder Unternehmensforschung bezeichnet man die Wissenschaft, die sich mit der Vorbereitung von Entscheidungen auf z. B. ökonomischem, soziologischem, militärischem Gebiet befaßt. Sie betrachtet u. a. optimale Verteilung von Investitionen, Prognosen des technischen Fortschritts, Prognosen des ökonomischen Wachstums, langfristige Planung, Transport- und Verkehrsfragen, Planung großer Projekte usw. Die Unternehmensforschung wendet dabei mathematische Methoden an: reale Prozesse werden auf mathematische Modelle abgebildet.   *Operations Research*

Bei *deterministischen Modellen* sind alle Voraussetzungen bekannt. Sie führen zu eindeutig bestimmten Ergebnissen. Die mathematische Grundlage für die deterministischen Modelle liefern die Kombinatorik (↑ S. 411 ff.), die mathematische Logik (↑ S. 158 ff.), das lineare Optimieren (↑ S. 464 ff.), die Analysis (↑ S. 379 ff.) u. a.   *deterministische Modelle*

Stochastische Modelle werden benutzt, wenn die Werte einiger Parameter nicht genau bekannt sind, sondern nur ihre Wahrscheinlichkeitsverteilungen oder Schätzwerte aufgrund statischer Erhebungen. Grundlage der stochastischen Modelle sind etwa Markoffketten (Warteschlangen, Bedienungsprozesse u. a.) in der Wahrscheinlichkeitsrechnung (↑ S. 417 ff.) und die Statistik (↑ S. 442 ff.).   *stochastische Modelle*

Bei *strategischen Modellen* geht man davon aus, daß gewisse Parameter von einem »Mitspieler« in Abhängigkeit von den vorangegangenen Entscheidungen ausgewählt werden. Strategische Modelle setzen die Spieltheorie (↑ S. 470 ff.) voraus. Auch die Monte-Carlo-Technik (↑ S. 442 ff.) ist in diesem Zusammenhang wichtig.   *strategische Modelle*

1. Lineares Optimieren

1.1. Ebene Polygone

lineare Ungleichung

[1] Lineare Ungleichung. Als lineare Ungleichung in x; y bezeichnet man einen Ausdruck der Form

$$ax + by \leq c \quad \text{oder} \quad ax + by \geq c.$$

Halbebene

Durch eine lineare Ungleichung $ax + by \leq c$ wird eine Halbebene festgelegt (↑ Abb.).

Beispiel: Die lineare Ungleichung $-x + y \leq 1$ bestimmt die in der Abb. gelb ausgelegte Halbebene.

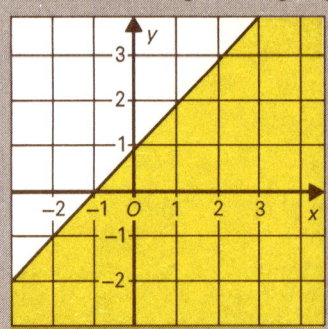

Durch Einsetzen der Koordinaten eines *einzigen* Punktes kann man die durch eine lineare Ungleichung festgelegte Halbebene schnell feststellen, z. B. durch Einsetzen der Koordinaten des Nullpunktes O (0 | 0): Die Ungleichung ergibt dann die wahre Aussage $0 \leq 1$. Hingegen liefert der Punkt P (0 | 2) die falsche Aussage $2 \leq 1$. Demnach ist die Halbebene, die den O-Punkt enthält, die richtige.

Systeme von Ungleichungen

[2] Systeme zweier Ungleichungen. Mit entsprechenden Überlegungen ergibt sich:

Ein System von 2 linearen Ungleichungen

$$a_1 x + b_1 y \leq c_1;$$
$$a_2 x + b_2 y \leq c_2;$$

kürzer mit $\mathbf{A} \cdot \begin{pmatrix} x \\ y \end{pmatrix} \leq \begin{pmatrix} c_1 \\ c_2 \end{pmatrix} \quad \mathbf{A} = \begin{pmatrix} a_1 & b_1 \\ a_2 & b_2 \end{pmatrix},$

oder $\mathbf{A} \cdot \mathbf{r} \leq \mathbf{c}$

konvexes Gebiet

bestimmt ein konvexes Gebiet (↑ S. 266) der Ebene (Abb. 1, S. 465).

Beispiel: Die beiden Ungleichungen
$G_1: -x + y \leq 1$ (gelb)
$G_2: 5x + 4y \leq 12$ (grau)
bestimmen das in Abb. 1 grau-gelb gefärbte Gebiet.

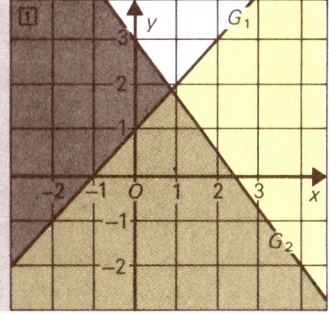

Falls die Betrachtung die Bedingung voraussetzt, daß die Variablen x und y nur Werte aus einem beschränkten Bereich annehmen dürfen (z. B. $x \leq 0$; $y \geq 0$), treten u. U. besondere Verhältnisse ein.

Beispiele:
1) x und y sollen nicht negativ sein, d. h. die Geraden und Ebenen-Gebiete sollen nur im 1. Quadranten des Koordinatensystems betrachtet werden (Abb. 2). Das Bild zeigt, daß das von den *beiden* Ungleichungen bestimmte grau-gelbe Gebiet schon durch G_1 festgelegt wird. Die 2. Ungleichung (G_2) ist demnach *überflüssig;* sie ist immer dann erfüllt, wenn schon die erste erfüllt ist.

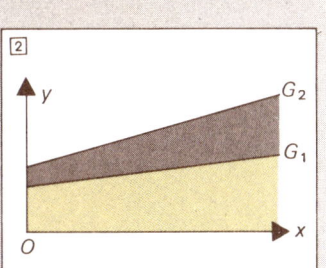

überflüssige Ungleichungen

2) Im Falle von Abb. 3 haben die beiden Halbebenen keine gemeinsamen Gebiete, d. h. die beiden Ungleichungen sind *unverträglich,* sie haben keine gemeinsamen Lösungen.

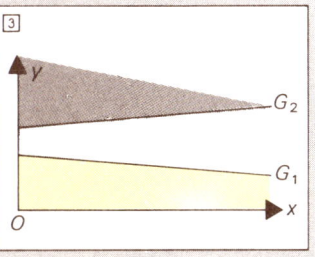

unverträgliche Ungleichungen

[3] Polygone. Auch endliche Gebiete der Ebene können mit linearen Ungleichungen beschrieben werden.
Zur Bestimmung eines Polygons (Vieleck) in der Ebene gehören mindestens 3 Ungleichungen.
Die Umkehrung dieses Satzes ist nicht allgemeingültig.

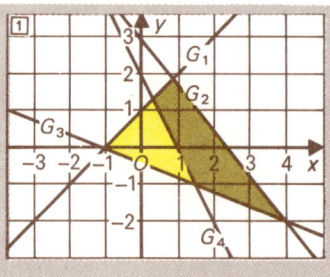

Beispiele: 1) Das gelb angelegte Dreieck in Abb. [1] wird durch die 3 Ungleichungen beschrieben:
$G_1: -x + y \leq 1$;
$G_2: 5x + 4y \leq 12$;
$G_3: -2x - 5y \leq 2$.
Nimmt man noch die Ungleichung
$G_4: -2x - y \leq -2$ hinzu, so entsteht das graue Viereck in Abb. [1].

2) Der Umkehrfall: Die 3 Ungleichungen
$G_1: x - y \leq -1$
$G_2: -x - y \leq -2$
$G_3: x + 2y \leq 1$
bestimmen kein Polygon, weil paarweise die 3 gelben »unendlichen Keile« in Abb. [2] entstehen und sich nicht überdecken.

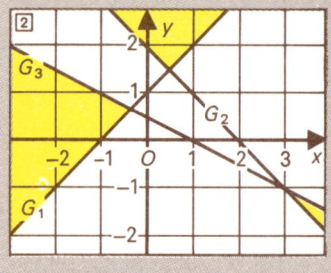

1.2. Zielfunktionen auf Polygonen

Bei den folgenden Betrachtungen wird vorausgesetzt, daß alle »überflüssigen« Ungleichungen abgesondert worden sind. Für die Praxis ist oft die Frage wichtig, an welcher Stelle des Polygons ein Linearterm $f = mx + ny$ seinen größten oder kleinsten Wert annimmt. Es gilt:

Extremwert
Linearform

Eine Linearform $f = mx + ny$ nimmt einen Extremwert stets in einer Ecke eines Polygons oder in allen Punkten einer Seite des Polygons an.

Beispiel: Wir benutzen das graue Viereck aus Abb. [1]. Zu untersuchen ist, in welchem Punkt bzw. welchen Punkten dieses Vierecks die Linearform $f = 3x - 2y$ ihren größten

Wert annimmt. Das Viereck hat die Eckpunkte mit folgenden Koordinaten:

$P_1 \left(\frac{8}{9} \mid \frac{17}{9}\right)$; $P_2 (4 \mid -2)$;

$P_3 \left(\frac{3}{2} \mid -1\right)$; $P_4 \left(\frac{1}{3} \mid \frac{4}{3}\right)$.

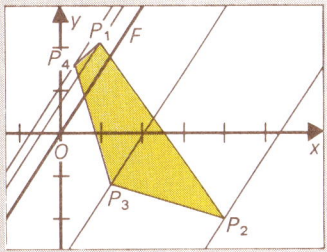

Durch Einsetzen der Koordinaten von P_1 ergibt sich $f_1 = -\frac{10}{9}$. Außer P_1 gibt es noch weitere Punkte für denselben f-Wert, nämlich alle Punkte auf der Geraden mit der Gleichung $-\frac{10}{9} = 3x - 2y$.

Entsprechend gilt für P_2: $f_2 = 16$, dies aber auch für alle Punkte der Geraden mit der Gleichung $16 = 3x - 2y$ (↑ Abb.).

Ähnlich kann man mit allen anderen Eckpunkten verfahren: $f_3 = 6{,}5$; $f_4 = -\frac{5}{3}$

Die Linearform f hat den *größten* Wert in P_2, den *kleinsten* in P_4.

Setzt man in der Linearform $f = mx + ny$ für f der Reihe nach verschiedene Werte ein, so gehört dazu eine Schar von parallelen Geraden, insbesondere zu $f = 0$ die durch den O-Punkt gehende *Nullgerade*. Um einen Extremwert von f zu ermitteln, wird die Nullgerade so lange parallel mit sich verschoben, bis sie nur noch durch einen Polygon-Eckpunkt geht oder mit einer Seite zusammenfällt.

Anmerkung: In den Anwendungen nennt man $f = mx + ny$ oft eine *Zielfunktion* und die vorstehend erwähnte Nullgerade die *Zielgerade*.

Nullgerade

Zielfunktion
Zielgerade

1.3. Anwendungen

[1] Die vorstehend entwickelten Hilfsmittel der linearen Optimierung oder *Linearplanung* für den ebenen Fall (2 Planungsvariable x; y) können auf beliebig viele Variable verallgemeinert werden. Sie werden dann häufig bei Planungen in Technik, Wirtschaft, Wetterdienst usw. eingesetzt. Wegen der Kompliziertheit der Rechenvorgänge soll das Vorstehende nur an einem einfachen praktischen Beispiel in x; y dargelegt werden.

lineare Optiemierung
Linearplanung

[2] Ein Transportproblem. Aus einem großen Schulzentrum müssen die Kinder von 2 Abfahrtsstellen A_1 und A_2 mit Bussen in 3 Ortsteile B_1; B_2; B_3 befördert werden. In A_1 stehen 13, in A_2 11 Busse zur Verfügung. Nach B_1 müssen 6, nach B_2 2 und nach B_3 10 Busse fahren. Die Unkosten pro Fahrt gehen aus dem nebenstehenden Diagramm [1] hervor; beispielsweise kostet ein Bus von A_1 nach B_1 70 DM, von A_2 nach B_3 90 DM usw. Für die Schulverwaltung stellt sich nun die Frage, wie sie die Kosten möglichst niedrig halten kann.

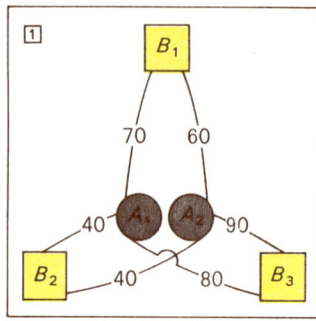

Zur Lösung sind im Diagramm [2] in die Ausgangs- bzw. Ankunftspunkte die obigen Buszahlen und neben den Verbindungslinien die eingesetzten Busanzahlen eingetragen. Dabei wird angenommen, daß auf der Strecke A_1B_1 x Busse also auf der Strecke A_2B_1 $6-x$ usw. verkehren. Dann sind die Kosten (in DM):

$$K = 70x + 40y + 80(13 - x - y) + 60 \cdot (6 - x) + 40 \cdot (8 - y) + 90 \cdot (x + y - 3)$$

oder

(∗) $K = 20x + 10y + 1450$

Die im Diagramm angeschriebenen Buszahlen dürfen nicht negativ sein. Daher gilt:

$$\begin{array}{rl} x \geqq 0 & \quad -x \leqq 0 \\ y \geqq 0 & \quad -y \leqq 0 \\ 13 - x - y \geqq 0 & \text{oder: } (\ast\ast) \quad x + y \leqq 13 \\ 6 - x \geqq 0 & \quad x \leqq 6 \\ 8 - y \geqq 0 & \quad y \leqq 8 \\ x + y - 3 \geqq 0 & \quad -x - y \leqq -3 \end{array}$$

Mit (∗) und (∗∗) liegt ein System von Ungleichungen mit einer Zielfunktion vor, wie in **1.1** und **1.2.** behandelt.

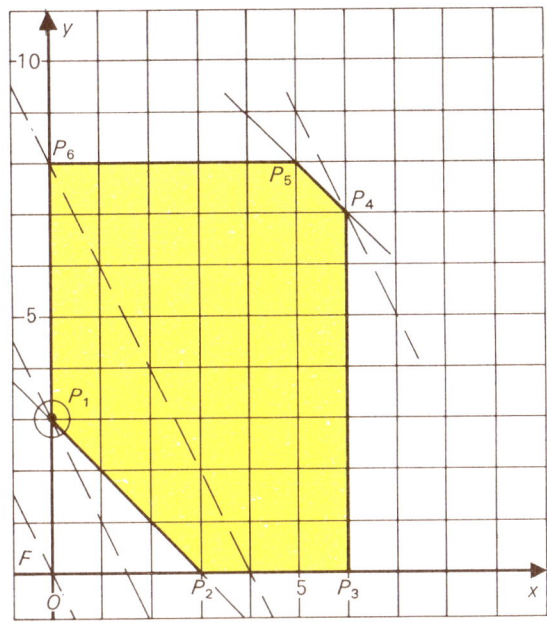

Die graphische Darstellung (↑ Abb.) ergibt als Polygon ein Sechseck $P_1 P_2 P_3 P_4 P_5 P_6$. *Man nennt es das Planungspolygon.* Die Nullgerade F hat die Gleichung $2x + y = 0$. Die Eckpunkte des Planungspolygons kann man berechnen zu

Planungspolygnon

P_1 (0|3); P_2 (3|0); P_3 (6|0); P_4 (6|7); P_5 (5|8); P_6 (0|8).

Durch Einsetzen in die Gleichung (∗) ergibt sich
$K_1 = 1480$; $K_2 = 1510$; $K_3 = 1570$; $K_4 = 1640$; $K_5 = 1630$; $K_6 = 1530$.
Das bedeutet: In P_1 findet man die *niedrigsten* Unkosten, d. h. es ist zu wählen $x = 0$; $y = 3$.

Somit verkehren auf den Strecken

$\overline{A_1B_1}$: 0 Busse; $\overline{A_2B_1}$: 6 Busse;
$\overline{A_1B_2}$: 3 Busse; $\overline{A_2B_2}$: 5 Busse;
$\overline{A_1B_3}$: 10 Busse; $\overline{A_2B_3}$: 0 Busse:

[3] Verallgemeinerung. Bei 3 Planungsvariablen ist eine »ebene« Lösung nicht mehr möglich. An die Stelle von Geraden treten Ebenen, und das Planungspolygon wird zu einem

Planungspolyeder. Wächst die Anzahl der Planungsvariablen über 3 hinaus, so ist eine anschauliche Interpretation überhaupt nicht mehr möglich. Gleichzeitig nimmt aber der Rechenaufwand zur Bestimmung der »Eckpunkte« erheblich zu. Die angewandte Mathematik hat daher algebraische Lösungsverfahren — z. B. die sog. *Simplexmethode* — entwickelt, die durch *Iteration* (Wiederholungsrechnung) eine systematische Ermittlung der Lösung gestattet.

Anmerkung: Nicht bei allen Problemen treten endliche Polygone bzw. Polyeder auf. Besonders in der Spieltheorie (↑ S. 470 ff.) treten auch »unendliche« Planungspolygone auf (↑ Abb.) Bei Polygonen dieser Art kann es natürlich höchstens *eine* Art von Extremwert der Zielfunktion geben.

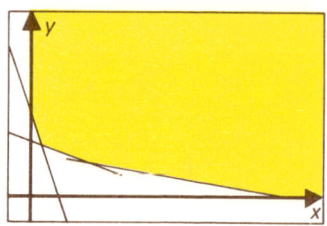

2. Theorie der Spiele

Reine Glücksspiele konnten mit den Methoden der Wahrscheinlichkeitstheorie (↑ S. 417) behandelt werden. Es gibt aber auch Spiele, bei denen der Ausgang außer vom Zufall auch noch von der Geschicklichkeit der Spieler abhängig ist, z. B. das Skatspiel. Ein solches »Spiel« ist auch der wirtschaftliche Wettbewerb: gewisse Bedingungen sind für die Beteiligten zufällig, aber beim Wettbewerb kommt es auf das »strategische« Verhalten der Beteiligten an. Die Theorie der Spiele ist eine *Theorie der Konfliktsituationen* und entwickelt für diese *optimale Verhaltensweisen.*

2.1. Grundbegriffe

[1] Matrix eines Spiels. Bei den sog. *2-Personen-Spielen* sind nur ein Spieler und ein Gegenspieler beteiligt. Wenn dabei der Gewinn eines Spielers genau der Verlust des anderen und umgekehrt ist, spricht man von einem *Nullsummenspiel.*

Ein *Spiel* ist die Gesamtheit von Regeln, denen Spieler und Gegenspieler unterworfen sind. Eine *Partie* ist *eine* Realisierung des Spiels.

Spiel
Partie

> *Beispiel:* Im Schachspiel sind alle Regeln für das Bewegen der Figuren festgelegt. Eine Partie beginnt mit dem Auslosen der Figuren und endet mit »Schach matt« oder »Remis«.

In jeder Phase der Partie eines Spiels hat jeder Spieler die Möglichkeit, sich im Rahmen der *Spielregeln* verschieden zu verhalten. Solche Verhaltensweisen nennt man *Strategien*.

Spielregeln
Strategie

> *Beispiel:* Beim Skatspiel kann der Gegenspieler eine Karte »abwerfen« oder »stechen«, wenn er nicht »bedienen« kann. Er hat also in diesem Fall 2 Strategien zur Verfügung.

Für jedes Strategiepaar von Spieler Z und Gegenspieler S wird eine *Auszahlung* des Gegenspielers S an den Spieler Z vereinbart.

Auszahlung

> *Beispiel:* Der Spieler S hat eine 1-Pf- und eine 2-Pf-Münze, von denen er eine in die geschlossene Faust nimmt. Z muß raten, welche Münze S in der Faust hat. Wenn er richtig rät, bekommt er das Doppelte der geratenen Münze von S; sonst muß er die Münze in der Faust verdoppeln.
>
> | | S zeigt 1 Pf vor | S zeigt 2 Pf vor |
> |---|---|---|
> | Z rät 1 Pf | 2 | −2 |
> | Z rät 2 Pf | −1 | 4 |
>
> Die nebenstehende Tabelle gibt die Auszahlungen von S an Z an, z. B. 2 Pf, wenn er 1 Pf vorzeigt und Z 1 Pf geraten hat, oder − 2 Pf, wenn S 2 Pf vorzeigt und Z falsch geraten hat (Z muß zwecks Verdoppelung eine 2-Pf-Münze in die Faust von S legen). In diesem Spiel hat jeder Spieler 2 Strategien. Läßt man nur die Auszahlungen von der Tabelle stehen, erhält man die sog. *Gewinnmatrix* für Z:
>
> $$G = \begin{pmatrix} 2 & -2 \\ -1 & 4 \end{pmatrix}$$

Gewinnmatrix Allgemein hat man für Z eine Gewinnmatrix von der Form

$$G = \begin{pmatrix} g_{11} & g_{12} & g_{13} & \cdots & g_{1n} \\ g_{21} & g_{22} & g_{23} & \cdots & g_{2n} \\ \vdots & \vdots & \vdots & & \vdots \\ g_{m1} & g_{m2} & g_{m3} & \cdots & g_{mn} \end{pmatrix}$$

Jede der m Zeilen gehört zu einer der m Strategien von Z; jede der n Spalten zu einer der n Strategien von S. Bei $g_{ij} > 0$ zahlt S an Z, bei $g_{ij} < 0$ zahlt Z an S. Man spricht hier von einem $m \times n$-Spiel.

$m \times n$-Spiel

Gemischte Strategien

[2] Gemischte Strategien. Im allgemeinen muß jeder Spieler seine Strategien von Partie zu Partie nach dem Zufall wechseln, damit der Gegenspieler sich nicht vorher auf die einzelne Partie einstellen kann.

> *Beispiel:* Spielt Z im obigen Pfennigspiel immer seine 1. Strategie (1 Pf raten), so kann S sich darauf einstellen, indem er seine 2. Strategie spielt. Dabei würde er jedesmal 2 Pf gewinnen. Sollte nun S seinerseits immer seine 2. Strategie anwenden, so würde Z das bald merken und mit seiner 2. Strategie antworten.
> Dabei würde Z nun 4 Pf gewinnen. Beide Spieler müssen also ihre Strategien so mischen, daß der Gegner ein System nicht herausfindet. Das geht aber nur, wenn beide Spieler ihre Strategie jeweils nach dem Zufall wählen.

Der Spieler Z mische seine Strategien bei einem $m \times n$-Spiel nach dem Zufall so, daß auf die Strategie 1 der Anteil z_1, auf Strategie 2 der Anteil z_2; ..., und auf Strategie m der Anteil z_m entfalle. Entsprechend mische S seine n Strategien so, daß auf sie die Anteile s_1; s_2; ...; s_n entfallen. Dann gilt:

Bei einem $m \times n$-Spiel verfolgen die Spieler Z und S die optimale gemischte Strategie, wenn Anteile der Einzelstrategien gemäß dem folgenden System bestimmt werden:

$$g_{11}z_1 + g_{21}z_2 + g_{31}z_3 + \ldots + g_{m1}z_m \geq E$$
$$g_{11}z_1 + g_{21}z_2 + g_{31}z_3 + \ldots + g_{m1}z_m \geq E$$
$$\vdots$$
$$g_{m1}z_1 + g_{m2}z_2 + g_{m3}z_3 + \ldots + g_{mn}z_m \geq E$$
$$z_1 \geq 0; z_2 \geq 0; \ldots; z_m \geq 0; z_1 + z_2 + \ldots + z_m = 1.$$

$$g_{11}s_1 + g_{12}s_2 + g_{13}s_3 + \ldots + g_{1n}s_n \leqq E$$
$$g_{21}s_1 + g_{22}s_2 + g_{23}s_3 + \ldots + g_{2n}s_n \leqq E$$
$$\vdots$$
$$g_{m1}s_1 + g_{m2}s_2 + g_{m3}s_3 + \ldots + g_{mn}s_n \leqq E$$
$$s_1 \geqq 0;\ s_2 \geqq 0;\ \ldots;\ s_n \geqq 0;\ s_1 + s_2 + \ldots + s_n = 1.$$

In diesen Ungleichungen bedeutet E den niedrigsten Gewinn, den Z erwarten kann, bzw. den höchsten Verlust für S. Die Lösung des obigen Systems ist mit den Hilfsmitteln der Linearplanung möglich.

Im Falle eines 2 × 2-Spiels erhält man unter der Voraussetzung, daß überflüssige und unverträgliche Ungleichungen (↑ S. 465) berücksichtigt wurden, folgende Lösung:

$$\mathbf{G} = \begin{pmatrix} g_{11} & g_{12} \\ g_{21} & g_{22} \end{pmatrix};\quad E = \frac{g_{11}g_{22} - g_{12}g_{21}}{g_{11} + g_{22} - g_{12} - g_{21}}$$

$$z_1 = \frac{g_{22} - g_{21}}{g_{11} + g_{22} - g_{12} - g_{21}};\quad z_2 = \frac{g_{11} - g_{12}}{g_{11} + g_{22} - g_{12} - g_{21}};$$

$$s_1 = \frac{g_{22} - g_{12}}{g_{11} + g_{22} - g_{12} - g_{21}};\quad s_2 = \frac{g_{11} - g_{21}}{g_{11} + g_{22} - g_{12} - g_{21}}$$

Beispiele:
1) Im obigen Pfennigbeispiel ist
$g_{11} = 2;\ g_{12} = -2;\ g_{21} = -1;\ g_{22} = 4$.
Somit ergibt sich $E = \frac{2}{3}$, d. h. Z kann mit einem Gewinn von mindestens $\frac{2}{3}$ rechnen, während S einen Höchstverlust von $\frac{2}{3}$ zu erwarten hat. Dabei sind die Strategieanteile
$$z_1 = \frac{5}{9};\ z_2 = \frac{4}{9}\text{ bzw. } s_1 = \frac{6}{9};\ s_2 = \frac{3}{9}.$$
Auf 9 Spiele muß Z 5mal seine Strategie 1 und 4mal Strategie 2, zufällig gemischt, spielen. Bei S sind die entsprechenden Zahlen 6mal und 3mal.

2) Das obige Pfennigspiel werde hinsichtlich der Auszahlung wie folgt abgeändert: Jeder Spieler erhält vom anderen so viel Pfennige, wie er mehr zeigt bzw. rät. Dann ergibt sich die nebenstehende Gewinnmatrix. Man erkennt: Spielt Z seine Strategie 1, so gewinnt er, gleich-

$$\mathbf{G} = \begin{pmatrix} 0 & -1 \\ 1 & -0 \end{pmatrix}$$

*Sattelpunkt
determiniertes
Spiel*

> gültig welche Strategie S spielt, immer weniger, als wenn er seine Strategie 2 spielen würde. Die erste kann er also als überflüssig streichen. Entsprechend streicht S seine Strategie 1, weil er mit ihr in jedem Fall mehr Verlust als bei Strategie 2 hat. Dieses Spiel ist also festgelegt, wenn beide Spieler »vernünftig« spielen. Man sagt, es hat einen *Sattelpunkt,* oder: Es ist *determiniert.*

2.2. Verallgemeinerung

*Mehrpersonen-
spiel*

Jedes 2-Personen-Nullsummenspiel kann mit der *Simplexmethode* eindeutig gelöst werden. In Mehrpersonenspielen mit mehr als 2 Teilnehmern können sog. *Koalitionen* erlaubt oder verboten sein. Das Skatspiel ist ein Spiel mit 3 Teilnehmern, von denen aber 2 eine Koalition eingehen müssen, d. h. das Skatspiel ist ein 2-Personenspiel. Dagegen können beim »Mensch ärgere dich nicht« u. a. bis zu 6 Personen ohne Koalition spielen; es ist also u. U. ein 6-Personenspiel. Lotterien sind i. a. 3-Personenspiele: Der Spieler spielt gegen die Lotteriegesellschaft, aber der Staat als 3. Teilnehmer kassiert bei jeder Partie seinen Anteil.

3. Netzplantechnik

Netzplantechnik

Die *Netzplantechnik* entstand aus dem Bedürfnis, die Terminplanung, Risikoabschätzung und Ablaufkontrolle großer Projekte exakter zu fassen. Es gibt drei Grundverfahren:

CPM-Verfahren

(1) *CPM-Verfahren* (**C**ritical **P**ath **M**ethod). Diese Methode wurde zur Planung der Wartungs- und Umstellungsarbeiten in der chemischen Industrie entwickelt.

PERT-Verfahren

(2) PERT-Verfahren (**P**rogramme **E**valuation and **R**eview **T**echnique) entstand beim Bau der Polaris-Raketen, bei dem die Arbeiten von ca. 10 000 Auftragnehmern zu koordinieren waren.

MPM-Verfahren

(3) MPM-Verfahren (**M**etra-**P**otential-**M**ethode) wurde zur Planung von Atomkraftwerken entwickelt.

Als Kriterien für die Güte eines Netzplanverfahrens dienen
- Die Möglichkeiten des Verfahrens,
- der Aufwand an vorbereitenden Arbeiten,
- die spezifische Arbeitsgeschwindigkeit (Rechenzeit) des Verfahrens.

Als Hilfsmittel für die Planung großer Objekte sind elektronische Datenverarbeitungsanlagen unentbehrlich geworden.

3.1. Grundbegriffe der Netzplantechnik
[1] **Projekt.** Bezeichnung für ein zu planendes oder auszuführendes Vorhaben. Ein Projekt ist eine nichtleere Menge von Vorgängen, denen jeweils eine bestimmte Zeit zugeordnet ist.

Projekt

> *Beispiele:* Bauvorhaben, Planungsaufgaben, Forschungsprobleme, Entwicklungsprojekte, Fertigungsabläufe.

[2] **Vorgang (Aktivität).** Bezeichnung für eine zeitbeanspruchende Teilarbeit, Handlung, Frist, die zwischen einem Anfangs- und einem Endzeitpunkt stattfindet.

Vorgang

[3] **Ereignis.** Ereignisse stellen Zeitpunkte dar, zu denen bestimmte Vorgänge begonnen oder beendet sein müssen.

Ereignis

3.2. CPM-Verfahren
[1] **Vorgangsorientierter Netzplan.** Beschreibt man Inhalt und Zeitdauer der Vorgänge eines Projektes, so treten die Ereignisse als Anfangs- und Endzeitpunkte der Vorgänge auf: *vorgangsorientierter Netzplan.* Beim *CPM-Verfahren* werden die Vorgänge durch Pfeile und die Ereignisse durch Knoten dargestellt.

vorgangsorientierter Netzplan
CPM-Verfahren

> *Beispiel:* Erstellung einer Flußbrücke mit einem Mittelpfeiler:
>
> a Planung
> b Herstellung des Endlagers E_1
> c Herstellung des Endlagers E_2
> d Herstellung des Mittelpfeilers M
> e Montage des Zwischenstücks Z_1
> f Montage des Zwischenstücks Z_2
> g Montage des Mittelstücks Z_3
> h Eröffnung

Ablauf der Vorgänge:

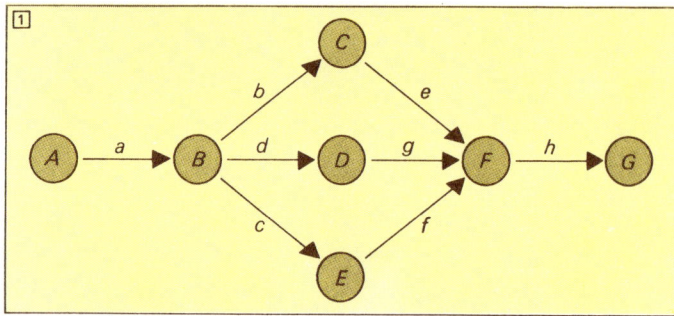

Vorgangsdauer	**[2] Berechnung der Ereigniszeiten.** Die Bestimmung der *Vorgangsdauer* geschieht durch Fachleute, die die zur Ausführung der Tätigkeit vorgesehenen Verfahren, die Art und Zahl der Arbeitskräfte und die zur Verfügung stehenden Produktionsmittel genau kennen.
frühestmöglicher Zeitpunkt	Der *frühestmögliche Zeitpunkt* für das Eintreten des Ereignisses X ist durch den *zeitlängsten* Weg vom Startknoten zum Knoten X bestimmt.

Beispiel: Netzplan des Brückenbeispiels mit Vorgangsdauern (= Anzahl der Tage)

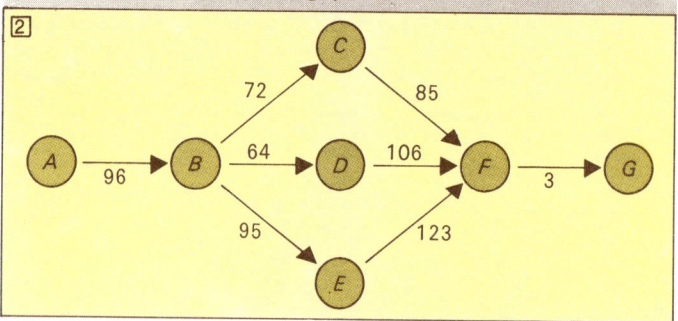

Ereignis	A	B	C	D	E	F	G
frühestmöglicher Zeitpunkt	0	96	96+72	96+64	96+95	Maximum von: 168+ 85=253 160+106=266 191+123=314	314+3 = ,317
		Starttermin	168	160	191	314	Minimale Projektdauer

Der *spätesterlaubte Zeitpunkt* für das Ereignis X wird durch den *zeitlängsten* Weg vom Zielereignis zurück zum Ereignis X errechnet.

spätesterlaubter Zeitpunkt

Der spätesterlaubte Zeitpunkt für ein Ereignis gibt die »Freiheit« bei der Ablaufplanung an. Der spätesterlaubte Zeitpunkt gibt an, wann ein Vorgang begonnen oder beendet werden muß, wenn die minimale Projektdauer nicht überschritten werden soll.

Beispiel: Netzplan nach Abb. [1] von S. 478

Ereignis	A	B	C	D	E	F	G
spätesterlaubter Zeitpunkt	317—317 0	317—221 96	317—88 229	317—109 208	317—126 191	217—3 314	317—0 317

Die Differenz zwischen dem frühestmöglichen Zeitpunkt und dem spätesterlaubten Zeitpunkt des Anfangsereignisses von einem Vorgang wird als *Pufferzeit* des Vorganges bezeichnet.

Pufferzeit

Die Pufferzeit gibt die Zeitspanne an, um die der Anfang eines Vorganges verschoben werden kann, ohne daß die minimale Projektdauer geändert wird.

Beispiel: Netzplan des Brückenbeispiels (Abb. [1] S. 475)

Ereignis	A	B	C	D	E	F	G
Pufferzeit	0 0	96—96 0	229—168 61	208—160 48	191—191 0	314—314 0	317—317 0

Ein Vorgang, dessen Pufferzeit 0 ist, wird als *kritischer Vorgang* bezeichnet.

kritischer Vorgang

Ein kritischer Vorgang stellt einen »Engpaß« innerhalb des Projektes dar. Die minimale Projektdauer kann nur durch Verringerung der für einen oder mehrere kritische Vorgänge benötigten Zeitdauern verkürzt werden.

Ein *kritischer Weg* ist ein den Pfeilen folgender Weg im Netzplan vom Startereignis zum Endereignis, der nur aus kritischen Vorgängen besteht.

kritischer Weg

Beispiel: Im Netzplan von Abb. 2, S. 476 ist der kritische Weg gelb gezeichnet.

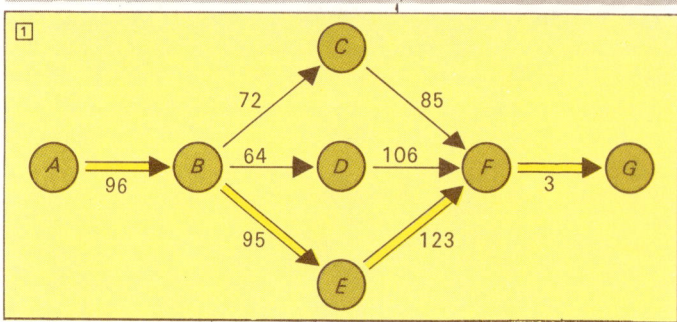

Jedem kritischen Vorgang, außer dem Endvorgang, folgt unmittelbar mindestens ein kritischer Vorgang. Jedem kritischen Vorgang, außer dem Startvorgang, geht mindestens ein kritischer Vorgang unmittelbar voraus. Jedes Projekt hat mindestens einen kritischen Weg. Jeder kritische Vorgang liegt auf einem oder mehreren kritischen Wegen.

3.3. PERT-Verfahren

PERT-Verfahren

[1] **Ereignisorientierter Netzplan.** Beim *PERT-Verfahren* werden nicht die Vorgänge definiert, sondern die Ereignisse beschrieben. Die Ereignisse werden — wie bei vorgangsorientierten Netzplänen — durch Knoten dargestellt.

Beispiel: Beim Bau eines Hauses können folgende Ereignisse betrachtet werden:

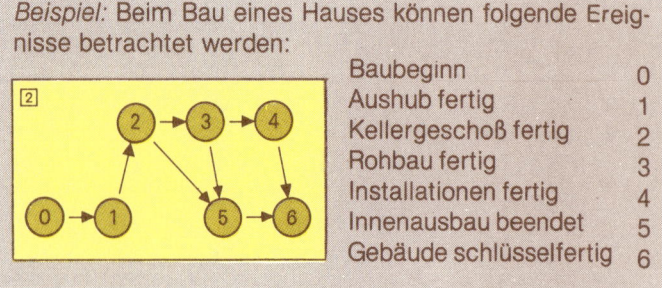

Baubeginn	0
Aushub fertig	1
Kellergeschoß fertig	2
Rohbau fertig	3
Installationen fertig	4
Innenausbau beendet	5
Gebäude schlüsselfertig	6

Ereignisorientierte Netzpläne eignen sich besonders für Kontrollzwecke, bei denen nur der Fortschritt des Projektes und nicht der Fortschritt der einzelnen Vorgänge wichtig ist.

[2] **Vergleich von CPM und PERT.** Der wesentliche Unterschied zwischen CPM und PERT liegt in der Bestimmung der Vorgangsdauer. Während man bei CPM nur mit genau bekannten Zeiten rechnen kann, berücksichtigt PERT die Tatsache, daß »Vorgangsdauer« eine Zufallsvariable (↑ S. 436) ist, die durch Mittelwert (↑ S. 437) und Varianz (↑ S. 437) beschrieben wird. Die daraus errechneten Ereigniszeiten sind Erwartungswerte. PERT kann mit gutem Erfolg dort eingesetzt werden, wo die Vorgangszeiten nur ungenau im voraus geschätzt werden können.

3.4. Metra-Potential-Verfahren

[1] **Vorgangsorientierter Knotennetzplan.** Im Gegensatz zu CPM- und PERT-Netzplänen werden beim *Metra-Potential-Verfahren* die Vorgänge als Knoten (Kreise oder Rechtecke) dargestellt: *Vorgangsorientierter Knotennetzplan.* Die Pfeile des Netzplanes geben nur die Folgebeziehungen der Vorgänge an.

Metra-Potential-Verfahren

vorgangsorientierter Knotennetzplan

Beispiel: Das betrachtete Projekt ist die Herstellung eines Motorteiles. Das Motorteil besteht aus einem Metallstück *M* und einem Kunststoffstück *K*. Das Metallstück muß auf der Drehbank gedreht und anschließend poliert werden. Das Kunststoffstück muß gegossen werden. Als Rohstoffe dienen Kunststoffpulver *A* und Bronze *B*.

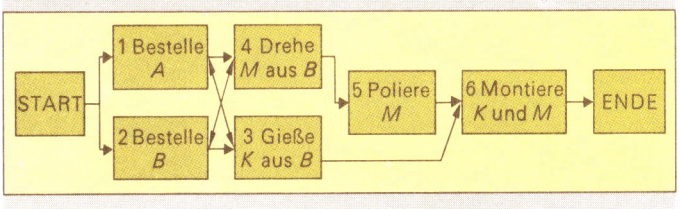

Vorgänge: 1 Bestelle *A*   4 Drehe *M* aus *B*
            2 Bestelle *B*   5 Poliere *M*
            3 Gieße *K* aus *A*   6 Montiere *K* und *M*

Um einen eindeutigen Anfang und ein eindeutiges Ende zu haben, wird ein *fiktiver Startvorgang* (bzw. Stoppvorgang) mit der Dauer 0 eingeführt.

fiktiver Startvorgang

[2] Vergleich von CPM und MPM.

Beispiel: Projektdarstellung nach CPM und MPM
Vorgangspfeilnetz

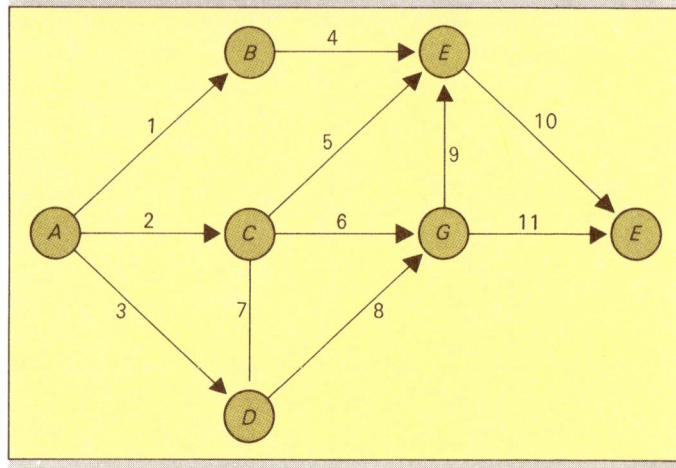

Vorgangsknotennetz

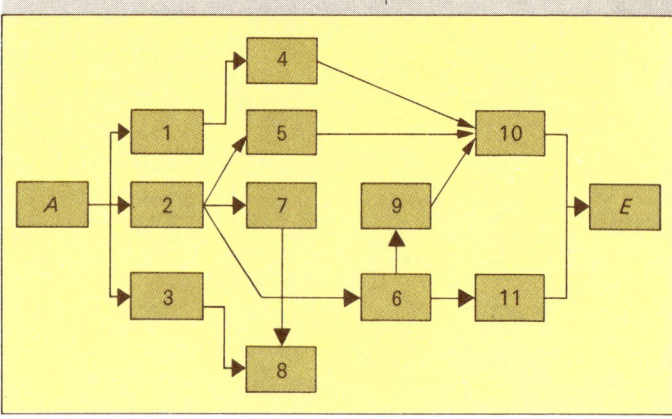

Die Zeitplanung nach MPM liefert im wesentlichen die gleichen Ergebnisse wie das CPM-Verfahren: frühestmögliche und spätesterlaubte Beginn- und Abschlußtermine, Pufferzeiten und minimale Projektdauer. Das MPM-Verfahren kann aber weitere zeitliche Beziehungen erfassen.

3.5. Multiprojektplanung

Führt eine Firma verschiedene Projekte aus, so bestehen i. a. aufgrund gemeinsam benutzter Betriebsmittel Zusammenhänge zwischen diesen Projekten. Diese Zusammenhänge werden bei der *Multiprojektplanung* berücksichtigt.

Multiprojektplanung

> *Beispiel:* Bei der Ausführung von Hochbauten durch eine Firma müssen u. a. gemeinsam behandelt werden: Facharbeiter, Hilfsarbeiter, Baumaschinen, Kräne, Baumaterialien.

Die Multiprojektplanung setzt Kenntnisse voraus über:

1) frühesten Starttermin, spätesten Abschlußtermin, ggf. Konventionalstrafen bei Terminüberschreitungen bei jedem Projekt,

2) verfügbare Kapazität an Betriebsmitteln, erforderliche Betriebsmittel bei verschiedenen zeitlichen Abläufen der Projekte,

3) Kosten bei verschiedenem Einsatz der Kapazität, Kosten für Zusatzkapazität, erforderlichen Kapitaleinsatz,

4) Prioritäten bei der Abwicklung der Projekte.

Von den Computerherstellern werden Programme zur Netzplanung und Multiprojektplanung als software (↑ S. 482) angeboten.

Informatik

Die Erfindung der Dampfmaschine und des Verbrennungsmotors im 19. Jahrhundert hat den Menschen nach und nach immer stärker von der von ihm selbst zu leistenden Muskelarbeit befreit. Einen ähnlichen Vorgang, der die Technik und das Leben der Menschen abermals erheblich umgestalten wird, erleben wir jetzt durch den Einsatz großer Rechenautomaten, die den Menschen von routinemäßiger geistiger Arbeit entlasten und in Zukunft noch stärker entlasten werden.

Informatik / *Computer Science*

Informatik oder *Computer Science* ist eine Wissenschaft, die in den letzten Jahren rasch an Bedeutung gewonnen hat. Sie betrachtet Theorie und Praxis des Aufbaus, der Programmierung und der Anwendung elektronischer Datenverarbeitungsanlagen. Es bedeuten:

DV   DV   **D**aten**v**erarbeitung
EDV   EDV   **E**lektronische **D**aten**v**erarbeitung
DVA   DVA   **D**aten**v**erarbeitungs**a**nlage
EDVA   EDVA   **E**lektronische **D**aten**v**erarbeitungs**a**nlage

1. Aufbau von Rechenanlagen

Digitalrechner / *Analogrechner*

Die meisten Rechenautomaten arbeiten mit Ziffern (engl. digits); sie werden daher als digitale Rechenautomaten (*Digitalrechner*) bezeichnet. Die *Analogrechner* (↑ S. 486) verwenden zur Darstellung der Zahlen analoge geometrische oder physikalische Größen, z. B. Längen, elektrische Stromstärken oder Spannungen. Neben diesen beiden Grundtypen gibt es noch aus ihnen kombinierte Rechenautomaten, die *Hybridrechner* (↑ S. 489). Sämtliche technischen Teile einer Datenverarbeitungsanlage bezeichnet man als *hardware*. Die vom Hersteller zur Verfügung gestellten Programme bezeichnet man als *software*.

Hybridrechner / *hardware* / *software*

1.1. Digitalrechner

[1] **Vergleich von menschlichem und elektronischem Rechner.** Zur Berechnung eines Terms muß sowohl der Mensch als auch ein Rechenautomat im allgemeinen mehrere Schritte ausführen.

Beispiel: Berechnung von $t = 5 \cdot 8 - 12 \cdot \sin 30°$

Der Mensch bestimmt zunächst das Produkt $5 \cdot 8$ und notiert 40.	Der Rechenautomat bestimmt zunächst das Produkt $5 \cdot 8$ und speichert 40.
Dann bestimmt er $\sin 30°$ und führt die Multiplikation mit 12 aus. Das Ergebnis 6 wird notiert. Anschließend berechnet der Mensch die Differenz $40 - 6$. Als Endergebnis wird 34 angegeben.	Dann bestimmt er $\sin 30°$ und führt die Multiplikation mit 12 aus. Das Ergebnis 6 wird gespeichert. Anschließend berechnet der Rechenautomat die Differenz $40 - 6$. Als Endergebnis wird 34 angegeben.

Für den menschlichen Rechner und den Rechenautomaten ergibt sich das Schema:

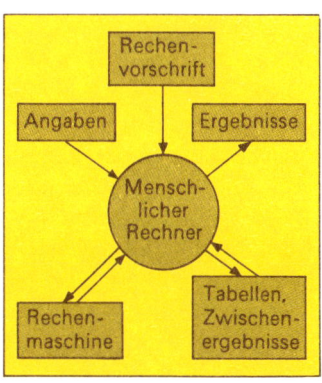 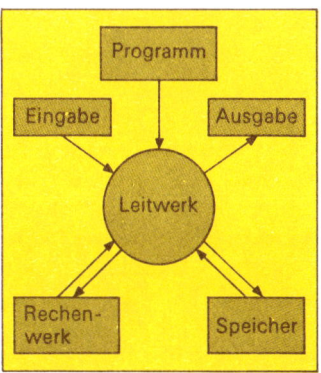

An Stelle des menschlichen Rechners ist das Leitwerk getreten das die anderen Teile steuert. Die Daten werden durch ein Eingabewerk bereitgestellt, die Ergebnisse durch das Ausgabewerk ausgegeben. Zur Aufnahme von Zwischenergebnissen und Tabellen ist ein Speicherwerk vorhanden.

Das Leitwerk bekommt Anweisungen vom Programm, das die Funktion der Rechenvorschrift übernommen hat.

[2] **Hauptteile einer EDV.** Jeder Rechenautomat kann vier Arten von Operationen ausführen:

Rechnen, Daten speichern, Daten ein- und -ausgeben, Daten transportieren und Rechengang steuern.

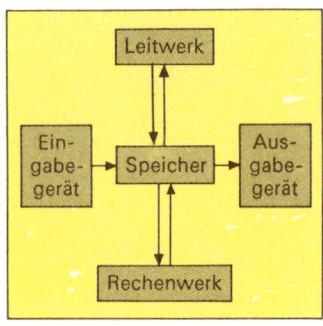

Den vier Grundoperationen entsprechen die vier Hauptteile der Rechenautomaten:

Rechenwerk,
Speicher,
Datenein- und Datenausgabe,
Leitwerk.

[3] **Speicher.** Der Speicher dient zum Aufbewahren von Informationen, z. B. Zahlen und Befehlen. Diese stehen den anderen Teilen der Anlage auf Anforderung zur Verfügung. Damit jede Information eindeutig erreichbar ist, ist der Speicher in Einheiten unterteilt, die *Speicherzellen.* Diese sind durchnumeriert. Die Nummer einer Speicherzelle bezeichnet man als ihre *Adresse.* Der Inhalt einer solchen Zelle heißt *Wort.* Eine Speicherzelle kann immer nur eine Information — Rechenbefehl oder Zahlwort — aufnehmen.

Speicherzelle
Speicheradresse
Wort

Die Größe der Speicherzelle bestimmt die Länge des Wortes; sie wird in Bit gemessen (↑ S. 507). Es gibt Datenverarbeitungsanlagen mit fester und solche mit variabler Wortlänge. Je nach dem Typ des Rechners kann die Wortlänge 8 bis 64 Bit betragen. Der *Arbeitsspeicher* dient der Aufbewahrung aller Daten, zu denen der Rechenautomat während des Programmablaufs schnell Zugriff haben muß. Wird eine Zelle »beschrieben«, so wird ihr alter Inhalt durch die neue Information ersetzt. RAM-Speicher (random access memory) können vom Benutzer in beliebiger Reihenfolge abgerufen, gelöscht und neu beschrieben werden. ROM-Speicher (read only memory) können nur gelesen, nicht aber gelöscht oder überschrieben werden; sie enthalten Festwerte (z. B. π) und Mikroprogramme (z. B. für statistische Kennwerte).

Arbeitsspeicher

RAM

ROM

[4] Leitwerk. Das *Leitwerk* regelt den Ablauf der Rechenvorgänge. Es gibt Steuerimpulse in richtiger, durch das Programm (↑ S. 490 ff.) geregelter Reihenfolge an die anderen Teile des Rechenautomaten und sorgt dadurch für die richtige Abfolge der Operationen.

Leitwerk

Ein *Befehl* wird folgendermaßen verarbeitet: Die zeitliche Abfolge der einzelnen Operationen wird mit Hilfe eines *Befehlsadreßregisters* (*Befehlszählregister*) erreicht. Dieses enthält jeweils die Adresse der Speicherzelle, in der der nächste Befehl zu finden ist. Das Leitwerk übernimmt diesen Befehl aus dem Speicher in ein besonderes *Befehlsregister*. Das *Leitwerk* »liest« diesen Befehl und gibt die entsprechenden Signale an die betroffenen Teile des Rechenautomaten. War der Befehl ein Sprungbefehl, so übernimmt das *Leitwerk* die Sprungadresse in das Befehlsadreßregister.

Befehl
Befehlsadreß-register
Befehlszähl-register
Befehlsregister

Damit der Programmablauf beginnen kann, muß die erste Adresse im Befehlsadreßregister eingestellt werden. Dies geschieht durch ein START-Signal an dem Bedienungsfeld. Das Ende des Programms bewirkt ein STOP- oder END-Signal.

START
STOP

[5] Rechenwerk. Das *Rechenwerk* dient zur Ausführung arithmetischer und logischer Grundoperationen. Es besitzt Register, die die zur Rechnung benötigten Zahlenwerte aufnehmen und in denen die Ergebnisse der Operationen erscheinen. Die *Register* dienen zur kurzzeitigen Aufnahme der Informationen und haben eine kurze Zugriffszeit. Der Hauptspeicher heißt *Akkumulator*.

Rechenwerk

Register

Akkumulator

Übersicht über die arithmetischen Grundoperationen:

Addition	$a + b$
Subtraktion	$a - b$
Multiplikation	$a \cdot b$
Division	$a : b$
Betragsbildung	$|a|$
Komplementbildung	$-a$
Shiften	Das Komma wird um eine bestimmte Stellenzahl nach links oder rechts verschoben

Das *Rechenwerk* ist imstande, logische Operationen auszuführen. Das bedeutet:
(1) Im Rechenwerk können JA-NEIN-Entscheidungen getroffen werden, z. B. ob eine im Akkumulator befindliche Zahl größer oder kleiner als null ist.

(2) Die Speicherworte können als Wahrheitswerte (↑ S. 158) interpretiert werden, mit denen die logischen Operationen ausgeführt werden.
Übersicht über die logischen Operationen, die eine Datenverarbeitungsanlage ausführen kann:

Adjunktion	$a \vee b$	a oder b
Konjunktion	$a \wedge b$	a und b
Negation	$\neg a$	nicht a
Subjunktion	$a \rightarrow b$	wenn a, dann b
Bijunktion	$a \leftrightarrow b$	genau dann a, wenn b

Beispiel: Gegeben sind die 8stelligen binären Ziffernfolgen a = 1001 0011 und b = 0001 1100.
Dann ist
$\neg a$ = 0110 1100 $\neg b$ = 1110 0011
$a \wedge b$ = 0001 0000 $a \rightarrow b$ = 0111 1100
$a \vee b$ = 1001 1111 $a \leftrightarrow b$ = 0111 0000

Zentraleinheit

periphere Geräte

[6] **Zentraleinheit.** Es ist üblich, Leitwerk, Rechenwerk und Arbeitsspeicher als *Zentraleinheit* zu bezeichnen. Alle anderen angeschlossenen Geräte werden *peripher* genannt.

Ein- und Ausgabegeräte

[7] **Ein- und Ausgabegeräte.** Mit Hilfe der Ein- und Ausgabegeräte ist es möglich, der Datenverarbeitungsanlage das Programm (↑ S. 490) und die benötigten Zahlen einzugeben und die Ergebnisse aus der Maschine herauszubekommen.

Übersicht über die Ein- und Ausgabegeräte:

Eingabe	Ausgabe
Schreibmaschine	Schreibmaschine, Schnelldrucker
Lochstreifenleser	Lochstreifenstanzer
Loch-, Markierungskartenleser	Lochkartenstanzer
Sichtgeräte mit Tastatur oder Lichtgriffel	Sichtgeräte Punkt- und Kurvenschreiber

1.2. Analogrechner

Rechenelemente

[1] **Rechenelemente.** Im Unterschied zum Digitalrechner, der diskrete Ziffern verarbeitet, arbeitet ein Analogrechner mit i. a. stetigen physikalischen Größen. Analogrechner enthalten *Rechenelemente* für Addition, Subtraktion, Integration,

Erzeugung beliebiger Funktionen, Multiplikation und für logische Entscheidungen, aus denen zu einer mathematisch formulierten Aufgabe ein analoges System aufgebaut wird. Als physikalische Größen werden i. a. elektrische Spannungen oder Ströme verwendet.

Tabelle: Rechenelemente eines Analogrechners

Rechenelement	Symbol	Operation
Inverter (zur Vorzeichenumkehr)	U_e —▷−1▷— U_a	$U_a = -U_e$
Multiplizierer (für konstante, einstellbare Faktoren)	U_e —(c)— U_a	$U_a = c\,U_e$ $c \in [0;1]$
Summierer (Summierverstärker)	U_{e_1}, U_{e_2} —▷c_1, c_2▷— U_a	$U_a = c_1 U_{e_1} + c_2 U_{e_2}$
Multiplizierer	U_{e_1}, U_{e_2} —▷M▷— U_a	$U_a = U_{e_1} \cdot U_{e_2}$
Funktionsgeber	U_e —▷FG▷— U_a	$U_a = f(U_e)$
Komparator (zum Vergleich und zur logischen Entscheidung)	U_1, U_{e_1}, U_{e_2}, U_2 —▷— U_a	$U_a = \begin{cases} U_1, \text{ wenn } U_{e_1} > U_{e_2} \\ U_2, \text{ wenn } U_{e_1} < U_{e_2} \end{cases}$

[2] Organisation eines Analogrechners. Die Ein- und Ausgänge der Rechenelemente werden an ein zentrales Buchsenfeld (*Programmierfeld*) geführt. Durch Verbinden der Buchsen ist es möglich, die Zusammenschaltung von Rechenelementen entsprechend vorgegebener Aufgaben zu realisieren. Das Programmierfeld entspricht daher den Eingabegeräten der Digitalrechner.

Programmierfeld

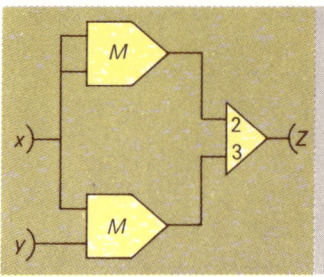

Beispiel: Für zwei vorgegebene Eingangsgrößen x und y soll $z = 2x^2 + 3xy$ berechnet werden.

Ausgabe
: Die *Ausgabe* der Rechenergebnisse geschieht durch Oszillographen, x-y-Schreiber (Plotter), Voltmeter o. ä.

Steuerung
: Die *Steuerung* des Rechenbetriebes erfolgt durch ein Steuerteil. Dieses bestimmt die Betriebsarten.

[3] Vergleich von Digital- und Analogrechnern

	Digitalrechner	Analogrechner
Zahl der Rechenwerke	eins	viele
Genauigkeit der Eingabeinformation	beliebig hoch (Wahl entsprechender Stellenzahl)	begrenzt
Genauigkeit der Lösung	hoch (begrenzt durch die gewählte Stellenzahl)	begrenzt durch die Genauigkeit der phys. Größen
Programmierung	abstrakt	anschaulich
Einsatzbereich	universell	Differentialgleichungen Simulationsaufgaben
Rechenzeit für eine Operation	klein	groß
Gesamtrechenzeit	groß, da Nacheinander der Rechnungen	klein, da Nebeneinander der Rechnungen
Speicher	erforderlich	i. a. nicht erforderlich; ggf. großer Aufwand
Kosten und Genauigkeit	Kosten / 10 1 0,1 0,01 % Genauigkeit	Kosten / 10 1 0,1 0,01 % Genauigkeit

1.3. Hybridrechner

[1] Aufbau. Ein *Hybridrechner* ist ein komplexer Rechenautomat, der folgende Teilsysteme enthält:

Hybridrechner

1) *Analogrechner,* 2) *Digitalrechner,* 3) *Kopplungselektronik.* Hybridrechner verbinden die Vorteile des Analogrechners (einfache Darstellung komplizierter mathematischer Zusammenhänge) mit den Vorteilen des Digitalrechners (große Genauigkeit, digitale Eingabe und Ausgabe). Der Digitalrechner übernimmt einen Teil der Rechnungen, zugleich steuert er Iterationen auf dem Analogrechner. Zwischen Analog- und Digitalrechner vermittelt die *Kopplungselektronik.*

Kopplungselektronik

[2] Bestandteile der Kopplungselektronik:
1) Verteiler oder *Multiplexer.* Er hat die Aufgabe, in bestimmten Abtastintervallen die Ausgänge des Analogrechners abzutasten. Der abgetastete Analogwert wird auf einen

Multiplexer

2) *Analog-Digital-Wandler* (A-D-Umsetzer) geschaltet. In dem A-D-Umsetzer wird das analoge Signal in ein digitales Signal umgewandelt, und dieses gelangt in den Digitalrechner.

A-D-Wandler

3) Signale des Digitalrechners werden von *Digital-Analog-Wandlern* in analoge Signale umgesetzt, die der Analogrechner verarbeiten kann.

D-A-Wandler

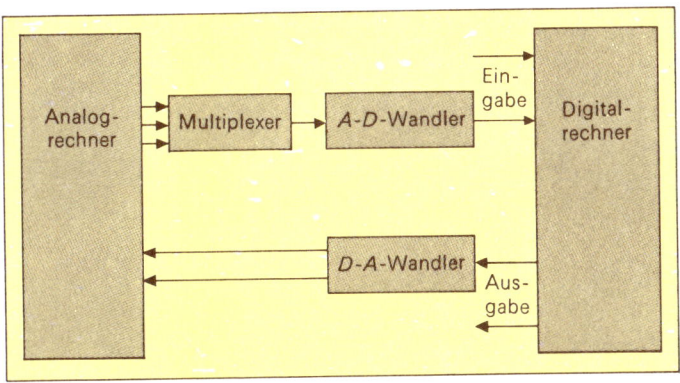

Hybridrechner werden häufig als Prozeßrechner (↑ S. 502) eingesetzt.

2. Programmsprachen

Programm
Ein *Programm* ist die eindeutige Anweisung für die Lösung einer Aufgabe. Ein Programm für eine DVA besteht aus einer Folge logisch gekoppelter Befehle, die den Datenfluß und die Arbeit einer DVA zur Lösung einer Aufgabe steuern. Das Ausarbeiten von Programmen wird als *Programmieren* bezeichnet. Programme werden zum Teil von den Herstellern von DVA als *software* fertig zur Verfügung gestellt.

Programmieren

software

Vor der Lösung einer Aufgabe mit einer DVA müssen i. allg. folgende Schritte durchgeführt werden:
Problemanalyse, Aufstellen eines Flußdiagramms, Erstellen des Programms.
Der erste Schritt, die Problemanalyse, ist weitgehend von der DVA unabhängig.

2.1. Flußdiagramm und Struktogramm

Flußdiagramm
Ablaufdiagramm

[1] **Sinnbilder für Flußdiagramme.** Das Flußdiagramm (*Ablaufdiagramm*) stellt ein Übergangsstadium von der verbalen Formulierung des Problems zum fertigen Programm dar. Es beginnt mit einem Symbol für Start und endet mit einem Symbol für Stop. Dazwischen liegen alle durchzuführenden Operationen und logischen Entscheidungen.

Tabelle: Sinnbilder für Flußdiagramme

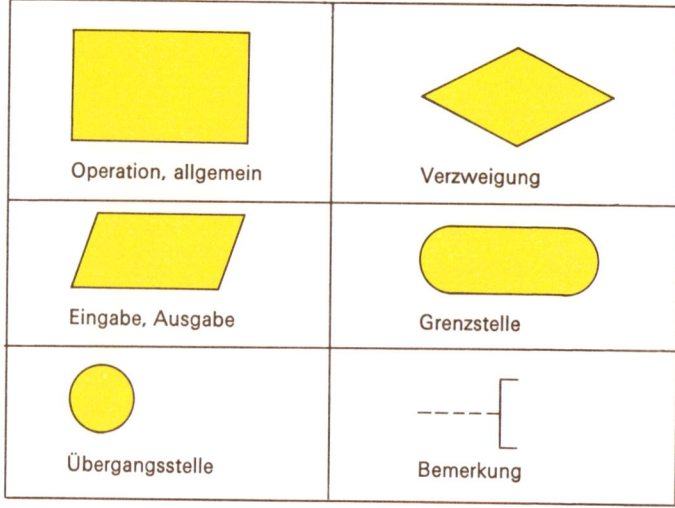

Operation, allgemein	Verzweigung
Eingabe, Ausgabe	Grenzstelle
Übergangsstelle	Bemerkung

Beispiele:

1) Berechne $\sqrt{|a-20|}$
2) Berechne die Summe der natürlichen Zahlen von 1 bis 100.

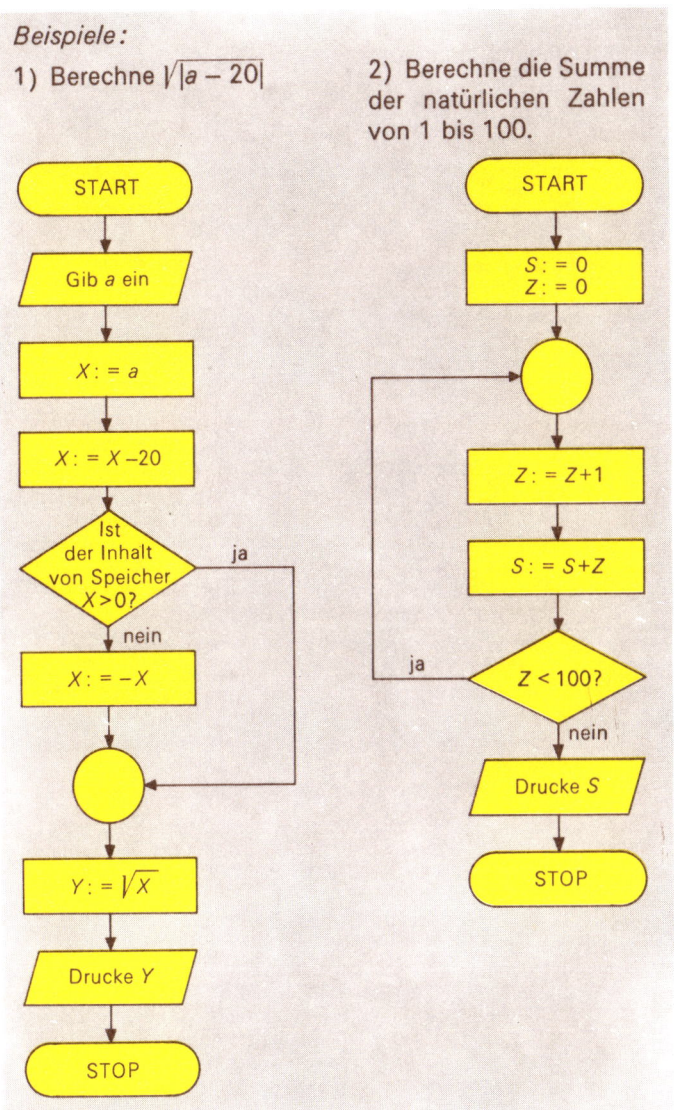

[2] Programmarten. Nach der Struktur der Flußdiagramme unterscheidet man *lineare* Programme und *zyklische* Programme. Bei linearen Programmen wird eine Befehlsfolge einmal ausgeführt. In zyklischen Programmen wird abhängig von einer Entscheidung eine Befehlsfolge mehrfach durchlaufen (s. Beispiel 2).

lineares Programm
zyklisches Programm

[3] Struktogramme. Durch Struktogramme wird nicht nur der Programmablauf, sondern auch die Programmstruktur deutlich.

Tabelle: Sinnbilder für Struktogramme

Sinnbild	Bedeutung	Erläuterung
Anweisg.	Prozeß (Aktivität, Operation)	Das Prozeßsinnbild dient zur Darstellung eines oder mehrerer Befehle wie z. B.: ● Wertzuweisungen ● Ein- und Ausgabeanweisungen ● Unterprogrammaufrufe Die Form des Prozeßsinnbildes ist rechteckig. Die Größe ist frei wählbar.
Bedingung F/T	Verzweigung (Entscheidung, Selektion)	Das Verzweigungssinnbild dient zur Darstellung bedingter Verzweigungen mit zwei Alternativen (Ja/Nein-Entscheidung). Das mittlere Dreieck enthält die Bedingung, die entweder mit NEIN (F = FALSE) oder JA (T = TRUE) zu beantworten ist. Je nach Beantwortung der Frage wird das Programm mit einem Prozeßsinnbild, das direkt auf das linke Dreieck (F) oder auf das rechte Dreieck (T) folgt, fortgesetzt. Die Größe des Verzweigungssinnbildes ist von den jeweiligen Erfordernissen abhängig.
Wiederholungsbedingung / Rumpf	Wiederholung (Schleife, Iteration)	Das Wiederholungssinnbild dient zur Darstellung von Schleifen. Die Wiederholungsbedingung steht links oben. Hier wird z. B. die Zahl der Wiederholungen angegeben oder die Bedingung, unter der die Wiederholung zu beenden ist. Die zu wiederholenden Anweisungen stehen im inneren Rechteck (Rumpf).
BEGIN / Rumpf / END	Anfang und Ende	Das Anfang- und Ende-Sinnbild dient zur Darstellung des Beginns oder des Endes von Programmen.
Bedingung 1 2 3 4 ... n	Mehrfachverzweigung	Das Mehrfachverzweigungssinnbild dient zur Darstellung bedingter Verzweigungen mit mehr als zwei Alternativen. Das obere Dreieck des Sinnbildes enthält die Bedingung, d. h. hier wird angegeben, unter welcher Bedingung zu den einzelnen Fällen (1, 2. . . ., n) verzweigt wird.
Wiederholungsbedingung / Rumpf / Abbruchbed.	Schleife mit Abbruchbedingung	Dieses Sinnbild dient zur Darstellung von Schleifen, die unter bestimmten Bedingungen abzubrechen sind.

2.2. Programmsprachen

[1] Maschinensprache. Jeder Rechenautomat besitzt eine Programmiersprache, die er unmittelbar in Steuersignale umsetzen kann. Diese *Maschinensprache* ist durch seine Bauart festgelegt und kann im allg. nicht auf andersgebaute Rechenanlagen übertragen werden. Man bezeichnet ein in der Maschinensprache geschriebenes Programm als *Maschinenprogramm*.

Maschinensprache

Der Gebrauch von Maschinenprogrammen hat Nachteile: Der Programmierer muß für jeden Maschinentyp eine neue Sprache lernen. Die Befehle werden meistens durch Ziffern verschlüsselt, das Programm ist daher nicht sehr übersichtlich. Es erfordert bei der Herstellung viel Zeit und Konzentration.

Maschinenprogramm

[2] Assemblersprachen. Die *maschinenorientierten Programmsprachen* (*Assemblersprachen*) benutzen für die einzelnen Befehle statt einer Ziffernverschlüsselung Abkürzungen, die sich leicht merken lassen.

maschinenorientierte Programmsprache Assemblersprache

Bei maschinenorientierten Programmsprachen gibt es im allg. *Makrobefehle*, durch die häufig vorkommende, gespeicherte Unterprogramme abgerufen werden können.

Makrobefehle

Die Übersetzung in die Maschinensprache geschieht durch ein in dem Rechenautomaten gespeichertes Übersetzungsprogramm, das als *Assembler* bezeichnet wird.

Assembler

[3] Problemorientierte Programmsprachen. Gegenüber den Assemblersprachen sind die *problemorientierten* (verfahrensorientierten) *Programmsprachen* (*höhere Programmsprachen*) nicht an einen bestimmten Rechnertyp gebunden. Sie verwenden gebräuchliche mathematische Schreibweisen und lassen sich daher relativ leicht erlernen. Die Umwandlung eines in einer höheren Programmiersprache geschriebenen Programmes in die Maschinensprache geschieht durch ein Übersetzungsprogramm (*Compiler*).

Problemorientierte Programmsprache höhere Programmsprache

Compiler

Die Übersetzungsprogramme sind recht komplizierte Programme, die in der Maschinensprache geschrieben sein müssen. Sie werden von den Herstellern als *software* zur Verfügung gestellt.

software

ALGOL	*Beispiele:* 1) ALGOL (**Algo**rithmic **L**anguage) wurde als Programmiersprache für den technisch-wissenschaftlichen Bereich entwickelt. Bei der Formulierung des Programms werden weitgehend die vertrauten Schreibweisen von Formeln benutzt. Für darüber hinausgehende Programmbestandteile werden leichtverständliche Wortsymbole benutzt.

Mathematische Schreibweise	Formulierung in ALGOL
$a(bc-d)$	$a \times (b \times c - d)$
$\dfrac{1}{\dfrac{1}{m^2} - \dfrac{1}{n^3}}$	$1/(m \text{ 'power' } (-2) - n \text{ 'power' } (-3))$

FORTRAN	2) FORTRAN. (**For**mula **Trans**later). FORTRAN wurde für den Einsatz von Datenverarbeitungsanlagen im technisch-wissenschaftlichen Bereich entwickelt.

Mathematische Schreibweise	Formulierung in FORTRAN
$a(bc-d)$	$A*(B*C-D)$
$\dfrac{1}{\dfrac{1}{m^2} - \dfrac{1}{n^3}}$	$1/(M**(-2) - N**(-3))$

COBOL	3) COBOL (**CO**mmon **B**usiness **O**rientated **L**anguage) ist vorwiegend für Aufgaben aus dem kaufmännischen und dem Verwaltungsbereich geschaffen worden. COBOL besitzt vor allem Sprachelemente für die Verarbeitung großer Datenmengen. Alle Anweisungen werden in COBOL mit Hilfe von aus der englischen Sprache stammenden stilisierten Wörtern und Wendungen formuliert.
PL/1	4) PL/1 (**P**rogramming **L**anguage One) ist eine Programmiersprache, die sowohl für die Lösung kommerzieller als auch technisch-wissenschaftlicher Probleme geeignet ist. Sie vereinigt in sich Elemente der Sprachen FORTRAN und COBOL.
BASIC	Bei Taschenrechnern (↑ S. 32) und kleinen Tischrechnern findet man oft die Programmiersprache BASIC.

BASIC-Programme:
(1) Aus der Geometrie ist bekannt, daß der Flächeninhalt eines Dreiecks mit den Seiten a, b, c folgendermaßen berechnet werden kann:

$$F = \sqrt{s(s-a)(s-b)(s-c)} \text{ mit } s = \frac{1}{2}(a+b+c)$$

a) Programm »Heronsche Flächenformel«
```
10 INPUT A, B, C
20 Let S = (A + B + C)/2
30 Let F = SQR (S*(S−A)*(S−B)*(S−C))
40 PRINT F
```

b) Erläuterungen zum Programm
Das Programm besteht aus einer Reihe von (mit Großbuchstaben geschriebenen) Anweisungen. Jede Anweisung hat eine Nummer, z. B. 10, 20, ... 40. Eine gute Programmierpraxis ist es, den Abstand der Anweisungsnummern in Zehnerschritten vorzunehmen, um später Anweisungen einfügen zu können.
INPUT bedeutet, daß der Programmbenutzer Zahlenwerte eingeben muß. Hier werden drei Zahlen eingegeben.
LET bedeutet »Wertzuweisung«, d. h. die Variable S erhält hier den Wert, den der Computer aus (A+B+C)/2 berechnet. Bei vielen Rechnern kann LET fortgelassen werden.
SQR bedeutet, daß der Rechner die Wurzel berechnet (von engl. **SQ**uare **R**oot). Das Zeichen * steht für den Malpunkt.
PRINT bewirkt, daß der berechnete Wert F ausgedruckt wird.

c) Arbeiten mit dem Programm
Das Programm wird durch einen Befehl, z. B. RUN, gestartet. Der Computer wartet dann, bis drei Zahlenwerte (z. B. 3 und 4 und 5) eingegeben worden sind. Dann rechnet er und druckt den berechneten Wert F (hier: 6) aus. Die ausgedruckte Zahl gibt den Flächeninhalt an.

(2) Lösungen einer quadratischen Gleichung der Form $a_2 x^2 + a_1 x + a_0 = 0$

a) Programm
```
10 REM QUADRATISCHE GLEICHUNG
20 INPUT A2, A1, A0
```

```
30 LET D = A1*A1 - 4*A2*A0
40 IF D < 0 THEN 80
50 PRINT »X1=«, (SQRT(D) - A1)/(2*A2)
60 PRINT »X2=«, (-SQRT(D) - A1)/(2*A2)
70 GOTO 100
80 PRINT»X1=«, -A1/(2*A2),»+«,SQRT(-D)/(2*A2),»I«
90 PRINT»X2=«, -A1/(2*A2),»+«,-SQRT(-D)/(2*A2),»I«
100 END
```

b) Erläuterungen zum Programm
REM fügt nur eine Erläuterung zu den Programmanweisungen hinzu. Die Symbole in » nach dem PRINT-Befehl werden genau in der angegebenen Form ausgedruckt, so daß z. B. die Lösung der quadratischen Gleichung mit $A2 = 1$, $A1 = 0,6$, $A0 = -22,95$ in der Form $X1 = 4,5$, $X2 = -5,1$ geschrieben wird.

Tabelle: Wichtige BASIC-Anweisungen

FOR ... TO ... STEP ...	Beginnt eine Schleife und legt fest, wie oft und mit welcher Schrittweite durchlaufen werden soll.
NEXT	Beendet die Schleife
GOTO	Sprungbefehl
IF ... THEN ...	Bedingter Sprungbefehl
INPUT	Daten sind einzugeben
PRINT	Druckbefehl
READ	Liest Daten aus einer Datei, die durch eine DATA-Anweisung erstellt wurde.
DATA	Legt fest, welche Daten durch eine READ-Anweisung zu lesen sind.
GOSUB	Sprung in ein Unterprogramm
RETURN	Letzte Anweisung eines Unterprogramms

Bei der Konstruktion von PASCAL (1974/75 von N. Wirth) wurde besonderer Wert auf klare Strukturen und Typen gelegt. PASCAL wird neben ELAN besonders für den Gebrauch an allgemeinbildenden Schulen empfohlen.
PASCAL ermöglicht eine modulare und strukturierte Programmierung. Dadurch kann ein größerer Aufgabenkomplex stufenweise in kleinere Teilaufgaben zerlegt werden. Dieses sogenannte top-down-Vorgehen ermöglicht eine größere Problemorientierung gegenüber anderen stärker maschinenorientierten Sprachen wie z. B. FORTRAN oder BASIC.

PASCAL

top-down-Vorgehen

Beispiele für Programme in PASCAL:
1) PROGRAM KREISBERECHNUNGEN

   VAR R, U, F : REAL   Vereinbarungsteil

   BEGIN
     READ (R) ;
     U := 2∗R∗3.1415926 ;   Anweisungsteil
     F := R∗R∗3.1415926 ;
     WRITELN (R,U,F)
   END.

Erläuterungen zum Programm
Der erste Programmteil dient zur Vereinbarung der im Programm verwendeten Bezeichnungen. So werden durch VAR R,U,F : REAL; die Bezeichnungen der im Programm verwendeten Variablen festgelegt. REAL gibt an, daß diese Variablen reelle Zahlenwerte sind. Bei anderen Aufgaben können die Variablen z. B. ganze Zahlen (INTEGER) sein.
Im Anweisungsteil wird der Rechner durch READ aufgefordert, zuerst den Zahlenwert für *R* einzulesen. Durch die Ergibtanweisung : = erhalten die Variablen *U* und *F*, ↑ S. 286) die rechts angegebenen Werte. Die Ausgabeanweisung WRITELN (Abkürzung für WRITE-LINE) bewirkt, daß die Ausgabe in einer Zeile abgeschlossen wird.

2) PROGRAM QUADRATISCHE GLEICHUNG
   VAR A0,A1,A2, D : REAL

   BEGIN
     READ (A0,A1,A2);
     D := A1∗A1 − 4∗A2∗A0;
     IF D >= 0

```
        THEN BEGIN
            WRITELN ('X1 = ', (SQRT(D) −A1)/(2*A2);
            WRITELN ('X2 = ', (−SQRT(D) − A1)/(2*A2)
        END
    ELSE BEGIN
        WRITELN('X1 = ', −A1/(2*A2),' + ',SQRT(−D),'I');
        WRITELN ('X2 = ', −A1/(2*A2),' − ',SQRT(−D),'I')
    END
END.
```

Tabelle: Wichtige PASCAL-Befehle

FOR v: = a_1 TO a_2 DO	Schleife mit der Schrittweite +1
REPEAT UNTIL A	Schleife
IF a THEN ELSE	Bedingte Verzweigung
CASE a OF	Mehrfachverzweigung
WHILE a DO	Schleife
READ	Eingabe
WRITE	Ausgabe
WRITELN	Ausgabe mit Zeilenschaltung
:=	Zuweisung

[4] Programmsprachen für numerische Steuerung. Zur Automatisierung der Kleinserienfertigung werden numerisch gesteuerte Werkzeugmaschinen eingesetzt. Die Steuerung geschieht mit Lochstreifen, die von einer DVA geliefert werden. Für die Programmierung der DVA wurden spezielle Programmsprachen geschaffen.

APT

Beispiele:
1) APT (**A**utomatic **P**rogramming for **T**ools) läßt ein-, zwei- und dreidimensionale Bearbeitung eines Werkstückes zu.
2) EXAPT ermöglicht nicht nur geometrische, sondern auch technologische Angaben. Der von der DVA ausgegebene Steuerlochstreifen enthält Angaben über Arbeitsfolge, Werkzeugart, Fräs-, Bohr- oder Schnittgeschwindigkeit und Vorschub.

3. Einsatzarten von Datenverarbeitungsanlagen

3.1. Betriebsarten

[1] Stapelverarbeitung. Die *Stapelverarbeitung (Batch-Processing)* ermöglicht die Bearbeitung anspruchsvoller Aufgaben und großer Datenmengen mit kleineren Computern. Das vor der Verarbeitung gesammelte Datenmaterial wird mehreren aufeinanderfolgenden Verarbeitungsgängen unterworfen. Es liegt also ein Stapel von Programmen vor, die nacheinander einzeln aufgearbeitet werden. Für ein nachfolgendes Programm steht die Datenverarbeitungsanlage erst zur Verfügung, wenn das im Stapel vorausgehende Programm aufgearbeitet worden ist. Bei der *Stapelverarbeitung mit Prioritäten* werden die Programme nicht mehr in der Reihenfolge des zeitlichen Eintreffens, sondern in der durch die Prioritäten festgelegten Reihenfolge verarbeitet.

Stapelverarbeitung Batch-Processing

Stapelverarbeitung mit Prioritäten

Beim *Remote-Batch-Processing* erfolgt die Eingabe der Programme und Daten über Endgeräte (*Terminals*). So können auch räumlich weit entfernte Benutzer eine DVA benutzen.

[2] Echtzeit-Verarbeitung. Bei der Echtzeitverarbeitung (*Real-time-Verarbeitung*) geht der Verarbeitung keine Sammlung der Daten und Programme wie bei der Stapelverarbeitung voraus. Die zu verarbeitenden Daten gelangen i. a. von zahlreichen Datenendplätzen (*Terminals*) in die zentrale DVA, die die Verarbeitung sofort vornimmt und die Ergebnisse auf dem gleichen Weg den Datenendplätzen zuleitet.

Real-time-Verarbeitung

Beispiele: Direktbuchung bei Fluggesellschaften, Direktbuchung in Banken, Steuerung von Fertigungsprozessen, Steuerung von Radarstationen.

Die Echt-Zeit-Verarbeitung wird i. a. zusammen mit Time-Sharing und Multiprogramming angewandt.

[3] Time-Sharing. Als *Time-Sharing* bezeichnet man ein Datenverarbeitungsverfahren, bei dem eine zentrale DVA vielen Benutzern praktisch gleichzeitig zur Verfügung steht. Voraussetzung für das Time-Sharing-Verfahren ist eine große interne Arbeitsgeschwindigkeit der DVA. Zur Zuteilung der DVA an die Benutzer wird ein Zeitabschnitt T in *Zeitscheiben* (*time sli-*

Time-Sharing

Zeitscheiben time slices

ces) aufgeteilt. Diese Zeitscheiben werden gleichmäßig oder nach Prioritäten an die Benutzer verteilt. Wenn die Zeitscheibe eines Benutzers abgelaufen ist, wird sein Programm unterbrochen und der nächste Benutzer kommt an die Reihe. Dieser Vorgang wiederholt sich regelmäßig zyklisch, so daß nach der Zeit T das abgebrochene Programm wieder aufgenommen wird. Die Benutzer sind durch Terminals mit der zentralen DVA verbunden.

Terminal

Terminals können über eine Tastatur oder über angeschlossene Eingabegeräte Daten vom Endplatz beim Benutzer über Fernschreib- oder Telefonleitungen an eine zentrale DVA senden. Sie machen auch die von der DVA ausgegebenen Daten durch Ausdrucken oder auf Anzeigegeräten sichtbar.

[4] Multiprogramm-Verarbeitung. Bei DVA arbeiten die Peripheriegeräte i. a. wesentlich langsamer als die Zentraleinheit. Bei der Batch-Verarbeitung wird stets nur ein Programm in der DVA bearbeitet. Werden Ergebnisse über ein relativ langsames Endgerät ausgegeben, so wird die schnelle Zentraleinheit durch das langsame Endgerät gehemmt: Die DVA wird nicht optimal genutzt. Diesen Nachteil vermeidet die *Multiprogramm-Verarbeitung* (*Multiprogramming*).

Multiprogramm-Verarbeitung
Multiprogramming
Organisationsprogramm

Durch ein *Organisationsprogramm* wird etwa erreicht, daß die Zentraleinheit ein Programm bearbeitet, während die Ausgabeeinheit die Ergebnisse eines anderen Programms druckt und die Eingabeeinheit Daten für ein Programm einliest.

3.2. Betriebssystem

[1] Aufgaben des Betriebssystemes. Die komplexen Verarbeitungsmethoden moderner DVA erfordern ständige Organisations- und Kontrolltätigkeiten. Diese Aufgaben werden von einer Reihe von Programmen erledigt, die die Anlage ergänzen und ihre Möglichkeiten erweitern. Diese Programme heißen *Betriebssysteme* (*Operating Systems*).

Betriebssystem
Operating system

[2] Aufbau eines Betriebssystems. Ein Betriebssystem gliedert sich in:

Organisationsprogramm

(1) *Organisationsprogramm*
  Zuteilung von Speicherplätzen und Anschlußgeräten
  Steuerung bei der Multiprogramm-Verarbeitung
  Steuerung der zeitlichen Aufeinanderfolge der Programme, Prioritätensteuerung der Programme, Überwachungsprogramme usw.

(2) *Übersetzungsprogramme*
Assembler
ALGOL-, FORTRAN-, COBOL-Compiler usw.

(3) *Hilfsprogramme*
Sortier-Misch-Programme zum Sortieren einer Datei und zum Zusammenführen mehrerer bereits sortierter Dateien,
Umsetzungsprogramme, um Daten von einem Datenträger auf einen anderen zu bringen,
Testprogramme usw.
Die Menge der Bedienungsmöglichkeiten eines Betriebssystems wird als *operating-language* oder *Job-control-Language* bezeichnet.

Übersetzungsprogramm

Hilfsprogramm

Operating-language
Job-Control-Language

3.3. Anwendungsbereiche
Die Anwendungsbereiche einer DVA sind sehr groß. Fernsehen, Rundfunk, Zeitungen und Zeitschriften berichten ständig über neue Möglichkeiten des Einsatzes von DVA.

[1] **Wissenschaftliche Berechnungen.**

Beispiele: Aufgaben der Baustatik, Bewegungsmechanik im Automobil- und Flugzeugbau; Strömungsmechanik und thermodynamische Untersuchungen für Motoren; Berechnen von Filter-, Antennen und Regelkreisen; Optimierung von digitalen Schaltungen. Berechnung von Abschirmungseinrichtungen bei Reaktoren; Auswertung von Meßwerten und meteorologischen Daten.

[2] **Betriebliche Informationssysteme**

Beispiele: Rechnungswesen, Planungsmethoden: Lineares Optimieren (↑ S. 464) zur Verringerung der Unkosten und zur Maximierung des Gewinns, Netzplantechnik (PERT, CPM, MPM) zur Organisation von Betriebsabläufen, Management-Informationssystem und Entscheidungsmethoden.

[3] **Numerische Steuerung.** Viele Maschinen werden heute durch digitale Informationen, die auf Lochstreifen oder Magnetbändern gespeichert sind, numerisch gesteuert. Geschieht die Erstellung des Steuerlochstreifens in einer von dem Gerät getrennten DVA, so spricht man vom *Off-line-*

Off-line-Betrieb
On-line-Betrieb

Betrieb. Beim *On-line-Betrieb* ist die numerisch gesteuerte Maschine an eine DVA gekoppelt und bezieht von dieser unmittelbar die Steuerinformationen.

Prozeßrechner

[4] **Prozeßrechner.** Als Prozeßrechner bezeichnet man eine Anlage zur automatischen, optimalen Steuerung und Überwachung von technisch-industriellen Prozessen. Ein Prozeßrechner besteht aus einer Meßwerterfassungseinheit, einer Datenverarbeitungsanlage und einer Ausgabeeinheit für Steuersignale. Ein Prozeßrechner ist die On-line-Kopplung einer DVA mit technisch-industriellem Prozeß.

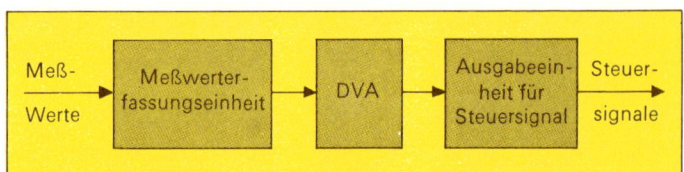

Die Meßwerterfassungseinheit hat die Aufgabe, automatisch Meßwerte als analoge oder diskrete Signale (↑ S. 517 f.) aufzunehmen und in eine Signalform umzuformen, die die folgende DVA verarbeiten kann. In der DVA werden die erfaßten Meßwerte unter Berücksichtigung von technologischen und ökonomischen Optimierungsbedingungen verarbeitet, um die Größen zur günstigen Beeinflussung des Prozesses zu bestimmen. Die Ausgabeeinheit für Steuersignale stellt die Signale für die Betätigung von Geräten zur Prozeßbeeinflussung bereit.

Beispiele: Globalsteuerung von Raffinerien in der Petrochemie, Steuerung von Hochofenbetrieb und Walzwerk in Eisenhütten, Steuerung im Energieverbund der Kraftwerke, Verkehrsrechner zur Steuerung von Ampeln.

Datenbank

[5] **Nichtbetriebliche Datenbänke.** *Datenbänke* haben eine Dokumentations- und eine Informationsfunktion.

Beispiele: Einwohner-Datenbank, Informationssysteme von Kriminalämtern, wissenschaftlichen Instituten, Patentämtern, Diagnostik-Informationssysteme.

teleprocessing
telecomputing

[6] **Datenfernverarbeitung.** Bei der Datenfernverarbeitung (*teleprocessing, telecomputing*) sind Datenübertragung und

Datenverarbeitung gekoppelt; sie befinden sich aber an verschiedenen Orten. Die Datenfernverarbeitung kann im Stapelverfahren (↑ S. 499) oder im Echtzeitverfahren (↑ S. 499) erfolgen.

Beispiele: Platzbuchungen bei Verkehrsgesellschaften, Direktbuchungen bei Banken und Sparkassen, Auskunftssysteme.

Neue Betriebssysteme sind z. T. sehr kompliziert. Sie ermöglichen ein Interrupt-Konzept, d. h. die Abarbeitung von Programmen kann unterbrochen und später wieder fortgesetzt werden. Sie haben ein E/A-Warteschlangen-Konzept für Eingabe- und Ausgabedaten, um die Rechenzeit des Computers voll ausnutzen zu können.

Interruptkonzept
Warteschlangenkonzept

4. Codes

4.1. Darstellung von Daten

[1] **Alphanumerische Darstellung.** Eine Darstellung von Daten, die sich aus Ziffern und Buchstaben zusammensetzt, bezeichnet man als *alphanumerische* Darstellung.

alphanumerisch

Beispiele:

numerisch	23	+ 2,765	− 0,00438
alphanumerisch	HANS	MAHNUNG	TANGENS
alphanumerisch	4M35BCD	X37	PI-JB1

[2] **Festkomma- und Gleitkommazahlen.** Die in einem Rechenautomaten vorkommenden Zahlen haben alle die gleiche Stellenanzahl (Wortlänge). Bei Zahlen mit weniger Ziffern wird der Rest mit Nullen aufgefüllt. Zahlen mit mehr Ziffern lassen sich nicht darstellen.

Beispiel: Verarbeitet die Maschine zweiunddreißigstellige binäre Ziffernfolgen, so bedeutet z. B.

|0|0|0|1|1|0|1|1|1|0|0|0|1|1|1|1|0|0|0|1|0|0|1|1|1|0|0|1|0|1|1|

die binäre Ziffernfolge
11011000111100010011001011.

Festkommadarstellung

Bei der *Festkommadarstellung* haben die an der Rechnung beteiligten Zahlen an einer festen Stelle, bezogen auf die Darstellung in der Maschine, das Komma. Technisch sind die Rechenoperationen mit Festkommazahlen leicht zu realisieren.

Gleitkommadarstellung

Bei der *Gleitkommadarstellung* von Zahlen wird jede Zahl in der Form $a \cdot b^n$ dargestellt. Der Wert für b ist für einen Maschinentyp festgelegt. Gebräuchliche Werte sind 2, 10 und 16. Man nennt a *Mantisse*, n *Exponenten* und b die *Basis*. Die Mantisse wird i. a. so angegeben, daß das Komma an der höchstwertigen Stelle steht.

Mantisse
Exponent
Basis

Beispiel: Die Zahl 45 672 kann in der Form $0{,}45672 \cdot 10^5$ geschrieben werden.

Beim Arbeiten mit Gleitkommazahlen wird von der Datenverarbeitungsanlage die Stellung des Kommas automatisch berücksichtigt.

Beispiele: 1) Bei einer Multiplikation werden die Exponenten addiert und die Mantissen multipliziert.
2) Vor einer Addition werden die Stellungen des Kommas bei den Mantissen so verändert, daß die Exponenten gleich sind.

Beim Rechnen mit Gleitkommazahlen kann durch die notwendigen laufenden Verschiebungen des Kommas die Mantisse so klein werden, daß wegen der beschränkten Wortlänge der Maschine Ziffern verlorengehen. Die Rechnungen mit Gleitkommazahlen können daher ungenau sein. Auf der anderen Seite wird durch Gleitkommazahlen der Zahlenbereich, der verarbeitet werden kann, sehr erweitert.

Beispiel: Bei einer DVA mit einer Wortlänge von 10 Dezimalziffern ist die größte Zahl, die verarbeitet werden kann, bei
Festkomma $9\,999\,999\,999 \approx 10^{10}$,
Gleitkomma $0{,}999\,999\,99 \cdot 10^{99} \approx 10^{99}$.

4.2. Codes

[1] Binäre Signale. Die Verarbeitung von Zahlen und Zeichen innerhalb einer Datenverarbeitungsanlage setzt voraus, daß die Zeichen in elektrische Signale umgesetzt werden können.

Im allgemeinen verwendet man *binäre Signale,* die nur zwei bestimmte Zustände annehmen können.

binäre Signale

Beispiele für binäre Signale:
1 ≙ Spannung vorhanden;   0 ≙ Spannung nicht vorhanden
1 ≙ Ringkern in einer Richtung magnetisiert;   0 ≙ Ringkern in anderer Richtung magnetisiert

Nicht nur *Zahlen,* sondern auch *Wörter* und *Zeichen* können durch Folgen aus 0 und 1 verschlüsselt werden.

Beispiel: Beim Fernschreiber werden die Buchstaben verschlüsselt:
A 11000   D 10010
B 10011   ...
C 01110   Z 10001
Die Zahlenfolgen sind hier also keine Ziffernwörter, sonder *Codewörter.*

Codewort

Das Verschlüsseln von Zahlen, Buchstaben, Zeichen, allgemein von Informationen, nennt man *Codieren.* Ein *Code* ist die Zuordnung der einzelnen Zeichen eines Zeichenvorrats Z_1, der zur Darstellung bestimmter Informationen dient, zu den Zeichen eines Zeichenvorrats Z_2, mit dem dieselben Informationen dargestellt werden können. Für praktische Zwecke kommt es darauf an, Zeichen aus einem relativ großen Zeichenvorrat (z. B. Umgangssprache) durch Zeichen aus einem kleinen Zeichenvorrat (z. B. {0 ; 1}) darzustellen.

Code

[2] **Dualcode.** Bei einem *Binärcode* bestehen die auftretenden Codewörter nur aus den Zeichen 0 und 1. Beim *Dualcode* werden Zahlen als Ganzes in eine Dualzahl umgeformt (↑ S. 108).

Binärcode

Dualcode

Dezimalzahl	1	2	3	4	5	6	7	8	9
Dualzahl	1	10	11	100	101	110	111	1000	1001

Der Dezimalzahl 481 entspricht z. B. die Dualzahl 111100001.

Der wichtigste Vorteil des Dualcodes besteht darin, daß sich die am häufigsten vorkommenden Rechenoperationen Addition, Subtraktion, Multiplikation und Division bei dual verschlüsselten Zahlen technisch einfach realisieren lassen. Ein wesentlicher Nachteil des Dualcodes ergibt sich aus der mit wachsender Stellenzahl sehr schnell zunehmenden Schwierigkeit der Interpretation dual codierter Signale durch den Menschen. Für die Anzeige ist es daher günstiger, zu anderen binären Codes überzugehen.

Dezimal-binärer Code

[3] Dezimal-binäre Codes. Bei einem *dezimal-binären Code* wird jede einzelne Ziffer einer Dezimalzahl für sich allein verschlüsselt. Das Gesamtcodewort ergibt sich dadurch, daß die Teilcodewörter stellenwertrichtig zusammengesetzt werden. Dezimal-binäre Codes sind der dezimal-duale Code, der Dreiexzeßcode und der Aiken-Code. Beim *dezimal-dualen Code* (direkter Code, BCD-Code, direkter tetradischer Code) wird jede einzelne Ziffer der Dezimalzahl unabhängig von allen anderen im Dualcode verschlüsselt. Da zur Verschlüsselung der Dezimalziffern 0 ; 2 ; 2 ; . . . ; 9 vierstellige Codewörter erforderlich sind, besteht das Gesamtcodewort aus *Tetraden*.

Dezimal-dualer Code BCD-Code

Tetraden

Beispiel: Die Dezimalzahl 481 ergibt dezimal-dual verschlüsselt das Codewort 0100 1000 0001.

Dreiexzeßcode Stibitzcode

Beim *Dreiexzeßcode* (Stibitzcode) wird eine beliebige Dezimalziffer z durch dasjenige Codewort dargestellt, dessen dualer Wert z + 3 ist.

Dezimalziffer	0	1	2	3	4	5	6	7	8
Dreiexzeß-codewort	0011	0100	0101	0110	0111	1000	1001	1010	1011

Die Dezimalzahl 481 wird z. B. im Dreiexzeßcode verschlüsselt zu 0111 1011 0100.

Ein Vorteil des Dreiexzeßcodes besteht darin, daß die für die technische Realisation der Subtraktion wichtige Neuner-Komplementierung einfach durch Austausch von 1 und 0 erreicht werden kann.

Beispiel: 2 $\triangleq$ 0101 ; 7 $\triangleq$ 1010

symmetrischer Code

Codes mit dieser Eigenschaft werden als *symmetrische Codes* bezeichnet.

Aiken-Code

Der *Aiken-Code* verwendet zur Darstellung der Dezimalziffern 0 ; 1 ; 2 ; 3 ; 4 dieselben Codewörter wie der dezimalbinäre Code. Die Dezimalziffern 5 ; 6 ; 7 ; 8 ; 9 werden so verschlüsselt, daß der Code symmetrisch ist.

Dezimalziffer	0	1	2	3	4	5	6	7	8
Aiken-Codewort	0000	0001	0010	0011	0100	1011	1100	1101	1110

Die Dezimalzahl 481 wird z. B. im Aiken-Code verschlüsselt zu 0100 1110 0001.

[4] **Zyklisch-permutierter Code.** Das *Bit* (großgeschrieben; bit (kleingeschrieben) ↑ S. 520) bezeichnet eine einzelne Stelle eines Binärcodewortes.

Bit

Beispiel: Die Codewörter 1|1|0 und 1|0|0 unterscheiden sich in einem Bit, und zwar an der eingerahmten Stelle.

Bei einem *zyklisch-permutierten Code* unterscheiden sich zwei benachbarte Codewörter in genau einem Bit. Außerdem soll sich das Codewort des größten dargestellten Wertes von dem kleinsten dargestellten Wert ebenfalls nur in genau einem Bit unterscheiden.

Zyklisch-permutierter Code

Beispiel für einen zyklisch-permutierten Code für vierstellige Codewörter: *Gray-Code (binär-reflektierter Code)*

Gray-Code binär-reflektierter Code

Dezimalzahl	0	1	2	3	4	5	6	7	8
Gray-Codewort	0000	0001	0011	0010	0110	0111	0101	0100	1100

[5] **Prüfbare Codes.** Bei den prüfbaren Codes können Übertragungsfehler mit großer Wahrscheinlichkeit erkannt werden. Die bei diesen Codes auftretenden Codewörter mit n Stellen enthalten eine konstante Anzahl von m Stellen mit dem Wert 1. Der Aufbau der m-aus-n-Codes ermöglicht ihre Prüfbarkeit. Nach jeder Übertragungsoperation läßt sich prüfen, ob das erhaltene Codewort die richtige Anzahl von 1-Bits enthält.

Beispiel für einen 2-aus-5-Code: Der *Walking-Code*

Walking-Code

Dezimalzahl	0	1	2	3	4	5	6
Walking-Code	00011	00101	00110	01010	01100	10100	11000

5. Schaltalgebra

Die Schaltalgebra gehört zu den wichtigsten mathematischen Hilfsmitteln zur Berechnung automatischer Steuerungs-, Regelungs- und Rechenanlagen. Mit ihrer Hilfe können binäre Schaltungen beschrieben und vereinfacht werden sowie neue Schaltungen entworfen werden.

5.1. Binäre Schaltungen

binäre Schaltung

[1] Binäre Schaltung. Ein Schaltsystem, dessen Schaltelemente genau zwei bewertete Zustände besitzen, bezeichnet man als *binäre Schaltung*.

> *Beispiele für binäre Schaltelemente:*
> 1) Ein elektrischer Schalter kann geöffnet oder geschlossen sein. — 2) Ein Magnet kann in der einen oder in der anderen Richtung magnetisiert sein.

Schaltwert
Zustandsgröße
Schaltzustand

Betrachtet man ein binäres Schaltsystem, so kann man zur Beschreibung dieser Schaltung jedem ihrer Elemente einen *Schaltwert* (*Zustandsgröße*) zuordnen.

Beispiele:

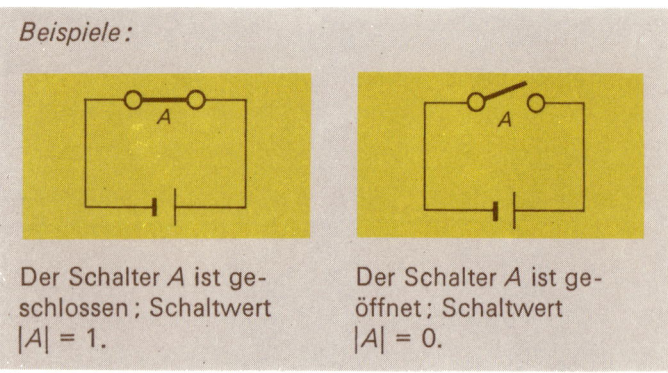

Der Schalter A ist geschlossen; Schaltwert $|A| = 1$.

Der Schalter A ist geöffnet; Schaltwert $|A| = 0$.

Schaltvariable

Ein Zeichen für ein binäres Schaltelement nennt man eine *Schaltvariable*. Eine Schaltvariable kann mit den Schaltwerten 1 und 0 belegt werden.

Grundschaltung

[2] Grundschaltungen. Binäre Schaltungen können aus den *Grundschaltungen* (logische Schaltungen, logical circuit) aufgebaut werden.

Beispiele:

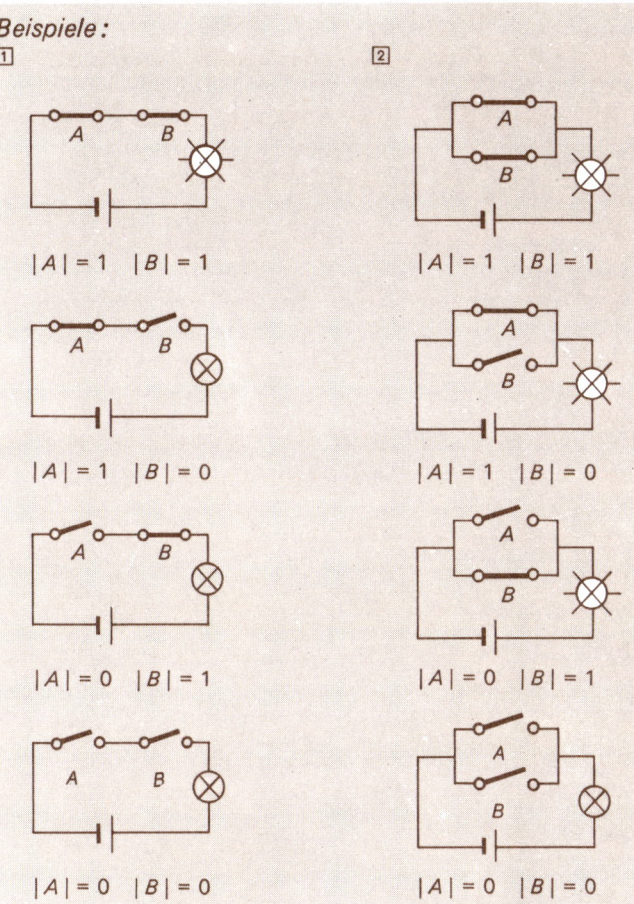

In der Schaltung ① sind zwei Schalter hintereinandergeschaltet. Die Schaltwerte der Schaltfunktion werden mit $|A \text{ s } B|$ oder $|A \cdot B|$ oder $|A \wedge B|$ bezeichnet. Der Schaltwert der *Serienschaltung* ist nur dann 1, wenn beide Variablen mit 1 belegt werden.

In der Schaltung ② sind zwei Schalter parallelgeschaltet. Die Schaltwerte der Schaltfunktion werden mit $|A \text{ p } B|$ oder $|A + B|$ oder $|A \vee B|$ bezeichnet. Der Schaltwert der *Parallelschaltung* ist nur dann 0, wenn beide Variablen mit 0 belegt werden.

Serienschaltung
Parallelschaltung

*UND-
Verknüpfung
ODER-
Verknüpfung*

Schaltwerttafel:		
A	B	A s B
1	1	1
1	0	0
0	1	0
0	0	0

Schaltwerttafel:		
A	B	A p B
1	1	1
1	0	1
0	1	1
0	0	0

Es fließt Strom, wenn der Schalter *A* und der Schalter *B* geschlossen sind. Die Serienschaltung entspricht einer UND-Verknüpfung.

Es fließt Strom, wenn der Schalter *A* oder der Schalter *B* geschlossen sind. Die Parallelschaltung entspricht einer ODER-Verknüpfung.

Werden zwei Schaltkontakte (↑ Abb.) durch einen Steg starr miteinander verbunden, so entspricht dieser Schaltung die Negation (↑ S. 161).

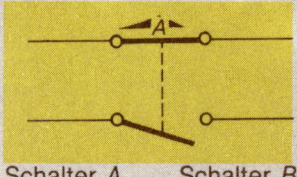

Schalter *A*	Schalter *B*
geschlossen	geöffnet
geöffnet	geschlossen

A	B
1	0
0	1

Komplement

Die Schaltwertvariable *B* ist das *Komplement* von *A*; geschrieben $B = \overline{A}$.

UND-, ODER- und NEGATIONS-Schaltungen können außer mit Schaltern auch mit Relais, Dioden, Transistoren, integrierten Bausteinen aufgebaut werden. Unabhängig davon, wie die Schaltung technisch realisiert wird, gibt man für diese Verknüpfungen *Logiksymbole* an. Die technischen Realisierungen der Verknüpfungen werden als *Logikgatter* bezeichnet.

*Logiksymbole
Logikgatter*

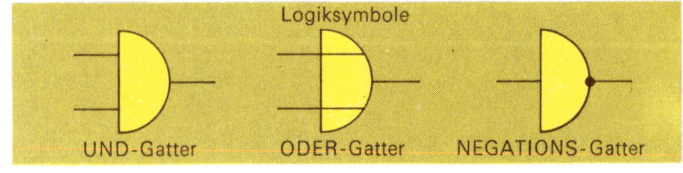

Durch Hintereinanderschalten von UND-Gatter bzw. ODER-Gatter und Inverter (Negationsschaltung) erhält man die NAND- bzw. NOR-Verknüpfung.

NAND-Gatter
NOR-Gatter

Schaltwerttafel für $E_1 \barwedge E_2$:

E_1	E_2	A
1	1	0
1	0	1
0	1	1
0	0	1

Schaltwerttafel für $E_1 \barvee E_2$:

E_1	E_2	A
1	1	0
1	0	0
0	1	0
0	0	1

NAND- und NOR-Gatter werden von der Industrie in Form von integrierten Halbleiterschaltungen in großen Stückzahlen hergestellt. Aus ihnen werden die anderen Verknüpfungen zusammengestellt.

5.2. Schaltfunktionen.

Ein technisches System bestehe aus n Teilsystemen, deren Verhalten durch die Schaltwertvariablen A_1; A_2; A_3; ...; A_n beschrieben wird. Jeder Wertekombination bei Belegungen von A_1; A_2; A_3; ...; A_n entspricht ein bestimmter Zustand des Gesamtsystems, der durch einen zugehörigen Wert F gegeben ist, wobei F die beiden Werte 0 oder 1 annehmen kann. Die Zuordnung von (A_1; A_2; ...; A_n) auf F bezeichnet man als *Schaltfunktion*. Schaltfunktionen stellen ein wichtiges Hilfsmittel beim Analysieren und Entwerfen von speicherfreien binären Schaltsystemen dar. Eine der wichtigsten Aufgaben der Schaltalgebra besteht darin, Schaltfunktionen so umzuformen, daß die ursprüngliche und die neu gewonnene Schaltfunktion gleichwertige Schaltsysteme beschreiben. Eine Schaltfunktion kann auf zwei Weisen festgelegt werden.

Schaltfunktion

(1) Es wird durch Verknüpfungszeichen zwischen den Variablen angegeben, wie die binären Schaltelemente in dem Schaltsystem geschaltet sind (algebraische Darstellung).

Beispiele:
1) $F = (A \text{ s } \overline{B} \text{ s } C) \text{ p } (B \text{ s } C) = (A \cdot \overline{B} \cdot C) + (B \cdot C)$
Realisation mit Schaltern: Realisation mit Gattern:

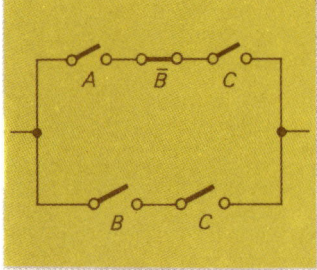 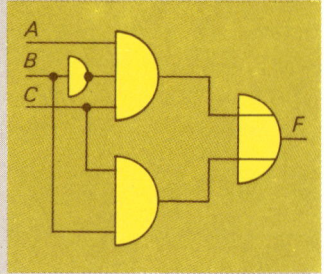

2) $F = ((A + \overline{B}) \cdot \overline{C}) + (A \cdot C)$
Realisation mit Schaltern: Realisation mit Gattern:

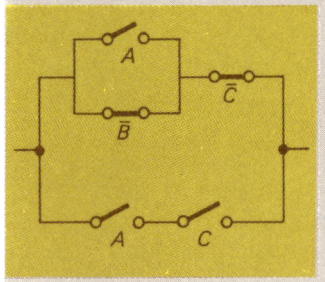 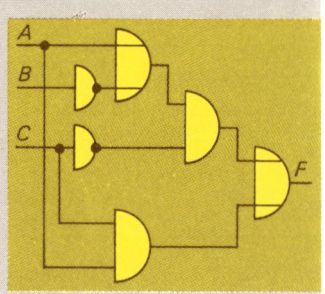

(2) Zu jeder möglichen Wertekombination der Variablen wird durch eine Schaltwerttafel der zugehörige Wert von *F* angegeben.

Beispiele:

A	B	F
1	1	1
1	0	0
0	1	1
0	0	0

A	B	C	F
1	1	1	1
1	1	0	1
1	0	1	0
1	0	0	1
0	1	1	0
0	1	0	1
0	0	1	0
0	0	0	0

Ist eine Schaltfunktion durch einen *Booleschen Term* (algebr. Darstellung) festgelegt, so kann die Schaltwertetafel Schritt für Schritt berechnet werden.

Boolescher Term

Beispiel: $F = A \cdot B + \overline{A} \cdot B + \overline{A} \cdot \overline{B}$

A B	$A \cdot B$	$\overline{A} \cdot B$	$\overline{A} \cdot \overline{B}$	$A \cdot B + \overline{A} \cdot B + \overline{A} \cdot \overline{B}$
1 1	1	0	0	1
1 0	0	0	0	0
0 1	0	1	0	1
0 0	0	0	1	1

Ist die Schaltfunktion durch eine Schaltwertetafel festgelegt, so kann die algebraische Darstellung bestimmt werden. Man betrachtet die Zeilen der Tabelle, in denen $F = 1$ ist. Die Eingangsvariablen dieser Zeile werden unmittelbar eingesetzt, wenn ihre Belegung in dieser Zeile 1 ist. Sie werden komplementiert, wenn ihre Belegung 0 ist. Die so erhaltenen Variablen werden durch »UND« zusammengesetzt. So liefert jede Zeile einen *Minterm*. Die Minterme aller Zeilen mit $F = 1$ werden durch »ODER« zusammengesetzt (adjunktive Normalform). Durch Komplementierung und Anwendung der de Morganschen Regeln (↑ S. 168) erhält man hieraus die konjunktive Normalform mit *Maxtermen*.

Minterm

Maxterm

Beispiele:

1)

A B	F
1 1	0
1 0	1 ←
0 1	0
0 0	1 ←

$F = (A \wedge \overline{B}) \vee (\overline{A} \wedge \overline{B})$

2)

A B C	F
1 1 1	1 ←
1 1 0	0
1 0 1	0
1 0 0	1 ←
0 1 1	0
0 1 0	0
0 0 1	0
0 0 0	1 ←

$F = (A \wedge B \wedge C) \vee$
$(A \wedge \overline{B} \wedge \overline{C}) \vee$
$(\overline{A} \wedge \overline{B} \wedge \overline{C})$

5.3. Boole-Algebra.

Gegeben ist eine Menge $\mathbb{B}$ von Elementen a ; b ; c ; . . . ; zwischen denen zwei Verknüpfungen ⌣ und ⌐ definiert sind. Für diese beiden Verknüpfungen sollen die folgenden Bedingungen gelten:

(1) $\bigwedge_{a,b \in \mathbb{B}} (a \sqcup b \in \mathbb{B})$

$\bigwedge_{a,b \in \mathbb{B}} (a \sqcap b \in \mathbb{B})$

(2) $\bigwedge_{a,b \in \mathbb{B}} (a \sqcup b = b \sqcup a)$

$\bigwedge_{a,b \in \mathbb{B}} (a \sqcap b = b \sqcap a)$

(3) $\bigwedge_{a,b,c \in \mathbb{B}} (a \sqcup b) \sqcap c = (a \sqcap c) \sqcup (b \sqcap c)$

$\bigwedge_{a,b,c \in \mathbb{B}} (a \sqcap b) \sqcup c = (a \sqcup c) \sqcap (b \sqcup c)$

(4) Es gibt ein Neutralelement n, so daß für alle $a \in \mathbb{B}$ gilt $a \sqcup n = a$.

Es gibt ein Neutralelement e, so daß für alle $a \in \mathbb{B}$ gilt $a \sqcap e = a$.

(5) Zu jedem Element $a \in \mathbb{B}$ existiert ein Element $\bar{a} \in \mathbb{B}$, so daß gilt $a \sqcup \bar{a} = e$ und $a \sqcap \bar{a} = n$. Es heißt $\bar{a}$ Komplement von a.

Boole-Algebra

Jede Menge von Elementen, die diese Bedingungen erfüllt, heißt *Boole-Algebra*.

Die Menge der binären Schaltwerte mit den Verknüpfungen »Hintereinanderschaltung zweier Schaltelemente« und »Parallelschaltung zweier Schaltelemente« bildet ein Modell (↑ S. 173) der Boole-Algebra. Diese Interpretation wird als *Schaltalgebra* bezeichnet.

Schaltalgebra

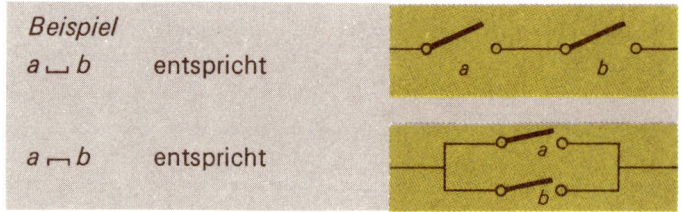

Beispiel		
$a \sqcup b$	entspricht	
$a \sqcap b$	entspricht	

Mengenalgebra

Ein anderes Modell einer Boole-Algebra ist die Menge aller Teilmengen einer Menge mit den Verknüpfungen ∪ und ∩ (↑ S. 103). Diese Interpretation wird als *Mengenalgebra* bezeichnet.

Aussagenalgebra

Ein drittes Modell einer Boole-Algebra ist die Menge der Wahrheitswerte von Aussagen mit den Verknüpfungen ∨ und ∧ (Aussagenalgebra). Komplement einer Aussage ist die zugehörige negierte Aussage. Die drei Modelle der Booleschen Algebra sind isomorph (↑ S. 174).

6. Informationstheorie

Informationen werden in vielen Formen übertragen und verarbeitet. z. B. in Gesprächen, Vorträgen, Fernsehsendungen usw. Automatische Fertigungsanlagen erhalten über Meßfühler ständig Informationen, die sie verarbeiten und zur Steuerung der Fertigung benutzen.
Ein Nachrichtenübertragungssystem enthält im wesentlichen folgende Teile:

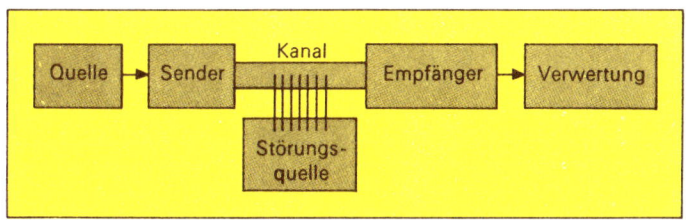

Von der Informationsquelle gelangt die Information zum Sender, der sie über einen Kanal, der durch Störungen beeinflußt sein kann, zum Empfänger sendet. Von dort aus wird sie dann einer Verwertung zugeführt.

6.1. Signal und Nachricht
[1] **Signal.** Alle Nachrichten oder Informationen werden durch Signale realisiert. Signale sind Träger der Informationen. Eine Information kann durch verschiedenartige Signale übertragen werden. *Signal*

> *Beispiele:*
> 1) Es gibt optische, akustische, elektrische, ... Signale.
> 2) Der erste Buchstabe unseres Alphabets kann gesprochen werden, in Schreibschrift oder Druckschrift hingeschrieben oder im Morsealphabet als · — gesendet werden.

Signale können durch Funktionen von einer, zwei oder drei Ortskoordinaten sowie einer Zeitkoordinate mathematisch dargestellt werden. Bei DVA sind i. a. verschiedene Informationsdarstellungen nebeneinander vorhanden. z. B. Darstellung auf Lochkarten und auf Magnetbändern.

Beispiele

1) eine Ortskoordinate	Lineare Signale: Einspurige Schallplatten-, Lichtton- oder Magnetbandaufzeichnung. Kerbstock und Knotenschrift bei Naturvölkern
2) zwei Ortskoordinaten	Flächenhafte Signale: Schriftzeichen, Bilder, Verkehrszeichen, Lochstreifen, Magnettrommelspeicher
3) drei Ortskoordinaten	Räumliche Signale: Plastiken, Raumbilder
4) eine Zeitkoordinate	Akustische, optische, elektrische Signale von einer möglichst punktförmigen Quelle, deren Standort für die übermittelte Information ohne Bedeutung ist: Trommelsignale, Telegraphie-, Fernsprechsignale
5) eine Orts- und eine Zeitkoordinate	Akustische, optische, elektrische Signale, deren eindimensionale Quelle Träger zeitlich verteilter Informationen ist: Leuchtfeuer, Rauchsignale
6) Zwei Orts- und eine Zeitkoordinate	Schreibvorgang, Laufschrift, Flaggensignale, Film- und Fernsehbild
7) Drei Orts- und eine Zeitkoordinate	Gestik, Pantomime, Taubstummensprache

Informationsparameter

[2] Informationsparameter. Mit jedem (technischen) Signal ist eine (i. allg. physikalische) Hilfsgröße verbunden, die eindeutige Rückschlüsse auf die zu signalisierende Information zuläßt. Diese Hilfsgröße wird als *Informationsparameter* bezeichnet. Jedes Signal besitzt mindestens einen Informationsparameter. Die Werte des Informationsparameters heißen *Signalwerte*.

Signalwert

Beispiele:

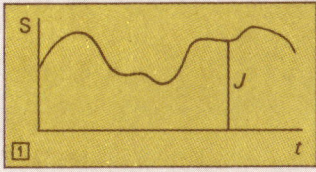

1) Die Ausgangsspannung eines Thermoelements läßt eindeutige Rückschlüsse auf die Temperaturdifferenz der Lötstellen zu. Das Signal kann sich zeitlich ändern (①). Die Amplitude des Signals ist Informationsparameter J (*Amplitudenmodulation*).

2) Wird bei einer elektromagnetischen Welle die Frequenz als Informationsparameter benutzt (②), so spricht man von *frequenzmodulierten* Signalen.

3) Bei Rechteckpulsen können als Informationsparameter J die Amplitude (③), die Pulslänge (④), die Frequenz (⑤) oder die Phase (⑥) benutzt werden.

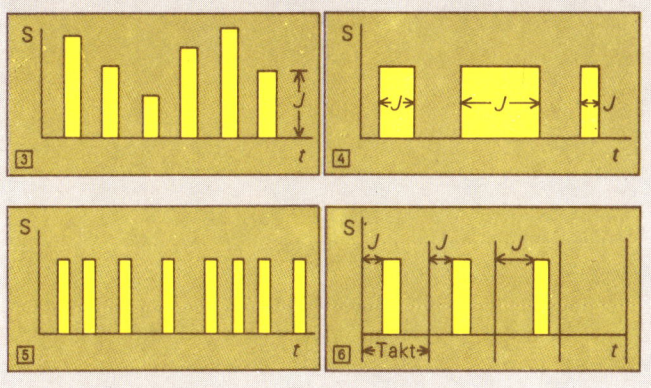

[3] **Einteilung der Signale.** Signale können nach dem Wertevorrat des Informationsparameters klassifiziert werden:

(1) *analoge Signale.* Bei ihnen kann der Informationsparameter innerhalb gewisser Grenzen beliebige Zwischenwerte annehmen.

analoge Signale

diskrete Signale

(2) *diskrete Signale.* Bei ihnen kann der Informationsparameter nur endlich viele (diskrete) Werte annehmen.

Signale können auch nach der zeitlichen Erhältlichkeit der Signale klassifiziert werden:

kontinuierliche Signale

(1) *kontinuierliche Signale.* In jedem Zeitpunkt können aus dem Informationsparameter Rückschlüsse auf die zu signalisierende Information gezogen werden.

diskontinuierliche Signale

(2) *diskontinuierliche Signale.* Nur zu bestimmten Zeitpunkten können aus dem Informationsparameter Rückschlüsse auf die zu signalisierende Information gezogen werden.

> *Beispiele:*
> 1) Analoge Signale entstehen bei Amplituden- und Frequenzmodulation (↑ S. 517. ①, ②).
> 2) Abb. ③ – ⑥ S. 517 zeigen ein diskretes Signal.

Abtasttheorem

[4] **Abtasttheorem.** Das Abtasttheorem besagt, unter welchen Bedingungen ein kontinuierliches Signal durch ein diskontinuierliches Signal ersetzt werden kann: Wird das durch eine kontinuierliche Funktion $f(t)$ beschriebene Signal in bestimmten Zeitintervallen ΔT »abgetastet«, so muß zwischen diesem Zeitintervall ΔT und der vorgegebenen Bandbreite B die Relation

$$\Delta T > \frac{1}{2B}$$

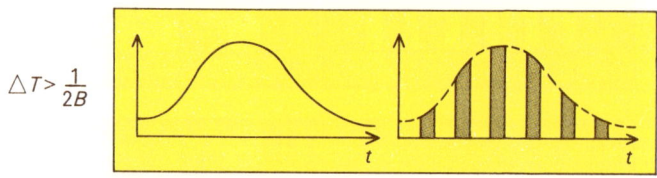

Abtastung

bestehen, wenn durch die *Abtastung* der volle Betrag an Information gewonnen werden soll, der in der Signalfunktion enthalten ist.

Bandbreite

Bandbreite ist die Differenz zwischen der größten und kleinsten Frequenz eines zusammenhängenden Bereiches von Schwingungen.

> *Beispiel:* Beim Telefonieren werden Frequenzen zwischen 200 Hz und 3500 Hz übertragen. Die Bandbreite beträgt 3500 Hz – 200 Hz = 3300 Hz.

6.2. Information

[1] Informationsquelle. Die Informationsquelle oder Nachrichtenquelle erzeugt durch einen Auswahlvorgang aus einem Zeichenvorrat (Alphabet) eine *Information* (*Nachricht*).

Information
Nachricht

> *Beispiele:* 1) Ein Rundfunksender, der immer nur Kammerton a sendet, also keinen Auswahlvorgang vornimmt, übermittelt kaum eine Information an den Hörer.
> 2) Ein Buch, in dem alle Seiten von oben bis unten nur mit Neunen beschrieben sind, vermittelt weniger Information als ein gleich umfangreiches Telefonbuch.

[2] Sender. Sender übertragen die Information aus einer *statischen* Signalform in eine *dynamische* Signalform.

> *Beispiele:* 1) Statische Signalform: Lochungen auf einem Lochstreifen, gedruckte Schriftzeichen, Schwärzungen beim Lichttonverfahren.
> 2) Dynamische Signalform: Töne, elektrische Schwingungen.

[3] Binärentscheidung. Besteht das Alphabet der Informationsquelle aus nur zwei Zeichen, so besteht der Auswahlvorgang in der Entscheidung zwischen den beiden Möglichkeiten (*Binärentscheidung*).
Besteht das Alphabet der Informationsquelle aus mehr als einem Zeichen, so kann die Entscheidung für eines der Zeichen durch eine Folge von Binärentscheidungen ersetzt werden.

Binärentscheidung

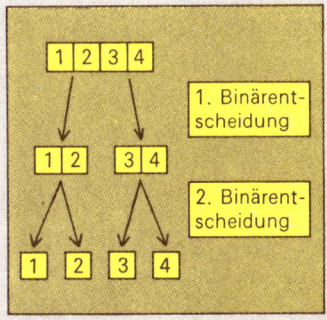

Beispiel: Der Zeichenvorrat besteht aus 1; 2; 3; 4. Die Entscheidung für »3« wird durch 2 Binärentscheidungen ersetzt:
1. Binärentscheidung: Entscheidung für die rechte Hälfte.
2. Binärentscheidung: Entscheidung für die linke Hälfte des Restes.

[4] Informationsgehalt einzelner Zeichen. Die Informationsquelle wählt die Zeichen des Alphabets mit einer bestimmten Wahrscheinlichkeit aus. Bricht eine Zeichenfolge der Quelle plötzlich ab, so ist nicht sicher, welches Zeichen als nächstes erscheint. Die Ungewißheit wird durch die Übertragung des nächsten Zeichens behoben: Information ist beseitigte Ungewißheit.
Werden alle Zeichen des Alphabets mit gleicher Wahrscheinlichkeit gewählt, d. h. ist

(1) $\quad p_1 = p_2 = p_3 = \ldots = p_N = \frac{1}{N}, \quad N = \frac{1}{p}$,

so bezeichnet man die Anzahl der Binärentscheidungen, die für die Auswahl erforderlich sind, als Maß für den Informationsgehalt des Zeichens. Die Maßeinheit wird als *bit* bezeichnet. Je mehr Zeichen das Alphabet enthält, desto größer ist der Informationsgehalt.

bit

Anmerkung: Diese Festlegung ist plausibel, denn es ist z. B. eine Seite eines chinesischen Textes i. a. wesentlich inhaltsreicher als eine Seite eines deutschen Textes, da die chinesische Schrift mehr Schriftzeichen besitzt.
Ist N die Zahl der Elemente des Alphabets und bezeichnet man den Informationsgehalt eines Zeichens z mit I, so gilt:

(2) $\quad N = 2^I \quad$ und $\quad I = \log_2 N$ bit.

Mit (1) kann man hierfür auch schreiben

(3) $\quad I(z) = \log_2 \frac{1}{p}$ bit oder $I(z) = -\log_2 p$ bit.

Hat das Zeichen z_i die Wahrscheinlichkeit p_i, so wird

(4) $\quad I(z_i) = \log_2 \frac{1}{p_i}$ bit oder $I(z_i) = -\log_2 p_i$ bit

als Informationsgehalt des Zeichens z_i bezeichnet.

Informationsgehalt eines Zeichens

Beispiele: 1) Bei einem Alphabet von zwei Zeichen hat jedes Zeichen einen Informationsgehalt von 1 bit.
2) Bei einem Alphabet von vier Zeichen (↑ Beispiel, S. 519) hat jedes Zeichen einen Informationsgehalt von 2 bit.
3) Ein Buchstabe des lateinischen Alphabets hat (bei der Annahme gleicher Häufigkeit) einen Informationsgehalt von $\log_2 26$ bit $\approx 4{,}7$ bit.
4) Die Ziffer 1 hat im Dualsystem einen Informationsgehalt von $\log_2 2$ bit $= 1$ bit. Die Ziffer 1 hat im Dezimalsystem den Informationsgehalt $\log_2 10 \approx 3{,}32$ bit.

[5] **Mittlerer Informationsgehalt eines Zeichens** *mittlerer*
Der *mittlere Informationsgehalt* eines Zeichens aus einem Al- *Informations-*
phabet (Zeichenvorrat) beträgt: *gehalt*

(4) $\quad H = - \sum_{i=1}^{N} p_i \log_2 p_i$ bit.

Dabei ist p_i die Wahrscheinlichkeit für das Eintreffen des Zeichens z_j. Wegen der formalen Ähnlichkeit dieses Ausdrucks mit einer physikalischen Größe der Thermodynamik nennt man H auch *Entropie*, bzw. bei Berücksichtigung des Vorzeichens negative Entropie oder *Negentropie*. Die Entropie ist am größten, wenn jedes Zeichen mit der gleichen Wahrscheinlichkeit auftritt.

Beispiele:

1)

Zeichen	z_1	z_2
Wahrscheinlichkeit	0,5	0,5

$H = - (0{,}5 \log_2 0{,}5 + 0{,}5 \log_2 0{,}5)$ bit
$ = - (0{,}5 \cdot (-1) + 0{,}5 \cdot (-1))$ bit
$ = 1$ bit

2)

Zeichen	z_1	z_2	z_3
Wahrscheinlichkeit	0,5	0,25	0,25

$H = - (0{,}5 \log_2 0{,}5 + 0{,}25 \log_2 0{,}25 + 0{,}25 \log_2 0{,}25)$ bit
$H = - (0{,}5 \cdot (-1) + 0{,}25 \cdot (-2) + 0{,}25 \cdot (-2))$ bit
$H = 1{,}5$ bit

3)

Zeichen	z_1	z_2	z_3	z_4
Wahrscheinlichkeit	0,94	0,02	0,02	0,02

$H = (0{,}085 + 0{,}113 + 0{,}113 + 0{,}113)$ bit $\approx 0{,}42$ bit

6.3. Informationskanal

[1] Eine Vorrichtung, die geeignet ist, Signale zu übertragen, nennt man einen *Kanal* (Nachrichtenkanal, Übertragungska- *Kanal*
nal). Die Menge der Signale, die der Kanal übermitteln kann, nennt man das *Eingangsalphabet* des Kanals. Kanäle können *Eingangsalphabet*
die Signale räumlich (z. B. durch Telefonleitung) oder zeitlich (z. B. durch Magnetband) übertragen. Wenn jedem eintretenden Signal eindeutig ein austretendes Signal entspricht, so hat man einen *Kanal ohne Störungen*. Hat das Eingangsal- *Kanal ohne Stö-*
phabet a Zeichen, so sagt man auch: Der Kanal habe a Zu- *rungen*
stände.

Beispiele:
a = 2   Binärkanal bei Ja-Nein-Fragen, Lochkarten (Loch oder Nichtloch)
a = 3   Morse-Zeichen (Punkt, Strich, Pause)
a = 27 Alphabet (26 Buchstaben, 1 Leerstelle)

Wird der Übertragungskanal *n*-mal benutzt, so gilt die Ungleichung
$$N \leq a^n,$$
wobei *N* der Umfang des Nachrichtenvorrats ist.

Beispiele: 1) Ist $a = 2$, so kann aus $N = 10$ Nachrichten durch $n = 4$ Übertragungen entschieden werden, welche der 10 Nachrichten gemeint ist.
2) Enthält der Nachrichtenvorrat $N = 100$ Nachrichten, so kann bei einem Binärkanal mit $a = 2$ durch 7 Übertragungen eine bestimmte Nachricht ausgesondert werden. Begründung: $100 \leq 2^7 = 128$.

[2] Kanal mit Störungen. Im Kanal können die Signale durch *Rauschen* gestört werden, so daß das Signal am Ausgang dem Signal am Eingang nicht gleich zu sein braucht. Daher braucht auch die gesendete Information H_Q nicht gleich der empfangenen Information H_E zu sein. Ein Teil $H_Ä$ der gesendeten Information H_Q geht verloren; dieser Teil wird als *Äquivokation* bezeichnet. Bei einem Kanal ohne Störungen ist $H_Ä = 0$. Ein Teil der empfangenen Information H_E ist durch das Rauschen bedingt; dieser Teil wird als *Rauschinformation* oder *Dissipation* H_D bezeichnet. Die richtig übertragene Information ist
$I(Q; E) = H_E - H_D$ oder
$I(Q; E) = H_Q - H_Ä$.

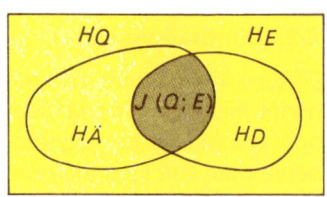

Es wird $I(Q; E)$ als *Transinformation* bezeichnet.
Die obere Grenze der Werte, die $I(Q; E)$ annehmen kann, bezeichnet man als *Kapazität C* des Kanals.
Die Quelle sendet mit einer bestimmten Geschwindigkeit v_Q Zeichen. Jedes Zeichen trägt die mittlere Information H_Q.

Rauschen

Äquivokation

Rausch-
information
Dissipation

Transinformation

Kanalkapazität

Das Produkt $v_Q H_Q$ wird als *Entstehungsgeschwindigkeit* der Information bezeichnet. Überträgt der Kanal mit einer Kapazität C die Zeichen mit einer Geschwindigkeit v_K, so bezeichnet man das Produkt $v_K C$ als *Flußkapazität* des Kanals.

Entstehungsgeschwindigkeit

Tabelle: Flußkapazität einiger Informationskanäle.

Flußkapazität

Fernschreiber	980 bit/sec
Fernsprecher	55 000 bit/sec
Rundfunk (Mittelwelle)	135 000 bit/sec
UKW	350 000 bit/sec
Fernsehen	130 000 000 bit/sec

[3] Codesicherung. Durch Störungen im Kanal können die übertragenen Zeichen verändert werden, so kann z. B. aus 1 eine 0 oder umgekehrt aus 0 eine 1 geworden sein. Zur Erkennung von Übertragungsfehlern kann im Anschluß an ein Codewort noch zusätzlich ein Prüfwort übertragen werden.

Codesicherung

Beispiel: Zur Erkennung von genau einem Fehler wird ein einstelliges Wort ergänzt, so daß die Quersumme des neuen Wortes gerade (*even parity check*) oder ungerade (*odd parity check*) ist.

parity check

Ursprüngliches Codewort	Neues Codewort even parity check
0 0 0	0 0 0 0
0 0 1	0 0 1 1
0 1 0	0 1 0 1
0 1 1	0 1 1 0
1 0 0	1 0 0 1

Der Empfänger bestimmt aus den ersten Ziffern die Quersumme. Der anschließende Vergleich mit der übertragenen Prüfziffer zeigt, ob ein Übertragungsfehler vorliegt.

Synoptische Tafel zur Geschichte der Mathematik

Thales	(624?–546?)
Pythagoras	(580?–500?)
Zenon	(490?–430?)
Hippokrates von Chios	(um 440)
Platon	(428?–348?)
Eudoxos	(408?–355?)
Aristoteles	(384–322)
Euklid	(365?–300?)
Archimedes	(287?–212)
Appolonios	(262?–190?)
Heron	(um 100 n. Chr.)
Ptolemaios	(85?–165?)
Diophantos	(um 250 n. Chr.)
Pappos	(um 320 n. Chr.)

Alchwarizmi	(† um 840)
Descartes	(1596–1650)
Fermat	(1601–1665)
Pascal	(1623–1662)
Newton	(1643–1727)
Leibniz	(1646–1716)
Bernoulli, Jakob I	(1655–1705)
Euler	(1707–1783)
Laplace	(1749–1827)
Gauß	(1777–1855)
Cauchy	(1789–1857)
Lobatschefskij	(1793–1856)
Abel	(1802–1829)
Galois	(1811–1832)
Weierstraß	(1815–1897)
Tschebyscheff	(1821–1894)
Riemann	(1826–1866)
G. Cantor	(1845–1918)
Klein	(1849–1925)
Poincaré	(1854–1912)
Hilbert	(1862–1943)
Weyl	(1885–1955)
Wiener	(1894–1964)
Neumann	(1903–1957)

Register

Abbildung einer Ebene auf sich 305
- einer Strecke 314
- ¬, flächentreue 317
- ¬, identische 305
- in der Ebene 305
- ¬, strukturerhaltende 250
Abbildungen, Mengen von 387
Abbildungsbegriff 305
Abbildungsgeometrie 347
Abbildungsmatrix 348
Abbruchbedingung 492
Abelsche Gruppe 247, 251, 253
Abgeschlossene Punktmenge 265
Abgeschlossenheit 109, 110, 242, 248
Abhängiges Ereignis 420, 427, 430
Abhängige Variable 219
Abhängigkeit 419–421
Ablaufdiagramm 490
Ablaufkontrolle großer Projekte 474
Ableitung 393
- spezieller Funktionen 395
Ableitungsfunktion 394
Ablesestrich 76
Abrunden 135
Absolutabweichungen 449
Absolutes Glied 201
Absorbierender Zustand 435
Absorptionskette 435
Abstand der Geraden vom Nullpunkt 363
- Gerade–Gerade 377
- Punkt–Gerade 377
- zweier windschiefer Geraden 377
Abstandsformel 363
- vektoriell 364
Absterbeprozeß 430
Abszissenachse 360
Abtasttheorem 518
Abtrennungsregel 176
Abweichungen 361, 437, 447
Abweichungsquadrat 448
Abwicklung des Kegelmantels 302
abzählbar unendlich 90

Abzählbare Mengen 90
Abzinsungsfaktor 64
Achsenabschnittsform
- der Geradengleichung 363
- der Ebenengleichung 378
Achsensymmetrie 309–310
Achsensymmetrisch 310
Addieren 268, 270
Addieren und Subtrahieren, schriftliches 23
Addition 19, 108–109, 188–189, 242, 244
- algebraischer Summen 186
- ¬, Monotoniegesetz der 109
- ¬, schriftliche 22
- von Brüchen 26
- von Flächeninhalten 270
- von gemischten Zahlen 27
- von Matrizen 355
- von Potenzen 195
- von Volumina 272
- von Winkelmaßen 275
Additionsgesetz der Gleichheit 109
Additions-Methode 203
Additionssatz für vereinbare Ereignisse 429
Additionssystem 108
Additionstheoreme 327
Additiv invers 144
Adjunkte 352
Adjunktion 163
Adresse 484
Adjunktive Normalform 513
A-D-Umsetzer 489
A-D-Wandler 489
Ähnliche Figuren 312
Ähnlichkeitsabbildung 312, 315
Ähnlichkeitsabbildungen, Gruppe der allgemeinen 316
Aiken-Code 506
Akkumulator 485
Aktivität 475, 492
Algebra, Boolesche 513
Algebra, Fundamentalsatz der 156, 213
Algebra, Lineare 337, 357
Algebraische Gleichung 199
Algebraische Logik 36, 48
Algebraische Logik mit

Hierarchie (ALH) 36, 49
Algebraische Lösung einer Gleichung 201
Algebraische Struktur 241
Algebraische Summe 184, 187
Algebraische Summen, Addition der 186
- aus gleichartigen Summanden 185
- aus Variablen 184
- aus verschiedenartigen Summanden 185
- ¬, Division durch 190
- ¬, Subtraktion der 186
Algebraische Umformungen 182
Algebraische Verbandsdefinition 254
Algebraisches Operationssystem (AOS) 36
ALGOL 494
Algorithmic Language 494
Algorithmus, Euklidischer 115–116
Allaussage 170
Allgemeine Ähnlichkeitsabbildung 315
- Ebenengleichung 378
- Form 362
- kubische Funktion 225
- quadratische Funktion 223
- Zinsformel 62
Allgemeines Viereck 282
Allquantor 170, 171
All- und Existenzaussagen, Negation von 172
Alphanumerisch 503
Alphanumerische Darstellung 503
Alternative 163, 442
Altes Gradmaß 272
Amortisation 67
Amplitudenmodulation 517
Amplituden- und Frequenzmodulation 517
Analog-Digital-Wandler 489
Analoge Signale 517
Analogrechner 482, 486, 488, 489
- ¬, Organisation eines 487
- ¬, Rechenelemente eines 487
- ¬, Vergleich von Digital- und 488

Analysis 379, 401
Analytische Geometrie 360
– des Raumes 374
Anfangszustand 433, 434
Ankathete 322
Anlaufstufe 433
Anlaufvektor 433
Anleihe 67
¬ Tilgung einer 67
Annahmegrenze,
  linkseinseitige 450
Annahmegrenze,
  rechtseinseitige 450
Annuität 67
Annuitätentilgung 67
Anordnung 119, 260
Anordnungen, unterscheidbare 413
Anpassungstest 452
Antiproportionalität 57
¬ graphische Darstellung
  einer 57
Antiproportionalitätsfaktor 57
Antireflexive Relation 238
Antireflexivität 238, 239
Antivalenzverknüpfung 163
Anwendung
– der Prozentrechnung 60
– der Scherung 318
– der Vektorrechnung 346
– der Zinseszins-
  rechnung 66
– des bestimmten Integrals 407
Anwendungsbereiche der
  Datenverarbeitung 501
Anzeigearten 34
Anzeigekapazität 34, 43
APT 498
Äquator 335
Äquivalent 239
Äquivalente Terme 183
Äquivalenz 168, 183
– von Termen 183
Äquivalenzrelation 239, 252
Äquivalenzumformungen,
  Regeln für 199
Äquivalenzumformung von
  Gleichungen 199
Äquivalenzverknüpfung 165
Äquivokation 522
Ar 269
Arbeit 409
– als Skalarprodukt 350
Arbeitsspeicher 484
Arbeitsweise eines
  Taschenrechners 37
arc 53
Argument 218
Arithmetiktasten 42
Arithmetische Folge 379
– Logik (AR) 37
– Reihe 385
– Umformungen 184

Assembler 492
Assemblersprache 492
Assoziativgesetz 104, 109, 110,
  184, 244–245, 248, 340, 342
– für Terme 184
¬ gemischtes 344, 345
Assoziativität 244–245, 254
Asymmetrie 238, 239
asymmetrisch 240
Asymmetrische Relation 238
Asymptoten 371
Asymptotengleichung der
  Hyperbel 371
Aufbau der Logarithmen-
  tafel 72
– des Rechenstabes 76
– von Rechenanlagen 482
Aufriß 287, 288
Aufrunden 135
Aufstellen eines Fluß-
  diagramms 490
Aufsuchen des
  Logarithmus 72
– des Numerus 73
Aufzählende Form einer
  Menge 85
Aufzinsungsfaktor 63, 64
Ausfall 418, 419, 436
Ausfälle, gleichwahrscheinliche 425
Ausgabe 483, 486
Ausgabeeinheit 502
Ausgabegröße 136
Ausgabegeräte 486
Ausgabewerk 483
Ausgangszustände 431
Ausgeschlossener Dritter,
  Satz vom 167
Ausgeschlossener
  Widerspruch, Satz vom 167
Ausklammern 187
Aussage 158
¬ falsche 183
¬ Negation einer 161
¬ verneinte 161
¬ wahre 183
¬ Wahrheitswert einer 160
Aussagen, Verknüpfung von 161
¬ Verknüpfung zusammen-
  gesetzter 165
Aussageform 158–160
¬ aussagenlogische 159
¬ prädikative 160
Aussagenalgebra 514
Aussagenlogik 158–159
Aussagenlogische
  Aussageform 159
Aussagenvariable 159
Außenglied 54
Außenwinkel 277, 278
¬ Summe der 259
Äußerer Rand 265

Äußeres 265
– eines Winkels 263
Äußere Verknüpfung 357
Auswahl von Stichproben 459
Auszahlung 471
Automatic Programming for
  Tools 498
Axiom 172, 248
Axiomatik 318
Axiomatisierung 173
Axiome der Wahrscheinlich-
  keit 424, 425
Axiomensystem 173, 241, 257
¬ kategorisches 174
¬ unabhängiges 175
¬ vollständiges 174
Axiomensysteme, Konsistenz
  von 174
¬ Widerspruchsfreiheiten von
  174
Axonometrie 287, 289
Azimut 336

Bandbreite 518
Barwert 66
BASIC 494, 495
BASIC-Anweisungen 496
Basis 68, 111, 193, 229, 359, 504
Basiswinkel 279
Batch-Processing 499
Baumdarstellung 433
Bauspardarlehen 63
Bausparer-Vertrag 66
Bauvorhaben 478
BCD-Code 506
Bedienungsprobleme 430
Bedienungsprozesse 441
Bedingte Wahrscheinlich-
  keiten, Multiplikations-
  satz für 427
Bedingung für Extrema,
  hinreichende 398
– für Extrema, notwendige
  398
¬ hinreichende 180–181
¬ notwendige 180–181
Befehl 485
Befehlsadreßregister 485
Befehlsregister 485
Befehlszählregister 485
Begriff der Verknüpfung 241
Behauptung 60
Berechnung beliebiger
  Dreiecke 330
– der Ereigniszeiten 476
– rechtwinkliger Dreiecke 328
– von Determinanten 353
Berührsekante 368
Beschränkt 380–381
Beschränkte Folgen 380–381
Beschreibende Form einer
  Menge 85, 98

527

Beschreibende Statistik 442
Besetzungszahl 422, 444
Besondere Linien im Dreieck 278
Bestimmtes Integral 403
Bestimmung der Schnittmenge 93
– Vereinigungsmenge 95
– des Ranges einer Matrix 354
Betrag 28
– eines Vektors 342
Betragsfunktion 221
Betriebliche Informationssysteme 501
Betriebsabläufe, Organisation von 501
Betriebsarten 499
Betriebssystem 500
Beurteilung einer Stichprobe 488
Beurteilungsrisiko 451
Bevölkerungsbewegung 430
Beweis 172
– des Distributivgesetzes 105
¬, direkter 177
¬, indirekter 178
Beweismethoden 158
Beweisverfahren 176, 177
Bewertung 436
Beziehung zwischen den Winkelfunktionen 326
Bijektion 231
Bijektive Funktion 231
Bijunktion 165
¬, Wahrheitstafel der 165
Bildpunkt 309
Bildung der Schnittmenge 93
– der Vereinigungsmenge 95
Binärcode 505
Binärcodewort 507
Binärentscheidung 519
Binäre Schaltelemente 508
– Schaltung 508–511
– Signale 504–505
Binärlogarithmen 69
Binär-reflektierter Code 507
Binomialkoeffizient 414, 415, 416
Binomialverteilung 438–440, 441
Binomische Formeln 187, 416
Binomischer Satz 416
Bisubjunktion 165
Bit 484, 507
Bogenlänge 407
Bolzano-Weierstraß, Satz von 381
Boole-Algebra 513–514
Boolesche Algebra 255
Boolescher Term 513
Boolescher Verband 255, 256
Breite 291
Breitenkreis 335

Brennpunkte 369
Brennpunkt, Polargleichung bezogen auf den 374
Bruch 25, 26–27, 123
¬, echter 124
¬, unechter 124
Bruchgleichungen 207
Bruchoperator 137
Bruchoperatoren, Eigenschaft der Verkettung von 140
Bruchstrich 25
¬, Gleichheit von 138
¬, gleichnamige 139
¬, Ordnen von 139
¬, ungleichnamige 139
¬, Verkettung von 140
Bruchterm 189
Bruchterme, gleichnamige 189
– ungleichnamige 189
Bruchzahl 123, 127
¬, Differenz gleichnamiger 131
¬, gleichnamige 126
¬, Produkt von 127
¬, ungleichnamige 126
Brutto 60
Buchstabenmenge 89

C 39
Cantor, Georg 84
Cauchyfolge 383–384
Cavalieri, Prinzip des 290
CE 39, 41
Charakteristische Eigenschaft 85
– Eigenschaft einer Menge 85
Chip 37
Chi-Quadrat-Test 452
Chi-Quadrat-Verteilung 452
CHS 41
circuit, logical 508
COBOL 494
Code 503
¬, binär-reflektierter 507
¬, direkter 506
¬, direkter tetradischer 506
¬, prüfbarer 507
¬, symmetrischer 506
¬, zyklisch-permutierter 507
Codesicherung 523
Codewort 505, 507
Codieren 505
Common Business Orientated Language 494
Compiler 493
Computer-Science 482
Cosinus → Kosinus
Cosinussatz 330
Cotangens → Kotangens
CPM 480
CPM-Verfahren 474, 475
Cramersche Regel 206
Critical Path Method 474

Darstellende Geometrie 286
Darstellung, alphanumerische 503
– der Division, geometrische 155
– der Mengenverknüpfungen 99
– der Multiplikation, geometrische 153
– der Winkelfunktionen, graphische 325
– einer Antiproportionalität, graphische 57
– einer Proportion, graphische 56
– von Daten 503
– von Mengen 85
Daten, empirische 455
¬, Darstellung von 503
Datenausgaben 483
Datenbank, nichtbetriebliche 502
Dateneingeben 483
Datenendplätze 499
Datenfernverarbeitung 502
Datenspeichern 483
Datentransportieren 483
Datenübertragung 503
Datenverarbeitung 482
¬, Anwendungsbereiche der 501
¬, elektronische 482
Datenverarbeitungsanlage 482
¬, elektronische 482
Datenverarbeitungsanlagen, Einsatz von 499
D-A-Wandler 489
Deckbewegungen, Gruppe der 247
Deckdrehung 243, 244, 249
Deckfläche 299
Dedekind, R. 121
Definition 175
– der Multiplikation 153
– des Vektorraumes 357
¬, explizite 175
¬, rekursive 175
– von Folgen 379
– von Funktionen 218
– von Reihen 384
Definitionsbereich 183, 190, 218, 219
– der Winkelfunktion 324
– von Wurzeltermen 193, 198
Dekadische Logarithmen 69
Deklination 336
Descartes, Satz von 214
Determinante 351
Determinanten, Berechnung von 353
– Eigenschaften von 352
– n-ter Ordnung 351
Determinantenmethode 205
Determiniert 474
Determiniertes Spiel 474
Deterministische Modelle 463

Dezimalbruch 132
⌐ endlicher 133
Dezimalbruch, periodischer 133
⌐ sofortperiodischer 133f
⌐ spätperiodischer 133f
⌐ unendlicher 133
Dezimalbrüche, schriftliches
   Rechnen mit 23
Dezimal-binärer Code 506
Dezimal-dualer Code 506
Dezimalsystem 107
Dezimalzahl 40, 132
Dezimeter 267
Diagonale 276, 283
Differentialgleichung 410
⌐ gewöhnliche 410
Differential-Operator 394
Differentialquotient 394
Differentialrechnung 379, 392
⌐ Hauptsatz der 405
⌐ Mittelwertsatz der 397
Differentiationsregeln 395
Differenz 20
– gleichnamiger Bruchzahlen 26
Differenzfolge 383
Differenzfunktion 232
Differenzierbar 226
Differenzierbar an einer
   Stelle 393
Differenzierbare Funktion 394
Differenzierbarkeit 392
Differenzregel 395
Diffusionserscheinung 430
Digital-Analog-Wandler 489
Digitale Rechenautomaten 482
Digitalrechner 482, 483, 488, 489
Digital- und Analogrechner,
   Vergleich von 488
Dimension 359
Diophantische Gleichungen
   118–119
Direkte Proportionalität 55–56
Direkter Code 506
Direkter Beweis 177
Direkter tetradischer Code 506
Disjunkte Mengen 94
Disjunktion 163
Diskontierung 64
Diskontinuierliche Signale 518
Diskret 437
Diskrete Signale 518
Diskrete Zufallsvariable 438–439
Diskriminante 209
Dissipation 522
Distributivgesetz 21, 104, 105, 111,
   184, 251, 255, 342, 344, 345
– für Terme 184
Divergent 382, 384
Divergente Reihe 384
Dividend 20
Dividieren, schriftliches 23,
   24–25
Division 20, 189–191, 242

Division durch algebraische
   Summen 190
⌐ geometrische Darstellung
   der 155
– mit Logarithmen 70, 75
– mit Rechenstab 80
⌐ schrittweise 190
– von Brüchen 26
– von Potenzen mit gleichen
   Exponenten 196
– von Potenzen mit gleicher
   Basis 195–196
Divisor 20
Doppelbruch 131, 190
Doppelpunkte 265
Doppelpunktsfreie Kurve 265
Doppelte Negation, Satz von
   der 168
Drachen 282
Drehbetrag 274, 307, 308
Drehmoment 351
Drehpunkt 307, 308
Drehsinn, negativer 262
⌐ positiver 262
Drehung 243, 274–275, 307–308
– eines kartesischen Koordi-
   natensystems 361
Drehwinkel 307
Drehzentrum 307
Dreibein 287
Dreieck 277
⌐ besondere Linien im 278
⌐ Flächeninhalt eines 330
⌐ gleichschenkliges 279
⌐ gleichseitiges 279, 323
⌐ nautisches 336
⌐ rechtwinkliges 279, 328–329
⌐ regelmäßiges 276
– Seitenverhältnisse im
   rechtwinkligen 322
⌐ spärisches 333
⌐ Winkelsumme im 319
Dreiecke, Berechnung
   beliebiger 330
⌐ Berechnung rechtwinkliger
   328
⌐ spezielle 279–281
Dreiecksberechnung 328–332,
   334
⌐ Hauptfälle der 331
Dreieckskonstruktion 280–281
Dreiecksungleichung 277, 343
Dreiexzeßcode 506
Dreisatzaufgaben 58
– 1. Art 58
– 2. Art 59
Dreisatzrechnung 54
Dreistelliges Prädikat 169
DRG 53
Dualcode 505
Dualitätsprinzip 255
Dualsystem 107
Durchschnitt 103

DV 482
DVA 482
Dynamische Signalform 519

Ebene 257, 258, 377
⌐ Abbildung in der 305
– auf sich, Abbildung einer 305
– im Raum, Lage einer 259
⌐ Lot vom Punkt P auf eine 260
⌐ Vektoren in der 338
Ebene Figuren 275
– Polygone 464
– Trigonometrie, Sinussatz der
   330
Ebenen, gleiche 378
– im Raum, gegenseitige Lage
   von 259
⌐ parallele 259, 378
Ebenengleichung, Achsen-
   abschnittsform der 378
⌐ allgemeine 378
Echte Teilmenge 90-91
Echter Bruch 124
Echtzeit-Verarbeitung 499
Ecke 290
EDV 482, 484
EDVA 482
Eigenschaft, charakteristische 85
Eigenschaft der Scherung 317
– der Verkettung von
   Bruchoperatoren 140
– von Relationen 237
Eigenschaften der Exponen-
   tialfunktion 229
– der trigonometrischen
   Funktionen 322
– der Winkelfunktionen 324
Eigenschaften der zentrischen
   Streckung 313
– unendlicher Folgen 380
– von Determinanten 352
– von Funktionen 233
– von Verknüpfungen 244
Einelementige Menge 87
Einfach zusammenhängende
   Punktmenge 266
Einfache Kurve 265
Einfachrechner 33
Einflußgröße 456
Einflußvariable, zufalls-
   unabhängige 457
Eingabegröße 136
Eingabegeräte 486
Eingabewerk 483
Eingangsalphabet 521
– des Kanals 521
Einheit des Flächeninhalts 268
Einheitsquadrat 269
Einheitsvektor 338
Einheitswinkel 272-273
Einheitswurzel 156
⌐ primitive n-te 156

529

Einsatz von Datenverarbeitungsanlagen 499
Einseitiger Test 450
Einsetzmethode 203
Einstelliges Prädikat 169
Eintafelverfahren 287
Einwanderungsvorgänge 430
ELAN 497
Elektronische Datenverarbeitung 482
Elektronische Datenverarbeitungsanlage 482
Element 84
¬, inverses 245-246
¬, komplementäres 255
¬, Menge und 84
¬, neutrales 245-246
Elementare Ereignismenge 418
Elementare Geometrie 257
Elementarereignis 418, 425
Elementares Rechnen 19
Elemente des Ereignisraumes 418
Eliminationsmethode nach Gauß 204
Ellipse 288, 367, 369
Ellipse und Gerade 370
Ellipsengleichungen 369
Ellipsentangente 370
Elliptische Geometrie 318
Elliptischer Zylinder 300
Empfänger 515
Empirische Daten 455
Empirische Varianz 448
Endkapital 64
Endliche Folge 379
– Gruppe 247
– Menge 87
– Reihe 384
Endlicher Dezimalbruch 133
– Körper 253
Endwert einer nachschüssigen Zeitrente 67
– einer vorschüssigen Zeitrente 66
ENTER 36, 39
Entropie 521
Entscheidung 492
Entscheidungen auf militärischem Gebiet 463
– auf ökonomischem Gebiet 463
– auf soziologischem Gebiet 463
Entscheidungsmethoden 474
Entscheidungsprozesse 462
Entstehungsgeschwindigkeit 523
Entweder-Oder 421
Entweder-Oder-Verknüpfung 166
Epidemien 430
Eratosthenes, Sieb des 113
Ereignis 417, 418, 438, 475
Èreignis A, Ereignis B unter

Hypothese von 427
Ereignis B, unter Hypothese von Ereignis A 427
Ereignis, abhängiges 420
¬, sicheres 419, 425
¬, unmögliches 419, 425
Ereignisse, Additionssatz für vereinbare 429
¬, abhängige 420, 425, 430
¬, Multiplikationssatz für unabhängige 428
¬, unabhängige 420
¬, unvereinbare 420, 424, 425
¬, vereinbare 419
¬, Verknüpfung von 421
Ereignisalgebra 422
Ereignisbaum 418, 429
Ereignismenge 418-419
¬, elementare 418
Ereignisorientierter Netzplan 478
Ereignisraum 417, 436
Ereigniszeiten, Berechnung der 476
Erfüllungsmenge 199
Ergänzung, quadratische 209
Ergänzungsparallelogramme, Satz von den 318
Ergebnisterm 190
Erste Komponente 102
Erste Koordinate 101
1. Strahlensatz 316
Erwartungswert 437
Erweitern 124-125, 188
Erweiterte Matrix 356
Erzeugendensystem 358, 359
Euklidische Geometrie 257, 289, 346
Euklidisches Parallelenaxiom 318
Euklidischer Algorithmus 115-116
Eulersche Formel 151
Eulerscher Polyedersatz 299
EXAPT 498
EXC 40
Existenzaussage 171
Existenz der inversen Elemente 248
Existenz des neutralen Elements 248
Existenzquantor 171
Experiment 417
¬, kausales 418
Explizite Definition 175
Exponent 111, 193, 229, 504
Exponenten, Potenz mit ganzzahligen 194
¬, Potenz mit negativen 194
¬, Potenz mit rationalen 194-195
Exponenten, Zehnerpotenzen mit negativen 194
Exponenteneingabe 41
Exponentialfunktion 227, 229

¬, Eigenschaften der 229
Extrema 398
Extremum, Satz vom lokalen 398
¬, hinreichende Bedingung für 398
¬, notwendige Bedingung für 398
Extremwert 225, 226, 398
– der Zielfunktion 466
Extremwertaufgabe 398
Exzentrizität, lineare 369
¬, numerische 367
Exzeß, sphärischer 333

Fakultät 412
Faktor 20
Faktorisieren 187
Faktorregel 396, 402, 406
Fälle, günstige 425
¬, mögliche 425
Falsche Aussage 183
Fehleranzeige (Error-Anzeige) 41
Festkomma 34
Festkommadarstellung 504
Festkommazahl 503
Figur, kongruente 305
¬, räumliche 288
Figuren, ähnliche 312
¬, ebene 275
Fiktiver Startvorgang 479
Fixgerade 317
Fixpunkt 305, 307
Fixvektor 433, 434
Flächendiagonale 292
Flächenformel, Heronsche 495
Flächeninhalt 268, 279, 314, 407
– des Parallelogramms 282
– eines Dreiecks 330
¬, Einheit des 268
Flächeninhalte, Addition von 270
¬, Messen von 269
¬, Umwandlungszahl für 269
¬, Vielfache von 269
Flächenmaße 268
Flächentreue Abbildung 317
Fließkomma 34
Fluchtpunkt 287
Flußdiagramm 490
Flußdiagramme, Sinnbilder 490
Flußkapazität 523
Flüsterellipse 370
Folge, arithmetische 379
¬, endliche 379
¬, geometrische 379
¬, unendliche 379, 380
– von Funktionswerten 388
Folgen 379-384
¬, beschränkte 380-381
¬, Eigenschaften unendlicher 380

¬ konvergente 382
¬ Konvergenzkriterien für 383
¬ monotone 380
¬ monoton steigende 380, 383
¬ Sätze über konvergente 379
Folgenglied 379
Folgezustände 431
Form, allgemeine 362
¬ aufzählende 85
¬ beschreibende 85
Formale Logik 158
Formeln, binomische 187
Formel, Eulersche 151
Formel, Stirlingsche 412
Formula Translater 494
Fortlaufende Proportion 55
FORTAN 494
Freiheitsgrad 453
Frequenzmodulation 517
Frühlingspunkt 336
Fundamentalfolge 383-384
Fundamentalsatz der
  Algebra 156, 213
95%-Regel 440
Funktion 235
Funktion, allgemeine kubische 225
¬ allgemeine quadratische 223
¬ bijektive 231
¬ differenzierbare 394
¬ ganzrationale 225
¬ gebrochenrationale 226
¬ gerade 233
¬ Graph der 219
¬ Graph einer linearen 221
¬ Grenzwert einer 331
¬ identische 221
¬ injektive 231
¬ konstante 221
¬ kubische 224, 225
¬ lineare 220, 225
¬ logarithmische 69
¬ monotone 229
¬ nichtrationale 225
¬ normierte quadratische 222-223
¬ periodische 234
¬ Pfeildiagramm einer 218
¬ quadratische 222, 225
¬ rationale 225
¬ reinquadratische 222
¬ Satz von der reziproken 391
¬ Steigung einer 392
¬ stetige Fortsetzung einer 392, 394
¬ stückweise lineare 221
¬ surjektive 231
¬ trigonometrische 227, 320, 346
¬ ungerade 233
Funktionen 218
¬ Ableitung spezieller 395
¬ Definition von 218
¬ Eigenschaften der
  trigonometrischen 322
¬ Eigenschaften von 233
¬ Grenzwert von 388
¬ Klassifikation von 231
¬ reellwertige 358
¬ stetige 390, 391
¬ unstetige 391
¬ Verketten von 245
Funktionen, Verkettung
  zweier 232
¬ Verknüpfung von 232
Funktionsbezeichnung 219
Funktionsgeber 487
Funktionsgleichung 219
Funktionstasten 50
Funktionsterm 219
Funktionswert 218
Funktionswerte, Folge von 388
¬ für spezielle Winkel 323

Galoisfeld 253
Ganze Zahl, negative 142
¬ positive 142
Ganze Zahlen 28, 141
¬ Anordnung der 142.
¬ Gruppe der 248
¬ Menge der 28, 142
Ganzrationale Funktion 225
Ganz-rationale Terme 184
Ganzzahlige Exponenten,
  Potenz mit 194
Ganzzahlige Koeffizienten,
  Gleichung mit 214
Gauß-Ebene 152
Gauß-Funktion 222
Gauß-Klammer 233
Gauß-Methode 204
Gebiet 265
Gebiet, konvexes 464
Gebrochenrationale Funktion
  226
Gebrochen-rationale Terme 188
Gebundene Variable 170-171
Geburtsprozeß 430
Geburtstagsproblem 428
Gedämpfte Schwingung 230
Gegendreieck 333
Gegenereignis 419
Gegenhypothese 449
Gegenkathete 322
Gegenoperator 138
Gegenpunkt 333
Gegenseitige Lage von
  Ebenen im Raum 259
Gegenspieler 471
Gegenvektor 338
Gegenwahrscheinlichkeit 427, 428
Gemeine Logarithmen 69
Gemeinsamer Nenner 130
Gemeinsamer Teiler 115
¬ größter 115, 242, 254

Gemeinsames Vielfaches 116
¬ kleinstes 116-117, 254
Gemischte Strategien 472
Gemischte Zahlen 27, 28, 130
Gemischtes Assoziativgesetz
  344, 345
Gemischt-quadratische
  Gleichung 208
Genäherter Zahlenwert 30f
Genau-Dann-Wenn-Verknüpfung 164-165
Geodreieck 260
Geographische Koordinaten
  335
Geometrie 257,
¬ analytische 360
¬ analytische des
  Raumes 347
¬ darstellende 286
¬ elliptische 318
¬ Euklidische 257, 289, 346
¬ Grundbegriffe der 257
¬ hyperbolische 319
¬ Mengenlehre in der 257
¬ nichteuklidische 318
¬ projektive 286
Geometrische Darstellung
  der Division 155
Geometrische Darstellung
  der Multiplikation 153
Geometrische Folge 379
– Reihe 385-386
Geordnete Menge 240
Geordnetes n-Tupel 339
Geordnetes Paar 101-102, 262
Gerade
  257, 368, 370, 372, 373, 374-377
¬ Elipse und 370
¬ Hyperbel und 372
¬ Kreis und 368
¬ orthogonale 260
¬ parallele 258, 259, 376
¬ Punkte auf 257
¬ Schnittpunkt von 258
¬ Steigung einer 362, 392
¬ windschiefe 259, 376
Geraden, Abstand zweier
  windschiefer 377
¬ schneidende 260
¬ Schnittpunkt von 258
¬ Schnittpunkt zweier 375
¬ vektorielle Darstellung
  von 364
Geradenbüschel 258
Geradengleichung, Achsenabschnittsform der 363
Geradengleichung, Hesse-Form
  der 363
Geradengleichung, Normalform
  der 362
Geradengleichungen 374
Geradenspiegelung 309-310, 311-312

531

Gerade Funktion 233
- Pyramide, regelmäßige 296
- Winkelfunktion 326
- Zahlen 112
Gerade-Gerade, Abstand 377
Gerade-Zahl-Regel 30
Gerader Kegel 301
- Kreiskegel 366
- Zylinder 300
Gerades Prisma 294
Geräte, periphere 486
Gerundete Zahl 30
Geschlossener Streckenzug 261
Geschwindigkeiten, Vektoraddition der 350
Gesetz, logisches 167
Gesetze für die S-Multiplikation 342
- der Mengenalgebra 97, 103
- der Mengenrelationen 92
- der skalaren Multiplikation 344
Geschlossene Kurve 265
Geschlossenes Intervall 88
Gesetze der Vektormultiplikation 345
Gewinn 470, 473
Gewinnmatrix 471, 472
Gewöhnliche Differentialgleichung 410
Gitternetz 102
Gleichartige Terme 185
Gleiche Ebenen 378
Gleichheit 266
- des Volumens 270
- von Mengen 89
Gleichheits-Relation 239
Gleichheits-Relation für Mengen 92
Gleichmächtigkeit von Mengen 89
Gleichmöglichkeit 426
Gleichnamig 25, 126
Gleichnamige Brüche 139
Gleichnamige Bruchterme 189
Gleichnamige Bruchzahlen 126
Gleichschenkliges Dreieck 279
- Trapez 282
Gleichseitiges Dreieck 279, 323
Gleichsetzmethode 203
Gleichsinnige Streckung 313
Gleichung 199
¬, algebraische 199
- 1. Grades 201
¬, gemischt-quadratische 209
¬, höheren Grades 212
¬, lineare 201
¬, Lösung einer 199
- mit ganzzahligen Koeffizienten 214
- n-ten Grades 212
- n-ten Grades, Lösung der 214
¬, quadratische 208, 497

¬, rein-quadratische 208
¬, transzendente 199
- 2. Grades 208
Gleichungen, Äquivalenzumformung von 199
¬, Diophantische 118-119
¬, Lösungsverfahren quadratischer 208
¬, System zweier linearer 202
- in einer Variablen, lineare 201
- in n Variablen, lineare 202
Gleichungssystem 434
Gleichungssystem, homogenes 356, 358
¬, inhomogenes 356
¬, Lösung des 202
- von 2 linearen Gleichungen in 2 Variablen 202
Gleichungssysteme, Lösbarkeit linearer 356
Gleichverteilung 452
Gleichwahrscheinliche Ausfälle 425
Gleichwahrscheinlichkeit 425
Gleitkommadarstellung 504
Gleitkommazahl 503
Glied, absolutes 201
Glücksspiele 470
Gödel, Satz von 174
Gon 273
Goldener Schnitt 51
Goniometrie 320
Goniometrische Grundformeln 324
Grades, Parabel dritten 225
Gradmaß, altes 272
¬, neues 273
Graph der Funktion 219, 233
- einer linearen Funktion 220
- einer Relation 235
Graphische Darstellung der Winkelfunktionen 325
- - einer Antiproportionalität 57
- - einer Proportion 56
Gray-Code 507
Greenwich 335
Grenzgerade 393
Grenzwert 382
Grenzwert von Funktionen 388
Grenzwertdefinition 390
Grenzwertsätze 383
¬, verallgemeinerte 389
Größe, skalare physikalische 350
¬, vektorielle physikalische 349
Größen, Skalarprodukt bei physikalischen 350
¬, Vektorprodukt bei physikalischen 349
Größer-Relation 119 f.
Großkreis 319, 332
Größten Wert 467

Größter gemeinsamer Teiler 115, 242, 254
Grundaufgaben 334
Grundaufgaben der Prozentrechnung 60
Grundaufgaben der Zinsrechnung 62
Grundbegriffe 173
Grundbegriffe, topologische 264 ff.
- der Geometrie 257
- der Netzplantechnik 474
Grunddarstellung 126
Grundfläche 294, 295, 299
Grundfolge 388
Grundformeln, goniometrische 324
Grundgesamtheit 443, 449, 453
Grundgesamtheit, normal verteilte 449
Grundkante 294, 295
Grundkonstruktionen 285
Grundmenge 86, 412
Grundoperationen mit Vektoren 340
Grundriß 287, 288
Grundsätze (Axiome) der Wahrscheinlichkeitstheorie 425
Grundschaltung 508
Grundwert 59
Grundzahl 21, 111
Gruppe 243
Gruppe der Ähnlichkeitsabbildung 316
Gruppe, Abelsche 246
- der Deckbewegungen 247
- der ganzen Zahlen 248
- der Potenzen 249
- der Vektoren 249
¬, endliche 247
¬, kommutative 247
¬, unendliche 247
Gruppen 245, 246-251
Gruppenaxiome 247
Gruppenbegriff 246
Gruppeneigenschaft 243
Gruppengraph 249
Gruppierte Stichprobe 445
Günstige Fälle 425

Halbachsen 369, 370
Halbdrehung 308, 348
Halbebene 262, 464
Halbgerade 260, 274
Halbgruppe 243, 245, 251
Halbkugelfläche 319
Halbierungspunkt einer Strecke 376
Halboffenes Intervall 88
Halbwert 445
Hardware 482
Harmonische Punktreihe 368

Harmonische Reihe 385
Hasse Diagramm 114
Häufigkeit 422-423
Häufigkeitssumme 424
Häufungspunkt 381, 382
Hauptdiagonale 244
Hauptfälle der Dricksberechnung 331
Hauptnenner 130, 189
Hauptpunkt 287
Hauptsatz der Integralrechnung 405
Hauptteile einer EDV 484
Heavyside-Funktion 221
Hektar 269
Heronsche Flächenformel 495
Heron-Verfahren 148
Hesse-Form 363, 376
Hesse-Form der Geradengleichung 363
Hessesche Normalenform 364, 378
Hektoliter 271
Hexaeder 299
Hilfsprogramm 501
Himmelsäquator 336
Himmelsgewölbe 336
Himmelskugel 336
Himmelspol 336
Hinreichend 180
–, notwendig und 181
Hinreichende Bedingung 180
Hinreichende Bedingung für Extrema 398
Hinreichendes Kriterium 398
Hochpunkt 398
Hochrechnung 453
Hochrechnungsformel 454
Hochzahl 21, 111
Höhe 278, 291, 295
Höhere Programmsprache 493
Hohlkugel 304
Hohlzylinder 301
–, Volumen des 301
Homogenes Gleichungssystem 356, 358
Homomorph 250
Homomorphie 250
Homomorphiegleichung 250
Homomorphismus 250
Horizont 336
Horner-Schema 226
Hülle, lineare 359
Hybridrechner 482, 489
Hyperbel 367, 370-372
–, Asymptotengleichung der 371
– und Gerade 372
Hyperbelgleichung 371
Hyperbeln n-ter Ordnung 228
Hyperbolische Geometrie 319
Hyperbolische Logarithmen 69
Hypotenuse 280, 322
Hypothek 67

Hypothese von Ereignis A, Ereignis B unter 427
Hypothesen
–, Prüfung von 442
–, Testen von 449

Idempotenzgesetze 255
Identische Abbildung 305
– Funktion 221
Identitive Relation 238
Identivität 238
Imaginäre Zahl 151
Imaginärteil 150
Implikation 168
Implikationsverknüpfung 164
Indirekte Proportionalität 57
Indirekter Beweis 178
Induktion 121
–, Prinzip der vollständigen 121
–, vollständige 179-180
Infimum 383
Informatik 482
Information 519, 523
Informationsgehalt eines Zeichens 520
– Zeichens, mittlerer 521
– einzelner Zeichen 520
Informationskanal 521
Informationskanäle, Flußkapazität einiger 523
Informationsparameter 516
Informationsquelle 519
Informationssysteme, betriebliche 501
Informationstheorie 515-523
Inhomogenes Gleichungssystem 356
Injektion 231, 232
Injektive Funktion 231
Inkreis 276, 279
Innenglied 54
Innenwinkel 276, 278
Innere Verknüpfung 242
Innerer Rand 265
Inneres 265
– eines Winkels 263
Integral 401, 410
Integral
–, Anwendung des 405
–, bestimmtes 403
–, unbestimmtes 401, 402
Integrale, Sätze über bestimmte 404
Integrale, Tabelle von unbestimmten 402
Integralfunktion 405
Integralrechnung 401
Integralrechnung, Hauptsatz der 405
Integralrechnung, Mittelwertsatz der 404
Integrand 401

Integration, partielle 403
–, Regeln zur bestimmten 406
Integrationsgrenzen 403
Integrationsintervall, Zerlegung des 406
Integrationskonstante 401
Integrationsregeln 402
Interpolieren 73
Interrupt-Konzept 503
Intervall 88
–, geschlossenes 88
–, halboffenes 88
–, offenes 88
–, Randpunkte des 88
Intervallgrenzen, Rechnen mit 149
Intervallregel 440
Intervallschachtelung 147
Inverse Relation 236
Inverse Zahlen bezüglich der Addition 144
Inverses Element 246
Inversion 352
Inverter 487
Irrationale Zahl 147
Irrfahrtprobleme 430
Irrtumswahrscheinlichkeit 451
Isokaeder 299
Isomorph 250
Isomorphes Modell 174
Isomorphie 250
Isomorphismus 250-251
Iteration 470, 492

Jahreszinsen 61
Job-Control-Language 501
Junktor 159

Kanal 515, 521
–, Eingangsalphabet des 521
–, Flußkapazität des 523
Kanal mit Störungen 522
– ohne Störungen 521
Kanalkapazität 522
Kante 290
Kapazität 522
Kapital 61
–, Berechnung des 62
Kardinalzahl 90, 106-107, 119
Karnaugh-Diagramm 98
Karnaugh-Diagramm von zwei Mengen 99
Kartesisches Koordinatensystem 360, 361
–, Drehung eines 361
–, Parallelverschiebung eines 361
Kassenschlangen 430
Kategorisches Axiomensystem 174
Kategorisches Modell 174

Kathete 280
Kavalierperspektive 287
Kausales Experiment 418
Kegel 301
¬, gerader 301
¬, Mantel des 301
¬, Oberfläche des 302
¬, Volumen des 302
Kegelmantel, Abwicklung des 302
Kegelschnitt 366
Kegelschnittgleichung 367, 374
Kegelstumpf 302
Kehrbruch 128
Kehrwerttaste 51
Kennwerte 442
Kennziffer 71
Kettenrechnung 43
Kettenregel 395
Kettenschluß 176-177
kgV (a; b) 117
Kilometer 267
Klammern 182
Klammerregel 21, 111
Klammertaste 48
Klasse 98, 445, 446
Klassenbereich 446
Klassenbreite 446
Klasseneinteilung 240, 252
– der Menge 98
Klassengrenze 446
Klassenhäufigkeit 446
Klassenmitte 446
Klassifikation von Funktionen 231
Klassische Wahrscheinlichkeitsdefinition 425
Kleiner-Relation 126
Kleinkreis 332
Kleinsche Modell 319
Kleinstes gemeinsames Vielfaches 116-117, 254
Knickfunktion 222
Knoten 475
Knotennetzplan, vorgangsorientierter 479
Koalitionen 474
Koeffizient 201
Koeffizienten, Gleichung mit ganzzahligen 214
Koeffizientendeterminante 206
Kombinationen 414
– mit Wiederholung 415
– ohne Wiederholung 414
Kombinatorik 411
Kombinatorik, Produktregel der 411
Kombinatorik, Summenregel der 411
Kommutative Gruppe 247
Kommutativgesetz 104, 109, 110, 184, 244, 248, 340, 344

Kommutativgesetze für Terme 184
Kommutativität 244, 254
Komparator 487
Komplement 510
Komplementärer Teiler 118
Komplementäres Element 255
Komplementmenge 98, 100-101
Komplementmengenbildung 100
Komplementwinkel 274
Komplexe Zahl 150-151
– –, konjugiert 155
Komponente, erste 102
¬, zweite 102
Komponenten 339
Komponentenzerlegung 339
Komponentenzerlegung von Kräften 350
Konfliktsituation 470
Kongruent modulo n 252
Kongruente Figur 305-306
Kongruenzabbildung 305-306
¬, zusammengesetzte 310
Kongrucnzrclation 239
Kongruenzsatz 280
Konjugiert komplexe Zahl 155
Konjunktion 162
¬, Wahrheitstafel der 162
Konkaves Viereck 281
Konklusion 176
Konnexe Relation 239
Konnexität 238
Konsistenz 174
Konsistenz von Axiomensystemen 173
Konstante Funktion 221
Konstanten-Taste (K) 46
Kontinuierliche Signale 518
– Zufallsvariable 439
Kontradiktion 168
Kontrapositionsgesetz 168
Kontravalenz 163
Kontravalenzverknüpfung 163
Konvergent 382, 384-385
Konvergente Folgen 382
Konvergente Reihe 384-385
Konvergenzkriterien für Folgen 383-384
– für Reihen 386
Konvex 266
Konvexe Polyeder 299
Konvexe Punktmenge 266
Konvexes Gebiet 464
Konvexes Viereck 281
Koordinate, erste 101
¬, zweite 101
Koordinaten 339, 359
Koordinatenachse 359
Koordinatendarstellung 341, 342, 345
Koordinatenebene 103
Koordinatensystem 287, 360

¬, Drehung eines kartesischen 361
¬, kartesisches 360, 361
¬, Parallelverschiebung eines kartesischen 361
¬, rechtwinkliges 360
¬, Vektoren im 338
Koordinatentransformation 361
Koordinaten, geographische 335
Kopplungselektronik 489
Körper 251, 253, 286, 289
Körper der rationalen Zahl 253
Körper der reellen Zahlen 253
¬, endlicher 253
¬, Ordnung des 253
Korrelation 455, 457
¬, theoretische 457
Korrelationskoeffizient 457
Kosinus 320f
Kosinusfunktion 321, 325
Kosinussatz 330, 332, 347
Kosinus-Seitensatz 334
Kosinus-Winkelsatz 334
Kotangens 320f
Kotangens-Funktion 321, 325
Kräfte, Komponentenzerlegung von 350
Kräfte, Parallelogramm der 340
Kreis 283, 286, 367, 368
– und Gerade 368
¬, Winkel im 284
Kreisberechnungen 497
Kreisbogen 263, 284
Kreisdurchmesser 284
Kreisfläche 283
Kreisgleichung 367
Kreiskegel 366
Kreiskegel, gerader 366
Kreisperipherie 283
Kreisring 286
Kreissegment 284
Kreissektor 284, 286
Kreisteilungsgleichung 156
Kreisumfang 283
Kriterium, hinreichendes 386
¬, notwendiges 386
Kritischer Vorgang 477-478
– Weg 477
Krümmung 400
Kryptonisotop 86
k-Teilmenge 414
Kubikskala K 73
Kubikzentimeter 271
Kubische Funktion 224, 225
– ¬, allgemeine 225
Kubische Normalparabel 224
Kugel 303, 408
Kugelabschnitt 304
Kugelausschnitt 304
Kugeldreieck 333
¬, trigonometrische Sätze im 334
Kugelgeometrie 318

Kugelgerade 332
Kugel, Mantel einer 304
Kugeloberfläche 304
Kugelschicht 304
Kugelsegment 304
Kugelsektor 304
Kugelstrecke 332
Kugelteil 304
Kugelvolumen 303
Kugelzweieck 333
Kursdreieck 335
Kurve 264-265
¬, doppelpunktfreie 265
¬, einfache 265
¬, geschlossene 265
¬, logarithmische 70
¬, nichteinfache 265
¬, offne 265
Kurvendiskussion 398
Kürzen 124-125, 188
Kurzwegtechnik 42, 43

Lage von Ebenen im Raum, gegenseitige 259
Länge 266-268, 291, 306, 314, 335, 365
– einer Strecke 266-267, 365
Längen, Addition von 268
¬, Vielfache von 267
Längenbestimmung 331
Längeneinheit 267
Längenkreis 335
Längenmaße 266-267
Längentreue 306
Läufer 76
Leere Menge 87, 419
Leermenge 87
Leerstelle 182
Lehrsatz des Pythagoras 51
Leibniz-Kriterium 386
Leitlinie 369, 370
Leitwerk 483, 484, 485
Lexikographische Reihenfolge 186
Limes 382
Lineare Abhängigkeit 455
– Algebra 337, 357
– Exzentrizität 368
– Funktion 220, 225
– Gleichungen in n Variablen 201
– Gleichungssysteme 202-203
– Gleichungssysteme, Lösbarkeit 356
– Hülle 359
– Ungleichung 464
Lineares Optimieren 464, 467
Lineares Programm 491
Linearfaktor 211
Linearfaktorzerlegung 211
Linearform 466, 467
Linearkombination 352, 359

Linearplanung 467
Linien im Dreieck, besondere 278
Linksdrehung 308
Linkseinseitige Annahmegrenze 450
Linksgekrümmt 400
Linkskrümmung 224
Linkstotale, rechtseindeutige Relation 235
Liter 271
Logarithmen 68
¬, Division mit 70, 75
¬, hyperbolische 69
¬, Multiplikation mit 70, 74
¬, Nepersche 69
¬, Potenzieren mit 70
Logarithmengesetze 70
Logarithmensystem 68
Logarithmentafel 71-74
Logarithmieren mit Rechenstab 83
Logarithmische Funktion 69, 227
logarithmische Funktionstaste (log, ln) 53
Logarithmische Kurve 70
Logarithmischer Rechenstab 76
Logarithmisches Rechnen 74
Logarithmus 68
¬, Aufsuchen des 73
– naturalis 69
¬, natürlicher 69
logical circuit 508
Logik 158
Logik, formale 158
Logikgatter 510
Logiksymbole 510
Logische Schaltung 508
– Summe 163
Logisches Gesetz 167
– Produkt 162
Lokales Maximum 398
– Minimum 398
Lorentzkraft 351
Lösbarkeit 247, 356
– linearer Gleichungssysteme 356
– Lösung einer Gleichung 199
Lösung, nicht triviale 356
– linearer Gleichungssysteme 202, 356
Lösungsfunktion 410
Lösungsmenge 183, 199, 204
Lotfußpunkt 260
Lotvektor 322, 344
Lot vom Punkt P auf eine Ebene 260
Lot vom Punkt P auf eine Gerade g 260

Mächtigkeit 90, 249
– der Produktmenge 102-103
– von Mengen 87

Majorantenkriterium 386
Makrobefehle 492
Mantel 295, 300
Mantel der Pyramide 295
Mantel des Kegels 301
– des Zylinders 300
Mantel einer Kugel 304
Mantel des Prismas 294
Mantelfläche 408
Mantellinie 300
Mantisse 71, 504
Markoffkette 430, 431
Markoffkette, reguläre 434
Maschinenmodell 136
Maschinen-orientierte Programmsprache 493
Maschinenprogramm 493
Maschinensprache 493
Maß 289, 291
Maßeinheiten, Umrechnung von 273
Maßzahl 267
Mathematische Wahrscheinlichkeit 425
Matrix 354
– eines Spiels 470
¬, Rang einer 354
Matrizen 337, 351
Matrizen, Addition von 355
¬, Multiplikation von 355, 433
¬, Produkt zweier 355
¬, Summe zweier 355
Matrizenring 252
m-aus-n-Code 507
Maximum, lokales 398
Maximum und Minimum, Satz vom 391
Maxterm 513
Medianwert 445
Mehrfachverzweigung 492
Mehrpersonenspiel 474
Mehrstelliges Prädikat 169
Menge 411
¬, aufzählende Form einer 85
¬, beschreibende Form einer 85f.
¬, charakteristische Eigenschaft einer 84f.
– der ganzen Zahlen 141ff.
– der natürlichen Zahlen 106ff.
– der rationalen Zahlen 123
– der reellen Zahlen 147
Menge aller Stammfunktionen 401
¬, einelementige 87
¬, endliche 87
¬, geordnete 240
¬, Klasseneinteilung der 98
¬, leere 87, 419
Menge und Element 84
¬, unendliche 87-88
Mengen, Darstellung von 85
¬, disjunkte 94
¬, elementfremde 94

535

⇁ Gleichheit von 89
⇁ Gleichmächtigkeit von 89f
⇁ Mächtigkeit von 87
⇁ Relationen zwischen 89f
⇁ Restmenge von mehreren 100
⇁ Schnittmenge von mehreren 94
⇁ Ungleichheit von 89
⇁ Vereinigung von mehreren 96
Menge, total geordnete 240
⇁ Verknüpfung von 93
Mengen, Abbilden von 387
Mengenalgebra 256, 422, 514
⇁ Gesetze der 97, 103
Mengenbild 86
− der Schnittmenge 93
Mengendiagramm 104
Mengenelement 84
Mengenlehre 84
Mengenlehre in der Geometrie 257
Mengenrelationen, Gesetze der 92
Mengenspiele 96
Mengenverband 256
Mengenverknüpfung 99
Meridian 335
Merkmale 455
Messen 267
Messen von Flächeninhalten 269
Meßvorgang 267
Meßwert-Bereich 446
Metamathematik 172
Metra-Potential-Methode 474, 479
Metra-Potential-Verfahren 474, 479
Mikrometer 267
Millimeter 267
Minimum, lokales 398
⇁ Satz vom Maximum und 391
Minterm 513
Minuend 20
Minute 273
Mittellinie 283
Mittelpunkt 283, 293, 365
Mittelpunkt des Quaders 293
Mittelpunktswinkel 284
Mittelsenkrechte 278
Mittelwert 404, 437, 439, 444
− einer Stichprobe 443
⇁ praktischer 446
⇁ theoretischer 448
− und Varianz 439
Mittelwertsatz der Differentialrechnung 397
Mittelwertsatz der Integralrechnung 404
Mittlerer Informationsgehalt eines Zeichens 521
Mittlere Platznummer 445
m x n-Spiel 472

Modell 173-174, 241, 286, 293
⇁ isomorphes 174
⇁ kategorisches 174
⇁ monomorphes 174
Modelle, deterministische 463
⇁ stochastische 463
⇁ strategische 463
Modellwahlkreise 454
Modul 69
Modulation, Amplituden- und Frequenz- 517
Modulo n, kongruent 252
− n, Restklasse 252
Modus ponens 176
− tollens 176
Mögliche Fälle 425
Moivre-Formel 155
Monats- und Tageszinsen 62
Monomorphes Modell 174
Monotone Funktion 233
Monoton 400
Monoton fallend 229, 380
Monotone Folgen 380
− steigend 229, 380
− steigende Folgen 383
Monotonie 233, 398
Monotoniegesetz 193-194
− der Addition 109
− der Multiplikation 110
Monte-Carlo-Methode 458, 460, 461
de Morgansche Gesetze 168
MPM-Verfahren 474, 479, 480
Multiplexer 489
Multiplikation 20, 110, 189-190, 242, 244, 342
⇁ Gesetze der skalaren 344
− in N_0 122
− mit Logarithmen 70, 74
− mit Rechenstab 78
− von Brüchen 26
− von Matrizen 355
− von Potenzen mit gleichen Exponenten 196
− von Potenzen mit gleicher Basis 195
Multiplikationsgesetz der Gleichheit 110
Multiplikationsregel 118
Multiplikationssatz 427
− für bedingte Wahrscheinlichkeiten 427-428
− für unabhängige Ereignisse 428
Multiplizieren 267, 269, 272
Multiplizieren, schriftliches 22-23, 24
Multiplizierer 487
Multiprogramming 499, 500
Multiprogrammverarbeitung 500
Multiprojektplanung 481

Nachbereich 102, 235
Nachfolger 121
Nachfolgerrelation 120-121
Nachschüssige Rente 66
Nach oben beschränkt 380
Nachricht 519
⇁ Signal und 515
Nachrichtenkanal 521
Nachrichtenquelle 519
Nach unten beschränkt 380
Näherungslösung 215
Näherungsverfahren, Newtonsches 217
Näherungswert 30, 424
Näherungswerte, Rechnen mit 149
NAND-Gatter 511
NAND-Verknüpfung 167, 511
Nanometer 267
Natürlicher Logarithmus 69
Nautisches Dreieck 336
Navigation 273
n-dimensionaler Punktraum 339
n-dimensionaler Vektorraum 359
Nebendreieck 333
Nebenwinkel 264, 274, 277
n-Eck 275, 299
Negation 161, 510
− einer Aussage 161
⇁ Satz von der doppelten 168
− von All- und Existenzaussagen 172
⇁ Wahrheitstafel der 161
NEGATIONS-Schaltung 510
Negativ orientierter Winkel 263
Negative Exponenten, Potenz mit 194
−⇁ Zehnerpotenzen mit 194
Negative ganze Zahl 142
Negative Zahlen 40
Negativer Drehsinn 262
Negentropie 521
Nennerpolynom 226
Nenner 25, 124
⇁ gemeinsamer 130
⇁ Rationalmachen des 193
Neper-Regel 334
Nepersche Logarithmen 69
Netto 60
Netz 290
− eines Quaders 291
Netzplan, ereignisorientierter 478
⇁ vorgangsorientierter 475
Netzplantechnik 474
Neues Gradmaß 273
Neunerprobe 113
Neunerrest 113
Neutrales Element 109, 110, 121
Newtonsches Näherungsverfahren 217
Nichtbetriebliche Datenbank 502

Nichteinfache Kurve 265
Nichteuklidische Geometrie 318
Nichtkategorische 174
Nichtrationale Funktion 225, 227
Nicht reflexiv 239
Nicht symmetrisch 239
Nicht triviale Lösung 356
Nicht zusammenhängende Punktmenge 266
n-Menge 412, 414
Nomineller Zinssatz 65
NOT-Gatter 511
Normale 364
Normalenform, Hessesche 364
Normalenvektor 364
Normale Stichprobe 444
Normalform 209
Normalform der Geradengleichung 362
−, adjunktive 513
Normalparabel 222
−, kubische 224
Normal verteilte Grundgesamtheit 449
Normal verteilte Zufallsvariable 440
Normalverteilung 439
Normierte quadratische Funktion 222–223
NOR-Verknüpfung 167
Notwendig 180
− und hinreichend 180
Notwendige Bedingung 180
− − für Extrema 398
n-Stichprobe 443
n-te Wurzel 197
n-Tupel 202, 204, 339
Nulldrehung 305, 308
Nullfolge 382
Nullgerade 467
Nullhypothese 449, 450, 451
Nullmeridian 335
Nullstelle 156, 224, 225, 226
Nullsummenspiel 470
Nullvektor 338
Nullverschiebung 307
Numerische Exzentrizität 367
− Steuerung 501
− Steuerung, Programmsprachen für 498
Numerus 68, 71
−, Aufsuchen des 74

Obere Schranke 380–381
Oberfläche 291, 293, 294, 298
− des Kegels 302
− des Pyramidenstumpfes 298
− des Tetraeders 297
− des Zylinders 300
− einer Pyramide 297
− eines Körpers 290

Oberfläche eines Prismas 294
Oberfläche eines Quaders 291
− von Rotationskörpern 408
Obermenge 90
Oder-Aussage 163
Oder-Ereignis 421, 425
ODER-Schaltung 510
ODER-Verknüpfung 163, 510
Offene Kurve 265
− Punktmenge 265
Offenes Intervall 88
Off-line-Betrieb 501-502
Oktaeder 299
On-line-Betrieb 502
Operating-language 501
Operating system 500
Operation 492
Operationen, logische 510
Operations Research 463
Operationstasten 42
Optimal gemischte Strategie 472
Optimale Verhaltensweisen 470
Optimieren, lineares 464, 467
Optimierungsmethoden 463
Ordinalzahl 106
Ordinatenachse 360
Ordnung 410
Ordnung eines Körpers 253
Ordnungsrelation 239, 240
−, strenge 240
−, totale 240
Ordnungsstruktur 241
Ordnungstheoretische Verbandsdefinition 254–255
Organisation eines Analogrechners 487
Organisationsprogramm 500
Orientierung 306
Orthogonal 260
Orthogonale Geraden 260
Ortsliniendefinition 370
Ortsvektor 347
− eines Punktes 339
Overflow 44

Paar, geordnetes 101–102, 262
Parabel 223, 367, 372–373
− dritten Grades 225
− n-ter Ordnung 227
Parabelgleichung 373
Parallele Ebenen 378
− Geraden 258, 259
− und windschiefe Geraden 376
Parallelenaxiom, Euklidschen 318
Parallelenbüschel 258
Parallelkoordinatensystem 360
−, schiefwinkliges 360
Parallelogramm 282, 283
− der Kräfte 340
−, Flächeninhalt des 282
Parallelschaltung 97, 256, 509

Parallelverschiebung 306–307, 348
− eines kartesischen Koordinatensystems 361
Parallelverschiebung, Pfeile einer 307
Parameter 367
parity check 523
Partialsumme 384
Partie 471
Partielle Integration 403
PASCAL 497
PASCAL-Befehle 498
Pascaldreieck 416
Passante 284
Peano-Axiome 121
Peano, G. 121
Peirce-Verknüpfung 167
Periode 133, 325
Periodisch 133
Periodische Funktion 234
Periodischer Dezimalbruch 133
Periphere Geräte 486
Permanenzprinzip 128
Permutation 352, 412
Permutationen mit Wiederholung 412–413
− ohne Wiederholung 412
Permutierter Code, zyklisch 507
Perspektive 287, 289
PERT-Verfahren 474, 478
Pfeiladdition 109
Pfeildiagramm 102, 218, 235
− einer Funktion 218
Pfeile 337
Pfeile einer Parallelverschiebung 307
Pfeilsubtraktion 109
Physikalische Größen, skalare 350
− −, Skalarprodukt bei 350
− −, vektorielle 349
− −, Vektorprodukt bei 352
− −, Vektoraddition 350
Pi-Taste (π) 46
PL/1 494
Planungsmethoden 463
Planungspolyeder 470
Planungspolygon 469–470
Plattenkondensator 409
Platznummer 445
Platznummer, mittlere 445
Plotter 488
Poincare-Modell 319
Poissonverteilung 441
Pohlke, Satz von 287
Pol 361
Polare 368
Polarengleichung 370, 372, 373
Polarkoordinate 361, 362
Polarkoordinaten, Kegelschnittgleichung in 374
−, Transformation von 362

Polarkoordinatensystem 361
Polyeder 290, 291
Polyeder, konvexe 299
–, regelmäßige 299
Polyedersatz, Eulerscher 299
Polygon 261, 466
Polygone, ebene 464
Polynom 212, 225
–, Wurzel des 212
Polynomfunktion 225
Positive ganze Zahl 142
– rationale Zahlen 123ff
Positiv orientierter Winkel 263
Positiver Drehsinn 262
Postnumerando-Renten 66
Potenz 110, 191, 193
– mit ganzzahligen Exponenten 194
– mit negativen Exponenten 194
– mit rationalen Exponenten 194–195
Potenzen, Addition von 195
–, Gruppe der 249
– mit gleichen Exponenten, Division von 195
– mit gleichen Exponenten, Multiplikation von 195
– mit gleicher Basis, Division von 195
– mit gleicher Basis, Multiplikation von 195
–, Potenzieren von 195
–, Rechengesetze für 195
–, Subtraktion von 195
Potenzfunktion 227
Potenzieren mit Logarithmen 70
– von Potenzen 195
Potenzmenge 91, 256
–, Mächtigkeit der 91
Potenzmengengraph 91
Potenzrechnung 193
Potenzregel 395
Potenzreihen 385
Potenztaste 52
Potenzwert 193
Prädikat 169, 234
–, dreistelliges 169
–, einstelliges 169
–, mehrstelliges 169
–, zweistelliges 169
Prädikatenlogik 158
Prädikative Aussageform 160
Prädikatvariable 170
Prämisse 176
Pränumerando-Renten 66
Praktischer Mittelwert 446
Primfaktoren einer Zahl 117
Primfaktorzerlegung 117
Primitive n-te Einheitswurzel 156
Primzahl 113
Primzahlpotenz 254
Primzahltabelle 114

Prinzahlzwilling 114
Prinzip der vollständigen Induktion 121
Prinzip des Cavalieri 290
Prisma 293
–, gerades 294–295
–, regelmäßiges 294–295
Prisma, schiefes 294
–, sechseckiges 294–295
–, Mantel des 294
–, Oberfläche eines 294
–, Volumen des 295
Problem-orientierte Programmsprache 493
Produkt 20
–, logisches 162
– von Bruchzahlen 127
– von Termen 186
– zweier Matrizen 355
– zwischen Vektor und Skalar 342
Produktfolge 383
Produktfunktion 232
Produktmenge 102, 103, 122
–, Mächtigkeit der 102–103
Produktmengenbildung 101
Produktregel 395, 406–407
Produktregel der Kombinatorik 411
Produktterme 186
Prognose 453
Programm 483, 484, 490
–, lineares 491
–, zyklisches 491
Programmarten 491
Programme Evaluation and Review Technique 474
Programmieren 490ff
Programmierfeld 487
Programming Language One 494
Programmsprache, höhere 493
–, maschinen-orientierte 493
–, problem-orientierte 493
– für numerische Steuerung 498
Programmsprachen 490, 493
Projekt 475
Projektdauer 477
Projektive Geometrie 286
Promilleberechnung 61
Promillesatz 61
Promillewert 61
Proportion 54
–, fortlaufende 55
–, graphische Darstellung 56
Proportionale, vierte 55
Proportionale Zuordnung 56
Proportionalität 54–56
–, direkte 55–56
–, indirekte 57
Proportionalitätsfaktor 56
Proportionaltafel 73
Prozeß, stochastischer 430
Prozeßrechner 489, 502

Prozentrechnung 54, 59
Prozentsatz 59
Prozenttaste 50
Prozentwert 59
Prozeß 492
Prüfbarer Code 507
Prüfung eines Stichprobenmittelwertes 449
Prüfung von Hypothesen 442
Pseudosphäre 319
Pseudozufallsziffern 458
Pufferzeit 477
Punkt 257
–, Ortsvektor eines 339
Punkte auf Geraden 257–258
Punktmenge 257
–, abgeschlossene 265
–, einfach zusammenhängende 266
–, nicht zusammenhängende 266
Punktmenge, konvexe 266
–, offene 265
–, zusammenhängende 266
Punktnormalenform 378
Punktraum, n-dimensionaler 339
Punktrechnung 29–30
Punktrechnung mit gemischten Zahlen 28
Punktreihe, harmonische 368
Punktrichtungsform 362
Punktrichtungsgleichung 374–375
Punktspiegelung 309, 313
Punktsymmetrie 309
Pyramide 295–298
–, Mantel der 295
–, Oberfläche einer 297
–, regelmäßige 296
–, regelmäßige, gerade 296
–, Volumen einer 296
Pyramidenstumpf 298
–, Oberfläche des 298
–, Volumen des 298
Pythagoras, Satz des 51, 280, 297, 298, 346

Q+ 124
Quader 291–293
–, Netz eines 291
Quadrantenrelation 326, 327
Quadrat 191, 280
– und Quadratwurzel einer Zahl mit Rechenstab 82
Quadratische Ergänzung 209
– Funktion 222, 225
– Funktion, allgemeine 223
– Funktion, normierte 222–223
– Funktion, Nullstellen der 211
– Gleichung 208, 497
– Säule 293
Quadratmethode 458

Quadrattaste 50
Quadratwurzel 191
– einer Zahl mit Rechenstab 82
Quadratwurzeln, Regeln für 192
Quadratwurzeltaste 50
Quadratzahltafel 191
Quadratzentimeter 268–269
Quadrieren 192
Quantor 170
Quelle 515
Quersumme 112–113
Quotient 20
Quotientenfolge 383
Quotientenfunktion 232
Quotientenkriterium 386
Quotientenregel 395

R 148
Radikand 191–193
–, Zerlegen des 192
Radioaktiver Zerfall 430, 441
Radius 283
Radizieren 191–192
–, teilweises 192
RAM-Speicher 484
Rand 265, 275
Rand, äußerer 265
Rand, innerer 265
Ränderung 354
Randpunkte des Intervalls 88
Randstelle 388
Rang einer Matrix 354
Rangieren 443
Rangieren einer Stichprobe 445
Rangierte Stichprobe 445
Ratentilgung 67
Rationale Exponenten, Potenz mit 194–195
– Funktion 225
Rationalmachen des Nenners 193
Raumdiagonale 292–293
Räumliche Figur 286
Raummaße 270–272
Rauschen 522
Rauschinformation 522
Realisierung 418
Real-time-Verarbeitung 499
Realteil 150
Rechenanlagen, Aufbau von 482
Rechenautomaten, digitale 482
Rechenbaum 19, 20, 21
Rechenelemente 486
– eines Analogrechners 487
Rechengesetze für die Vektoraddition 340
– für Potenzen 195
Rechenoperation 21
Rechenkapazität 34
Rechenlogik 35
Rechenregeln für Quadratwurzeln 192

– für Wurzeln 197
Rechenstab 68, 76, 192
–, Division mit 80
–, Logarithmen mit 83
–, Multiplikation mit 78
–, Rechnen mit dem 78
–, Quadrat mit 82
–, Quadratwurzel mit 82
–, Skalen des 77
Rechenwerk 483, 485
Rechenzeichen 182
Rechnen, elementares 19
–, logarithmisches 68
– mit Brüchen 25
– mit dem Rechenstab 78
– mit Dezimalbrüchen, schriftliches 23
– mit gemischten Zahlen 27
– mit ganzen Zahlen 28
– mit gerundeten Zahlen 30
– mit Intervallgrenzen 149
– mit Näherungswerten 149
– mit Potenzen 193
– mit Wurzeln 197
Rechteck 280
Rechter Winkel 273
Rechtsdrehung 308
rechtseinseitige Annahmegrenze 450
Rechtsgekrümmt 400
Rechtskrümmung 224
Rechtwinklige Dreiecke, Berechnung 328
Rechtwinkliges Dreieck 279, 328–329
– Koordinatensystem 360
Reelle Zahlen 147
Reellwertige Funktionen 358
Reflexive Relation 237
Reflexiv 240
–, nicht 239
Reflexivität 237
Regelmäßige, gerade Pyramide 296
– Polyeder 299
Regelmäßiges Dreieck 276
– Prisma 294
– Sechseck 276
– Vieleck 275
Regeln für Äquivalenzumformungen 199
– für Quadratwurzeln 191ff
– von de Morgan 168
– zur bestimmten Integration 406
Register 37, 485
Registeraustauschtaste 48
Regression 453, 455, 456
Regressionsgerade 456
Regressionskoeffizient 456
Regula falsi 215
Reguläre Markoffkette 434
Reihe, arithmetische 385

–, divergente 384
–, endliche 384
–, geometrische 385–386
–, harmonische 384
–, konvergente 384–385
–, unendliche 384
Reihen 384
–, Konvergenzkriterien für 386
Reihenglied 384
Reihenschaltung 256
Rein-quadratische Funktion 222
Rein-quadratische Gleichung 208
Reiter 76
Rektaszension 336
Rekursionsformel 438
Rekursive Definition 175
Relation 218, 232, 234
–, asymmetrische 238
–, antireflexive 238
–, Eigenschaft von 236
–, Graph einer 235
–, identitive 238f
–, inverse 236
–, konvexe 238
–, linkstotale, rechtseindeutige 235
–, Verkettung von 236
– zwischen Mengen 89
Relationsvorschrift 234
Remote-Batch-Processing 499
Rente 66
Rentenendwertfaktor 64, 66
Repräsentant 252
Repräsentantenpfeil 337, 340
Restaddition 252
Restklasse modulo n 252
Restklassenaddition 250
Restklassenring 252, 253
Restkörper 298
Restmenge 100, 103, 122
–, Bestimmung der 100
– von mehreren Mengen 101
Restmengenbildung 100
–, Sonderfälle bei der 100
Restmultiplikation 252
Reziprokenregel 396
Reziproke Relation 236
Reziproktaste 51
Rhombus 280
Richtung 306
Richtungsfaktor 362
Richtungsfeld 410
Ring 251
Ring der ganzen Zahlen 252
Risiko 1. Art 451
Risiko 2. Art 451
ROM-Speicher 484
Römische Zahlzeichen 108
Rotationskörper, Oberfläche von 408
–, Volumen von 408
Ruin 472

Runden 30
Rundungsautomatik 35
Rückschlag,
Multiplikation mit 79
Russell, Bertrand 84

Sattelpunkt 400, 474
Satz 173
Satz, binomischer 416
– des Cavalieri 290
– des Pythagoras 51, 280, 297, 298, 346
– des Thales 280, 346
– vom ausgeschlossenen Dritten 167
– vom ausgeschlossenen Widerspruch 167
– vom lokalen Extremum 398
– vom Maximum und Minimum 391
– von Bolzano-Weierstraß 381
– von den Ergänzungsparallelogrammen 318
– von der doppelten Negation 168
– von der reziproken Funktion 391
– von Descartes 214
– von Gödel 174
– von Pohlke 287
– von Rolle 397
– von Vieta 178, 210
Sätze über bestimmte Integrale 404
– konvergente Folgen 382f
Säule, quadratische 293
Schaltalgebra 256, 508, 514
Schaltelemente, binäre 508
Schaltfunktion 511
Schaltung, binäre 508–511
⌐ logische 508
⌐ NEGATIONS- 510
⌐ ODER- 510
⌐ Parallel- 509
⌐ Serien- 509
⌐ UND- 510
Schaltvariable 508
Schaltwert 508
Schaltwertetafel 511
Schaltzustand 508
Schätzwert 442, 445, 448
Schätzwerte, Vertrauensbereiche für 442
Schaubild der Funktion 219
Scheitel 262
Scheiteldreieck 333
Scheitelform 367
– der Kegelschnittgleichung 367
– des Kreises 368
Scheitelpunkt 223, 371
Scheitelwinkel 264, 274, 277

Schenkel 262
Scherung, Anwendung der 318
Scherung 317–318
⌐ Eigenschaft der 317
Scherungsachse 317
Scherungswinkel 317
Schieber 76
Schiefer Zylinder 300
Schiefes Prisma 294
Schiefkörper 253–254
Schiefwinkliges Parallel-Koordinatensystem 360
Schleife 492
Schlußrechnung 58
Schlußregel 176
Schneidende Geraden 260
Schnittmenge 93, 242, 259
⌐ Bildung der 93
⌐ Mengenbild der 93
– von mehreren Mengen 94
Schnittmengenbildung, Sonderfälle bei der 94
Schnittpunkt 258, 364
– von Geraden 258
– zweier Geraden 375
Schrägbild 287, 288
Schranke 381
⌐ obere 380–381
⌐ untere 380–381
Schraubenregel 345
Schriftliche Addition 22
Schriftliches Addieren und Subtrahieren 23
– Dividieren 23, 24–25
– Multiplizieren 22–23, 24
– Rechnen mit Dezimalbrüchen 23
– Subtrahieren 22
Schrittweise Division 190
Schwerpunkt 278, 293, 376
Schwerpunkt des Quaders 293
Schwingung, gedämpfte 230
Sechseck, regelmäßiges 276
Sechseckiges Prisma 294
Sehne 284
Sehnentangentenwinkel 284, 285
Seite 275
Seitenfläche 290
Seitenhalbierende 278
Seitenkante 296
Seitenriß 288
Seitensumme 333
Seitenverhältnisse im rechtwinkligen Dreieck 322
Sekante 284
Sekunde 273
Selektion 492
Sender 515, 519
Serienschaltung 97, 509
Sheffer-Verknüpfung 167
Sicheres Ereignis 419, 425
Sieb des Eratosthenes 113

Signal 515
Signale, analoge 517
⌐ binäre 504, 505
⌐ diskontinuierliche 518
⌐ diskrete 518
⌐ kontinuierliche 518
Signalform, dynamische 519
⌐ statische 519
Signalwert 516–517
Signumfunktion 221
Simplexmethode 470
Simulieren 461
Sinnbilder für Fluß-diagramme 490
Sinus 320 f
Sinus-Funktion 320–321, 325
Sinussatz 330, 332, 347
Sinusskala 83
Skalar 342
⌐ Produkt zwischen Vektor und 342
Skalare Multiplikation, Gesetze der 344
Skalares Produkt 342
Skalarprodukt 342–343
⌐ Arbeit als 350
Skalen des Rechenstabes 77
Skonto 61
S-Multiplikation, Gesetze für die 342
Software 482, 493
Sofortperiodischer Dezimalbruch 133f
Spalte 352
Spaltendarstellung 339
Spannung 409
Spannweite 443
Spannweitenintervall 443, 444
Spätperiodischer Dezimalbruch 133
Speicher 37, 484
Speicherabruftaste (RCL oder MR oder RM) 47
Speicheraustauschtaste (EX oder CHX oder EXC) 48
Speicherdifferenztaste (M-) 47
Speicherlöschtaste (CM) 47
Speichersummentaste (SUM oder M+) 47
Speichertaste (M oder STO) 47
Speicherwerk 483
Speicherzelle 484
Sphärischer Exzeß 333
Sphärisches Dreieck 333
Sphärische Trigonometrie 332
Spiegelachse 309–310
Spiegelung 248
Spiegelung an der x-Achse 348
Spiel 471
⌐ determiniertes 474
⌐ Matrix eines 470
Spiele, Theorie der 470
Spieler 471

Spielregeln 471
Spieltheorie 470
Spitze 295
Spitzenmodelle 33
Spitzer Winkel 273
s-Regel 448
SSS 334
SSW 334
Stabil 423
Stabilität 424
Stabkörper 76
Stack-Register 39
Staffelbild 438, 446
Staffel- und Summenbild 445
Stammbruch 124
Stammfunktion 400, 404, 405
Stammfunktionen, Menge aller 401
Standardabweichung 437, 448
¬, Varianz und 447
Standardrechner 33
Stapelverarbeitung 499, 503
Startvorgang, fiktiver 479
Statische Signalform 519
Statistik 417, 442
Stauchoperator 137
Stauchoperatoren, Verketten von 137
Stauchung 312
Steigung 220
– einer Funktion 392
– einer Geraden 362, 392
Steinitz-Austauschsatz 359
Stellenwertsystem 107
Stereometrie 289
Sternzeit 336
Stetig 226, 437
Stetig an einer Stelle 390
Stetig differenzierbar 394
Stetige Fortsetzung einer Funktion 392
Stetige Funktionen 390, 391
Stetigkeit 380 ff
Steuerwerk 37
Stibitzcode 506
Stichprobe 417, 422, 442
Stichprobe, Beurteilung einer 448
¬, gruppierte 445–446
¬, Mittelwert einer 443
¬, normale 444
¬, Rangieren einer 445
¬, rangierte 445
¬, symmetrische 445
¬, Umfang der 422, 442, 444
Stichproben, Auswahl von 459
Stichprobenmittelwert, Prüfung eines 449
Stichprobenraum 443
Stirlingsche Formel 412
Stochastik 417
Stochastisch abhängig 420
Stochastische Modelle 403

Stochastische Verteilung 437
Stochastischer Prozeß 430
Störungen, Kanal mit 522
Störungsquelle 519
Strahlensätze 316
Strategie 471
Strategien, gemischte 472
Strategie, optimal gemischte 472
Strategische Modelle 463
Strecke 261, 314
¬, Abbildung einer 314
¬, Halbierungspunkt einer 376
¬, Teilpunkt einer 376
Streckenzug 261
¬, geschlossener 261
Streckoperator 136
Streckoperatoren, Verketten von 136
Streckung 312
¬, Eigenschaften der zentrischen 313
¬, gleichsinnige 313
¬, zentrische 312, 313, 348
Streng monoton fallend 380
Strenge Ordnungsrelation 240
Streuung 448
Strichliste 444
Strichrechnung 28–29
Struktogramme 492
Struktur 241
Struktur, algebraische 241
¬, topologische 241
Strukturerhaltende Abbildung 250
Strukturierte Menge 241
Strukturtyp 250
Stufenwinkel 264, 274
Stufenzahl 107
Stumpfer Winkel 273
Stundenwinkel 336
Substitutionsmethode 203
Substitutionsregel 403, 407
Subjekt 169
Subjektvariable 170
Subjunktion 164
Subtrahend 20
Subtrahieren, schriftliches 22
Subtraktion 19, 22, 188–189
– algebraischer Summen 186
– in N_0 122
Subtraktion von Brüchen 26
Subtraktion von gemischten Zahlen 27
Subtraktion von Potenzen 195
Subtraktions-Methode 203
Summand 19
Summe 19
¬, algebraische 184–187
¬, logische 163
– von Termen 184
– zweier Matrizen 355
Summen, Addition

algebraischer 186
¬, Division durch algebraische 190
¬, Subtraktion algebraischer 186
Summenbild 447
¬, Staffel- und 445
Summenfolge 383
Summenfunktion 232
Summenregel 118, 402, 406, 425
Summenregel der Kombinatorik 411
Summenvektor 340
Summenwert 384
– der Reihe 384
Summierer 487
Supplementwinkel 274
Supremum 383
Surjektion 231
Surjektive Funktion 231
SWS 334
Symmetrie 237
Symmetrieachse 223
Symmetrische Stichprobe 445
Symmetrische Umgebung 387
Symmetrischer Code 506
symmetrisch, nicht 239
System, vollständiges 166
Systeme von Ungleichungen 464

Tabelle der Zufallsziffern 460
Tafeln, trigonometrische 327
Tageszinsen 62
Tangens 320f
Tangens-Funktion 321, 326
Tangente 284–285, 393
Tangentengleichung 368, 370, 372, 373
Tangenten-Konstruktion 285
Tara 60
Taschenrechner 32, 33, 192, 215, 226, 327, 328, 459
Taschenrechner ALH 212, 217
Tatsächlicher Zinssatz 65
Tautologie 167–168
Teilbarkeit eines Produkts 112, 118
Teilbarkeitsgraph 114
Teilbarkeitsregel 112
Teiler 112
Teilerfremd 116
Teiler, gemeinsamer 115
¬, größter gemeinsamer 115, 242, 254
¬, komplementärer 118
Teilerkette 114
Teilermenge 115
Teiler-Relation 118
Teilerverband 254
Teilfläche 268
Teilgebiet 262
Teilmenge 90, 98, 411

541

¬ echte 90–91
Teilpunkt einer Strecke 376
Teilverhältnis 365
Teilweises Radizieren 192
Telefonziffern 459
Term 182
Termbegriff 182
Terme, äquivalente 183
¬ Äquivalenz von 183
¬ ganz-rationale 184
¬ gebrochen-rationale 187
¬ Verknüpfung von 184
Termen, Produkt von 186
¬ Summe von 184
Terminals 499, 500
Termumformung 185
Test 450
¬ einseitiger 450
¬ zweiseitiger 450
Testen von Hypothesen 449
Tetraden 506
Tetraeder 296, 299
¬ Oberfläche des 297
¬ Volumen eines 296
Tetradischer Code, direkter 506
Thaleskreis 285
Thales, Satz des 280, 346
Theoretische Korrelation 457
Theoretische Wahrscheinlichkeit 442
Theoretischer Mittelwert 448
Theorie der Spiele 470
Tiefpunkt 398
Tilgung einer Anleihe 67
Time-Sharing 499
time slices 499
Tischrechner 32
Topologie 264
Topologische Grundbegriffe 264–266
– Struktur 241
Torspiel 96
Totale Ordnungsrelation 240
Total geordnete Menge 240
Trägergerade der Halbgeraden 261
Trägerpunkt 258
Trägheitsmoment 408
Traktrix 319
Transformationsgleichung 362
Transformation von Polarkoordinaten 362
Transinformation 522
Transitiv 240
Transitive Relation 237
Transitivität 237
Transportproblem 468
Transzendente Gleichung 199
Trapez 282, 283
¬ gleichschenkliges 282, 283
Trendanalyse 453
Trichotomiegesetz 120
Trigonometrie 320, 346

¬ sphärische 332
Trigonometrische Funktion 227, 320, 346
Trigonometrische Funktionen, Eigenschaften der 322
Trigonometrische Funktionstasten (sin, cos, tan) 53
Trigonometrische Sätze im Kugeldreieck 334
Trigonometrische Tafeln 327
Triviale Untergruppe 249
Triviale Vektorräume 358
Tschebyscheffsche Ungleichung 437

Übergangsdiagramm 432
Übergangsmatrix 435
– 1. Stufe 432
– 2. Stufe 432
Übergangsmatrizen 432
Übergangswahrscheinlichkeit 428, 429, 431
Überflüssige Ungleichungen 465
Übersetzungsprogramm 501
Übersicht über die Zahlbereiche 157
Überstumpfer Winkel 274
Umfang 279
– der Stichprobe 422
Umfangswinkel 284
Umformungen, arithmetische 184
Umgebung 381, 387
Umgekehrte polnische Notation (UPN) 36
Umkehrfunktion 231
Umkehrproblem 442
Umkehrregel 396–397
Umkehrrelation 236
Umkreis 276, 278
Umrechnung von Maßeinheiten 273
Umschlag, Multiplikation mit 79
Umwandlungszahl für Flächeninhalte 269
Umwandlungszahl für Volumeneinheiten 271
Unabhängig 420
Unabhängige Ereignisse 420
Unabhängige Variable 219
Unabhängiges Axiomensystem 175
Unbeschränkt 381
Unbestimmtes Integral 401
Und-Aussage 162
Und-Ereignis 422
Underflow-Automatik 43
UND-Schaltung 510
Und-Verknüpfung 162, 510
Unechter Bruch 124

Unendliche Folge 379, 380
– Gruppe 247
– Menge 87–88
– Reihe 384ff
Unendlicher Dezimalbruch 133
Ungerade Funktion 233
– Winkelfunktion 326
– Zahl 112
Ungleichheit von Mengen 89
Ungleichnamige Bruchterme 189
Ungleichung, lineare 464
¬ Tschebyscheffsche 437
Ungleichungen, Systeme von 464
¬ überflüssige 465
¬ unverträgliche 465
Unmögliches Ereignis 419, 425
Unstetig 391–392
Unstetige Funktionen 391–392
Untere Schranke 380
Unterdeterminanten 352
Unterdeterminante k-ter Ordnung 354
Untergruppe 249
¬ triviale 249
Untermenge 90
Unternehmensforschung 463
Unterscheidbare Anordnungen 413
Untervektorraum 358, 359
Unvereinbare Ereignisse 420, 424, 425
Unverträgliche Ungleichungen 465
UPN-Rechner 39
Urbildpunkt 305
Urliste 422, 443
Urmeter 267
Urnenmodell 412, 413, 414, 415, 421
Urnenversuche 411
Ursprungsform 367, 368

Variable 182
¬ abhängige 219
¬ gebundene 170–171
¬ unabhängige 219
Varianz 437, 439, 448
Varianz, empirische 448
– und Standardabweichung 447
Variationen 413
Variationen mit Wiederholung 413–414
– ohne Wiederholung 413
– zur Klasse k ohne Wiederholung 413
Vektor 322, 337, 357
¬ Betrag eines 342
Vektoren, Grundoperationen mit 340
¬ Gruppe der 249
¬ im Koordinatensystem 338

- im Raum 339
- in der Ebene 338
Vektoraddition 249, 340
Vektoraddition in der Physik 350
Vektorgleichheit 338
vektoriell, Abstandsformel 364
Vektorielle Darstellung von Geraden 364
Vektorielle physikalische Größe 349
Vektormultiplikation, Gesetze der 345
Vektorprodukt 344
Vektorraum 342, 357
Vektorraum, Definition des 357
Vektorraum, n-dimensionaler 359
Vektorraum, trivialer 358
Vektorrechnung 337
Vektorrechnung, Anwendungen der 346
Vektorsubtraktion 341
Vektorzerlegung mit Sinus und Kosinus 322
Venn-Diagramm 86–87
Verallgemeinerte Grenzwertsätze 389
Verarbeitungswerk 37
Verband 251
¬, Boolescher 255
Verbandsdefinition, algebraische 254
¬, ordnungs-theoretische 254–255
Verbindung der Rechenarten 21
Verbindungsgerade 258
Vereinbare Ereignisse 419
¬, Additionssatz für 429
Vereinbarkeit 419–420
Vereinigung 103
- von mehreren Mengen 96
Vereinigungsmenge 95
¬, Bestimmung der 95
¬, Bildung der 95
¬, Mächtigkeit der 96
Verhaltensweisen, optimale 470
Verhältnis 54
Verhältnis der Längen zweier Strecken 314
Verhältnisgleichung 54
Verkehrsfragen 430
Verketten von Funktionen 245
Verketten von Stauchoperatoren 137
- von Streckoperatoren 136
Verkettung 232, 236
- von Bruchoperatoren 140
- von Relationen 237
Verkettungssatz 391
Verknüpfung 241
¬, äußere 357
¬, Begriff der 241

- bei demselben Zentrum 315
- bei verschiedenen Zentren 315
¬, innere 242
- von Aussagen 161
- von Ereignissen 421
- von Funktionen 232
- von Mengen 93
- von zentrischen Streckungen 315
Verknüpfungen, Eigenschaften von 244
Verknüpfungsbasis 166
Verknüpfungsergebnis 241
Verknüpfungsgebilde 243, 251, 253
Verknüpfungssatz 391
Verknüpfungstabelle 243, 246, 247
Verknüpfungszeichen 182, 241
Verkürzung 289
Verschiebung 311
Verschiebungspfeil 307
Verschmelzungsgesetz 254
Verteiler 489
Verteilung 437
¬, stochastische 437
Vertrauensbereiche für Schätzwerte 442
Vertrauensintervall 449, 451–452
Verwandt 116
Verwertung 515
Verzweigung 492
Vieleck 275
¬, regelmäßiges 275
Vielfache von Längen 267
- und Volumina 272
Vielfaches 116
¬, gemeinsames 116
¬, kleinstes gemeinsames 116–117, 254
Vielfachheit 267
Viereck 281
¬, allgemeines 282
¬, konkaves 281
¬, konvexes 281
Vierecke, spezielle 282–283
Vierte Proportionale 55
Vietascher Wurzelsatz 213
Vollständige Induktion 179–180
¬, Prinzip der 121
Vollständiges Axiomensystem 174
Vollständiges System 166
Vollwinkel 274
Volumen 270, 290, 291, 293, 298
- des Hohlzylinders 301
- des Kegels 302
- des Prismas 295
- des Pyramidenstumpfes 298
- des Zylinders 300
- einer Pyramide 296
- eines Quaders 291, 292
- eines Tetraeders 296–297

- von Rotationskörpern 408
Volumeneinheit 270, 272
Volumeneinheiten, Umwandlungszahl für 271
Volumen, Gleichheit von 270
Volumina, Addition von 272
¬, Vielfache von 272
Vorbereich 102, 235
Vorgang 475
Vorgänger 121
Vorgangsdauer 476
Vorgangsorientierter Knotennetzplan 479
Vorgangsorientierter Netzplan 475
Vorschüssige Rente 66
Vorzeichen 142
Vorzeichentabelle 324
Vorzeichenwechselta ste 40

Wahre Aussage 183
Wahrheitstafel 105, 160–161
Wahrheitswert 158, 160
Wahrheitswertbelegung 105
Wahrheitswertetafel 161
Wahrscheinlichkeit 417, 422, 425
¬, Axiome der 424
¬, mathematische 425
¬, theoretische 442
Wahrscheinlichkeiten, Multiplikationssatz für bedingte 427
Wahrscheinlichkeitsdefinition, klassische 425
Wahrscheinlichkeitsdichte 437
Wahrscheinlichkeitsgraph 428
Wahrscheinlichkeitsrechnung 417
Wahrscheinlichkeitstheorie 425
Wahrscheinlichkeitstheorie, Grundsätze (Axiome) der 425
Wahrscheinlichkeitsverteilungen 436
Walking-Code 507
Warteräume 430
Warteschlangen 430, 441
Warteschlangen-Konzept 503
Wechselwinkel 264, 274
Wellenlänge der Orange-Linie 267
Wendepunkt 224, 225, 226, 400
Wenn-Dann-Verknüpfung 164
Wert, größter 467
Wertebereich 218
Wertebereich der Winkelfunktion 324
Widerspruch, Satz vom ausgeschlossenen 167
Widerspruchsfreiheit von Axiomensystemen 174
Wiederholung 492

543

Wiederholung, Kombinationen mit 415
–, Kombinationen ohne 414
–, Permutationen mit 412–413
–, Permutationen ohne 412
–, Variationen mit 413–414
–, Variationen ohne 413
Windschief 259
Windschiefe Geraden 259, 376
Winkel 262–264, 314
–, Äußeres eines 263
–, gestreckter 274
–, Inneres eines 263
–, negativ orientierter 263
–, positiv orientierter 263
–, rechter 273
–, spitzer 273, 323
–, stumpfer 273
–, überstumpfer 274
Winkelantragen 263
Winkelfunktion, Definitionsbereich der 324
–, gerade 326
–, ungerade 326
–, Wertebereich der 324
Winkelfunktionen, Beziehung zwischen den 326
–, Eigenschaften der 324
–, graphische Darstellung der 325
Winkelfunktionswerte 323
Winkelhalbierung 263, 278
Winkelkonstruktion 263
Winkelmaße 272
Winkelpaare 264
Winkelsumme 277, 278, 281, 333
Winkelsumme des Dreiecks 319
Winkeltreue 306
Wissenschaftliche Anzeige 35
Wort 484
Würfel 293
Würfelnetz 290
Wurzel 156, 191
– des Polynoms 212
Wurzeln, Rechenregeln für 197
–, Rechnen mit 197
Wurzelbegriff 197
Wurzelexponent 191, 197
Wurzelfunktion 227, 228
Wurzelsatz, Vietascher 213
Wurzelterm, Definitionsbereich von 193, 198
Wurzelwert 191
Wurzelzeichen 191
Wurzelziehen 191
WSW 334

WWS 334
WWW 334

x-Achse, Spiegelung an der 348
X-Register 38

Y-Register 38

Z 142
Zahl, ganze 141
–, gerade 112
–, gemischte 130
–, gerundete 30
–, imaginäre 151
–, irrationale 147
–, konjugiert komplexe 155
–, negative ganze 142
–, positive ganze 142
Zahlbereiche 106
–, Übersicht über die 157
Zahleigenschaft einer Menge 87
Zahlengerade 142
Zahlenhalbgerade 120
Zahlenlotto 415, 460
Zahlenmenge 88
Zahlenpaar 338
Zähler 25, 124
Zahlzeichen 182
Zehnerlogarithmus 69
Zehnerpotenz 194
Zehnerpotenzen mit negativen Exponenten 194
Zeile 352
Zeitplanung 480
Zenit 336
Zentimeter 267
Zentraleinheit 486
Zentralwert 445
Zentren, Verknüpfung bei verschiedenen 315
Zentrische Streckung 312, 348
Zentrische Streckungen, Verknüpfung von 315
Zentrum 309
–, Verknüpfung bei demselben 315
Zerfall, radioaktiver 441
Zerlegen des Radikanden 192
– des Integrationsintervalls 406
Ziehen auf einen Griff 418
Zielfunktion 466, 467
–, Extremwert der 466
Zielgerade 467

Zielgröße 456
Zielmenge 218
Zielvariable, zufällige 457
Zinsen 61
Zinseszins 63
Zinseszinsrechnung 63
Zinsformel 61–62
Zinsrechnung 54, 61, 62–63
Zinssatz 61
–, nomineller 65
–, tatsächlicher 65
Zufallsexperiment 418
Zufallsgröße 436
Zufallsvariable 436, 457
–, diskrete 438–439
–, kontinuierliche 439
–, normal verteilte 440
Zufallsziffern 458, 460
Zufallsziffern, Tabelle der 460
Zunge 76
Zuordnungsvorschrift 219
Zusammengesetzte Kongruenzabbildung 310
Zusammenhängende Punktmenge 266
Zusammensetzung zweier Geradenspiegelungen 311
Zusammensetzung zweier Verschiebungen 311
Zustand, absorbierender 435
Zustandsgleichgewicht 434
Zustandsraum 431
Zustandsvektor 433
Zustandsvektor der n-ten Stufe 434
Zweierlogarithmus 69
2-Personenspiel 470
Zweipunkteform 362
Zweipunktegleichung 375
Zweiseitiger Test 450
Zweistelliges Prädikat 169
Zweitafelverfahren 287
Zweite Komponente 102
Zweite Koordinate 101
2. Strahlensatz 316
Zwischenwertsatz 391
Zwischenzustände 432
Zyklisches Programm 491
Zyklisch-permutierter Code 507
Zylinder 299
–, elliptischer 300
–, gerader 300
–, Mantel des 300
–, Oberfläche des 300
–, schiefer 300
–, Volumen des 300
Zylindernetz 290

16.80

Funktionen und Relationen

D_f	Definitionsbereich der Funktion f
W_f	Wertebereich der Funktion f
$f: x \to f(x), x \in D_f$	Zuordnungsvorschrift der Funktion f
[ ]	Gauß-Klammer
$x R y$	x steht in der Relation R zu y
R^{-1}	Umkehrrelation von R
$R \circ S$	Verkettung der Relationen R und S

Algebra

G	Grundmenge
L	Lösungsmenge
$(\ )$; (a_{ij}) ; A	Matrix
$|\ |$; det	Determinante
$\bullet, \circ, \top, \sqcup, \sqcap$	Verknüpfungszeichen
$(M; \bullet)$	Struktur mit der Verknüpfung $\bullet$ auf der Menge M; z. B. Gruppe
$(M; \bullet; \circ)$	Struktur mit zwei Verknüpfungen; z. B. Ring, Körper

Geometrie, Vektoren

$\|\|\ [\not\|\|]$	ist [nicht] parallel zu
$\perp$	senkrecht auf
$P(x; y)$	Punkt mit der Abszisse x und der Ordinate y
$\triangle$	Dreieck
$\cong$	kongruent
$\sim$	ähnlich
$\sphericalangle$	Winkel
$\alpha, \beta, \gamma, \ldots$	Winkelmaße
$\overline{AB}$	Strecke
AB	Gerade
$\overrightarrow{AB}$ (Halbgerade)	Halbgerade
$\vec{AB}$; $\mathbf{a}$	Vektor
$\vec{AB}$	Pfeil
$\bar{\mathbf{a}}$	Lotvektor von $\mathbf{a}$